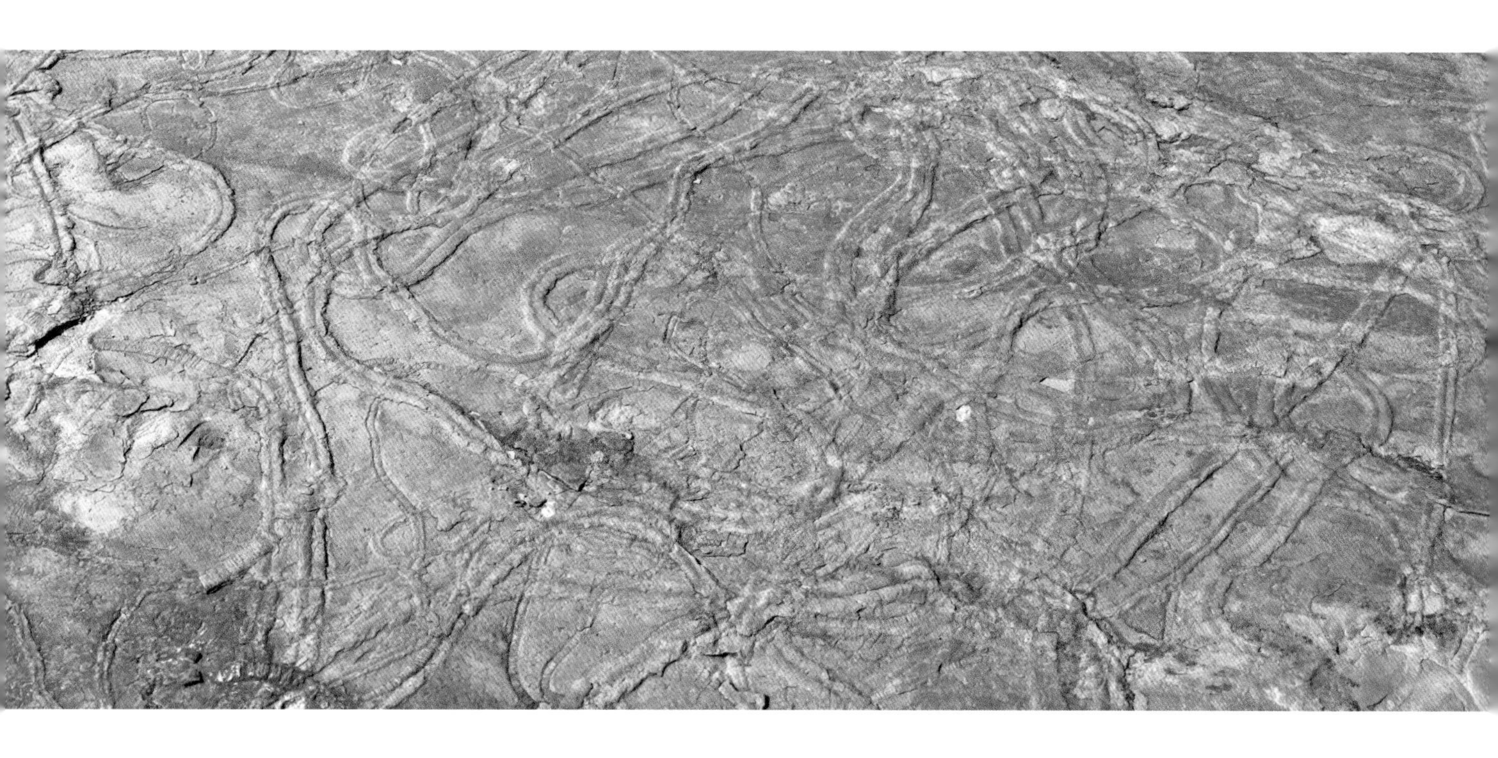

唐烽、高林志、任留东
（中国地质科学院、地质研究所）

张世山、梁永忠
（云南磷化集团有限公司、国家磷资源开发利用工程技术研究中心）

陈建书、刘军平
（贵州省地质调查院、云南省地质调查院）

张立军、王约
（河南理工大学、贵州大学资源与环境学院）

陈爱林、张光旭、张茂银、史笑美、姜弘毅
（云南玉溪师范学院、云南大学、北京哈罗国际学校）

宋思存
（University college Landon）

华洪、任津杰
（西北大学地质系、早期生命演化研究所）

李贫、王超
（中华摄影杂志社、玉溪师范学院）

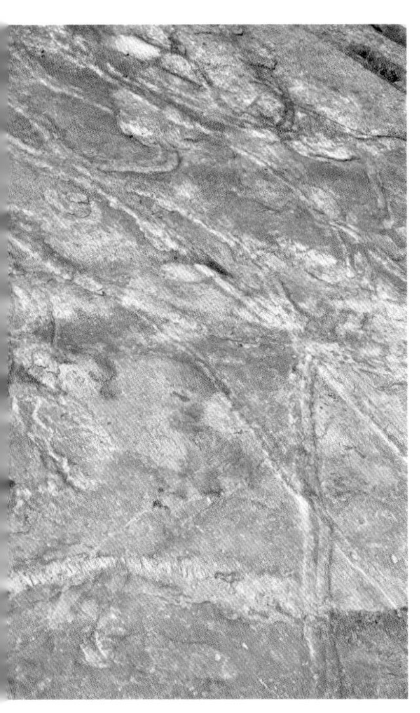

動物世界的先驅

——中国第一个候选“金钉子”梅树村剖面实证记录及对比

The Trailblazer of Animals

-The Fossil Documents and Comparative Study of the First Candidate GSSP Meishucun Section in China

唐烽 等 著

云南出版集团
云南科技出版社
·昆明·

图书在版编目（CIP）数据

动物世界的先驱：中国第一个候选“金钉子”梅树村剖面实证记录及对比 / 唐烽等著. -- 昆明：云南科技出版社, 2020.12
ISBN 978-7-5587-3438-0

Ⅰ.①动… Ⅱ.①唐… Ⅲ.①古生物－化石－研究－云南 Ⅳ.①Q911.727.4

中国版本图书馆CIP数据核字(2020)第272147号

动物世界的先驱

——中国第一个候选“金钉子”梅树村剖面实证记录及对比

唐烽　等　著

出 品 人：杨旭恒
策　　划：高　亢
责任编辑：杨旭恒　马　莹
助理编辑：章　沁　黄文元
责任校对：张舒园
责任印制：蒋丽芬

书　　号：ISBN 978-7-5587-3438-0
印　　刷：昆明精妙印务有限公司
开　　本：889mm×1194mm　1/16
印　　张：31
字　　数：800千字
版　　次：2020年12月第1版
印　　次：2020年12月第1次印刷
定　　价：368.00元

出版发行：云南出版集团公司　云南科技出版社
地　　址：昆明市环城西路609号
网　　址：http://www.ynkjph.com/
电　　话：0871-64192481

生命科学是自然科学中最为深奥的学科之一，而生物演化理论又是生命科学最高综合的理论，建立一个合理的演化理论显然具有重要的科学意义。从地球混沌初开到生命之初，再到“人之初”，从早寒武世“生命大爆发”到现在的“人类世”，地球表层生物圈埋藏了数以亿万计的祖先生命。地球早期的生命化石记录着我们所居住的星球的遥远过去，记载着包括人类自己在内的生命从简单到复杂的演化进程中的许多重要节点，也保存着在内、外生地质作用下大部分矿产富集分布的时空线索。从远古洪荒的古老地层中分离出来的细胞生命到如今高度精巧复杂、具有完美意识的智慧人类，这一切都是如何一步步构建出来的？而探寻和研究自然界丰富多彩的实证记录，追溯“我们从哪里来？”还原地球生命的本源和演化历程，显然一直像初心使命般地驱动着一代代学者们去不断地揭底探密；而认识和解读保存在岩石中早期生命的化石，可以让我们穿越时空、观察历史，理清我们远祖生命起源、演化的历程，给生命大家庭誉写卷帙浩繁的家谱，为续写人类自己的未来提供资鉴；同时探究与生命演化节点相伴生的内、外生矿产资源富集分布规律，以及地球表面各圈层变化的驱动机制，可以为理解远古时期的成矿作用提供重要信息，为解释早期生物的起源、辐射和多样性演变提供地球动力学的依据。

在漫长的46亿年地球历史中，当今纷繁复杂、欣欣向荣的生物界发展历史才真正占据了距今1/8～1/9的时间，而地表早期生命的孕育演化（约38亿～5.3亿年）几乎和幼年的地球一起共同发育成长。

以往由于在前寒武纪地层中罕见如显生宙时期的宏体化石记录，前寒武系长期以来都被称为古生物学记录中的“哑地层”，地层断代均以全球大规模构造热事件、沉积事件和寒冷气候事件，辅以演化缓慢的微体化石和同位素地球化学证据等进行粗略地划分对比。自从在最低三叶虫化石带上下的前寒武纪和早寒武世地层中相继发现“伊迪卡拉生物群”“梅树村生物群”和“澄江生物群”等多细胞化石群以来，国内外学者日益关注达尔文进化论中曾经的“缺环”——早期生命的起源与演化，并不懈探索远古生命突变爆发——“寒武纪大爆发”的根本原因。近20年来，随着大气和海洋显著增氧事件的地质记录被不断报道，古生物学者开始注意到同时代或略微滞后的地层中同样有真核生物起源（23亿～20亿年前）、多细胞生物出现（8亿～7.15亿年前）、真后生动物产生（约680Ma前）、三胚层动物发育（580～540 Ma前）、脊索动物诞生（530～520 Ma前）等宏体生物演化事件，与之伴生或赋存的黑色岩系中含有丰富的磷矿和其他多金属矿藏。穿越前寒武纪到寒武纪的过渡期，大量的早期多细胞生物出现生物矿化的硬体骨骼，同时大规模的磷矿沉积广泛出现，这一壮观的现象所代表的科学命题有待更深入的研究才能得到合理的阐释。同样地，在沉积学、矿床学领域最近的研究成果也报道了在环境缺氧事件发生时会出现大多数层控矿产富集的现象，可以说，“成矿作用—环境事件—生物事件”三者之间显然存在着较为密切的同步响应关系。

依据这一思路，唐烽、任留东研究员在所基本科研业务费资助下，几年前启动了《早期生命演化与地质作用变化机制研究》项目。宏观上，项目整合地层古生物学、大地构造学和地球化学等方面的科研力量，重点研究成冰纪后至寒武纪早期若干个生命加速演化的重要节点，从伊迪卡拉纪一系列典型古生物化石埋藏库的“窗口”推测超大陆裂解后广泛形成的潜在的成矿物源区，并可能诱发大规模火山事件和冰川寒冷事件，及冰川消融后海平面上升、海侵加剧引发上升涌流增多等海洋生物繁盛的驱动机制；由此深入探讨相关矿产的物源、富集及沉积环境，重点分析预测新元古代晚期至古生代早期层控矿产的分布规律，为进一步勘查开发与可持续利用磷矿、锰矿、铜矿等国家急需的矿产资源，提供基础理论模型。微观上，综合利用自然资源部重点实验室的技术和设备优势，大量发现和重点采集典型宏体生物群化石，尤其是澄江动物群之下的陡山沱期、灯影峡期伊迪卡拉生物群和梅树村期小壳动物群化石，进行室内显微构造观察与模拟实验分析，探索后生动物的起源及硬体骨骼动物、两侧对称动物的早期演化，为追溯和复原多细胞动物这些里程碑式的演化阶段，解读早期动物起源之谜，提供丰富的古生物化石证据。

云南晋宁的昆阳磷矿作为开采半个世纪以上的大型磷矿，出露了若干保存良好的华南震旦系—寒武系界线剖面，其中的“梅树村剖面”曾经是闻名中外的GSSP“金钉子”候选剖面，是研究磷矿及伴生的多金属等其他矿产富集分布规律和包含小壳化石及“澄江生物群”等古生物化石时空演化历程的重要基地。

唐烽研究团队近年来与矿山技术人员在滇东各个磷矿区勘察发掘，整理出采自伊迪卡拉（震旦）纪晚期到中泥盆世地层的梅树村全剖面化石记录，分为遗迹化石、蠕形化石和小壳化石等七个部分，用科普及考据的风格撰写了地史上最具特色、最具意义的“梅树村生物群”及相关剖面化石的图集专著，结合对本地区构造、地层、地球化学的发育变化研究，给我们阐释了现代动物世界的先驱们多样化起源和辐射爆发的“创世纪”景观，讲述了远古生命精彩纷呈的奇妙故事，为探求那一“跨世纪”的特殊地质时期的生物演化和地球奥秘提供了重要的实证资料。

值此岁末年初，希望该书的出版是辛勤耕耘数载的地质古生物工作者奉献、分享给广大读者的一份新年盛宴大餐。祝大家辛丑牛年新春快乐！

中国科学院院士

2021年2月11日星期四

生命的起源一直以来都是我们人类追寻的终极问题之一，众多地质学家和生物学家自学科创始以来就孜孜不倦地研究、探寻这个问题的答案，希望能够提供一种生命本源的合理解释。然而生命早期演化的历史非常漫长（从约38亿年前至5.3亿年前），亿万年的地球历史充满了玄奥的变数，在好奇初心的驱使下，一代代的地球生物学者倾尽全力去认识自我、认识自然，去探索这些隐匿在大自然中的奥妙，去解读地球—生命—环境协同演化的真谛。

在地球这个巨大系统中，不同的圈层与生物类群通过活跃而频繁的物质和能量交换而彼此联系，使得年轻地球自然环境的剧烈变化（如：气候变化、海平面升降、氧碳磷等生命要素的增减循环及火山活动、大陆板块的聚合离散导致的地理隔离等）都强烈影响着生物的早期演化；而古老地层中化石记录的生物形态和结构及其每个演变，也承载了地球环境变化的信息。在矿业开发中，早期生物化石记录、厘定的精准地层可以指导勘查前寒武纪至古生代早期地层中各类矿产（如磷、石墨、稀土矿和页岩气及多金属等）的富集成矿机制及分布。在基础研究领域，清晰连续的化石剖面证据可以总结出大地构造、沉积环境、岩石组合类型及生物作用变化等方面的共同规律，从而提供科学准确的地史断代划分和对比。

云南晋宁梅树村伊迪卡拉（震旦）系—寒武系界线剖面就是中国发育最好的重要地质剖面之一，也是国内外学者一直以来研究早期生命演化事件和重大断代交替的重要地点。该剖面中的多门类小壳化石组合首现“B”点（即剖面第6、7层及Ⅰ、Ⅱ小壳化石带之间），在20世纪80年代一度成为全球唯一候选的前寒武系—寒武系“金钉子”分界点，该剖面也差一点成为我国首个全球年代地层单位界线层型剖面和点位（GSSP），可惜因为学术以及梅树村剖面质量以外的一些因素，1992年梅树村的候选GSSP最终落败于加拿大纽芬兰东南部Fortune Head剖面的遗迹化石Treptichnus pedum首现点。然而我国的地质工作者至今都没有放弃对梅树村剖面的深入对比研究，仍然在努力选择及推举相关最佳剖面中作为伊迪卡拉系—寒武系分界“金钉子”的标志化石，期望国际地层委员会能够重新评判及推广应用到国际地层对比中。

罗惠麟、邢裕盛、蒋志文、张世山、王砚耕、尹恭正等地矿系统的老一辈学者在20世纪八九十年代，系统调查研究了华南震旦纪、寒武纪地层古生物化石资源及前寒武系—寒武系界线层型，并在争取确立中国首个“金钉子”过程中，对华南大、中型沉积磷矿和丰富的生物化石赋存关系均获得了大量的调研成果，积累了丰富的标本和资料，为后续研究奠定了良好的基础。在早期生物演化研究方面，多年来国内外也取得了许多新的进展和认识，特别在华南伊迪卡拉纪生物群和寒武纪“澄江生物群”邻近的地层中陆续命名的“蓝田生物群”“庙河生物群”“瓮安生物群”“翁会生物群”“西陵峡生物群”“高家山生物群”“江川生物群”和“凯里生物群”等宏体化石群，成为见证后生生物起源和多样化辐射的重要窗口。唐烽等年轻一代学者在前人的工作基础上，近年来对赋存磷矿的各个化石剖面进行了深入研究，探讨了“澄江生物群”之前更古老的“梅树村生物群”和同时代剖面产出的原始后生动植物化石的属性和演化，获得了重要的学术积累。

在2021年新年伊始，他们集成的专著《动物世界的先驱》终于付梓出版。该书不仅回顾了我国改革开放以后参与首个国际竞争“金钉子”并落选的那段尘封历史，还首创性地从科普和科研两种视角介绍对比了梅树村矿山剖面和邻近出露完好的其他经典剖面中所发现的各类保存精美的早期生物化石，包括遗迹化石、蠕形动物化石、小壳化石、海绵化石、三叶形化石、叠层石等宏体化石实证记录，以及相关构造、矿产、地层和同位素地球化学证据等，对梅树村连续剖面及其他相当剖面进行了系统研究与对比，充分阐明了寒武纪早期生命的爆发式出现并不是以往认识的那么突然，而是地球表层生物圈演化各个阶段的实际体现。本书作者中的古生物专家不仅和沉积学、埋藏学专家合作，更是加入了岩石学、构造地质学和地球化学领域的中青年学者及生产单位的技术专家，共同对这一时期早期生命演化及生物地层学开展了全方位研究，对其气候环境、地球化学变化的整合调查和华南伊迪卡拉系—寒武系地表基质资源的开发利用，都提供和发掘出了更多的化石对比资料和矿采勘查数据。这种跨界交流的重要合作研究模式，近年来也得到地质学界的极大重视，已经成为未来产、教、学、研发展的主流趋势。总之，将生物演化与地球历史变化的关键节点中的地质作用驱动机制相结合进行深化研究，是未来在地球生物学领域科研发展的大趋势；将包含人类自身在内的多样化生命的元祖先驱及其所生存的远古世界原貌都抽丝剥茧般地逐渐展示出来，是我们每一个演化生物学者的初心使命。

相信本书的出版发行必将受到更广泛的关注和更多读者的喜爱。

中国科学院院士 殷鸿福

2021年1月1日星期五

20 世纪 70 年代，云南晋宁梅树村震旦系—寒武系界线层型剖面的发现，彻底改变了据此划分寒武系和寒武系以前地层的标志，它在当时即闻名于全球地学界。它也是中国改革开放以后，第一个参加的国际地层划分对比合作（IGCP 项目）、参与国际竞争“金钉子”（全球地层层型剖面及点位，GSSP）标定的唯一候选层型剖面。

中国地质科学院地质研究所唐烽、任留东和高林志研究员在国家自然科学基金和国家地调局基础科研及地调项目资助下，联合贵州省、云南省地调院及高校、磷矿集团公司组成的科研团队，为了纪念罗惠麟、邢裕盛、蒋志文等争取中国第一个“金钉子”地层层型而拼搏奉献的前辈学者们，用科普及考据的风格撰写了地史上这一最具特色、最具意义的“金钉子”候选剖面及其赋存化石群的图集专著《动物世界的先驱——中国第一个候选“金钉子”梅树村剖面实证记录及对比》。该书最近由云南出版集团、云南科技出版社出版发行。全书共分 5 篇，第一篇简要回顾了我国改革开放以后参与首个国际竞争“金钉子”并落选的那段尘封历史和相关背景解释；第二篇介绍了梅树村剖面所在的滇东地区区域构造、古地理与沉积环境背景；第三篇简述了梅树村剖面的同位素地层学资料；第四篇概述了云南东部磷矿开采、矿石研究及相关的地质剖面；第五篇又分为 8 章节，分别在遗迹、蠕形、小壳、海绵、三叶虫化石和叠层石等多门类详细展示了早期生命（尤其是动物）“寒武纪大爆发”时期先驱生物圈的多样化景观，这一篇中特别增加了各门类科普趣味化的解读和研究对比的精彩故事。此外，在最后部分还有大量高清图版展示了团队成员考察、调研滇东地区化石剖面的艰辛而难忘的历程。

本书共同著作者共计23位，由中国地质大学（武汉）殷鸿福院士作序，地质研究所前所长侯增谦院士撰写前言。书稿资料详实，图文并茂，深入浅出，详略得当，可供高中以上古生物化石爱好者和早期地球生物学研究者参考。

（章雨旭）

第一篇

研究历史、背景和解释 // 001

Chapter one

第一篇

研究历史、背景和解释

1 什么是“金钉子”？

“金钉子”（Golden Spike）的叫法最早发端于美国的太平洋铁路建造时期。美国历史上最伟大的总统林肯在1862年批准通过了建设太平洋铁路的法案，由联合太平洋铁路公司和中央太平洋铁路公司共同承建横贯北美大陆的太平洋铁路。两家公司分别由内布拉斯加州的奥马哈和加利福尼亚州的萨克拉门托作为起点，东西相向修筑铁路，在美国南北战争的烽火中，历时7年后，这条全长2892 km的铁路最终于1869年5月10日在犹他州奥格登地区的突顶峰接轨建成，当时加州的斯坦福州长敲下了最后的道钉，这枚17.6 K黄金打造的金钉子标志着美国国家的真正统一，经济腾飞发展的新时代开始了（图1–1–1A–C，自黄安年，2006）。

地质工作者后来借用了金钉子的起始象征意义，作为正式学术术语“全球标准层型剖面和点位”（GSSP, Global Boundary Stratotype Section and Point）的俗称（图1–1–1D），来定义全球划分的年代地层基本单元——“阶”的底界，即地球历史中一个新阶段的开始。它是全球公认的国际地层划分对比的标准，由国际地层委员会和地质科学联合会每年正式发布国际地层表及相关说明书，标定出已经正式命名的年代地层单位底部界线的最新划分标准和实体剖面位置。这个标准的开始点位，被明确要求必须选择在特征明显、容易识别的一段连续海相沉积的地层序列——界线层型剖面（Boundary Stratotype Section）中；点位标志就是广泛出现在世界不同地区岩层中的，在地质时代上被认为是基本同步发生的生物演化事件（成种或灭绝）——标志化石（Marker Fossil）的“首现（FAD）”或“末现（EAD）”（改自彭善池，2014）。

自1965年成立的国际地层委员会首次引入和推广金钉子的概念，50余年来，已经在全球各地确立了68枚金钉子及其层型剖面，成为了国际地学界确定和识别全球相邻2个年代地层阶之间界线的唯一标志；如同有文字记载的人类社会历史书上的各个时代（朝代）节点一样，金钉子也成为了地层（地质考古）学家编写漫长地球历史的编年史书和构建地球表面岩层的年代框架的重要分界点。借助金钉子所代表的某个特定岩层序列中的专有的标志点，各国的地质学者就可以对比并厘定各自研究范围内，有同样标志化石产出或其他辅助对比标志的那套地层的确切年代，从而为漫长、巨厚的地层“史书”精确地划分出专门的“章节”（断代），可以更加容易地解读各个断代中蕴藏的卷帙浩繁的地质历史故事，比如，生命的起源、辐射和绝灭事件，海陆构造的变迁，气候环境的演变，矿产资源的形成等。“金钉子”一旦钉下，这个地点就成为国际地质学某一地质时代分界点的唯一道标，因此它的确立是地层学研究的一项极高科学荣誉，历来是世界地质学研究的热点和激烈竞争

图1–1–1　A. K金制成的铁轨道钉，现收藏于美国斯坦福大学博物馆；B. 美国太平洋铁路路线示意图；C. 美国东西大动脉纽约—旧金山铁路建成竣工仪式；D. 金钉子（Golden Spike）

的领域。1977年于捷克确立的全球志留系—泥盆系界线层型剖面和点位（GSSP）是全球第一枚金钉子。在中国境内，截至2019年年底，由中国地质科学家为主的研究群体在全球地层年表中正式确立的“金钉子”一共有12枚，中国已经是全世界金钉子数量最多的国家，表明了我国地层学的研究水平和国际地位在日益提高。

中国先后发现的这12枚金钉子分别位于浙江常山、浙江长兴（2枚）、湖南花垣、广西来宾、湖北宜昌（2枚）、湖南古丈、广西柳州、浙江江山（图1–1–2及表1–1–1）、贵州凯里和吉林通化。

值得一提的是，1997年国际地科联通过以中国浙江常山县黄泥塘剖面作为奥陶系中奥陶统达瑞威尔阶“金钉子”。该金钉子研究由中科院南京地质古生物所陈旭院士主持完成，是在我国建立的最早的一颗“金钉子”，也可以说是保护和利用得最好的金钉子剖面之一。

2018年以贵州大学赵元龙教授为首的研究团队通过约35年的不懈努力，继2011年以后终于又为我国增添了更新的第11枚金钉子。

图1–1–2 A, B. 浙江长兴的金钉子碑、桩；C. 浙江常山的金钉子（左立者为中科院南京地质古生物研究所张元动研究员，摄于2014年）；D, E. 湖北宜昌的金钉子（摄于2017年）；F, G. 贵州剑河凯里组的金钉子剖面（摄于2011年）

2018年6月，国际地质科学联合会（国际地科联）以全票通过的表决结果，批准把寒武系第三统和第五阶的全球标准层型剖面和点位GSSP（“金钉子”）“钉”在中国贵州剑河，即寒武系苗岭统乌溜阶，结束了国际地层委员会寒武系分会对该金钉子长达20余年的研究和选择。这颗金钉子位于贵州省剑河县八郎村附近的乌溜—曾家岩剖面（108°24.830′E，26°4.843′N）。其全球层型点位，位于该剖面凯里组底界之上52.8 m处，以那时地理分布较广的多节类三叶虫——印度掘头虫*Oryctocephalus indicus*的首次出现（FAD）为标志，成为国际寒武系苗岭统乌溜阶底界的金钉子GSSP（图1–1–2F, G）。也就是说，全球寒武系第三统终于有了正式的名称，即苗岭统，它的标准地层就分布于贵州省黔东南苗族侗族自治州境内的苗岭山脉；寒武系第五阶也有了正式名称，即乌溜阶，其全球标准就处在贵州乌溜—曾家崖剖面的乌溜坡。

那么，如此花费专家们多年精力打造的金钉子又是如何确立的呢？

事实上，在大约46亿年历史的地球上，生存、繁衍和死亡后埋藏的数以亿万计的生物，是反映地质历史最灵敏的物质形态。认识地球的最好办法之一就是研究每一历史时期的生物化石，化石就好比地球史书中的最主要文字，最真实地记载着地球发展变化的绝大部分历史故事。生物演化的阶段性和不可逆性，使得不同的化石可以成为划分不同年代的标志。百余年来，地质科学家一直试图划分和对比地表岩石圈层的地层单位（宇、界、系、统、阶）和对应的形成年代（宙、代、纪、

表 1-1-1　在中国建立的全球标准层型剖面和点位（“金钉子”）（截至2013年8月30日；据文献[37]）

阶（底界）	GSSP 层型剖面地点	层型点位	生物标志	地理坐标	备注	文献	批准年份	建立顺序
印度阶	浙江长兴煤山（D 剖面）	殷坑组底之上 19 cm，27c 层之底	牙形刺 *Hindeodus parous* 首现	109°42′22.24″E 31°04′50.47″N	同时定义下三叠统、三叠系、中生界底界	Episodes 24/2[32]	2001	2
长兴阶	浙江长兴煤山	长兴组底界之上 88 cm，4a-2 层之底	牙形刺 *Clarkina wangi* 首现	109°42′22.9″E 31°04′55″N		Episodes 29/3[31]	2005	5
吴家坪阶	广西来宾蓬莱滩	茅口组来宾灰岩顶部，6 k 层之底	牙形刺 *Ctcrkisea postbitters* 首现	109°19′16″E 23°41′43″N	同时定义乐平统底界	Episodes 29/4[159]	2004	4
维宪阶	广西柳州北岸乡碰冲	鹿寨组碰冲段 83 层之底	有孔虫 *Eoparastaffella sireplex* 首现	109°27′E 24°26′N		Episcdes 26/2[143]**	2008	7*
赫南特阶	湖北宜昌王家湾	五峰组观音桥层底界之下 39 cm	笔石 *Normalogra ptus-extraordinarius* 首现	111°25′10″E 30°58′56″N		Episodes 29/3[16o]	2006	6
大坪阶	湖北宜昌黄花场	大湾组底界之上 10.57 m，SHod-16 牙形刺样品层之底	牙形刺 *Baltoniodus triangularis* 首现	110°22′26.5″E 30″51′37.8″N	同时定义中奥陶统底界	Episodes 28/2[135]** Episodes 32/2[161]	2008	7*
达瑞威尔阶	浙江常山钳口镇黄泥塘	宁国组中部，化石层 AEP184 之底	笔石 *Undulogra ptus-austrodentatus* 首现	118°29.558′E 28°52.265′N		Chen &. Bergström[78] Episodes 20/3[162]	1997	1
江山阶	浙江江山碓边	华严寺组底界之上 108.12 m	球接子三叶虫 *Agnostotes orientalis* 首现	118°36.887′E 28°48.977′N		Episodes 35/4[2]	2011	10
排碧阶	湖南花垣排碧四新村	花桥组底界之上 369.06 m	球接子三叶虫 *Glyptagnostus reliculaus* 首现	119°31.54′E 28°23.37′N	同时定义芙蓉统底界	Lethaia 37[83]	2003	3
古丈阶	湖南古丈罗依溪西北约 5 km	花桥组底界之上 121.3 m	球接子三叶虫 *Lejopyge ieeigcta* 首现	119°57.88′E 28″43.20′N		Episodes 32/1[34]	2008	7*

世、期），而寻找标志化石来准确标定各个年代地层单位之间的GSSP分界线，建立金钉子剖面，成为公认的最为合理有效的方法（图1-1-3）。即成立相关专家组成的某一地层界线工作组，在全球范围内选取特定的相关岩层层序的一些特定“点”，也就是“金钉子”。一旦在世界某个地方钉下（即确立）这个点，该地就变成一个地质年代单元起始的“国际标准”，以此来定义和识别上、下地层的界线，还可以对应标出其他岩层的“年龄”，是年代地层统一的“度量衡”。可以说，有了“金钉子”，全球的地质工作者就有了公认的“共同语言”。

但迄今为止，大约只有一半的年代地层单位有了自己的“金钉子”（图1-1-4），其中最引人注目的古生界底界和中生界底界的“金钉子”始终存在争议。

古生代开始于5.41亿年前，也是显生宙的起始，多细胞的动、植物各门类在这个时期迅速起源、辐射；古生代的动物群主要是无脊椎动物中的三叶虫、软体动物和腕足动物；在古生代的最早期发生过“寒武纪生命大爆发”的重大事件，其中多细胞的主要动物门类的起源标志成为学者们研究的焦点，涉及标志化石的选择，也成为地层学家最为关注的热点课题；在古生代末期地球也经历过一次包括全球大海退在内的巨大“灾变”事件，90%的物种灭绝。中生代开始于2.51亿年前，结束于6500万年前，又被称为“爬行动物时代”“菊石时代”和“裸子植物时代”；中生代初期各主要类群的复苏和标志物种的出现也是古生物学家争议的热点，中生代后期的地壳运动对动物的演化产生了巨大影响，爬行的恐龙等盛极一时的优势动物种类趋于灭绝。

100多年以来，古生界和中生界这一重要“大界线”的划分方案，地质学界一直是沿用耳菊石化石作为标志，但由于耳菊石分布的局限性，无法有效地对比全球范围内的地质变化记录。

由于历史原因，我国1977年才加入到全球“金钉子”研究的行列，比国际上晚了十余年。但和“两弹一星”的研制成功一样，举国之力集中科研精英一起攻坚克难，效率非常惊人。我国学者为主的金钉子研究团队十余年磨一剑，自1986年由殷鸿福院士提出将我国地质工作者在浙江长兴煤山发现的牙形石化石作为确定古、中生界分界线的标志化石后，对候选的浙江长兴煤山剖面进行了综合细致的考察研究，取得了丰硕的成果，使得这一在全球地质学界引起强烈反响的全新标志获得了充足的证据支持。

图1-1-3　A. 国际年代地层表和金钉子剖面；B. 金钉子剖面的建立过程；C. 唐烽考察浙江常山金钉子剖面；D. 中奥陶统达瑞威尔阶GSSP标识碑（浙江常山黄泥塘地质公园）

随后，1996年，中、美、俄、德等国的9名科学家在国际刊物上发表联名文章，推荐以中国浙江长兴县煤山地质剖面的牙形石化石为划分古生界和中生界的标志化石。此后，又经过国际学术组织三轮投票，最终由国际地质科学联合会认可，于2005年批准确定了煤山剖面在地质学上的“金钉子”地位。

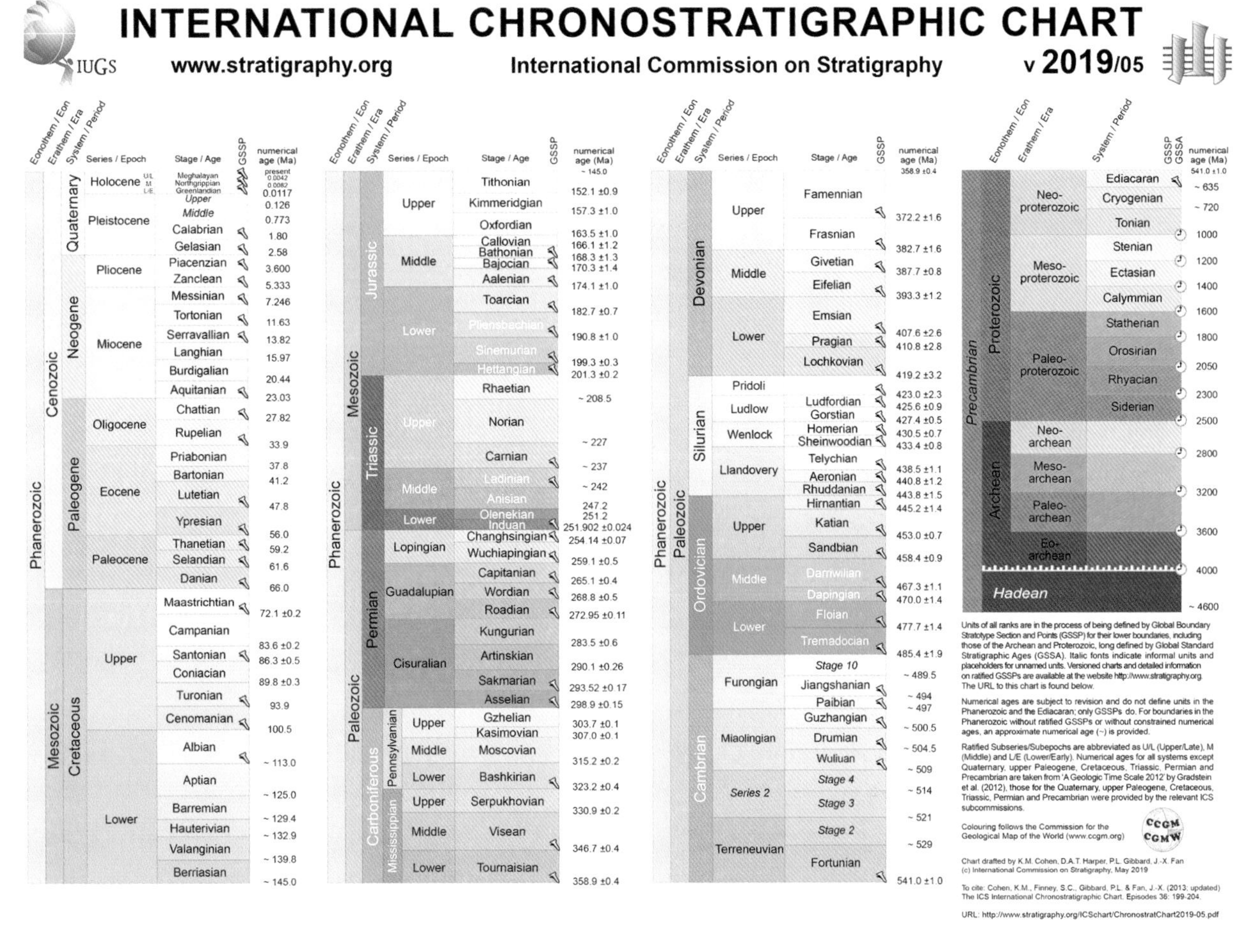

图1-1-4　2019年版国际年代地层表（地层界线间的“钉子”标志代表已经确立了的“金钉子”）

图1-1-5　A. 云南晋宁梅树村中国震旦系—寒武系界线层型剖面；B, C. 梅树村剖面高清遥感卫星图片（黄方块为剖面起点）；D. 界线剖面起点碑；E. 前寒武系（震旦系）—寒武系界线（B点，摄于2019年）

同时，我国最早冲击另一个“大界线”——古生界底界的金钉子研究成果的国家项目始于1977年，经过由原地质矿产部牵头组织的数年专题研究，我国学者在1983年正式提出了中国云南晋宁县梅树村剖面作为国际寒武系（古生界）底界金钉子的候选剖面，也就是本书重点介绍的经典剖面（图1-1-5），但遗憾的是，这一曾经是国际前寒武系—寒武系界线的唯一候选层型剖面及候选点位却经历了一波三折，最终落选，详情参见本书后面的章节。

2 中国第一个“金钉子”候选剖面（云南晋宁梅树村剖面）的前世今生

全球标准层型剖面和点位（GSSP，“金钉子”），是地层学上的国际标准，用于划分和定义全球年代地层基本工作单位“阶”的底界（彭善池，2014）。如何确定这个标准，国际地层委员会有明确的要求：点位选择在特征明显、易于识别的连续海相沉积地层——界线层型；点位标志就是保存在世界不同地区岩层中的基本同步发生的生物成种事件——标志化石（marker fossil）的“首现”。地球上的生命化石记载着生命从简单到复杂的不可逆演化进程中的许多重要阶段，在这些生命演化的阶段性节点上出现的关键物种就是“金钉子”所确定的标志化石，这类标志化石还要有尽可能广的地理分布，在全球主要区域大都易于识别和对比。

中国在“文革”结束之后的1977年就已经开始进行全球“金钉子”的自主或合作研究，到2019年年底的40余年间已经确立了12枚“金钉子”，均为显生宇（寒武系至三叠系）年代地层“阶”的底界，迄今为止我国已经是世界上拥有“金钉子”最多的国家。这些已被批准建立的“金钉子”几乎都选取营漂浮或浮游生活、有着洲际或全球性地理分布的演化意义明显的物种作为标志化石，如球节子三叶虫、笔石、有孔虫和牙形刺等。

寒武系底界是显生宇的第一个“金钉子”（GSSP）界线，精准厘定这枚“金钉子”是世界各国长期以来存在争论又急于解决的重大国际地层研究课题之一。这枚“金钉子”是中国学者在“文革”后参与的首个全球地层对比的国际合作与竞争目标，曾经是近在咫尺的目标，而且其确立前后的争议可能也是迄今所有GSSP研究工作中最罕见离奇的。1992年国际地科联批准确立以遗迹化石首现作为寒武系底界GSSP的标志以来，经过20多年全球地层对比的实践和地质同行的质疑，近期终于进入重新厘定的程序。当年在冲击中国首个“金钉子”过程中，我国前辈学者们的巨大努力和贡献极大提升了前寒武系—寒武系过渡层的研究程度和我国在该领域交流的话语权。尽管可能由于一些非学术的因素，最有希望的华南滇东梅树村候选层型剖面及点位最终落选，但在争取和争议中不断推进了华南寒武系底界“金钉子”标志化石的对比研究，加上近年来查明了更加丰富的化石组合材料，为寻找和确立新的界线层型剖面、选定新的标志化石及其最低出露层位奠定了基础。本节概述了20世纪末国际寒武系底界“金钉子”竞争的曲折过程，以及界线层型剖面及其标志化石的选择争议与变化；记述了以梅树村经典剖面为主的中国云南东部有关埃迪卡拉（震旦）系—寒武系（Ed–Ca）界线过渡层剖面，及其中具有大区域对比潜力的标准化石（带）；提出了重新确定寒武系底界“金钉子”标志化石的新选择。

2.1 寒武系底界“金钉子”的竞争过程大事记及应用现状

1972年，成立国际“前寒武系—寒武系界线工作组”，J. W. Cowie为主席。

1974年，这项界线工作被列入“国际地质合作计划（IGCP）”第29号项目。

1978年，英国剑桥会议上首次确定前寒武系—寒武系的基本划界原则为运用生物地层学方法确定生物演化显著变化，即岩层中出现各种具壳化石组合的最老地层单元的底部；同年，我国正式加入这一项目，组成邢裕盛、张文堂等四人为主的国内工作组，协调组织国内、外同行专家对我国该界线地层典型剖面的野外考察和对比研究（图1–2–1A, C, E）。

1980年，原地质部为了从国家层面加强全面研究，争取建立我国第一枚“金钉子”，特别向所属单位下达了“中国前寒武系—寒武系界线研究”任务，由地科院地质所邢裕盛负责组织各省局、所及部属高校专家协同研究，在川、滇、黔、鄂、陕等多地区艰苦工作，依据划界原则首次确立云南梅树村剖面为区域候选界线层型，带壳化石首次出露的“*A*”点为界线点（罗惠麟等，1982；邢裕盛等，1984；图1–2–1D–G），并同样详细划分了界线过渡层中的遗迹化石组合（罗惠麟等，1984）。

1983年，英国布里斯托尔会议上又具体规定了前寒武系—寒武系界线层型的划界标准为“尽可能定在可行的具有良好对比潜力的已知多门类带壳化石最低出现点附近”，还确定了西伯利亚东部Ulakhan–Sulugur剖面、纽芬兰Burin半岛剖面和云南晋宁梅树村剖面为三条候选剖面。

1984年，莫斯科会议上投票表决通过了中国梅树村剖面为国际前寒武系—寒武系唯一候选界线层型（图1–2–2A–D），但附加上报的提案又推迟了国际地层委员会（ICS）的最终表决。

1985年，国际工作组通讯表决再次确认中国的梅树村候选层型剖面，及该剖面多门类小壳化石首现的“B”点为界线点（罗惠麟等，1991；图1–2–3A, B）。

1987年，加拿大纽芬兰的界线工作会议中重新讨论了划界标准，国外学者希望以纽芬兰半岛界线剖面中出露明显的钻孔遗迹化石作为新的标志化石，并在会后的2年时间里重点研究了该地区主要剖面遗迹化石方面的地层划分。

1989年，工作组主席Cowie编辑的专辑《前寒武系—寒武系界线》中也再次明确了界线标志的变化，正式提出在沉积表层有分枝、或有三度空间变化的遗迹化石作为划分界线点的主要生物标志化石（Conway Morris，1989）。

1990年，界线工作组组织的正式投票中仓促通过了纽芬兰的幸运角剖面为前寒武系—寒武系界线层型，并将在该剖面中的遗迹化石*Treptichnus*（*Phycodes*） *pedum*的首现作为界线点，我国首次冲击“金钉子”的努力没有获得成功（钱逸等，1999；彭善池，2014；图1–2–3C, D）。

1992年，邢裕盛、丁启秀等组织国际合作项目IGCP303/320项目在中国地区经典剖面的考察，包括中国同行在内一共9个国家研究前寒武系及寒武系界线的相关学者共同参观了湖北峡东震旦系剖面和云南梅树村震旦—寒武系界线剖面（图1–2–1B, F，本章3位作者参加了这次项目考察）。界线工作组的部分投票专家参加了这次现场考察，但为时已晚，于事无补!

1992年，国际地科联正式批准将全球前寒武系—寒武系界线的层型点（GSSP，“金钉子”）确定在加拿大纽芬兰统幸运阶的幸运角（Forturn Head）剖面，即其中遗迹化石*Treptichnus*（*Phycodes*）*pedum*的首现层位（Landing，1994），这是全球显生宇首个也是唯一一个以遗迹化石首现作为“金钉子”的标志点。

与之前工作会议的争议一样，这项决议一经公布，就受到各国许多同行学者的反对（钱逸等，1999；Sun Weiguo，1999），理由大体归纳如下：

其一，该全球层型剖面是以硅质碎屑岩为主的综合性剖面，碳酸盐岩中常见的小壳化石出现层位很高，分布局限且贫乏，无法精确对比碳酸盐岩相区的界线地层。

其二，遗迹化石组合分带与三叶虫化石带也不在同一剖面中出现，且缺失北美、欧洲分布广泛的

图1–2–1　A. 1987年Cowie、邢裕盛和项礼文在湖北三峡剖面留影，排座有讲究（Cowie代表界线，邢裕盛代表前寒武系，项礼文代表寒武系，当然让Cowie居中也是符合礼仪的）；B. 1978年11月国际前寒武系—寒武系界线工作组成员在湖北三峡田家园子剖面合影；C. 1992年9月云南晋宁梅树村界线剖面起点碑处邢裕盛与高林志、唐烽合影；D. 2018年剖面起点碑处张世山与课题组部分成员合影；E. 1978年摄之云南晋宁梅树村剖面；F. 1992年IGCP303/320项目组成员考察梅树村剖面（左立拍照者是昆阳磷矿张世山）；G. 梅树村剖面“*A*”点（摄于2018年）

C 有关前寒武—寒武系界线层型研究的片段材料

四、利用国际讲坛宣传了我国地质工作成就，扩大了对外影响。为使前寒武系——寒武系界线层型选在我国争得了国际同行的支持

1978年我国参加国际前寒武系——寒武系界线工作组的活动以前，该工作组已在世界各地进行了六年的考察活动。但对我国的前寒武系——武系界线剖面研究情况知之极少，根本谈不到在我国选择界线层型问题。1978年我国参加该工作组以后，部外事局和院外事处为此项目创造了一些必要的外事活动条件，采用请进来和派出去的办法，加强对外联系，广交朋友，利用国际学术讲坛对外宣传我们在研究界线方面的成果，请他们看我们的剖面，同时我们也利用一切可以利用的机会掌握国外研究信息，改进我们的研究工作，争取在有关的各研究领域赶上和超过国外同类剖面的研究水平。

1978年和1982年国际界线工作组两次来华考察前寒武系——寒武系界线剖面，和1983年我国派代表出席在英国布里斯托尔召开的该界线工作组全体成员会议，对梅树村剖面被选为国际界线层型都起了很大作用。1978年和1982年该界线工作组代表团两次来访，使该工作组的大部分正式委员亲眼看到了中国剖面的优越性和研究程度，决定将中国剖面先后列为国际层型工作参考剖面和层型候选剖面，并在以后的表决中有理由投中国梅树村剖面的票。1983年我国代表出席布里斯托尔会议，奠定了梅树村剖面当选为全球唯一界线层型候选剖面的基础。这次会议上，

—5—

我们对中国界线剖面作了全面介绍，对梅树村剖面作了详细介绍并提供了各个领域的[illegible]书面报告共六分，对别人提出的问题进行了答辩，与苏联的西伯利亚剖面进行了强烈的竞争。这些活动的结果，使得苏联剖面在1983年10月的正式表决中被否定了，我国梅树村剖面在1983年12月至1984年1月的通讯投票中获得绝大多数赞成票而被界线工作组通过为向国际地层委员会推荐的唯一的国际界线层型候选剖面。可以说，没有1983年5月布里斯托尔会议的讨论和斗争，就不会有1984年1月有利于我们的投票结果。

1984年8月的莫斯科会议是维护梅树村剖面作为国际界线层型唯一候选剖面地位的另一次斗争。在这次会上，苏联代表极力反对将梅树村剖面作为国际界线层型唯一候选剖面提交国际地层委员会审定。由于我国出席会议的同志们据理斗争，苏联代表的建议被否定了，如果没有我国代表在会议上与之针锋相对的斗争，争得了国际同行对梅树村剖面的支持，几乎可以肯定，梅树村剖面在莫斯科大会期间有可能被否定作为国际界线层型候选剖面。

上述事实说明，我们在争取将全球前寒武系——寒武系界线层型选在我国的过程中，是以外事工作为前导，以国内科学研究为依托的。我们的梅树村剖面能被选为国际界线层型唯一的候选剖面，我国的寒武系——寒武系界线研究能达到国际水平，除了国内各级科技管理部门的支持，具体工作同志的努力之外，外事工作在

—6—

图1–2–2　**A.** 梅树村剖面高清卫星图（红色线条为层型剖面线，*B-B'* 为小歪头山地段的下部地层，放大见图1–1–5C，*C-C'* 为八道湾地段的上部地层）；**B.** 2017年竖立之剖面标识牌；**C, D.** 关于前寒武—寒武系界线层型研究的片段材料

图1-2-3 A. 2005年邢裕盛摄于梅树村剖面*B*点；B. 唐烽摄于*B*点界桩（2009年9月）；C.加拿大纽芬兰半岛幸运角剖面GSSP点位（黄点为*Treptichnus*出露点）；D. 遗迹化石带底界GSSP之下又发现两层标志化石出露（圆圈点处）

最老三叶虫带化石，难以进行全球的精确对比。

其三，该剖面界线上、下都出现断层，附近岩层明显变质且缺乏火山岩层，缺乏古地磁资料和同位素年龄及碳同位素异常等辅助对比标志，限制了全球地层对比的潜力（顾鹏等，2018）。

其四，也是最致命的缺陷，即遗迹化石本身具有受沉积环境和保存条件的控制明显、造迹生物不确定等局限性，野外实际识别时可能相似岩相会重复出现，导致化石带延限很长，容易造成大范围区域对比时发生混乱，违背了生物地层学化石（组合）带不可逆出露的基本原则，即，“遗迹化石带并不是生物地层学的一个可行的方法”（Cowie，1985）。例如，在确立这一遗迹化石标志界面后的第二年，经过深入勘察发掘后，澳大利亚学者就在层型剖面原金钉子点位之下3.11 m和4.41 m处又发现有遗迹化石*Treptichnus pedum*的出露（图1-2-3C, D）；而在华南的中寒武统下部凯里组也发现过类似的*Phycodes*遗迹化石（王约等，2014）；本课题组人员也在川北南江的下寒武统郭家坝组和滇东安宁的沧浪铺组层面上分别发现过遗迹化石*Phycodes*标志性成对孔穴（图1-2-4A–D）；在梅树村层型剖面第4层（下磷矿层）层面上同样出露排列规则的钻孔和复杂分枝的遗迹化石，且与密集平行层面的“前寒武纪型”漫移迹化石相伴生（图1-2-5A–F）。

因此，20世纪末期建立在幸运角剖面的这枚“金钉子”实际上既不合理，也并没有得到有效的应用，各国学者都各自采用了不同的寒武系底界的地层对比标志。

图1–2–4 **A.** 四川南江早寒武世郭家坝组*Phycodes*孔穴状化石；**B-D.** 云南安宁早寒武世沧浪铺组*Phycodes*钻孔化石

目前，国际上部分熟悉化学地层的地质专家普遍采用寒武系底部全球性存在的碳同位素异常漂移事件的发生为分界标准，因为这一事件在全球各大区埃迪卡拉系—寒武系（Ed–Ca）界线过渡层中均有发现（Zhang et al.，1996；Kimura et al.，1997；Kouchinsky et al.，2007；Li et al.，2009），与埃迪卡拉（文德）生物群的灭绝事件在时间上基本一致（Amthor et al.，2003；Zhu et al.，2007），即也以埃迪卡拉标志化石的“末现”作为辅助对比标准（图1–2–6A, B），但实际上在各地的地球化学漂移突变的数据获取成本较高，以及埃迪卡拉动物群化石分布局限，使得界线地层以此为标准的对比难度较大。

而俄罗斯的同行学者则一直坚持使用在西伯利亚东部建立的寒武系下部“Tommotian”阶的底界作为寒武系底界（Khomentovsky and Karlova，2005；Rozanov et al.，2008；Rogov et al.，2015），以古杯类和小壳化石共生组合的首现为标志，不过这一标志层显著高于全球多地的地化指标较大异常的事件层。

中国的绝大多数地层学者和一线的地质工作者仍然习惯采用梅树村阶的底部（即中谊村段的底部），以小壳化石第Ⅰ组合典型分子的首现（梅树村剖面第2～3层界线，即高品位的下磷矿层底界）为标准（图1–2–7），而这个界线略高于*A*点，但明显低于西伯利亚地区“Tommotian”阶的底界（罗惠麟等，1994；钱逸等，1996；Zhu et al.，1997，2003；彭善池，2000；张文堂和朱兆玲，2000；Qian et al.，2001）。

因而，尽管国际地层委员会早在1992年已经指定三维空间分布的遗迹化石*Treptichnus pedum*作为

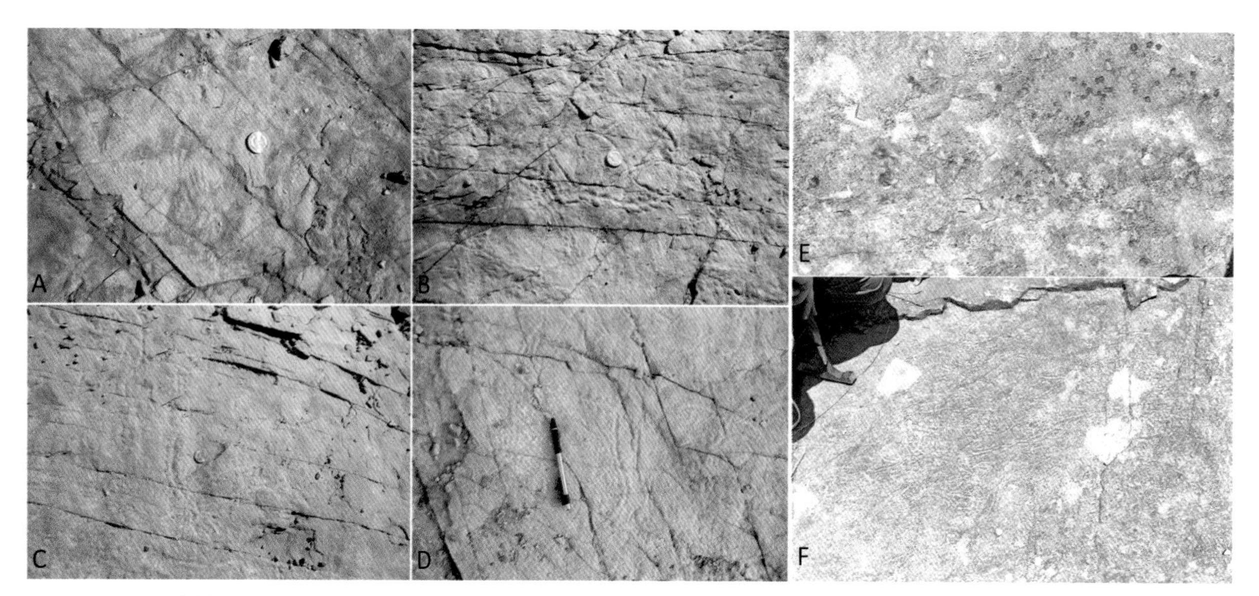

图1-2-5 A-D. 梅树村剖面第6层底部层面各种分枝状遗迹化石；E. 第4层上部层面出露明显的成对孔穴状*Phycodes*遗迹化石；F. 风化剥露的下层面富集扰动的漫移迹化石

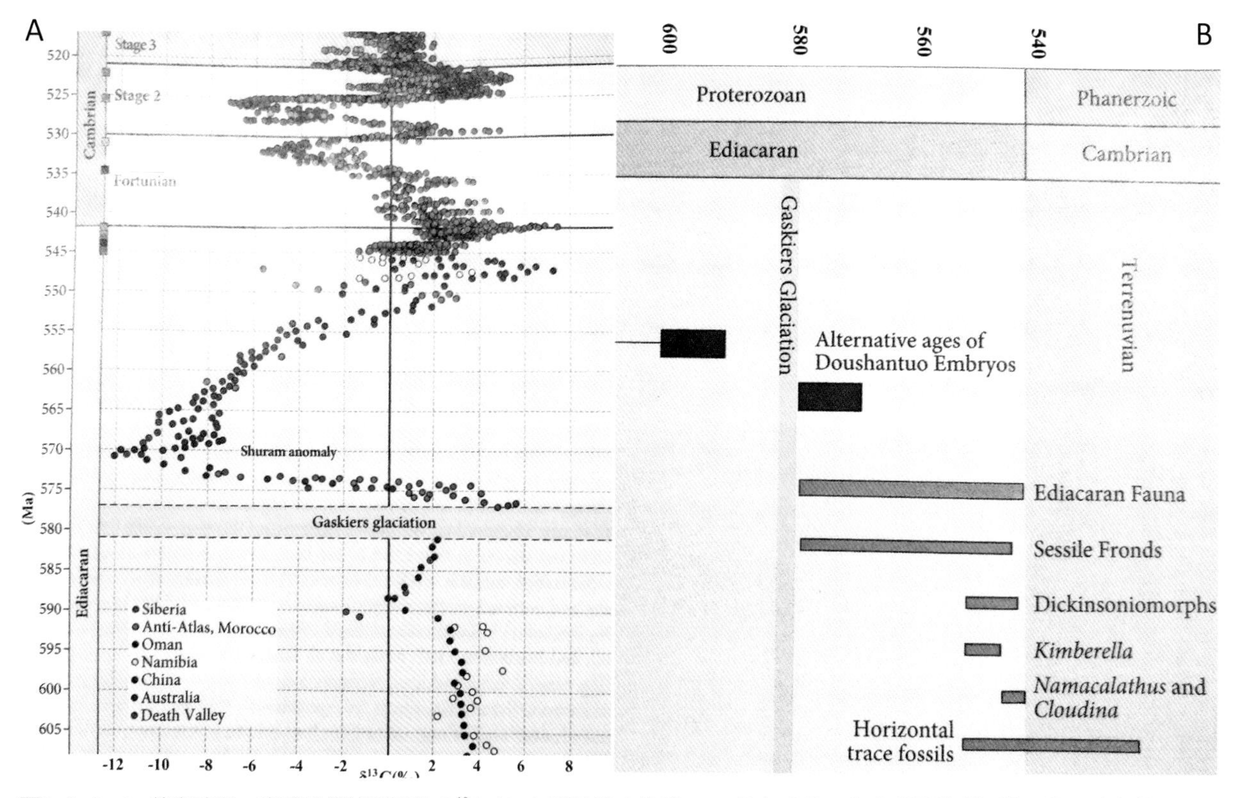

图1-2-6 A. 前寒武系—寒武系界线附近的$\delta^{13}C$（‰）同位素变化图；B. 前寒武系—寒武系界线附近地层化石分布简图（自Amthor et al., 2003；Bowring et al., 2007）

标志化石界定寒武系底界，但研究人员现在普遍认为这一标志很难在全球对比应用，正在提出关于重新考虑这一界线层型标准的建议。即鉴于寒武系底界GSSP建立20多年来存在的问题并依据新版的国际地层指南，重新研究该金钉子标准的倡议近期被提出。2012年澳大利亚国际地质大会上成立了“寒武系组芬兰统幸运阶国际工作组”，试图厘清现阶段不同定界标准之间的相互时序关系，避免关于寒武纪早期地层精确对比和生物演化解释上的相互矛盾和混乱（朱茂炎，2016）。近年来，该工作组已经现场考察了中国华南、阿曼、蒙古和北美的相关剖面，重新研究厘定了小壳化石组合带和疑源类组合带，提出了地化突变事件标志界面结合小壳化石和疑源类微化石组合的辅助标志可以作为金钉子标志对比的建议。

目前，2014—2019年版的地质年代表所推荐采用的寒武系底界年龄GSSA（541 Ma）就是依据寒武系底部全球均有发现的碳同位素异常事件这一标准，在阿曼的剖面上获得的（Amthor et al.，2003；Bowring et al.，2007）。

图1-2-7 A. 梅树村剖面0～1层（*A*点）；B. 梅树村剖面2～3层界线-岩性分层界面（左侧木把）；C. 尹崇玉研究员观察3～4层小壳化石；D. 梅树村剖面4～5层；E. 梅树村剖面6～7层（*B*点）；F. 梅树村剖面7～8层

2.2 埃迪卡拉系—寒武系 (Ed-Ca) 界线层型剖面及其标志化石

近年来，选择前寒武系—寒武系界线合适的全球层型剖面，特别是更合适的标志化石，已经成为国内、外同行专家共同努力和关注的方向。

国际前寒武纪地层的最末系已经命名建立了埃迪卡拉系（Ediacaran），相当于中国的震旦系，寒武系（Cambrian）底界GSSP相当于埃迪卡拉系—寒武系（Ed–Ca）界线。尽管该界线的“金钉子”最终“幸运”地花落纽芬兰的幸运角剖面，但比较当年参加竞争的三个候选界线层型剖面，只有中国云南的梅树村剖面及邻近剖面为碳酸盐岩—磷质岩—碎屑岩的互层沉积，微相类型齐全，富含多门类的小壳化石和多种类型的遗迹化石，与北大西洋—太平洋地区均可以对比，上部出露的最古老三叶虫带还可以与南太平洋—古地中海地区对比，实质上成为可以进行大区域层型对比的最重要的关键剖面（图1–2–8A–D）。

然而，小壳化石及遗迹化石作为标志化石各自都存在重大的对比缺陷，即两者均受沉积环境的控制明显，属于特殊环境下沉积的特异埋藏类群。小壳化石基本出露在浅水—滨岸相带的碳酸盐岩和磷质岩沉积区，碎屑岩沉积区则只能借助过渡相带的其他辅助标志进行对比；而遗迹化石主要保存在细粒至粉砂级别的含硅质碎屑岩层中，但在相似的沉积环境，也即相同的相带中更会重复出现多层，极易造成对比的混乱，显然不宜作为年代地层中确定GSSP进行精准对比的标准。但由于这两类化石研究程度较高，演化组合明显，在选择新的层型剖面中仍然应当作为重要的辅助对比标准。

实际上，寒武纪初期生命大爆发之前，多门类后生生物的起源及演化迅速，阶段性明显，在下伏的埃迪卡拉系生物群及其他同时代生物群中已经有所显现。

近20年来，在华南滇东的江川地区新发掘的“江川生物群”，形态更为多样，补充了扬子地区以庙河生物群为代表的埃迪卡拉纪陡山沱期后生生物首次辐射，与早寒武世后生动物大爆发之间的宏体化石材料，极大丰富了我国埃迪卡拉纪晚期的宏体化石内容。江川的侯家山—清水沟剖面自下而上从灯影组的碎屑岩与白云岩互层（旧城段）至寒武系底部的磷矿沉积层（中谊村段）出露有连续的宏体化石组合记录（图1–2–9A），可以细分埃迪卡拉系顶部灯影峡阶的化石带，并与华南底寒武统的晋宁阶（?）或梅树村阶对接，具备作为标准层型剖面的较大潜力。因此，建议寒武系的底界依然应当确定系统演化意义显著、在地层中基本连续不可逆分布的实体化石门类作为GSSP标志化石，比如新发现的条带状炭质压膜化石（未定名）；而埃迪卡拉系顶阶的底界标志化石可以首选分布广泛、易于观察的宏体化石如陕西迹化石 *Shaanxilithes*（唐烽等，2015；顾鹏等，2018）（图1–2–9B, F），再结合其他矿化管状化石如*Cloudina*，以及小壳化石、遗迹化石、疑源类微化石等其他辅助标志，如此来共同确定前寒武系最顶阶的底界和前寒武系—寒武系界线将不失为一个更好的选择。再进一步补充和完善拟推荐的新层型剖面，如云南江川清水沟剖面、云南永善肖滩等剖面中各门类化石组合带及其生物地层序列的资料。在此基础上，对比梅树村经典剖面，并审慎选择同位素地球化学、古地磁学等数据变化曲线作为综合对比标准。即今后除了继续验证台缘相磷矿产区的晋宁梅树村及王家湾经典剖面的综合地层学资料，尤其是在江川清水沟剖面已经建立的化石组合在滇东、滇东北区域上的分布规律，更有必要在斜坡相带努力寻找和确立新标志化石带及其最低出露层位；同时，为了确保点位能在不同岩相的地层中识别和应用，需要采用尽可能多的辅助标志或手段，如其他生物门类的标志化石、碳同位素演变标志、地磁极性变化标志等。

2.3　梅树村经典剖面的建立、保护和利用

梅树村经典剖面的最早研究和命名分别可以追溯到20世纪的30年代末，抗日战争全面爆发后，转移到云南大后方的众多地质学界前辈在昆明及周边地区地质调查时，首先发现了中邑（谊）村磷矿，随后对磷矿区的分布、地层划分和古生物化石进行了初步的调查与研究。及至中华人民共和国成立之初的50年代，地质部系统的单位对该磷矿区开展了一系列的资源普查及勘探，采集的标本、编写的资料经深入的研究，孙云铸（1961）首次命名筇竹寺阶/组并划分了相关化石带，江能人（1964）正式提出梅树村组的名称。随着昆阳磷矿的大规模露采开发，以及在该地区推进的震旦系—寒武系界线地层

图1-2-8　A. 梅树村界线层型主剖面*B-B'*起点碑及北面观；B. 主剖面*B-B'*南面观；C. 在小歪头山南侧鸟瞰昆阳磷矿主采区（中间远处为八道湾地段*C-C'*剖面）；D. 八道湾*C-C'*剖面近景

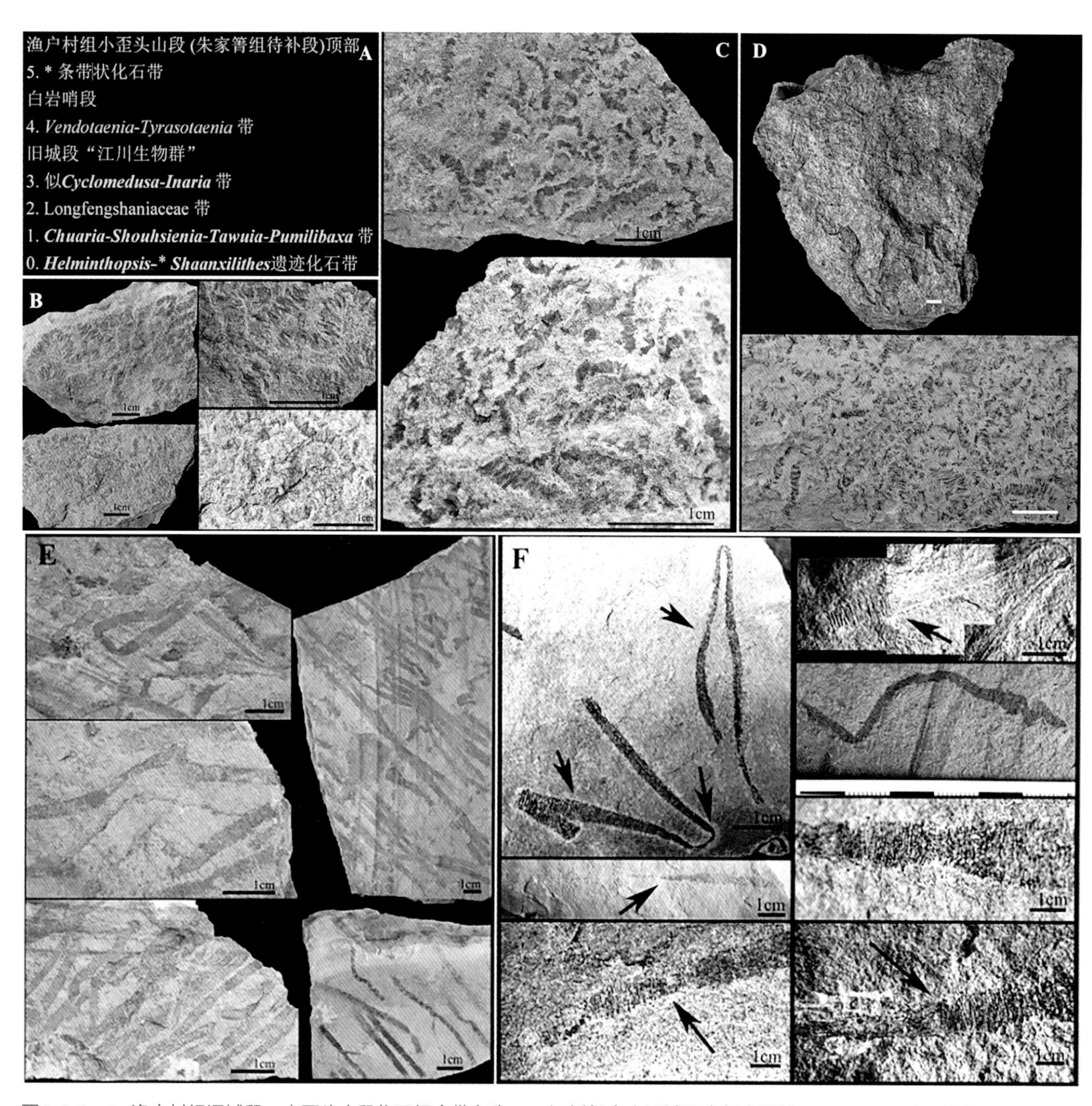

图1-2-9 A. 渔户村组旧城段—小歪头山段化石组合带名称；B. 江川侯家山旧城段中部出露的*Shaanxilithes*陕西迹化石；C. 江川古埂旧城段*Shaanxilithes*化石；D. 宜良九乡发现的*Shaanxilithes*化石；E. 江川清水沟磷矿层底板层富集的条带状化石；F. 安宁鸣矣河下磷矿夹层中的条带状化石

划分对比的重点研究项目，加上“文革”10年的影响，直至1979年，才算基本完成了综合地层学的测制、研究及化石组合分带等梅树村剖面的确立、划定工作，包含小歪头山的灯影组顶部至寒武系梅树村组/阶的顶部剖面*B–B'*和八道湾的筇竹寺组/阶至不整合接触的中泥盆统海口组剖面*C–C'*（见图1-2-8、图1-2-10及本书第二、三章；罗惠麟等，1980—1982），1983年补测的团山顶北坡灯影组中、上部地层剖面*A–A'*，又进一步完善了梅树村剖面。

1983年，云南晋宁梅树村剖面被正式确定为国际前寒武系—寒武系界线层型的3条候选剖面之一（图1-2-10A）。如前所述，1979—1990年的10余年间，尽管划界标准多次更改，中国地质学界的前辈同行都勠力同心，不断深化梅树村剖面的研究和推广，特别是在1989年，由云南省人民政府批准（云政函〔1989〕22号），在晋宁梅树村建立“中国震旦系—寒武系界线层型剖面”省级自然保护区，由昆阳磷矿矿务局代为管护，保护区管委会设立在昆阳磷矿（图1-2-10B, C），自此长期位于磷矿采区的梅树村剖面被禁采且保留下来，经过几代科学家不断深入的研究对比而闻名于世，成为地层古生物学者和化石科普爱好者向往朝拜的圣地。管委会负责人张世山老师自1979年开始，40年如一日，植树造林，圈定剖面保护区范围；建碑立桩，标注地层划分的界线；积累标本，分类陈列，接待了大批国内、外地质同行及官员的参观访问，宣讲梅树村剖面的地质意义和演化意义（图1-2-10D），为云南省保存下来一块名头响亮、有国际影响力的地质资源类自然遗产。2016年，云南省正式规划界定了梅树村剖面保护区的范围红线，包括小歪头山地段的下部地层保护区和八道湾地段的上部地层保护区，并于2017年在主剖面醒目位置竖立标志牌（图1-2-11A–C），又于2018年正式接管保护区管委会，成立由昆明市直接管辖的自然保护区管护局，自此梅树村剖面被纳入政府管理国土资源的规范模式。

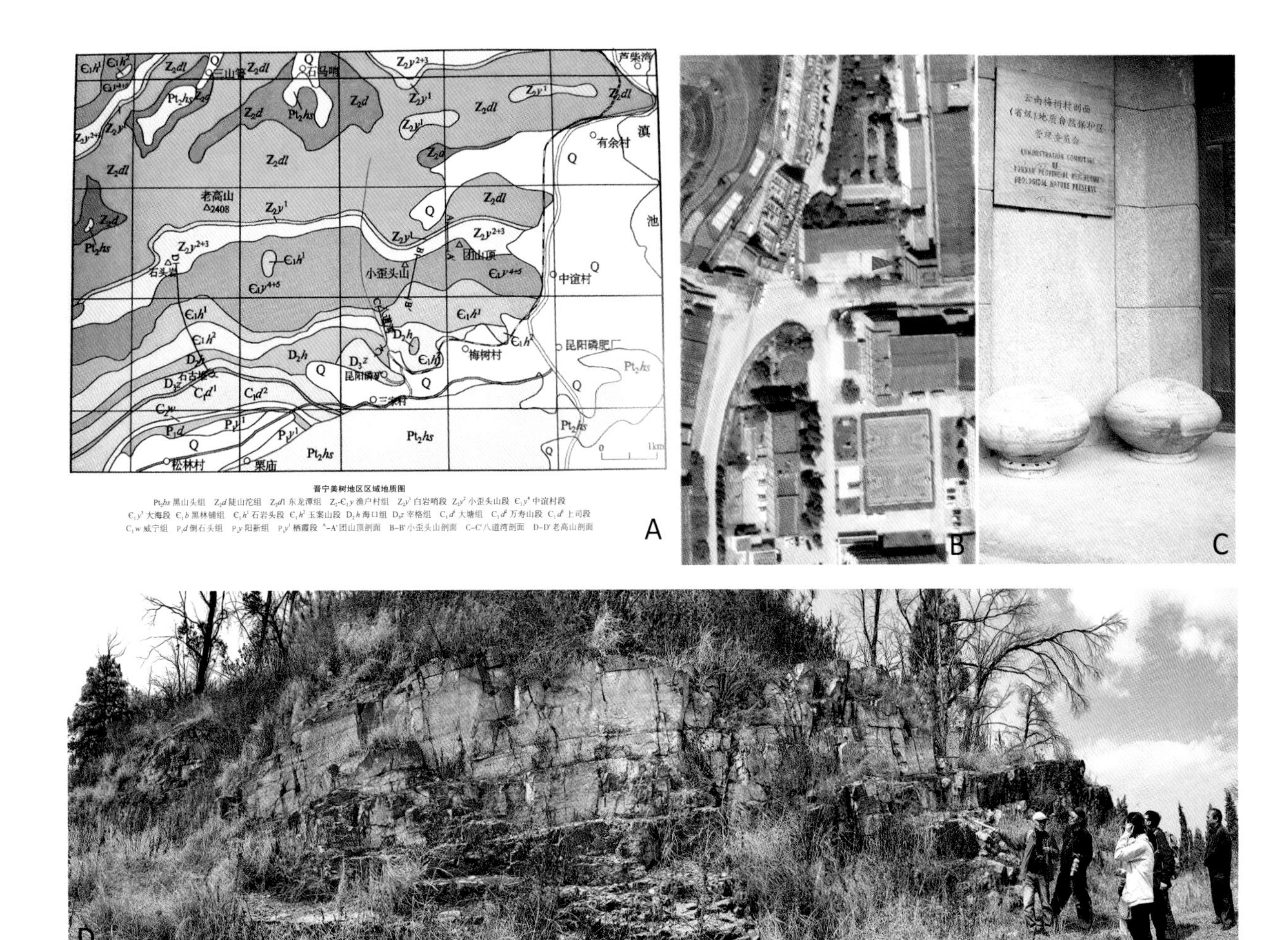

图1-2-10　**A.** 云南晋宁梅树村—昆阳磷矿区域地质略图及3条剖面路线（自罗惠麟等，**2019**）；**B.** 保护区管委会及所在位置卫星图；**C.** 管委会门口；**D.** 张世山老师带领本书部分作者参观小歪头山主剖面

图1-2-11 A. *B-B'*主剖面标志牌远景；B. 梅树村剖面保护区位置示意图（红线范围内）（梁永忠提供原图）；C. 本课题组部分师生与张世山老师在剖面终点合影

3 梅树村经典剖面生物群概况及化石名录

云南晋宁的梅树村经典剖面，如前一节所述，是由20世纪实测的并保留下来的*A-A'*、*B-B'*、*C-C'*三段剖面所组成（上节图1-2-10A）。其中，所赋存的主要化石组合或生物群也大体确定为三个，自下而上分别是埃迪卡拉/震旦系渔户村组下部旧城段—小歪头山段的"江川生物群"、渔户村组上部寒武系中谊村段—石岩头段的"梅树村生物群"和寒武系黑林铺组玉案山段的"澄江生物群"（岩石地层部分参见本书第二章）。梅树村生物群是早寒武世梅树村期地层中发现的以微小带壳生物和多种遗迹化石为主及其共生的其他生物类别的总称（罗惠麟等，2019）。该生物群是寒武纪生命大爆发的前奏序幕，是自澄江生物群为首个代表的寒武纪大爆发以前丰富多样的动物世界的先驱，也是梅树村剖面（云南省级）地质自然保护区主体的小歪头山地段*B-B'*剖面（1～8层）中产出的化石生物群。下伏的江川生物群在*A-A'*剖面也有出露，但发育最为完整齐全的还是在玉溪市江川区的侯家山至清水沟剖面，主要包含蠕虫状的陕西迹、宏体藻类和疑似动物的圆盘状似水母化石、条带状宏体化石，笔者将有另书介绍，兹不细述。上覆的澄江生物群在保护区的八道湾地段*C-C'*剖面（9～18层）中基本上都有发现，是以三叶虫为主要代表的寒武纪大爆发的"主幕"生物群，与小歪头山地段一起，该地段已经正式被规划为核心保护区域，禁止继续采石开矿；而澄江生物群原产地的帽天山地区也同样因为地质遗迹公园的规划保护，除了20世纪的研究成果以外，迄今已鉴定类别的化石大多数来自邻区的顺层采集标本。本节依照宏体化石的类型和梅树村标准剖面的层位列述梅树村生物群（1～12层）和澄江生物群（13～18层）化石的总体面貌如下（资料编自罗惠麟等，2019；原著可能有遗漏）。

3.1　遗迹化石

（括号内数字代表化石在梅树村标准剖面中的赋存层位，*代表化石带的标志化石，下同。）

Arenicolites sp.（3,6,11）

Asteriacites sp.（3）

**Cataulichnus viatorus* Jiang（6）

Cochlichnus sp.（4,6）

Cruziana cantabrica Seilacher（7）

**Didymaulichnus miettensis* Young（7），*Didymoulichnus* sp.（8）

Diplocraterion sp.（11）

Gordia multilogue Yin et al.（4），*G. molassica* Heer（11），*G. maeandria* Jiang（12）

Jinningichnus badaowanensis Li et Yang（11）

Lorenzina appenninica Gabelli（9）

Monocraterion sp.（4,12）

Monomorphichnus bilineari Crimes（18）

Monomorphichnus binearis Crimes（7），*Monomorphichnus* sp.（6）

Neonereites biserialis Seilacher（3,6），*N. unistrialis* Seilacher（3,6）

Paleomendron sp.（12）

**Plagiogmus arcuatus* Roedel（12），*P. minor* Yin et al.（12）

Planolites montanus Richter（8），*Planolites* sp.（1）

Protopaleodicton sp.（9）

Rusophycus meishucunensis Yin et al.（7）

Sabellarifex sp.（12）

**Sellaulichnus meishucunensis* Jiang（3），*Skolithos* sp.（1）

Skolithos linearis Haldemann（11）

Subphyllochorda yunnanensis Li et Yang（11）

Taphrhelminthopsis circularis Crimes et al.（9,11），*Taphrhelminthopsis* sp.（7）

**Treptichnus pedum* Seilacher（4,6）

Trichichnus sp.（9）

Yunnanichnus zhongyicunensis Li et Yang（3）

3.2　小壳化石

软舌螺类

Aimitus circupluteus Qian（13）

Allatheca degeeri Holm（11），*Allatheca* sp.（12）

Ambrolinevitus ventricosus Qian（18），*Ambrolinevitus* sp.（13）

Burithes cf. erum Miss（13）

Conotheca subcurvata Yu（5,7），*C. subulata* Yu（3）

Cupitheca mira He（7,8）

Exilitheca fangchengensis Qian（7,8）
Gonotheca subcurtata Yu（2,4,6）
Kunyangotheca ostiola Qian（3,4,6,8,10）
Leibotheca dilatata Qian（4,6）
Linevitus flabellaris Qian（13）
Neogloborilus spinatus Qian et Zhang（13）
Paraeonovitatus longervagiatus Jiang（11），*P. longispinatus* Jiang（12）
**Paragloborilus subglobosus* He（7,8）
Porcauricula hypsilippis Jiang（7）
Turcutheca crasseocochlia Syss（3 ~ 6），*T. scapoides* Jiang（8），*Turcutheca* sp.（2）
似软舌螺类
Annelitellus yangtzensis Qian（4）
Arthrochites emeishanensis Chen（5）
Coleolella bilingsi Syss（3,5），*C. recta* Mam（3 ~ 5,7,11,12）
Coleoloides typicalis Walcott（13）
Hetagonellus kuriminae Demidenko（4）
Hyolithellus tenuis Miss（6,7,11,12），*H. kijianicus* Miss（8），*Hyolithellus* sp.（4,10）
Pseudoralitheca crossa Yu（4,7,8），*P. tentacloides* Qian et Jiang（5）
Spirellus columnaris Jiang（3,5,6）
Torellella sp.（3 ~ 5,10,11）
阿纳巴管
**Anabarites trisulcatus* Miss（4 ~ 6），*A. primitivus* Qian et Jiang（2）
原牙形类
**Protohertzina anabarica* Miss（4,5），*P. unguliformis* Miss（3 ~ 5,7），*P. sacciformis* Miss（3,4）
Hertzina elongata Muller（4）
Mongodus salcus Demidenko（7）
Yunnanodus dolenus Wang et Jiang（7）
棱管壳类
Cyrtochites pinnoides Qian（5）
Dabashanites minus Chen（7）
Drepanochites dilcitcitus Qian（7），*D. dilatatus* Qian et Jiang（8）
Hulkiella sthemosobasis Jiang（4,11）
Halkieria saceiformis Mesh（7），*H. facciformis* Meshkova（8），*H. sthensabasis* Jiang（8），*H. andulata* Wang（7,8），*H. wangi* Demidenko（7,8）
Lomasulcachites macrus Qian et Jiang（7,8），*L. quadrogonus* Qian（8）
Lopochites latazonalis Qian（7,8）
Qudrochites disjianctus Qian et Chen（8）
Qudrosiphogonuchites curvatornatus Chen（7）

**Sinosachites flabelliformis* He（13）

**Siphogonuchites triangularis* Qian（7）

齿形壳类

Brushenodus prionodus Jiang（7）

Paracarinachites sinensis Qian et Jiang（6,7）

Pteromus jiangus Wang（7），*P. rapius* Wang（7）

Salanacus cornuta Grigorieva（4）

Scoponodus renustaus Jiang（7）

球形壳类

Archaeooides granulatus Qian（2～5）

Olivooides multisulcatus Qian（2～4）

腹足类

Archaeospia omata Yu（7）

Latouchella horobcoui Vostokova（4,7,8），*L. maidipingensis* Yu（7,8），*L. korobkovi* Vostokova（7,13）

Yangtzespira xindianensis Yu（7,8）

Yunnanopleura biformis Yu（7）

骨状壳类

Rhabdochutes exaspinatus He（7）

织金钉类

Chinnites longistriatus Qian（7）

开腔骨类

Allonnia erromenosa Jiang（11,12），*A. tetrithallis* Jiang（11），*A. simplex* Jiang（11），*A. tripodophora* Dore et Reid（13）

Archiasterella pentactina Sdzuy（11）

Chancelloria symrmetrica Vassilieva（7,8），*C. grosdilavi* Zhavleva et Korde（8），*C. bella* Demidenko（8），*C. gigantea* Qian（11），*C. iregularis* Qian（11,12）

Platyspinites digitatus Vassiljeva（8），*P. elegans* Demidenko（8）

托莫特壳类

Lapworthella reta Yue（13）

Tannuolina zhangwentangi Qian（13）

单板类

Aegites seberbes Jiang（7,8）

Aegltellus placus Jiang（6,7）

Asioputella undulate Yu（8），*A. sinuata* Parkhaev（8）

Bemella simplex Yu（4,7,8）

Canopoconus superatus Feng, Sun et Qian（7）

Crastoconus idiovus Jiang（8）

Emaginoconus mirus Yu（6,7）

Eohalobia diandongensis Jiang（6～8）
Helcionella explana Feng, Sun et Qian（4,8），*H. radiata* Yu（8）
Igarkiella mirabilis Yu（8）
Igorella omeiensis Yu（4,7,8），*I. hamata* Yu（7,8），*I. maidipingensis* Yu（7,8）
Maikhanella pristinis Jiang（2～6），*M. cambrica* Jiang（8），*M. multa* Zhegallo（4）
Obtusoconus homorabilis Qian, Chen et Chen（8）
Ocruranus finial Liu（4,6～8），*O. subpamtaedrus* Jiang（7,8），*O. trulliformis* Jiang（7）
Palaeocmaea sp.（11）
Pileoconus veloides Jiang（8）
Protoconus crestatus Yu（7,8），*P. elegans* Yu（8）
Pseudoscenella hujintanensis Yu（4），*P. laevigata* Parkhaev（4,8）
Purella cristatus Miss（7），*P. arcana* Valkovi（7）
Rostroconus sinensis Jiang（8）
Saciconus sacciformis Jiang（7）
Truncatoconus yichangensis Yu（4,8），*T. compylurus* Jiang（8）
Xiadongconus laminosus Yu（6,7）
腕足类
Acidotocarena hordedus Liu（4）
Aldanatreta sp.（7）
Artimyctella sp.（2）
Botsfordia cealata Hell（13）
Diandongia pista Rong（17,18）
Heliomedusa orienta Sun et Hou（18）
Psamathopalass amphidoz Liu（7）
Tianzhushanella sp.（7）
Xianfengella prima He et Yang（7），*X. ovata* He et Yang（7）

3.3 三叶虫类

Eoredlichia intermedia Lu（18）
**Parabadiella huoi* Chang（13）
Tsunyidiscus aclis Zhou（13）
Wutingaspis kunyangensis Luo（13），*W. tingi* Kobayashi（14）
Yunnanocepphalus yunnanensis Mansuy（17,18）

3.4 三叶形虫

Leanchoilia illecebrosa Hou（18）

3.5 高肌虫

Hanchungella tinuis Huo（13）

Jinningella communis Huo et Shu（16）
Kunmingella douvillei Mansuy（16,17）
Liangshanella liangshanensis Huo（13），*L. rotundata* Huo（13,14）
Meishucunella processus Jiang（13）
Nanchengella acuta Huo（13），*Emeiella venusta* Lee（14）

3.6　蠕形动物

Cricocosmia jinningensis Hou et Sun（18）
Mafangscolex yunnanensis Luo et Zhang（17,18）
Palaeoscolex sinensis Hou et Sun（18）

3.7　虾　类

Chuandianella avata Lee（18）

3.8　鳃足类

Branchiocaria Yunnanensis Hou（18）
Isoxys auratus Jiang（18）
Pectocaris eulepetala Hou et Sun（18）

3.9　叶足类

Onychodictyon ferox Hou et al.（18）

3.10　多孔动物

Calcihexatina isaphyllus Jiang（13）

3.11　叠层石

Parmites jinningensis Cao（3）

（唐　烽　高林志　张世山）

主要参考文献

[1] 顾鹏. 华南埃迪卡拉(震旦)系顶部地层划分及与寒武系界线FAD分子的选择[J]. 地质论评, 2018, 92(3):449-465.
[2] 罗惠麟, 蒋志文, 何廷贵, 等. 川滇地区震旦系—寒武系界线[J]. 地质科学, 1982(2):215-219.
[3] 罗惠麟. 滇东南寒武系的划分与对比[J]. 地质学报, 1984(2):87-96.
[4] 罗惠麟, 蒋志文, 武希彻, 等. 云南晋宁梅树村剖面前寒武系—寒武系界线的深入研究[J]. 地质学报，1991(4):367-375.
[5] 罗惠麟, 陶永和, 高顺明, 等. 昆明附近早附近早寒武世遗迹化石[J]. 古生物学报, 1994(6):676-685.
[6] 罗惠麟, 张世山, 侯蜀光, 等. 云南晋宁梅树村剖面地质研究与保护[M]. 昆明:云南科技出版社,

2019:146.
[7] 彭善池, 周志毅, 林天瑞, 等. 寒武纪年代地层的研究现状和研究方向[J]. 地层学杂志, 2000(1):8-18.
[8] 彭善池. 全球标准层型剖面和点位("金钉子")和中国的"金钉子"研究[J]. 地学前缘, 2014(2):8-26.
[9] 钱逸, 何廷贵, 蒋志文. 再论滇东前寒武系与寒武系界线剖面[J]. 微体古生物学报, 1996(3):225-241.
[10] 钱逸. 中国小壳化石分类学与生物地层学[M]. 北京:科学出版社, 1999:247.
[11] 孙卫国, 冯伟民. 前寒武系—寒武系界线全球层型的再选择[J]. 现代地质, 1999(2):239-240.
[12] 邢裕盛, 罗惠麟, 刘铭铨. 国际前寒武系—寒武系界线工作组一九八三年的主要活动[J]. 地球学报, 1984(1):38.
[13] 张文堂, 朱兆玲, 寒武系. 中国地层研究20年(1979—1999)[M]. 合肥:中国科学技术大学出版社, 2000:3-21.
[14] Amthor. Extinction of Cloudina and Namacalathus at the Precambrian-Cambrian boundary in Oman[J]. Geology, 2003, 31(5):431-434.
[15] Bowring. Geochronologic constraints on the chronostratigraphic framework of the Neoproterozoic Huqf Supergroup, Sultanate of Oman[J]. American Journal of Science, 2007, 307(10):1097-1145.
[16] Conway-Morris S, Chen Menge. Lower Cambrian anabaritids from South China[J]. Geological Magazine, 1989, 126(6):615-632.
[17] Khomentovsky, Karlova. The Tommotian Stage base as the Cambrian lower boundary in Siberia[J]. Stratigraphy and Geological Correlation, 2005, 13(1):21-34.
[18] Kouchinsky. Carbon isotope stratigraphy of the Precambrian-Cambrian Sukharikha River section, northwestern Siberian platform[J]. Geological Magazine, 2007, 144(4):609-618.
[19] Landing. 1994.
[20] QIAN Y. Yangtzedonta and the early evolution of shelled molluscs[J]. Chinese Science Bulletin, 2001, 46(24):2103-2106.
[21] Rozanov. To the problem of stage subdivision of the Lower Cambrian[J]. Stratigraphy and Geological Correlation, 2008, 16(1):1-19. doi:10.1007's11506-008-1001-3.
[22] Rogov. Duration of the first biozone in the Siberian hypostratotype of the Vendian[J]. Russian Geology and Geophysics, 2015, 56(4):573-583.
[23] ZHU. Sinian-Cambrian stratigraphic framework for-shallow- to deep-water environments of the Yangtze Platform: an integrated approach[J]. Progress in Natural Science, 2003, 13(12):951-960.
[24] ZHU. Integrated Ediacaran (Sinian) chronostratigraphy of South China[J]. Palaeogoegraphy Palaeoclimatology Palaeoecology, 2007, 254(1-2):7-61.

Chapter two

第二篇

云南东部梅树村剖面的构造、古地理与沉积环境

随着距今约635 Ma成冰（南华）纪全球冰雪寒冷事件的结束、温暖气候来临，地球早期生命呈现集中式大爆发与辐射。在我国南方的扬子古陆上产出了著名的蓝田生物群、瓮安生物群、庙河生物群、翁会生物群、高家山生物群、西陵峡生物群、武陵山生物群、江川生物群、梅树村生物群及澄江生物群等，为我们研究埃迪卡拉（震旦）—寒武纪早期生命起源、发展、演化、灭绝与自然生态环境及其成矿的相互制约与影响，从而探索地球科学系统的发展演化规律，探索自然生态环境与生命活动的和谐及均衡发展，特别是现代人类社会活动中人类与自然的和谐发展，普及保护地球生态环境就是保护我们赖以生存的家园的绿色发展理念，具有重大的科学与社会现实意义。以“地层剖面”为载体的宏大史书，准确而丰富镌刻了我国南方埃迪卡拉（震旦）—寒武纪沉积物质及生物演化的历史，根据目前的研究，这一载体以云南东部的梅树村地层剖面最为详细、系统和典型。

梅树村埃迪卡拉（震旦）系—寒武系地层剖面，位于云南省昆明市晋宁区昆阳磷矿区，主要记录了地球历史发展距今550 ~ 521 Ma，埃迪卡拉（震旦）系—寒武系界线层型、地球早期生命大爆发与辐射时期的生物群落的面貌、演化及沉积物质特征，因其稳定而独特的地质背景，为梅树村生物群大家族的繁衍与保存提供了极为优越的场所。同时，晋宁昆阳一带产出了早寒武纪丰富而优质的磷矿资源，是我国磷矿重要的产出层位之一。

20世纪70年代，以云南省地质科学研究所罗惠麟为首的科学家们在梅树村剖面上，发现了迄今地球上最早的带壳或具骨骼的生物遗体化石及众多的遗迹化石，因其门类繁多而被称为多门类小壳动物化石群——梅树村生物群。更为惊奇的是，在梅树村剖面大约330 m厚的地层中，每一层都遍布了古生物遗体化石和遗迹化石，其数量之多、分布之广，世界罕见。地质科学家们通过对这些古生物化石分布特征的系统观察研究，发现随着时间的推移，明显体现了生物由少到多、由简单到复杂、由低级向高级演化的生物进化规律，客观再现了早期生命演化从简单低级的菌藻类植物→软躯体生物→具骨骼、带壳生物→逐渐过渡到节肢动物（三叶虫）等复杂高级动物门类的生物进化历程；同时，通过对在剖面中保存的大量古生物生命活动遗迹——遗迹化石的仔细观察与研究，发现低级蠕形动物在活动爬行时只留下单调的沟痕，而后来出现的节肢动物在活动爬行时则留下了腹部带槽脊的痕迹，也可看到生物钻透泥沙沉积物留下的虫孔及更高级的动物在泥沙沉积物中蠕动前进时留下的带横纹的宽大爬行迹。丰富的古生物遗迹化石和保存完好的实体化石，为研究当时地球生物活动状况及发展演化提供了丰富的第一手资料。

同时，梅树村地层剖面记录了成冰（南华）纪冰雪寒冷事件后，气候转暖环境下的埃迪卡拉（震旦）—寒武纪，在扬子周缘海水大规模侵漫时期，清晰的陆表海砂砾岩滨岸→初始碳酸盐岩台地→混积陆棚→陆棚盆地沉积环境下的岩石地层层序。故在1978年11月，梅树村剖面被评为中国推荐的全球前寒武系—寒武系界线层型剖面的参考剖面和参考点；1982年11月，在昆明召开的国际前寒武系—寒武系界线问题讨论会上，梅树村剖面被国际地质学家们推选为全球前寒武系—寒武系界线层型的中国候选地层剖面；1983年5月，在英国布列斯托尔会议上，梅树村剖面进一步被列为全球最终选定的三个前寒武系—寒武系界线层型候选剖面之一；1984年1月，国际地科联前寒武系—寒武系界线工作组以三分之二的多数票通过了中国云南晋宁梅树村剖面为全球唯一的前寒武系—寒武系界线层型剖面，并报国际地层委员审批，成为中国20世纪80年代改革开放后，第一个参与国际震旦系—寒武系“金钉子”（全球地层层型剖面及点位——GSSP，亦即全球地层划分对比的标准剖面）竞争的候选层型剖面。后因种种因素，未能入选全球地层划分对比的标准剖面及点位（“金钉子”），但其丰富恢宏的古生物化石群落及连续完整的岩石地层序列，为我们研究探寻埃迪卡拉（震旦）纪—寒武纪时期沧海桑田的地质历史演化及地球进入显生宙时的生物演化面貌与特征，提供了天然的实验室，是人类探寻地球发展与生命演化不可多得、不可再生及世界罕见的宝贵自然地质遗迹资源。

下面我们就一起解读梅树村地层剖面的沉积物质记录，探寻震旦纪—寒武纪时期梅树村剖面一带的构造、沉积环境及古地理格局，从而探寻古老而遥远的江川生物群、梅树村生物群等早期生命繁衍及其成矿资源响应的必然，探寻地球发展演化的沧海桑田历程，使人类遵循地球发展演化规律，保护地球生态系统平衡，共享地球自然生态环境与人类发展的和谐。

1　区域地质背景概况

1.1　大地构造位置

包含梅树村地层剖面在内的研究区位于云南省中东部，大地构造位置处于羌塘—扬子—华南板块的扬子陆块西缘的滇东台褶带，属于更次一级的昆明台褶束中段与康滇台背斜的武定—石屏隆断束交汇的过渡区域。扬子陆块北由秦岭新元古代—中生代复合造山带与华北板块相邻，西衔松潘—甘孜古生代—中生代复合造山带与羌藏陆块相连，南由三江造山带与印度板块相望，南东由华南新元古代—中生代复合造山带与华夏陆块相拼接（图2-1-1）。滇东台褶带构造线方向主要为近南北向及北东向，发育中元古代至中新生代地层及第四系松散堆积物，先后经历了晋宁运动、武陵运动、广西运动、印支运动、燕山运动、喜马拉雅运动及新构造运动等多期复杂的构造运动，共同控制与叠加改造了研究区的地质构造形迹及古地理环境的变迁的沧海桑田历程，燕山运动铸就了现今的主要地质构造形迹景观，喜马拉雅运动及新构造运动则控制与影响了现今的地形地貌及自然地理格局。

1.2　区域地质概况

1.2.1　地　层

研究区主要出露距今1400 ~ 1000 Ma的中元古界中晚期昆阳群，900 ~ 720 Ma的新元古界青白口系，660 ~ 635Ma的南华系上统南沱组，635 ~ 541 Ma的震旦系，541 ~ 509 Ma寒武系中下统及397 Ma以后的泥盆系、石炭系、二叠系、三叠系、侏罗系、古近系、新近系等地层及第四系松散堆积物（图2-1-2）。本文按新近资料成果，结合《云南省区域地质志》（1990）、《云南省岩石地层》（1997）划分意见，概述如下。

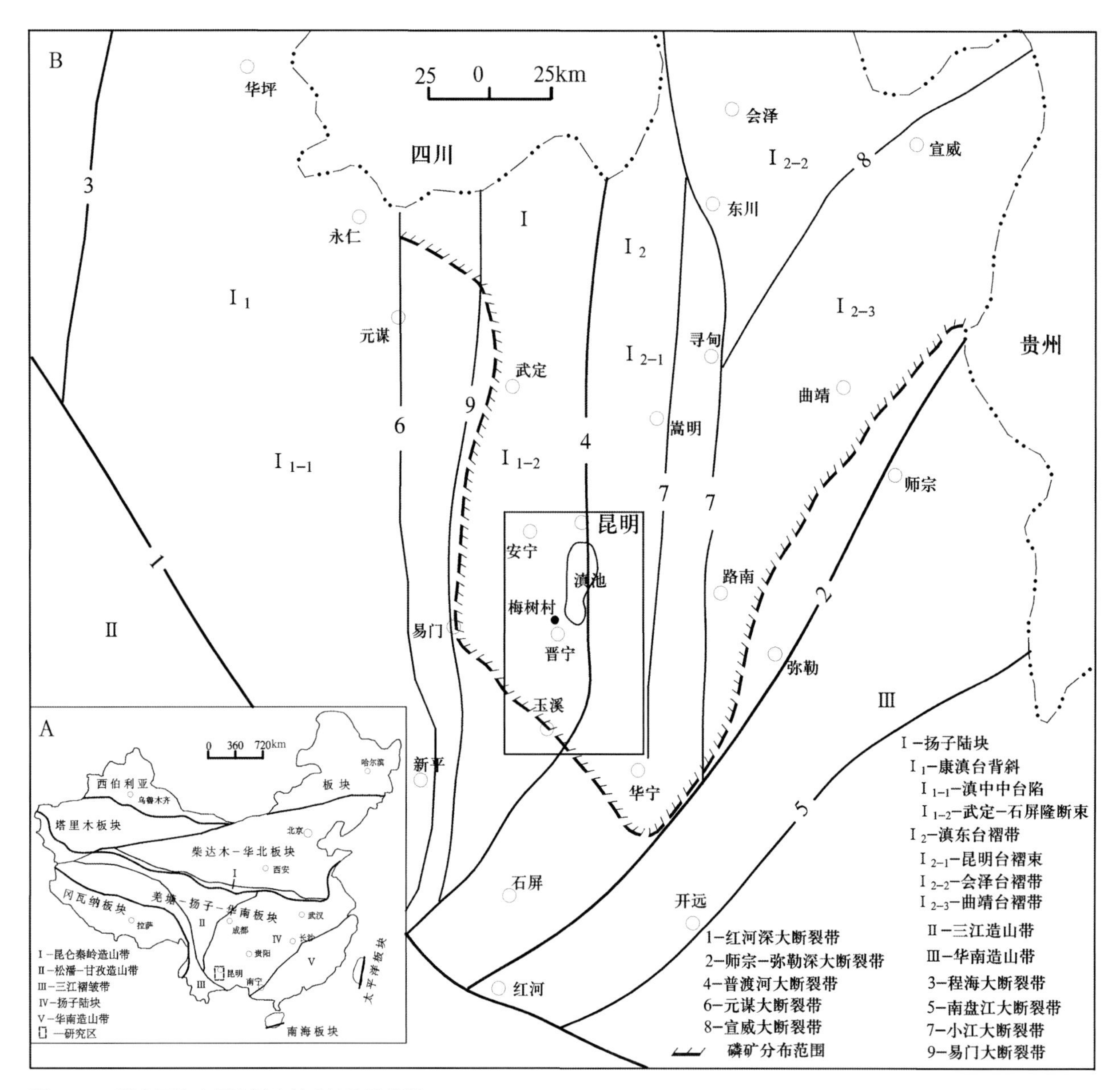

图2-1-1 研究区在中国陆域中的大地构造位置
A. 据《中国区域地质志工作指南》，2012；B. 据《云南省区域地质志》，1990，修编

（1）中元古界昆阳群

昆阳群为朱庭祜（1926）创名，指出露分布于四川会理、会东及滇中地区的一套经历低级—极低级变质作用的碎屑岩–碳酸盐岩组合。20世纪60年代后相关单位及研究者在研究中以皎平–铜厂–杨武断裂带为界，东侧划分为黄草岭组、黑山头组、大龙口组、美党组，西侧划分为因民组、落雪组、鹅头厂（黑山）组、青龙山（绿汁江）组。在后来的地质工作中相关单位及研究者将二侧地层进行了进一步地划分对比与新老关系的叠置，但因地层剖面出露的不连续、划分对比标志及接触关系缺乏显著特征，对于这二套地层的新老叠置序列关系，一直存在“倒八组”“正八组”或“倒十二组”“正十二组”的争议。“正八组”的学者认为黄草岭组—美党组在底，因民组—青龙山组在顶；“倒八

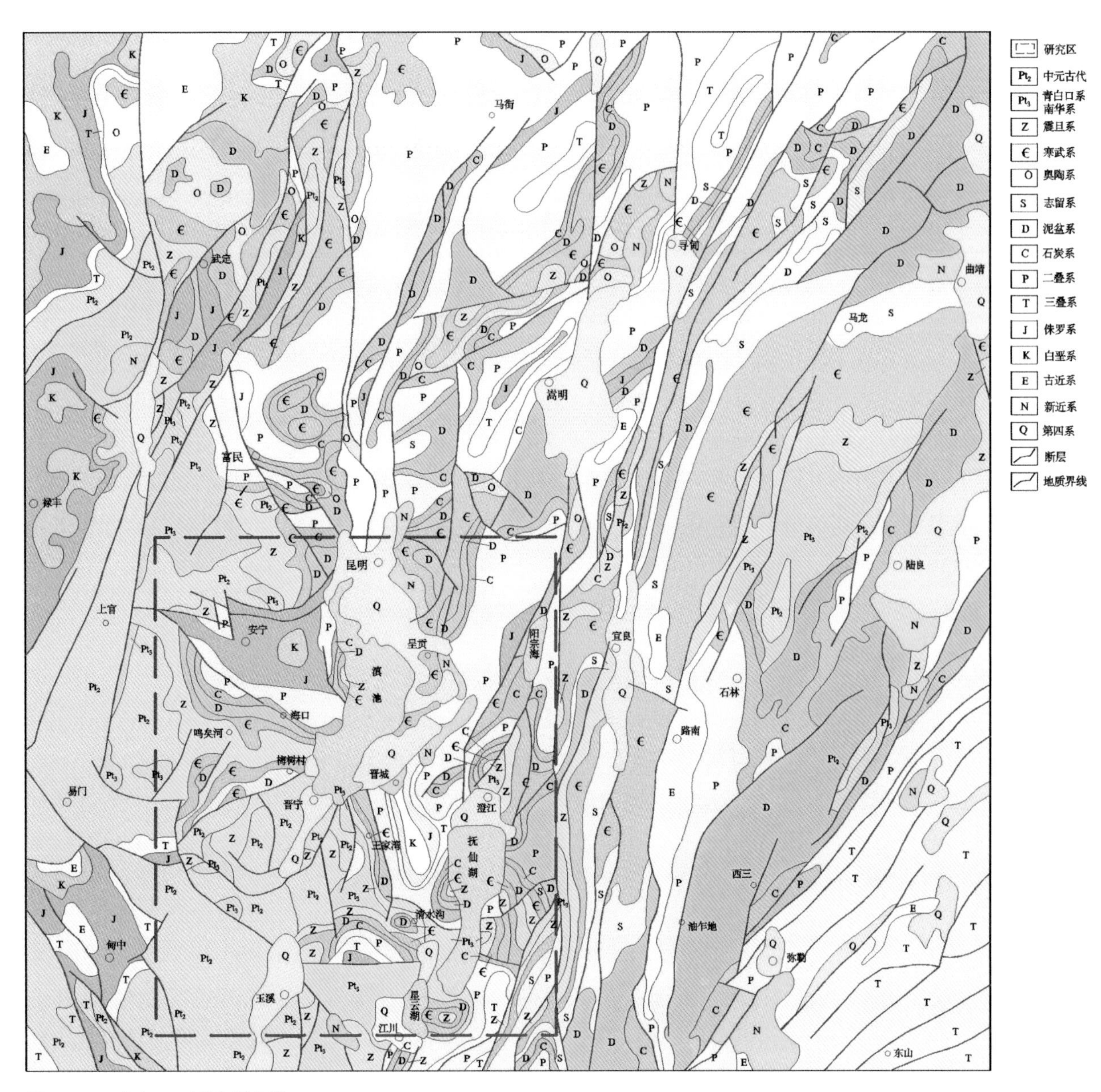

图2–1–2　研究区区域地质略图
据1：50万云南省地质图修编，1990

组”的学者则持相反的观点。代表性的成果有20世纪70年代初期云南区测队（1971）在滇东地区完成的《1：20万昆明幅区域地质调查报告》及李复汉（1988）的研究成果，认为昆阳群地层序列自下而上划分为黄草岭组、黑山头组、大龙口组、美党组、因民组、落雪组、鹅头厂（黑山）组、绿汁江组（正八组）。在20世纪80年代后随研究工作的深入，李希勣等（1984）、吴懋德等（1990）、戴恒贵（1997）相继提出昆阳群地层序列包括三个亚群，下亚群划分为因民组、落雪组、鹅头厂（黑山）组、绿汁江组，中亚群划分为黄草岭组、黑山头组、大龙口组、美党组（倒八组）及上亚群柳坝塘组、华家箐组。《云南省区域地质志》（1990）定义的昆阳群主要分布于元谋–绿汁江断裂带以东、小江断裂带以西的康滇古陆地区，在小江断裂带以东、师宗–弥勒断裂带以北零星出露，认为昆阳群地层序列自下而上划分为2个亚群9个组，下亚群包括黄草岭组、黑山头组、大龙口组、美党组；上亚群包括因民组、落雪组、鹅头厂组、绿汁江组及大营盘组（正八组）。《云南省岩石地层》（1997）将昆阳群地层序列自下而上划分为黄草岭组、黑山头组、富良棚组（限于滇中地区）、大龙口组、美党组、因民组、落雪组、鹅头厂组、绿汁江组、柳坝塘组（限于滇中地区）、大营盘组、小河口组及麻地组（限于东川地区）。

实际上，前人研究结论出现争论的根本原因是由于产出地层序列的不连续及不完整，而研究者在未充分研究上述地层产出的特定构造沉积背景与盆地属性下，就按各自的研究成果与认识将其进行划分对比与地层层序序列的叠置，必然得出不同的认识。新近的研究成果资料反映出，可能在中元古代时期，皎平—铜厂—杨武断裂带两侧的地质构造背景、盆地属性与沉积环境就存在较大的差异，可能划分对比的地层本身就不属于同一沉积体系的沉积物质记录。特别是各自建立组级地层单元叠置序列的地层剖面出露不连续，更无直接的叠置与接触关系。加之后期受到多期次构造运动、断裂活动的破坏与改造，其划分对比的标志与标准选择上缺乏客观性，导致在此基础上建立的地层系统，本身就存在研究程度的不足及考虑其沉积环境与构造背景差异的不充分，由此缺乏地球科学的客观性、系统性与可靠性，故其划分对比一直存在“正八组”与“倒八组”等的多解和争议。由于特定历史条件和地质科学发展理论以及研究技术方法手段的限制，昆阳群“正八”与“倒八”叠置层序的争论一直延续到21世纪初。

在2000年启动的新一轮国土资源大调查中，随着新的测年技术方法的广泛应用，对昆阳群的沉积时限取得了一系列新的研究成果。张传恒等（2007）在黑山头组富良棚段内沉凝灰岩（火山碎屑沉积岩，亦称斑脱岩，下同）夹层中获得SHRIMP锆石U-Pb加权平均年龄（1032 ± 9）Ma，孙志明（2009）在东川地区黑山组顶部凝灰岩夹层获得SHRIMP锆石U-Pb加权平均年龄（1503 ± 17）Ma。基于新的地层年代资料，2009年12月中国地质调查局、全国地层委员会、中国地质调查局成都地质调查中心及云南省地质调查局在云南东川及易门地区联合召开了野外现场考察交流会，会议充分交流与讨论了新的研究资料，会后发布的“会议纪要”建议将东川地区的昆阳群（原下亚群）恢复为最初命名的东川群，自下而上包括因民组、落雪组、鹅头厂（黑山）组、青龙山组，沉积时限在1600 ~ 1400 Ma；将滇中地区的原昆阳群（原中亚群）保留为昆阳群，自下而上包括黄草岭组、黑山头组、富良棚组（新增）、大龙口组、美党组，沉积时限在1400 ~ 1000 Ma；鉴于出露的局限性及沉积背景存在较大差异，会议明确东川群与昆阳群在地域上没有直接的接触关系，目前不宜做简单对比，暂将东川群置于昆阳群之下。可以看出该次现场考察结论为昆阳群与东川群为各自独立的地方性岩石地层单位，二者无直接成因联系，仅据岩石的沉积年龄，暂确定为上下关系。

尹福光等（2012）在黑山头组富良棚段内沉凝灰岩夹层中获得（1047 ± 15）Ma、（1031 ± 12）Ma、（978 ± 30）Ma年龄，刘军平等（2018）获得黑山头组富良棚段内沉凝灰岩夹层年龄为（1007 ± 13）Ma、（1005 ± 18）Ma；庞伟华等（2015）获得美党组内沉凝灰岩夹层年龄为约1040 Ma，进一步反映2009年全国地层委员会 “会议纪要”对昆阳群的处置是较为客观合适。

结合新近的相关成果，笔者将研究区中元古代昆阳群地层自下而上划分为黄草岭组、黑山头组、富良棚组、大龙口组、美党组，列述如下。

①黄草岭组（Pt_2hc）

下部岩性以变质石英粉砂岩和变质含长石石英粉砂岩为主，夹少量粉砂质绢云母板岩；上部岩性为绢云母板岩、粉砂质绢云母板岩或千枚岩，顶部夹少量变质粉砂岩，在板岩层面上尚见有机质斑点。厚660 ~ 1440 m。

②黑山头组（Pt_2hs）

岩性为石英岩、细至中粒变质石英砂岩、长石石英砂岩、粉砂岩及绢云母板岩。具明显的沉积韵律特征，普遍以较粗粒的石英岩、变质石英砂岩、长石石英砂岩为底，往上为细粒的变质石英粉砂岩至绢云母板岩，可见至少6个以上的正粒序沉积旋回。在每一旋回中广泛发育有由粗变细的粒级韵律和小型冲刷面，具复理石建造的特征。岩石中除广泛发育水平层理，在变质砂岩和粉砂岩中尚发育微细层理、透镜状层理、交错层理，结合岩性看，显示为滨浅海环境陆源碎屑岩沉积特征。从下往上碎屑岩成分渐增，随之沉积韵律更为频繁。厚945 ~ 3150 m。

③富良棚组（Pt_2f）

下部岩性为绢云母板岩、钙质板岩、钙质石英粉砂岩，中部岩性为泥灰岩，上部岩性为安山质晶屑岩屑凝灰岩、安山质沉凝灰岩、凝灰质板岩、绢云母板岩、泥灰岩构成的数十个火山喷发沉积韵律层。底部与黑山头组浅色石英岩、石英粉砂岩整合接触，在易门老吾山一带产出基性熔岩及海底喷发的枕状玄武岩。顶与大龙口组灰岩、泥灰岩呈渐变过渡接触。厚90 ~ 216 m。

④大龙口组（Pt_2d）

下部岩性为薄—中厚层、厚层状灰岩夹数层绢云母板岩、粉砂质绢云母板岩，见白云岩化现象；中上部岩性为灰岩、条带状灰岩、藻礁灰岩的组合，产出十分丰富古藻化石及Molar Tooth–臼齿构造（图2–1–3A, B）。顶与美党组、底与富良棚组均为整合接触。厚640 ~ 2180 m。

Molar Tooth（简称MT）是指前寒武系的灰岩或白云岩中、具有臼齿形态的微亮晶方解石（或白云石）呈脉状、层状、席状或透镜状水平或近垂直产出的构造。臼齿构造由Bauerman于1885年首次命名，百余年来几乎在全球各大洲前寒武纪地层中都有发现，它是中、新元古代潮下带—潮间带和环潮坪碳酸盐岩中普遍产出的沉积构造。我国主要出露在吉林浑江、华北、滇中及新疆西部等地的前寒武纪地层中。国外资料表明，MT也主要发育于中元古代至新元古代（1700 ~ 650 Ma），并在Sturtian（南华系长安）冰期前消失，其成因至今尚无统一认识。

目前主要有生物成因和非生物成因二种认识。

⑤美党组（Pt_2m）

岩性以深灰至灰黑色含炭硅质绢云母板岩（图2–1–3C）为主，夹较多的钙质板岩、泥灰岩扁豆体，局部夹凝灰质板岩（图2–1–3D）。下部夹有两层砾状灰岩、含藻砾状灰岩和藻礁灰岩的组合，藻灰岩中产叠层石。厚470 ~ 1085 m。

（2）新元古界

青白口系：

前人将柳坝塘组划入中元古代昆阳群上亚群，将澄江组划入震旦系下统（现南华系）。鄢芸樵（1986）将昆阳群上亚群命名为八街群，自下而上包括军哨组、柳坝塘组、鼠街组、牛头山组（后二组研究区未见）。近年来，获得柳坝塘组内沉凝灰岩、凝灰质板岩锆石U–Pb年龄为（890 ± 9）Ma、（834 ± 34）Ma（高林志等，2018），澄江组内凝灰岩锆石U–Pb年龄为（797.8 ± 8.2）Ma和（803.1 ± 8.7）Ma（江新胜等，2012）、（785 ± 12）Ma（陆俊泽等，2013）和（725 ± 11）Ma（崔晓庄等，2013）。故笔者将研究区柳坝塘组及下伏军哨组划归新元古代青白口系中期沉积，澄江组划归青白口系中晚期沉积。按目前已获得的地层年龄，军哨组与柳坝塘组大致可对比于扬子东南缘的双桥山群、冷家溪群、梵净山群及四堡群，澄江组可对比于丹州（高涧）群、下江群、板溪群中晚期沉积（表2–1–1）。

图2-1-3　中元古界大龙口组、美党组岩性特征
A, B. 易门大龙口组灰岩中的臼齿构造特征；C. 易门六街美党组含炭硅质板岩特征；D. 易门六街美党组含凝灰质板岩特征

①军哨组（Pt_3*jsh*）

主要为灰色中厚层至厚层块状白云岩（图2-1-4，A）夹绢云母板岩、硅质板岩。下部含较多硅质条带及团块，中部和上部尚夹藻礁白云岩，底部岩性为砾岩、紫红色铁质砾岩夹铁矿层（图2-1-4B C），上部为薄层灰质白云岩、灰岩呈条带状互层。顶与柳坝塘组呈整合接触（图2-1-4D），底与美党组呈角度不整合接触。厚1280 ~ 1970 m。

②柳坝塘组（Pt_3*lb*）

仅出露于晋宁柳坝塘及安宁军哨，下部岩性为黑色粉砂质板岩、炭质板岩夹硅质岩、锰质板岩、沉凝灰岩（图2-1-4E, F）；上部岩性为杂色粉砂质板岩夹硅质板岩、硅质岩。顶与澄江组呈角度不整合接触。厚64 ~ >100 m。

③澄江组（Pt_3*ch*）

在扬子周缘划分对比于莲沱组、苏雄组、开建桥组、志棠组、休宁组及湘黔桂地区的板溪（下江、高涧、丹州）群中晚期地层。岩性为紫红色含砾长石石英粗砂岩、石英砂岩、粉砂岩夹黏土岩（图2-1-5A, B）。下伏与柳坝塘组及昆阳群不同地层呈角度不整合接触，底部底砾岩具正粒序层理（图2-1-5C）。厚440 ~ 2155 m。

南华系：

国际上称为成冰系，我国称南华系，划分为上、中、下三统。滇东地区缺失下统长安组及中统富禄组—大塘坡组沉积，上统南沱组亦仅零星出露。在扬子周缘与列古六组、黎家坡组、洪江组及雷公

表 2-1-1　扬子周缘新元古界地层划分对比表

界	系	组	滇东	湖北宜昌	川南	川中峨眉	川北	陕西宁强	黔西织金	黔中瓮安－福泉	湘西北黔东北	黔东南	湘中	桂北	浙西北皖南	浙西	
早古生界	寒武系		黑铺林组	牛蹄塘组	笻竹寺组	笻竹寺组	水井沱组	水井沱组	牛蹄塘组	牛蹄塘组	牛蹄塘组	牛蹄塘组	牛蹄塘组	清溪组	牛蹄塘组	荷塘组	541(Ma)
			渔户村组 大海段	天柱山组	麦地坪组	麦地坪组	宽川铺组	宽川铺组	戈仲武组		硅磷质层	留茶坡组 硅质岩段	留茶坡组	老堡组	皮园村组		
			渔户村组 中谊村段														
新元古界	埃迪卡拉系（震旦系）	灯影组	小歪头山段	白马沱段	灯影组	灯影组	碑湾段	碑湾段	灯影组	灯影组	灯影组					西峰寺组	
			白岩哨段														
			旧城段	石板滩段			高家山段	高家山段									
			东龙潭段	蛤蟆井段			杨坝段	杨坝段				留茶坡组 白云岩段					
		陡山沱组	观音崖组（鲁那寺组）	陡山沱组	观音崖组	陡山沱组	喇叭岗组	喇叭岗组	陡山沱组	洋水组	陡山沱组	陡山沱组	金家洞组	陡山沱组	蓝田组		635
	成冰系（南华系）		南沱组	南沱组	列古六组			南沱组	南沱组	南沱组	南沱组	黎家坡组	洪江组	黎家坡组	雷公坞组	雷公坞组	
			澄江运动	大塘坡组	澄江运动	澄江运动	澄江运动	澄江运动	铁厂组	铁厂组	大塘坡组	大塘坡组	大塘坡组	富禄组	大塘坡组	大塘坡组	
				古城组							富禄组	富禄组	富禄组		古城组	古城组	
			澄江运动	澄江运动	澄江运动	澄江运动	澄江运动	澄江运动	雪峰运动	雪峰运动	雪峰运动	长安组	长安组	长安组	雪峰运动	雪峰运动	720
	拉伸系（青白口）	中晚期	澄江组	莲沱组	苏雄组 / 开建桥组				板溪群	板溪群	板溪群	下江群	高涧群	丹州群	志棠组	休宁组	
			晋宁运动	晋宁运动	晋宁运动	晋宁运动	晋宁运动	晋宁运动	武陵运动	武陵运动	武陵运动	武陵运动	武陵运动	武陵运动	武陵运动	武陵运动	820
		早中期	八街群	黄陵花岗岩	盐边群						梵净山群未见底	梵净山群未见底	冷家溪群未见底	四堡群未见底	溪口群未见底	双桥山群未见底	870
中元古界			昆阳群	马槽元群	会理群	未出露	未出露	未出露	未出露	未出露	未出露	未出露	未出露	未出露	未出露	未出露	1000

坞组等进行对比。

南沱组（Nh_3n）：岩性为紫红色、灰绿色冰碛砾岩夹砂泥岩（图2-1-5D），部分地区顶部为紫红色薄层状黏土岩，以研究区晋宁王家湾剖面为典型（图2-1-5E）。底与澄江组呈角度不整合接触（图2-1-5F, G），局部角度不整合于昆阳群之上，与上覆震旦系观音崖组平行不整合接触（图2-1-5H）。厚0 ~ 250 m。

震旦系：

国际上称为埃迪卡拉系，我国称震旦系。研究区发育较完整而连续，自下而上划分为下统观音崖（陡山沱）组，上统灯影组及跨寒武系的渔户村组。

①观音崖组（Z_1g）

在扬子周缘大多称为陡山沱组，岩性主要为白云岩夹少量黏土岩。因所处的沉积环境差异及产出的岩石组合特征的不同，在扬子周缘分别对比于鲁那寺组、喇叭岗组、洋水组、金家洞组、蓝田组及西峰寺组下部（表2-1-2）。在滇东亦称纳章组，在晋宁王家湾剖面上曾称王家湾组，鉴于其岩性组合与陡山沱组的岩性存在较大差异，本文亦称观音崖组，岩性为紫红、黄灰色砂岩、黏土岩及石英砂岩（图2-1-6A），上部夹灰岩、白云岩，底部为含砾石英砂岩（图2-1-6B），与上覆灯影组整合接触。厚54 ~ 527 m。

在梅树村剖面上称陡山沱组（罗惠麟等，2018），上部岩性为浅灰色薄至厚层不等粒石英砂岩，下部岩性为深灰色中至厚层状粉晶白云岩。与下伏中元古界昆阳群黑山头组呈角度不整合接触，缺失新元古界青白口系及南华系地层。厚100 m。

②灯影组（Z_2dy）

在扬子周缘与留茶坡组、老堡组、皮园村组及西峰寺组中上部进行对比（表2-1-1）。罗惠麟等

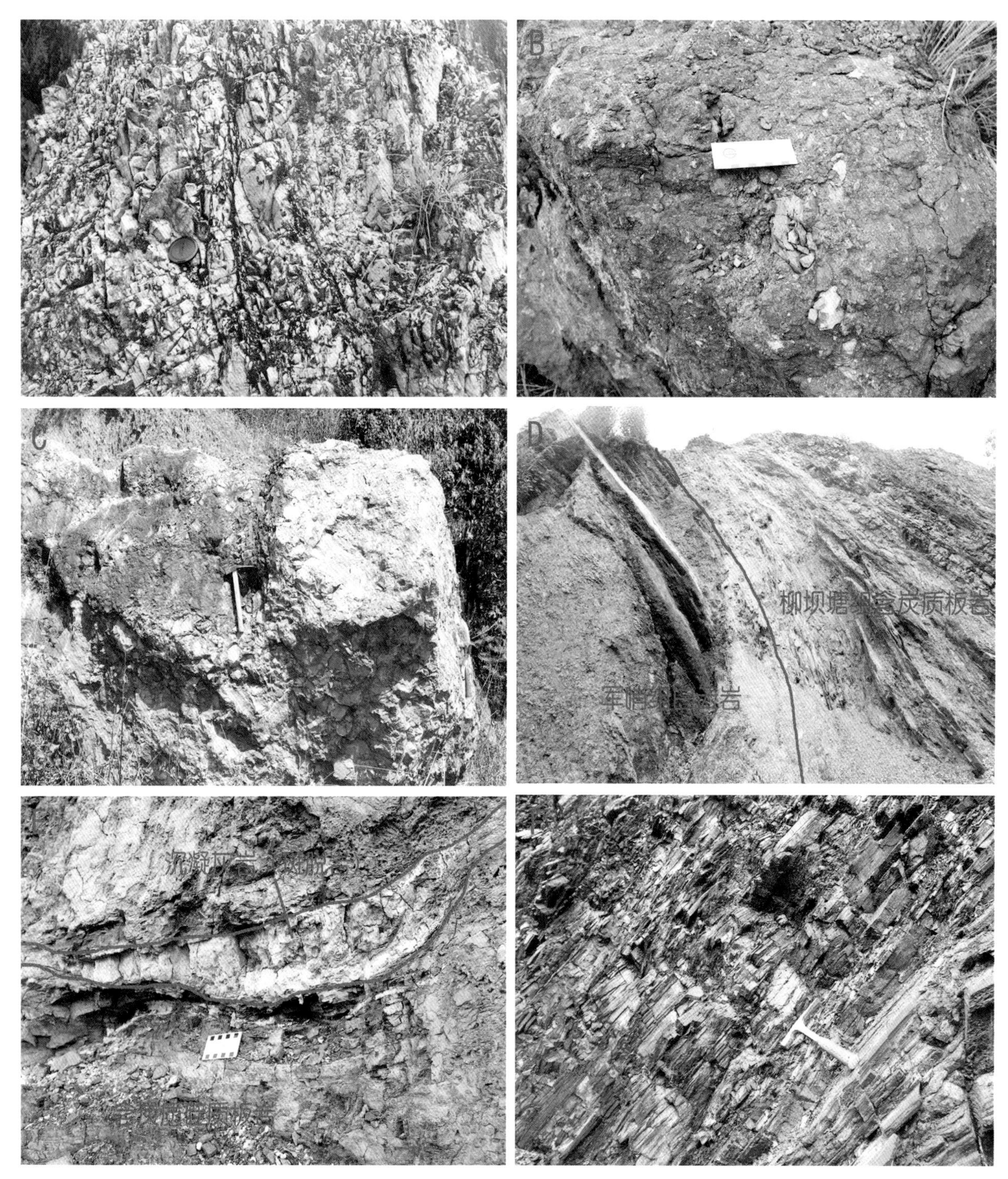

图2-1-4　新元古代军哨组、柳坝塘组岩性特征

A. 易门六街军哨组白云岩特征；B. 晋宁柳坝塘军哨组底部含铁砾岩特征；C. 晋宁柳坝塘军哨组底部砾岩特征；D. 晋宁柳坝塘军哨组与柳坝塘组接触界面特征；E. 晋宁柳坝塘柳坝塘组中沉凝灰岩夹层特征；F. 晋宁柳坝塘柳坝塘组含炭质板岩特征

（1984）将滇东地区该组下部白云岩部分称东龙潭组，将中、上部划归渔户村组，将渔户村组又划分为旧城段、白岩哨段、小歪头山段、中谊村段、大海段，其中中谊村段跨早寒武世。依据《云南省岩石地层》，结合扬子周缘的目前划分，为便于交流对比，统一岩石地层名称，又保留不同沉积环境的具体岩石建造特色，本文划分的灯影组与扬子周缘目前划分大体一致，将上覆渔户村组仅限定为中谊村段和大海段，划归寒武系。灯影组岩性主要为下部的块状白云岩夹藻白云岩及泥质、砂质白云岩，上部的硅质白云岩、磷块岩。在滇东地区自下而上可划分为藻白云岩段、旧城段、白岩哨段、小歪头山段四部分，与上覆渔户村组整合接触。

a. 藻白云岩段

即罗惠麟等（1984）划分的东龙潭组，岩性为灰白色中厚层状含硅质条纹粉晶白云岩夹泥质白云岩，具葡萄状、花边状构造的含藻白云岩夹燧石条带及团块，产出叠层石（图2–1–6C, D）。根据岩石中藻类化石的产出发育程度，可进一步划分为三部分：下部称贫藻层，由灰色白云岩构成；中部称富藻层，白云岩中具稳定分布的葡萄状、花边状构造，是区域对比的良好标志；上部称贫藻层，主要由块状白云岩夹少量藻白云岩构成。除藻类化石外，蠕形动物开始出现，是目前云南软体动物化石发现的最早（低）层位。厚315 ~ 1250 m。

在梅树村剖面上，岩性为浅灰色厚层至块状藻白云岩夹少量燧石条带，产核形石及叠层石，厚270 m。

b. 旧城段

岩性为紫红色粉砂质黏土岩、粉砂岩、黏土质白云岩，黄绿、灰黄色白云质炭质黏土岩、钙质黏土岩、钙质粉砂岩，局部夹海绿石砂岩（图2–1–6E, G）。厚5 ~ 72 m，岩性及厚度在区域上存在一定变化。

在梅树村剖面上，岩性为灰绿色薄层泥质粉砂岩夹黑色炭质粉砂质页岩，产宏体藻类及疑源类化石，厚29 m；在澄江旧城村、白马寺剖面及周边，岩性主要为灰黄、灰紫色薄层状泥质白云岩夹少量黑色粉砂质钙质页岩，产疑源类：*Asperatopsophospaera*, *Polyporata*, *Taeniatum*, *Paleamorpha*, *Lignum*等，迄今未有宏体化石发现，厚49 m；在玉溪江川清水沟矿区岩性主要为灰绿、紫红色泥质粉砂质白云岩夹灰黑色白云质粉砂质页岩和海绿石钙质粉砂岩，中部岩性主要为黄绿色白云质泥质页岩，产大量的蠕形化石，疑似陕西宁强的陕西迹类*Shaanxilithes*，黑色粉砂质岩层中产大量藻类为主的宏体化石（唐烽等，2015；顾鹏等，2018）：*Chuaria*, *Tawuia*, *Pumilibaxa*, *Shouhsienia*, *Vendotaenia*, *Palaeocystiformis*, *Longfengshaniaceae*, *Cycliomedusa*和*Parainaria*。厚72 m。

c. 白岩哨段

岩性为浅灰至灰白色薄至中厚层状粉至细晶白云岩、粉砂质白云岩、含硅质条带白云岩、泥质白云岩夹白云质粉–细砂岩、粉砂质黏土岩及硅质岩，产丰富的疑源类化石和少量宏体藻类化石。厚62 ~ 260 m。

在梅树村剖面上，岩性为灰至深灰色薄至中层粉晶白云岩夹白色硅质条带及团块，顶部常风化呈粉至暗红色，产丰富的疑源类化石：*Trachysphaeridium*, *Pseudozosphaera*, *Paleamorpha*, *Leiopsophosphaera*, *Polyporata*, *Lignum*, *Asperatopsophospaera*。厚165 m。

d. 小歪头山段

岩性主要为灰白、浅灰色中至厚层石英砂质白云岩夹黑色硅质条带及扁豆体白云岩、硅质岩，以出现大量硅质岩为特征，产少量小壳化石，有软舌螺：*Anabarites primitivus* Qian et Jiang, *A. trisulcatus*

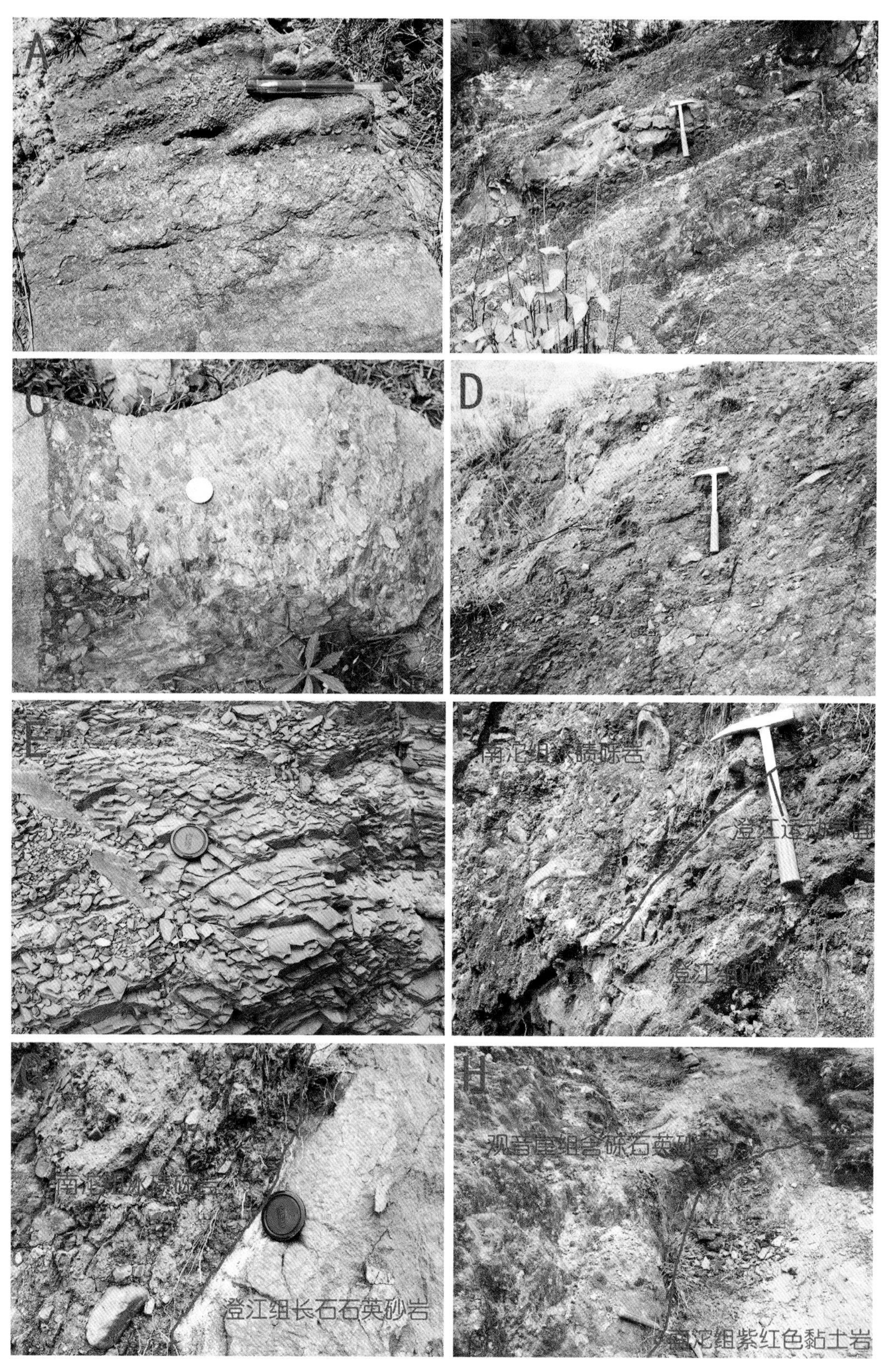

图2–1–5　新元古代澄江组、南沱组岩性及接触关系特征

A. 晋宁王家湾澄江组含砾砂岩特征；**B.** 江川古埂澄江组砂岩风化外貌特征；**C.** 晋宁王家湾澄江组底部底砾岩特征；**D.** 江川古埂南沱组冰碛砾岩特征；**E.** 晋宁王家湾南沱组上部紫红色黏土岩特征；**F.** 江川古埂南沱组与澄江组接触界面特征；**G.** 江川古埂南沱组与澄江组接触特征；**H.** 晋宁王家湾南沱组与观音崖组接触特征

图2–1–6　震旦系观音崖组、灯影组岩性特征
A. 晋宁王家湾观音崖组上部石英砂岩特征；**B.** 晋宁王家湾观音崖组底部含砾砂岩特征；**C, D.** 晋宁王家湾灯影组藻白云岩段叠层石特征；**E.** 江川清水沟旧城段紫红色钙质粉砂岩特征；**F.** 江川清水沟旧城段钙质粉砂岩特征；**G.** 中外专家共同考察产出江川生物群的旧城段

Miss, *Circotheca* sp.；似软舌螺：*Spirellus columnarus* Jiang；骨片类：*Prototubelichitiida*；球形类：*Archaeooides* sp.；单板类：*Cassidina* sp.。是目前国内发现小壳化石的最早（低）层位。底部具10 cm厚的灰白色微薄层含泥砂质白云岩与白岩哨段分界。厚7 ~ 102 m，区域上存在一定变化。

在梅树村剖面上，岩性为浅灰色厚层石英砂质白云岩夹燧石条带及扁豆体，含归属不明的条带状化石和小壳化石：*Anabarites, Turcutheca, Circotheca, Hyolithellus, Cassidina, Artimycta*等，厚8.2 m；在晋宁王家湾剖面上，岩性含燧石条带砂质白云岩，底部发现软舌螺*Circotheca*及单板类，厚11 m；在玉溪江川清水沟剖面上，岩性为含燧石条带及燧石结核的粉晶白云岩夹泥质白云岩，顶部发育黑色薄层状硅质岩和含磷砂质白云岩，产大量未知亲缘的条带状新化石（图2–1–7，A, D–F）。厚22 m。

（3）早古生界

唯有早–中寒武世地层发育较完整，缺失寒武系上统、奥陶系及志留系下—中统。

寒武系：

出露下（纽芬兰）统的渔户村组、跨下（纽芬兰）及中（第二）统的黑林铺组、沧浪铺组、龙王庙组，上（第三）统的陡坡寺组与双龙潭组。缺失上统（第三统）部分及顶统（芙蓉统）全部。

①渔户村组（$Є_1 y$）

原称梅树村组，朱茂炎等（2001）改称为朱家箐组，本文按梅树村剖面称渔户村组，划分为中谊村段和大海段，区域上对比于湖北天柱山组、川中（南）麦地坪组、川北及陕南宽川铺组、黔中戈仲武组，黔中灯影组顶部，湘西、黔东北灯影组顶部的硅磷质层及湘中留茶坡组、桂北老堡组、浙西北及皖南皮园村组、浙西西峰寺组顶部等等（表2–1–1）。其共同特征均为产出磷矿（结核或条带）与丰富的小壳生物化石，均划分对比于震旦—寒武系过渡层。鉴于其清楚的岩石地层序列、区域产出广泛而丰富的特征代表生物化石——小壳化石为代表的梅树村生物群及相同的特殊地质事件——成磷事件，笔者认为为便于区域地层划分对比、震旦—寒武纪生命大爆发、成矿作用及沉积地质学机制研究，将其划分寒武系是可行而合理合适的。为扬子周缘主要的磷矿产出层位与最早具骨骼动物——小壳化石（SSF，small shell fossils）的富集层位。因其产出磷矿及丰富的梅树村生物群，相关学者及单位进行了不同的划分对比（表2–1–2）。最早划分为含磷矿层系（王曰伦，1942）、筇竹寺组（卢衍豪，1962），随后划分为梅树村组（江能人，1964；罗惠麟，1980）。

a. 中谊村段

罗惠麟（1975）命名于晋宁县（现为晋宁区）中谊村。是云南震旦—寒武系磷矿主要的赋存层位，岩性为灰白色薄至中层状磷块岩，常具生物碎屑鲕状–假鲕状结构及鱼骨状层理，晋宁中谊村一带最薄，向四周厚度渐增。中部夹凝灰质黏土岩、凝灰质白云质黏土岩、黏土质白云岩（白泥层），以白泥层为标志将磷矿分为上下两部分（图2–1–7，B, C），产有丰富的小壳化石、遗迹化石及微体化石。厚0.3 ~ 30 m。目前，国际上依据遗迹化石*Treptichnus pedum*的首现为标志划分前寒武—寒武系界线，在梅树村剖面该类化石首现在第5层中，距中谊村段底层面6.4 m。

在梅树村剖面上，该段上部岩性为蓝灰色薄至中层鲕状、假鲕状白云质磷块岩；中部为浅灰色薄层含海绿石及磷质的砂质黏土质页岩；下部为蓝灰色中层条带状白云质、硅质磷块岩。产有丰富的小壳化石、遗迹化石及微体化石。下磷矿层（包括白泥层）产小壳化石：*Circotheca*, *Turcutheca*, *Kunyangotheca*, *Ovalitheca*, *Anabarites*, *Conotheca*, *Leibotheca*, *Torellella*, *Olivoodes*, *Cassidina*；遗迹化石：*Sellaulichnus*, *Chondrites*;中部（白泥层）产小壳化石：*Barbitositheca*, *Circotheca*, *Turcutheca*, *Kunyangotheca*, *Spinulitheca*, *Pupoella*, *Pseudorthotheca*, *Cassidina*；上磷矿层中上部产小壳化石：*Circotheca*, *Turcutheca*, *Anabarites*, *Hyolithellus*, *Cassidina*；遗迹化石：*Cavaulichnus*；疑源类：*Trachysphaeridium*, *Quadratimorpha*, *Hubeisphaera*, *Triangumorpha*, *Pseudodiacrodium*, *Poluedryxium*, *Monotrematosphaeridium*, *Fuchunshania*；上磷矿层顶部产小壳化石：*Yunnanotheca*, *Bucanotheca*, *Circotheca*, *Lecomogloborilus*, *Ovalitheca*, *Quadrochites*, *Lomasulcavichites*, *Trapezochites*, *Drepanochites*, *Sachites*, *Sachithelus* 等，遗迹化石：*Didymaulichinus*, *Rusophycus* 等。厚12 m。

在晋宁王家湾剖面上，岩性为灰色硅质磷块岩夹燧石层。下部产小壳化石：*Turcutheca*,

Circotheca, *Spinulitheca*, *Hyolithellus*, *Protohertzina*, *Aegides*, *Fomithella*；蠕虫动物：*Saarina*, *cf*, *sabellidites*, *Parasabellidites*；疑源类：*Pseudodiacrodium*, *Trachysphaeridium*。上部产小壳化石：*Quadrotheca*, *Circotheca*, *Trapezotheca*, *Bucanotheca*, *Hylithellus*, *Protohertzina*, *Siphogonuchites*, *Lopochites*, *Trapezochites*, *Drepanochites*, *Palaeosulcachites*, *Sachites*, *Sachithelus*, *Solenotia*, *Yunnanodus*, *Orthangulites*, *Maidipingoconus*, *Cassidina*, *Aegides*, *Latopilina*, *Xianfengia*, *Disolecrana*；疑源类：*Asperatopsophosphaera*, *Trachysphaeridium* 等。厚度为54 m。

该段在研究区北部的会泽雨碌地区，厚43 m，该段下部岩性为白云质硅质磷块岩，上部岩性主

图2-1-7　灯影组小歪头山段—渔户村组中谊村段岩性特征
A. 江川清水沟磷矿剖面序列；B. 昆阳磷矿中谊村段至大海段剖面序列；C. 昆阳磷矿中谊村上磷矿层至石岩头段剖面序列；D. 王家湾剖面磷矿底板小含炭质粉砂岩夹硅质岩风化外貌特征；E, F. 清水沟磷矿底板产出的条带状化石特征

表 2-1-2　研究区震旦—早寒武系地层划分沿革

<table>
<tr><th>系</th><th>王日伦
1942</th><th>卢衍豪
1962</th><th>江能人
1964</th><th>系</th><th colspan="2">罗惠麟
1980</th><th colspan="2">罗惠麟
1982 1984</th><th>系</th><th colspan="2">云南地科所
1984</th><th>系</th><th colspan="2">云南地质志
1990</th><th>系</th><th colspan="2">罗惠麟
1994</th><th>系</th><th colspan="2">陈均远等
1996</th><th colspan="2">朱茂炎等
2001</th><th colspan="2">罗惠麟
2016</th><th>系</th><th colspan="3">本文
2018</th></tr>
<tr><td rowspan="5">寒武系</td><td rowspan="3">砂页岩系</td><td rowspan="5">筇竹寺组</td><td rowspan="2">筇竹寺组</td><td rowspan="6">寒武系</td><td rowspan="2">筇竹寺组</td><td>上段</td><td rowspan="3">筇竹寺组</td><td rowspan="2">玉案山段</td><td rowspan="6">寒武系</td><td rowspan="3">筇竹寺组</td><td rowspan="2">玉案山段</td><td rowspan="5">寒武系</td><td rowspan="3" colspan="2">筇竹寺组</td><td rowspan="5">寒武系</td><td rowspan="3">黑林铺组</td><td rowspan="2">玉案山段</td><td rowspan="5">寒武系</td><td rowspan="2" colspan="2">玉案山组</td><td rowspan="2" colspan="2">玉案山组</td><td rowspan="3">黑林铺组</td><td rowspan="2">玉案山段</td><td rowspan="5">寒武系</td><td rowspan="3">黑林铺组</td><td rowspan="2">玉案山段</td><td rowspan="2">澄江生物群</td></tr>
<tr><td>下段</td></tr>
<tr><td rowspan="3">梅树村组</td><td rowspan="3">梅树村组</td><td>八道湾段</td><td>八道湾段</td><td>八道湾段</td><td>石岩头段</td><td colspan="2">石岩头组</td><td colspan="2">石岩头组</td><td>石岩头段</td><td>石岩头段</td><td rowspan="3">梅树村生物群</td></tr>
<tr><td rowspan="2">含磷矿层系</td><td rowspan="2">中谊村段</td><td rowspan="5">渔户村组</td><td>大海段</td><td rowspan="5">渔户村组</td><td>大海段</td><td rowspan="5">渔户村组</td><td>大海段</td><td rowspan="5">渔户村组</td><td>大海段</td><td rowspan="2">梅树村组</td><td>大海段</td><td rowspan="3">朱家箐组</td><td>大海段</td><td rowspan="5">渔户村组</td><td>大海段</td><td rowspan="2">渔户村组</td><td>大海段</td></tr>
<tr><td>中谊村段</td><td>中谊村段</td><td>中谊村段</td><td>中谊村段</td><td>中谊村段</td><td>中谊村段</td><td>中谊村段</td><td>中谊村段</td></tr>
<tr><td rowspan="4">震旦系</td><td rowspan="4">砂质石灰岩系</td><td rowspan="4">灯影组</td><td rowspan="4">灯影灰岩</td><td rowspan="4">灯影组</td><td>小歪头山段</td><td>小歪头山段</td><td>小歪头山段</td><td rowspan="4">震旦系</td><td>小歪头山段</td><td rowspan="4">震旦系</td><td>小歪头山段</td><td rowspan="4">震旦系</td><td rowspan="4">灯影组</td><td>小歪头山段</td><td>待补段</td><td>小歪头山段</td><td rowspan="4">震旦系</td><td rowspan="4">灯影组</td><td>小歪头山段</td><td rowspan="3">江川生物群</td></tr>
<tr><td rowspan="3">震旦系</td><td rowspan="2">中段</td><td>白岩哨段</td><td rowspan="3">震旦系</td><td>白岩哨段</td><td>白岩哨段</td><td>白岩哨段</td><td>白岩哨段</td><td rowspan="3">灯影组</td><td>白岩哨段</td><td>白岩哨段</td><td>白岩哨段</td></tr>
<tr><td>旧城段</td><td>旧城段</td><td>旧城段</td><td>旧城段</td><td>旧城段</td><td>旧城段</td><td>旧城段</td><td>旧城段</td></tr>
<tr><td>下段</td><td>东龙潭组</td><td>藻白云岩段</td><td colspan="2">东龙潭组</td><td colspan="2">灯影组</td><td>东龙潭组</td><td>藻白云岩段</td><td>东龙潭段</td><td>东龙潭段</td><td>东龙潭组</td><td>藻白云岩段</td><td>藻白云岩段</td><td></td></tr>
</table>

要为为白云质磷块岩。上部产似软舌螺：*Pseudorthotheca*, *Conularia*, *Spirellus*, *Hyolithellus*；单板类：*Bemella*；球形类：*Archaeooides*, *Olivooides*；齿形类：*Scoponodus*, *Brushenodus*, *Paracarinachites*；卡门壳类：*Lapworthella*；古杯类：*Tumuliolythus macrospinosus*（Zhuravleva）；苔藓虫*Eoescharopora originiales* Jiang, *Micropylepora insperatus* Jiang。

会泽大海地区该段地层厚度增至69 m，下部岩性为深灰色含磷泥质硅质粉砂岩夹白云质磷块岩，上部为灰黑色中至厚层状白云质磷块岩夹中薄层状白云岩。下部产小壳化石：*Anabarites*, *Circotheca*, *Coleolella*, *Protohertzina*；上部产：*Paragloborilus*, *Ovalitheca*, *Turcutheca*, *Torellella*, *Ruchtonia*, *Sunnaginia*, *Siphogonuchites*, *Lopochites*, *Sachites*, *Carinachites*, *Trapezochites*, *Palaeosulcachites*, *Drepanochites*, *Lapworthella*, *Yangtzespira*等。

b.大海段

罗惠麟（1982）命名于会泽县大海小麦地。下部岩性为灰至灰白色中厚至厚层状细晶白云岩夹白云质黏土岩，上部为褐灰色瘤状含泥质白云质灰岩，局部夹磷矿条带，富含小壳化石，整体由北向南变薄。产小壳化石、微体化石，该段地层由北向南逐渐变薄，昆明以南地区一般厚1 ~ 2 m。厚1 ~ 161 m。

在梅树村剖面上，岩性为灰色中厚层至块状含磷锰质石英粉砂质白云岩夹燧石条带，产丰富的小壳化石：*Turcutheca*, *Quadrotheca*, *Hyolithellus*, *Siphogonuchites*, *Palaeosulcachites*, *Lopochites*, *Drepanochites*, *Carinachites*, *Paracarinachites*, *Disulcavichites*, *Solenochites*, *Orthangulites*, *Zhijinites*, *Crestoconus*, *Stephaconus Chancelloria*等。厚1 ~ 2 m。

该段地层由北向南逐渐变薄，在晋宁王家湾厚8.6 m，江川桃溪村厚达15 m。在命名地会泽大海厚47 m，岩性主要为灰白色中层状白云岩夹粉砂质页岩，上部为深灰色中厚层状含泥质粉砂质灰岩，产小壳化石：*Turcutheca*, *Circotheca*, *Lenatheca*, *Paragloborilus*, *Sachites*, *Sachithelus*, *Zhijinites*, *Scoponodus*, *Latouchella*, *Igorella*, *Maidipingoconus*, *Purella*, *Yangtzespira*, *Chancelloria*；微体化石：*Caryosphaeroides*。在会泽驾车湾厚29 m，顶部产丰富的小壳化石：*Circotheca*, *Conotheca*, *Turcutheca*, *Paragloborilus*, *Lapworthella*, *Hyolithelus*, *Sachites*, *Zhijinites*, *Archaeospira*等。

②黑林铺组（$Є_{1\text{-}2}h$）

在扬子周缘可与牛蹄塘组、水井沱组、清溪组、荷塘组对比。在滇东原称筇竹寺组，由于筇竹寺组与筇竹寺阶重名，根据卢衍豪等（1994）提出中国寒武系保留阶名修改组名的意见，罗惠麟等（1994）用黑林铺组来代替筇竹寺组，本文沿用。岩性主要为黑色、灰黑色炭质黏土岩、粉砂岩、含海绿石结核状磷块岩、泥质石英粉砂岩、泥质粉砂岩、白云质粉砂岩夹含磷石英粉砂质白云岩，镍、钼、钒、铀、银含量普遍较高。该组由下至上分为石岩头段（原称八道湾段）和玉案山段，在石岩头段含炭质黏土岩中普遍产出外表具环带的凸碟形碳酸盐岩结核（图2-1-8），民间称为石蛋，在黔东、湘西相应层位普遍见及，其成因见后述，在玉案山段及其之上产出著名的澄江生物群。厚110 ~ 830 m。

a. 石岩头段（$Є_{1\text{-}2}h^1$）

中上部岩性为浅灰色薄至中层泥质粉砂岩夹灰色中层白云质粉砂岩及粉砂质白云岩，下部为黑色薄至中层含磷泥质石英粉砂岩，底部以1层0.4 m厚的结核状海绿石硅质磷块岩及黏土质页岩与大海段分界。产小壳化石：*Allatheca*, *Eonovitatus*, *Turcutheca*, *Hylithellus*, *Palaeocmaea*, *Chancelloria*, *Archiasterella*；疑源类：*Trachysphaeridium*, *Pseudozonosphaera*, *Asperatopsophaera*, *Lophosphaeridium*,

Monotrematosphaeridium；遗迹化石：*Plagiogmus*, *Gordia*。厚54 m。

b. 玉案山段（$Є_{1\text{-}2}h^2$）

中上部岩性为黄绿色页夹中厚层细粒石英砂岩及粉砂岩，产丰富的三叶虫、高肌虫及澄江动物群化石；下部为黑色薄层泥质页岩夹薄层炭质粉砂岩，产三叶虫及高肌虫化石，厚72 m。

③沧浪铺组（$Є_2cl$）

丁文江等（1914）命名于马龙县红井哨。划分为红井哨段与乌龙箐段。前者岩性为中粒石英砂岩夹黏土岩，后者岩性为灰黄色、灰绿色粉砂质黏土岩夹粉砂岩，产丰富的三叶虫化石。厚128 ~ 310 m。该组在梅树村剖面一带缺失。

④龙王庙组（$Є_2lw$）

卢衍豪（1941）命名于昆明市西山龙王庙。岩性为灰色中厚层白云岩、白云质灰岩夹 砂岩、黏土岩。厚35 ~ 150 m。该组在梅树村剖面一带缺失。

⑤陡坡寺组（$Є_3dp$）

卢衍豪等（1939）命名于宜良县陡坡寺。岩性为灰色砂岩、黏土岩与瘤状灰岩互层。厚20 ~ 100 m。该组在梅树村剖面一带缺失。

⑥双龙潭组（$Є_3sl$）

张文堂等（1964）命名于曲靖双龙潭。岩性为灰、灰黄色白云岩、白云质黏土岩夹钙质粉砂岩、黏土岩。厚100 ~ 300 m。该组在梅树村剖面一带缺失。

志留系：

仅出露于抚仙湖南东一带，缺失中、下统，上统及顶统岩性主要为砂岩、黏土岩、钙质黏土岩夹泥灰岩。厚100 ~ 300 m。

（4）晚古生界

地层发育不完整，缺失泥盆系下统、二叠系上统。

泥盆系：

发育不全，缺失下统及中统下部，保存的地层划分为中统海口组及上统宰革组。

①海口组（D_2h）

为陆相灰、灰白色中层状细粒石英砂岩夹黄绿色、灰紫色粉砂质页岩，底部为黄褐色砾岩。以产出著名的中华沟鳞鱼、湖南鱼和古鳞木化石为特征，与下伏不同时代地层呈角度不整合接触。厚0.7 ~ 43 m。在梅树村剖面上残留厚27 m。

②宰革组（D_3zh）

为白云岩、白云质灰岩，顶部夹灰岩、黏土岩，厚70 ~ 800 m。在梅树村剖面一带岩性为深灰色厚层状中粗晶白云岩、白云质灰岩夹少量泥质灰岩，产层孔虫，介形虫等，残留厚77 m。

石炭系：

发育不全，缺失下统部分沉积。下统划分为万寿山组、旧司组、上司组，上统划分为黄龙组及跨二叠系的马平组。

①万寿山组（C_1w）

与董有组相当，岩性为灰白、浅灰、灰紫色石英砂岩夹粉砂岩、炭质页岩及煤线，厚5 ~ 40 m，在梅树村剖面一带残留厚14 m。

②旧司组（C_1j）

图2-1-8　石岩头段炭质页岩中产出的碳酸盐岩结核特征
A-H. 昆阳磷矿；G-J. 宜良九乡

岩性为灰黑色中厚层泥晶灰岩、泥灰岩夹黏土岩及薄层硅质岩。厚10～200 m。在梅树村剖面一带缺失。

③上司组（C_1s）

岩性为浅灰色中至厚层角砾状白云岩，白云质灰岩夹泥晶灰岩，产珊瑚、腕足类等化石，厚20～300 m。在梅树村剖面一带残留厚164 m。

④摆佐组（C_1b）

岩性为灰白、浅灰色中至厚层生物碎屑灰岩，鲕状灰岩及泥晶灰岩，产䗴、珊瑚等化石，厚50～350 m。在梅树村剖面一带残留厚28 m。

⑤黄龙组（C_2h）

岩性为浅灰、灰白色中厚层—块状泥晶生物屑灰岩、生物屑泥晶灰岩、亮晶生物屑灰岩，夹少量灰白色燧石灰岩及白云岩。富含䗴、腕足类及双壳类化石。厚15～200 m。在梅树村剖面一带缺失。

⑥马平组（CPm）

岩性为浅灰、灰白色厚层块状细晶–泥晶灰岩、泥晶生物屑灰岩，夹亮晶䗴灰岩、深灰色含泥质瘤状泥晶灰岩，局部夹燧石灰岩和白云岩。厚12～200 m。在梅树村剖面一带缺失。

二叠系：

缺失下统、中统上部及上统。中统划分为梁山组、栖霞组。

①梁山组（P_2l）

灰绿，褐黄色石英砂岩、黏土岩、炭质黏土岩夹煤线（层）及铝土质页岩，普遍含黄铁矿扁豆体，与下伏石炭系地层呈平行不整合接触。

②栖霞段（P_2q）

灰白、浅灰色系层至块状细至中晶白云岩、白云质灰岩，产䗴、珊瑚、腹足类等化石。厚91 m。

（5）中—新生界

划分为三叠系、侏罗系、白垩系、古近系、新近系和第四系。

三叠系：

缺失三叠系中下统，上统岩性主要为陆相河湖沉积的钙质黏土岩、砂泥岩夹煤。

侏罗系：

发育较完整，岩性主要为陆相大型河湖沉积的紫红色砂泥岩夹泥灰岩、钙质黏土岩。

白垩系：

缺失下统下部，保留的下统上部及上统岩性为陆相河湖沉积的紫红色砂砾岩夹黏土岩。

古近—新近系：

原称第三系，发育不完整，岩性主要为陆相河湖沉积的紫红色砂泥岩、泥灰岩、钙质黏土岩。

第四系：

为残积、坡积和冲积层松散堆积，主要分布于山坡、冲沟及河流两岸。岩性为黄色、棕褐色含灰岩、砂质页岩及磷块岩碎屑，呈棱角状、次圆状，直径2～30 cm，厚0～30 m。

1.2.2 构 造

（1）概况

研究区地处特提斯—喜马拉雅构造域与滨太平洋构造域的交汇部位，主要受西部特提斯—喜马拉雅构造域发展演化控制，东部尚受滨太平洋构造域的远程影响。在地质历史时期经历了复杂多期的构造——岩浆事件，主要经历了晋宁运动、武陵运动、澄江（雪峰）运动、广西运动、印支运动、燕山运动、喜马拉雅运动及新构造运动，燕山运动铸就了现今主要的地质构造形迹。强烈的造山构造运动形成了复杂的断裂构造体系，前期构造对晚期进行叠加、改造与追踪复合，形成了复杂的地质构造景观。不同时期的构造控制了各自地质历史演化阶段的沉积盆地属性，产出了不同的岩石组合及建造，从而控制了地史发展时期沧海桑田演化历程，为丰富多样的地质环境资源、矿产资源及古生物化石的产出提供了优越的地质背景条件。

（2）构造运动

构造运动是地壳或岩石圈演化的动力，是沉积、岩浆、变质、变形和成矿等地质作用的主因。构造运动是地质作用的主要表现形式，有岩层之间的不整合接触、构造变形、岩浆侵入和喷发、变质作用，以及成矿作用等。而构造运动不论在时间还是空间上的发展都是不均衡的，总是由长期缓和（慢）的运动转化为短时（骤然）强烈的运动，导致地质历史演化阶段上的突变，使地质构造的发展显现出明显的阶段性。构造运动在时空上的由渐变到突变的演化，为构造运动期次、构造幕、构造旋回的划分，为系统研究地质历史演化提供了基础（李廷栋，1982）。构造运动可分为升降运动和水平运动。水平运动可进一步划分为扩张（裂解）运动和挤压（压缩）运动，也就是常称的造山运动或褶皱运动，可使地壳或岩石圈缩短、隆起、增厚、拼合和洋壳消减而陆壳增生。它是板块碰撞造山、陆内造山作用的具体表现，是地质学家研究的重点。升降运动亦即常称的造陆运动，指地质历史上造成大陆和大型海盆的构造运动，当地壳上升时发生海退，下降时出现海侵。在造山运动中常常包含造陆运动，而且造山运动的最后阶段表现为隆升造陆，二者密不可分。

区域性构造运动，即造山构造运动，是地质历史发展历程中极为重要的地质事件，其控制了不同沉积盆地的大地构造属性与沉积背景，使构造运动界面上、下出现差异显著的地质演化的物质记录。由二次相邻造山构造运动限定的地质发展与演化物质记录——构造旋回（构造层），是地史发展演化具有阶段性特征的物质表现，是分析研究由造山构造运动角度不整合面限定的特定盆地性质及发展演化的基础。其记录了地壳由伸展→离散→汇聚→碰撞→造山→隆升（走滑）进程中的岩浆活动、沉积、变质变形作用及成矿资源响应，反映了大陆裂解与拼合增生的完整地史演化历程。本文结合已有资料成果，对研究区及区域范围内主要区域性造山构造运动简述如下。

①晋宁运动

晋宁运动是Mish（1942）提出的，指云南晋宁地区“澄江砂岩”与“昆阳变质岩系”之间角度不整合所代表的构造运动。因地层保留出露不全，澄江组原划归震旦系（现划归青白口系），故相当部分学者将其与武陵运动或雪峰运动进行对比。结合新近研究成果（陈建书等，2020），本文认为晋宁运动结束于距今1000 Ma左右（中元古代末期），与世界格林威尔造山运动时限一致，该造山运动使昆阳群褶皱变质并固结，构成变质结晶基底，同时使扬子古微陆块群拼合为统一的扬子古陆块。晋宁造山运动目前主要在研究区与扬子古陆北缘出露有物质记录，在研究区的晋宁柳坝一带主要表现为新元古界军哨组（高林志，2018）与下伏中元古界昆阳群美党组组间的角度不整合接触，在黄连山一带表现为新元古代柳坝塘组与昆阳群黑山头组间的角度不整合接触（沈少雄，1999）；在晋宁六街王家湾剖面上表现为新元古代澄江组与下伏昆阳群黑山头组间的角度不整合接触（图2-1-9A）；在梅树村剖面及会泽白雾一带则表现为震旦系陡山沱组与下伏昆阳群黑山头组间的角度不整合接触（图2-1-9B）；在扬子古陆东南缘因记录该构造事件的地层、岩石未出露，情况不明。

图2-1-9　晋宁、武陵运动界面叠合特征
A. 晋宁王家湾；B. 会泽白雾

②武陵运动

武陵运动原指发生于中元古代末期与新元古代青白口系间（1000 Ma左右）的造山运动，命名于湘西武陵山区（原湖南地质局413队，1959），指新元古代青白口系板溪群与下伏中元古代冷家溪群（现划为新元古代）之间的角度不整合造山运动，原对比于扬子周缘滇东的晋宁运动、原指发生于中元古代末期与新元古代青白口纪间（1000 Ma左右）的造山运动原对比于扬子周缘滇东的晋宁运动、湖北神龙地区的神龙运动、浙江神功一带的神功运动、皖南祁门运动、赣西双桥运动、湘西东安溪地区东安运动、黔东梵净运动、桂北四堡运动等。据目前新近资料成果与统一认识，该运动结束于820 Ma左右，为扬子周缘普遍发育且具重大意义与广泛影响的造山运动。该运动使下江（板溪、丹州、高涧、历口、河上镇、登山）群等新元古代中晚期地层角度不整合于新元古代中期梵净山（冷家溪、四堡、双桥山、溪口、双溪坞）群地层之上。在本研究区的晋宁王家湾剖面与会泽白雾一带，该构造事件表现为新元古代中晚期的澄江组、震旦系陡山沱组角度不整合于中元古界昆阳群（图2-1-9）；在晋宁柳坝塘剖面上表现为新元古界青白口系柳坝塘组与上覆澄江组呈角度不整合接触（沈少雄，1999）。该造山运动使扬子古陆进一步增生扩大与固结，构成变质褶皱基底。在滇东地区的晋宁王家湾、昆阳磷矿、会泽白雾等区域，可能在发生晋宁运动后一直处于隆起剥蚀状态，或沉积的物质记录在武陵运动时被剥蚀殆尽，致使晋宁运动不整合界面与武陵运动不整合界面叠置在一起，难以区分。

③澄江运动

澄江运动指云南省晋宁地区下震旦统“澄江砂岩”与南沱组之间的角度不整合运动（Mish，1942）。该运动结束于720 Ma左右（陈建书等，2020），在湘黔桂地区称雪峰运动，为区域性掀斜差异隆升运动，表现为板溪（下江、高涧、丹州）群与上覆南华系长安组、或富禄组之间的平行不整合接触。在本研究区表现为南沱组角度不整合覆于新元古代青白口纪晚期的澄江组之上（图2-1-10）。武陵造山运动使扬子陆块隆升成陆，随隆升后新一轮的陆块离散-伸展作用，扬子周缘进入裂谷盆地发展阶段，研究区沉积了陆内裂谷环境下的河湖环境砂砾岩沉积的澄江组及研究区北部的川西南海陆交互环境下的苏雄组、开建桥组火山岩、火山碎屑岩建造。在扬子东南缘则沉积了陆缘裂谷背景下陆棚环境下的板溪（下江、丹州、高涧）群碎屑岩夹火山碎屑岩建造。澄江（雪峰）运动结束了扬子周缘裂谷盆地沉积背景，转入由裂谷向被动大陆边缘转换的冰雪事件沉积。研究区因处于隆起的大陆冰盖（冰内）背景，缺失寒冷事件早期的长安时期沉积及间冰期的富禄组、大塘坡组，仅在零星的地貌低洼处沉积了南华冰雪事件晚期的南沱组大陆冰盖（冰内）冰融型冲、洪积扇–泥石流沉积。由本研究区向南东的湘黔桂地区，则沉积了完整的南华系海陆交互（冰前）、海相（冰外）冰水–冰筏沉积。随后本区转入稳定陆表海碳酸盐岩夹碎屑岩沉积。

④广西运动

广西运动由丁文江先生（1929）创名，是中国西南地区志留纪末和泥盆纪初的一次地壳运动，与欧洲加里东运动相当，以广西早泥盆世莲花山组与下伏志留系地层间的角度不整合为标志。该运动结束于416 Ma左右，为区域性造山运动。该运动使研究区中寒武世地层被中泥盆世地层角度不整合覆盖，缺失寒武系中、上及顶统、奥陶系及志留系大部分沉积。

⑤印支运动

法国地质学者弗罗马热（J.Fromaget）1934年，将发生于印支半岛晚三叠世前诺利期与前瑞替期的2个造山幕之间的角度不整合造山运动命名为印支运动。该运动结束于225 Ma左右，使本区的三叠系上统与下伏地层之间出现区域性平行—角度不整合接触。该运动结束了研究区及扬子古陆周缘海相沉积历程，转入陆相陆内坳陷盆地沉积演化阶段。

⑥燕山运动

翁文灏先生（1927）以燕山为标准地区创名，为整个侏罗—白垩纪期间广泛发生于中国全境的重要构造运动。该运动结束于100 Ma左右，即早晚白垩纪之间或白垩纪与侏罗纪地层间的区域性平行–角度不整合构造运动，该运动奠定了研究区现今的地质构造形迹。

⑦喜马拉雅运动

喜马拉雅运动最先在喜马拉雅山区确定，黄汲清先生（1945）引用，指新生代以来的造山运动。该运动结束于23 Ma左右，即古近系与新近系之间的构造运动面。该运动使本区随青藏高原的隆升而剧

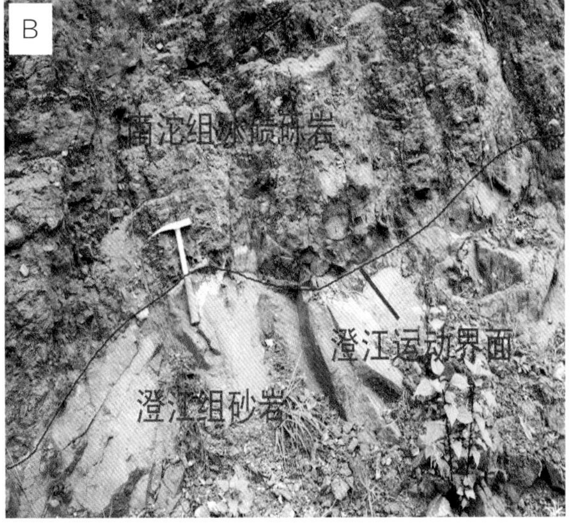

图2–1–10　澄江运动界面特征
A. 晋宁王家湾；B. 江川古埂

烈抬升，形成目前青藏高原的第二级阶地——云贵高原的格局。喜马拉雅运动铸就了中国现今构造地貌景观，且延续至今仍在发生着地壳运动和地质作用，对自然环境演变、地质灾害发生及区域地壳稳定性均有重大影响。此运动亦发生在国外地中海、高加索、缅甸西部、印尼、菲律宾、日本等广大地域，并形成地壳上最新的褶皱山系。

⑧新构造运动

新构造运动指新近末（2.6 Ma）—现今的新构造运动，亦有学者称为喜马拉雅运动第二（三）幕，该运动使研究区差异隆升，形成与控制了现今的地貌、河谷、水系的发展及演化格局。

（3）断裂构造

受北西向特提斯与北东向滨太平洋两大构造域的控制与影响，滇中—滇东地区发育的断裂构造主要呈近南北向展布，次为北东向及北西向展布（图2-1-11），南西部为北西向红河深大断裂带、南东部为北西向师宗—弥勒深大断裂带、西部为近南北向程海深大断裂带限制。与研究区关系极为密切的主要有元谋大断裂、易门大断裂、普渡河大断裂及小江大断裂带，概述如下。

①元谋大断裂

呈南北向展布，可能形成于早元古代，表现为早元古代与中元古代边界断裂，昆阳群仅分布于该断裂带东侧，西侧为滇中台褶带，东侧为武定—石屏隆褶带，属复杂的张性、压性多期活动断裂带，至中生代一直处于活动状态，活动性北强南弱。

②小江断裂带

呈南北向展布，为昆明台褶带的东部边界，亦系康滇古陆与上扬子台坳的边界断裂。在东川附近分成东西两支后向南展布。最早可能形成于新元古代末，为新元古代康滇裂谷盆地的边界断裂，其明显切割了北东向构造。在二叠系表现为强烈的裂陷拉张，成为峨眉山玄武岩侵位、喷溢的通道。沿断裂带地震活动强烈，并发育一系列温（热）泉点，为至今一直在活动的活动断裂带，沿断裂带及其附近是近代地震易发多发区域。

③易门大断裂

呈南北向展布，纵贯康滇古陆，形成于新元古代末，切割元古代地层、古生代及中新生代地层。在古生代及早中生代活动性增强，控制了相应地层的时空展布。新生代以来亦活动强烈，沿断裂带地震活动频繁，为一多期活动断裂带。

④普渡河断裂带

为康滇古陆与滇东台褶带边界断裂带，形成于新元古代，切割古生代—中生代地层，断裂带对滇东寒武纪磷矿产出控制显著，为一多期活动断裂带。

1.2.3 区域古地理与地史演化概况

已有资料成果反映，在扬子古陆存在形成于3300～2300 Ma和1900～1800 Ma的古老陆核，可能为一系列的微古陆块群，其范围北部从川中、川鄂—大别山一直到苏北，南部包括红河断裂以北的黔滇桂隐伏古隆起等相对孤立的由古—中—新太古代深变质岩系组成的古陆核（图2-1-11）。在四川盆地施工的2口深井中，位于南充以南的女基井在5934 m以下打穿了震旦系，发现该区缺失扬子古陆东南缘厚达上万米的新元古界（梵净山群、下江群及相当地层）和南华冰期物质记录，震旦系灯影组白云岩直接覆于深变质的长英质片麻岩之上，两者之间的接触面还保存有古风化壳。同时地震剖面显示，相当于上述中—新元古界的反射层系由川南向北在隆昌附近尖灭，从而证实川中确实存在着前中元古代及以前的古老基底。发生于大约1700 Ma的吕梁运动使扬子微陆块群的早元古代及更老地层发生褶皱、变质，并渐次拼合增生为统一的扬子古陆，随后以扬子古陆为中心不断向外增生扩大。研究区经早元古代末期的吕梁运动，形成滇中古陆块，随后滇东地区裂陷，产出了相对活动环境下的中元古代早—中期东川群及相当地层，主要产出砂泥岩、碳酸盐岩夹火山岩建造。至中元古代中—晚期沉积了处于裂谷环境的昆阳群，其出露的黄草岭组与黑山头组为半深海相砂泥岩，富良棚组夹中基性火山碎屑岩及中–基性熔岩，其中玄武岩具枕状构造，属最大裂陷时期地幔岩浆活动的产物。向上出现台地环境的大龙口组碳酸盐岩及滨岸–混积陆棚环境下的美党组含钙质砂泥岩、炭质泥岩，为一显著的汇聚构造背景下海退进积型岩石组合序列。

经距今1000 Ma左右的晋宁造山运动，扬子陆块群与东南部的华夏陆块群汇聚碰撞，形成统一的华南板块，使中元古代昆阳群及相当地层变质，形成褶皱变质结晶基底，包含康滇陆块在内的扬子陆块范围扩大。晋宁运动后，华南板块裂解出扬子古陆块与周缘陆块群，最终形成发育程度不等的沟–弧–盆系格局。在研究区昆阳群之上的军哨组以白云岩为主、次为板岩，底部见热液型角砾状赤铁矿及底砾岩，代表晋宁造山运动的磨拉石及滨岸–台地背景下的砂砾（泥）岩及碳酸盐岩古地理格局；柳坝塘组炭质板岩夹硅质岩、锰质板岩、沉凝灰岩，系该时期深水滞留缺氧，欠补偿的饥饿盆地沉积物质记录，属稳定扬子古大陆内缘裂谷盆地。其与扬子东缘的冷家溪群、梵净山群、四堡群、双溪坞群、双桥山群及扬子古陆北缘的花山群等，系同一时期不同构造背景下的裂谷、岛弧、弧后盆地沉积建造。前者属较稳定的陆内裂谷盆地，后者处于活动大陆边缘的弧–盆系背景下砂泥岩、基性–超基性岩及枕状玄武岩建造。随后系列盆地萎缩关闭，最终于距今820 Ma左右发生影响

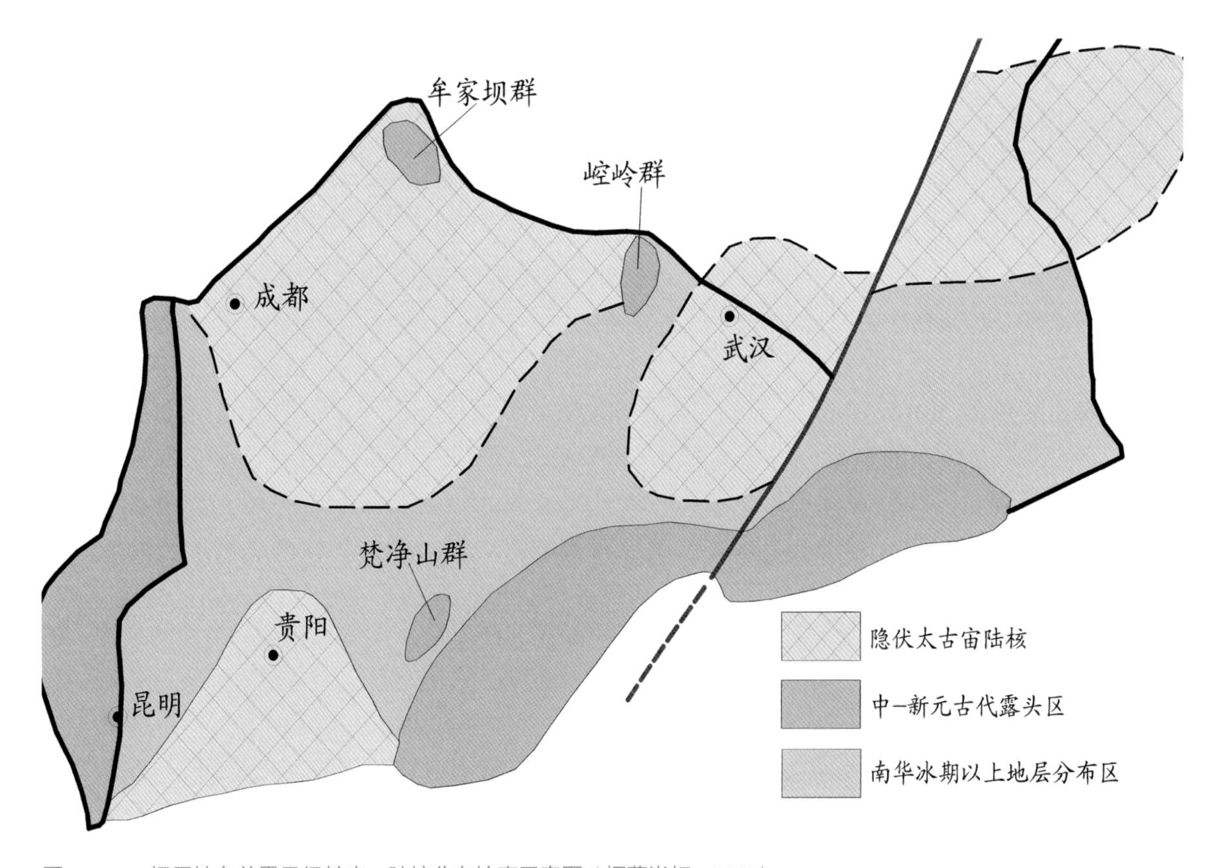

图2–1–11　扬子地台前震旦纪基底、陆核分布轮廓示意图（据葛肖虹，2015）

深远的武陵造山运动，扬子陆块进一步褶皱变质、固结与增生扩大，形成褶皱变质基底。

自武陵造山运动以后，扬子陆块周缘开启大规模的伸展–离散发展演化历程，转入被动陆缘与陆内裂谷盆地演化阶段，被动陆缘裂谷盆地包括湘黔桂裂谷盆地、江南裂谷盆地、浙北裂谷盆地、赣粤裂谷盆地等，陆内裂谷盆地包括康滇裂谷盆地及扬子北缘裂谷盆等（王剑，2000），伴有强烈的裂谷型岩浆活动。处于扬子西缘的康滇裂谷盆地南部的研究区及东部区域，在新元古代中晚期以陆相火山岩及砂砾岩、砂岩夹泥岩建造为特色（澄江组、陆良组及牛头山组），在研究区北部川西南地区发育与澄江组同时期的苏雄组和开建桥组，岩石建造为以火山碎屑岩、陆源碎屑岩及基性–中酸性火山岩为主的建造，产出的火山岩具双模式特征，为典型陆内裂谷环境产物；在扬子东南缘湘黔桂地区发育以板溪（下江、高涧、丹州）群及浙皖赣地区的河上镇群等地层，为砂泥岩夹火山碎屑岩建造，属陆缘裂谷环境；扬子古陆北缘则发育莲沱组砂泥岩建造组合，属陆内裂谷环境。这些裂谷盆地均属发育不完整的夭折裂谷盆地。随裂谷盆地的充填回返、萎缩填平。扬子陆块周缘开启了南华纪寒冷气候背景下的次级裂陷发展演化历程。

据新近研究资料成果，在距今720 Ma左右（兰中伍等，2014；汪正江等，2016；陈建书等，2016；2014年中国地层表限定为780 Ma），发生掀斜性与差异性的隆升造陆运动—澄江（雪峰）运动，扬子陆块周缘海域范围缩小，同时冰雪寒冷气候来临。在冷暖交替变换的成冰（南华）系发展演化历程中，开启了南华系冰内（大陆冰盖）、冰水（冰前）、冰筏（冰外）砂砾岩、冰碛砾岩为特色的冰融泥石流、冰水碎屑流与温暖（间冰期）环境下的砂泥岩、含炭质泥岩夹锰质碳酸盐岩沉积。

于长安冰期，在扬子古陆周缘除湘黔桂相邻区的三都—天柱—怀化一线以南东发育完整的南华系长安冰期—富禄间冰期—南沱冰期3个阶段沉积外，其余区域未见长安冰期与富禄间冰期中下部沉积，即均缺失长安组与富禄组中下部地层，扬子陆块整体处于剥蚀阶段。至富禄间冰期中晚期海水由扬子古陆周缘不断向内部侵漫，渐次沉积了富禄间冰期中晚期地层。

随后海水不断向扬子古陆内部侵漫，南华纪晚期的南沱组冰碛岩已覆盖扬子陆块大部分地区。包含研究区在内的康滇地区在长安冰期—富禄间冰期处于隆起的古陆，遭受剥蚀状态，直至南华纪晚期，才沉积了冰融泥石流与正常水流环境下的冰碛砾岩与砂泥岩沉积建造。研究区从南华纪至奥陶纪一直处于南—南东低、北—北西高的古地理格局。在635 Ma左右南华寒冷气候结束，气温回升，导致海水进一步向扬子古陆内部侵漫，在扬子陆块上广泛沉积了温暖稳定环境下的被动陆缘环境下的碎屑岩、碳酸盐岩、磷块岩沉积。震旦纪—寒武纪早中期，扬子周缘出现沉积序列显著的盆地不同相带有序展布的沉积建造格局。由扬子东南缘至北西，沉积了清晰的深水陆棚盆地背景下的硅质岩、炭质黏土岩（湘中南、桂东北地区）—陆棚边缘背景下的炭质黏土岩夹硅质岩、白云岩（湘西南、黔东南）—陆棚斜坡背景下的白云岩、炭质黏土岩夹硅质岩（黔东—湘西北）—混积陆棚白云岩、炭质黏土岩（黔中—滇东）—滨岸石英砂岩、白云岩、炭质黏土岩（研究区）沉积组合。

在震旦纪陡山沱时期海侵进一步扩大初期，沉积基底凹凸不平，整体看，水下高地的边缘、浅滩等有利地带是良好的成磷区域。岩相古地理研究表明，次级凹陷及隆起的陆缘浅海区域是有利的成磷场所，产出了著名的黔中瓮福——开阳磷矿、湘西磷矿、东山峰磷矿、鄂西磷矿。震旦—寒武纪过渡时期，海侵达最大，为扬子周缘重要的磷矿成矿时期，在滇东渔户村组、川西麦地坪组、陕南宽川铺组、峡东天柱山组、黔西戈仲武组及黔东、湘西留茶坡组中均产出了磷矿，以滇东昆阳渔户村组中谊村段及贵州织金戈仲武组中产出的磷矿为代表。

同时从震旦纪开始，地球早期生命开始爆发式出现与辐射，在扬子周缘先后于震旦系下统陡山沱组中产出了著名的蓝田生物群、瓮安生物群、翁会生物群、庙河生物群，震旦系上统灯影组中产出了高家山生物群、西陵峡生物群、江川生物群、武陵山生物群，震旦—寒武系梅树村生物群、牛蹄塘生物群、澄江生物群。震旦至寒武纪时期，研究区一直处于被康滇古陆与牛头山古陆限制的较为稳定的滨岸—潮坪—陆棚的沉积环境，为保留该时期沉积物质记录−梅树村地层剖面及其江川生物群、梅树村生物群、澄江生物群提供了良好的条件，为研究震旦至寒武纪界线、早期生命演化及成矿响应与制约提供了理想场所。

寒武纪早中期—中奥陶世时期，扬子周缘被动陆缘盆地由伸展—离散转入汇聚—碰撞—造山阶段。海水由扬子古陆向周缘渐次退出，由内部向周缘产出了整体海退陆进的进积沉积序列。研究区从中寒武世开始海水渐次向南退出，并渐次露出水面遭受剥蚀，缺失中晚寒武世—志留纪沉积。晚奥陶世随碰撞造山加剧，包含研究区在内的、远离造山中心的扬子周缘地区转入碰撞−造山隆起阶段，至早志留纪转化为前陆坳陷—前陆盆地发展阶段，沉积了志留纪滨岸−陆棚盆地砂砾岩、炭质黏土岩夹灰岩沉积，至晚志留世晚期开始，前陆盆地渐次填平。随后于距今416 Ma左右发生影响广泛而深远的广西造山运动，使早古生代及下伏地层普遍发生褶皱。包含研究区在内的滇东地区整体褶皱隆升成陆，遭受新一轮的风化剥蚀，致使研究区中寒武系之上直接覆盖中泥盆系海口组石英砾岩、砂岩地层，缺失中晚寒武世—志留纪大部分沉积。随后研究区随扬子周缘广大地区一同转入陆内稳定裂陷发展阶段，沉积了晚古生代碳酸盐岩夹碎屑岩建造，于距今260 Ma左右，以小江断裂带为中心发生了著名的峨眉山玄武岩浆喷溢构造岩浆事件，为陆内裂陷盆地最大拉张时期的地质事件物质记录。随后陆内裂陷盆地萎缩，至距今225 Ma左右发生了著名的印支造山运动，该运动结束了包含研究区在内的扬子周缘地区海相沉积演化历程，随后转为陆相的坳陷河湖相砂泥岩沉积阶段。发生于距今100 Ma左右的燕山造山运动，使本区全部转为陆相河湖与大型坳陷盆地砂泥岩沉积演化阶段，燕山运动奠定了研究区及区域上现今保存的主要地质构造形迹。而发生于距今23 Ma左右的喜马拉雅运动使研究区随青藏高原的隆升，形成了青藏高原的第二级台阶——云贵高原初始面貌，研究区转入山间断陷盆地背景的砂砾岩沉积。新近系以来发生的新构造运动则控制了现今地貌、河谷、水系等自然地理的发展及演化，研究区沉积山间断陷盆地背景的砂泥岩建造及第四系松散（未固结成岩）砂、砾、泥堆积物。

2　梅树村剖面的地质背景

研究区的梅树村震旦—寒武纪界线层序剖面位于云南省昆明市晋宁县梅树村西北昆阳磷矿区，地处香条冲背斜的东南翼。由团山顶、小歪头山及八道湾剖面组成（图2−2−1）。东经102°34′00″，北纬24°44′00″。区内出露部分中元古代昆阳群、新元古代震旦系、古生代寒武系下—中统、部分泥盆系、二叠系及第四系。褶皱及断裂不发育，构造简单。

2.1　构　造

梅树村地层剖面所在区域构造简单，仅发育有一近东西向展布的香条冲背斜及北东东向的栗庙—三家村逆掩断层。

2.1.1　香条冲背斜

香条冲背斜呈近东西向展布于梅树村剖面的海口河以南至昆阳磷矿区，东西全长17 km，地表出露

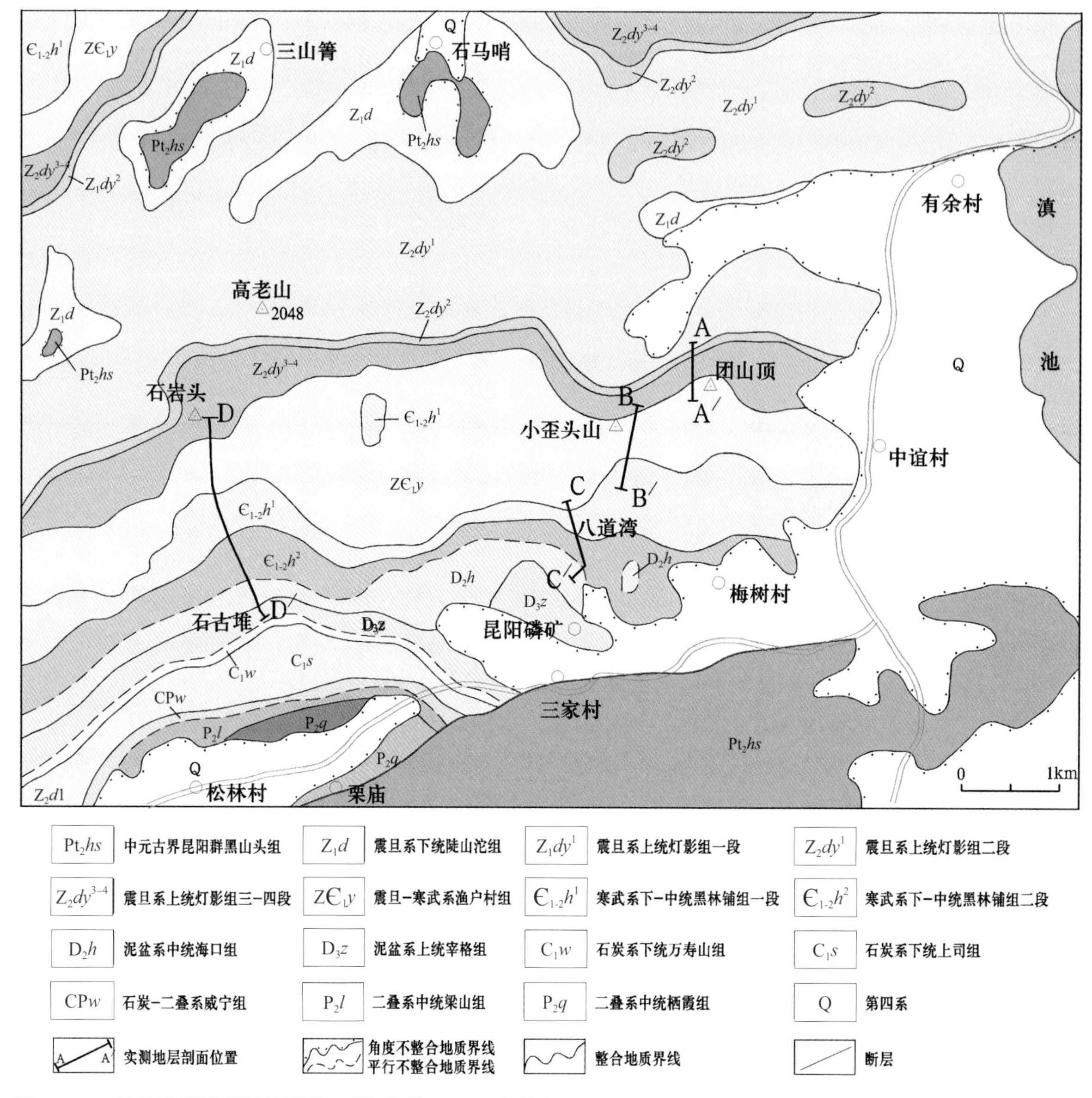

图2-2-1　梅树村剖面位置及地质图（据罗惠麟，2018，修编）

10 km，约有7 km向东倾伏于第四系及滇池水域之下。背斜核部出露最老地层为中元古代昆阳群黑山头组，两翼依次为上震旦统陡山沱组、灯影组，下寒武统渔户村组和筇竹寺组，泥盆系海口组、宰格组及石炭系、二叠系的地层。背斜西部撒开扬起，宽达13 km，向东收敛倾伏，枢纽倾角15°。地层北翼缓南翼陡，北翼地层倾角10°～20°，南翼20°～30°，背斜轴面向北倾斜，倾角85°。背斜将昆阳磷矿分为南、北翼矿带，其北翼磷矿层厚度较南翼大，南翼矿石类型主要以磷基、硅泥基砂屑磷块岩为主，北部相变为条带状、条纹状白云岩，甚至出现厚层状白云岩，显示背斜形成于早寒武世沉积之前。

2.1.2　栗庙—三家村断层

断层呈北东东向的展布，地表可见露头延长达12km以上，东段被第四系掩盖。断层断面向南倾斜，倾角40°~80°，上盘地层为中元古代昆阳群黄草岭组和黑山头组，下盘为晚古生代泥盆系上统宰格组，石炭系下统万寿山组及上司组、石炭—二叠系威宁组，二叠系中统梁山组、栖霞组。

2.2　地　层

研究区出露最老的地层为中元古界昆阳群黑山头组，向上依次为震旦系下统陡山沱组、上统灯影组，跨震旦—寒武系的渔户村组、寒武系下—中统黑林铺组，泥盆系中统海口组、上统宰革组，石炭系下统万寿山组及上司组、石炭—二叠系威宁组，二叠系中统梁山组、栖霞组及第四系。缺失新元古代青白口系、南华系、中上寒武统、奥陶系、志留系、泥盆系下统、二叠系下统、上统和中生代的地层（图2-2-1）。各组段岩性、主要生物化石及保留厚度见前述。

2.3　梅树村剖面震旦—寒武系界线

梅树村剖面震旦—寒武系地层的划分研究，早在1942年王曰伦先生即进行了相应的划分，随后相关学者及单位开展了深入研究，进行了不同的划分（表2-1-2）。结合扬子周缘研究新近的研究成果（表2-2-1），结合生物发育特征及岩石地层层序，本文认为以在扬子周缘广泛产出的极为独特的小壳生物群为震旦—寒武系划分界线，生物标志明确、地层序列清楚，尚有广泛相伴的成磷事件。同时在中谊村段磷矿层的上、下磷矿层间的火山事件产物——第五层沉凝灰岩（斑脱岩）获得锆石U-Pb年龄（535.2±1.7）Ma（朱日祥等，2009），（525±7）Ma、（539±34）Ma（Compston et al.，1992）。下磷矿层厚7.4~36.9 m，尚有一定的沉积时限，目前国际上震旦—寒武系界线年龄541 Ma。故以在扬子周缘普遍发育的成磷事件层之底、多门类带壳化石组合始现及独特的宏体化石组合，来标定震旦系—寒武系界线，标志清楚，对比方便，客观自然。

2.4　梅树村剖面列述

1978年10月，云南省地质科学研究所罗惠麟、蒋志文、徐重九、宋学良、戈宏儒、武希彻与昆阳磷矿张世山、龙运民首次实测了晋宁梅树村小歪头山至八道湾震旦系—下寒武统剖面。这是一条出露较好、构造单一、标志层清楚、生物化石极其丰富的剖面（图2-2-2）。由此，开始了云南晋宁梅树村剖面的系统研究。本次研究在进一步系统总结近40年来梅树村剖面的研究成果基础上，尚对晋宁王家湾及玉溪江川清水沟剖面进行了深入系统的研究（图2-2-3），现一并列述如下。

2.4.1　晋宁梅树村剖面

以下为八道湾剖面*C*-*C*'剖面及石岩头D-D'剖面，括号内数字为原始剖面测制分层号。（据罗惠麟，2019）

中泥盆统海口组（D_2h）未见顶 ……………………………………………………………

24 灰紫、灰绿色中厚层细粒石英砂岩夹黄色页岩，底部是黄褐色砾岩，砂岩中产鱼化石 *Yangaspis jinningensis* Liu et wang，*hunamolpis* sp.；植物化石 *Prtolepidodendron schar -yanum* Krejci，*Protopteridium minufu* Halle。 …………………………………………………………… >5.0 m

——————角度不整合——————

中、下寒武统黑林铺组（$\in_{1\text{-}2}h$） ……………………………………………………厚126.4 m

玉案山段（$\in_1h^2$） ………………………………………………………………………… 厚72.4 m

23（18）黄绿色页岩，顶部被海口组假整合覆盖。产三叶虫：*Eoredlichia intermedia*，*E. carinata*，

表 2-2-1 扬子周缘震旦(埃迪卡拉)系–寒武系地层划分对比简表
(据本研究项目顾鹏硕士论文，2018)

地层＼地区				云南东部			四川西南部			贵州中部			湖北峡东			陕西南部		
寒武系	下统	筇竹寺阶		筇竹寺组	玉案山段	*Eoredlichia*带	九老洞组	上段	*Eoredlichia*-*-Wutingaspis*-*-Mianxiandiscus*组合	牛蹄塘组	上段	*Tsunyidiscus*-*-Guizhoudiscus*组合带	水井沱组		*Hupeidiscus Tsunyidiscus*	郭家坝组	上段	*Eoredlichia Mianxiandiscus Parabadiella*
						*Parabadiella*带												
		梅树村阶	*E.-S.-Eb.*时间带		八道湾段	*Sinosachites*-*-Eonovitatus*组合		下段	*Ebianotheca*-*-Sinosachites*组合		中下段	*Kaiyangites, Calcilexactina Turcutheca*					下段	
			*P.-S.-L.*时间带	渔户村组	大海段	*Paragloborilus*--*Siphogonuchites*组合	洪椿坪组	麦地坪段	*Paragloborilus*--*Siphogonuchites*组合	灯影组	戈仲伍段	*Siphogonuchites*-*-Sachites*-*-Lapworthella*组合	灯影组	天柱山段	*Paragloborilus*-*Siphogonuchites*-*Protohertzina*-*Circotheca*-*Anabarites*组合	灯影组	碑湾段	*Paragloborilus*-*Tiksicheca*组合
					中谊村段													
			*A.-C.-P.*时间带	灯影组	小歪头山段	*Anabarites*-*-Circotheca*组合		猫儿岗段	*Anabarites*-*-Circotheca*-*-Protohertzina*组合		冒龙井段	*Anabarites*-*-Circotheca*-*-Protohertzina*组合						*Anabarites*-*-Circotheca*-*-Protohertzina*组合
埃迪卡拉系	上统	灯影峡阶			旧城段	藻类及微古植物			藻类及微古植物			藻类及微古植物		白马沱段	*Sinotubulites ?Saarina Charnia Micronemaites Vendotaenia Osagia*		高家山段	
					白岩哨段						藻白云岩段			石板滩段				
					藻白云岩段									蛤蟆井段			藻白云岩段	

A.-C.-P. 时间带：*Anabarites-Circotheca-Prptphertzina*　*P.-S.-L.*时间带：*Paragloborilus-Siphogonuchites-Lapworthella*
E.-S.-Eb. 时间带：*Eonovilalus-Sinosachites-Ebianotheca*

E. walcotti、*Yunnancocephalus planifrons*；古介形类：*Kunmingella maxima*、*Mononotella viviosa*；软舌螺：*Ambrolinevitus ventricosus*；腕足类：*Diandongia pista*；蠕形动物：*Sabellidites* sp.；疑源类：*Pseudozonosphaera verrucosa*、*Asperatopsophosphaera bavlensis*、*Lophosphaeridiu*。…… 8.6 m

22（17）黄绿色薄层页岩夹中厚层粉至细粒岩屑石英砂岩，砂岩具波痕、斜层理及中槽铸模。近底部产三叶虫：*Yunnanocephalus planifrons*、*Y. subparallelus*；古介形虫：*Kunmingella parva*；腕足类：*Diandongia pista*；蠕形动物：*Sabellidites* sp.。…………………………………… 2.0 m

21（16）深灰色薄层泥质页岩夹黄色薄层含云母石英粉砂岩及钙质粉砂岩。产古介形类：*Kunmingella maxima*；疑源类：*Lophosphaeridium* sp.、*Asperatopsophosphaera bavlensis*。……………………… 29.3 m

20（15）深灰色薄层泥质页岩。产三叶虫、高肌虫碎片及疑源类。…………………………………… 4.8 m

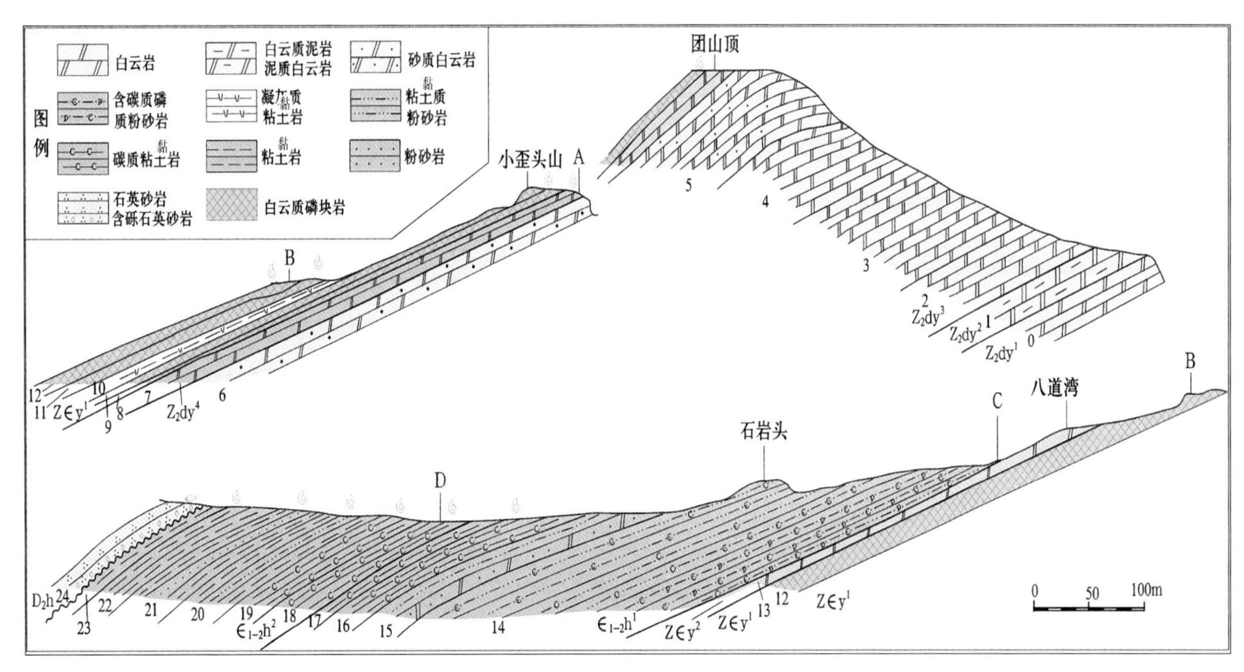

图2-2-2　梅树村实测地层剖面图（据罗惠麟，2019，修编）

19（14）黑色薄层炭泥质页岩夹黄色粉砂泥质细晶白云岩，含钙质结核。下部产三叶虫：*Wutingaspistingi*，*Kobayashi*；古介形类：*Auriculatella* sp.；疑源类：*Asperatopsophosphaer-abavlensis*，*Baltisphaeridiumaff.dasyacanthum*。 ………………………………… 11.1 m

18（13）黑色薄层含炭泥质石英粉砂岩夹粉砂质页岩，具球状风化特征。底部0.2 m为灰黑色含砂质角砾状生物碎屑磷块岩。本层由上至下产三层化石，顶部产三叶虫：*Mianxiandiscus badaowanensis*，*M. jinningensis*，*Wutingaspis* sp.；中部（距底10.6 m）产三叶虫：*Wutingaspis kunyangensis*；下部（距底2.4 m）产三叶虫：*Parabadiellaa conica*，*P. yunnanensis*；软舌螺：*Meishucunella processus*，*Bajleela dalongtanensis*；腕足类：*Botsfordia cealata*；疑源类：*Baltisphaeridium* sp.，*Micrhystridium* sp.。 ………………………………… 16.6 m

石岩头段（$\in_{1\text{-}2}h^1$） ……………………………………………… 厚54.0 m

17（12）灰色薄至中层泥质粉砂岩，具层纹状、微波纹层理。底部有0.2 m厚的含海绿石石英砂岩。中部产遗迹化石：*Plagiogmus* cf. *arcuatus*，*Gordia maeandria*；底部产似软舌螺：*Hyolithellus tenuis*。 ………………………………… 15.7 m

16（11）深灰色薄层泥质粉砂岩夹灰色中层白云质粉砂岩及粉砂质白云岩。近底部产小壳化石：*Allatheca degeeri*，*Eonovitatus longecaginatus*，*Hyolithellus tenuis*，*Chancelloria altaica*；疑源类：*Trachyspaeridiuur rude*，*Pseudozonosphaera asperella*。 ……………………… 10.2 m

15（10）灰黑色薄层含磷白云质泥质石英粉砂岩与灰色中层石英粉砂质白云岩互层。产疑源类：*Trachysphaeridium rugosum*，*Pseudozonosphaera asperella*。 ……………………… 6.6 m

14（9）黑色薄至中层含磷泥质石英粉砂岩，距底1.2 m处夹一层0.4 m厚的黑色致密状和结核状磷块岩。底部有0.4 m厚的结核状海绿石质磷块岩及黏土质页岩。产疑源类：*Asperatopsophosphaera bevlensis*，*Lophosphaeridium torulosum*，*Monotrema tosphaeridium*。 ……………… 21.5 m

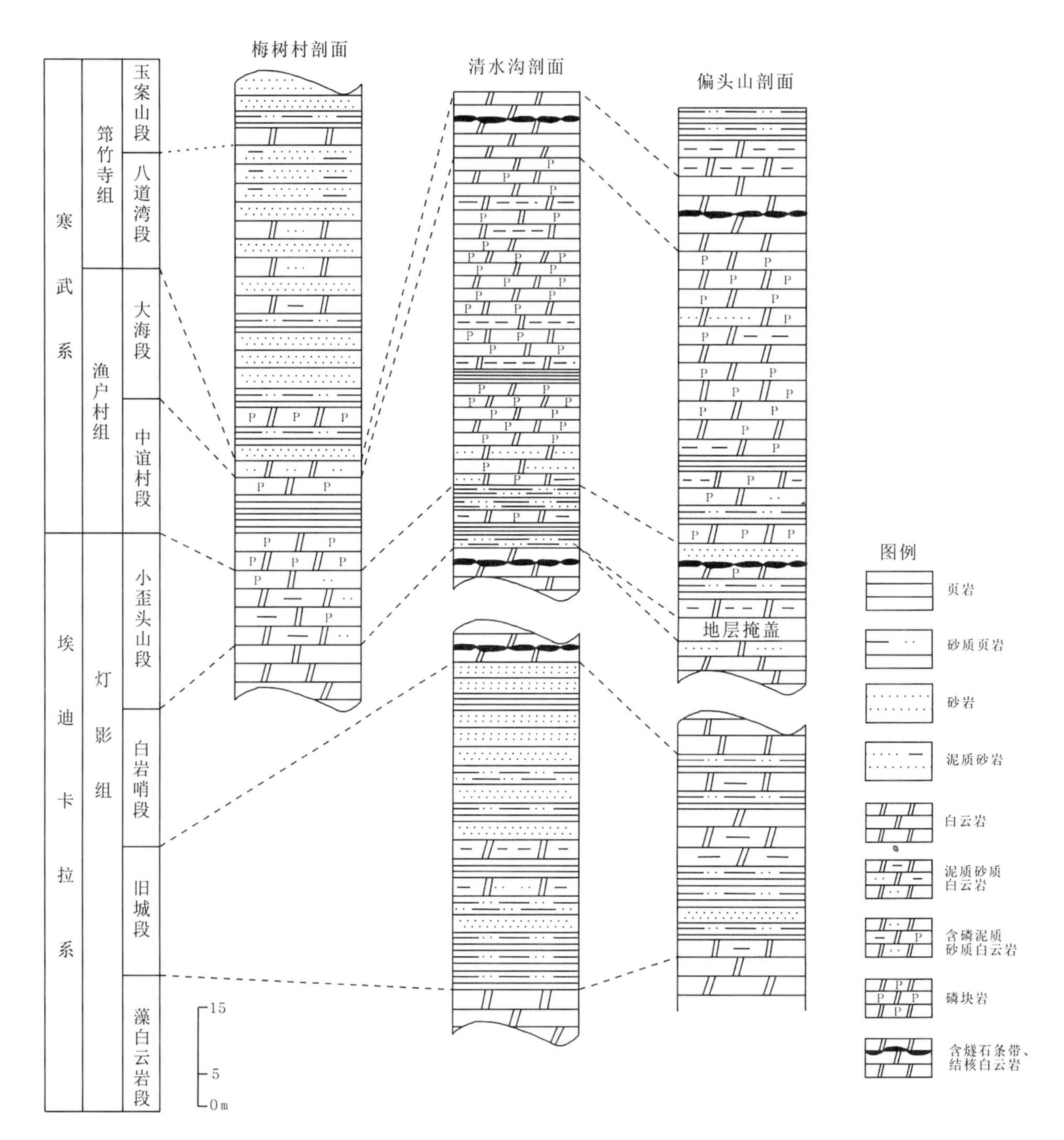

图2-2-3 研究区震旦（埃迪卡拉）系—寒武系主要剖面地层划分对比略图
（据本研究项目顾鹏硕士论文，2018）

渔户村组（Z∈*y*）……………………………………………………………………厚207 m

大海段（Z∈y^2）……………………………………………………………………厚2 m

13（8）灰色厚层至块状含磷锰质石英粉砂质白云岩夹燧石条带。产小壳化石：*Turcutheca scapoides*，*Quadritheca nana*，*Hyolithellus kijianicus*，*Quadrochites disjiunctes*，*Palaeosulcachites irregularis*，*Lopochites latazonalis*，*Drepanochites deminatus*，*Trapezochites chordioides*，*Dislcavichites petalus*，*Solenotia incurvata*，

Sachites sacciformis、*Sachithelus intercostatus*、*Orthangulites isopterus*、*Crestoconus idiovus*、*Latouchella korbkovi*等。……………………………………………………………………………… 2.0 m

（以下为小歪头山剖面*B–B'*剖面）

中谊村段（Z∈y^1）…………………………………………………………………… 厚11.7 m

12（7）灰色薄层鲕状、假鲕状白云质磷块岩。产小壳化石：*Yunnanotheca kunyangensis*、*Bucanotheca phaseoloides*、*Circotheca obesa*、*Quadrotheca nana*、*Quadrochites disjunctus*、*Lopochites concavum*、*L.* *spinalus*、*Lomasulcavivhites macrus*、*Trapezochites chordoides*、*Drepanochites deminavus*、*Drepanochites deminatus*、*Sachites sacciformis*、*Yunnanodus doleres*、*Archaeooides granulatus*、*A. ageneris*、*Yunnanospira multiribis*、*Disolecrana* sp.、*Xianfengia* sp.、；遗迹化石：*Didymoulichnus miettensis*、*Rusophycus* sp.。…………………………………………………… 2.2 m

11（6）蓝灰色中层假鲕状、鲕状硅质白云质磷块岩，产小壳化石：*Circotheca subcurvata*、*Turcut-heca crasseocochlia*、*Anabarites trisulcatus*、*Cassidina pristinis*；遗迹化石：*Cavaulihnus viatorus*；疑源类：*Trachyspaeridium simplex*、*T. planum*、*Pseudodiacrodium verticale*、*Hubeisphaera radiata*、*Triangumorpha tenera*、*Poluedryxium hubeiense*、*Fuchunshania rarojugata*、*Monotrematosphaeridium asperum*。………………………………………………………………………………………… 3.2 m

10（5）浅灰色薄层含磷含海绿石砂质黏土质页岩（凝灰质黏土岩）。产小壳化石：*Barbitositheca ansatus*、*Circotheca hamata*、*C. longiconica*、*Turcutheca crasseocochilia*、*Anabarites trisulcatus*、*Kunyangotheca ostiola*、*Spinulitheca* cf. *billingsi*、*Pupeolla minuta*、*Pseudorthotheca tentaculoides*。……………………………………………………………………………… 0.4 m

9（4）蓝灰色薄层条带状白云质硅质磷块岩。产小壳化石：*Circotheca longiconica*、*C. nana*、*C. subcurvata*、*Turcutheca crasseocochlia*、*Kunyangotheca ostiola*、*Anabarites trisulcatus*、*Conotheca* sp.、*Ovalitheca glabella*、*Olivooides alveus*、*Scambocris hordeolus*；产遗迹化石：*Chondrites* sp.。…… 1.7 m

8（3）蓝灰色中层含内碎屑假鲕状砂质磷块岩，具团粒线物；底部为白云质磷块岩夹含磷白云岩条带与小歪头山段渐度过渡。产小壳化石：*Circotheca obesa*、*Conotheca* sp.、*Turcutheca* sp.、*Anabarites trisulcatus*。近底部产遗迹化石：*Sellaulichnus meishucunensis*。…………………… 4.2 m

————————整合接触————————

震旦系上统　灯影组（Z_2dy）…………………………………………………………………………

小歪头山段（Z_2dy^4）…………………………………………………………………………………

7（2）浅灰色厚层状石英砂质白云岩夹燧石条带，具斜层理，顶部夹磷条带，与中谊村段渐变过渡。产小壳化石：*Anabarites primitivus*、*Turcutheca* sp.、*Circotheca* sp.、*Olivooides alveus*、*Protospongia* sp.、*Artimycta* sp.。………………………………………………………………4 m

7（1）灰色中厚层状泥质粉砂质白云岩夹0.1 m厚的燧石条带及扁豆体，底部为灰白色薄至中层状含泥含砂白云岩，距底0.8 m开始产小壳化石：*Circotheca* sp.、*Turcutheca* sp.、*Hyolithe llus* sp.、*Cassidina* sp.、*Artimycta* sp.。………………………………………………………………… 4.2 m

白岩哨段（Z_2dy^3）………………………………………………………………………… 厚165.2 m

6（0）灰至深灰色薄至中层含砂泥质粉至细晶白云岩。产遗迹化石：*Palaeophycus tububaaris* Hall、*Planolites montanus* Richer、*Chondnnites* sp.；微化石：*Scalariphycus tianzimaioensis* Song.；疑源类：*Trmatosphaeridium minutum* Sin et Liu、*Micrhstridiumspinosum* Volk、*Lophminuscula* sp.。……………………………………… 14.8 m

以下为团山顶剖面（*A–A'*剖面）

5（8-9）浅灰、灰白色薄至中层粉晶白云岩夹白色硅质岩及团块。产花纹石：*Vermiculites irregulahis*(Reitl)。 ………………………………………………………………………… 35.9 m

4（6-7）灰色薄至中层细粉晶白云岩夹少量白色硅质条带。产疑源类：*Pseudozonosphaera asp eraii* Sin et Hu，*Trachyspaeridiumrude* Sin et Liu。 ………………………………………… 35.0 m

3（4-5）灰白色中层泡沫孔藻白云岩，夹白色硅质岩及灰色硅质岩透镜体。 ………………… 51.6 m

2（2-3）灰白色中层隐至粉晶白云岩，局部具波状泥质条纹。 ………………………………… 27.9 m

旧城段（Z_2dy^2） ………………………………………………………………………………… 厚20 m

1（1）灰绿色薄层泥质粉晶白云岩及黑色炭质粉砂质页岩。产宏体藻类：*Chuaaria* sp.；疑源类：*Bavlimella faveolatus* Schep，*Lophosphaeridium acietatum* Sim et Liu，*Laminarites antigussinus* Eichw，*Micrhystidum* sp.。 ………………………………………………………… 20 m

藻白云岩段（（Z_2dy^1）未见底 …………………………………………………………………

0. 灰白色厚层至块状不等粒藻屑淀晶白云岩，顶部夹少量灰黑色硅质条带及磷块岩透镜体。产核形石 *Osagia zhongyicunensis* Gao, *Tianshenggiaoia jinningensis* Gao；层纹石：*Vemiculittes anguiaris* Retl.。 ……… 10 m

2.4.2 晋宁王家湾偏头山剖面

晋宁王家湾偏头山剖面距离晋宁县城27 km，位于偏头山旁的公路上，地层出露较好，构造简单，处在王家湾向斜的西翼，岩层倾向南东，倾角30°~40°，剖面由2部分构成，主体在偏头山公路旁，小歪头山段及其上地层在偏头山附近的废弃矿坑中，在磷矿层底部，小歪头山段顶部发现大量的条带状似*Shaanxilithes*化石。在矿坑北侧，由于后期的剥蚀作用，中泥盆统海口组直接超覆在大海段之上。详述如下：

上覆地层：中泥盆统海口组（D_2h）未见顶 ………………………………………………………

34. 灰黄色中至厚层状中细粒石英砂岩夹极薄层砂质页岩，产鱼化石：*Bothriolepis* sp.，底部为砾岩。 …………………………………………………………………………………… >5.0 m

——————平行不整合——————

下寒武统 黑林铺组（$\in_{1-2}h$） ……………………………………………………………………

石岩头段（$\in_{1-2}h^1$） ……………………………………………………………………………

33. 黑色风化呈黄色薄层状石英粉砂质页岩，产小壳化石：*Protohertzina wangjiawanensis*，*Calcihexactina* sp.；疑源类：*Quadratimorpha jugata*，*Taeniatum simplex*。 ……………… 4.4 m

32. 灰黑色风化呈灰紫色薄层状泥质粉晶白云岩，底部有0.5 m厚的含磷结核海绿石砂岩及黑色页岩。 ……………………………………………………………………………………… 4.7 m

渔户村组（$Z\in_1y$） ………………………………………………………………………………

大海段（$Z\in_1y^2$） …………………………………………………………………………………

31. 灰白、灰黄色薄至中厚层状隐至粉晶白云岩夹黑色燧石条带，产微化石：*Myxococcoides* sp.。 …… 8.6 m

中谊村段（$Z\in_1y^1$） ………………………………………………………………………………

30. 土黄色薄至中厚层状白云质磷块岩夹薄层含生物碎屑假鲕状硅质磷块岩，产小壳化石：*Turcutheca crasseocochlia*，*Quadrochites disjunctus*；疑源类：*Asperatopsophosphaera bavlensis*。 ……… 7.2 m

29. 灰黑色薄层假鲕状硅质磷块岩与含硅质结核磷块岩及含泥白云质硅质磷块岩互层。 ………… 20 m

28. 灰黄色薄至中层状含泥白云质硅质磷块岩及石英砂质白云质磷块岩夹含磷粉晶白云岩。………… 3 m
27. 灰色薄至中厚层状含粉砂硅泥质磷块岩及含粉砂泥质磷块岩夹粉砂质页岩，产小壳化石：*Circotheca* sp.，*Turcutheca* sp.，*Spinulitheca billingsi*，*Aegides wangjianwanensis*；蠕形动物：*Saarina* sp.。……………………………………………………………………………………………6 m
26. 灰色薄至中厚层状含磷粉砂泥质白云岩与黑色硅质岩互层夹少量黑色粉砂质页岩，产疑源类：*Pseudozonosphaera asperella*，*Trachysphaeridium rude*。…………………………………… 10 m
整合接触
震旦系上统 灯影组（Z_2dy）……………………………………………………………………………
小歪头山段（Z_1dy^4）…………………………………………………………………………………
25. 灰黑色薄至中层状白云质磷质粉砂岩夹含磷泥质白云岩及硅质条带，风化后呈灰黄色，顶部产条带状似*Shaanxilithes*化石；遗迹化石：*Jinninglithos wangjiawanensis*；疑源类：*Leiopsophosphaera densa*。……………………………………………………………………………………………6 m
24. 灰色中厚层状含磷砂质粉晶白云岩夹深灰色粉晶白云岩，产软舌螺：*Circotheca* sp.及单板类。 3 m
23. 地层掩盖。…………………………………………………………………………………………… 15 m
白岩哨段（Z_1dy^3）…………………………………………………………………………………
22. 灰白色薄至中厚层状粉晶白云岩夹含石英粉砂质白云岩条带，底部有1层土黄色含石英粉砂质白云岩。……………………………………………………………………………………………………5 m
21. 深灰色薄层状粉晶白云岩，底部有1层土黄色薄层状含砾白云质砂岩。…………………………7 m
20. 灰色薄层条纹状粉晶硅质白云岩夹2层黑色条纹状硅质岩，底部有1层土黄色薄层状含石英粉砂质粉晶白云岩。……………………………………………………………………………………………… 12 m
19. 灰色薄层状含砂隐晶白云岩夹黄色薄层状白云质页岩，底部有1层灰色薄层状含泥不等粒白云质石英砂岩。……………………………………………………………………………………………………9 m
18. 灰白色薄至中厚层状白云岩，底部有1层土黄色薄层白云质细砂岩。……………………………5 m
17. 灰白色薄至中厚层状白云岩夹白云质砂岩及白色硅质岩，底部为灰色薄层状中细粒含磷白云岩。…………………………………………………………………………………………………… 13 m
16. 浮土掩盖。…………………………………………………………………………………………… 25 m
15. 浅灰色薄至中厚层状层纹状含磷隐晶白云岩，底部有1层黄色薄层状含白云质石英砂岩，顶部为灰白色条带状硅质岩。……………………………………………………………………………… 17 m
14. 深灰色中至厚层状含硅质条纹的白云岩夹1层白色硅质岩，底部为灰黄色薄层状含磷粉砂质隐晶白云岩与白云质砂岩互层。………………………………………………………………………………6 m
13. 灰色薄至中厚层状含磷石英砂屑隐晶白云岩，夹1层白色硅质岩，底部为灰黄色薄层透镜层纹状白云质粉砂泥质岩。……………………………………………………………………………………5 m
12. 灰色中厚层状白云岩夹2层白色硅质岩，底部为灰黄色薄层状含磷泥质白云质石英粉砂岩。 …… 8 m
11. 灰色中厚层泡沫状层纹状藻白云岩，底部为灰黄色薄层状含磷含泥质不等粒石英砂质白云岩。17 m
10. 浮土掩盖。…………………………………………………………………………………………… 19 m
9. 灰白色薄至中厚层状含硅质条纹白云岩，上部夹1层白色硅质岩。…………………………… 12 m
8. 灰白色薄至中厚层状硅质岩。……………………………………………………………………2 m
7. 灰白色中厚层状粉晶白云岩，含硅质条纹和条带。………………………………………………4 m

6. 灰白色中厚层状白云岩夹硅质岩及黑色云母至页岩。…………………………………………… 18 m
5. 灰色薄至中厚层状泥晶白云岩夹硅质条带。…………………………………………………………7 m
旧城段（Z_1dy^2）…………………………………………………………………………………………
4. 灰黑色薄层状泥质粉砂质白云岩夹薄层状粉砂质页岩，产藻类化石：*Vendotaenides*。 ……………… 17 m
3. 灰色中厚层状泥晶白云岩夹白云质页岩。……………………………………………………………6 m
2. 紫红、灰紫色薄层状含海绿石细砂岩夹灰黄色细粒石英砂岩及灰绿色薄层白云质泥质页岩。…………7m
1. 灰绿色薄至中厚层状白云质泥质页岩，底部为泥质白云岩，与下伏含泥白云岩之间接触面显波状起伏。…………………………………………………………………………………………… 1.5 m
藻白云岩段（Z_1dy^1）………………………………………………………………………………
0. 灰白色中厚层至厚层状泥质粉晶白云岩。……………………………………………………… >10.0 m

2.4.3 江川清水沟剖面

清水沟磷矿剖面距离江川县30 km，整条剖面包括3个部分，分别是茶耳山水库藻白云岩段剖面、侯家山公路旁的旧城段和白岩哨段剖面和位于磷矿生活区的小歪头山段剖面（图2-2-4）。其中，茶耳山水库剖面底界出露了震旦系陡山沱组白云岩、南华系南沱组冰碛岩和青白口系中晚期澄江组紫红色砂岩，地层出露较好，界线清晰；侯家山剖面位于矿山公路旁，出露连续、露头良好，在旧城段中部的黄绿色页岩中产出大量的疑似*Shaanxilithes*化石，中上部为“江川生物群”产出层位，可见大量的宏体藻类化石：*Chuaria*、*Tawuia*、*Pumilibaxa*、*Vendotaenia*、*Tyrasotaenia*、*Longfengshaniaceae*、*Cycliomedusa*等，以及可与南澳大利亚对比的圆盘状似水母化石。磷矿生活区小歪头山段剖面位于废弃矿坑旁，出露完整、露头良好，在小歪头山段上部的下磷矿层底板可见大量的条带状化石，该化石为炭膜保存，可见明显垂直于纵向延伸方向的横纹。剖面详述如下：

上覆地层 中泥盆统海口组（D_2h）……………………………………………………………………
灰黄色中至厚层状中细粒石英砂岩夹极薄层页岩。产鱼化石：东生沟鳞鱼，底部砾岩。… >5.0 m

——————平行不整合——————

下寒武统 黑林铺组（$\epsilon_{1-2}h$）……………………………………………………………………
石岩头段（$\epsilon_{1-2}h^1$）………………………………………………………………………………
灰黑色薄至中厚层状含磷泥质石英粉砂岩。……………………………………………………… >5.0 m

——————整合——————

渔户村组（$Z\epsilon_1y$）…………………………………………………………………………………
大海段（$Z\epsilon_1y^2$）……………………………………………………………………………………
25.灰白、灰黄色薄至中厚层状粉晶白云岩夹黑色燧石条带，产微体化石：*Myxococcoides*等。 …… 8.2 m
中谊村段（$Z\epsilon_1y^1$）…………………………………………………………………………………
24.灰黄、青灰色中厚层状内碎屑白云质磷块岩夹蓝灰色薄层假鲕状硅质磷块岩，产小壳化石：*Turcutheca crasseocochlia*、*Quadrochites disjunctus*；疑源类：*Asperatopsophosphaera bavlensis*、*Trachysphaeridium simples*。………………………………………………………………………5 m
23.灰黑、蓝灰色薄层假鲕状硅质磷块岩与含硅质结核硅质磷块岩及含泥白云质硅质磷块岩互层，产小壳化石：*Quadrotheca nana*、*Circotheca* sp.、*Trapezotheca diminutus*、*Bucanotheca phaseoloides*、*Protohertzina cultrata*、*Siphogonuchites triangulatus*、*Lopochites latezonalis*、*Palaeosulcachites biformis*、*Sachites*

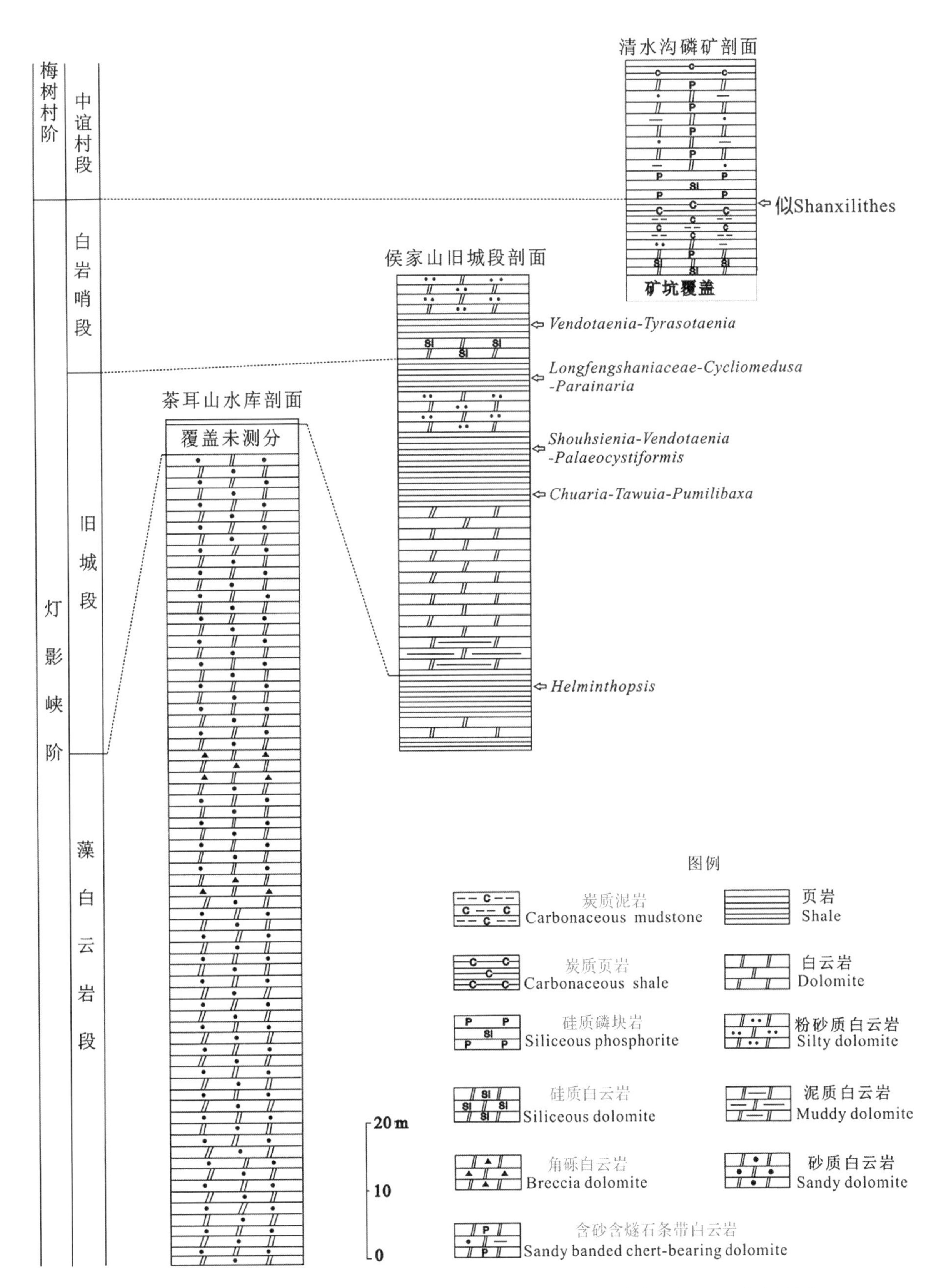

图2-2-4　玉溪市江川清水沟震旦（埃迪卡拉）系—寒武系剖面地层剖面柱状略图（据本研究项目顾鹏硕士论文，2018）

costulatus、*Sachithelus opeculavus*、*Solenotia incurvata*、*Maidipingoconus maidipingensis*、*Latopilina amplapecratura*、*Romenta cambrina*、*Yunnanodus doleres*。 ……………………………………… 17m

22. 灰黄色薄至中层状含泥白云质硅质磷块岩及石英砂质白云质磷块岩夹含磷粉晶白云岩，下部产小壳化石：*Circotheca* sp.。 …………………………………………………………………………6 m

21. 灰色薄至中厚层状含砂含磷白云岩与条纹状砂质磷块岩互层，顶部为一层厚10 ~ 15 cm的黄色黏土层。产小壳化石：*Turcutheca rugata*、*Circotheca* sp.、*Spinulitheca billingsi*、*Fomitchella* cf.；疑源类：*Trachyspaeridium rude*。 …………………………………………………………………5 m

20. 灰色薄至中厚层状粉砂硅泥质磷块岩及含粉砂泥质内碎屑磷块岩夹粉砂质页岩，产小壳化石：*Circotheca* sp.、*Turcutheca* sp、*Spinulitheca billingsi*、*Aegides wangjiawanensis*；蠕形动物：*Saarina* sp.、*Sabellidites*、*Parasabellidites*。 ……………………………………………………………6 m

19. 灰色薄至中厚层状含磷粉砂泥质白云岩与黑色硅质岩互层夹少量黑色粉砂质页岩，微古植物：*Pesudozonosphaera asperella*、*Trachysphaeridium rude*。 …………………………………………8 m

——————整合——————

震旦系上统 灯影组（Z_2dy） ……………………………………………………………………

小歪头山段（Z_1dy^4） ………………………………………………………………………

18. 灰黄色薄至中层状含磷质粉砂质页岩。 ………………………………………………… 0.4 m

17. 灰黑色薄至中层状炭质粉砂质页岩，风化后呈灰黄色，含有大量条带状新化石。 ……………2 m

16. 灰黑色薄层含硅质条带磷块岩。 ……………………………………………………… 0.3 m

15. 灰黑色含炭质粉砂质页岩夹燧石条带。 ………………………………………………… 2.7 m

14. 灰黄色夹燧石条带、磷质团块粉砂质页岩。 …………………………………………… 4.1 m

13. 灰色薄至中层状含白云质粉砂质页岩，偶见白云质结核，产软舌螺：*Circotheca* sp.及单板类。 3.1 m

白岩哨段（Z_1dy^3） ………………………………………………………………………

12. 深灰色薄层状夹含石英粉砂泥质白云岩条带的粉晶白云岩，底部可见黑色条纹状硅质岩。 …… 12 m

11. 灰白色薄至中厚层状白云岩夹1 m厚的白云质砂岩及1层0.5 m厚的黑色硅质岩，底部为灰色薄层状中细粒含磷白云质石英砂岩。 ……………………………………………………………… 15 m

10. 浮土掩盖。 ……………………………………………………………………………… 30 m

9. 灰白色中厚层状白云岩与0.5 ~ 1 m厚的黑色硅质岩互层。 ………………………………… 45 m

8. 灰白色中厚层状粉晶白云岩夹硅质条纹，底部夹0.3 m厚的白云质炭质页岩，产藻类化石。 …… 9 m

7. 灰白色中厚层状白云岩夹硅质岩及0.2 m厚的黑色云母纸页岩，产疑源类：*Trachysphaeridium simplex*、*Pseudozonosphaera asperella*。 …………………………………………………… 13 m

旧城段（Z_1dy^2） …………………………………………………………………………

6. 黑色风化呈灰褐色薄层状含泥质白云质石英粉砂岩夹粉砂质页岩，产藻类化石：*Vendotaenides*。 9 m

5. 灰黄色中厚层状泥质石英粉砂岩及细粒岩屑石英砂岩，江川生物群产出层位，包含大量的藻类化石和疑难化石，包括：*Chuaria*、*Shouhsienia*、*Vendotaenia*、*Tyrasotaenia*、*Tawuia*、*PumilibaxaLongfengshaniaceae*等，以及圆盘状化石*Parainaria jiangchengensis*。 ……………… 12 m

4. 灰黑色薄至中厚层状含泥质白云岩夹白云质粉砂质页岩，产*Helminthopsis*化石。 ……………7 m

3. 灰绿色中至厚层状细砂至粉砂白云质石英砂岩夹白云质粉砂质页岩，含有大量的*Shaanxilithes*化石。 ………………………………………………………………………………………… 13 m

2. 紫红色薄至中层状白云质细砂至粉砂石英砂岩夹粉砂质页岩。……………………………………8 m

1. 灰绿色薄层状含海绿石粉砂岩夹灰黄色细粒石英砂岩及灰绿色薄层白云质泥质页岩。……… 2 m

藻白云岩段（Z_1dy^1）……………………………………………………………………………

0. 灰白色中厚层至厚层状含泥质粉晶白云岩。…………………………………………………… >10.0 m

2.5 震旦—寒武纪早期生命演化历程中主要地质事件

地质事件是在地球演化进程中，由某种突发的地质因素（异常作用力或异常因素）所导致的自然界环境的剧烈变化，导致出现特殊的沉积物质记录（地层、岩石），是进行区域地层划分对比的依据之一。主要包括沉积事件、火山事件、成矿事件、化学事件与生物事件等形成的物质记录。根据已有资料，本文对滇东梅树村剖面及区域反映出来的梅树村生物群、江川生物群、大型磷矿沉积、火山活动、寒冷气候等相关的地质事件概述如下。

2.5.1 寒冷气候事件

相应的气候为早期生命爆发与辐射前期的全球冰雪寒冷气候事件，划分为长安冰期、富禄间冰期及南沱冰期，三者在扬子东南缘的湘黔桂相邻区发育完整、出露连续。长安冰期和南沱冰期分别与澳大利亚的Sturtian冰期和Marinoan冰期相对应。在区域上长安冰期主要分布于扬子东南缘湘黔桂相邻地区，为寒冷气候事件下冰前滨岸–冰外浅海型冰水冰碛砾岩夹砂泥岩建造；富禄间冰期分布于扬子周缘，以间冰期温暖气候–短暂寒冷气候事件下的砂泥岩夹炭质泥岩（在湘黔渝相邻区域一带产出著名的大塘坡式锰矿）建造；南沱冰期沉积物在扬子周缘均零星见及，主要为寒冷气候事件下冰内陆相–冰外浅海型冰水冰碛砾岩夹砂泥岩组合。在梅树村剖面一带缺失南华系寒冷气候沉积，在滇东地区仅见出露不全的南沱冰期南沱组，为寒冷冰雪气候环境下冰内冰融时期泥石流沉积产物，沉积物表现为冰内陆相冰碛砾岩夹砂泥岩建造。随寒冷事件结束，冰雪消融，包含研究区在内的扬子周缘进入相对稳定的滨浅海沉积历程，寒冷气候事件为震旦—寒武纪早期生命爆发、辐射及磷矿成矿作用提供了必要的地质条件。

2.5.2 生物事件

寒冷气候结束后，地表温度升高，海平面上升，大气和海水含氧量有了显著增加，促进了地球早期生命的快速演化，早期生命经历了从简单的原核藻类生物演化到具有复杂结构的后生生物的过程。到了寒武纪早期，生物演化则呈井喷式爆发。早期生物爆发事件以震旦纪蓝田生物群、瓮安生物群、瓮会生物群、庙河生物群、高家山生物群、西陵峡生物群、江川生物群、武陵山生物群及震旦—寒武纪的梅树村生物群、寒武纪澄江生物群等为代表，是目前研究早期生命演化及环境制约与影响的主要对象与载体（图2–2–5）。

2.5.3 成矿事件

与早期生命辐射爆发相伴的重要成矿事件亦集中出现。其中，以沉积型磷矿成矿事件与早期生命的辐射与演化相随相伴，滇东地区磷矿事件详见第三章，本处仅简述区域磷矿及其他相关矿产资源序列成矿事件及规律。

（1）*磷矿成矿事件*

冰期后的全球性升温事件导致全球海平面上升，上升洋流活跃并给稳定的陆表浅海带来富磷海水，一方面造成生物迅速繁盛、辐射，另一方面在扬子周缘水下高地的浅滩附近沉积产出了震旦—寒武纪重要的磷矿资源。在贵州瓮安磷矿区，瓮安生物群主要产出在磷酸盐岩（磷块岩）中，由于磷矿特殊的成矿作用，使瓮安生物群保存了精美的生物化石的结构构造；而研究区早寒武纪的沉积磷矿亦与生物繁衍形影相随，在磷矿中产出了丰富的以小壳化石、遗迹化石为代表的梅树村生物群，更为有趣的是在江川清水沟、晋宁王家湾磷矿层之下尚发育丰富的蠕虫状宏体生物化石。震旦—寒武纪沉积型磷矿成矿事件与生物繁衍事件间的相关性目前尚无明晰的认识，是值得进一步深入研究与探索的重要科学问题之一。

磷矿成矿事件随沉积环境的变化而同步呈现迁移爬升（穿时）的规律。随震旦纪海侵从南（东）向北（西）的海侵，磷矿产出地层向北（西）呈超覆退积产出规律。陡山沱期最富的大型磷矿床主要产在潮坪浅滩–生物丘–礁相环境，以贵州开阳磷矿、瓮福磷矿及湖南石门东山峰磷矿等为代表；而在南东深水斜坡—盆地沉积环境区，随着沉积环境迁移则仅有薄层及结核状磷块岩产出，且规模较小。寒武纪初期的磷块岩与之极为类似，最富的大型沉积磷矿床主要产于生物浅滩环境，如滇东昆阳磷矿，而那些淹没的生物滩相中，只发育较小或较贫的沉积磷矿，如织金戈仲伍磷矿。在南东湘黔桂深水斜坡—盆地沉积区，则仅在灯影（留茶坡、老堡）组顶部产出磷质条带或结核。

显然，与扬子西南缘的黔中陡山沱期磷矿相比，寒武纪初期磷矿沉积及成矿事件已向西迁移至滇东一带，这与震旦—寒武纪初期的海水向北西侵漫，沉积盆地滨岸带向北西迁移相一致。相应的从黔中—滇东震旦—寒武系隐伏地层区，应是该类型磷矿深部研究与勘查的重点区域，目前中国地质调查局成都地质调查中心在滇东镇雄羊场地区已成功调查出超大型隐伏磷矿，估算资源量12亿吨，预测资源量87亿吨（中国地质调查成果快讯，2019年2月18日）。

（2）镍、钼、钒、银等多金属成矿事件

研究区的黑林铺组（区域上的牛蹄塘组）处于雪峰—加里东构造旋回期的最大海泛期，从扬子西南缘南东部的湘黔桂相邻区至滇东地区，均沉积了厚达20 ~ 220 m的黑色炭质泥岩、含炭质泥岩（俗称黑色岩系），为缺氧还原滞留环境下的事件沉积，同时又是镍、钼、钒、银、铀、铂、钯多金属异常层，在相应地区产出相应的矿床。目前，大致的规律是在东南部的黔东及湘黔桂相邻区域以产出钒矿为主，在黔中—黔东地区多以镍、钼矿产出为主，在滇东地区尚产出有钒、银矿。该多金属矿的产出与分布严格受地层层位控制，主要产出在黑林铺（牛蹄塘）组底部，是以侵染状黄铁矿发育为特征。据目前已有区域资料成果，雪峰—加里东构造旋回期中的最大离散期所发育的海底热水喷流事件，为这层多金属矿床的形成提供了丰富的物质基础。

（3）烃源岩成矿事件

在研究区主要层位为黑林铺组（区域上的牛蹄塘组），岩性主要为黑色含炭（有机）质泥岩。在梅树村期早期多细胞生命的分异度和丰度迅速提高，随着最大离散背景下缺氧还原滞留环境的出现，使生物遗体可迅速地被沉积物所覆盖而形成烃源岩。其有机碳TOC含量一般为1% ~ 4%，最高可达15.47%（中国南方大地构造和海相油气地质，马力等，2005）。据房丽娟硕士学位论文（2016）资料，在滇东地区黑林铺组的TOC含量为2.62% ~ 11.9%，平均4.71%，该层位为我国南方重要的页岩气赋存产出目的层。

另外，在扬子周缘处于深水沉积环境的震旦系陡山沱组黑色含炭（有机）质岩层，目前已在湖北宜昌鄂宜页1井页岩气勘查中发现有页岩气藏。

（4）碳酸盐岩结核产出事件

在研究区的黑林铺组含炭质黏土质粉砂岩、含炭质粉砂质黏土岩中普遍产出大小不一的椭圆形、圆形、饼形、碟形碳酸盐岩结核（图2-1-8）。云南地调院在1：5万二街幅、易门幅、鸣矣河幅、上

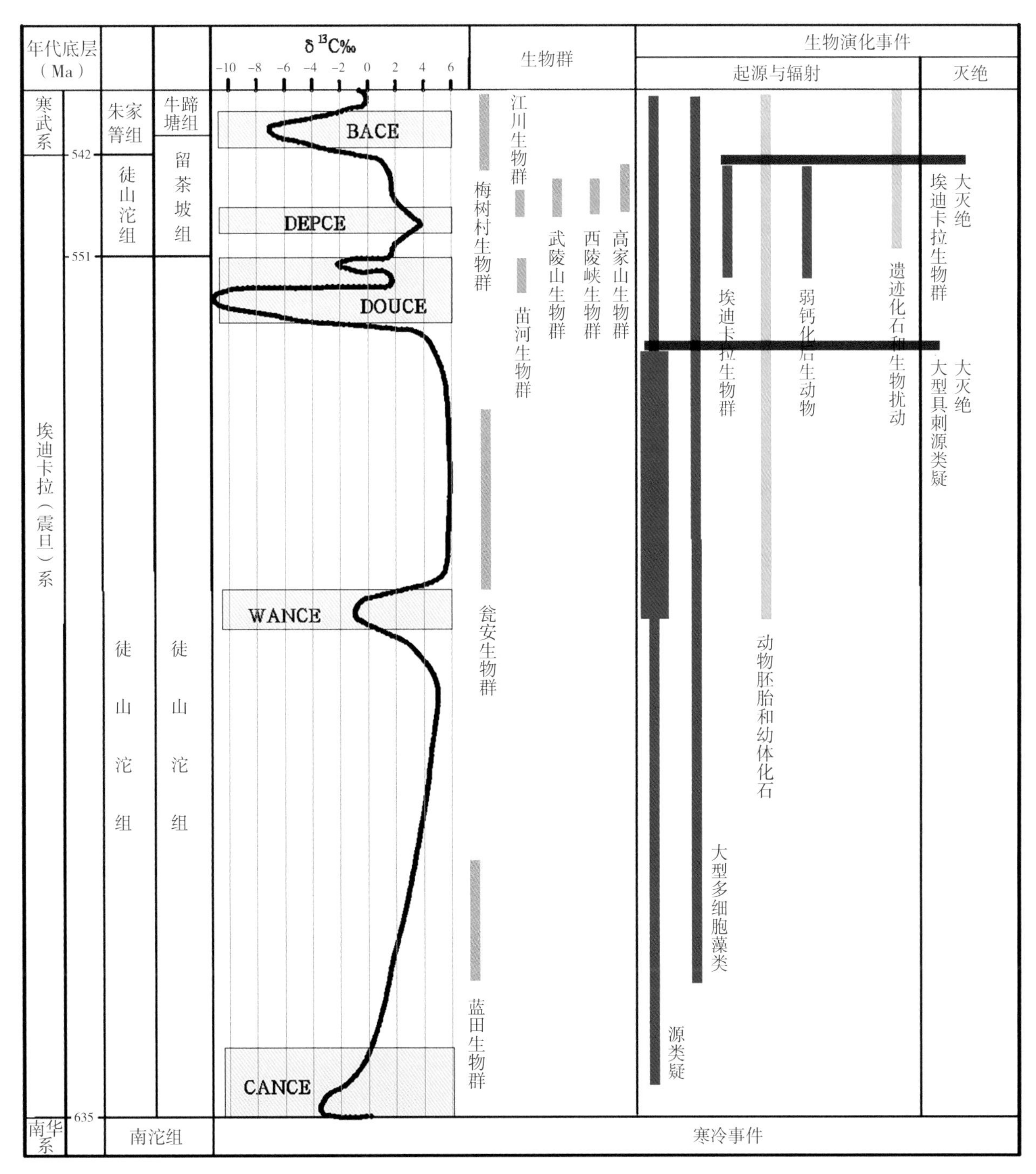

图2-2-5　震旦—早寒武纪碳同位素变化及早期生物演化特征（据Zhu et al.，2007，修编）

浦贝幅区域地质调查时，在安宁鸣矣河一带筇竹寺（黑林铺）组灰黑色炭质粉砂质页岩中发现多层碳酸盐岩结核产出，称为“铁胆石”，认为其成因为在成岩硬结作用过程中，由岩层中的其他矿物质围绕黄铁矿不断聚集形成（中国地质调查成果快讯，2018年7月9日）。该碳酸盐岩结核在民间多称为“石蛋”，据目前报道资料，其广泛产出于上扬子东南缘的湘西、黔东及滇东地区寒武系牛蹄塘组、渣拉沟组、黑林铺（筇竹寺）组，属区域性的特殊事件沉积产物（图2-2-6）。其个体大小各异，目前所见最大者最大直径在 2 m左右，小者最大直径不到10 cm。其形状各异，有椭圆形、圆形、卵形、壶形、坛形、罐形、饼形、飞碟形、葫芦形、花生形等，以椭圆形、圆形、饼形、碟形常见。在贵州省三都县咕噜村登赶山有一寒武系渣拉沟组岩层形成的陡崖上集中产出了大量的该碳酸盐结核，当地民间称为“石蛋”。因岩性、结构构造及抗风化能力的差异，大致每30年“石蛋”就会从围岩中脱落出来，民间形象称为“石头下蛋”，目前已开发为著名旅游景区。2005年贵州地矿局相关学者经现场勘察与岩矿测试分析，结论为该处产出的石蛋具灰岩结构，成分主要为碳酸钙，即其岩性为钙质泥岩和泥质灰岩。同时，在湖南与贵州交界的新晃县贡溪镇附近的寒武系渣拉沟组中亦产出有多层该结核，原国土资源部湖南中心实验室测试分析后结论为：钒、钛、锶、锰等多种金属的结晶体，湖南省地质博物馆将其收藏，作为镇馆之宝（网红怀化，李代群、张家流，2007年4月17日）。贵州梵净山幅、德旺幅、江口幅、凯德幅区域地质调查报告（贵州地调院，2013）认为该碳酸盐岩结核为冷泉碳酸盐岩结核（图2-2-6F）。

由上述可知，该“石蛋”分布出露广泛，产出岩性为黑色含炭质粉砂岩、含炭质黏土岩，同时在岩石中相伴产出大量侵染状黄铁矿晶粒及集合状黄铁矿结核（图2-2-7A-D）。为缺氧滞留还原环境的物质记录，在劈开的碳酸盐岩结核中心，可以看到明显的方解石（碳酸钙）晶体构成的团块、条带与孔洞（图2-2-7E-F）。关于其成因，目前尚无统一认识。笔者经过多地的野外调查结合已有资料成果，认为在当时缺氧滞留相对安静的环境下，沉积物中的游离碳酸钙物质相互聚集而成，即在沉积物沉积过程中发生了化学沉积（碳酸钙的聚集）与物理沉积（炭质页岩的机械堆积）作用的分异。根据区域资料，尚有海底热水喷流事件参与，可能属于非正常沉积碳酸盐岩，即可能有幔源物质参与相关。从地质学上看，对研究当时的沉积环境、地层划分对比具有重要意义。从资源开发利用上看，其是一种独特的地质作用遗迹景观，是天然的观赏石资源，更是旅游开发与科普的独特地质遗迹资源。

（5）火山活动事件

滇东云南曲靖德泽剖面下寒武统梅树村组待补段底和晋宁梅树村剖面小歪头山段底黏土岩层的岩石、矿物和元素地球化学特征表明，这些黏土岩层是由酸性火山灰蚀变而成的变斑脱岩。它们是同期火山喷发事件沉积的标志，也是滇东地区下寒武统梅树村组底界等时对比的标志层（张俊明等，1997）。梅树村剖面中谊村段，下、上磷矿层之间有一层火山灰沉积形成的斑脱岩（第5层），厚约1.54 m，王家湾剖面中的这一层位亦产出有黄色黏土层（36层顶部），厚5 ~ 15 cm（薛耀松等，2006）。火山事件反映该时期存在较为频繁的岩浆火山喷发作用，火山事件对生物繁衍及成矿的影响与制约，目前研究成果资料较少，其相互关系尚需进一步研究与探索。

（6）地球化学异常事件

①铱（Ir）异常

张勤文（1984）报道了研究区晋宁梅树村剖面筇竹寺（黑林铺）组石岩头段底部的黏土层中出现5×10^{-9}的铱（Ir）异常值（图2-2-8），张勤文等（1989）进一步阐明在梅树村剖面石岩头段底部有2层“界线黏土层”（每层厚数厘米至十几厘米），并测试出平均为3.97×10^{-9}的铱异常含量。并将这一事件称为“梅树村地质事件”或“梅树村界线灾变事件”。从而提出中国震旦系—寒武系界线应置于梅树村剖面的“C”点的认识，亦即渔户村组大海段与黑林铺（筇竹寺组）石岩头段（八道湾段）的分界处。

范德廉等（1987）于1982年首次在湘、黔、浙等地下寒武统底部的镍、铂多金属层中发现了铱异常［（11 ~ 31）$\times10^{-9}$］，认为震旦—寒武纪界线附近的铱异常在时间上、空间上、不同岩矿和不同岩性序列中均有发现，说明铱的富集与局部的环境因素关系不大，而镍、铂多金属层中铂族及金、镍、

图2-2-6　湘黔相邻区早—中寒武系黑色岩系中的碳酸盐岩结核特征
A. 贵州三都咕噜村渣拉沟组；B. 湖南新晃贡溪渣拉沟组；C-E. 贵州松桃渣拉沟组；F. 贵州江口牛蹄塘组

钴的含量大大超过哥伦比亚河玄武岩，而其丰度曲线更接近于碳球粒陨石。结合震旦—寒武纪界线的 $\delta^{13}C$ 负异常，与铱（Ir）异常构成了罕见的Ir-Ir双异常，认为广泛发育于扬子震旦—寒武纪界线附近所发现的铱异常是一个与地外因素有关的等时地质事件的反映，并进一步认为铱异常缺氧事件，可能是与太阳系进入银河系星际物质密集区而引起的彗星雨有关。

②碳、氧稳定同位素异常

目前研究成果反映在震旦—早寒武纪时期，碳稳定同位素异常与生命起源、繁衍、灭绝及成矿事件密切相关。在扬子周缘震旦—寒武系生物群及磷矿成矿事件均与碳（$\delta^{13}C$）同位素异常有较好的对

图2-2-7　黑林铺组石岩头段含炭质岩系中产出的碳酸盐岩、黄铁矿结核特征
A. 清水沟磷矿区石岩头段含炭质页岩中层面上的侵染状黄铁矿晶粒特征（黄色部分）；B-D. 昆阳磷矿区石岩头段含炭质页岩中层面上的草莓状黄铁矿结核特征（黄色部分）；E-F. 昆阳磷矿石岩头段含炭质页岩中产出的碳酸盐岩结核内部解石团块特征

应性与一致性，碳同位素值在-10.0‰～+6.0‰（图2-2-5），从图2-2-8反映，震旦—寒武系生物群及磷矿成矿事件时期$\delta^{13}C$在0.0‰～+4.0‰，而生物的灭绝时期$\delta^{13}C$在-10.0‰～-6.0‰。

根据许靖华等（1986）、高计元等（1988）对研究区的梅树村剖面（渔户村组白岩哨段上部至黑林铺组石岩头（八道湾）段150个样品$\delta^{13}C$、$\delta^{18}O$异常特征进行了研究，$\delta^{13}C$为1.1‰～+4.7‰，平均+1.6‰；$\delta^{18}O$为-3.8‰～+10.1‰，平均-6.4‰。在黑林铺组石岩头段底部“*C*”点附近的碳氧同位素值变化非常剧烈，在紧接“*C*”点之下的大海段白云岩中的白云石$\delta^{13}C$值为+1.7‰，$\delta^{18}O$值为-3.9‰；而“*C*”点之上的黑色页岩$\delta^{13}C$值由-5.4‰～-1.5‰，平均-3.2‰；$\delta^{18}O$值由-12.4‰～-7.0‰，平均值为-9.4‰。"C"点上下岩石中δC^{13}差值为1.6‰，$\delta^{18}O$差值为3‰，反映在渔户村组大海段与黑林铺组石岩头段分界处"C"点附近存在$\delta^{13}C$和$\delta^{18}O$的负异常。

武希彻和欧阳麟（1988）对梅树村剖面中谊村段底部的白云质磷块岩与下伏小歪头山段含磷白云岩接触面上下的碳、氧同位素变化测定结果显示，小歪头山段的含磷白云岩$\delta^{13}C$为-1.79‰、$\delta^{18}O$为7.49‰；中谊村段白云质磷块岩$\delta^{13}C$由-2.6‰～-1.65‰，平均-1.96‰；$\delta^{18}O$由-7.08‰～+7.76‰，平均-7.47‰。

上述资料成果反映，在生物繁衍鼎盛与灭绝时期均存在$\delta^{13}C$、$\delta^{18}O$的异常，说明生物的繁衍及磷

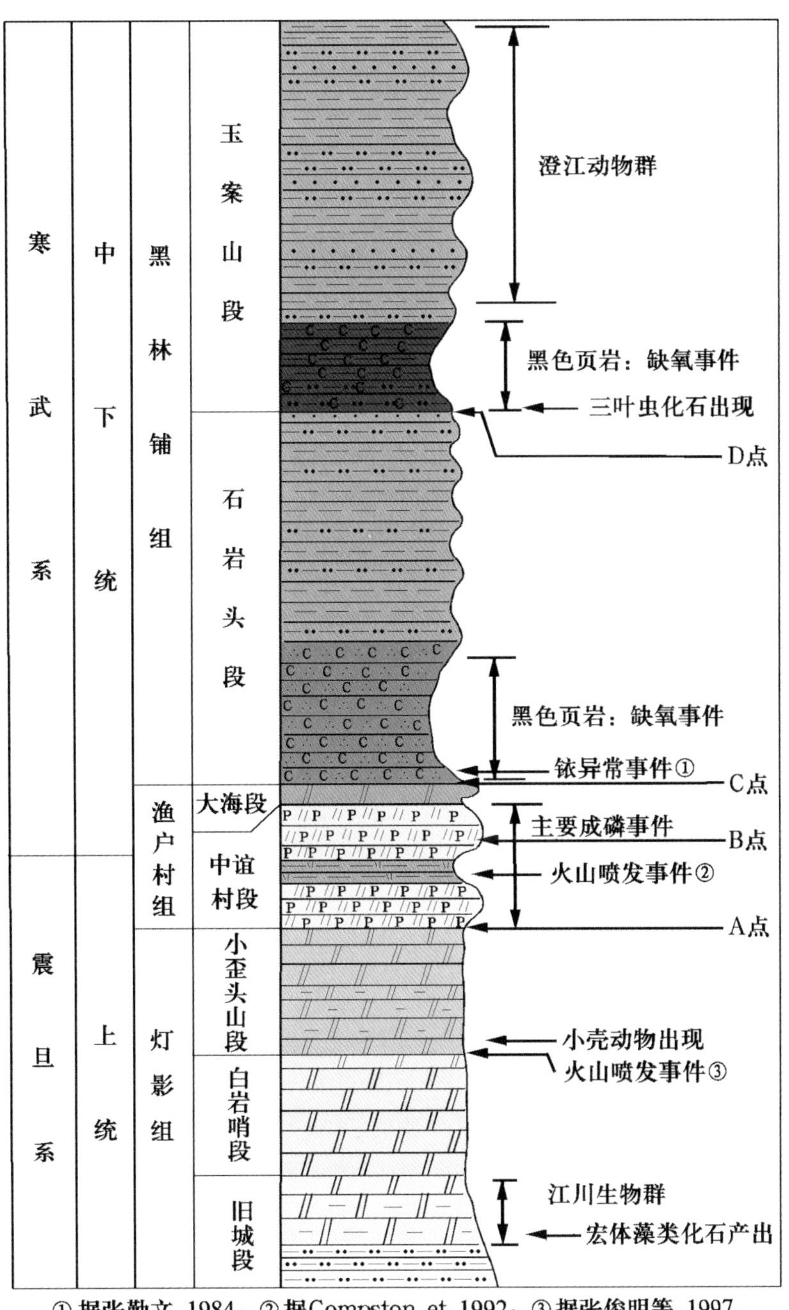

图2-2-8　滇东震旦—早寒武纪地质事件与生物演化
（A, B, C, D点为推荐的震旦—寒武系界线）

矿成矿事件与$\delta^{13}C$、$\delta^{18}O$密切相关。

③稀土元素异常事件

据杨卫东等（1991）对滇东磷块岩稀土元素特征研究成果反映，磷块岩普遍富集稀土元素，相对更富集轻稀土元素，富集的主要原因组成磷块岩的磷酸盐矿物——碳氟磷灰石晶体具有“开放型”六方柱状结构，其中的钙离子与稀土元素离子半径相近，使稀土元素能以类质同象的方式进入晶格；磷块岩中普遍存在Ce负异常，反映形成于相对氧化的环境；成磷物质主要来自正常沉积岩区或正常沉积岩与碱性玄武岩的产出区的相关岩石的剥蚀与风化。

2.6 地史演化

2.6.1 岩相古地理特征

（1）中元古代晚期

中元古代中晚期（1400～1000 Ma），研究区及外围区域主要出露的中元古代晚期昆阳群，按前述其岩石组合主要为陆源碎屑砂泥岩、碳酸盐岩、炭质页岩夹基性火山碎屑岩及枕状玄武岩。因出露不全，按岩石建造概略分析，其整体为裂谷盆地环境。黄草岭组与黑山头组砂泥岩建造反映为滨岸–陆棚沉积的古地理环境沉积，至富良棚组沉积时期产出了海底水下喷发的枕状玄武岩及侵入基性岩，裂谷盆地裂陷达最大，随后裂谷盆地萎缩。大龙口组为灰岩，沉积时期整体处于台地环境下的潮坪–潮下带沉积，灰岩中发育多层臼齿构造，可能系裂谷盆地由裂陷→萎缩关闭的转换时期地壳剧烈活动导致地震频繁发生的表现。美党组为钙质、泥质混合沉积，反映为混积陆棚沉积环境。美党组沉积后研究区未保留沉积物质记录，古地理格局及沉积环境不明。

（2）新元古代

新元古代早中期地层在研究区仅保留军哨组及柳坝塘组，其沉积时限在890～830 Ma，缺失1000～900 Ma时期沉积物质记录。推断在距今1000 Ma左右的晋宁造山运动后，研究区可能处于隆升剥蚀与间或下降沉积相间的古地理环境格局。至900～830 Ma时期沉积了陆内裂谷盆地环境下的军哨组及柳坝塘组砂砾（泥）岩、碳酸盐岩及含炭质泥页岩、硅质岩建造。军哨组沉积时期，研究区处于稳定滨岸—浅海沉积环境，而柳坝塘组则沉积于滞留安静的深水还原环境，发育多层火山凝灰岩（斑脱岩）夹层，反映该时期区域上火山活动强烈。从保留的沉积物质记录看，该时期裂谷盆地缺失盆地萎缩关闭时期的逆粒序沉积建造，可能系武陵造山运动引发的隆升剥蚀所致。

在梅树村剖面上，震旦系陡山沱组直接角度不整合于昆阳群黑山头组之上，更是缺失1000～635 Ma时期沉积的地层记录，推测该区一直处于隆起剥蚀与间或下降沉积相间古地理环境，亦或其沉积物质记录被武陵运动与澄江（雪峰）运动造成的隆起剥蚀所致。

据扬子周缘区域资料，武陵造山运动后在区域上发育的南华系列裂谷盆地中，最早接受海侵沉积的区域在扬子东南缘的湘黔桂一带，随海水由扬子古陆周缘向古陆内部渐次侵漫，至800 Ma左右裂谷盆地海侵达最大时期，研究区沉积了陆内坳陷背景下的河湖相澄江组紫红色砂砾岩夹黏土岩建造。至距今720 Ma左右发生区域性隆升造陆的澄江（雪峰）运动，南华系寒冷气候来临。在研究区南东部的湘黔桂地区沉积了长安组冰期冰碛砾岩、杂砂岩沉积，富禄组间冰期砂泥岩、炭质泥（页）岩夹碳酸锰矿沉积。该时期研究区一直处于冰雪覆盖或隆起剥蚀状态，未保留沉积。南沱组沉积时期随海水的进一步侵漫，在研究区沉积了陆相冰川冰融泥石流–冰碛杂砾岩沉积，向南东的湘黔桂地区渐次转变为海陆交互相的冰川–冰水泥石流与冰水沉积至浅海相冰水–冰筏沉积。在研究区南沱组上部为紫红色含砂质泥（页）岩，代表南沱冰期结束时温暖气候环境的来临的沉积物质记录。

新元古界晚期（635～541 Ma）的震旦纪沉积时期，在南华系寒冷气候结束的基础上，随气候变暖，冰融海进，区域上海水由扬子古陆周缘向扬子古陆内部大规模侵漫，包含研究区在内的滇东地区处于扬子古陆西南缘的陆表浅海沉积区，整体受西部滇中古陆、南部越北古陆、东部牛首山古岛控制，在研究区沉积了以观音崖组为代表的滨岸碎屑岩石英砂岩—碳酸盐岩沉积，而在研究区北部及其他区域则沉积了相同时期以陡山沱组为代表的初始台地环境下的碳酸盐岩沉积，产出了著名的蓝田生物群、瓮安生物群、庙河生物群、翁会生物群。随海水进一步侵漫，至灯影组沉积时期，研究区已处于相对稳定的滨岸—潮坪—碳酸盐岩台地，小壳动物开始出现，在包含研究区在内的扬子地区产出了高家山生物群、西陵峡生物群、武陵山生物群、江川生物群。

（3）早古生代早期

研究区在继承灯影组沉积的基础上，接受进一步海侵，至黑铺林组海侵范围最大，沉积了缺氧滞留环境下的含炭质黏土岩，随后开始区域性的海退。该时期区域气候为赤道北部的中低纬度区温热海洋型季风气候，随着富磷富氧上升海流的活跃，菌藻生物繁盛，早期底栖动物发育，小壳动物由出现而迅速达到繁盛高峰。在此期间内，研究区古地理格局为既有脉动振荡而又相对稳定的半开放式陆缘浅海环境，产出了记录“寒武纪大爆发”的早期动物起源与辐射的代表——梅树村生物群和澄江生物群，以及磷、镍、钼、钒与页岩气资源。下面重点以唐良栋（1994）研究成果，结合新的资料，阐述梅树村剖面及研究区震旦至早寒武世时期的岩相古地理特征。

①梅树村早期

震旦纪晚期，扬子陆块西部始成为碳酸盐台地，在灯影期混积碳酸盐岩夹碎屑岩沉积环境的基础上，发育了早寒武世初期的清水型沉积。这一时期，研究区沉积环境经历了从潮下带演变为潮间带的变化，形成以硅质岩和磷块岩为特征的沉积。这一时期沉积厚度较薄，一般厚35～77 m。在会泽梨树坪一带沉积岩层厚度大于150 m，在梅树村一带沉积厚度在20～50 m，且沉积等厚线在梅树村南北呈现北东向的细微差异，反映出在梅树村一带存在近东西向的水下隆起（香条山水下隆起）。按产出岩石建造特征，可划分为如下岩相及沉积环境（图2-2-9）。

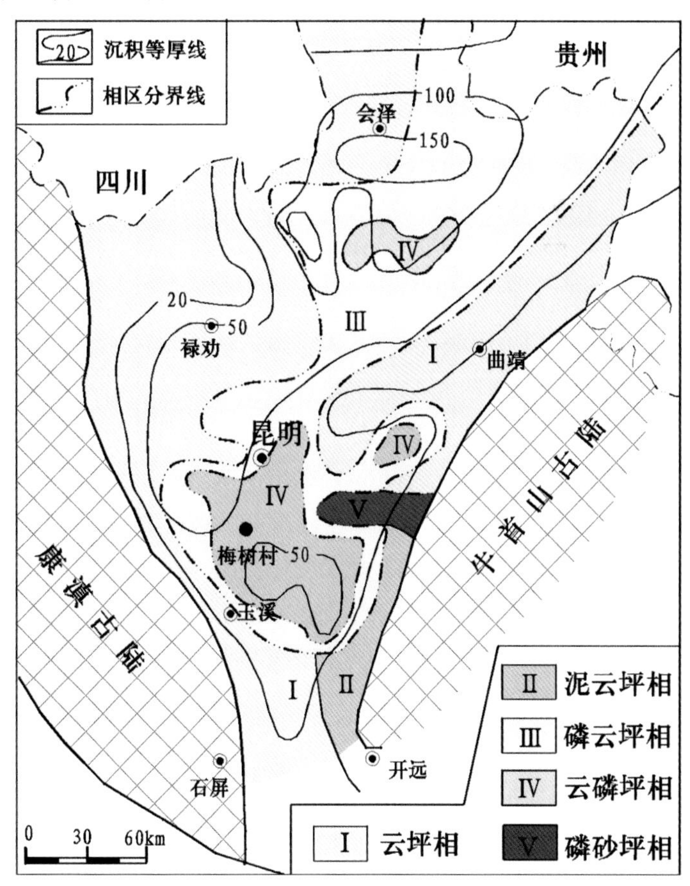

图2-2-9　研究区梅树村早期沉积岩相古地理图（据唐良栋，1994资料修编）

a. 云坪相

岩石建造主要为粉晶白云岩，在剖面中之厚度百分率＞74%，岩石发育水平层理，偶见叠层石与鸟眼构造或泥裂构造，岩石建造及剖面结构特征反映为潮间低能白云岩沉积环境。

b. 泥云坪相

展布于研究区靠古陆边缘一带，岩石建造以粉晶白云岩为主，次为粉砂质页岩和泥质粉砂岩，主次两类岩石成层相间，白云岩在剖面众多厚度百分率为62%左右，碎屑岩显水平层理或波状层理，岩石建造及剖面结构特征反映为白云岩与碎屑岩交互更叠的潮间低能沉积环境。

c. 磷云坪相

磷云坪相展布于泥云坪相内侧，岩石建造主要为泥质粉晶白云岩，次为砂（砾）屑磷块岩，少量白云质粉晶灰岩、粉砂质页岩、钙质粉砂岩和硅质岩。白云岩主要分布于剖面上部，厚度百分率一般为53%～78%。其他岩石与白云岩成不等厚互层产出。磷块岩在剖面上的厚度百分率在10%～27%，主要分布在剖面下部。硅质岩厚度不大，主要分布在剖面底部。硅质岩和磷块岩的厚度虽不大，但层位稳定，二者和白云岩在剖面中构成自下而上的“硅质岩—磷块岩—白云岩式”三层结构的岩性序列。岩石建造特征及剖面结构反映为潮下与潮间、低能与高能更替演变的沉积环境。

d. 云磷坪相

云磷坪相是磷块岩特别发育的相带，亦是磷矿产出的主要层位。岩石建造主要为砂（砾）屑磷块岩和粉晶白云岩夹少量泥质粉砂岩、粉砂质页岩及泥晶灰岩。上述各类岩石相互间杂。磷块岩在剖面中厚度占比较大，厚为11～27 m，剖面厚度百分率大于46%，岩石建造特征及剖面结构反映出海水为饱和磷酸盐的潮下带环境沉积。

e. 磷砂坪相

磷砂坪相的岩石建造由泥质粉砂岩与砂屑磷块岩夹少量含磷灰岩及粉晶白云岩构成。以泥质粉砂岩为主，泥质粉砂岩含少量星点状黄铁矿，具水平层理，剖面厚度百分率为40%～86%。岩石建造特征及剖面结构反映主要为潮下低能环境沉积。

②梅树村晚期

梅树村晚期，包含研究区在内的滇东沉积盆地的沉积环境发生了转折性变化，一方面海侵范围进一步扩大，亦是沉积盆地基底整体强烈拗陷时期，全区转变为浅海环境；另一方面是沉积作用由梅树村早期的清水型沉积演变为浑水型沉积。整个梅树村晚期，沉积环境较为稳定，沉积中心在昆明—曲靖一带，沉积等厚线呈北东展布。形成的剖面结构及岩相系列均较简单。按产出岩石建造特征，可划分为如下岩相及沉积环境（图2-2-10）。

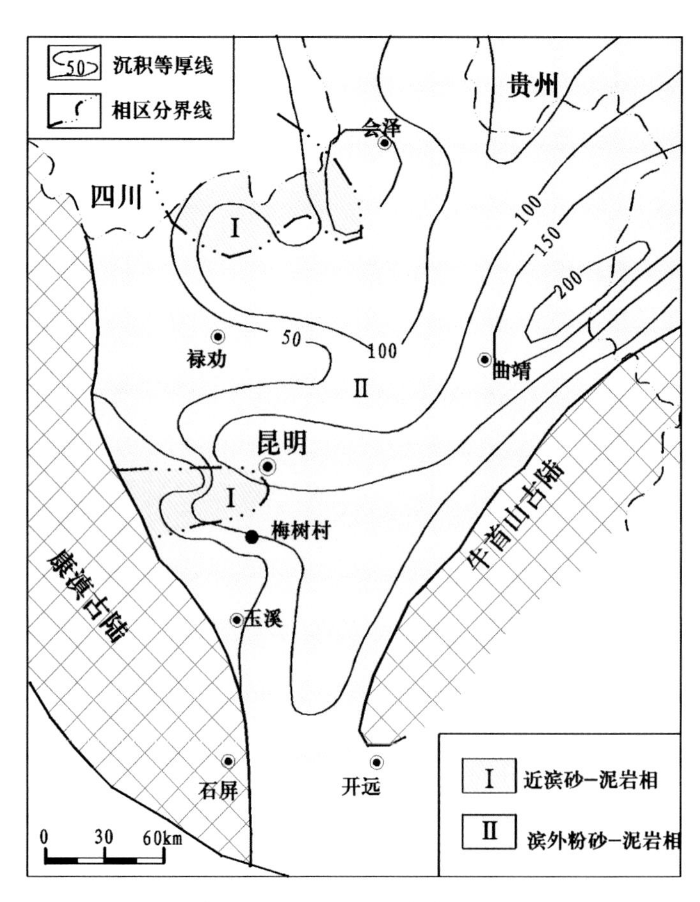

图2-2-10　研究区梅树村晚期沉积岩相古地理图（据唐良栋，1994资料修编）

a. 近滨砂-泥岩相

岩石建造以泥质粉砂岩及泥岩为主，夹细粒石英砂岩、长石石英砂岩、细碎屑岩，水平层理发育，砂、泥岩所占剖面厚度百分率在36%～67%。细砂岩具斜层理及波痕构造，岩石局部夹灰岩薄层。岩石建造特征及剖面结构反映主要为潮下带的低能与高能交替环境沉积。

b. 滨外粉砂–泥岩相

岩石建造以含炭质泥质粉砂岩及炭质粉砂质泥岩，剖面厚度百分率大于70%以上，水平层理发育，具纹层构造或黄铁矿条带。岩石建造特征及剖面结构反映主要安静低能的潮下沉积环境。

③筇竹寺期

在梅树村晚期海侵扩大基础上海水继续向北西侵漫，海侵达最大海泛时期，亦即盆地演化达最大离散时期，随后盆地演化由离散向汇聚转化，在盆地边缘轻度上隆成为滨海带。沉积中心仍在昆明—曲靖一带，沉积等厚线呈北东向展布，反映沉积盆地形态主要为北东向。

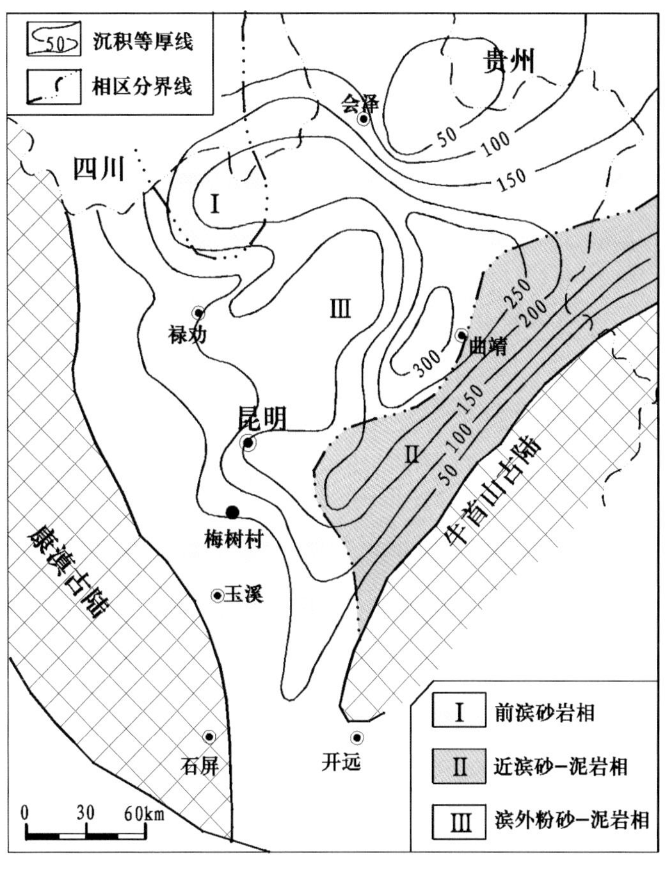

图2–2–11　研究区筇竹寺期沉积岩相古地理图（据唐良栋，1994资料修编）

在会泽雨碌一带该时期地层保留厚度仅60 m左右，因后期造山隆升剥蚀作用，中泥盆统海口组角度不整合覆于筇竹寺组石岩头段之上；盆地西南边缘的晋宁王家湾偏头山、江川清水沟一带，也因后期差异剥蚀致使保留地层厚度变薄，中泥盆统海口组亦角度不整合覆于筇竹寺组石岩头段之上。在会泽小麦地—曲靖德泽—马龙矿山—宜良红石岩一带，筇竹寺组玉案山段地层保留厚度达328 m，反映该时期沉积与后期隆升剥蚀存在较大差异。按产出的岩石建造特征，可划分为前滨砂岩相、近滨砂–泥岩相、滨外粉砂–泥岩相等主要岩相及沉积环境（图2–2–11）。

a. 前滨砂岩相

分布于研究区外北部区域，属动荡环境的浑水沉积发育时期的典型岩石建造类型，岩性主要为细至中粒石英砂岩、长石石英砂岩、岩屑长石砂岩，具大型交错层理及斜层理。岩石建造特征及剖面结构反映主要为潮间至潮下带的高能环境沉积。

b. 近滨砂–泥岩相

分布于研究区及相邻区域，岩性以泥质粉砂岩及页岩为主夹细粒石英砂岩、长石石英砂岩。黏土岩中水平层理发育，所占厚度百分率在36%～67%。细砂岩具斜层理及波痕构造。岩石建造特征及剖面结构反映为潮下带的低能与高能交替环境。

c. 滨外粉砂–泥岩相

分布于研究区外围北东侧的曲靖—牛首山古陆之间，属浅海环境。主要岩性为黏土质粉砂岩及粉砂质页岩厚度百分率在70% 以上，水平层理发育，局部有的具纹层构造或夹黄铁矿条带、薄层泥质灰岩。岩石建造特征及剖面结构反映为安静低能的静水环境。

④沧浪铺早期

在梅树村晚期海侵至最大海泛时期，至该时期盆地向汇聚萎缩背景演化，随着汇聚作用的加强，地壳构造活动亦同步增强，差异隆升增大，海水开启了快速海退历程。研究区两侧的康滇古陆与牛首山古陆剥蚀作用加强，导致岩相古地理分异明显。沉积建造多为低成熟度组分的岩屑及长石等粗碎屑，大部分海域从筇竹寺期的浅海变成了滨海环境，而东南边缘却拗陷变为浅海，盆地中部会泽地区同生隆起更明显，地层保留厚度显著变薄。而在西南边缘安宁龙山至江川清水沟一带的沉积同生隆起，继续生长并向东扩展。研究区的晋宁梅树村成为隆起边缘，缺失沧浪铺期沉积，泥盆系中统海口组石英砂砾岩直接角度不整合于黑林铺组之上。在曲靖德泽—马龙矿山—宜良龙兑村一带保留地层厚度较大，在200 m左右，显示沉积时期的地貌差异与后期隆升剥蚀的变化显著。按产出的岩石建造特征，可划分为前滨砂岩相、近滨砂–泥岩相、滨外粉砂–泥岩相等主要岩石建造相及沉积环境（图2–2–12）。

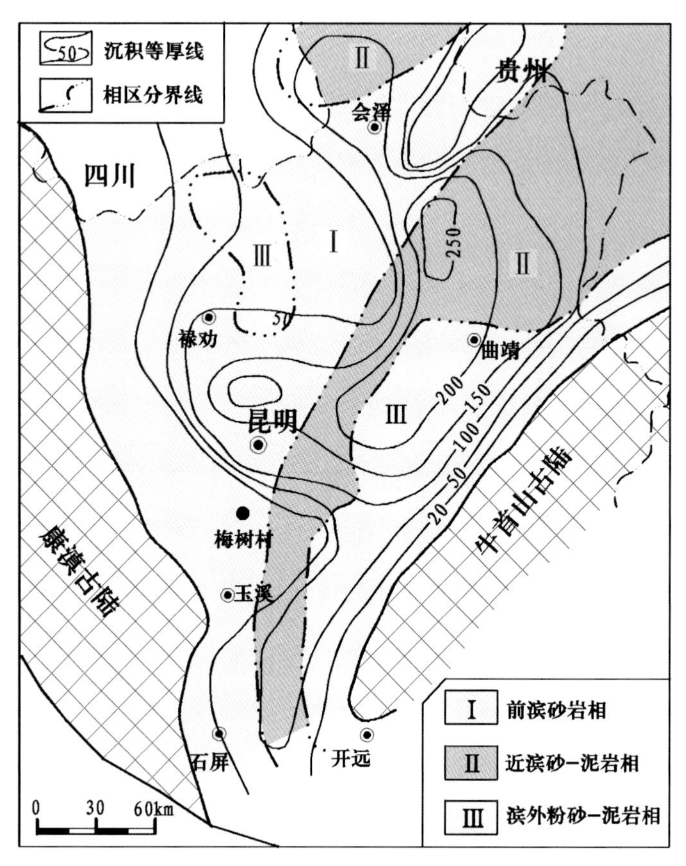

图2–2–12　研究区沧浪铺早期沉积岩相古地理图（据唐良栋，1994资料修编）

⑤沧浪铺晚期

该时期处于由动荡浅海碎屑岩沉积（物理沉积为主）向相对稳定的碳酸盐台地沉积（化学沉积为主）的转换期。随古陆剥蚀作用减弱，沉积物中岩屑、长石等粗碎屑大为减少，在研究区西部则出现清水型沉积的碳酸盐台地相沉积环境。

⑥龙王庙期

早寒武世晚期，由于地壳较长时期稳定，致使地势分异减小，岛陆再次趋于准平原化，盆地机械浑水沉积作用减弱，清水型沉积又成为主要沉积作用。与早寒武世早期的清水型沉积相对照，此期以白云岩相建造为主要特色，碳酸盐岩广泛分布，并有干燥气候型的膏盐泻湖环境沉积。

（4）早古生代中晚期至第四纪

在521～419 Ma的中晚寒武世—志留纪时期，研究区大部分区域处于隆起遭受剥蚀与间或沉降接受沉积的古地理格局，梅树村剖面一带未保留该时期沉积，系结束于419 Ma的区域性加里东造山运动导致隆起遭受剥蚀所致。在419～252 Ma的晚古生界研究区开启了新一轮的裂陷盆地发展阶段，至泥盆纪中期海侵到达研究区，在梅树村剖面上沉积了海口组石英砂砾岩，直接角度不整合覆盖于黑林铺组玉案山段之上。随后海水进一步扩大，沉积了晚泥盆世台地环境下的白云岩组合。随后为整体海侵的动荡的海水进退沉积环境，沉积了部分石炭系、二叠系、三叠系滨岸沼泽石英砂岩、炭质黏土岩、台地环境下的灰岩、白云岩组合。在三叠纪晚期受区域性印支造山运动影响，研究区隆升成陆，一直处于陆相河湖砂（砾）泥岩沉积的古地理格局。在梅树村剖面一带则缺失（260 ~ 2.6 Ma）晚二叠世—中生代、新生代三叠纪、侏罗纪、白垩纪、古近纪及新近纪沉积，仅堆积了第四系松散沉积物。

2.6.2　地史演化

（1）区域地史演化概况

研究区经1000 Ma左右的晋宁造山运动后使中元古代晚期的昆阳群发生褶皱变质，固结为结晶基底。在1000 ~ 900 Ma未见沉积物质记录，处于间或坳陷沉积与隆升剥蚀状态。在900 ~ 820 Ma时期处于不完整裂谷盆地发展与演化背景，沉积了新元古代早中期军哨组、柳坝塘组滨岸-台地环境下的砂砾岩、碳酸盐岩、炭硅泥质黏土岩夹火山碎屑岩组合。于820 Ma左右发生区域性的武陵造山运动，使820 Ma以前地层褶皱变质。随后转入裂谷盆地发展演化历程，研究区缺失裂谷盆地早期（820 ~ 800 Ma）沉积建造，处于古陆剥蚀环境。至800 Ma海水侵漫到达研究区，沉积了新元古代中晚期河湖环境下的澄江组砂泥岩、含砾砂岩沉积。于720 Ma左右发生区域性以升降为主的澄江（雪峰）运动，研究区又一次处于大陆冰雪覆盖或隆升剥蚀背景，缺失720 ~ 660 Ma时期长安冰期与富禄间冰期沉积，至660 ~ 635 Ma时期沉积了新元古代南华系晚期南沱冰期的冰碛砾岩沉积，至南华系末期冰雪消融，气候转暖，沉积了南沱组冰碛砾岩上部的紫红色黏土岩，为震旦—寒武纪早期生命大爆发与辐射及区域成磷事件奠定了基础。在梅树村剖面一带，震旦系陡山沱组直接角度不整合于中元古代昆阳群之上，缺失1000 ~ 635 Ma沉积物质记录，可能受晋宁运动后区域地质作用强弱差异控制，梅树村剖面一带处于地貌高位区，时或沉降接受沉降、时或隆升遭受剥蚀，剥蚀强度远大于沉积速度，为昆阳磷矿的形成、江川生物群、梅树村生物群的复苏与爆发辐射提供了物质基础。在635 ~ 419 Ma的震旦纪—早古生代，研究区处于陆内稳定盆地发展阶段。在635 ~ 541 Ma的埃迪卡拉（震旦）纪—早古生代早期，海水侵漫至研究区，沉积了滨岸环境的石英砂岩、台地—潮坪环境的白云岩、砂泥岩建造。早古生代早寒武世盆地发展至最大，沉积了黑林铺组含黄铁矿及炭质黏土岩建造，为缺氧滞留环境的反映。随后随汇聚作用伴随的加里东造山运动的渐次增强，海水渐次向南东退出，陆地范围扩大，于419 Ma结束的区域性广西（加里东）造山运动，使研究区处于隆升剥蚀环境，缺失中晚寒武世、奥陶—志留纪沉积。在419 ~ 208 Ma的晚古生代、中生代的早中三叠世研究区与相邻广大区域均处于裂陷盆地发展与演化阶段。在259 Ma的中晚二叠世裂陷盆地逐步发展至最大，并沿小江深大断裂带等地壳薄弱处喷溢了著名的火山岩——峨眉山玄武岩建造，构成了我国南方峨眉山玄武岩省。随后裂陷盆地回返关闭，于225 Ma的晚三叠世开始发生印支造山运动，结束了包含研究区在内的广大区域的海相沉积历程，由此开启了长期的陆相河湖沉积演化，沉积了晚三叠系—早白垩系河湖环境的砂砾（泥）岩建造。至65.5 Ma左右发生了区域上据广泛意义的燕山造山运动，使包含研究区在内的广大区域转入陆内断陷山间盆地发展阶段，燕山运动奠定了包含研究区在内的华南地区现今的主要地质构造形迹。至23 Ma左右又发生了区域性的喜山造山运动，该运动对以前的地质构造形迹进行改造、叠加与置换，并使研究区随青藏高原的隆升而剧烈抬升，形成目前青藏高原以东云贵高原第二级隆起台阶的格局。发生于2.6 Ma——现今的新构造运动则形成与控制了研究区现今的地貌、河谷、水系的发展及演化格局。研究区自270 ~ 2.6 Ma的中二叠世—新近纪时期，基本上一直处于剥蚀背景，仅在地形低洼处沉积了第四系松散堆积物。

下面重点对梅树村剖面及研究区震旦—寒武纪时期地史演化历程简述如下。

（2）震旦—寒武纪地史演化

在南华冰期沉积结束后，海水由南—南东向研究区大规模海侵，使西部的滇中古陆向南西收缩，东部的牛首山古陆范围亦缩小，沉积了震旦系碎屑岩夹碳酸盐岩-碳酸盐岩夹碎屑岩组合。早寒武世海水进一步向研究区侵漫，研究区两侧古陆继续退缩。至早寒武世筇竹寺期，达最大海泛，随后海水渐次缓慢地向南—南东退出，由研究区向南东依次沉积了滨岸碎屑岩夹碳酸盐岩→台地碳酸盐岩→斜坡碳酸盐岩夹碎屑岩→斜坡→盆地碎屑岩夹碳酸盐岩→陆棚盆地碎屑岩的相带分明的地层序列。至奥陶纪晚期，随加里东造山运动高峰期的来临，研究区地层发生褶皱，并隆升成陆遭受剥蚀，使泥盆系砂砾岩建造直接不整合于寒武纪地层之上，开启了海西-印支-燕山沉积旋回期的陆内离散→汇聚→碰撞造山的演化历程。

研究区在震旦—寒武纪演化时期，研究区西部为滇中古陆、南东为牛首山古陆，呈向南收敛的喇叭形沉积盆地，沉积物为浅海、滨海的细碎屑岩与碳酸盐岩互层，沉积厚度1000 m左右。

①沉积作用特征

包含研究区在内的滇东盆地，由于基底的非均衡构造活动及沉积作用的非均匀性，导致各个时期的构造作用、沉降速度、补偿速率、拗陷幅度等出现较大的差异。不同地区出现差异性的古地理沉积环境，出现差异性的地质演化历程，主要表现为沉积相、岩石建造、岩层沉积与保留厚度的差异。根据差异可划分为三种构造沉积区：a. 以陆源碎屑快速沉积为主的拗陷区，包括曲靖—马龙—华宁一线以东地区，基底沉降快，古陆风化剥蚀强烈，沉积物源丰富，沉积补偿速率高，处于超补偿状态，岩层沉积与保留厚度大，形成了厚近千米的陆源碎屑堆积，其沉积或保留厚度明显大于邻区；b. 以陆源碎屑快速沉积为主的强补偿区，盆地基底沉降速度快而沉积补偿速率高，地层剖面表现为沉积相序向上变浅的海退式反旋回结构，如永善地区的下寒武统沉积或保留厚度近千米，从梅树村早期至龙王庙期的沉积相演变关系反映为由台盆相→滨外平原相→近滨相→前滨相→台地灰坪相→ 潮坪泻湖相的时空展布格局；c. 隆拗交替区，除上述两区外的广大区域，盆地基底不均衡构造活动较强烈，出现次级序列的隆拗相间格局，导致明显的沉积分异，岩层的岩性、厚度及沉积相在纵横方向上均有很大变化。

②沉积盆地演化

a. 早寒武世沉积盆地演化

从岩石类型、物质组成、沉积相类型等特征综合分析，可划分出3个沉积阶段4种岩石共生组合。第Ⅰ沉积阶段（对应于梅树村早期），以火山碎屑沉积、盆内化学沉积及生物沉积的磷质、硅质、白云质沉积为特征，形成磷块岩-硅质岩-白云岩共生组合，局部夹有火山碎屑的黏土岩薄层，均为滨海潮坪环境沉积；第Ⅱ沉积阶段（梅树村晚期至沧浪铺晚期），海水进一步侵漫，水深加大，古陆风化剥蚀剧烈，陆源碎屑补给充沛，以陆源碎屑沉积为特征，沉积环境为动荡的滨海至浅海陆棚沉积环境，岩石物质成分主要由稳定组分石英和较稳定组分长石及水云母构成，结构成熟度高，岩石共生组合为石英粉砂岩-（水云母）泥岩-石英砂岩-长石石英砂岩。在筇竹寺时期海侵达到最大，出现缺氧-滞留还原环境下的含炭质泥岩沉积，同时伴有相对弱的火山活动及海底热水喷流事件，沉积了镍、钼、钒等多金属异常富集的层位，该事件为区域性沉积事件，广泛出现于扬子陆块周缘。第Ⅲ沉积阶段（龙王庙期相），该时期开始海退，海水变浅，古陆剥蚀作用减弱，以化学沉积的钙、镁碳酸盐及膏盐沉积为特征，岩石共生组合有两类，一类为白云岩-石灰岩-少量粉砂质泥岩和粉砂岩，另一类为白云岩-石灰岩-石膏层，沉积环境为潮坪—咸化泻湖沉积。

b. 中寒武世沉积盆地演化

随着盆地演化渐次转换为汇聚的构造背景，海域范围进一步缩小，沉积了滨浅海碎屑岩-咸化泻湖含膏盐白云岩沉积。在本研究区未保留，根据区域资料推测，是因为加里东运动后的隆升剥蚀缺失所致。

c. 晚寒武世沉积盆地演化

该时期海域范围进一步缩小，西侧滇中古陆与东侧牛首山古陆已连成一体，切断了南部海水侵入的通道，使研究区亦上升为陆。海水仅保留在昆明—中缅一带及牛首山古陆东南的文山地区及研究区外围东部的镇雄一带。

（陈建书　唐　烽　任留东）

主要参考文献

[1] 崔晓庄, 江新胜, 王剑, 等. 滇中新元古代澄江组层型剖面锆石U-Pb年代学及其地质意义[J]. 现代地质, 2013, 27(3):547-556.

[2] 陈建书, 代雅然, 唐烽, 等. 扬子地块周缘中元古代末—新元古代主要构造运动梳理与探讨[J]. 地质论评, 2020, 66(3):533-554.

[3] 陈建书, 戴传固, 彭成龙, 等. 湘黔桂地区新元古代“下江群”地层划分对比研究——重新启用下江系的探讨[J]. 地质论评, 2016, 62(5):1093-1113.

[4] 邓胜徽, 樊茹, 李鑫, 等. 四川盆地及周缘地区震旦(埃迪卡拉)系划分与对比[J]. 地层学杂志, 2015, 39(3):239-254.

[5] 房丽君. 滇东北地区下寒武统黑色岩系层序地层与沉积相研究[D]. 北京：中国地质大学, 2016.

[6] 范德廉, 叶杰. 扬子地台前寒武—寒武纪界线附近的地质事件与成矿作用[J]. 沉积学报, 1987, 5(3):81-95.

[7] 高计元, 孙枢, 许靖华, 等. 碳氧同位素与前寒武纪和寒武纪边界事[J]. 地球化, 1988(3):257-266.

[8] 高林志, 张恒, 张传恒, 等. 滇东昆阳群地层序列的厘定及其在中国地层表的位置[J]. 地质论评, 2018, 64(2):283-298.

[9] 高林志, 尹崇玉, 张恒, 等.云南晋宁地区柳坝塘组凝灰岩SHRIMP锆石U-Pb年龄及其对晋宁运动的制约[J]. 地质通报, 2015, 34(9):1595-1604.

[10] 顾鹏, 钟玲, 张国栋, 等. 华南埃迪卡拉(震旦)系顶部地层划分及与寒武系界线FAD分子的选择[J]. 地质学报, 2018, 92(3):449-465.

[11] 顾鹏. 云南东部地区埃迪卡拉系灯影组生物地层序列及对比[D]. 北京：中国地质大学, 2018.

[12] 贵州省地质调查院. 贵州省区域地质志[M]. 北京:地质出版社, 2017.

[13] 何廷贵. 滇东渔户村组含磷岩系的划分与对比[J]. 矿物岩石, 1989, 9(2):1-12.

[14] 郝杰, 李日俊, 胡文虎. 晋宁运动和震旦系有关问题[J]. 中国区域地质, 1992, 2:131-140.

[15] 蒋志文. 云南晋宁梅树村阶及梅树村动物群[J]. 地球学报, 1980, 2(1):75-92.

[16] 江新胜, 王剑, 崔晓庄, 等. 滇中新元古代澄江组锆石SHRIMP U-Pb年代学研究及其地质意义[J]. 中国科学, 2012, 42(10):1496-1507.

[17] 陆俊泽, 江新胜, 王剑, 等. 滇东北巧家地区新元古界澄江组SHRIMP 锆石U-Pb 年龄及其地质意义[J]. 矿物岩石, 2013, 33(2):65-71.

[18] 罗惠麟, 蒋志文, 徐重九. 云南晋宁梅树村、王家湾震旦系—寒武系界线研究[J]. 地质学报, 1980, 54(2):95-112.

[19] 罗惠麟, 蒋志文, 武希彻. 云南东部震旦系—寒武系界线[M]. 昆明:云南人民出版社, 1982.
[20] 罗惠麟, 蒋志文, 邢裕盛. 中国云南晋宁梅树村震旦系—寒武系界线层型剖面[M]. 昆明:云南人民出版社, 1984.
[21] 罗惠麟, 武希彻, 欧阳麟. 云南东部震旦系—寒武系界线地层的相变与横向对比[J]. 岩相古地理, 1991(4):27-35.
[22] 罗惠麟, 蒋志文, 武希彻, 等. 云南晋宁梅树村剖面前寒武系—寒武系界线的深入研究[J]. 地质学报, 1991, 65(4):367 -375.
[23] 罗惠麟, 蒋志文, 唐良栋. 中国下寒武统建阶层型剖面[M]. 昆明:云南科技出版社, 1994.
[24] 罗惠麟, 张世山. 云南晋宁梅树村剖面地质研究与保护[M]. 昆明:云南科技出版社, 2019.
[25] 罗安屏, 许效松. 川滇早寒武世磷块岩成岩环境与富化作用[C]. 岩相古地理文集(6). 北京:地质出版社, 1991. 39-54.
[26] 李希勣, 吴懋德, 段锦荪. 昆阳群的层序及顶底问题[J]. 地质论评, 1984, 30(5):399-407.
[27] 李希勣. 再论建立康滇地轴区中晚元古代层型剖面问题[J]. 云南地质, 1999, 18(1):89-91.
[28] 李延河, 万德芳, 蒋少涌, 等. 云南梅树村前寒武系—寒武系界线剖面硅同位素研究[J]. 地质论评, 1995, 41(2):179-187.
[29] 刘怀仁, 李光荣. 中国扬子区早寒武世磷块岩沉积相及古地理[C]. 第五届国际磷块岩讨论会论文集(2). 北京:地质出版社, 1984:74-82 .
[30] 刘军平, 曾文涛, 徐云飞, 等. 滇中峨山地区中元古界昆阳群黑山头组火山岩锆石U-Pb年龄及其地质意义[J]. 地质通报, 2018, 37(11):2063-2070.
[31] 牟南, 吴朝东. 上扬子地区震旦—寒武纪磷块岩岩石学特征及成因分析[J]. 北京大学学报(自然科学版), 2005, 41(4):551-562.
[32] 钱逸, 朱茂炎, 何廷贵, 等. 再论滇东前寒武系与寒武系界线剖面[J]. 微体古生物学报, 1996, 13(3):225-240.
[33] 四川省地质矿产局. 四川省区域地质志[M]. 北京:地质出版社, 1987.
[34] 四川省地质矿产局. 四川省岩石地层[M]. 武汉:中国地质大学出版社, 1997.
[35] 孙家聪. 云南中东部昆阳群的划分[J]. 昆明工学院学报, 1988, 13(3):2-15.
[36] 孙志明, 尹福光, 关俊雷, 等. 云南东川地区昆阳群黑山组凝灰岩锆石SHRIMP U-Pb年龄及其地层学意义[J]. 地质通报, 2009, 28(7):896-900.
[37] 沈少雄. 柳坝塘组层位的再次确认及有关问题的讨论[J]. 云南地质, 1999, 18(2):190-195.
[38] 唐烽, 宋学良, 尹崇玉, 等. 华南滇东地区震旦(Ediacaran)系顶部Longfengshaniaceae藻类化石的发现意义[J]. 地质学报, 2006, 80(11):1643-1649.
[39] 唐烽, 尹崇玉, 刘鹏举, 等. 滇东埃迪卡拉(震旦)系顶部旧城段多样宏体化石群的发现[J]. 古地理学报, 2007, 9(5):533-540.
[40] 唐烽, 高林志, 王自强. 华南埃迪卡拉(震旦)纪宏体生物群的古地理分布及意义[J]. 古地理学报, 2009, 11(5):524-533.
[41] 唐烽, 高林志, 尹崇玉, 等. 华南埃迪卡拉(震旦)系顶部建阶层型和界线层型新资料[J]. 地质通报, 2015, 34(12):2150-2162.
[42] 唐良栋. 云南东部早寒武世沉积相古地理[J]. 云南地质, 1994, 13(3):240-252.

[43] 汪正江, 江新胜, 杜秋定, 等. 湘黔桂邻区板溪期与南华冰期之间的沉积转换及其地层学涵义[J]. 沉积学报, 2013, 31(3):386-394.
[44] 汪正江, 许效松, 江新胜, 等. 南华冰期的底界讨论:来自沉积学与同位素年代学证据[J]. 地球科学进展, 2013, 28(4):477-489.
[45] 吴懋德, 段锦荪, 宋学良. 云南昆阳群地质[M]. 昆明:云南科技出版社, 1990.
[46] 武希彻, 欧阳麟. 云南梅树村剖面磷块岩底部过渡层碳、氧同位素研究[J]. 岩相古地理, 1988(3-4):62-68.
[47] 许靖华, H. 奥宾伯亨斯利, 高计元, 等. 寒武纪生物爆发前的死劫难海洋[J], 地质科学, 1986(3):1-6.
[48] 薛耀松, 周传明. 扬子区早寒武世早期磷质小壳化石的再沉积和地层对比问题[J]. 地层学杂志, 2006, 30(1):64-75.
[49] 鄢芸樵. 对"昆阳群的层序及顶底问题"一文的商榷[J]. 地质论评. 1986, 22(3):295-299.
[50] 云南省地质矿产局. 云南省区域地质志[M]. 北京:地质出版社, 1990.
[51] 云南省地质矿产局. 云南省岩石地层[M]. 武汉:中国地质大学出版社, 1997.
[52] 杨卫东, 漆亮, 鲁晓莺. 滇东早寒武世含磷岩系稀土元素地球化学特征及成因[J]. 矿物岩石地球化学通报, 1995(4):224-227.
[53] 尹福光, 孙志明, 张璋. 会理—东川地区中元古代地层—构造格架[J]. 地质论评, 2011, 57(6):770-778.
[54] 尹福光, 孙志明, 白建科. 东川、滇中地区中元古代地层格架[J]. 地层学杂志, 2011, 35(1):49-54.
[55] 尹福光, 孙志明, 任光明, 等. 上扬子陆块西南缘早—中元古代造山运动的地质记录[J]. 地质学报, 2012, 86(12):1917-1931.
[56] 曾允孚, 杨卫东. 云南昆阳、海口磷矿富集机制[J]. 沉积学报, 1987, 5(3):19-27.
[57] 曾允浮, 沈丽娟, 何廷贵, 等. 滇东早寒武世含磷岩系层序地层分析[J]. 矿物岩石, 1994, 14(3):43-52.
[58] 张勤文, 徐道一. 地层界线上灾变事件标志和成因的探讨[J]. 地球学报, 1984(3-4):192-199.
[59] 张勤文, 徐道, 孙亦因, 等. 事件地层学与地外灾变事件[J]. 长春地质学院学报, 1989, 19(1):13-23.
[60] 张俊明, 李国祥, 周伟民. 滇东早寒武世梅树村期浅色黏土岩层的地球化学特征和地质意义[J]. 岩石学报, 1997, 13(1):100-110.
[61] 张俊明, 李国祥, 周传明. 滇东下寒武统含磷岩系底部火山喷发事件沉积及其意义[J]. 地层学杂志, 1997, 21(2):591-599.
[62] 张传恒, 高林志, 武振杰, 等. 滇中昆阳群凝灰岩锆石SHRIMP U-Pb 年龄:华南格林维尔期造山的证据[J]. 科学通报, 2007, 52(7):818 -824.
[63] 张志亮, 华洪, 张志飞. 埃迪卡拉纪疑难化石*Shaanxilithes*在云南王家湾剖面的发现及地层意义[J]. 古生物学报, 2015, 54(1):12-28.
[64] 朱日祥, 李献华, 侯先光, 等. 梅树村剖面离子探针锆石U-Pb年代学对前寒武纪—寒武纪界线的年代制约[J]. 中国科学 D 辑:地球科学, 2009, 39(8):1105-1113.
[65] 朱茂炎. 动物的起源和寒武纪大爆发:来自中国的化石证据[J]. 古生物学报, 2010, 49(3):269-287.
[66] 中国地质调查局科技外事部. 扬子地台西缘前寒武纪地层野外现场会纪要[J]. 地层学杂志, 2010, 34:336.
[67] LAN ZW, LI XH, AHU MR, et al. Guoqiang Tangal. A rapid and synchronous initiation of the wide spread Cryogenianglaciations[J]. Precambrian Research, 255:401-411.

第三篇

梅树村剖面同位素地层学

Chapter three

1992年，通过国际地质科学联合会（IUGS）的批准，加拿大纽芬兰东南部的Fortune Head剖面成为全球前寒武系—寒武系的界线层型剖面，遗迹化石*Treptichnus pedum*在该剖面上首次出现的位置（首现点）被确定为寒武系底界的标志（Brasier et al.，1994）。然而，作为全球地层对比的层型剖面，必要的可用来测定岩层年龄的夹层（如火山灰层）和碳同位素地层学数据，在Fortune Head剖面均未能提供（顾鹏等，2018；朱茂炎等，2019），因此，以其作为全球前寒武系—寒武系地层的界线层型剖面引起了诸多争议（Rozanov et al.，1997；Zhu，1997；Zhu et al.，2001，2003；Qian et al.，2002；Peng and Babcock，2011）。相比之下，中国云南梅树村剖面的前寒武系—寒武系地层不仅积累了碳同位素数据，还保存有火山灰层，因此受到了广泛关注（薛啸峰等，1984；何廷贵等，1988；Brasier et al.，1990；罗惠麟等，1984，1987，1991；李延河等，1995；杨杰东等，1992；Sambridge and Compston, 1994；孙卫国，1999；Compston et al.，1992，2008；朱日祥等，2009）。

1　同位素地层学概述

同位素地层学（isotope stratigraphy）是通过元素的同位素组成在地层中的变化特征，对地层进行划分对比和成因分析，并对地质历史时期重大地质事件进行探究的一种地层学研究手段（龚一鸣等，2007）。它可以划分为稳定同位素地层学和放射性同位素地层学2种，前者根据地层中碳、氧、硫等元素的稳定同位素组成的变化特征，对地层进行划分对比和成因分析，确定地层的相对地质年代并探讨当时所发生的重大地质事件；后者根据地层中放射性同位素自动、恒定的衰变速率，测定其所赋存的矿物或岩石的年龄，也被称为放射性同位素测年（龚一鸣等，2007）。这2种同位素地层学方法都已应用于梅树村剖面的地层研究中。

2　梅树村剖面的稳定同位素研究

目前，对梅树村剖面展开的稳定同位素地层学研究包括碳同位素研究、氧同位素研究（Brasier et al.，1990）与硅同位素研究（李延河等，1995）等。

2.1　碳同位素研究

20世纪80~90年代，许多学者对梅树村剖面展开了碳同位素研究（许靖华，1986；武希彻等，1988；高计元等，1988；Brasier et al.，1990；陈锦石等，1992）。其中，以罗惠麟与Brasier等人的合作研究最为系统完整。1987年，罗惠麟等人在梅树村剖面白岩哨段上部至玉案山段系统采集了158件岩石样品，之后，Brasier等人在国外对这批岩石样品进行了实验与测试（罗惠麟等，1994）。Brasier et al.（1990）报道的碳、氧同位素测定结果（图3-2-1）显示，梅树村剖面的$\delta^{13}C$在白岩哨段和小歪头山段底部（A点）出现了两个较小的负异常（<-2‰），在中谊村段中上部（4~6层）明显负偏（<-6‰），变化幅度约为6‰；$\delta^{13}C$在中谊村段顶部（第7层）经历了一次小的波动后向上正偏，至大海段（第8层）达最大值（0‰~2‰）；在大海段顶部至石岩头段底部的一小段地层中（C点），$\delta^{13}C$从1‰左右快速负偏至-5‰附近，变化幅度将近6‰；在石岩头段，$\delta^{13}C$经历了多次小的波动（-7‰~-3‰），但总体上趋于负偏；沿着石岩头段顶部（D点附近）向上一直到玉案山段，$\delta^{13}C$的波动幅度较小且呈现正偏的趋势（从<-6‰到<-2‰）。总的说来，$\delta^{13}C$在中谊村段中上部和石岩头段底部都出现了明显的负异常现象，在大海段出现了明显的正异常现象。罗惠麟（1994）认为，梅树村剖面B点附近的$\delta^{13}C$最大正偏现象，可与四川麦地坪剖面以及印度、伊朗、西伯利亚、摩洛哥和澳大利亚同一层位中出现的$\delta^{13}C$偏移现象进行对比，这为梅树村剖面寒武系底界在全球的对比提供了同位素地层的依据。

李达（2010）将华南扬子地台西南缘的肖滩剖面和老林剖面与梅树村剖面进行了对比。结果发现，肖滩剖面和老林剖面中谊村段L2'层位$\delta^{13}C$的明显负偏，与梅树村剖面中谊村段中部$\delta^{13}C$的明显负偏相对应；肖滩剖面和老林剖面大海段L3层位$\delta^{13}C$的正偏现象，与梅树村剖面大海段$\delta^{13}C$的明显正偏相对应（见图3-2-1）。李达（2010）认为，梅树村剖面前寒武系—寒武系过渡地层A点至下磷层缺失了全球性的$\delta^{13}C$负偏现象，可能是由于这一剖面的小歪头山段与中谊村段之间发生了沉积间断导致的。

海相碳酸盐岩中的$\delta^{13}C$异常，可能受到生物产率、全球气候变化、大规模海平面升降等因素的影

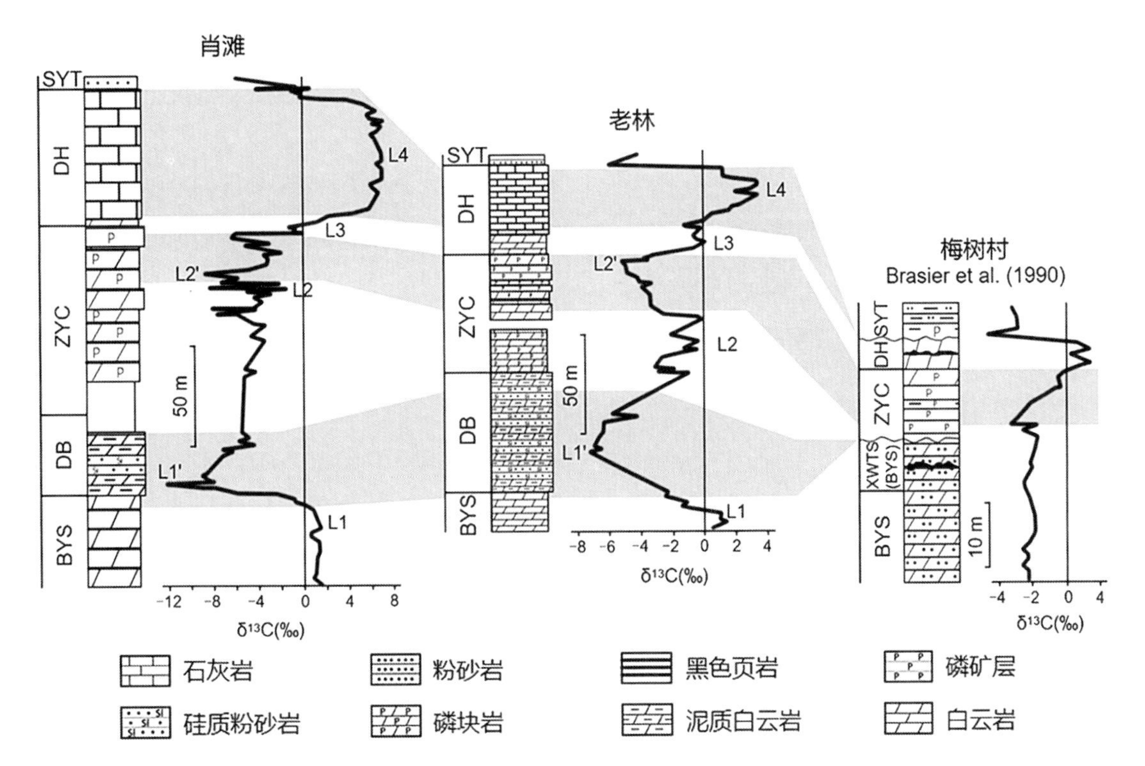

图3-2-1　梅树村剖面的碳氧同位素曲线图（改自Brasier et al., 1990）

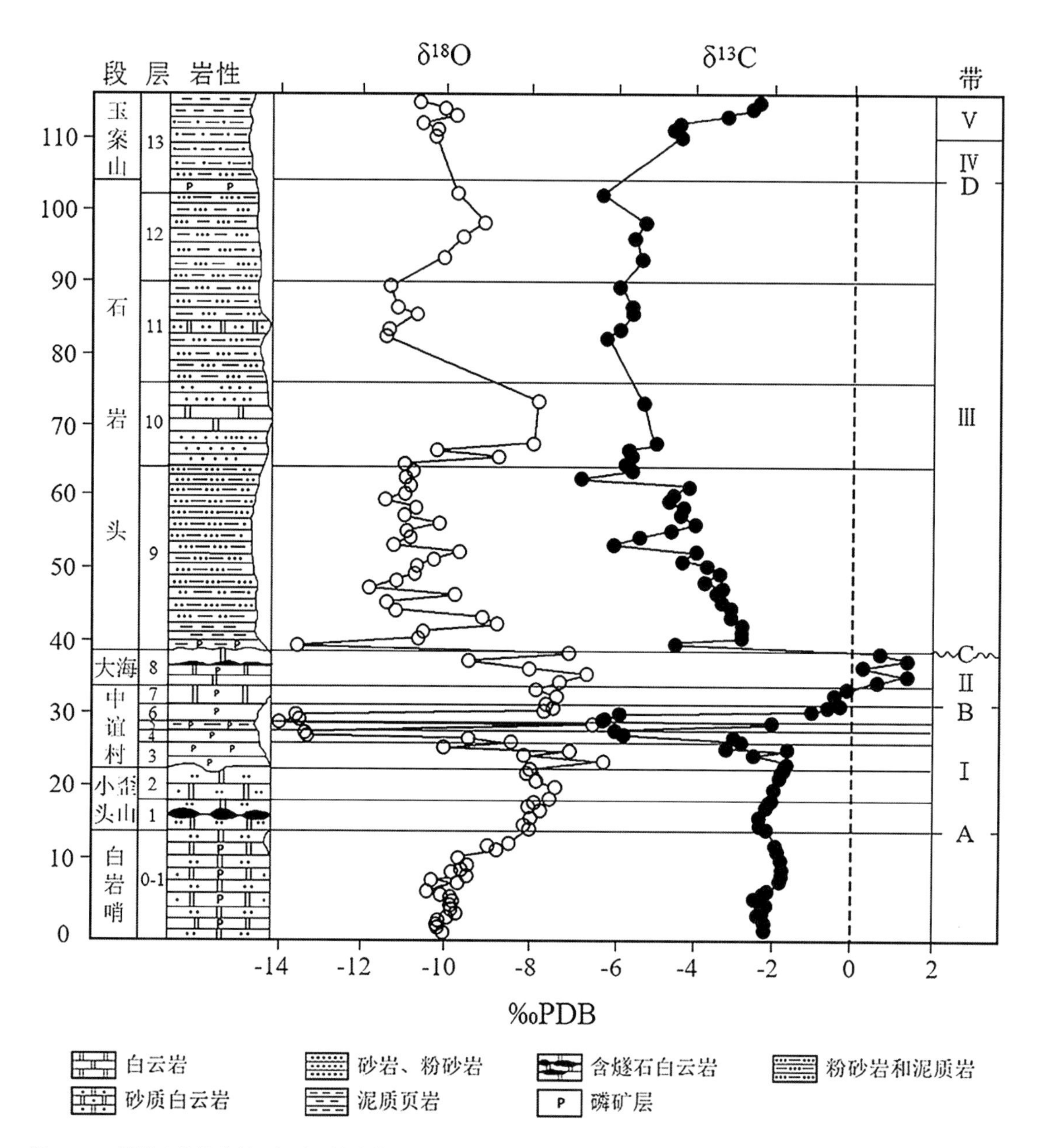

图3-2-2 扬子克拉通内剖面间碳同位素地层横向对比图（改自李达, 2010）
BYS–白岩哨段，DB–待补段，ZYC–中谊村段，DH–大海段，SYT–石岩头段

响（Kroopnicket al., 1974；左景勋等，2008）。许靖华等（1986）将梅树村剖面C点处出现的$\delta^{13}C$明显负异常现象解释为“死劫难波动”。他们认为，前寒武纪沉积物中所含的碳酸盐可能由浮游生物的活动产生，浩劫的来临会抑制浮游生物的生产，从而造成碳同位素的生物分馏作用停止。换句话说，浩劫的发生导致了有机体的死亡，死亡有机体由于无法摄入^{12}C而造成海水的^{12}C较劫难发生之前富集，相应地，海水的^{13}C较劫难发生之前亏损。由于海相碳酸盐岩的$\delta^{13}C$继承自海洋（Rothman et al., 2003），所以这些碳酸盐岩的^{13}C随海洋减少，$\delta^{13}C$也因此降低。这一理论受到了地球化学异常的支持（Stanley，1973）。

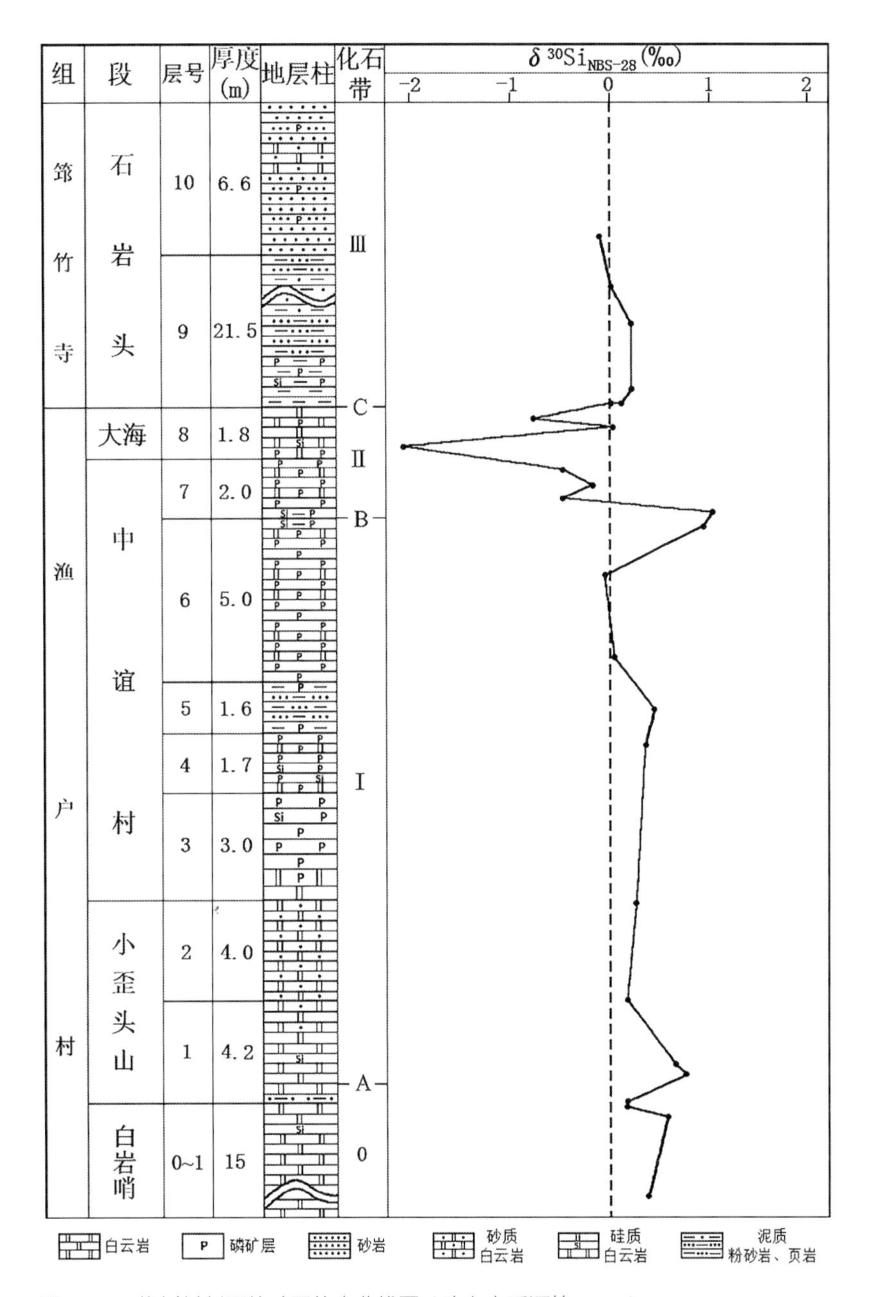

图3-2-3　梅树村剖面的硅同位素曲线图（改自李延河等, 1995）

2.2　氧同位素研究

同位素地层学研究往往将碳同位素研究与氧同位素研究相结合（周传明等，1997；左景勋等，2004；蒋干清等，2008；王丹等，2012）。从梅树村剖面的碳氧同位素曲线图（图3-2-1）中可以看出，白岩哨段至玉案山段的$\delta^{18}O$在-10‰左右波动，期间发生了3次较为明显的异常现象。2次明显的$\delta^{18}O$负异常出现在中谊村段中上部和石岩头段底部，变化幅度分别在7‰以上和6‰～7‰；1次较为明显的$\delta^{18}O$正异常发生于石岩头段中部（第10层），变化幅度约为3‰。

海相碳酸盐岩中$\delta^{18}O$的波动可能与冰期效应以及大陆淡水的输入有关。在冰期，大陆冰盖范围扩大、厚度增加，海水中的^{16}O被大量冻结，导致^{18}O在海水中明显富集，海相碳酸盐岩的$\delta^{18}O$由此升高；在较温暖的间冰期，冰融化成水释放^{16}O，造成海水的^{16}O增加而^{18}O降低，故而海相碳酸盐岩中的$\delta^{18}O$值也随之降低（陈岳龙等，2005）。因此，冰期（寒冷期）和间冰期（较温暖期）的交替发生，会使海相碳酸盐岩中的$\delta^{18}O$产生相应的波动。大陆淡水具有比海洋低的$\delta^{18}O$（Hoefs，1980），因而它的大量输入可能与海洋沉积物中$\delta^{18}O$出现负异常有关。

高计元等（1988）根据所得资料认为，前寒武纪—寒武纪过渡时期可能发生了一次大规模的地球撞击事件，这个撞击事件导致地球升温，从而使得地球上的冰川融化。融化的冰川以及大量大陆淡水的涌入，会迅速降低海水的$\delta^{18}O$，从而造成海相碳酸盐岩的$\delta^{18}O$出现负异常。因此，梅树村剖面中$\delta^{18}O$的变化很可能是地质历史时期大气和海洋环境极不稳定的反映，中谊村段至石岩头段底部氧同位素的大幅度波动，可能表明这一时期大气与海洋环境发生了剧烈变化，这种环境也许还会显著改变生物的面貌。

2.3 硅同位素研究

李延河等（1995）系统采集了梅树村剖面前寒武系—寒武系过渡时期的地层标本（共采集43件样品），并在采样时有意于A、B、C点处增加了采集密度，之后对这些岩石样品进行物理化学处理和上机测试。结果显示，梅树村剖面的$\delta^{30}Si$出现了异常现象（见图3-2-3）。1次明显的$\delta^{30}Si$负异常出现在大海段中下部（B点和C点之间），变化幅度大于2‰；2次较为明显的$\delta^{30}Si$正异常分别出现在小歪头山段的下部（A点附近）和中谊村段的上部（B点附近），变化幅度都小于1‰。作者通过分析认为，研究剖面$\delta^{30}Si$偏高可能是由于大陆的硅质矿物在河流搬运过程中发生了硅同位素的分馏，其在进入海洋后又受到了生物化学作用；$\delta^{30}Si$偏低可能是因为它受到了海底热液活动的影响。

3 梅树村剖面的放射性同位素测年

前寒武系—寒武系界线年龄的确定，对于理解早期生命的演化及其与环境的关系具有重要的意义。梅树村剖面作为中国经典的前寒武系—寒武系界线层型剖面，识别出2层可用于定年的火山灰层（分别位于中谊村段中部和石岩头段底部），是开展同位素年代学研究的理想剖面。

薛啸峰等（1980）开始采用全岩Rb-Sr等时线法，对梅树村剖面前寒武纪—寒武纪界线地层的年龄进行了多次测定。1982年，薛啸峰等采集了梅树村剖面筇竹寺组石岩头段下部的11个黑色页岩样品，得到该层位的全岩Rb-Sr等时线法年龄为（579.7 ± 8.2）Ma（薛啸峰等，1984；罗惠麟等，1982）。1984年，他们在同一层位采集了碳酸盐结核和黑色页岩（共22个样品），并结合1982年的11个样品进行数据拟合，最后获得该层位的年龄值为（570.7 ± 4.7）Ma（罗惠麟等，1987）。1986年，薛啸峰等采集了梅树村剖面中谊村段中部“*B*”点上、下岩层的磷块岩，经测定，得到研究层段的年龄值为（596.9 ± 4.6）Ma（罗惠麟等，1987）。之后，罗惠麟等（1991）根据这些研究中较好的等时线线性关系以及上下对应的地层年龄数据，将前寒武系—寒武系界线的年龄限定在了597 Ma。

1992年，杨杰东等使用化石Sm-Nd等时线方法对梅树村剖面中谊村段的软舌螺化石样品和胶磷矿样品开展了同位素测年。他们认为，化石Sm-Nd等时线方法不仅能排除陆源物质混入研究样品，而且不易受到成岩作用和后期变质作用的影响，相比于全岩Rb-Sr等时线法更优越。结果显示，4个软舌螺样品的年龄值为（562.8 ± 7.9）Ma，4个软舌螺样品和2个胶磷矿样品的的年龄值为（562.1 ± 5.7）

Ma。据此，作者将寒武系底界年龄限定在560 ~ 570 Ma（杨杰东等，1992）。

Compston et al.（1992）首次采用锆石U–Pb法测定出梅树村剖面中谊村段中部凝灰岩夹层（第5层）中的斑脱岩年龄为（525 ± 7）Ma。1994年，该值被进一步修订为（530 ± 5）Ma （Sambridge and Compston，1994）。2008年，Compston等人通过研究获得梅树村剖面中谊村段凝灰岩层的年龄为（539.4 ± 2.9）Ma，以及石岩头段底部的年龄值为（525.1 ± 1.9）Ma（Compston et al.，2008）。

朱日祥等（2009）采用SIMS锆石U–Pb定年法测定出梅树村剖面中谊村段凝灰岩层（第5层）的年龄值为（536.7 ± 3.9）Ma。他们进一步加权平均了Sawakiet al.（2008）报道的4个数据（见图3–3–1），最终获得的年龄值为（535.2 ± 1.7）Ma（图3–3–1）。作者认为，这一结果可能反映出埃迪卡拉系—寒武系界线更接近于小歪头山段底部的A点。

鉴于梅树村剖面前寒武系—寒武系地层的测年研究结果与国际年代地层表中前寒武系—寒武系地层的年龄（541 Ma）越来越接近，我们认为，先进的定年技术与方法不断为梅树村剖面前寒武系—寒武系地层的界线年龄提供具体且可能越来越精准的参考，这对进一步衡量与确定梅树村剖面在国际上的地位具有极其重要的意义。

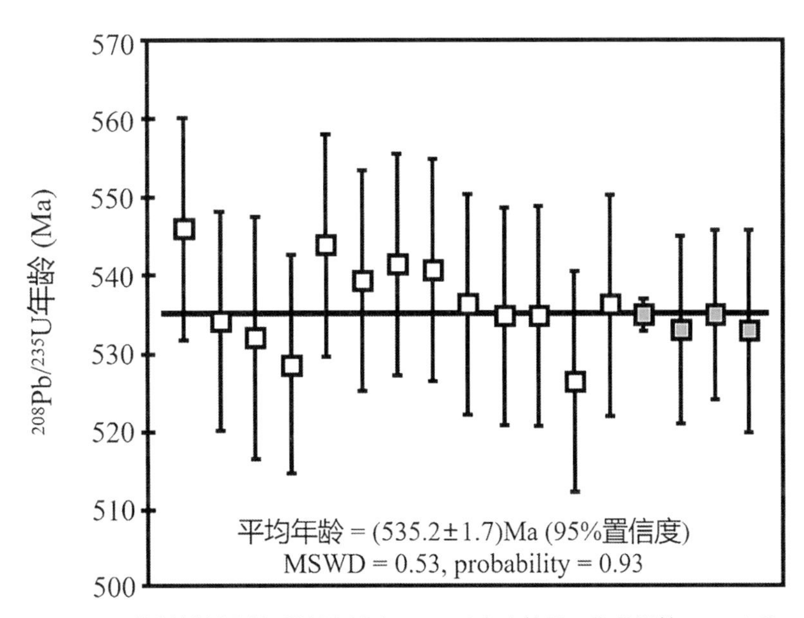

图3–3–1　梅树村剖面第5层凝灰岩中SIMS（空心符号，朱日祥等, 2009）和Nano–SIMS（实心符号，Sawaki et al., 2008）的锆石U-Pb年龄加权平均计算结果（改自朱日祥等，2009）

本章致谢：云南大学古生物学研究中心林玉雯博士、王国昌老师提供文献资料，魏凡老师参与野外工作。

（唐　烽　任留东）

主要参考文献

[1] 陈岳龙, 杨忠芳, 赵志丹. 同位素地质年代学与地球化学[M]. 北京: 地质出版社, 2005: 1-441.
[2] 龚一鸣, 张克信. 地层学基础与前沿[M]. 武汉: 中国地质大学出版社, 2007: 1-310.
[3] 罗惠麟, 蒋志文, 武希彻, 等. 云南东部震旦系—寒武系界线[M]. 昆明: 云南人民出版社, 1982: 1-265.
[4] 罗惠麟, 蒋志文, 武希彻, 等. 中国云南晋宁梅树村震旦系—寒武系界线层型剖面[M]. 昆明:云南人民出版社, 1984: 1-154.
[5] 罗惠麟, 蒋志文, 唐良栋. 中国下寒武统建阶层型剖面[M]. 昆明: 云南科技出版社, 1994: 1-183.
[6] 陈锦石, 钟华, 储雪蕾. 中国前寒武系—寒武系界线的碳同位素地层学研究[J]. 科学通报, 1992, 37 (6): 540-542.
[7] 高计元, 孙枢, 许靖华, 等. 碳氧同位素与前寒武纪和寒武纪边界事件[J]. 地球化学, 1988 (3): 257-266.
[8] 顾鹏, 钟玲, 张国栋, 等. 华南埃迪卡拉(震旦)系顶部地层划分及与寒武系界线FAD分子的选择[J]. 地质学报, 2018, 92(3): 449-465.
[9] 何廷贵, 沈丽娟, 殷继成. 对云南晋宁梅树村震旦系—寒武系界线层型(候选)剖面的一些新认识[J]. 成都地质学院学报, 1988, 15(3): 38-44.
[10] 蒋干清, 张世红, 史晓颖, 等. 华南埃迪卡拉纪陡山沱盆地氧化界面的迁移与碳同位素异常[J]. 中国科学D辑: 地球科学, 2008, 38(12): 1481-1495.
[11] 李达. 扬子南缘新元古代晚期—寒武纪早期古环境重建——多指标地球化学研究[D]. 南京: 南京大学, 2010:1-192.
[12] 罗惠麟, 蒋志文, 武希彻, 等. 云南晋宁梅树村剖面研究新进展[J]. 地层学杂志, 1987, 11(4): 301-304.
[13] 罗惠麟, 蒋志文, 武希彻, 等. 云南晋宁梅树村剖面前寒武系—寒武系界线的深入研究[J]. 地质学报, 1991 (4): 367-374.
[14] 李延河, 万德芳, 蒋少涌. 云南梅树村前寒武系—寒武系界线剖面硅同位素研究[J]. 地质评论, 1995, 41(2): 179-187.
[15] 孙卫国, 冯伟民. 前寒武系—寒武系界线全球层型的再选择[J]. 现代地质, 1999, 13(2): 239-240.
[16] 王丹, 凌洪飞, 李达, 等. 三峡地区岩家河埃迪卡拉系—寒武系界线剖面碳同位素地层学研究[J]. 地层学杂志, 2012, 36(1): 21-30.
[17] 武希彻, 欧阳麟. 云南梅树村剖面磷块岩底部过渡层碳、氧同位素研究[J]. 岩相古地理, 1988 (3-4): 62-68.
[18] 许靖华, H.奥伯亨斯利, 高计元, 等. 寒武纪生物爆发前的死劫难海洋[J]. 地质科学, 1986 (1): 1-6.
[19] 薛啸峰, 骆万成. 王文懿, 等. 云南晋宁梅树村、王家湾筇竹寺组八道湾段黑色页岩同位素年龄测定的新进展[J]. 地质论评, 1984, 30(3): 275-278.
[20] 周传明, 张俊明, 李国祥, 等. 云南永善肖滩早寒武世早期碳氧同位素记录[J]. 地质科学, 1997, 32(2): 201-211.
[21] 杨杰东, 孙卫国, 王银喜, 等. 云南晋宁梅树村剖面前寒武系—寒武系界线化石Sm–Nd同位素年龄测定[J]. 中国科学B辑, 1992 (3): 322-327.
[22] 左景勋, 童金南, 邱海鸥, 等. 巢湖平顶山北坡剖面早三叠世碳、氧同位素地层学研究[J]. 地层学杂志, 2004, 28(1): 35-40,47.

[23] 左景勋, 彭善池, 朱学剑. 扬子地台寒武系碳酸盐岩的碳同位素组成及地质意义[J]. 地球化学, 2008, 37(2): 118-128.

[24] 朱茂炎, 杨爱华, 袁金良, 等. 中国寒武纪综合地层和时间框架[J]. 中国科学: 地球科学, 2019, 49: 26-65.

[25] 朱日祥, 李献华, 侯先光, 等. 梅树村剖面离子探针锆石U-Pb年代学: 对前寒武纪—寒武纪界线的年代制约[J]. 中国科学D辑: 地球科学, 2009, 39(8): 1105-1111.

[26] HOEFS J. Stable Isotope Geochemistry[M]. New York: Springer-VerlagBerlinHeideberg, 1980.

[27] BRASIER M D, MAGARITZ M, CORFIELD R, et al. The carbon– and oxygen–isotope record of the Precambrian–Cambrian boundary interval in China and Iran and their correlation[J]. Geol Mag, 1990(127): 319-332.

[28] BRASIER M D, COWIE J, TAYLOR M. Decision on the Precambrian–Cambrian boundary[J]. Episodes, 1994(17): 3-8.

[29] COMPSTON W, WILLIAMS I S, KIRSCHVINK J L, et al. Zircon U–Pb ages for the Early Cambrian time-scale[J]. J GeolSoc London, 1992(149): 171-184.

[30] COMPSTON W, ZHANG Z, COOPER J A, et al. Further SHRIMP geochronology on the early Cambrian of south China[J]. Amer J Sci, 2008(308): 399-420.

[31] KROOPNICK P. Correlations between ^{13}C and ΣCO_2 in surface waters and atmospheric CO_2[J]. Earth Planet, Sci, Lett, 1974(22): 397-403.

[32] PENG S C, BABCOCK L E. Continuing progress on chronostratigraphic subdivision of the Cambrian System[J]. Bull Geosci, 2011(86): 391-396.

[33] QIAN Y, ZHU M Y, LI G X, et al. A supplemental Precambrian–Cambrian boundary global stratotype section in SW China[J]. ActaPalaeont Sin, 2002(41): 19-26.

[34] ROZANOV A AU, SEMIKHATOV M A, Sokolov B S, et al. The decision on the Precambrian–Cambrian boundary Stratotype: A breakthrough or misleading action?[J]. StratigrGeolCorrel, 1997(5): 19-28.

[35] ROTHMAN D H, HAYES J M, SUMMONS R. Dynamics of the Neoproterozoic carbon cycle[J]. Proc. Nat. Acad. Sci. U. S. A., 2003, 100(14): 8124-8129.

[36] STANLEY S M. An ecological theory for the sudden origin of multicellular life in the late Precambrian[J]. Proc. Nat. Acad. Sci. U. S. A., 1973(70): 1486-1489.

[37] SAMBRIDGE M S, COMPSTON W. Mixture modelling of multi–component data sets with application to ion–probe zircon ages[J]. Earth Planet SciLett, 1994 128(3-4): 373-390.

[38] SAWAKI Y, NISHIZAWA M, SUO T, et al. Internal structures and U-Pb ages of zircons from a tuff layer in the Meishucunian formation, Yunnan Province, South China[J]. Gondwana Res, 2008(14): 148-158.

[39] ZHU M Y. Precambrian–Cambrian trace fossils from Eastern Yunnan: Implications for Cambrian Explosion[J]. Bull NatlMus Nat Sci, 1997(10): 275-312.

[40] Zhu M Y, Li G X, Zhang J M, et al. Early Cambrian stratigraphy of East Yunnan, southwestern China: A synthesis[J]. ActaPalaeont Sin, 2001, 40(Suppl): 4-39.

[41] ZHU M Y, ZHANG J M, STEINER M, et al. Sinian–Cambrian stratigraphic framework for shallow– to deep–water environments of the Yangtze Platform: An integrated approach[J]. Prog Nat Sci, 2003(13): 951-960.

Chapter four

第四篇

云南东部磷矿开采、矿石研究及地质剖面

1 云南东部的磷矿资源

1.1 云南东部磷矿发现及地质工作历程

云南东部赋存有大量的磷矿资源，这些资源早就在当地被人利用。云南人很早就知道用风化磷矿上部的土可以肥田，到现在为止，住在山里不识字的老农还知道用这种土种的土豆大且好吃，但他们不知道这是因土中含磷，只是在农业耕作中自觉不自觉地利用它。

云南东部地区的这种磷矿是中国乃至全球沉积型磷矿中规模最大的、相对较早的寒武纪成磷期形成的大型磷矿。专家普遍认为它形成于晚震旦世中、晚期至早寒武世生命大爆发的早期阶段。对该地区这一时段的地层学、地质学研究才使这磷矿资源逐渐被人们认识。其认识经历大致如下：

1926—1927年，朱庭祜在调查云南地质时，得知昆明东乡大龙潭居民用当地的白土来肥田，就疑白土为磷土矿，但未作分析，含磷成分不清未予肯定（陈国达等，1992）。

1930年，王曰伦在云南东部作地质调查时，曾采大龙潭肥田之土2种，经北平地质调查所金开英分析，含磷甚低，2样P_2O_5分别为0.38%和1.78%（陈国达等，1992）。

1938年，资源委员会炼铜厂在昆明一带寻找耐火材料，见昆阳城北中邑村西山上产一种白泥，取样分析，含铝甚高，认为产白泥之母岩当属铝矿。此事被中央研究院所知，遂派王学海会同中央地质调查所程裕淇于1939年春赴该地调查，经过3天半的实地考查，采取了样品，样品经中央地质调查所化验室黄汉秋分析，含P_2O_5达37%以上，始知该地有磷矿，并测制云南昆阳中邑村风吹山间磷灰矿地质略图和估算储量，引起了政府及地质学界的重视。随后卞美年、王曰伦等专家均来此进行了地质调查和测图工作（昆阳磷矿志编纂办公室，1990；陈国达等，1992），使这个地方逐渐闻名于世，这个地方就是现在的中邑村/昆阳磷矿。

其后，众多地质专家如王曰伦、王鸿祯、王竹泉、霍世诚、赵景德、朱之杰、何春荪等又陆续发现了昆明大龙潭、嵩明官箐、呈贡鸡叫山、澄江东山等磷矿点（杨志鲜等，2016），云南东部磷矿渐露峥嵘。

解放后，为利用云南东部的磷矿资源，在前面的基础上开展了详细的地质工作。1951—1957年，在苏联专家的指导下，西南地质局528地质队对昆阳磷矿进行了勘探，同时对其北边的白塔村、海口、县街、草铺及西边的待云寺等地开展了磷矿普查工作，1951年提交了云南省最早的一份勘探报告《云南昆阳磷矿初步地质勘探报告》（杨志鲜等，2016）。

20世纪50年代到60年代初，云南省地质局昭通地质处普查评价了永善务基和金沙厂磷矿，云南省工业厅勘探队发现和普查了华宁火特和黄翠山磷矿区。在20世纪60年代中期，云南省地质局第九地质队勘探了海口桃树箐磷矿，云南省地质局第六地质队发现和勘探了德泽磷矿，并在磷块岩中发现了稀土矿和在磷矿层上覆地层中发现了黑色页岩型钒、铜、镍、铀矿化层和钒矿。20世纪60年代中后期至整个70年代，四川省地质局区域地质调查队开展和完成了1：20万会理幅、雷波幅，云南省第二区域地质调查队开展和完成了1：20万昭通幅、鲁甸幅、东川幅、曲靖幅、昆明幅、宜良幅、玉溪幅、弥勒幅等区域地质和矿产调查填图工作，正确圈定了含磷地层的分布范围，踏勘检查了磷矿点50余处，发现和提出晋宁王家湾、澄江梅玉村、江川多雨山、宜良红石岩等有工业价值的磷矿产地10多处。此外，还发现了下中泥盆统透镜状硅泥质磷块岩矿床、奥陶统湄潭组、中志留统牛滚函组等新的含磷层位，为云南省磷资源地质普查预测提供了可靠的资料。与此同时，云南省地质局第十三地质队对海口桃树箐磷矿的补充勘探，第二十地质队对晋宁王家湾磷矿的勘探等，都极大地提升了滇池周边地区磷矿地质调查研究工作的深度和广度，提高了对磷矿形成成因及沉积环境的认识（杨志鲜等，2016）。

以上30多年的地质工作证实，云南东部磷矿资源丰富。1979年云南省地质局第六、第十三地质队提交的《云南省早寒武世梅树村期沉积磷矿成矿区划及远景预测报告》中预测云南东部磷矿远景资源量达2×10^{10}t（杨志鲜等，2016）。

20世纪80年代至90年代，云南省地质局第一地质大队用了7年时间，完成了云南省磷矿远景调查，1988年提交了《云南省早寒武世沉积磷块岩矿床地质普查总体报告》，对云南省早寒武世沉积磷矿床进行了全面系统的总结。此时期，第一地质大队还对滇池周围几个大型磷矿如安宁、江川清水沟、海口尖山及澄江渔户村等矿区进行了勘探，云南化工地质队亦相继完成了安宁鸣矣河、海口磷矿四采区、海口白塔村、安宁松坪、安宁柳树、安宁龙山、安宁龙树、昆阳磷矿一至四采区、晋宁磷矿青菜矿段、华宁火特、华宁福禄德等矿区的勘探、补勘和详查，完成了广南达矿区泥盆统磷矿的普查，详西工作，提高了云南省磷矿地质的工作程度（杨志鲜等，2016）。

进入2000年以来，随着国民经济的飞速发展，矿业权变得火爆，云南省磷矿资源基本被国有、集体及个体企业分割完毕，投入磷矿勘查的资金剧增，省内外多家地勘单位相继又完成了多个矿区的磷矿地质勘查工作。中化地质矿山总局云南地质勘查院完成了澄江大山寺、会泽马路、会泽梨树坪、海口云龙寺、江川杨柳坝、晋宁待云寺、澄江梁王冲、弥勒西二镇等矿区的勘探、详查及海口磷矿、昆阳磷矿、尖山磷矿、白塔村磷矿等已开发矿山的保有资源储量核实工作，云南省煤炭地质勘查院完成了会泽雨禄矿区详查、云南物探矿业有限公司完成了东川大凹子矿区详查等（杨志鲜等，2016）。

1.2　云南东部磷矿资源分布及特点

1.2.1　磷矿资源分布

截至2015年年底，地质工作探明云南省磷矿保有资源储量46.27亿t。占我国探明资源总量的20%。云南磷矿主要分布在云南东部地区（见图4-1-1），具体分布在从滇东北的永善县到滇中的滇池周围，再延伸到滇东南的蒙自等县的一条南北长超过500km，东西宽50～100 km的矿带中，分布面积约4×10^{10}km^2。这揭示出云南东部是中国乃至世界规模最大的成磷区之一，拥有巨大的磷矿资源。

对该地区的地层进行认真研究，发现区内从上震旦统东龙潭组到中泥盆组底部的地层中都有含磷层。在云南东部地区上震旦统灯影峡阶—下寒武统筇竹寺阶和中泥盆统下部2套岩系中共发现有10个含磷层位。按梅树村剖面地带岩层情况，以梅树村剖面*B*点为震旦系—寒武系分界点，绘制的含磷岩系柱状剖面图如图4-1-2。

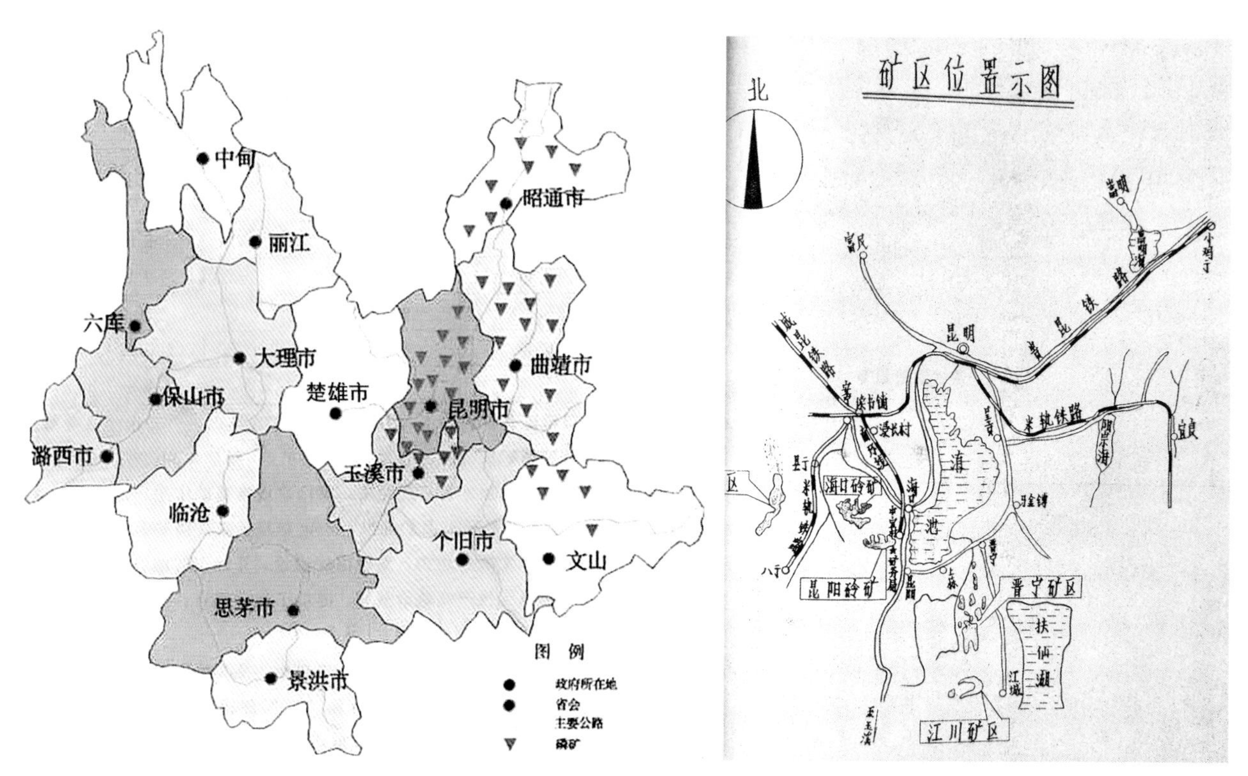

图4-1-1 云南省磷矿及滇池附近地区分布示意图（熊輾然，2010）
Fig.4-1-1 Distribution of Phosphate Rock in Yunnan Province, Southwest China

这10层含磷地层按目前技术，能被工业运用的磷矿主要集中在渔户村组中谊村段地层和海口组底部的地层中，近期对上震旦统的磷矿也有少数企业进行零星开采，但渔户村组中谊村段的磷矿是云南东部最主要的磷矿层位，是云南东部最重要的磷矿资源，勘查查明的资源储量占云南已查明总储量的99.85%（杨志鲜等，2016）。

中谊村段地层是海相沉积地层，在云南东部当时的古构造位置是属扬子区西部边缘，古地理上当时西部为滇中古陆，东部为牛头山古岛（见图4-1-3），在其之间及古岛周边沉积了广泛的寒武系海相地层，早寒武世梅树村中晚期沉积属海侵体系，早寒武世中期开始渐变为海退过程。中谊村段地层就是在这一海进阶段的沉积，海进的海水带来了丰富的磷质，造就了闻名于世的云南磷矿。

从当时的大地构造、古地理环境分析不难得出：中谊村段磷岩系（云南最主要的工业磷块岩矿床赋存层位）只可能分布于滇中古陆以东及牛首头山古岛周期性的浅海沉积区域，也即分布范围北起金沙江与四川毗邻，南到华宁县、江川县，最南到蒙自县的范围内。

1.2.2 中谊村段的磷块岩的特点

中谊村段的磷块岩与白云岩、黏土岩及硅质岩共生产出，一般有上下二层磷块岩，其间夹一层含磷的白云岩或黏土岩，矿层的顶底板多为含磷含硅的白云岩。上层矿一般厚2～15 m，平均8 m左右，连续稳定性好，为大部分矿区的主矿层。下层矿厚一般1～10 m，平均7 m左右，连续性稍差，间有尖灭或品位偏低，在少数矿区也可成为主矿层，部分矿区因沉积环境差异，而无明显夹层，使上、下层矿合二为一，但按矿石品级划分，仍体现出上下二层的特征，如晋宁、清水沟、火特等矿区；云南东北的德泽、二道石坎—中槽子、小场院一带是云南中谊村段沉积巨厚含磷岩层的地区，总厚可达百米

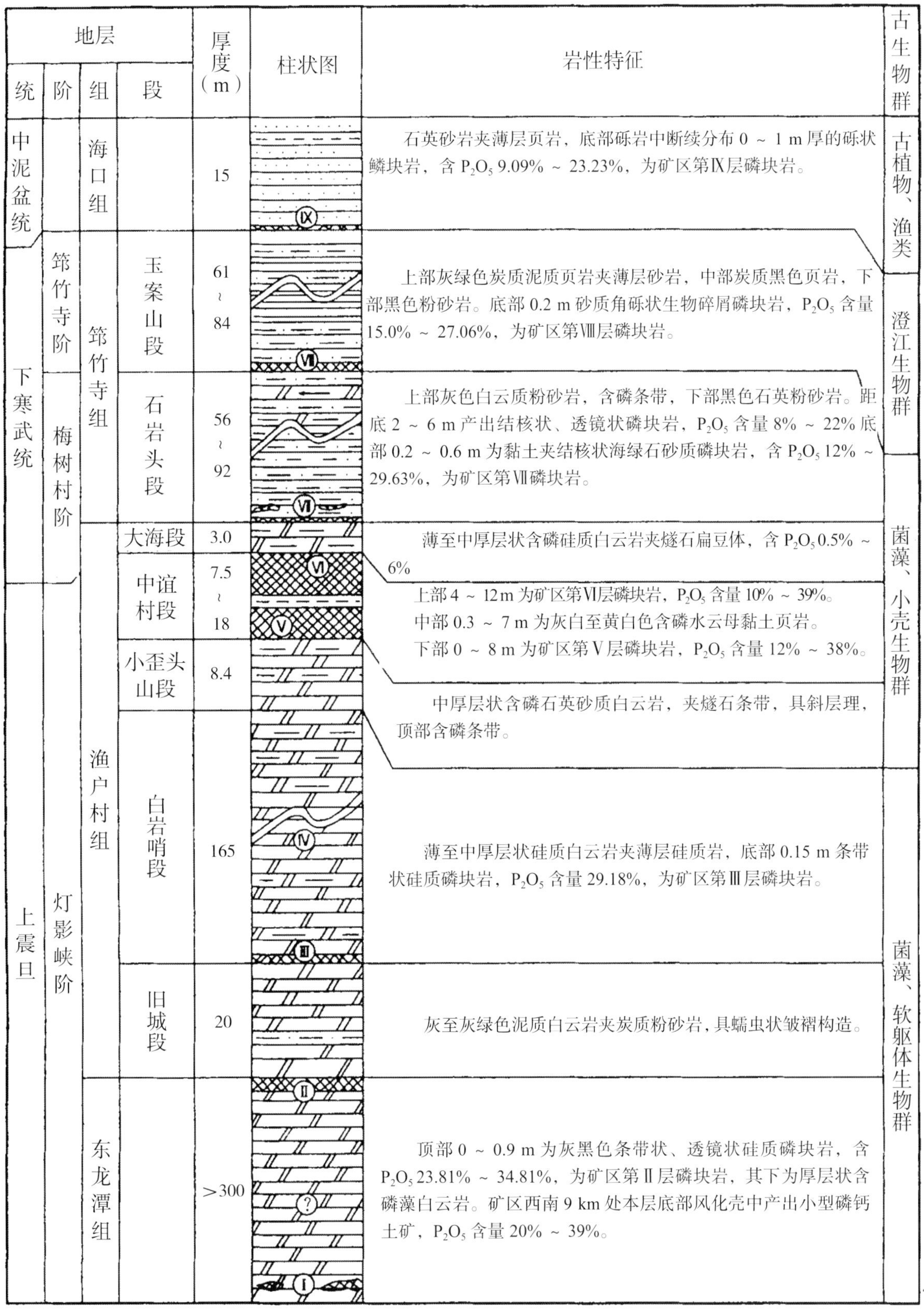

地层				厚度（m）	柱状图	岩性特征	古生物群
统	阶	组	段				
中泥盆统		海口组		15	Ⅸ	石英砂岩夹薄层页岩，底部砾岩中断续分布 0 ~ 1 m 厚的砾状鳞块岩，含 P_2O_5 9.09% ~ 23.23%，为矿区第Ⅸ层磷块岩。	古植物、渔类
下寒武统	筇竹寺阶	筇竹寺组	玉案山段	61 ~ 84	Ⅷ	上部灰绿色炭质泥质页岩夹薄层砂岩，中部炭质黑色页岩，下部黑色粉砂岩。底部 0.2 m 砂质角砾状生物碎屑磷块岩，P_2O_5 含量 15.0% ~ 27.06%，为矿区第Ⅷ层磷块岩。	澄江生物群
	梅树村阶		石岩头段	56 ~ 92	Ⅶ	上部灰色白云质粉砂岩，含磷条带，下部黑色石英粉砂岩。距底 2 ~ 6 m 产出结核状、透镜状磷块岩，P_2O_5 含量 8% ~ 22% 底部 0.2 ~ 0.6 m 为黏土夹结核状海绿石砂质磷块岩，含 P_2O_5 12% ~ 29.63%，为矿区第Ⅶ磷块岩。	
		渔户村组	大海段	3.0		薄至中厚层状含磷硅质白云岩夹燧石扁豆体，含 P_2O_5 0.5% ~ 6%	菌藻、小壳生物群
			中谊村段	7.5 ~ 18	Ⅵ Ⅴ	上部 4 ~ 12 m 为矿区第Ⅵ层磷块岩，P_2O_5 含量 10% ~ 39%。 中部 0.3 ~ 7 m 为灰白至黄白色含磷水云母黏土页岩。 下部 0 ~ 8 m 为矿区第Ⅴ层磷块岩，P_2O_5 含量 12% ~ 38%。	
上震旦	灯影峡阶		小歪头山段	8.4		中厚层状含磷石英砂质白云岩，夹燧石条带，具斜层理，顶部含磷条带。	
			白岩哨段	165	Ⅳ Ⅲ	薄至中厚层状硅质白云岩夹薄层硅质岩，底部 0.15 m 条带状硅质磷块岩，P_2O_5 含量 29.18%，为矿区第Ⅲ层磷块岩。	菌藻、软躯体生物群
			旧城段	20		灰至灰绿色泥质白云岩夹炭质粉砂岩，具蠕虫状皱褶构造。	
		东龙潭组		>300	Ⅱ ? Ⅰ	顶部 0 ~ 0.9 m 为灰黑色条带状、透镜状硅质磷块岩，含 P_2O_5 23.81% ~ 34.81%，为矿区第Ⅱ层磷块岩，其下为厚层状含磷藻白云岩。矿区西南 9 km 处本层底部风化壳中产出小型磷钙土矿，P_2O_5 含量 20% ~ 39%。	

图4-1-2　梅树村剖面地区含磷岩系柱状剖面图（陶永和等，2002）

Fig. 4-1-2　Columnar Section of Phosphoric Rock Series in Meishucun Area, Jinning, Yunnan

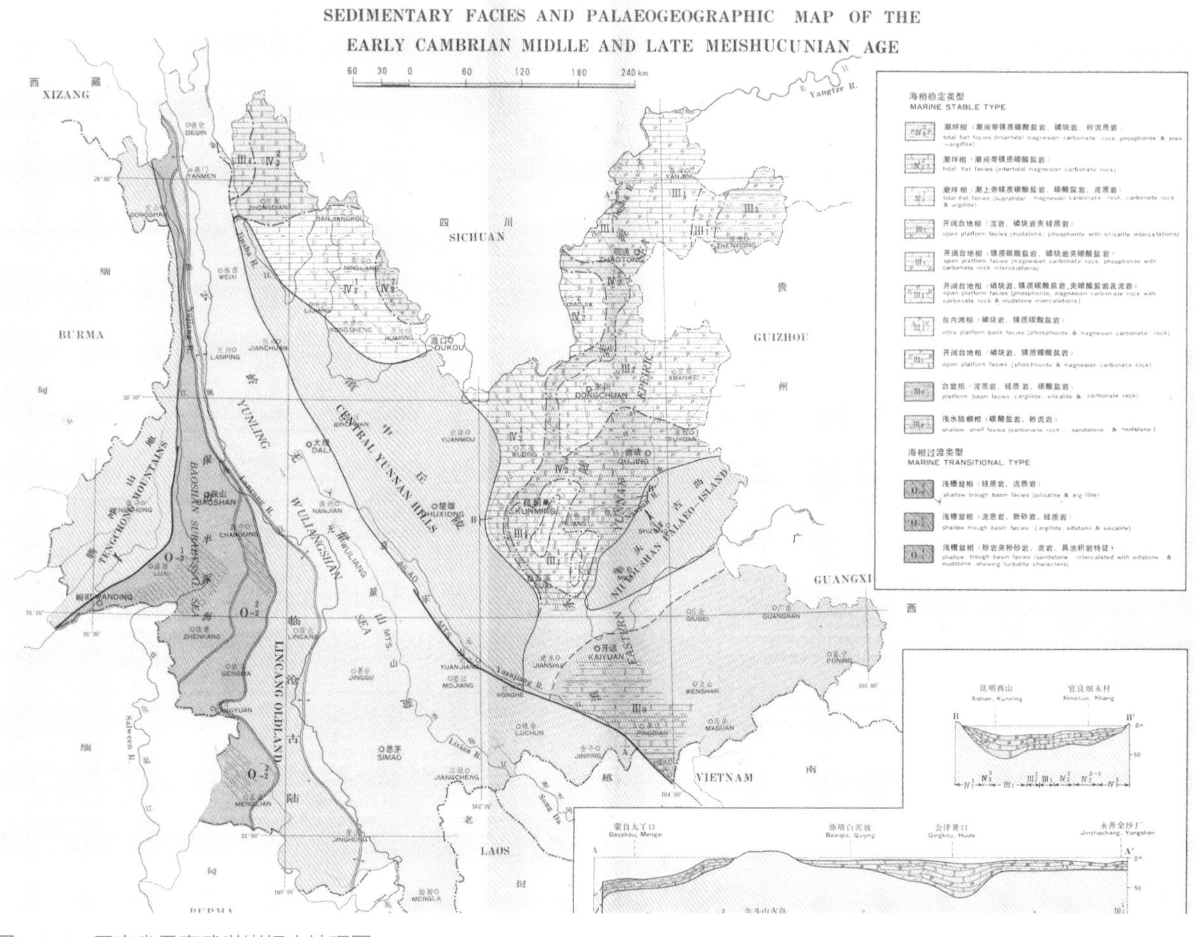

图4-1-3　云南省早寒武世岩相古地理图

Fig. 4-1-3　Lithofacies and Palaeogeography Map of Early Cambrian in Yunnan Province

以上，产出2～5层磷块岩层，其间夹有Ⅰ级品富矿层，但连续性欠佳（陶永和等，2002）。

此外有一个显著的特点，出露地表及埋藏浅的磷矿受风化侵蚀后，其中的碳酸盐类矿物流失、使磷酸盐和硅质物残留相对富集，风化作用使磷矿品位提高，有害杂质（MgO）减少；并且矿石疏松、比表面积大增，而促成矿层易开采和矿石反应活性高。所以风化作用形成独特的云南富矿，云南长期开采的富矿就是这些风化磷矿（图4-1-4）。

1.2.3　云南磷矿的矿石学特征

磷矿床按其产出地质条件和成因，可分为外生-沉积磷块岩矿床，内生-磷灰石矿床，变质-磷灰岩矿床3大类。云南磷矿为海相沉积形成的磷矿，属于磷块岩矿床。矿石中的矿物多数为海相成因的矿物，少量外来混入物，其矿石中的主要有用矿物为胶磷矿，脉石矿物有玉髓、石英、燧石、白云石、方解石、海绿石、长石、炭泥质物等。矿石的主要化学成分包括P_2O_5、CaO、SiO_2、MgO、CO_2、F、Al_2O_3及Fe_2O_3等，其中的主要有用成分是P_2O_5，湿法制磷酸工艺的有害杂质是MgO、Al_2O_3及Fe_2O_3等。

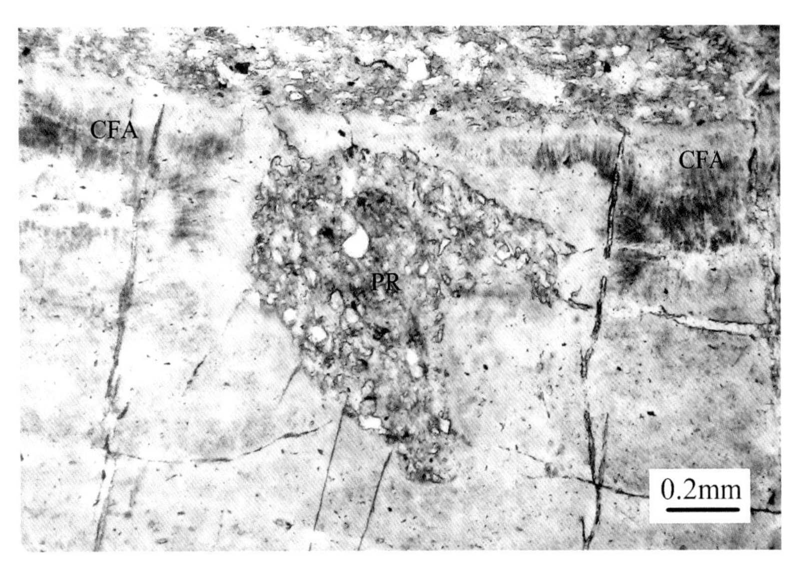

图4-1-4　风化硅质磷块岩富矿（P_2O_5含量33.47%）（石和彬等，2008）
Fig.4-1-4　Weathered siliceous phosphorite (33.47% of P_2O_5 content)
CFA：风化使胶磷矿重结晶形成柱状细晶碳氟磷灰石；PR：胶磷矿条带中残余马蹄形磷块岩

（1）胶磷矿的特征

在显微镜下：矿石中的富磷物主要呈椭圆粒状及不规则粒状，正交偏光下基本上不显示干涉色或只具低干涉色，预示结晶程度不好或呈隐晶态。并且富磷粒中还有杂物质充填裹夹，这种富磷物常称为胶磷矿。用X射线衍射分析，却发现其结晶性较好，用扫描电镜分析，发现它是以亚微米−纳米级超细颗粒的磷灰石集合体（图4-1-5）（石和彬等，2008）。

图4-1-5　胶磷矿的扫描电镜照片（石和彬等，2008）
Fig.4-1-5　SEM Photographs of Collophanite

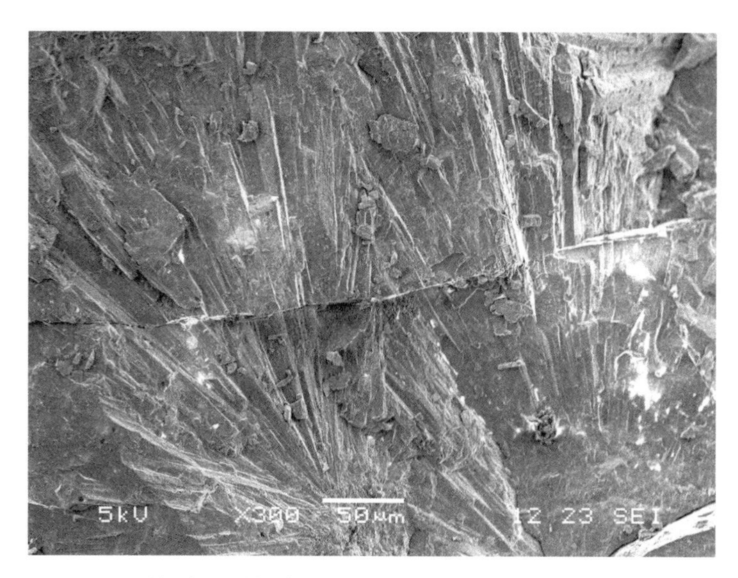

图4-1-6 重结晶细晶碳氟磷灰石的扫描电镜照片（石和彬等，2008）
Fig.4-1-6 SEM Photographs of Recrystallized Fine-Grained Fluorocarbon Apatite

由于受风化淋滤等次生作用的影响，磷块岩中的磷发生迁移重结晶可形成晶型较好的细晶碳氟磷灰石，一般呈柱状集合体的形式产出（图4-1-6），在偏光显微镜下有比较明显的碳氟磷灰石的晶体光学性质，因有铁质浸染，正交镜下呈一级灰干涉色，常见于风化磷块岩中。

微区能谱分析的结果表明，胶磷矿中除了碳氟磷灰石的组成成分P、Ca、C、F、O以外，常见的杂质是由Al、Si等元素组成的铝硅酸盐黏土矿物，含量2%～3%，另外还含有微量Mg以及Fe（图4-1-7A），而重结晶的细晶碳氟磷灰石中也含有少量黏土及铁质等杂质成分（图4-1-7B）。

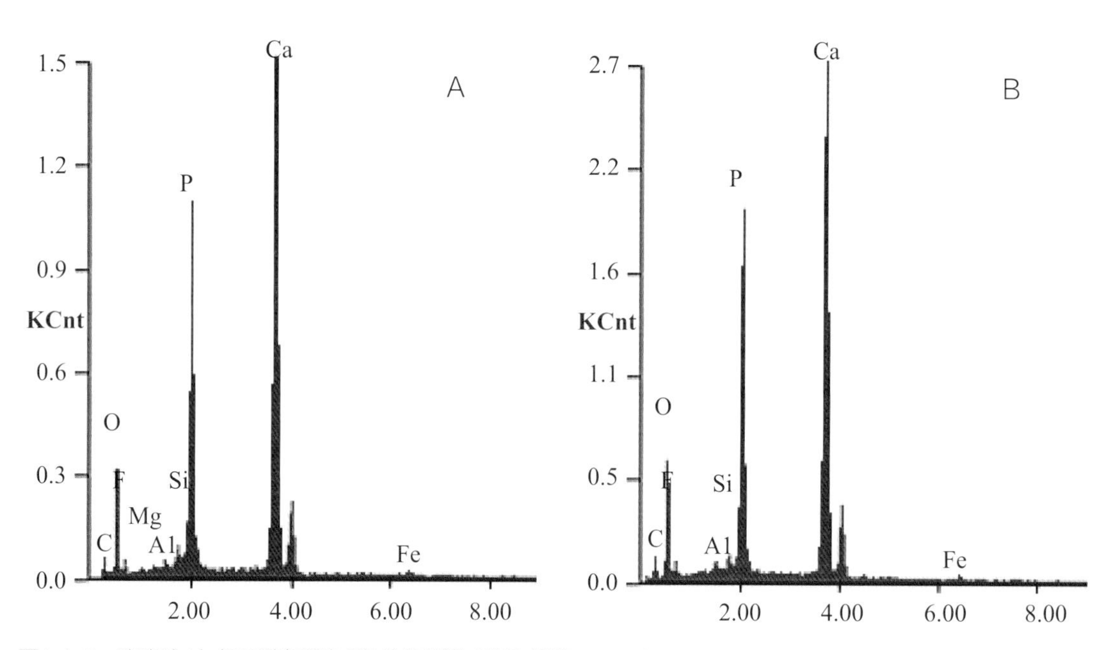

图4-1-7 胶磷矿A与细晶碳氟磷灰石B的能谱图（石和彬等，2008）
Fig.4-1-7 Energy Spectrum of Collophanite (a) and Fine-grained Fluorocarbon Apatite (b)

（2）主要杂质成分

磷块岩中的主要杂质成分镁、铝、硅、铁都以结构离子的形式赋存在脉石矿物中。

镁主要赋存在白云石以及少量含镁方解石中，白云石一般以胶结物的形式产出，在偏光显微镜下具有典型的闪突起现象与高级白干涉色。多为粉砂级细晶集合体，白云石单体结晶粒度极细，大多为0.01 ~ 0.05 mm，集合体中常包裹褐铁矿以及细粒胶磷矿与石英；粒度在0.04 mm以上的较粗粒白云石中有时包裹褐铁矿（图4–1–8）。

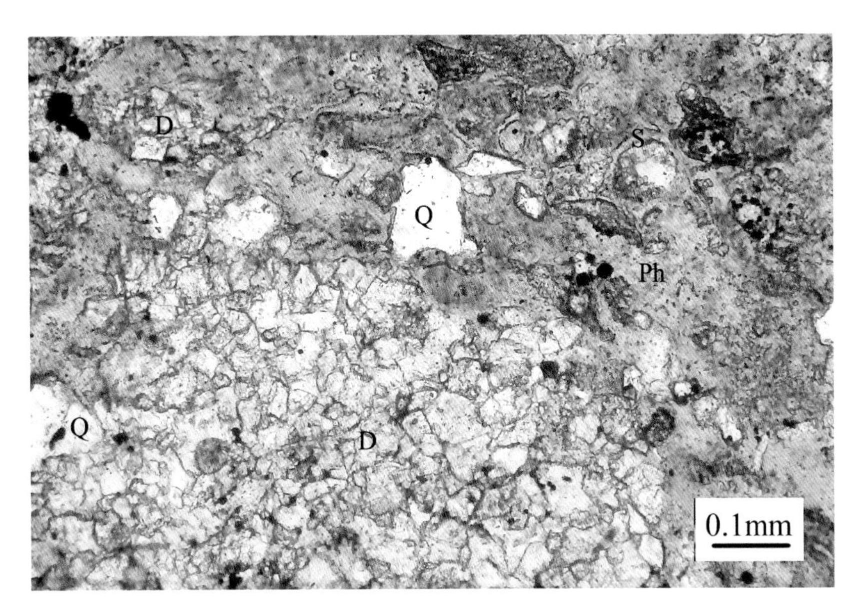

图4–1–8　磷矿中粉砂级白云石呈集合体形式出现（石和彬等，2008）

Fig.4–1–8　Silty grade dolomite in aggregate form in phosphate rock

白云质磷块岩中粉砂级白云石（D）集合体；富磷带中胶磷矿（Ph）胶结磷质砂屑以及磷质生物介壳碎屑（S）；并包裹细—粉砂级石英（Q）以及黑色褐铁矿

铝主要赋存在铝硅酸盐矿物中，包括水云母（伊利石）、海绿石、高岭石及蒙脱石等黏土类矿物。这些矿物均为层状硅酸盐结构，晶体结构比较相似，在磷块岩中多呈微细粒片状产出，其中常见的是水云母及海绿石。水云母等一般呈细粒片状集合体产出，平行纹层、条带或层理面呈定向嵌镶，集合体中常包裹胶磷矿、粉砂级石英、褐铁矿以及炭质，构成类似杂基支撑的结构。

硅除了赋存在铝硅酸盐矿物中之外，主要以石英、玉髓的形式产出，其中玉髓实际上是微细粒石英的集合体。石英多为陆源碎屑，而玉髓多呈胶结物的形式产出。石英主要以细砂–粉砂级碎屑的形式产出，一般呈现次棱角状–次圆状，粉砂级的石英常被包裹于胶磷矿中（图4–1–8）。玉髓一般产于硅质磷块岩及混合型磷块岩中，呈粉砂级细粒集合体，常以胶结物的形式产出，并包裹褐铁矿等杂质（图4–1–9）。玉髓集中产出时，可形成燧石结核或燧石条带。

磷块岩中的主要含铁矿物是褐铁矿，另有少量赤铁矿以及黄铁矿等。褐铁矿一般呈微细粒集合体包裹在其他矿物中，或产于其他矿物之间的界面上（图4–1–10）。褐铁矿一般呈细粒状分散嵌布，在各种磷块岩中均可见到褐铁矿被包裹在胶磷矿、白云石、水云母，以及黏土矿物集合体中，褐铁矿有时也沿其他矿物的界面，以及黄铁矿表面呈皮壳状细粒集合体嵌布（图4–1–11）。

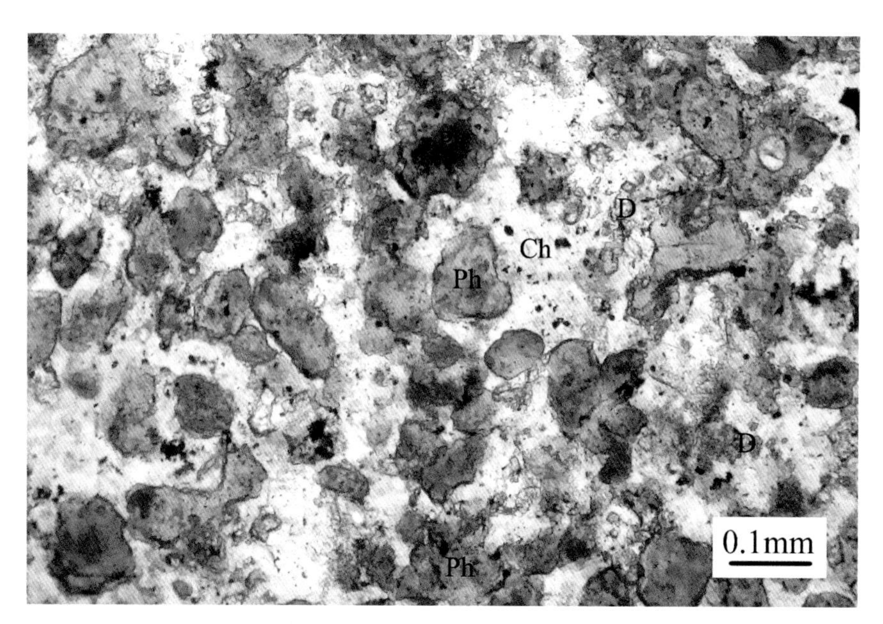

图4-1-9 呈胶结物形式的玉髓（石和彬等，2008）
Fig.4-1-9 Chalcedony in the form of glue
Ph：胶磷矿collophanite；Ch：玉髓chalcedony；D：白云石dolomite

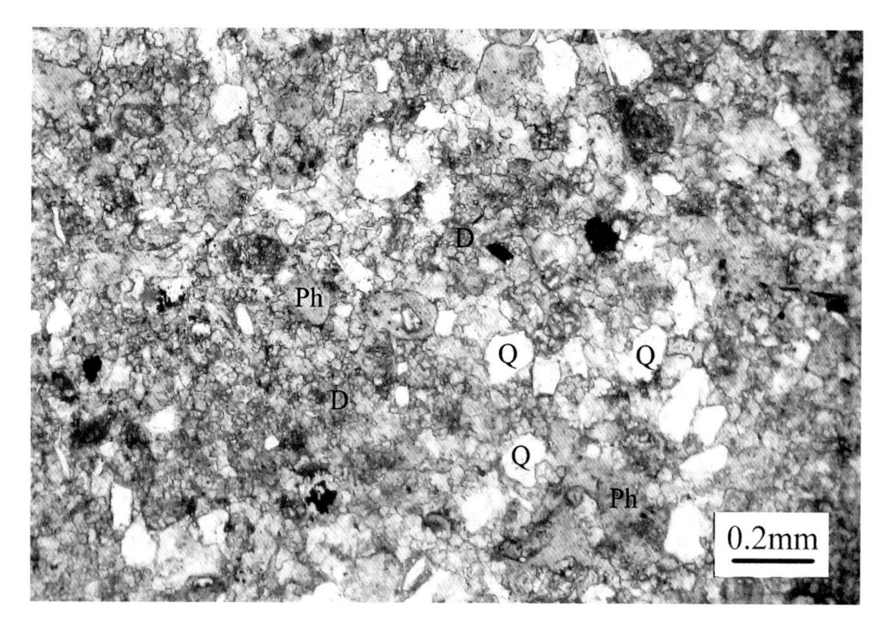

图4-1-10 石英砂质磷块岩（石和彬等，2008）胶磷矿；D：白云石；Q：石英；黑色者为褐铁矿
Fig.4-1-10 Phosphorite containing arenaceous quartz collophanite; D: dolomite; Q: quartz; the black is limonite

（3）矿石的自然类型

云南磷块岩常见如下9种自然类型矿石。

①石英砂质磷块岩

该类矿石是指脉石矿物主要为石英的磷块岩。矿石一般呈灰白–灰褐色，中厚层状构造，砂状结

构。胶磷矿含量为30%～60%，偏光显微镜下呈浅褐色–褐色，粒度以细砂级为主，少量中砂级及粉砂级，主要以磷质砂屑以及不规则状胶结物的形式产出（图4–1–10）。

脉石矿物以石英为主，呈次棱角状，细砂—粉砂级，含量10%～40%；白云石基本为粉砂级，主要分布在胶结物中，含量低于15%；另外还含有少量玉髓、水云母、褐铁矿、海绿石等脉石矿物。受风化作用影响，白云石的含量会明显降低，而玉髓、水云母的含量有所增加。

②白云质磷块岩

该类矿石是指脉石矿物主要为白云石的磷块岩（图4–1–11）。矿石一般呈灰白色–深灰色，块状构造，局部可见条纹状构造。胶磷矿含量30%～60%，显微镜下呈浅褐色–褐色，多以细砂级磷质砂屑产出。

脉石矿物以白云石为主，含量30%～60%，主要呈胶结物状产出，结晶粒度为粉砂级；另含少量石英，呈细–粉砂级，次棱角状；有时也含少量水云母、海绿石、褐铁矿等。

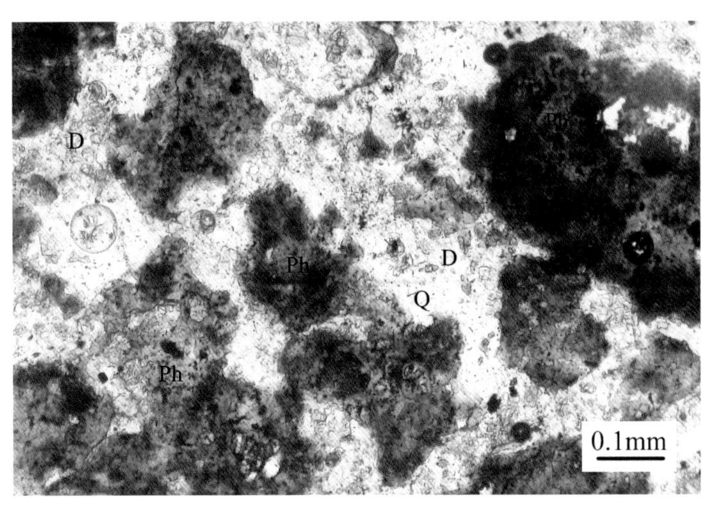

图4–1–11　白云质磷块岩（石和彬等，2008）胶磷矿；白云石；石英；黑色者为褐铁矿
Fig.4–1–11　Dolomitic phosphorite collophanite; D: dolomite; Q: quartz; the black is limonite

③内碎屑磷块岩

该类矿石是指主要矿物为海相自生矿物的磷块岩（图4–1–12）。矿石呈灰黑色，中厚层状、块状构造，具内碎屑结构。胶磷矿以磷质砂屑为主，含磷质鲕粒与砾屑，胶磷矿含量一般为40%～70%，偏光显微镜下呈浅褐色–褐色，粒度以细砂级为主，少量砾–中砂级及粉砂级。以含鲕状胶磷矿为主要特征，但是真鲕结构少见，多呈假鲕状磷质砂屑，在磷质富集区胶磷矿也以胶结物的形式产出。

脉石矿物以石英为主，呈次棱角状–次圆状，细砂–粉砂级；另外还含有少量粉砂级白云石及玉髓、水云母、海绿石、铁炭质成分等，白云石、铝硅酸盐矿物一般呈胶结物状产出。

需要指出的是，磷质内碎屑几乎在各种磷块岩中均有产出，但是磷质鲕粒及砾屑分布比较局限，所以把出现这两种特色内碎屑的磷块岩归于此类。

④生物碎屑磷块岩

该类矿石是指富含磷质生物化石的磷块岩，磷质生物化石主要为小壳化石，化石基本已被磷酸盐化成为了一种富磷物（图4–1–13）。矿石呈深灰色–灰黄色，中厚–薄层状、块状构造，具生物碎屑结构。胶磷矿含量为50%～70%，偏光显微镜下呈浅褐色–褐色，粒度以中砂–细砂级为主，少量粉砂级，以含磷质生物介壳化石为主要特征，少量胶磷矿呈鲕状及假鲕状，磷质生物碎屑内部具胶状、环带状结构及重结晶现象，在富磷质区域胶磷矿也以胶结物的形式产出。

脉石矿物主要是白云石与石英，白云石主要呈粉砂级细粒集合体、以胶结物形式产出；石英为次

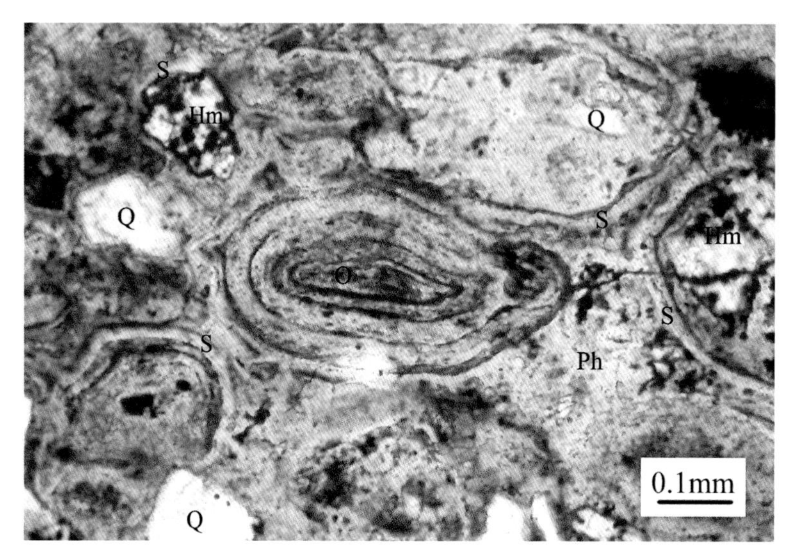

图4–1–12　内碎屑磷块岩（石和彬等，2008）磷质胶结物；磷质鲕状颗粒；S：磷质介壳状生物碎屑，胶磷矿包裹细砂级石英颗粒；褐铁矿

Fig.4–1–12　Internal detritus phosphorite phosphorous cement; oolitic phosphate particles; phosphorous shelly fossil scrap; fine sand-grade quartz particles are encapsulated by collophanite; limonite

图4–1–13　生物碎屑磷块岩

Fig.4–1–13　Shelly Fossil Phosphorite

图4-1-14　白云质条带状磷块岩
Fig.4-1-14　Dolomitic Banded Phosphorite

图4-1-15　硅质条带状磷块岩
Fig.4-1-15　Siliceous banded phosphorite

棱角状，细砂–粉砂级；另外也会含有少量的玉髓、水云母、褐铁矿，以及炭质等。

⑤白云质条带状磷块岩

该类矿石是指富含胶磷矿的富磷条带与富含白云石的富镁条带相间的磷块岩（图4-1-14）。矿石呈灰白–深灰色，由富含胶磷矿的灰黑色磷质条带与以白云石为主的灰白色含磷白云质条带构成条带状构造。胶磷矿含量40%～60%，在磷质条带中可达80%以上，而在白云质条带中一般低于15%。偏光显微镜下胶磷矿呈浅褐色–褐色，主要呈砂粒状内碎屑产出，少量不规则状；粒度以细砂级为主，少量中砂级及粉砂级，在磷质条带中的粒度较大。

脉石矿物以白云石为主，在白云质条带中呈粉砂级细粒集合体产出，在磷质条带中主要以胶结物的形式产出；其次为细砂–粉砂级次棱角状石英，另外还含有少量的玉髓、水云母、褐铁矿等脉石矿物。

⑥硅质条带状磷块岩

该类矿石是指富含胶磷矿的富磷条带与富含硅质物的高硅条带相间的磷块岩（图4-1-15）。矿石呈深灰–灰黑色，由富含胶磷矿的灰黑色磷质条带与以硅质矿物为主的灰色含磷硅质条带构成条带状构造。胶磷矿含量40%～70%，在磷质条带中可达80%以上，可局部富集成胶磷矿条带，而在硅质条带中一般低于15%；偏光显微镜下胶磷矿呈浅褐色至褐色，主要呈磷质砂屑产出，少量不规则状；粒度以中–细砂级为主，少量粉砂级，在磷质条带中的粒度较大，可达1 mm以上；少量磷质条带中胶磷矿产生重结晶，形成柱状细晶碳氟磷灰石集合体，呈条带状、碎屑状产出；风化程度较高的矿石中可见少量银星石。

脉石矿物以石英、玉髓、水云母类矿物为主，石英以细砂–粉砂级为主，呈次棱角–次圆状；水云母构成硅质条带的基底，一般呈片状，平行条带或条纹集合定向产出；玉髓可构成燧石结核和燧石条带，呈基底式产出；另外还含有少量的褐铁矿及炭质。

⑦硅质白云质条带状磷块岩

该类矿石是指含硅质的硅磷条带与富白云石的含镁条带相间的磷块岩（图4-1-16）。矿石呈深灰–灰黑色，由硅质磷块岩条带与白云质磷块岩条带互

图4-1-16 硅质白云质条带状磷块岩
Fig.4-1-16 Siliceous dolomitic banded phosphorite

图4-1-17 纹层状硅质磷块岩
Fig.4-1-17 Laminated siliceous phosphorite

层构成条带状构造。胶磷矿含量40%～60%，以细砂级磷质砂屑为主，硅质条带中，石英主要为细砂级，次棱角状，而玉髓呈胶结物状产出，二者含量30%～40%，白云石含量3%～10%，另外含少量水云母类矿物与褐铁矿。白云质条带中，白云石含量30%～50%，石英呈次棱角状细砂产出，含量3%～15%，与硅质条带一样会含少量水云母类矿物与褐铁矿。

⑧纹层状硅质磷块岩

该类矿石是指含硅质的硅磷条带与高磷条带相间，但条带宽度极小，肉眼感觉不到带状，而是呈细腻的纹层状的磷块岩（图4-1-17）。矿石灰色–灰黑色，具特征的纹层状构造，半风化–风化磷块岩后的矿石风化面上可见由深色胶磷矿颗粒与浅色硅质基底构成的斑点状构造。胶磷矿含量一般40%～60%，多呈有一定溶蚀的磷质砂屑颗粒。脉石矿物以石英、玉髓为主，含量20%～40%，水云母一般平行纹层定向产出，有时水云母与粉砂级石英可构成含磷硅质纹层。矿石中常见褐铁矿，一般呈细粒分散产出。风化程度较高时呈疏松多孔状，强度很低，玉髓与泥质成分含量明显增加，褐铁矿大量析出。

⑨致密块状磷块岩

该类矿石是指矿石整体致密，肉眼分不出层理的整体均一的磷块岩（图4-1-18）。矿石呈蓝灰–灰黑色，块状构造。胶磷矿含量40%～90%，偏光显微镜下胶磷矿呈浅褐色–褐色，主要呈磷质砂屑产出，少量不规则状；粒度以中–细砂级为主，少量粉砂级以及粗级（2 mm以上）；少量磷质条带中胶磷矿产生重结晶，形成柱状细晶碳氟磷灰石集合体，呈条带状、碎屑状产出。脉石矿物以石英、玉髓、水云母类矿物为主，石英以细砂–粉砂级为主，呈次棱角–次圆状，玉髓常呈基底式胶结物状产出，可聚集构成燧石结核以及燧石条带；水云母一般呈片状；另外还含有少量的褐铁矿及炭质。

图4-1-18 致密块状磷块岩
Fig.4-1-18 Dense homogeneous phosphorite

（4）矿石的工艺类型

我国《磷矿地质勘查规范》（DZ / T 0209—2002）中根据主要脉石矿物的种类、含量以及选矿加工技术特征，将磷矿石划分为硅质及硅酸盐型、碳酸盐型与混合型三种工业类型。云南中低品位磷块岩矿石这三种类型均普遍存在（石和彬等，2008）：

①白云质磷块岩

胶磷矿含量30%～70%，白云石及少量镁方解石的总含量一般在20%以上，硅质矿物（石英、玉髓与铝硅酸盐矿物）含量低于白云石，且不超过胶磷矿含量的1/3。主要为原生矿，白云质磷块岩、白云质条带状磷块岩等自然类型的矿石多属此类。

②硅质磷块岩

胶磷矿含量35%～75%，脉石矿物以石英、玉髓以及铝硅酸盐矿物为主，含量在25%以上，白云石等碳酸盐矿物含量低于3%。主要为风化—半风化矿石，包括硅质条带状磷块岩、纹层状硅质磷块岩以及块状硅质磷块岩等自然类型，风化程度较高的内碎屑磷块岩、生物碎屑磷块岩也属于此类。

③混合型磷块岩

矿物成分介于硅质磷块岩与钙质磷块岩之间，胶磷矿含量30%～70%，主要脉石矿物包括白云石、石英、玉髓，以及铝硅酸盐矿物。石英砂质磷块岩、白云质硅质条带状磷块岩以及风化程度较低的内碎屑磷块岩、生物碎屑磷块岩等多属于此类。

2　云南东部的磷矿采选

2.1　追溯云南磷矿的开采历史

云南磷矿早在民国时期就已被开发利用，磷矿正式作为矿产资源进行开采是从1939年开始的。据《续云南通志长编》记载，民国28年（1939年）10月28日，中邑村至歪头山一段磷矿区的矿业权划给李根源，其面积为1520.47 ha，矿业执照号为滇字三四四号（昆阳磷矿志编纂办公室，1990）。这是目前知道的云南东部磷矿最早办理开采手续的磷矿山。

民国31年（1942年）12月22日，风吹山、凤凰山、马鞍桥、江西大地矿段和羊高山、白泥台、大巍山矿段的矿业权自此时起划给资源委员会，面积分别为728.2 ha和1275.47 ha，矿业执照分别为滇字第一零二五号和一零二七号（昆阳磷矿志编纂办公室，1990）。这可能是目前已知的最早的云南“国营磷矿”。

2.2　中华人民共和国成立以来云南磷矿的开采

解放后云南的第一座磷矿山始建于1955年，为苏联援助中国156个建设项目之一，即昆阳磷矿（云南省地质矿产开发局，2003）。1956年德意志民主共和国冶金工业柏林中央设计局矿山专业部与我国达成协议，由莱比锡分局对昆阳磷矿进行采矿设计，但此设计方案未获实施。到1957年，地质部全国矿产储量委员会批准了528地质队提交的云南省昆阳磷矿地质勘探报告第1篇和第2篇，1962年云南省矿产储量委员会批准了云南昆阳磷矿储量计算补充报告（第3篇）。随后国家计划委员会、化学工业部、煤炭部组成中央磷矿调查小组到矿区作建设调查，调查结束后提出露天开采方案。以此为依据，直到1965年才正式筹建昆阳磷矿。1966年开始基建和生产，成为化学工业部直属企业。其开采能力在1979年经化学工业部核定为160万吨/年（昆阳磷矿志编纂办公室，1990，昆阳磷矿矿务局，1990），后经云南磷化集团有限公司对其技改复能，扩大到460万吨/年，成为云南省最重要的大型磷矿山。

20世纪70年代，由于贵昆铁路和成昆铁路的建成通车，云南磷矿大量外运，使磷矿需求增加，刺激了云南磷矿的开发，先后建成了海口磷矿、寻甸先锋磷矿、沾益德泽磷矿，昆明西山观音山磷矿、安宁县白登磷矿、昆明金马磷矿（云南省地质矿产开发局，2003）等不同规模的小型国营、集体企业。云南省磷矿按“统一管理、统一计划、统一销售、统一价格、统一运输”（云南省发展和改革委员会，云南省经委等，2008）的思路来合理利用和开发。

到80年代，随着改革开放的进行，对云南磷资源的开发进一步加速，除对海口磷矿等矿山进行扩建外，又相继在尖山、龙山、王家湾、清水沟等地区建设了30多个骨干磷矿山，同时在滇池—抚仙湖西岸的磷矿区建成了100多个乡镇企业和个体开采的不同规模的磷矿山。到2000年底云南磷矿生产能力已达898万吨/年（云南省地质矿产开发局，2003）。云南磷矿的开采呈现繁荣的局面，从80年代的按“统一规划、统一设计、分区管理、分层管理、联合开发、综合复用、统一价格、统一外运”的三十二字管理方针来开发，到90年代转变为“大矿大开，小矿放开、有水快流、大中小矿一起上”（云南省发展和改革委员会，云南省经委等，2008）的高速发展局面。此时云南产生出了众多的磷矿开采企业，基本在云南东部的浅埋藏的磷矿都有被开采的情况，一些合法企业的分布及名称见图4-2-1。这种大开大采，大家一起上的局面同时也暴露出了磷矿及伴生矿产资源遭受极大破坏和损失的混乱情况，生态环境也出现全域性破坏、极难恢复的负面效应。

进入21世纪，云南省政府对磷矿资源开始进行整顿、整合，依法保护、综合有序地开发利用磷矿资源。随着云南高浓度复合肥基地的建设，省内磷矿石用量上升较快，通过整合，将优势资源向优势企业集中，使云南磷矿的开发利用由粗放型向集约化转变。磷矿资源整合明确了以云南石化集团公司、云天化集团公司和马龙产业集团公司为主导，通过整合把晋宁县、西山区海口镇和东川周围的磷矿向云南石化集团集中；安宁市、江川县的磷矿向云天化集团集中；昆明西山区（除海口镇）、华宁县的磷矿向马龙产业集中。整合范围内的磷矿资源量占全省磷矿资源总量的75%，余下的25%用于三大集团以外的其他企业发展和吸引国内外有实力的勘探和采选企业进驻。随着整合工作的完成，云南磷矿开采矿山由整合前的二百多个减少到仅有几十个，但磷矿开采量从原先的每年1 000多万吨，上升至每年2000万吨左右（云南省发展和改革委员会，云南省经委等，2008）。

随着磷矿资源整合的进行，磷矿的开采集中到有实力有技术的企业中，从乱采乱挖、采易弃难、采富弃贫到整体采用现代采选技术进行大规模集约化开采的运营，使磷矿开采企业经济效益明显，企业实力提升，同时也使企业的社会责任感增强，生态环保问题引起重视。目前，云南先进的磷矿山企业，已通过实施采矿技术、国家项目与生态环境保护相结合，均实行从矿山剥离、采矿、剥离物排放、采空区治理到复垦植被等整体布局、整体实施的系统工程（云南省发展和改革委员会，云南省经委等，2008）。

2.3 云南磷矿的采矿方法

云南磷矿的开发，首先是对地表及埋藏较浅的风化磷矿资源进行开采，此时采用的采矿方法为露天开采法。

露天开采是直接从地表采出有用矿物的开采方式，开采时先将矿体周围及其上部覆盖岩石剥掉，然后再回采暴露出的磷矿。开采时，通常把矿岩划分成一定厚度的水平层，自上而下逐层开采，形成一定的阶梯状台阶，并保持一定的超前关系，使剥离和回采作业有相应的场所（图4-2-2）。对于较硬岩石及矿层，需要进行穿孔爆破作业。露天开采空间限制较小，可用大型机械设备来提高开采强度和产量。

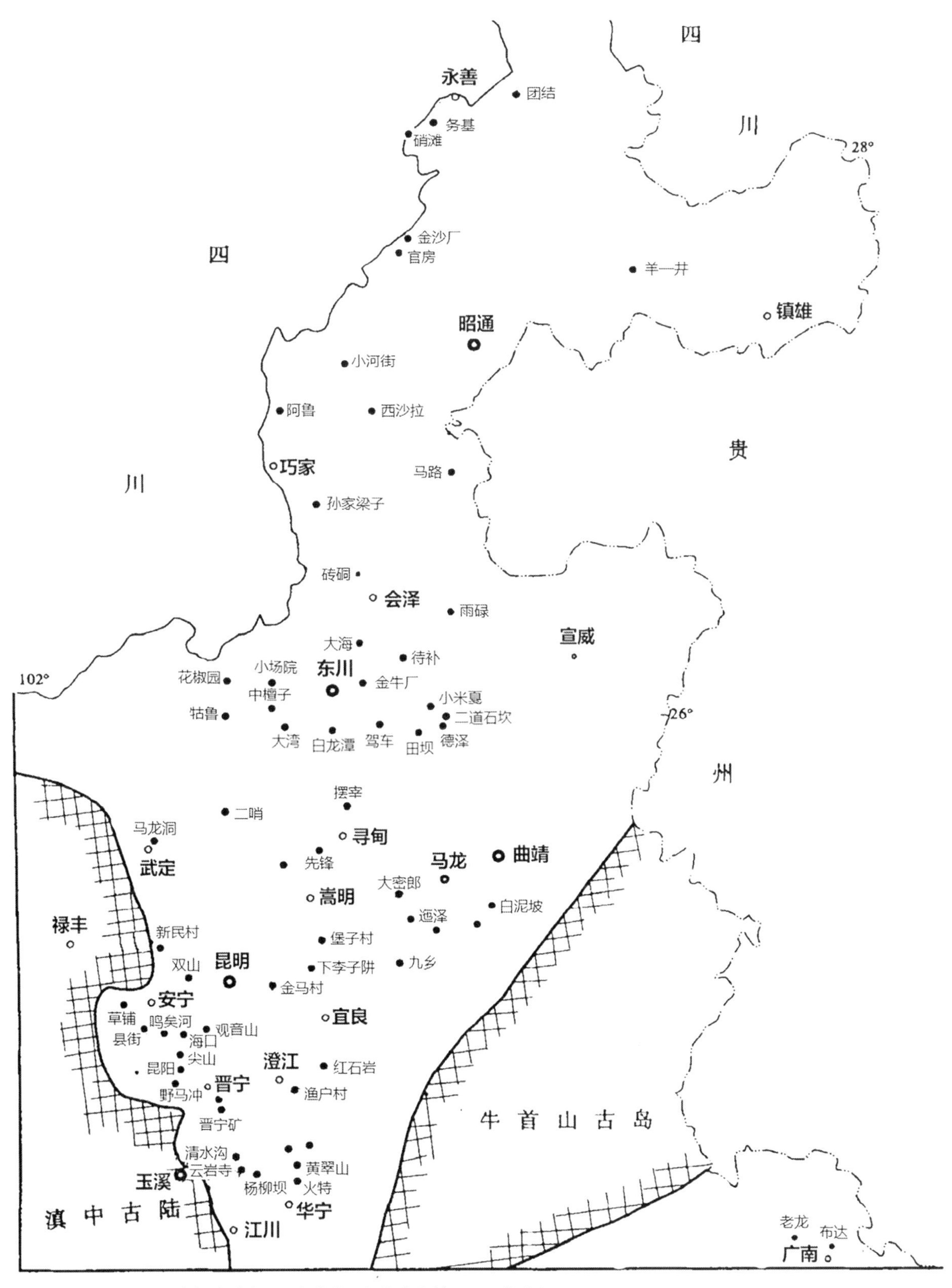

图4-2-1　云南部分矿点（区）位置（据陶永和等，2002修改）

Fig. 4-2-1　Locations of Some Phosphate Mines in Yunnan Province

图4-2-2　云南磷矿露天开采状况及方法示意
Fig.4-2-2　Open-pit mining status and method of phosphate rock in Yunnan Province

开采磷矿用的机械设备主要是：大中型矿山多以潜孔钻机，个别使用45R牙轮钻机为穿孔设备；小型矿山主要以轻型凿岩机为穿孔设备，极少数还在使用钢绳冲击钻穿孔；采装多用1～4.6 m^3柴油铲、电铲，少量使用液压铲和索斗铲；运输设备多用3.5～32 t的自卸汽车，皮带运输机，以及多种吨位的辅助生产用车等。辅助设备主要有推土机、前装机和压路机等。

这种开采方法的优缺点主要有：

优点：①受开采空间限制小，可用大型机械设备；②劳动生产率高，开采强度大，产量高；③开采成本低，可大规模开采低品位磷矿；④矿石贫化损失小；⑤劳动条件好，工作较安全；⑥仅适用于埋深浅，有堆放剥离物空间的矿区。

缺点：①开采区内粉尘大；②排土场占用大量土地；③生产受气候影响大。

目前，露天采矿法是云南磷矿的主要采矿方法。

对于埋藏深度大、矿体向地下深部伸展的磷矿资源，用露天采矿法，因其覆盖岩土量太大，造成剥离物太多而不经济，对此类磷矿，多考虑用地下采矿法进行开采。

地下开采法分为空场法、崩落法和充填法。空场法是将地下磷矿体划分成不同矿块，每一矿块又被划分为矿房和矿柱，然后分2步开采，先采矿房，后采矿柱。矿房回采后留下的空场又作为其他矿房回采的作业场所；矿房开采结束后，根据开采顺序要求，在空场下进行矿柱回采。一般根据矿岩特性及采矿方法，决定空场内保留矿柱及支护方式。崩落法是将地下磷矿体沿走向按单步骤进行回采。随回采工作面的推进，同时崩落围岩充填采空区，以控制和管理地压。而充填法则是随着地下开采回采工作面的推进，逐步充填采空区的采矿方法。

空场法主要依靠围岩自身的稳固性和留下的矿柱来支撑顶板岩石、管理地压。因此，该法适用于开采周围矿岩稳固的磷矿。该法的优点：工艺简单，成本低；缺点：随着开采规模的扩大，采空区亦增大，存在安全隐患。因矿柱回采条件恶化，回收率低，不利于磷矿资源的保护性开采。

崩落法由于围岩的崩落会引起地表沉陷，因而该法仅适用于地表允许陷落的磷矿。该法的优点：可消除回采矿柱时安全条件差、损失与贫化大的弊端；缺点：由于放矿是在覆盖岩石下进行的，围岩的混入，会带来一定的贫化与损失。

充填法是利用所形成的充填体进行地压管理，以控制围岩崩落和地表沉降，对保护地表地貌和地下安全都有利。该法的优点：适应条件广，安全性高，损失与贫化率低。缺点：增加充填作业，成本会有所上升。

目前，云南仅在云南东北部有少量地下开采磷矿企业。

2.4　云南磷矿的选矿方法

开采出的磷矿石，品质达到利用要求者可直接作为矿产品出售，而对品质不合格的磷矿，则需进行选矿处理。

对于地表浅部的磷矿石，因风化作用影响，矿石品位高，但由于被地表黏土污染而使矿石中铁、铝杂质增高，对此类矿石去除此杂质就可达到目的，此时所采用的最经济选矿方法是擦洗脱泥法，用水或者空气对矿石进行洗擦，将其中的细粒的泥质物去除，即可达到提升品质的目的。

对于原生或者无土质物污染的不合格矿石，则多用浮选法来去除含有害杂质的矿物，或者降低无用组分矿物含量的方式来提升矿石的品质或者品位，使矿石被处理成合格的矿产品。

云南磷矿是沉积形成的磷块岩矿床，多数是中低品位磷块岩。用浮选法是目前广泛采用而有效的方法。

云南中低品位磷块岩矿石具有如下特性：

①矿物组成：主要矿物是“胶磷矿”（或者含有部分细晶–微晶的磷灰石）。脉石矿物一般是白云石、方解石、石英、玉髓、黏土矿物等。

②“胶磷矿”多呈胶状块体和假鲕状、碎屑状产出。不论是胶状块体还是颗粒中，经常含有难以分离的白云石、方解石、石英玉髓和铁质黏结物等微细杂质。

③矿石结构构造：常见粒状、胶状结构；条带状、条纹状、互层状、致密状和叠层状构造。

④原矿含P_2O_5一般为15%～25%，杂质一般是：MgO、SiO_2、Fe_2O_3、Al_2O_3等。

⑤不同矿床、不同矿区、不同矿层，甚至不同矿段的矿石中的含磷矿物的化学组成、可浮性多不一致，有的相差甚远。

磷块岩的矿石特征决定了其选矿工艺：

①在磷块岩矿石选矿中，浮选仍然是目前占主导地位的选别方法。除直接优先浮选磷矿物采用正浮选外，对一部分难选的，原矿中MgO含量超过4%的硅–钙质系列磷块岩矿石引入了浮选碳酸盐、硅酸盐脉石矿物的反浮选作业。

②由于磷块岩矿石矿物高度分散，嵌布粒度细，因此入选粒度要细得多，一般磨矿细度要求达到小于74 μm（–200目）的含量达80 %以上，自然使磨矿成本增高。对于某些磷矿石，由于一些杂质，如白云石以极细粒度分散在磷矿物的鲕状，块状体中，即使磨到更细粒度，也难以达到完全解离。当然，对于那些呈不均匀嵌布的磷块岩矿石，采用阶段磨矿，阶段选别流程是比较适宜的，这样既可提高入选粒度和选矿效率，又为产品后处理创造有利条件。无疑会带来显著的技术效果与经济效益。

③在直接优先浮选磷块岩矿时，矿浆温度一般在35～40℃。这与该类矿石呈高度分散、嵌布粒度细和磷矿物可浮性差的特性相关。因为这种特性使得磷块岩矿石的入选粒度细、浮选浓度比低。无论从药剂耗量，分散状态，吸附密度等多方面比较，浮选磷块岩比浮选磷灰石的要求高，而适当增加温度可以改善这些因素。

④磷块岩的浮选，特别是硅-钙质系列磷块岩的浮选流程是比较复杂的。一方面，由于磨矿粒度细，磨矿流程技术指标要求较高；另一方面，选别中，不仅要使磷矿物与硅酸盐分离，更困难的是要使与磷矿物性质相近的碳酸盐有效分离。在目前的技术水平下，虽然选用了不少种碳酸盐类矿物抑制剂，仍难以采用较简单的浮选流程达到有效分离的目的。因此，有时需采用复杂的流程结构，如多次精选，二次排除尾矿，中矿单独处理等。必要时，还得引入反浮脉石作业，构成正—反、反—正，双反浮选作业。

⑤在浮选磷块岩矿石中，由于要求入选粒度细，矿物成分又复杂，要保证浮选过程有较高的选择性，除了正确选用选择性好的药剂外，对浮选的搅拌强度，充气量要求也比较严格。实践表明，优先浮选磷矿物时，一般要求设备转速较低，充气量较大。

目前，云南磷矿的工业选矿主要有擦洗脱泥法和浮选碳酸盐的反浮选法。

3 云南东部磷矿的成矿研究

云南磷矿有二个成磷期：早寒武世梅树村期与中泥盆世东岗岭期。后者仅见于广南布达一隅，有小型磷矿一处，探明储量仅占云南省总量的0.006%（杨志鲜等，2016）。故而云南省最主要的成磷期是具有巨大工业意义的早寒武世梅树村期。此期沉积的含磷地层由白云岩、磷块岩、硅质岩、粉砂岩、泥岩及灰岩组成。具有工业价值的磷块岩集中分布在渔户村组中谊村段地层中，该地层为典型的海相沉积地层。

关于海相磷矿形成问题，早在19世纪40年代已开始研究，国外一些学者就提出了如下观点：

凯兹尔林格（1845）首次提出生物遗体分解成因说（东野脉兴，1992）。

卡耶（1877，1897）认识到磷块岩的形成与海底升降运动、海侵有关。

一些美国学者（1892年以来）提出了淋滤交代说。

穆雷和雷纳尔（1891）认为磷块岩的形成是在寒流与暖流相会处，或在不同盐分的洋流相遇处，浮游生物的大量生殖和死亡，提供了磷质，沉积形成了磷块岩。

G.R.门斯费尔（1931）认为美国西部的二叠纪鲕状磷块岩是在还原条件下、含H_2S的封闭海盆地中形成的，磷质的来源是生物遗体，氟对磷的沉淀起了促进作用。

卡查科夫（1937）提出磷块岩沉积是一定古地理及海文条件下的富集产物，认为磷块岩生成于浅海陆棚带，其深度不超过200 m。

别兹库科夫（1937）认为磷块岩与下伏岩层常为不连续或不整合接触，磷块岩常形成于下伏石灰岩层的凸起处，此等凸起乃由磷块岩沉积前轻微的升降和侵蚀作用形成。

Казаков（1937）提出化学成因假说，认为上升到陆架的海洋水体（上升洋流）是磷的直接供给者，同时又主张磷是从海水中发生化学沉积而来。

奥尔洛娃认为磷块岩的形成与长期沉降所引起的规模巨大的海侵体系无关，而与为时短暂的小的沉降有关。

布申斯基（1952）认为磷块岩是在盐度正常或近于正常的浅海中生成的，其深度在50 ~ 200 m的地方，在大量生物遗体分解的条件下生成的。

Бушинский （1963）提出生物化学成因假说，把河流径流作为磷的主要来源，否认了上升洋流的作用（格·尼·巴图林，1985）。

Ames （1959）和D. Anglejan （1968）都提出交代成因假说，认为磷块岩的形成是底层水中的磷酸盐交代海底的石灰岩和碳酸盐沉积物的结果（格·尼·巴图林，1985）。

Бродская （1974）提出火山成因假说，主张火山喷气是磷的来源。

格·尼·巴图林（1985）提出生物成磷–成矿富集机制（格·尼·巴图林，1985）。

沈丽娟等（1989）提出菌藻类、微体动物成磷机制（沈丽娟等，1989）。

从以上各观点可以看出，国外地质学家们对磷块岩的成因并未得到统一的见解。这可能是因为考察的矿体不同，而导致了不同的结果；也可以认为，磷矿的成因比较复杂，对具体的矿体应做具体的分析。

云南磷矿资源绝大部分赋存在下寒武统地层中，业内人士公认它们形成于寒武纪梅树村期。对云南寒武纪磷矿的成矿机制研究，已有一些成果，现将国内已公开发表或者已公布的云南寒武纪磷矿成矿机理方面的成果简要整理如下：

对磷的来源：

①磷质来自于含磷的陆源碎屑和富含磷质的海洋生物（格·尼·巴图林，1985；叶连俊等，1989；岳维好等，2012）。

②上升洋流提供磷质来源（曾允孚，1989；姜月华，1993）。

③大陆母岩的风化（杨卫东等，1995）。

④火山喷发带来的（常苏娟，2011）。

⑤Rodinia超大陆裂解为磷矿的形成提供幔源成矿物质（施春华，2005）。

成矿环境：

①浅海碳酸盐台地干热潮坪环境。

②炎热温暖潮湿的浅海台地环境（沈良等，2015）。

③晋宁运动形成近南北向的古断裂和东西向构造控制的昆阳古海湾中，在其中可细分为浅滩磷酸盐相区和泻湖潮坪磷酸盐相区等（罗惠麟等，1998）。

④有少量陆缘碎屑物的正常盐度的浅海区。

⑤台滩相环境，台滩是有利的形成环境，并可形成优质磷块岩。

⑥海湾泻湖潮坪环境（曾允孚等，1989）。

⑦古洼陷海凹盆地（杨开军等，2016）。

⑧沉积盆地边缘的低凹槽沟地带。

⑨半局限的拗陷盆地（杨永超，2011）。

成矿作用：

①在碱性介质中，生物化学作用为主，洋流上升成矿（杨泽刚等，2012）。

②机械物理作用下的产物，经二次富集成矿（叶连俊等，1989）。

③滇东地区的磷块岩富矿主体是次生富集的，在大气降水的碳酸化作用下，碳酸盐矿物淋失，造成磷酸盐矿物的相对富集，形成富磷矿石（黄富荣，1991）。

④受生物、生物化学、物理机械和化学溶解、沉积等多种因素控制。由生物成磷，古地理、古构造控矿，多因素、多阶段富集（曾允孚等，1989）。

⑤在相对氧化的条件下形成（杨卫东等，2015）。

⑥是缺氧条件下的产物。

⑦上升洋流，生物沉积，有机质腐解，磷酸盐化，水力振荡分选，磷酸盐交代，磷酸盐凝胶固结，风化淋滤等各种作用相互影响，反复循环成矿（陶永和等，2002；刘文恒等，2014；付小东等，2016）。

⑧海水中的磷经过生物吸收、固定，并以生物遗骸为载体沉聚海底，经过氧化分解，其中的有机磷转化为无机磷，并在适宜条件下，以微晶磷灰石的形式沉淀析出，然后经过物理筛选富集形成矿床。

⑨磷矿形成于潮间砂坪环境，在潮汐活动频繁的地区，先沉积的凝胶状磷块岩，由于间歇性地出露地表，岩石脱水收缩，由于受涨潮水的冲刷，凝胶状磷块岩被破碎冲刷再改造，为滨浅海潮间相带的磷块岩提供物质来源。

上述观点和结果均分别来自不同的专家学者对分布在云南的滇中、滇东北等地的寒武纪磷矿床的研究。从中可以看出，不同的专家学者的观点和结论相差很大，甚至有些结论还相反。这些观点为研究其成因和找矿提供了方向和思路。现在较通俗和易为人理解的是生物成因说和化学沉淀说2种观点（参考同济大学地质系，1982；格·尼·巴图林，1985）。

生物成因说认为海水表层生活有浮游生物，它们身上吸收了海水中的磷，在死亡后下沉，虽然尸体下沉中大部分会被海水分解掉，但至少有一部分落到海底，特别是在浅海处，也有可能由于环境的突然变化引起生物大量死亡，尸体直接堆积于海底。堆积于海底的生物尸体经细菌等作用，有机物被分解产生CO_2，磷便转入到沉积底质间隙的溶液中并扩散开去，当有机物分解殆尽，CO_2减少，逐渐变成氧化环境时，结合钙的磷酸盐又析出形成细小的颗粒沉淀下来。

化学沉淀说认为海水中磷酸盐和CO_2随深度而增大，pH和温度则随深度降低。在磷酸盐相对富集的海水中层中，CO_2高，温度低，当它随上升洋流到陆架浅水区的扩散过程中，溶解碳酸盐，并因压力降低而使水体中CO_2逸出而降低浓度，使海水pH增加，原化学平衡被破坏，使磷酸根及钙离子趋向超饱和，钙质的磷酸盐和碳酸盐便沉淀下来，形成富磷的沉积物。当水团继续上升到海水表层并向外海移动时，磷和CO_2被生物吸取而又回复至不饱和水体，生物死后下沉分解，使磷又富集于深部海水的富磷层中，如此循环往复，便在外陆架沉积形成磷矿。

现代很多地质学家认为海相磷矿的形成是生物和化学沉淀共同作用的结果，被称作生物化学成因假说，也变成为上述2个假说的折衷观点。

4　地质剖面

因云南磷矿资源矿体呈层状延伸，层位稳定，多出露于地表，故而有利于露天开采；开采不但要将磷矿层采走，还需将磷矿层上部的覆盖层也揭开，这样就很大范围地揭露出整个磷矿开采的矿层、上部地层及部份下部地层，由此形成了系列的地层剖面。

因云南磷矿绝大多数形成于早寒武世梅树村期，故而磷矿层及其上、下地层是地球表层早寒武世发展历史的忠实记录，是研究这一时期生物演化等地质变化过程的直观对象。可以说，云南露天磷矿的开采形成的新鲜良好的露头和系列完整的地质剖面，为该类矿产深入成矿研究、持续开发利用提供了众多方便及连续出露的实证现场，是科学家们和地学爱好者都最爱前往探索自然历史奥秘的露天实验室和天然博物馆。下图举例的是20世纪末期前辈学者们测制的位于云南晋宁昆阳磷矿二采区的梅树村经典*B*–*B'*和*C*–*C'*剖面（图4–4–1）和昆阳磷矿北西的晋宁老高山下寒武统实测剖面（图4–4–2），以及王家湾经典实测剖面图和偏头山矿区近期实拍垂直剖面和磷矿底板层中化石点（图4-4-3A, B, C），还有位于晋宁磷矿附近的王家湾澄江组—灯影组小歪头山段实景剖面（图4-4-4）。

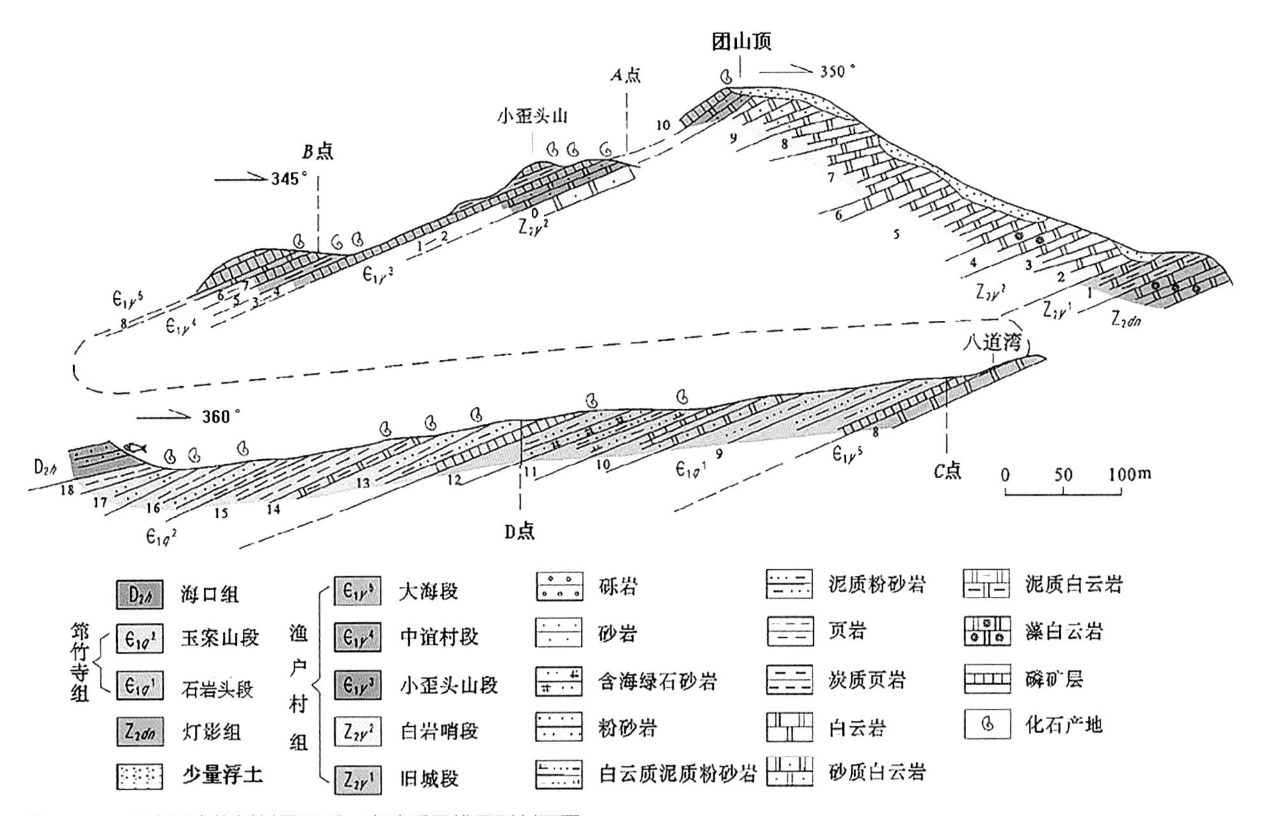

图4-4-1　云南晋宁梅树村震旦系—寒武系界线层型剖面图

Fig.4-4-1　Crosssection of the Meishucun Formation in Jinning County, Yunnan

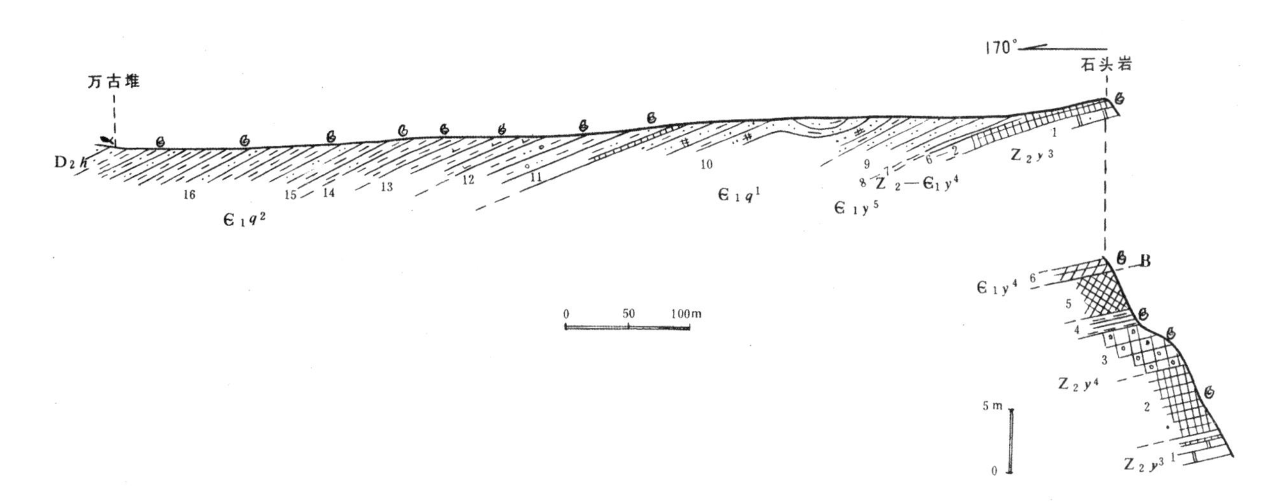

图4-4-2　云南晋宁老高山下寒武统实测剖面图

Fig.4-4-2　Crosssection of Lower Cambrian at Laogaoshan, Jinning County, Yunnan

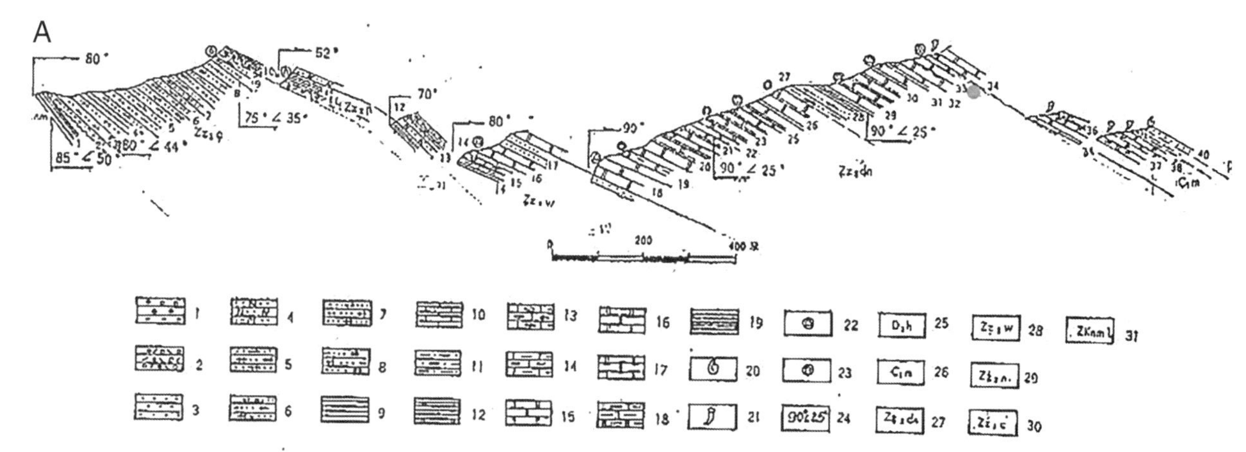

1.砾岩；2. 冰碳砾岩；3.石英砂岩；4. 含长石石英砂岩；5. 磐股石英砂岩；6. 含砾岩属砂岩；7. 岩屑砂岩；8. 含海绿石泥质砂岩；9. 页岩: 10. 钙质页岩；11.砂质页岩；12. 白云质页岩；13. 竹叶状石灰岩；14. 泥质石节岩；15. 白云岩；16. 硅质条纹白云岩；17. 硅质条节白云岩；18. 泥质白云岩；19. 板岩；20.动物化石产地；21. 小壳化石产地；22. 盘古植物产地；23. 藻类化石产地；24. 岩层倒向与值角；25. 中泥盘统海口组；26. 下寒武统梅树村阶；27. 震旦系灯影组；28. 震旦紧王家湾组；29. 震旦系南沱组，30. 震旦系田江组；31. 昆阳洋美党组。

图4-4-3　A. 云南晋宁王家湾经典实测全剖面图；B. 王家湾—偏头山磷矿采区实拍垂直剖面（摄于2016年11月）；C. 偏头山磷矿采区下磷矿底板层实景（2016年11月摄），红点为磷矿底板层小歪头山段中宏体化石富集点

Fig.4-4-3　The Zhongyicun Member and Dengying Formation of Wangjiawan section with phosphorite mine and macrofossil sites (red dot)

图4-4-4　云南晋宁王家湾澄江组至小歪头山段野外实景剖面图

Fig.4-4-4　The photograph of Wangjiawan section from a distance. The section includes lithological succession of the lower Meishucunian stage and the upper Kunyang Formation

另据曹仁关（2008）资料整理，寒武纪下部地层层序统一以梅树村标准剖面进行地层对比后，得到的云南部分磷矿的简单矿层情况汇总如下：

①晋宁区昆阳磷矿

位于昆明市晋宁区昆阳镇之西北8 km。地层层序自上而下为：

上覆地层　渔户村组大海段

a. 灰色薄至中厚层粉砂质白云岩。厚1.1 m。

渔户村组中谊村段

b. 蓝灰色、灰色中厚层硅质及白云质磷块岩。厚5.3 m。

c. 浅灰色薄层黏土页岩。厚1.6 m。

d. 蓝灰色薄至中厚层白云质硅质磷块岩。厚4.7 m。

下伏地层　震旦系渔户村组小歪头山段

浅灰色厚层含燧石条带白云岩。

②西山区海口磷矿

位于昆明市西山区海口桃树箐，地层自上而下为：

上覆地层　渔户村组大海段

a. 灰色薄至中厚层粉砂质白云岩。厚1.1 m。

渔户村组中谊村段总厚22.55 m，自上而下为：

a. 上部：条带状内碎屑白云质磷块岩。

b. 中部：条带状砂质白云岩和白云质砂岩。

c. 下部：条带状粉晶白云岩夹磷块岩及硅质岩。

下伏地层　震旦系渔户村组小歪头山段及白岩哨段

浅灰色厚层白云岩。

③西山区白塔村磷矿

位于昆明市西山区海口白塔村：

磷矿产于渔户村组中谊村段，自上而下为：

a. 上层磷矿。厚4.1 ~ 16.55 m。平均厚11.51 m, P_2O_5含量平均为23.37%。

b. 中层为含磷砂质白云岩。

c. 下层磷矿厚3.6 ~ 14.76 m。平均厚8.73 m, P_2O_5含量平均为23.37%。

④晋宁区尖山磷矿

位于昆明市西山区海口镇之西5 km。

磷矿产于渔户村组中谊村段，自上而下为：

a. 上部磷矿：生物碎屑白云质磷块岩，平均厚12.21 m, P_2O_5含量平均为25.48%。

b. 中部：灰白色水云母黏土岩。厚0.58 m。

c. 下部磷矿：致密块状和条带状磷块岩，平均厚8.66 m。P_2O_5含量平均为26.07%。

⑤安宁市鸣矣河磷矿

位于昆明市安宁市鸣矣河乡香条冲背斜北翼，含矿层为渔户村组中谊村段。

a. 上部磷矿。平均厚度5.24 m。P_2O_5平均含量23.33%。

b. 中部。砂质白云岩，具透镜状层理，厚12 ~ 19 m。

c. 下部磷矿。平均厚度2.86 m, P_2O_5平均含量20.93%。

⑥安宁市县街—白登磷矿

位于昆明市安宁市西南的县街、白登地区。

含矿层为渔户村组中谊村段总厚36.7 m，其层序为：

a. 灰黄色条带状磷块岩，厚5.0 m。

b. 浅灰色厚层状磷块岩，厚2.7 m。

c. 蓝灰色磷块岩，厚7.6 m。

d. 灰色薄层白云岩，厚2.5 m。

e. 灰黄色含磷白云岩，2.3 m。

f. 浅灰色白云岩，4.2 m。

g. 浅灰色白云质磷块岩，4.6 m。

h. 棕黄色白云质磷块岩，3.2 m。

i. 棕褐色白云质磷块岩，3.0 m。

j. 浅灰色厚层白云质磷块岩，1.6 m。

⑦安宁市草铺磷矿

位于昆明市安宁市草铺镇。含矿层为渔户村组中谊村段，磷矿分为：

a. 上层磷矿。平均厚7.1 m, P_2O_5含量平均为24.1%。

b. 下层磷矿。平均厚5.7 m, P_2O_5含量平均为22.6%。

⑧晋宁区晋宁磷矿

位于昆明市晋宁区王家湾。其含矿地层及矿体上下地层从上而下为：

上覆地层（顶板）

a. 筇竹寺组。黑色薄层粉砂质页岩

——间断——

b. 渔户村组大海段：灰白、青灰色薄–中厚层隐晶–粉晶白云岩，中夹白云质磷块岩、硅质磷块岩和硅质条带。厚14.05 m。

磷矿层

渔户村组中谊村段

a. 灰黑色薄层假鲕状磷块岩，夹蓝灰色薄层砂质磷块岩。厚5.1 m。

b. 灰黑色薄层碎屑状、假鲕状硅质磷块岩、灰白色砂质磷块岩与灰红色白云质磷块岩互层。厚15.92 m。

c. 灰黄色中厚层条纹状硅质磷块岩。厚2.76 m。

d. 灰–灰黑色薄至中厚层含团块状胶磷矿粉晶白云岩。厚1.14 m。

e. 灰色中厚层含碎屑及同生砾白云质磷块岩。厚1.51 m。

f. 灰色薄–中厚层含磷砂质白云岩，夹砂质磷块岩条带。厚5.21 m。

g. 灰黄色薄–中厚层隐晶–微晶白云岩，中夹砂质磷块岩。厚2.67 m。

h. 灰色薄–中厚层状粉砂质、硅质磷块岩。厚9.21 m。

下伏地层（底板）

渔户村组小歪头山段

a. 灰–灰红色薄–中厚层含磷粉砂质白云岩与黑色硅质岩互层。厚10.23 m。

渔户村组白岩哨段

a. 灰白色中厚层粉晶白云岩。

⑨江川县清水沟磷矿

位于玉溪市江川县城之北约30 km。为晋宁磷矿的南延部分。中谊村段矿层总厚48.09 m。其层序为：

a. 上部：白云质磷块岩、砂质磷块岩，中夹硅质磷块岩。

b. 中部：石英砂质白云质磷块岩，中夹硅质磷块岩。

c. 下部：粉晶白云岩与硅、泥质页岩互层。

⑩澄江县渔户村磷矿

位于玉溪市澄江县城之东8 km。磷矿地层层序为：

a. 上覆地层。筇竹寺组黑色薄层粉砂质页岩。

——整合——

渔户村组中谊村段

上磷矿层：上部为蓝灰色薄层含团块中粒砂屑磷块岩，中部为灰色–灰黄色薄–中厚层含磷粉砂岩，下部为灰–灰黑色薄层含磷泥质硅质岩。总厚约19.65 m。

中部白色页岩层。灰–灰白色薄层粉砂质页岩。厚6.90 m。

下磷矿层：上部为灰黄–灰白色薄–中厚层含泥质、砂质磷块岩，中夹粉砂质泥岩；下部为灰黄色薄层泥质粉砂岩与灰黑色薄层硅质磷块岩互层。

下伏地层：渔户村组白岩哨段。灰–灰黄色薄层泥质白云岩。

⑪沾益县德泽磷矿

位于曲靖市沾益县城之西北70 km，磷矿产自渔户村组中谊村段，其层序自上而下为：

上覆地层

a. 筇竹寺组：深灰色白云质粉砂岩。

b. 渔户村组大海段：灰色中厚层泥质白云岩，含少量磷块岩及燧石结核。厚20 m。

磷矿层

渔户村组中谊村段

c. 深灰色粉砂质白云岩，含串珠状磷块岩及燧石结核，P_2O_5含量为8% ~ 12%。厚10 m。

d. 深灰色似角砾状硅质磷块岩，中夹含磷硅质岩；中部P_2O_5含量为17% ~ 20%，上下部较贫，P_2O_5含量为12% ~ 15%。厚13 m。

e. 上部深灰色假鲕状硅质磷块岩，P_2O_5含量约23%；中部深灰色条带状硅质磷块岩，P_2O_5含量为18%；底部为含磷硅质粉砂岩，P_2O_5含量为2%。厚34 m。

渔户村组待补段

f. 浅灰–深灰色薄层硅质岩，中夹黑色燧石层、含磷硅质粉砂岩和角砾状硅质磷块岩，含磷硅质粉砂岩P_2O_5含量为8% ~ 12%，硅质磷块岩P_2O_5含量为12% ~ 18%。厚30 m。

下伏地层

渔户村组白岩哨段

g. 浅灰–灰白色中厚层泥质白云岩。

⑫永善县金沙厂磷矿

位于昭通市永善县城之南136 km。渔户村组中谊村段地层层序自上而下为：

a. 灰色厚层条带状白云质磷块岩。厚4.2 m。
b. 浅灰色厚层含磷内砂屑白云岩。厚1.0m。
c. 深灰色厚层内碎屑白云质磷块岩，中夹含磷白云岩。厚3.2 m。
d. 灰色厚层内砂层白云岩。厚6.4 m。
e. 灰白色厚层细晶白云岩。厚3.6 m。
f. 深灰色厚层粉晶白云岩。厚0.6 m。
g. 深灰–蓝灰色厚层磷块岩，中含燧石条带。厚1.8 m。
⑬华宁县火特磷矿
位于玉溪市华宁县城之北东，直线距离18 km。渔户村组中谊村段地层层序自上而下为：
a. 深灰–棕褐色内砂屑白云质磷块岩。厚4.4 m。
b. 浅棕灰色薄层内碎屑磷块岩。厚6.86 m。
c. 浅棕灰–棕褐色薄层白云质磷块岩。厚8.26 m。
d. 灰黄色薄层黏土页岩。厚6.6 m。
e. 褐色薄至中厚层硅质磷块岩。厚2.5 m。
f. 灰黄色薄层硅质磷块岩与硅质岩互层。厚6.3 m。
g. 灰黄色中厚层砂质磷块岩。厚6.6 m。

（梁永忠）

主要参考文献

[1] 曹仁关. 云南矿产资源概论[M]. 昆明:云南科技出版社, 2008: 135.
[2] 常苏娟. 滇东磷矿多层位控矿地质特征及形成机制[D]. 昆明:昆明理工大学, 2011: 95.
[3] 陈国达. 中国地学大事典[M]. 济南:山东科学技术出版社, 1992:225-226.
[4] 东野脉兴. 海相磷块岩成因理论的沿革与发展趋势[J]. 化工地质, 1992, 14(3):3-7.
[5] 付小东. 云南省华宁县小黑者磷矿区矿床地质特征及成因浅析[J]. 有色金属文摘, 2016, 31(1):75-78.
[6] 格・尼・巴图林. 海底磷块岩[M]. 北京:地质出版社, 1985: 223.
[7] 黄富荣. 滇东地区下寒武统磷块岩的次生变化及其形成机制[J]. 矿床地质, 1991, 10(2):179-186.
[8] 昆阳磷矿矿务局. 昆阳磷矿矿务局志[J]. 内部资料, 1990:326.
[9] 昆阳磷矿志编纂办公室. 昆阳磷矿志[Z]. 内部资料, 1990:415.
[10] 刘文恒. 云南东川雪岭磷矿地质特征与成因探讨[J]. 地质找矿论丛, 2014, 29(2):254-261.
[11] 罗惠麟. 云南晋宁、安宁地区早寒武世磷块岩沉积环境分析[J]. 成都理工学院学报, 1998, 25(2):269-275.
[12] 姜月华. 中国南部早寒武世磷矿类型和成因探讨[J]. 地球化学通讯, 1993(3):159-160.
[13] 沈良. 云南东川下包包磷矿地质特征及矿床成因[J]. 云南地质, 2015, 34(1):119-123.
[14] 沈丽娟. 滇东磷块岩的成因类型[J]. 矿物岩石, 1989, 9(2):12-24.
[15] 石和彬, 王树林, 梁永忠, 等. 云南中低品位硅钙质磷块岩工艺矿物学研究[J]. 武汉工程大学学报, 2008, 30(2):5-8.

[16] 石和彬, 王树林, 梁永忠, 等. 云南中低品位磷块岩工艺矿物学研究[Z]. 内部资料, 2008: 30.
[17] 施春华. 磷矿的形成与Rodinia超大陆裂解、生物爆发的关系[J]. 北京:中国科学院研究生院, 2005: 108.
[18] 陶永和, 梁永忠. 滇东磷块岩及工业磷矿床成因[D]. 云南地质, 2002, 21(3):266-283.
[19] 同济大学地质系. 海洋地质学[M]. 北京:地质出版社, 1982: 313.
[20] 熊帼然. 云南省磷矿资源的利用现状、发展趋势与对策[D]. 昆明:云南财经大学, 2010: 57.
[21] 杨志鲜. 邓泉江. 霍正平, 等. 云南省磷矿成矿规律及资源潜力[M]. 北京:地质出版社, 2016: 153.
[22] 叶连俊. 中国磷块岩[M]. 北京:科学出版社, 1989: 364.
[23] 岳维好. 云南沉积型磷矿成矿特征与资源潜力预测[J]. 地质通报, 2012, 31(8):1323-1331.
[24] 云南省地质矿产开发局. 云南省磷矿资源开发利用研究报告[Z]. 内部资料, 2003: 56.
[25] 云南省发展和改革委员会, 云南省经委. 云南省磷矿资源科学开发利用与加强保护专题调研报告[Z]. 内部资料, 2008: 112.
[26] 曾允孚 . 滇东磷块岩的沉积环境和成矿机制[J]. 矿物岩石, 1989, 9(2):45-59.
[27] 杨开军. 滇东梨树坪—下包包磷矿集区成矿规律及与铅锌矿化关系[J]. 矿产与地质, 2016, 30(1):42-47.
[28] 杨卫东. 滇东早寒武世含磷岩系稀土元素地球化学特征及成因[J]. 矿物岩石地球化学通报, 1995(4):224-227.
[29] 杨永超. 云南宜良—华宁磷矿带矿庆地质特征及沉积环境分析[D]. 昆明:昆明理工大学, 2011: 83.
[30] 杨泽刚. 云南省寻甸县大湾磷矿地质特征及找矿远景[J]. 四川地质学报, 2012, 32(增刊):165-168.

第五篇

梅树村剖面相关化石记述与对比

Chapter five

1 遗迹化石

1.1 基本特征

1.1.1 遗迹化石的定义

遗迹化石（trace fossil或ichnofossil）是指地质历史时期生物在沉积物表面或层内或其他底质中营造并遗留下来的各种生命活动记录（包括足迹、移迹、潜穴、钻孔和其他印痕、印模和排泄物等）。遗迹化石与实体化石的区别在于它们代表生物在适应某种底层和其他生态条件所采取的某种行为习性活动的结果，而并非生物的身体和骨骼部分。因此，遗迹化石是地质历史时期生物作用于沉积物的反映，或者是生物成因的沉积构造，有别于物理的、化学的无机成因的沉积构造。

遗迹化石反映的生物的生命活动在沉积物上所遗留下的痕迹，主要包括运动、觅食、潜穴、钻孔、休息、捕食、耕作、居住、孵化、新陈代谢等常见类型。此外，还有部分生物能在硬质底层（如岩石、贝壳、木头等）上进行生物侵蚀作用或在软质底层上进行生物扰动作用而产生钻孔、不规则穴道或斑点状扰动潜穴等遗迹化石。其他还有蛋化石、粪化石和植物根迹，甚至微生物诱导的沉积构造也都归属遗迹化石的范畴。例如，典型的微生物成因沉积构造（microbial induced sedimentary structure, MISS），即微生物在沉积物表面形成微生物席，使松散沉积物富有黏结性而抗水流改造形成的一系列特殊沉积构造。微生物成因沉积构造是微生物的生命活动与沉积环境相互作用在沉积物中留下的各种生物—沉积构造，所以也称为广义遗迹化石的一种。

1.1.2 遗迹化石的特征

（1）原地保存

绝大多数生物遗迹（除了粪化石和极少数潜穴外），一般都会在原生物活动的地方保存下来。成岩后期的水流、波浪作用只能导致其被侵蚀破坏，而不会将其进行搬运。

（2）造迹生物的非限定性

古生物学研究表明，保存为实体化石的生物往往具有硬体或不易破坏的角质。但是，遗迹化石不受这一限制，它既可以由具硬体的生物组成，也可以由缺乏硬体而只有软体的生物组成。例如，蠕虫动物类的许多生物体不具有硬体，其实体很难保存为化石，但在地质历史时期它们的活动遗迹则大量的保存。

（3）延续时间长

遗迹化石一般比古生物实体化石的地史延续时间长。一方面是因为生物体细微的基本构造往往比生物的行为习性更易于发生变化；另一方面是不同地质历史时期有相同的生态环境，那么同一生态环境条件下常常发育相同的生物遗迹。

（4）遗迹化石保存的非限定性

化石的保存受到诸多因素的影响，除了对化石本身条件的要求外，对其进行埋藏的围岩也有一定的约束性。遗迹化石一般不受岩性条件的制约，无论是高能环境条件下的碎屑岩还是低能环境条件下的碳酸盐岩和细碎屑岩都有保存，甚至火山碎屑岩、冰水沉积岩都有保存。

（5）遗迹化石的多样性（一物多迹）

同一物种可以产生多种形态特征的遗迹，或同一生物种可以产生与不同生态习性相一致的不同构造。如*Uca*（招潮蟹），它是一种穴居的小蟹，因此生活行为方式不同，可以营造4种遗迹：①居住潜穴——*Psilonichnus*（螃蟹迹）；②爬行迹——*Diplichnites*（双趾迹）；③觅食迹（Grazing trace）——造迹生物用口部围绕着潜穴入口处挖掘产生放射状具不规则的沟和小砂球；④粪球粒——造迹生物的排泄物（图5–1–1）。

一物多迹，还可能与生物遗迹的围岩性质、动物的挖掘深度和保存方式有关。如*Nereites*（类砂蚕迹），*Neonereites*（新类沙蚕迹），*Scalarituba*（梯管迹）都是生物的觅食活动所营造的不同形态特征的潜穴。因为造迹生物在黏土与砂层界面间挖掘的深度略有差异，从而形成了不同的保存特征，便赋予了不同的化石名称（图5–1–2）。

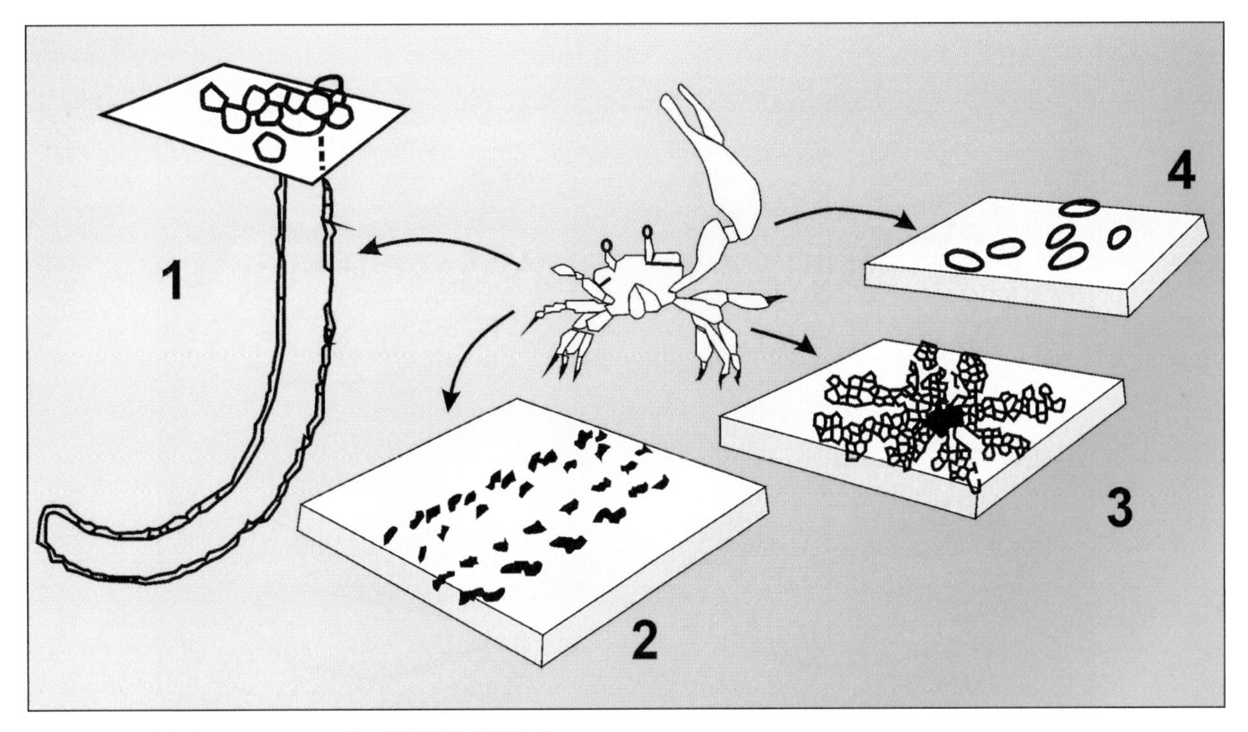

图5–1–1　招潮蟹由于不同习性形成不同类型的遗迹化石

Fig. 5–1–1　Different traces due to the different behaviors of *Uca* (modified from Ekdale et al., 1984)

1. *Psilonichnus*; 2. *Diplichnites*; 3. Grazing trace; 4.The Meishucun Section of Precambrian-Cambrian Boundary in Jinning County, Yunnan.

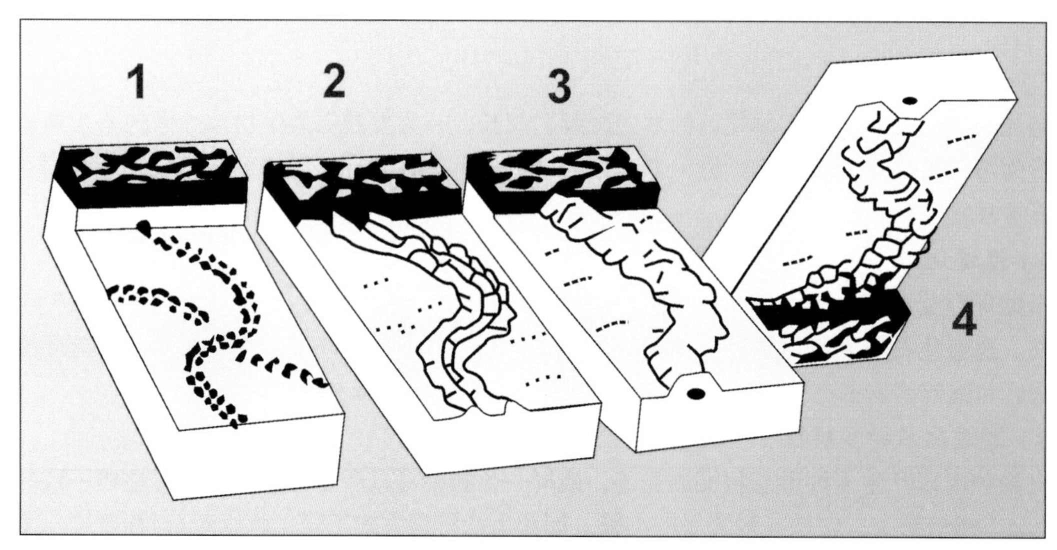

图5-1-2　同一习性的生物在不同岩性和保存位置形成的不同遗迹化石

Fig. 5-1-2　Various traces in the different preservational locations by the same behavior of organisms (modified from Ekdale et al., 1984)

1. ***Scalarituba*****；2.** ***Nereites*****；3.** ***Neonereites*****（上浮痕）；4.** ***Neonereites*****（下浮痕）**

（6）生物遗迹的相似性（多物一迹）

生物遗迹的相似性变化是指不同的造迹生物，如果行为类似，则在同一生态环境条件下可产生相同的遗迹。如图5-1-3所示，是由4种不同类型的动物在同一沉积底层上以相同的行为（停息）营造的相似的遗迹，即双叶卵形的停息迹——*Rusophycus*（皱饰迹）。

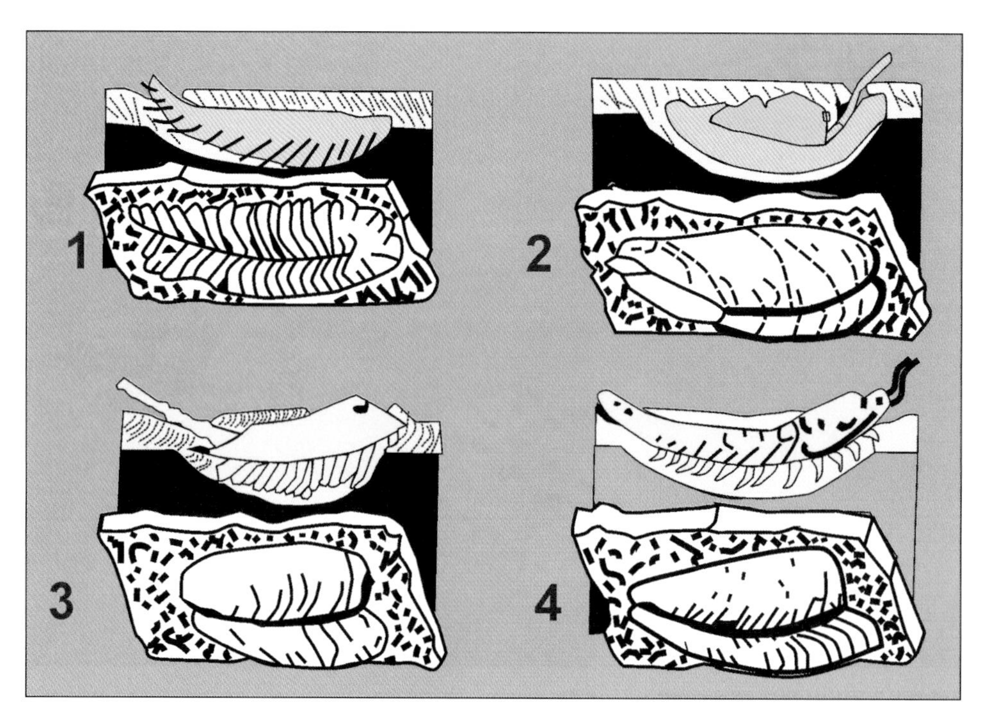

图5-1-3　不同生物形成同一遗迹化石*Rusophycus*

Fig. 5-1-3　*Rusophycus* made by different organisms (modified from Ekdale et al., 1984)

（7）生物遗迹的复合性

2种或多种不同的生物生活在一起，可以共同建造一种特殊的互相关联的潜穴系统。如图5-1-4所示，为鱼、螃蟹和挪威龙虾3种动物共建的并有内连接构造连成的复杂潜穴系统。所见潜穴均在一个平面视域上，其中的环状部分是动物进入潜穴的入口处。

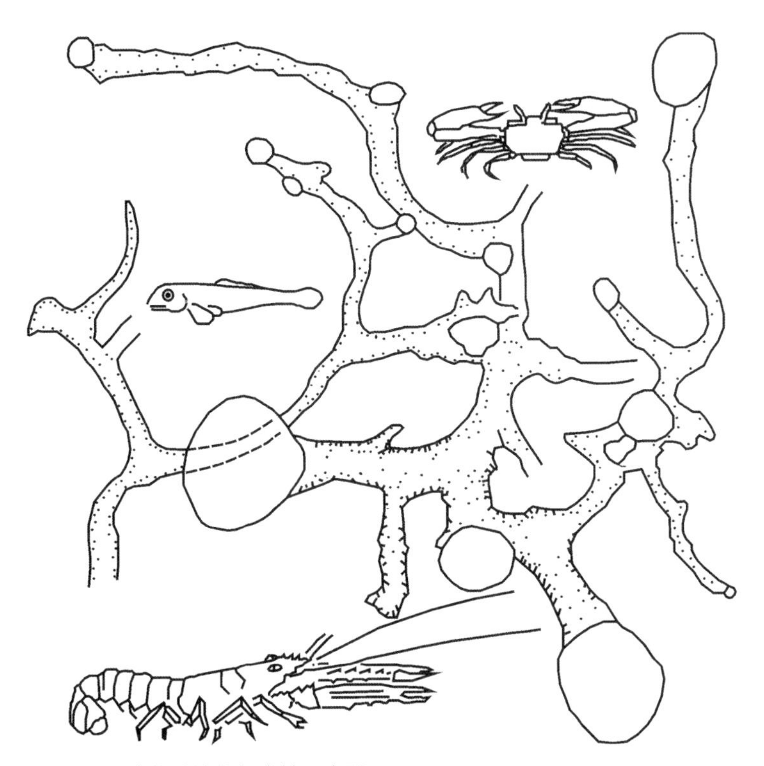

图5-1-4 生物遗迹的复合性示意图

Fig. 5-1-4 Compound trace made by various organims (modified from Ekdale et al., 1984)

1.2 分类与命名

1.2.1 分 类

由于遗迹化石存在着相似性、多样性和复合性等变化特点，因此相对于实体化石，遗迹学者依据遗迹化石自身特点，建立了4种不同的分类方案，即系统分类、保存分类、行为习性分类和形态分类。

遗迹系统分类被认为是正式的系统分类，它依据的是遗迹化石的形态和人们对它行为习性的解释。由于这种分类没有考虑生物成因上的或亲缘上的关系或联系，因此它实质上仍然属于人为分类或形态分类。这种分类系统，仅有遗迹属名和遗迹种名二级分类单位，更高的分类单元目前尚未建立起来。

为了便于研究，各国学者各自按不同情况采用非正式的更直观分类，如保存分类、行为习性分类和形态分类。

（1）保存分类

遗迹化石的保存分类是对化石产状的描述性分类，是依据遗迹化石在地层中保存的位置以及它们同沉积物的关系对其进行分类，故亦称部位分类。这种分类对于解释遗迹化石的形成同沉积作用、沉积环境的关系以及正确鉴定遗迹化石具有重要意义。

Seilacher（1964）所创立的保存分类如下：全浮痕（Full relief）（在岩层内部保存完整的生物成因构造，可以从母岩内完全剥离，成为外形清楚的三维空间构造）；半浮痕（Semirelief）（保存在2种不同岩性界面间，并且可以沿界面分开，又可分为上浮痕（Epirelief）和下浮痕（Hyporelief）。瑞典的Martinsson（1970）建立的保存分类主要是根据遗迹产生在沉积物中的位置将其划分为：内生迹（Endichnia）（遗迹产在沉积物的内部，遗迹完全包围在岩石之中）；外生迹（Exichnia）（保存遗迹的岩层并非它原来产出的岩层，它们曾经过冲刷和搬运，例如原来产在泥灰质中的潜穴或粪化石，经过波浪和水流搬运到较粗的岩石内）；表生迹（Epichnia）（遗迹产在岩层的顶面上，包括凸起或凹沟）；底生迹（Hypichnia）（遗迹产在岩层的底面上，包括底面上的凸起或凹沟）（图5–1–5）。

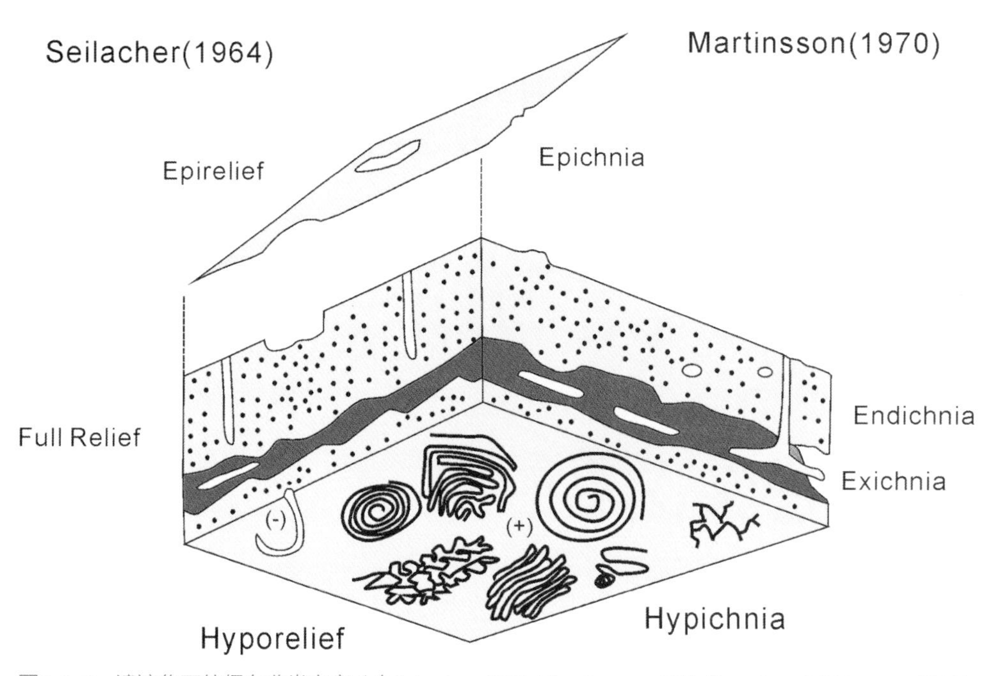

图5–1–5　遗迹化石的保存分类方案（自Seilacher, 1964; Martinsson, 1970; Buatois and Mángano, 2011）
Fig. 5–1–5　Sketch map showing the different preseravational classifications

（2）行为习性分类

行为习性分类，即遗迹化石的生态分类，最早由Seilacher （1964）提出，后来Ekdale, Bromely, Genise, Tapanil等进一步补充和描述，主要有14种常见类型（图5–1–6）。

①居住迹 （Domichnia）

居住迹的形态各异，有垂直或斜向的管状潜穴，有“U”形或分枝的潜穴，甚至还有复杂的潜穴系统。常见居住迹化石有*Ophiomorpha*（蛇形迹）和*Thalassinoides*（海生迹）等。

②爬行迹 （Repichnia）

爬行迹的典型实例有恐龙足迹、蜗牛拖迹以及能指示运动方向的三叶虫足辙迹。爬迹出现的环境因动物而异，也包括水生动物游泳迹或鸟类飞行迹。

③停息迹 （Cubichnia）

这类遗迹的形态常常星射状、卵状或碗槽状的浅凹坑，它能反映动物的侧面或腹面的形态特征，

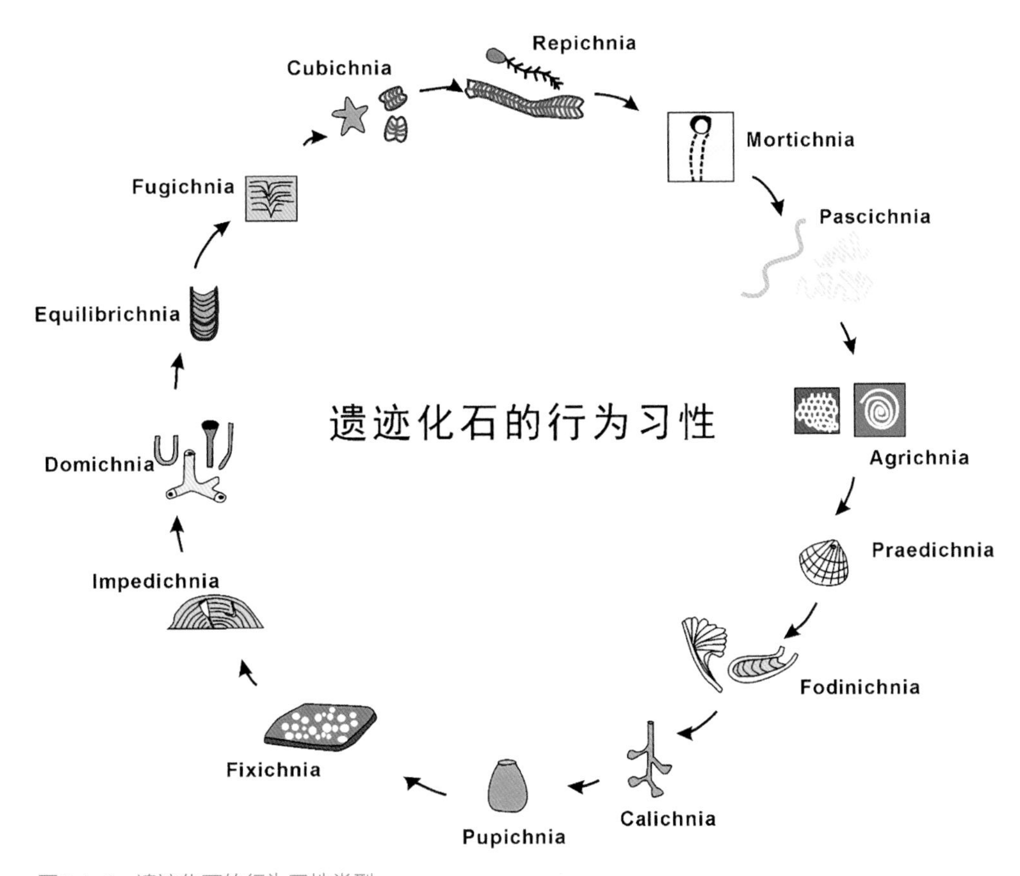

图5-1-6　遗迹化石的行为习性类型

Fig. 5-1-6　Ethological classification of trace fossils (modified from Buatois and Mángano and, 2011)

多呈孤立的、有时呈群集保存于岩层层面上。较为常见的停息迹化石有*Rusophycus*（皱饰迹），是三叶虫或其他类似节肢动物挖的椭圆二叶形小坑穴；其次为*Asteriacites*（似海星迹），是海星动物做前进运动所留下的压印痕；另外，由双壳动物留下的*Pelecypodichnus*（斧足迹）和*Lockeia*（枣核形迹）也是比较多见的类型。大多数动物停息迹产生在浅水透光区，也有少数产生在较深水区。

④觅食迹（Fodinichnia）

食沉积物的内栖动物活动时留下的层内潜穴。通常这类遗迹可概括为直–微弯曲管状潜穴、单向分枝、星射状分枝潜穴和复杂分枝潜穴系统等类型。

⑤牧食迹（Pascichnia）

也称为啮食迹，是动物边运动边啮食形成的，既可出现在沉积物表面，也可产生于底层内部。食沉积物的动物可活动于沉积物表层或接近表层之内，沿沉积物表面食取有机质。常见的牧食迹形态有螺旋形、环曲形和蛇曲形等。特征性的化石有呈线圈几何形态的旋链迹（*Spirodesmos*）、呈紧凑蛇曲形的蠕形迹（*Helminthoda*）和呈不规则弯曲的拟蠕形迹（*Helminthopsis*）。

⑥逃逸迹（Fugichnia）

逃逸迹是一种随着沉积作用突然变化而产生的动物逃跑形成的构造。当沉积速度加快时，动物为避免被沉积物窒息而迅速向上移动，穿过沉积物而留下的构造；当侵蚀作用加强时，动物立刻向下逃避以适应新环境，它们大多为半固着生物。如蠕虫、双壳类、腹足类和海星类等；典型的逃逸构造在地层中多呈人字形叠覆构造。

⑦耕作迹（Agrichnia）

常称为雕画迹（*Graphoglyplids* burrow）。这一名称来自拉丁文*agricola*，意为“农事”或“栽培”和“耕耘”。它们为一系列复杂的几何形水平潜穴通道。动物营永久性居住和觅食活动。常见的遗迹化石形态有：复杂蛇曲形，如*Cosmorhaphe*（丽线迹）；双螺旋形，如*Spirorhaphe*（螺旋迹）；多边网格形，如*Paleodictyon*（古网迹）等。

⑧捕食迹（Praedichnia）

动物在硬底质上的捕食行为所形成的遗迹。捕食迹的形态呈现为有壳类上的圆形钻孔、咬断或撕裂形的边缘。最早的捕食形钻孔发现在埃迪卡拉纪的管状化石*Cloudina*上。

⑨造巢迹（Calichnia）

成年的昆虫为了繁殖后代所进行的造巢和挖掘潜穴。这类潜穴受控于底质条件，尤其是湿度对其影响很大。这类潜穴的代表大多为甲虫潜穴，如*Coprinisphaera*, *Quirogaichnus*，或蜜蜂巢穴*Celliforma*。

⑩蛹化穴（Pupichnia）

昆虫在土壤或植被中建造的保护性蛹化穴，如*Fictovichnus*, *Pallichnus*, *Rebuffoichnus*。

⑪固着穴（Fixichnia）

表栖生物在其固着底质上的特殊固定构造，即可以由生物的软体来固定，也可能通过其骨骼来固定。代表化石有*Centrichnus*, *Podichnus*, *Renichnus*, *Stellichnus*, *Leptichnus*。

⑫生物幽禁构造（Impedichnia）

共生的微生物在生物骨骼中构建的寄生潜穴。代表化石有*Helicosalpinx*, *Tremichnus*, *Chaetosalpinx*。

⑬均衡潜穴（Equilibrichnia）

内生底栖生物随沉积物–水界面在加积和退积沉积作用中形成的一定深度的潜穴，包括向上和向下2种运行方式。当沉积速度过快时，均衡潜穴趋向于逃逸迹。代表化石有*Diplocraterion*, *Rosselia*。

⑭死亡遗迹（Mortichnia）

造迹生物最后一刻运动形成的遗迹，这类遗迹与造迹生物共同保存在一起，大多为节肢动物的足迹。这类遗迹大多保存在受浊流作用的缺氧环境中。代表化石有*Kouphichnium*。

（3）形态分类

纯粹按照遗迹化石的形态特征而归类，往往只是研究工作的初级阶段，但在野外工作中便于记忆和实用性，但这种分类与造迹生物种类毫无关系。

①简单垂直管状潜穴类

一般特征是：①潜穴与层面基本垂直或微微倾斜，孤立或成群产出；②单个遗迹形态呈直管状、略弯曲或顶部呈漏斗状，但不出现分枝潜穴；③潜穴从层面以直角或高角度向层内延伸；④多数潜穴为被动式充填，少数为主动式充填，即具有回填纹构造，有的还具有同心纹构造。

②“U”形潜穴类

“U”形潜穴类是一些在垂直剖面上成“U”形管状或“W”形管状的潜穴，也包括成“J”形和“Y”形管的潜穴。这类潜穴与层面基本垂直或稍有倾斜，并且有些“U”形潜穴管下部渐渐倾斜到与层面平行，有的潜穴管间还发育蹼状构造。

③直–弯曲形遗迹类

这类遗迹的一般特征是遗迹的轨迹呈平直—微弯曲—任意弯曲形，保存的化石有层面脊痕和沟痕，也有层内潜穴（有的具有蹼状构造）。它们的分布与层面平行或基本平行，有些遗迹部分平行层面、部分以各种角度穿入层内。遗迹的外部表面光滑或具有各种纹饰。造迹生物有在层面爬行或拖行的动物，也有向层内挖掘潜穴的食泥动物。

④蛇曲形遗迹类

此类遗迹的显著特征是遗迹的轨迹呈蛇曲形弯曲。这种弯曲呈180°大回转，形态变化包括规则、较规则和不规则蛇曲形以及波状弯曲形。它们沿层面或平行层面分布，呈半浮痕保存，多数为觅食拖迹，少数为爬行迹或表层潜穴。

⑤环曲形遗迹类

该类遗迹以其轨迹呈圆环状或似圆环状为其特征，沿层面或平行层面分布，主要为半浮痕保存，多数为觅食拖迹，少数为进食与居住的潜穴。典型遗迹属有*Circulichnis*（单环迹）、*Cycloichnus*（柱环迹）和*Spirorhaphe*（旋线迹）等。

⑥螺旋形遗迹类

这是一类具有螺旋状形态的进食潜穴，由层面向层内渗入，深度从数厘米到数十厘米，内迹保存。其造迹生物多为食泥动物，具有螺旋式开拓底层沉积物的能力，以便最大限度地摄取沉积物中的营养物质。

⑦星射状遗迹类

此类系一组沿层面或平行层面分布的星射状遗迹，有的呈辐射分枝形。造迹生物及生态类型多样，有栖息迹、拖迹、进食迹和居住迹，半浮痕或全浮痕保存，一般产生于浅水较低能环境。

⑧树枝状遗迹类

这是一类具有树枝式分叉形态特征的遗迹，包括垂直或倾斜于层面的居住–进食潜穴和平行层面分布的拖迹或进食迹；多数为全浮痕保存，但也有少数半浮痕保存者；形成的背景条件从中等能量到低能环境皆有。

⑨网格状遗迹类

网格状遗迹是一种特殊的进食潜穴（图5–1–7），它平行于层面分布，潜穴结成网状。造迹生物采用的是圈闭式捕食方式，以吸取穴内微生物或其他有机营养物。化石保存方式既有全浮痕也有下浮痕。目前已知这类痕迹仅出现于深水环境或深水浊流沉积中。

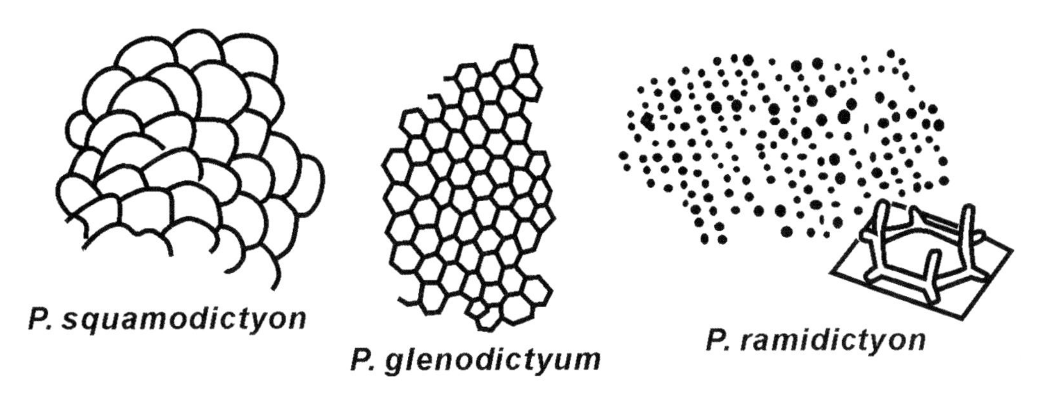

图5–1–7　网格状遗迹化石*Paleodictyon*的3种主要形态

Fig. 5–1–7　Three types of net-like *Paleodictyon* (modified from Seilacher, 2007)

⑩卵形与胃形遗迹类

卵形痕迹是指软质底层上的停息迹。

胃形痕迹也称囊状痕迹，它是指硬质底层（固底、硬底、木底和壳底）上的一系列钻孔迹。

⑪点线形爬行拖迹和足趾行迹类

系由动物足指或附肢在软质底层面上行走、拖动或爬动而造成的一系列点状坑和线状沟与脊迹。这些点线形痕迹排列有序、特征各异，主要受控于造迹生物的足指或附肢数量、大小和运动方式或方向。半浮痕保存，下浮痕为多。

应该指出，上述11类遗迹未包括大型脊椎动物足迹，因为依据这类足迹一般能恢复造迹生物，从而可以采用生物系统分类来描述。此外，斑点状的生物扰动潜穴仅作为一种生物足遗迹组构来研究，无需确定遗迹化石属名和种名，故也不包含在遗迹形态分类中。

1.2.2 命 名

遗迹化石的命名方法仍然采用“国际动物命名法则”所规定的“双名法”，即种名的构成为“属名+种名”再注上命名者和命名日期，属名和种名均使用拉丁文或拉丁化的命名，如*Planolites rugulosus* Reinick，1955。

遗迹化石的命名，除应当了解“国际动物命名法规”的有关规定以外，还应当强调两点：首先，被命名的遗迹化石是生物行为习性表现的沉积构造而非生物体本身，即便是生物与遗迹二者同时在一个产地发现，二者也必须分别命名，生物名称与其遗迹化石二者不是同义名；其次，命名的遗迹化石应当是采自野外露头或钻孔岩心，最好是能见到三维的实体。命名新遗迹种应有典型标本作全模标本，建立新遗迹属应指定典型种。

遗迹化石的名称（属、种）在印刷时按国际惯例，应当使用斜体字，这与古生物学中动植物名称均采用斜体字一样，表示这个名称是正式的，并受到国际法规的保护。

1.3 习性类型及化石代表

遗迹化石的行为习性分析正像古生态学中的形态功能分析一样，是遗迹学最基本、最重要的研究内容。大多情况下，遗迹化石很少同它们的遗迹生物同时保存，那么对遗迹化石的行为习性分析可能是古生物学中提供灭绝生物行为学最重要的证据。只有通过行为习性分析这个桥梁才有可能使遗迹化石同沉积环境联系起来。

1.3.1 潜穴的类型及其功能

钻孔形成在坚硬的底层内，区分钻孔是居住还是觅食形成的主要根据是这个底层中是否含有大量的食物。如果钻孔没有觅食的目的，可能为造迹生物形成的居住钻孔。食肉腹足类在贝壳上的钻孔，或食珊瑚的鱼牙咬过的遗迹，则证明是觅食形成的。船蛆（*Teredo*）的钻孔则既有觅食也有居住的目的。潜穴比钻孔更难识别其目的性，一般来说居住潜穴比较具有长期性，是由海洋无脊椎动物造成的永久性居住潜穴。

（1）居住潜穴

居住潜穴是造迹生物为了防止捕食动物的侵袭或者是逃避底层之上不利的环境条件。是造迹动物的一种战略，用来适应经常变化的环境条件，或者可以预期是不利的周期性变化，或者是对一些突发性变化（风暴或气温的突变）的一种避难地。

居住潜穴主要是造迹生物为了躲避外界基底之上不利的环境变化，大部分居住在底层的表面附近。代表性的化石有*Arenicolites*, *Opiomorpha*等（图5-1-8）。

Arenicolites Salter，1857（似沙蠋迹）：简单无蹼状构造的U形潜穴，U形管垂直于层面，在岩层表面上横切面为一对圆形管。U形管的大小、直径、深度和间距变化较大，管壁光滑或有衬壁。产出时代：寒武纪—现在。

Ophiomorpha Lundgren，1891（蛇形迹）：直、弯曲或偶有分枝的潜穴，内部光滑，外表具粪粒黏结的瘤粒或疙瘩状。潜穴剥蚀后外表光滑。产出时代：寒武纪—现在。

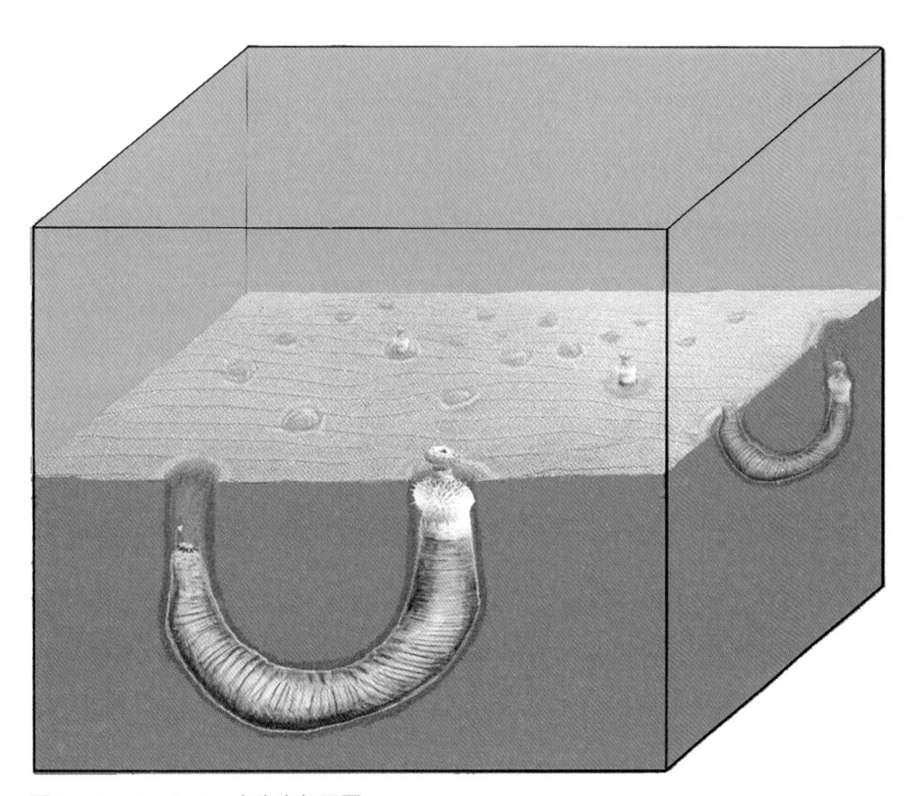

图5-1-8　*Arenicolites*古生态复原图
Fig. 5-1-8　Palaeoecology of *Arenicolites*

（2）觅食潜穴

觅食潜穴是由生物穿过松散的沉积物寻找食物形成的。觅食潜穴的形成决定于生物的形态和行为习性以及环境因素的控制，例如沉积物的性质、种类及其所含食物等。

食沉积物的觅食策略，主要是希望用最低的能量消耗来获得最大数量的食物。对于无选择性的食沉积物动物，希望如何覆盖全部面积而将来回重复减到最低限度。对于有选择性的食沉积物的动物则除去希望覆盖全区以外，就是选择有效的觅食方式。觅食迹的形态决定于食物的丰富程度以及食物是在沉积物之上还是混在其中。地史中常见的觅食潜穴如下（图5-1-9，图5-1-10）：

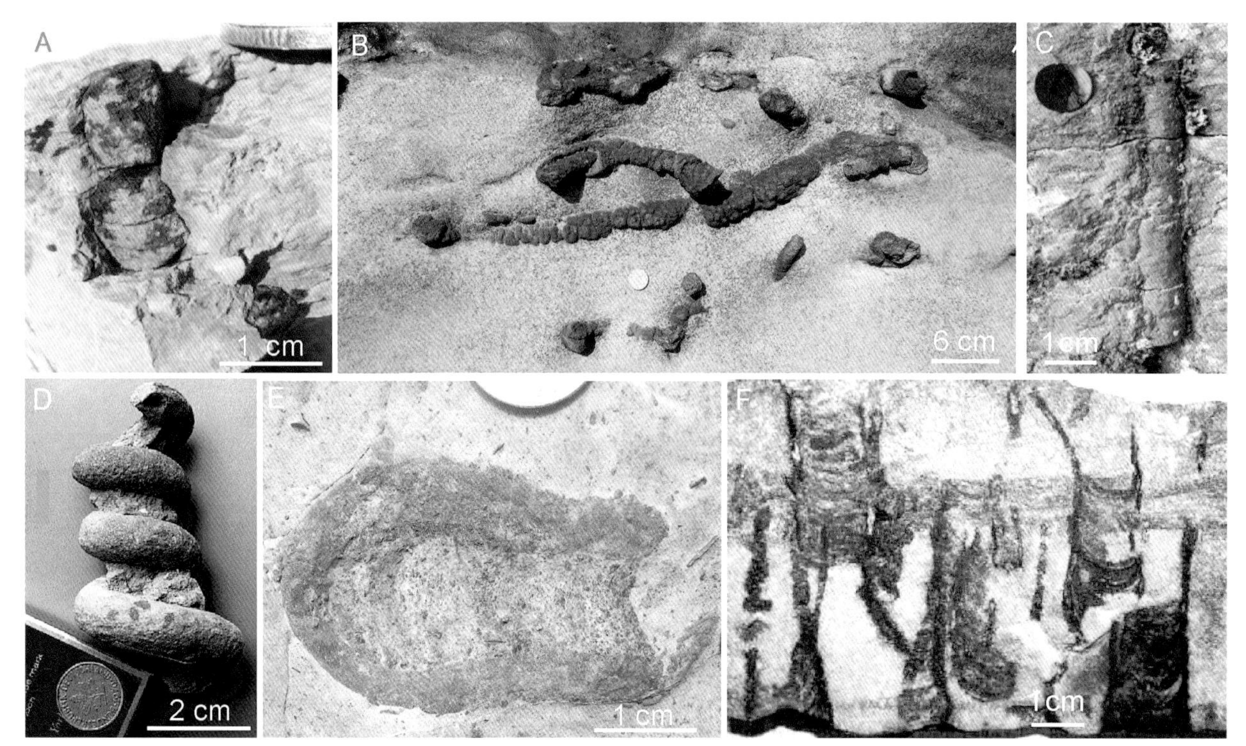

图5–1–9　显生宙部分典型的觅食潜穴（一）

Fig. 5–1–9　Classic fodinichnia (Part One) in the Phanerozoic

A. *Arenicolites*（泥盆纪，华南）；B. *Ophiomorpha*（中新世，日本）；C. *Skolithos*（泥盆纪，华南）；D. *Gyrolithes*（侏罗纪，法国）；E. *Rhizocorallium*（侏罗纪，西班牙）；F. *Diplocraterion*（寒武纪，挪威）

①简单管状潜穴，为一端开口，另一端封闭的潜穴，包括垂直的*Skolithos*和J形的*Dedalus*等。

Skolithos Haldemann，1840（石针迹）：垂直于岩层的直立管群，潜穴紧密充填，不分枝的直立潜穴相互平行，常成群出现在砂质沉积物中，直径2 ~ 15 mm，深几厘米到 30 cm，一般3 ~ 5 cm，横切面呈圆至亚圆形，潜穴表面光滑或有细环纹，潜穴内部无构造为被动充填。时代：寒武纪—现在。

②“U”形潜穴：“U”形潜穴的深度和直径与造迹生物的身体大小相适应，它们长期生活在潜穴中失掉了对光线的感觉多数依靠海水带来的微生物生活。“U”形潜穴的目的是使水流循环，动物便于获得新鲜的水流、溶解氧及食物；有些“U”形管一端进水，另一端排除废物和粪便。地史时期的“U”潜穴划分为两大类：不具有蹼状构造的简单“U”形潜穴*Arenicolites*和具有蹼状构造的*Diplocraterion*和*Rhizocorallium*。

Diplocraterion Torell，1870（双杯迹）：具蹼状构造的“U”形潜穴，垂直层面排列。“U”形潜穴的栖管光滑无饰，圆柱形末端呈烟管状延伸到层面之上，在层面上常见成对的圆形管口。蹼状构造分为前进式和后退式，潜穴底部为半圆形或直线形，潜穴直径 5 ~ 15 mm，两栖管之间 2 ~ 3 cm，潜穴深2 ~ 15 cm，宽1 ~ 7 cm。时代：寒武纪—现在。

Rhizocorallium Zenker，1836（根珊瑚迹）：与层面平行或略斜交的具有蹼状构造的“U”形潜穴。“U”形潜穴的两翼管基本上近于互相平行，偶有上部向外方倾斜或具有侧翼管。“U”形管的外表偶有纵纹，表明为动物的抓痕。常有小粪粒附在栖管内模上。时代：寒武纪—现在。

③甲壳类潜穴：甲壳动物的潜穴多为不规则形态的潜穴，从前寒武纪到现在都有分布。根据地史

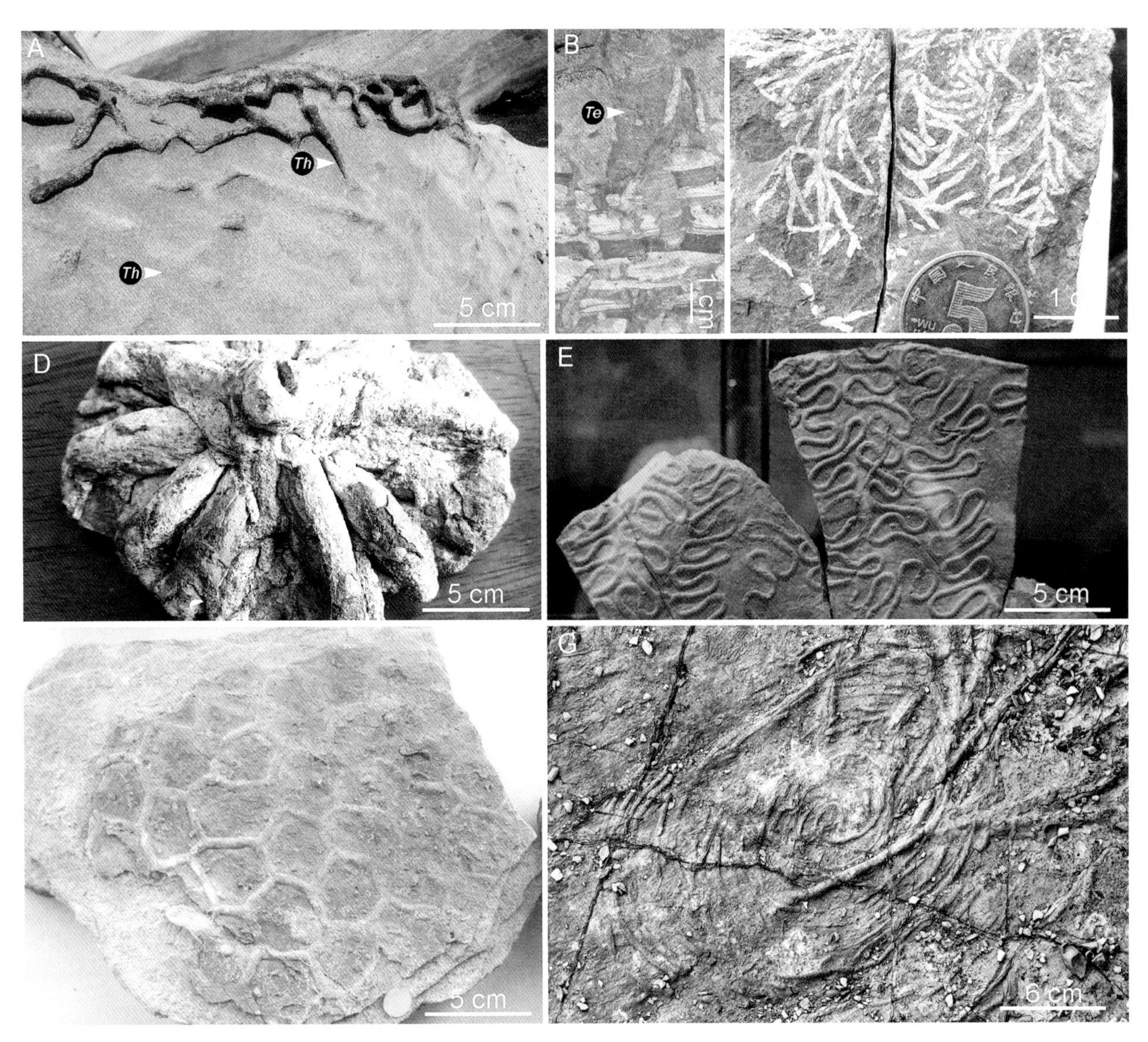

图5-1-10　显生宙部分典型的觅食潜穴（二）
Fig. 5-1-10　Classic fodinichnia (Part Two) in the Phanerozoic
A. *Thalassinoides*（中新世，日本）；B. *Teichichnus*（三叠纪，华南）；C. *Chondrites*（二叠纪，华南）；D. *Asterosoma*（石炭纪，美国）；E. *Cosmorhaphe*（白垩世，波兰）；F. *Paleodictyon*（侏罗纪，西班牙）；G. *Spirorhaphe*（渐新世，西班牙）

时期保存的遗迹潜穴形态将其分为几个不同的遗迹属：保存在软底底层而又胶结沉积物中的潜穴，潜穴表面光滑无饰，保存为"Y"形分叉者为海生迹（*Thalassinoides*）；潜穴产生在疏松的砂内，动物在潜穴衬壁上以排泄的粪粒胶结加固，形成瘤状潜穴，为蛇形迹（*Ophiomorpha*）；在致密坚硬的沉积物中潜穴壁上保存有各种纵长细抓痕为海绵形迹（*Spongeliomorpha*）；在新生代地层中还发现它们的潜穴下部偶有成螺旋形卷曲的潜穴名为螺管迹（*Gyrolithes*）。

Thalassinoides Ehrenberg，1944（海生迹）：三维空间展布的潜穴系统，并有垂直管与沉积表面相通，表面光滑或偶有小瘤。水平方向呈多枝网格状互相连接或垂直。常作"Y"字形或近垂直分枝，分枝处略膨胀变粗大。时代：寒武纪—现在。

Gyrolithes de Saporta，1884（螺环迹）：左旋或右旋的螺旋形潜穴。直径数厘米，直立长度

15 ~ 20 cm，潜穴的螺旋管粗细相近，始端比末端稍粗。潜穴常与层面垂直或斜交，潜穴内模光滑或黏有小型粪粒结构。时代：三叠纪—现在。

④具回填构造的潜穴：潜穴的内部具有新月形蹼纹，表明为食沉积物的造迹生物生活其间将排泄物在潜穴内部主动回填以避免开口。Seilacher将具有回填构造的潜穴大体分为3种类型：包括横向回填（垂直于潜穴长轴方向形成层层回填，如墙形迹*Teichichnus*）；末端回填（从一段向另一端充填，如*Phycodes*, *Chondrites*）；放射状回填（动物并非一个方向回填，而是绕身体充填成放射状，如*Asterosoma*）。

Teichichnus Seilacher，1955（墙迹）：具蹼状构造的一系列直形管潜穴，外形排成墙状的隔板构造，在垂直平面的方向上，可见向上或向下移动形成的蹼状构造呈“U”形重叠，在层面上见到直形管，一般不分枝，深可达数厘米。时代：寒武纪—现在。

Asterosoma Von Otto，1854（星瓣迹）：大型星状体，有一高的中心，3 ~ 9个放射脊，每个放射脊长度不同，末端尖圆，表面有不同长度的纵向皱纹。时代：寒武纪—现在。

Chondrites Sternberg，1833（丛藻迹）：树枝状分枝潜穴系统，分枝成细管形粗细一致的潜穴。每一个分枝并不穿越其他分枝，垂直分枝潜穴穿过层面为主潜穴，分枝潜穴斜穿层面或趋向于平行层间。时代：寒武纪—现在。

⑤蛇曲型潜穴：造迹生物所进行的觅食、产卵、捕食、耕地等多种目的，表现为企图尽量覆盖面积而又避免穿越原来的地方。蛇曲形用来作为觅食的目的为最佳方案。蛇曲形潜穴多见于深海复理石相中，并多从为雕画迹，如几何形水平潜穴 *Cosmorhaphe*、双螺旋形*Spirohaphe*、六角形网状*Paleodictyon*。时代：前寒武纪—现在。

Cosmorhaphe Fuchs，1895（丽线迹）：单位不分叉的隆脊状遗迹，常成蛇曲形作规则弯曲，蛇曲由大小两级组成，蜿蜒互不相切，并不封闭，遗迹化石与层面平行，以底面凸起保存，属雕画迹一类，组成遗迹的线条为光滑半圆柱形。时代：奥陶纪—现在。

Paleodictyon Meneghini，1850（古网迹）：大小相等的蜂巢状网格构造，具有规则的六边形或五边形，突出于岩层底面形成网孔，边缘突起，网孔偶尔也可以有4 ~ 8条边。网孔大小一致，保存为底迹突起，在网孔边缘上偶有小形圆或椭圆形疹瘤，密集排列成行。时代：前寒武纪—现在。

Spirorhaphe Fuchs，1895（旋线迹）：螺旋藻旋转的线形通道，先从外边向内旋转，遗迹全体成螺旋形，在中心部位向回旋转，旋线夹在原来各圈之间。时代：寒武纪—现在。

1.3.2 停息迹的分析

停息迹是由表生底栖动物或底栖动物游泳形成的，反映造迹生物短暂的运动。代表动物运动量最小，或动物的活动刚刚结束，或逃避追捕后隐藏在沉积物之下，或是伺机捕食即将开始的向前运动，多保存为岩层表面凹陷，或底部铸形。因此，停息迹通常能反映出造迹生物的腹侧（下部）轮廓（图5-1-11）。

如由腔肠动物海葵类造成的停歇迹，多产生在岩层的下底面，呈半圆锥形的凸起。软体动物双壳类的停息迹*Lockia*通常形似枣核，反映出斧足类双壳类的下部。棘皮动物海星和海蛇尾造成的停息迹（*Asteriacites*），反映出造迹生物在造迹过程中利用腹面的小形步足向外侧划动，将沉积物推向两边的运动过程。节肢动物三叶虫类形成的停息迹*Rusophycus*成短椭圆形，反映出三叶虫类的腹侧轮廓。

Rusophycus Hall，1852（皱饰迹）：深或浅的水平分布的短二叶型遗迹，呈卵圆形潜穴，保存为岩层底部凸起，宽度相当长度的1/3 ~ 1/2。遗迹后部两叶相互平行并相互对应，中间常见中沟。表面

垂直横纹或斜倾抓痕排列，比较常见的是前侧方倾斜，偶尔可出现侧肋、外肢、头刺和尾部印痕。时代：寒武纪—现在。

Asteriacites Von Schlotheim，1820（星动迹）：形状如海星和海蛇尾的印痕化石，放射痕上时常产生横纹，遗迹的形态为五辐射对称（5的倍数）。时代：寒武纪—现在。

图5-1-11　显生宙典型的停息迹
Fig. 5-1-11　Classic repchnia in the Phanerozoic
A. *Rusophycus*, *Cruziana*（奥陶纪，葡萄牙）；B. *Asteriacites*（三叠纪，法国）

1.3.3　爬行迹分析

爬行迹是底栖动物或底栖游泳动物所形成的，爬行迹最普遍的例子是由捕食动物、腐食动物，以及某些食沉积动物所形成的。爬行迹一般为直线形，有方向性，包括足迹和移迹。一般根据足迹大小可以估计动物的大小。脊椎动物的足迹大多形成于靠岸的边缘地区，一般不易保存下来，只有形成于软而潮湿的地区，并很快被沉积物掩埋下来，才能保存。

（1）足迹的分析和解释

足迹化石研究中比较困难的是单一的孤立的足迹（外膜或铸型），单一的足迹无法判断是四脚动物还是两脚动物，是前脚还是后脚。最好能发现至少3对连续排列的足迹（6个足迹，外膜或铸型），这样可以确定动物前进的步调（图5-1-12）。

足迹化石的保存情况可以判断当时的沉积环境和底层情况，例如蟾蜍兽足迹（*Chirotherium* trackways）通常产在泥裂发育的地层。由于泥裂切过足迹，证明足迹形成于泥裂发生之前较潮湿的软基底，后来由于基底暴露在水面之上在气候干旱情况下产生泥裂（图5-1-13）。

（2）节肢动物足迹

与脊椎动物不同，节肢动物为多足纲，其形成的足迹较之脊椎类动物会更加的复杂。节肢动物的下足迹陷入泥内往往会形成足迹后跟。特别是行动时，用力较强的推动足迹，扎入沉积物内足趾前端部分往往分开，当用力拔出收回时，在足迹的后缘形成小丘状隆起。

以三叶虫为例，三叶虫身体两侧对称，近侧部有许多附肢，它的附肢大小和排列的间距不同且身体前部的附肢较大，所以前面附肢排列间距较大些，后面的间距较小些。三叶虫沿沉积物表面向前爬行时会形成左右对称的近“V”字形排列的足迹凹坑。由此推测，三叶虫的运动轨迹呈波状，即一个附肢紧接着一个附肢形成一排或一套足迹，多数情况下向前运动时前脚足迹可以被后脚足迹压上，形成双形迹（*Dimorphichnus*）（图5-1-14，图5-1-15）。

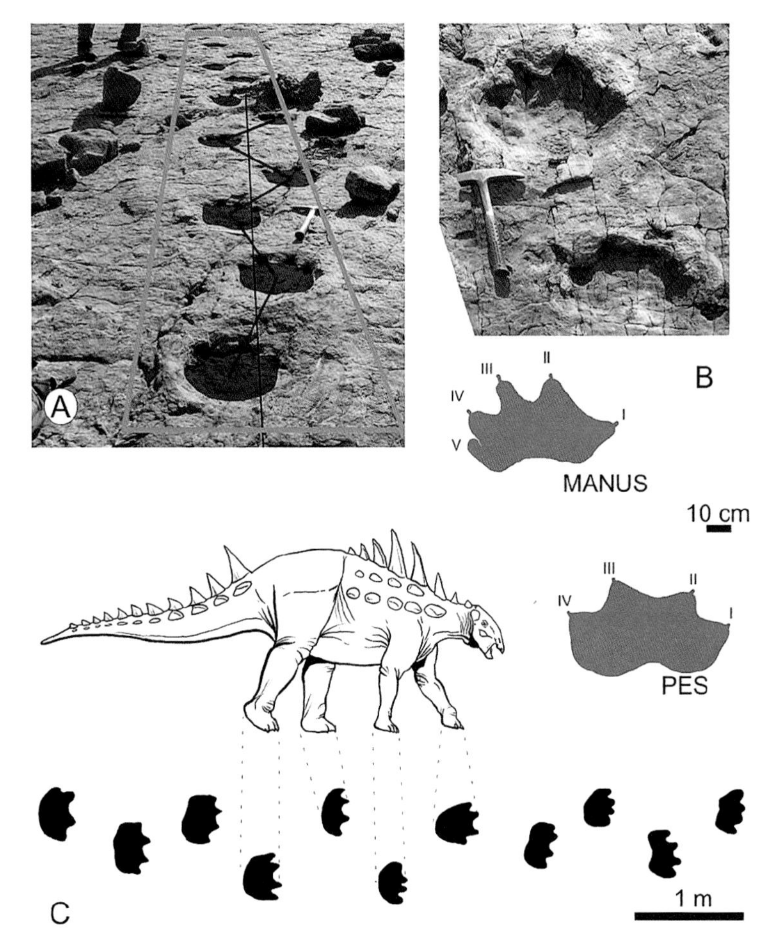

图5-1-12　玻利维亚侏罗纪—白垩纪红色砂岩中的似甲龙类足迹

Fig. 5-1-12　Tracks of ankylosaur in the Jurassic-Cretaceous sandstone of Bolivia (modified from Apesteguìa & Gallina, 2011)

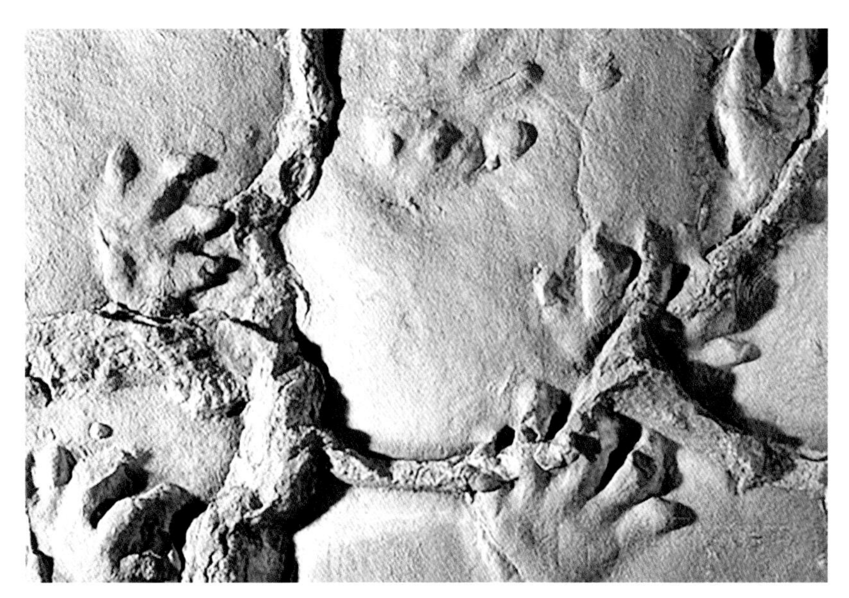

图5-1-13　德国三叠纪砂岩中的蟾蜍兽足迹化石

Fig. 5-1-13　*Chirotherium* trackways in the Triassic sandstone of Germany (from Wikipedia)

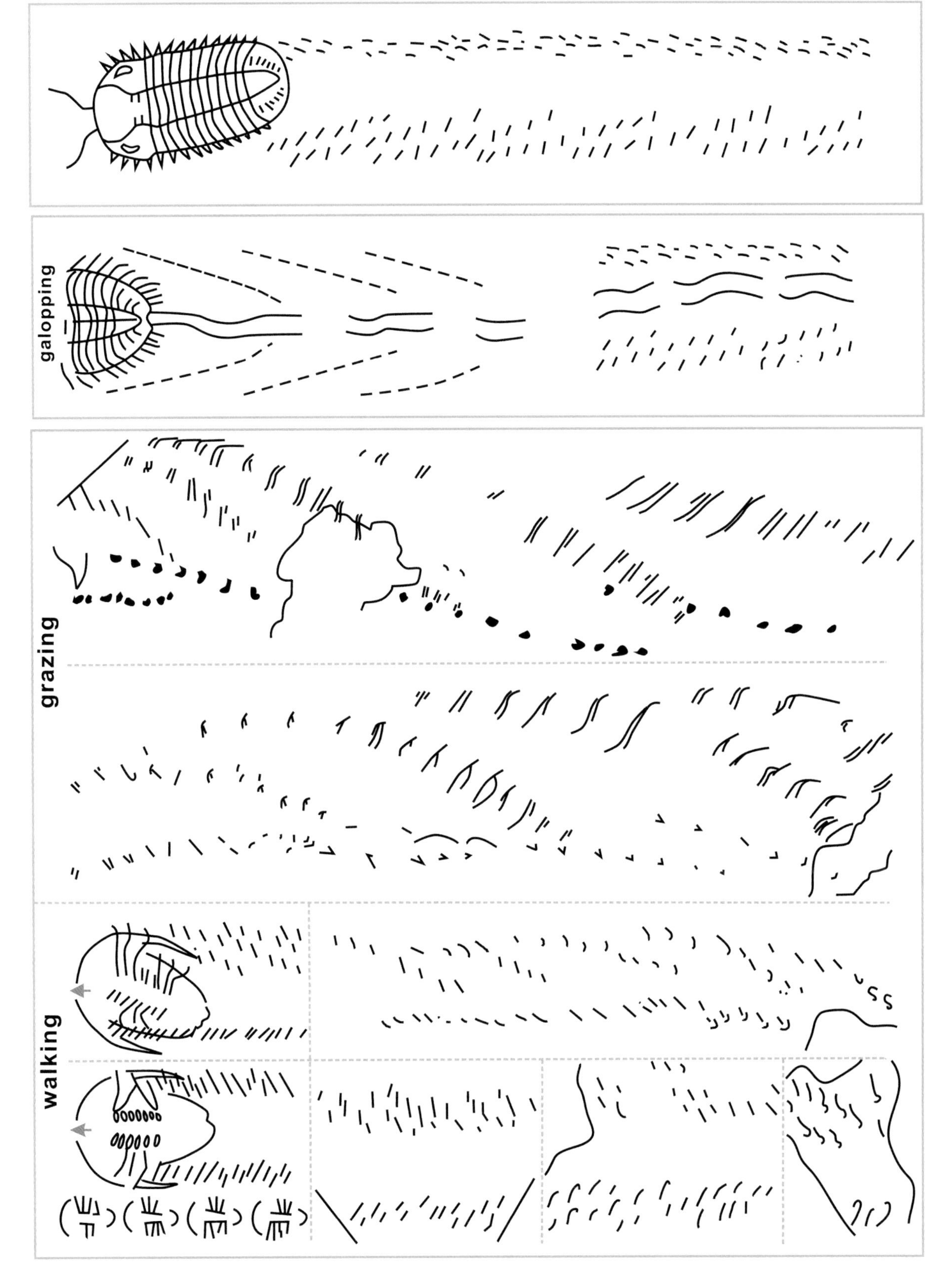

图5-1-14　三叶虫的爬行迹特征示意图
Fig. 5-1-14　Sketch map showing the different repichnia of *Trilobites* (modified from Seilacher, 2007)

图 5-1-15　三叶虫的爬行迹古生态复原图
Fig. 5-1-15　The palaeoecological reconstruction of *trilobites* repichnia

1.4　遗迹组构与遗迹相

1.4.1　遗迹组构

遗迹组构是指沉积物（岩石）中生物扰动和生物侵蚀作用所遗留下来的总体结构和内部构造特征，是各期扰动生物在沉积物中活动历史的最终记录。它是物理过程和生物过程相互作用的产物（Ekdale and Bromely，1982）。遗迹组构的控制因素包括物理因素和生物因素，物理因素如沉积幕次的速率和性质，总体沉积速率、成层厚度、沉积物颗粒大小与分选程度，以及侵蚀的速率和性质，生物因素如生物群落的生活习性、生物个体大小和生物殖居底质的速率。遗迹组构记录了沉积物中生物扰动的全部内容，包括可鉴定属种的单个遗迹化石和无法辨认的生物扰动构造。在复杂的遗迹组构中，前者往往构成后者的基底。与传统的遗迹化石研究方法不同，遗迹组构分析更强调生物活动与沉积物之间的相互关系。

（1）遗迹组构的描述：生物扰动与扰动指数

生物扰动是由于生物活动使沉积物发生位移和改造、破坏原生物理构造、特别是成层构造的一个生物成因过程。生物扰动构造可以被看作是一种破坏机制，它不仅使不同沉积物发生混合，而且也将地球化学和古地磁信息变得模糊，这种改造可以发生在同沉积期或成岩期。生物扰动可以通过混合沉积物而改变沉积底质，也可以通过沉积物的压实，脱水和生物分层，生物沉积，生物侵蚀等而产生新的结构。生物扰动强度应是对整个沉积物受生物扰动程度的半定量化估计。Droser and Bottjer（1986）也依据扰动面积百分比建立了6个等级的生物扰动评价指数（表5–1–1）。为了野外工作方便，他们制作了放大的各级生物扰动指数图例示范卡片来简化生物扰动评估（图5–1–16）。这种方法主要用于简单遗迹组构的评价和垂向剖面的连续度量，但对发育多个世代阶层关系的复杂遗迹组构遗迹水平扰动量的评价并不敏感。

表 5-1-1　根据相对于原始沉积组构的改造量而划分的生物扰动等级

Table 5-1-1　Classification of ichnofabric index based on transformed orginial sedimentary fabric

扰动等级	扰动量 /%	描　述
1	0	基本上无扰动，原始层理保存完好
2	1 ~ 10	不连 续，孤立的潜穴，层理尚清楚，潜穴密度低
3	10 ~ 40	潜穴一般呈孤立状，局部可叠覆，层理部分可见
4	40 ~ 60	潜穴常叠覆，边界轮廓不清晰，扰动残留层理可辨认
5	> 60	层理被完全扰动，但潜穴仍然不连续，组构未完全混合
6	100	层理几乎或完全被生物扰动均质化

Taylor and Goldring（1993）也提出了一个生物扰动指数的划分方案（表5–1–2），它是用受扰动或生物挖掘的那部分沉积物在整个沉积物中所占的百分比来表示的。这一方案将生物扰动划分为7个（0 ~ 6）等级，并对每一扰动等级均从生物潜穴的分异度、叠加程度和原始沉积构造的清晰度等几个方面做了详细的描述，加以限制。该方案的优点是术语简单，易于识别，考虑到了群落结构的影响，认识到了高的生物扰动强度，往往是不同组合的遗迹互相叠加的结果。

表 5-1-2　相对于原始沉积相的改造量而划分的生物扰动等级

Table 5-1-2　Classificiation of bioturbation index based on the transformed orginial sedimentary facies

扰动等级	扰动量 /%	描　述
0	0	无生物扰动
1	1 ~ 5	零星生物扰动，极少清晰的遗迹化石和逃逸构造
2	6 ~ 30	生物扰动程度较低，层理清晰，遗迹化石密度小，逃逸构造常见
3	31 ~ 60	生物扰动程度中等，层理界面清晰，遗迹化石轮廓清楚，叠覆现象不常见
4	61 ~ 90	生物扰动程度高，层理界面不清，遗迹化石密度大，有叠覆现象
5	91 ~ 99	生物扰动程度强，层理彻底破坏，但沉积物再改造程度较低，后形成的遗迹形态清晰
6	100	沉积物彻底受到扰动并因反复扰动而受到普遍改造

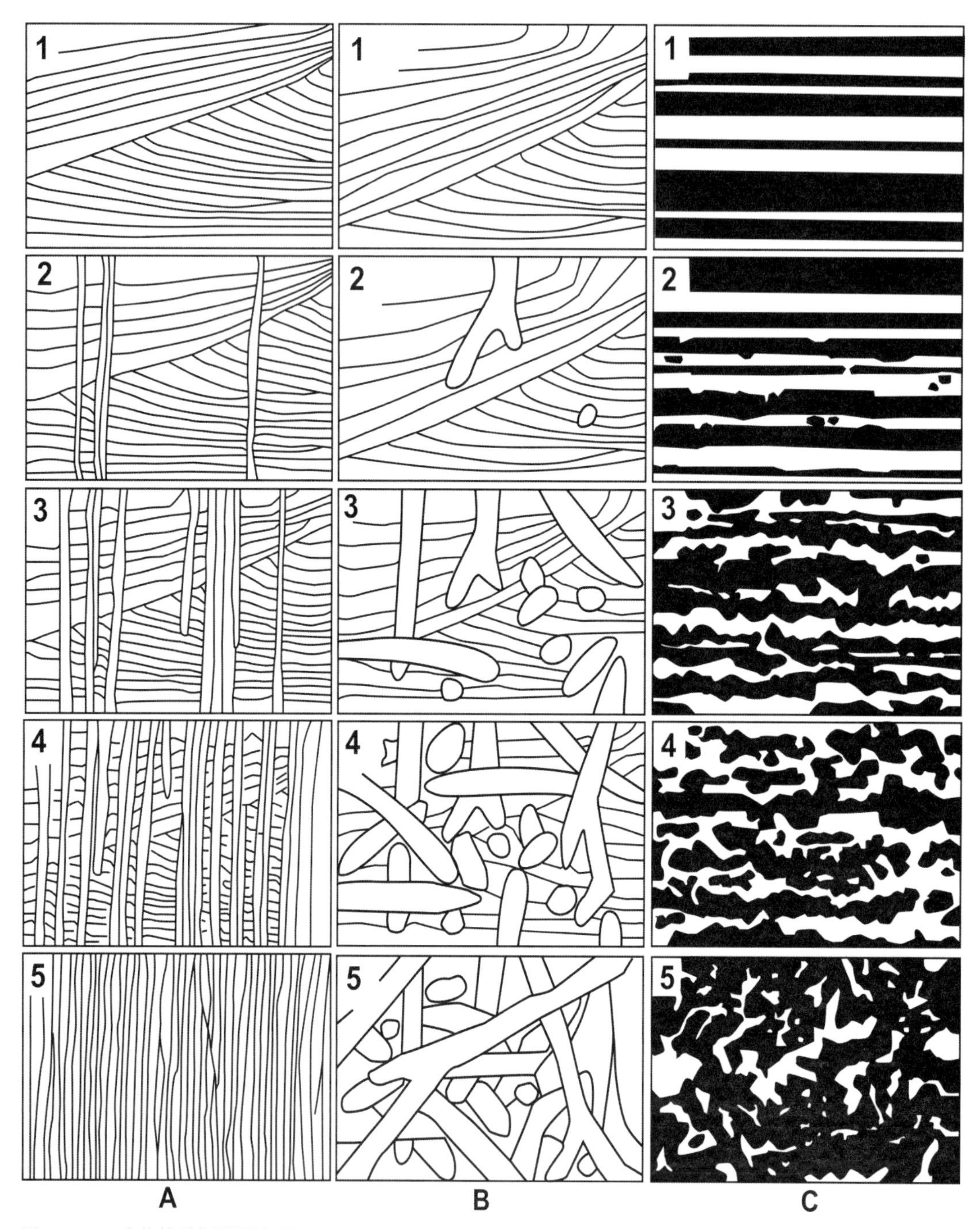

图5-1-16 生物扰动指数示意图

Fig. 5-1-16 Sketch showing ichnofabric index (modified from Droser and Bottjer, 1986, 1989)

A.以*Skolithos*为主的近岸高能砂质沉积；B.以*Ophiomorpha*为主的近岸高能砂质沉积；C.陆棚沉积

Droser and Bottjer（1986）提出的扰动等级划分方法主要用于简单遗迹组构的评价和垂相剖面的连续度量，但对发育多个世代阶层关系的复杂遗迹组构，遗迹水平扰动量的评价并不敏感，而且对扰动等级的划分略显粗糙。因此，笔者推荐研究者使用Taylor and Goldring（1993）提出的划分方案。

（2）复合遗迹组构和世代阶层形式

遗迹组构可以是单一生物扰动事件的产物，即在该遗迹组构被保留下来之前，沉积物中只有种类单一的内栖生物群落生存过，其活动可以部分乃至全部破坏掉原始无机沉积构造。在更多的情况下，遗迹组构是不同的、相继出现的内栖生物群落或亚群落叠加扰动的结果，称之为复合遗迹组构。

在典型的复合遗迹组构中，生物遗迹垂向上分带，反映底层内部的生境分异特征（图5-1-17）。复合遗迹组构的形成过程非常复杂，其阶层式扰动形式常有多种，但由于浅层或早期形成的生物遗迹因底层较软，并反复为深层或后期形成的生物遗迹截切、穿插，而变得模糊不清，甚至被完全破坏掉，生物遗迹在底层中的分带现象往往变得不易识别。因此，在生物扰动的基底上，出现清晰、较清晰的遗迹化石形态，是复合遗迹组构较为普遍的一种表现形式。那些保存良好的遗迹化石仅仅代表整个生物成因构造体系中那些处于深层阶层或较晚形成的部分。它们形成于底层深处，物理、化学条件远不同于海底，因而不能反映真实的海底环境；而那些保存较差的或模糊不清的遗迹，形成于较浅的位置，却是海底条件直接控制下生物活动的产物。理清遗迹化石相互交切关系和形成的先后顺序，进而重建化石群落的垂向分带，对精细解释古环境至关重要。

值得一提的是，目前遗迹组构的研究，几乎全部局限在垂直剖面。对大多数海相沉积环境来说，内生生物群落垂直分带现象明显，垂直剖面便于空间上研究。但在大部分时间为缺氧半缺氧的深海浊流环境以及许多陆相沉积环境中，底栖生物群落在底层内垂直分带现象不明显，生物只在沉积物表层活动。这样，生物遗迹间的相互穿插现象，遗迹形成先后顺序、生物的垂相分带情况等，只能在沉积层面上才能观察到。而它们所揭示的遗迹学与沉积学意义，并不一定逊色于垂向剖面上所见的内容。因此，遗迹组构研究不应理解为只有在垂直剖面上才能进行。

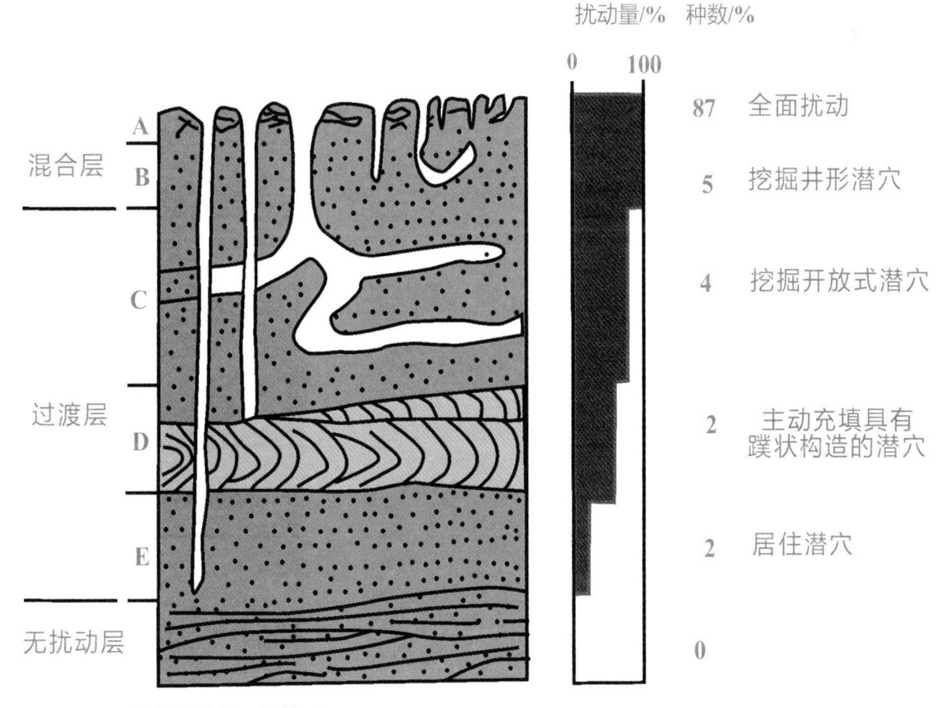

图5-1-17　遗迹组构的一般模式

Fig. 5-1-17　The classic mode of ichnofabric (modified from Ekdale et al., 1984)

1.4.2 遗迹相

遗迹相既是岩相古地理的一个组成部分，也是遗迹学的重要研究内容之一。它是通过研究生物成因构造—遗迹化石的形成机制、保存条件和方式以及时、空分布规律来探讨和分析古代沉积环境。

遗迹相是德国著名地质学家赛拉赫教授在研究了西欧一带由复理石到磨拉石沉积盆地中出现的不同遗迹化石组合之后，于20世纪60年代提出的。其含义是指一定沉积环境条件下的遗迹化石组合，是根据同一或相似沉积环境条件下多种遗迹化石的组合特征或遗迹群落来体现的。

在已建立的遗迹相模式中常见的有16种。其中陆相沉积包括：*Scoyenia*（斯科耶尼亚）遗迹相，*Termitichnus*（白蚁巢迹）遗迹相，*Coprinisphaera*遗迹相，*Celliforma*遗迹相，*Entradichnus-Octopodichnus*遗迹相和*Mermia*（默米亚迹）遗迹相；海陆过渡相沉积包括：*Teredolites*（蛀木虫迹）遗迹相，*Psilonichnus*（螃蟹迹）遗迹相，*Gnothichnus*遗迹相和*Curvolithus*（曲带迹）遗迹相；海相沉积包括：*Trypanites*（钻孔迹）遗迹相，*Glossifunhites*（舌菌迹）遗迹相，*Skolithos*（石针迹）遗迹相，*Cruziana*（二叶石迹）遗迹相，*Zoophycos*（动藻迹）遗迹相和*Nereites*（类沙蚕迹）遗迹相（图5-1-18）。代表性遗迹相举例如下：

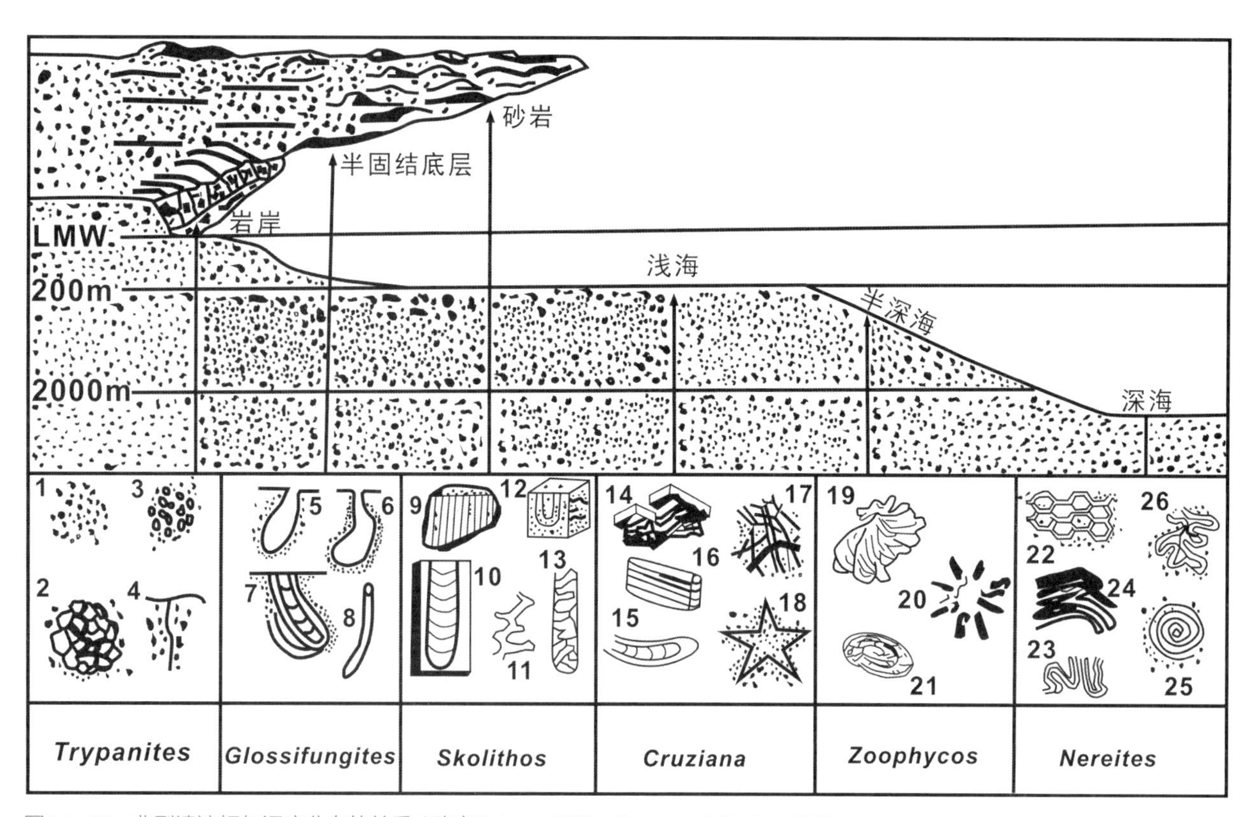

图5-1-18 典型遗迹相与深度分布的关系（改自Crimes, 1975；Frey and Seilacher, 1980）

Fig. 5-1-18 Classic ichnofabices correlated with water depth

图中重要的遗迹属是：1～4. 岩岸*Trypanites*遗迹相：钻孔1. *Caulosirepsis*, 2. *Entobia*, 3. 海胆的钻孔，4. *Trypanites*；5～8.半固结基底*Glossifungites*遗迹相：5、6. *Gastrochaenolites*同类，7. *Rhizocorallium*, 8. *Psilonichnus*；9～13. 砂质海岸*Skolithos*遗迹相：9. *Skolithos*, 10. *Diplocraterion*, 11. *Thalassinoides*, 12. *Arenicolites*, 13. *Ophiomorpha*；14～18. 滨海-浅海区*Cruziana*遗迹相：14. *Phycodes*, 15. *Rhizocorallium*, 16. *Teichichnus*, 17. *Cruziana*, 18. *Asteriacites*；19～21. 半深海*Zoophycos*遗迹相：19. *Zoophycos*, 20. *Lorenzinia*, 21. *Zoophycos*；22～26. 深海*Nereites*遗迹相：22. *Paleodictyon*, 23. *Taphrhelminthopsis*, 24. *Heminthoida*, 25. *Spirorhaphe*, 26. *Cosmorhaphe*

（1）*Scoyenia*遗迹相

*Scoyenia*遗迹相的遗迹化石的组合，以*Scoyenia gracilis*（细小斯可耶尼亚迹）和*Ancorichnus coronus*（弯曲锚形迹）或其他生态上相同的遗迹为主，其次为*Cruziana*（二叶石迹）或*Isopodichnus*（等足迹）和*Skolithos*（石针迹）等，并往往伴生有泥裂，水平和波状纹理以及工具痕等物理沉积构造。

该遗迹相主要分布于低能的极浅水湖泊和河流的滨岸带，通常处于淡水水上和水下之间，并有周期形的暴露和洪水侵漫。

（2）*Glossifungites*遗迹相

该遗迹相的遗迹类型主要以居住迹为主，包括垂直柱状、U形和枝形潜穴遗迹部分钻孔等。其造迹生物主要是食悬浮物生物和食肉生物，常为甲壳动物的虾和蟹、环节动物的多毛虫和软体动物的壳斗海笋双壳类以及腔肠动物的海葵等。典型的遗迹化石有扇形的*Rhizocorallium*（根珊瑚迹）、*Diplocraterion*（双杯迹）、*Skolithos*（石针迹）、*Psilonichnus*（螃蟹迹）和*Thalassinoides*（似海生迹），以及钻孔遗迹，如双壳类造的*Gastrochaenolites*（胃形钻孔迹）和多毛虫掘的*Trypanites*（钻孔迹）。

该遗迹相的典型底层环境是固结但非石化的滨海和潮下带停积面，特别是在半固结的碳酸盐底层或稳定的、凝结的和部分脱水的泥质底层，可以是受保护的中等能量的环境或较高能量的地区，只要半固结的泥晶或硅质碎屑底层具有较强的抗侵蚀能力。

（3）*Skolithos*遗迹相

该遗迹相以居住潜穴为重要特征，主要由较长垂直的或高角度倾斜的柱状穴，“U”形穴和枝形穴构成。潜穴有的具有厚的、加固的粒球状衬壁，有些发育前进式和后退式螺形（或蹼状）构造，常见遗迹化石为*Skolithos*（石针迹）、*Diplocraterion*（双杯迹）、*Ophiomorpha*（蛇形迹）、*Monocraterion*（单杯迹）和部分*Arenicolites*（沙蠋迹），以及逃逸构造等。它们的造迹生物几乎全是食悬浮物的海底内滤食性动物，如甲壳类和多毛类等。该组合的分异度一般较低，但丰度往往很高。

*Skolithos*遗迹相常见于潮间带下部到潮下带，如海滩的前滨和临滨带，类似的环境还有潮坪、潮汐三角洲和河口湾点砂坝等较高能的地区。深水沉积中如海底峡谷和深海砂扇的近缘端或内扇带也存在*Skolithos*遗迹相。

（4）*Cruziana*遗迹相

*Cruziana*遗迹相是海洋遗迹种分布较为广泛的遗迹群落。它的丰度和分异度都比较高，几乎包含了海底底栖生物遗迹所有的生态类型，如爬行迹、停息迹、觅食迹、进食迹，以及少量的居住迹和逃逸迹等，一般以表面遗迹（爬迹、拖迹和停歇迹）和水平进食潜穴为主。特征的遗迹化石有*Cruziana*（二叶石针迹）、*Dimorphichnus*（双形迹）、*Teichichnus*（墙形迹）、*Diplichnites*（双趾迹）、*Asteriacites*（似海星迹）、*Phycodes*（节藻迹）和*Rosselia*（柱塞迹）等。其他常见遗迹还有*Rhizocorallium*（根珊瑚迹）、*Scolicia*（蠕形迹）、*Asterosoma*（星叶迹）、*Thalassinoides*（似海生迹）、*Ophiomorpha*（蛇形迹）、*Aulichnites*（犁沟迹）、*Chondrites*（丛藻迹）、*Planolites*（漫游迹）和*Arenicolites*（沙蠋迹）等。它们的造迹生物由食沉积物，食悬浮物、食肉和食腐等底栖动物组成。次组合中，一般缺乏密集排列的垂直潜穴，可见少量分散的垂直柱状潜穴，*Ophimorpha*和*Thalassinoides*以及一些不规则的倾斜到水平潜穴。

该遗迹相主要分布于浪基面以下、风暴浪基面以上开阔的潮下浅水及河口湾、海湾和泻湖等边缘海环境。

（5）*Zoophycos*遗迹相

该遗迹相在浅水和较深水环境中都可出现。组成该遗迹相的遗迹类型主要是复杂的进食迹*Zoophycos*（动藻迹），它具有由平面到缓倾斜的蹼状构造，呈精美的席状、带状或倒伏的螺旋状分布。在泥质沉积物中，它有时被*Phycosiphon*（藻管迹）取代，有的环境中还发育*Spirophyton*（旋轮迹），与之共生的常见分子有*Chondrites*（丛藻迹）和*Planolites*（漫游迹）等。造迹生物几乎全是食沉积物的，整个组合分异度较低，但丰度有时可以很高。

*Zoophycos*遗迹相主要出现在富含有机物质的泥、灰泥或泥质砂底层，静水，氧含量低或缺乏充足氧气的，水循环性差的环境中，如隔离海盆或半封闭海、局限的潟湖海湾、风暴浪基面以下的滨外半深海至深海环境。

（6）*Nereites*遗迹相

该遗迹相为深水或深海型代表。它在深海浊流沉积层序中得到大量而完善的保存。该遗迹组合以水平、复杂的觅食迹和图案型耕作迹为特征。它们的造迹生物主要是食沉积物的底栖生物。在组成上，这是一个分异度和丰度均较高的化石群落，典型的组成分子有*Nereites*（类沙蚕迹）、*Helminthoida*（蠕形迹）、*Palaeodictyon*（古网迹）、*Cosmorhaphe*（丽线迹）、*Protopalaeodictyon*（原始古网迹）、*Spirorhaphe*（环线迹）、*Lophocterium*（菊瓣迹）、*Taphrhelminthopsis*（沟蠕形迹）、*Glockeria*（葛洛克迹）、*Spirophycos*（旋藻迹）、*Lorenzinia*（洛伦茨迹）、*Megagrapton*（巨画迹）、*Urohelminthoida*（尾蠕形迹）等。

该遗迹相一般认为出现在半深海到深海环境，往往同深水浊积岩一起出现，甚至陆相深水湖泊浊积岩中也有类似的遗迹组合。

1.5 研究意义

1.5.1 遗迹化石在古生物学研究中的意义

（1）研究底栖动物的行为习性

遗迹化石对古生物学重要的贡献，是提供给我们灭绝生物行为习性的直接证据。虽然可以从硬体形态中推断其生物的行为习性，但从遗迹化石中可以直接观察其造迹生物的行为表现。

（2）研究化石群落的分异度和后生动物的进化

遗迹化石对于前寒武纪—寒武纪之交的后生生物起源和进化提供了重要依据，前寒武系遗迹化石形态上简单，而早寒武世的遗迹化石表现出更加复杂的进食和运动方式；寒武纪开始出现大量构造复杂的，包括蠕虫类、环节动物、软体动物和节肢动物等后生生物的觅食迹、运动迹、停歇迹等遗迹，表明早寒武世造迹生物的分异度增大，无论属种数目方面和身体复杂程度上都有所增加。

（3）有助于研究软躯体无脊椎动物的化石

现代生活的软躯体蠕形动物是内生生物的重要成员，但是早期蠕形动物保存下的化石记录却异常的贫乏。这种数量上差别的主要原因，主要是由于许多生物门类缺乏硬体骨骼以及需要特异埋藏的条件。因此，遗迹化石可以有效的补充这些门类化石的记录。

1.5.2 遗迹化石在地层学研究中的意义

（1）遗迹化石可作为地层划分的标准化石

全球寒武系的底界是以遗迹化石*Treptichnus pedum*的首现为标志的，其年龄相当于541 Ma，其层型剖面位于加拿大纽芬兰岛东南的Fortune Head，年龄值由阿曼剖面推定。

（2）早古生代*Cruziana*遗迹地层划分与对比

早古生代三叶虫遗迹化石*Cruziana*具有很重要的地层学意义，Seilacher将*Cruziana*遗迹属的不同遗迹种应用到北非至中东等地的古生代砂岩地层的划分与对比（图5–1–19）。

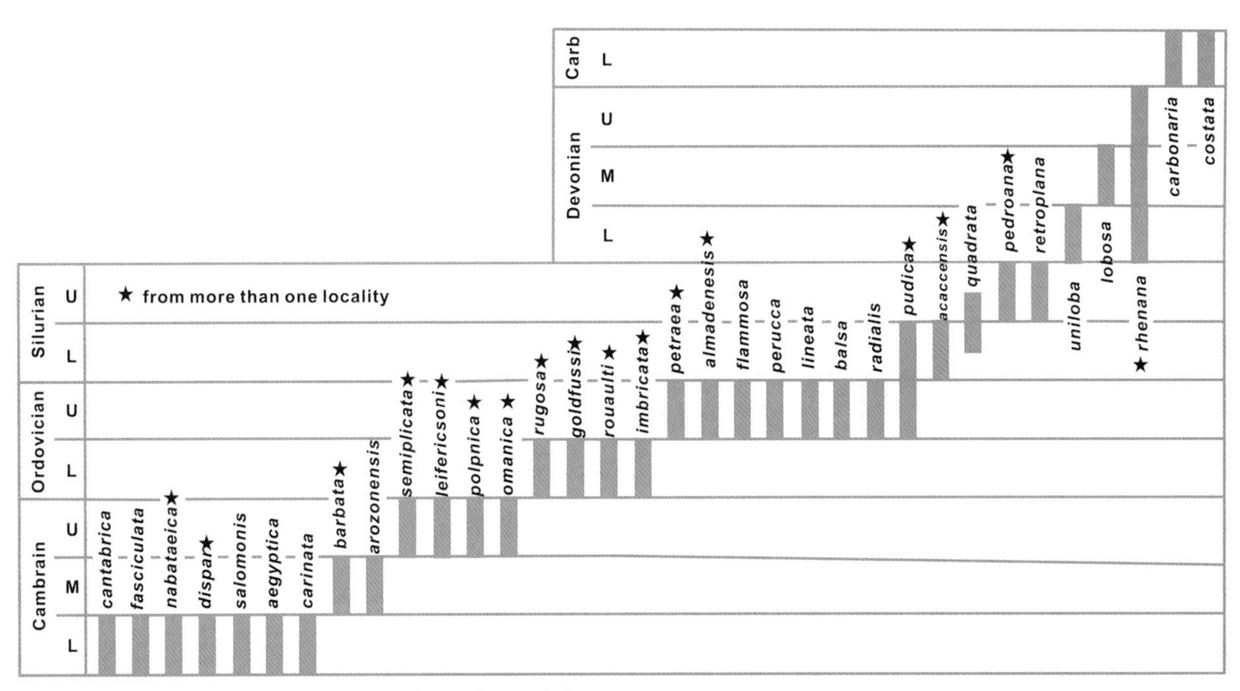

图5–1–19　北非至中东古生代*Cruziana*遗迹属分布图（改自Seilacher, 2007）

Fig. 5–1–19　Ichnostratigraphy of *Cruziana* in North Africa and the Middle East

（3）遗迹化石可作为识别地层顶底面的标志

遗迹化石依据其保存形态、位置可以很好地指示岩层顶底界面。例如，具有蹼状构造的U形潜穴*Diplocraterion*，其蹼状构造成向上凹曲的隔板构造。三叶虫的停歇迹（*Rusophycus*）或爬行迹（*Cruziana*），产生在下伏（较软的）泥岩上成二叶形凹坑，但保存下来的化石却经常是其上覆砂岩、粉砂岩的层面充填铸型。

1.5.3　遗迹化石对沉积学研究的意义

（1）生物扰动对沉积学的意义

生物扰动主要受控于沉积速度、水动能等物理条件和生物活动的频率、种群间的密度等生物条件。研究指出，从海岸和陆地向滨岸地区随着深度的增加，生物扰动的增强度同物理构造的减弱相互消长。对于层理构造的破坏作用决定于不同生物的行为习性，首先是动物垂直运动的破坏，其次是动物穿过沉积物运动形成水平或斜向的潜穴。

（2）遗迹化石可以指示沉积速率

遗迹化石在某些情况下可以指示相对的沉积速度。Seliacher曾经指出利用停息迹证明快速沉积（表5–1–3）。

表 5-1-3 沉积速率同生物扰动的关系
Table 5-1-3 Sedimentary rate and bioturbation index

1. 连续沉积
A．缓慢沉积 生物有充分的时间对缓慢沉积的沉积物进行破坏，改造作用完全彻底，例如港湾河口，开阔的远滨区风暴浪基面之下，深海区
B．快速沉积，潜穴稀少；具有逃逸构造，除去顶部以外，很少见到生物构造；如浊流沉积、三角洲和海滩
2. 不连续（有间断）的沉积
A．无侵蚀作用
（1）慢速沉积 同 1A 相似，沉积作用暂时停止，但并无侵蚀现象，如两个韵律层间的界面
（2）快速沉积 似 1B，厚层与细粒薄层交互成层，厚层很少生物扰动为快速沉积，薄层常被生物扰动
B．具有侵蚀作用
（1）慢速沉积 似 1A 但岩层内穿插有水流冲刷和潜穴被切割
（2）慢速沉积 似 2A
（3）岩层被不断地侵蚀冲刷，潜穴切割，递变层理，靠近底部潜穴稀少，靠近顶部潜穴普遍

1.5.4 遗迹化石对古环境研究的意义

（1）根据遗迹化石区别陆相、过渡相、海相

陆相红层或砂丘主要保存脊椎动物足迹，和节肢动物昆虫等爬行迹，遗迹化石主要保存在岩层的顶面成为表生迹；相反滨海水下沉积物表生迹很难保存。大部分水下沉积物中保存的遗迹往往是以内生潜穴为主，潜穴通道可以穿过岩层，也可以沿砂质和泥质沉积物的界面形成潜穴充填，在海相地层往往含有三叶虫、海星、海胆造成的遗迹。常见的海相地层遗迹化石主要有*Chondrites*, *Zoophycos*, *Cruziana*等。

（2）根据遗迹化石确定古海水的深度

运用遗迹化石群或遗迹来判断古代海洋的相对深度是遗迹化石研究的一个基本方面。例如*Scoyenia*（斯科因迹）遗迹相分布于潮上带陆相环境；*Skolithos*（石针迹）分布于滨海、潮间带砂质软底沉积；*Glossifungites*（舌菌迹）产于滨海岸近岸侵蚀面。*Cruziana*（克鲁兹迹）遗迹相，分布于亚滨海区，陆棚开阔海；*Zoophycos*（动藻迹）遗迹相，分布于大陆斜坡过渡带区到浊流沉积以上的半深海区。*Nereites*（沙蚕迹）遗迹相产于波浪基准面以下较深海盆地的软质基底地区。

（3）温度、盐度对遗迹化石的控制

正常海相环境的温度并非是决定造迹生物分布的主要因素，但在过渡相，盐度的变化对生物的影响是显著的，特别是海陆过渡相地区。一般情况下正常盐度海相环境的遗迹化石要比半咸水和淡水环境中的遗迹化石属种分异更加多样化。

（4）遗迹化石与水体溶解氧的关系

根据遗迹化石的习性和阶层分布可以判断水体相对含氧量的变化（图5-1-20）。短而小、保存在黑色页岩中的*Chondrites*，是缺氧环境的指示化石。

（5）根据遗迹化石判断地层的性质

底层是底栖生物赖以生存的基底，底层沉积物的胶结程度、含水量、稠密程度都强烈影响造迹生物的分布，例如，*Skolithos*遗迹相指示砂质滨岸地带的松软底质，底层的活动性较大。*Glossifungites*遗迹相指示滨岸地带泥灰质半胶结的坚实基底，往往是产生在强烈侵蚀的地区。

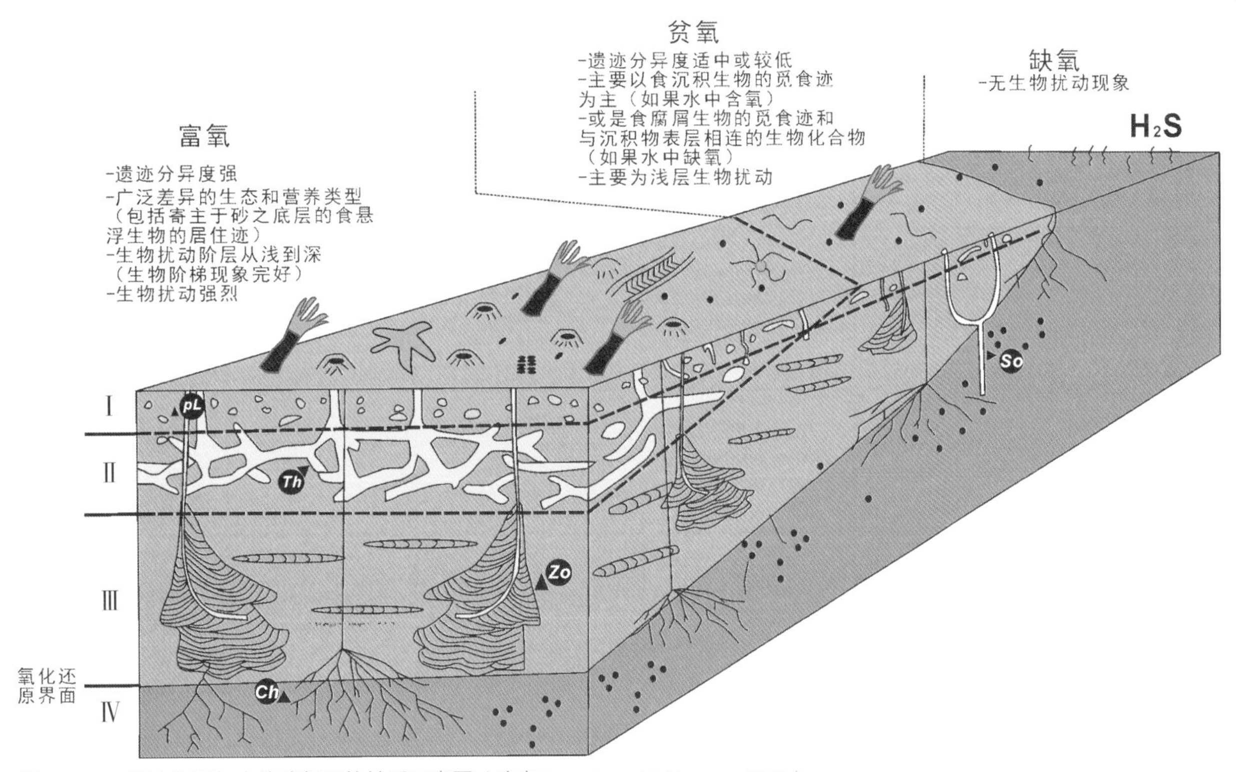

图5-1-20 遗迹化石与水体溶氧量的关系示意图（改自Buatois and Mángano, 2011）
Fig. 5-1-20 Sketch showing the relationship between trace fossils and oxygen content

1.6 前寒武纪—寒武纪界线的遗迹化石研究

自蒋志文等1982年首次报道了云南昆明地区梅树村剖面的遗迹化石以来，中外学者对该剖面的遗迹化石进行广泛的研究（如蒋志文等，1982；李日辉和杨式溥，1988；殷继成等，1993；Zhu，1997；Crimes and Jiang，1986；Weber et al.，2012），发现并描述了大量的遗迹化石。尽管这些遗迹化石在系统分类等方面还存在比较大的争议，但为中国的遗迹化石研究以及中国梅树村前寒武纪—寒武纪剖面的研究做出了显著的贡献。

蒋志文等（1982）首次将梅树村剖面的遗迹化石划分为4个组合带（图5-1-21），之后不同学者对该区域的遗迹化石组合带进行了进一步的探讨（殷继成等，1993；Zhu，1997；李日辉，1997；何廷贵等，1999；Zhu et al.，2001）。Crimes（1987）通过研究世界各地的前寒武纪—寒武纪界线地层中遗迹化石出现的先后顺序，将该时期的遗迹化石划分为3个组合带。Ⅰ带，早文德期（埃迪卡拉系）：一些遗迹属首次出现在该时期，可延伸进入显生宙，如*Skolithos, Planolites*和*Gordia*；另一些遗迹属则局限于该时期，如*Bilinichnus, Intrites*和*Nenoxites*。Ⅱ带，托莫特阶（寒武系第二阶）早期：主要包括的遗迹属有*Bergaueria, Phycodes, Teichichnus*和*Treptichnus*等。Ⅲ带，托莫特阶（寒武系第二阶）晚期至阿特达班阶（寒武系第三阶）早期：*Astropolichnus, Plagiogmus, Taphrhelminthposis circularis*局限分布于该时期，第一次出现在该时期的遗迹化石有*Cruziana, Nereites, Helminthopsis*和*Rusophycus*等。中国梅树村剖面划分的遗迹组合带可以与Crimes（1987）划分的3个组合带进行对比（图5-1-19）。以朱茂炎（1997）的划分案为例，梅树村剖面组合Ⅰ带相当于小歪头山段沉积期，主要为一些简单的水平觅食迹和极少数的垂直潜穴，如*Planolites, Gordia, Arenicolites*和*Bergaueria*，相当于Crimes划分的Ⅰ带；组合Ⅱ带相当于中谊村段

地层系统				遗迹化石组合带				
系	阶	组	段	蒋志文等，1982	殷继成等，1983	李日辉等，1997	朱茂炎，1997	何廷贵等，1999
寒武系	筇竹寺阶	黑林铺组	玉案山段				Assemblage Zone V	
	梅树村阶		石岩头段	*Plagiogmus arcuarus*	*Plagiogmus-Protopalaeodictyon-Taphrhelminthopsis*	*Taphrhelminthopsis circularis-Diplocraterion-Plagiogmus*	Assemblage Zone IV	*Plagiogmus-Protopalaeodictyon-Taphrhelminthopsis*
		渔户村组	大海段	*Didymaulichnus miettensis*	*Rusophycus-Dimorphichnus-Didymaulichnus*	*Cruziana-Rusophycus-Phycodes-Didymaulichnus*	Assemblage Zone III	*Rusophycus cardiopetalus-Didymaulichnus-Dimorphichnus*
			中谊村段	*Cavaulichnus viatorus*	*Oldhamia-Phycodes-Sellaulichnus*	*Cavaulichnus-Phycodes-Asteriacites*	Assemblage Zone II	*Phycodes-Sellaulichnus*
				Sellaulichnus meishucunensis				
埃迪卡拉系	灯影峡阶		小歪头山段		*Bilinlichnus-Palaeopasichnus-Planolites*		Assemblage Zone I	*Bilinlichnus-Palaeopasichnus-Planolites*
			白岩哨段			*Torrowangea-Neonereites-Intritites*		

图 5-1-21　滇东早寒武世遗迹化石组合带（改自朱茂炎，2001）

Fig. 5-1-21　Trace fossil zones of Early Cambrian in eastern Yunnan (modified from Zhu, 2001)

下层矿沉积期，*Treptichnus*、*Thalassinoides*（Sellaulichnus）、*Rusophycus*, *Cruziana*和*Didymaulichnus*等在该时期首次出现，相当于Crimes划分的Ⅱ带；组合Ⅲ带、Ⅳ带和部分Ⅴ带，相当于中谊村段上层矿和大海段，石岩头段和部分玉案山段沉积期，*Psammichnites*和星形迹仅限于中谊村段上段，相当于Crimes划分的Ⅲ带。

1.7　晋宁梅树村剖面遗迹化石描述（中英文）

双脊迹 ***Archaeonassa*** **Fenton and Fenton, 1937**

窝形双脊迹 ***Archaeonassa fossulata*** **Fenton and Fenton, 1937**

图（**Fig.**）**5-1-22**

描述：保存于上层面、具有2条相互平行的脊状拖迹，脊间较为平坦，可见相互交切关系。该拖迹可能形成V字形的梨沟状拖迹。

讨论：*Archaeonassa*主要以脊间中央平坦区域为特征，而*Psammichnites*以潜穴中的回填纹为特征（Jensen，2003）。*Archaeonassa*主要是无脊椎动物的爬行迹（Mángano et al.，2005）。

产地层位：云南晋宁梅树村剖面，下寒武统黑林铺组石岩头段上部

Description: Positive epireliefs trails composed of two parallel straights to gently curved lateral levees separated by a flat central zone. Cross-cutting are common. The trails may pass into simple V-shaped plough trails.

Remarks: *Archaeonassa* is characterized by the presence of a flat wide central area while *Psammichnites* mainly composed of back-fill structures (Jensen，2003). *Archaeonassa* is generally interpreted as a pascichnia produced by invertebrates, which include arthropods and mollusks (Mángano et al., 2005).

Occurrence: Upper part of the Shiyantou Member, Heilinpu Formation, Lower Cambrian, Meishucun section, Jinning, Yunnan

Key references: Jensen，2003

图5-1-22　窝形双脊迹*Archaeonassa fossulata*

A, H. 晋宁梅树村剖面下寒武统黑林铺组石岩头段上部

Fig. 5-1-22　A, H: Upper part of the Shiyantou Member, Heilinpu Formation, Lower Cambrian, Meishucun section, Jinning, Yunnan

似沙蠋迹属 *Arenicolites* Salter, 1857

似沙蠋迹未定种 *Arenicolites* isp.

图（Fig.） 5-1-23, 5-1-24

描述：垂直层面的"U"形潜穴，无蹼状构造，管壁较为粗，在岩层表面上横切面为一对圆形管或岩层底面一个圆形的凸起。管径约3 mm。

讨论：*Arenicolites*常被认为是蠕虫类或小型甲壳动物的居住构造（Bromley，1996），本文的*Arenicolites*管壁具有衬里，说明造迹生物可产生分泌物支撑潜穴。

产地层位：云南晋宁梅树村剖面，下寒武统渔户村组中谊村段上部、黑林铺组石岩头段上部；晋宁二街剖面下寒武统沧浪铺组下部。

Description: Simple subvertical U-shaped burrows with parallel limbs, preserved in concave epirelief. The tubes are about 3 mm in diameter.

Remarks: *Arenicolites* is interpreted as the dwelling traces of either infaunal amphipods or vermiforms (Bromley，1996). The *Arenicolites* samples with thinly-lined walls indicate that the trace-maker could secrete substances to support the burrow.

Occurrence: Lower part of the Canglangpu Formation, Lower Cambrian, Erjie section, Jinning；Upper part of the Shiyantou Member, Heilinpu Formation, Meishucun section, Yunnan.

Key references: Bromley, 1996.

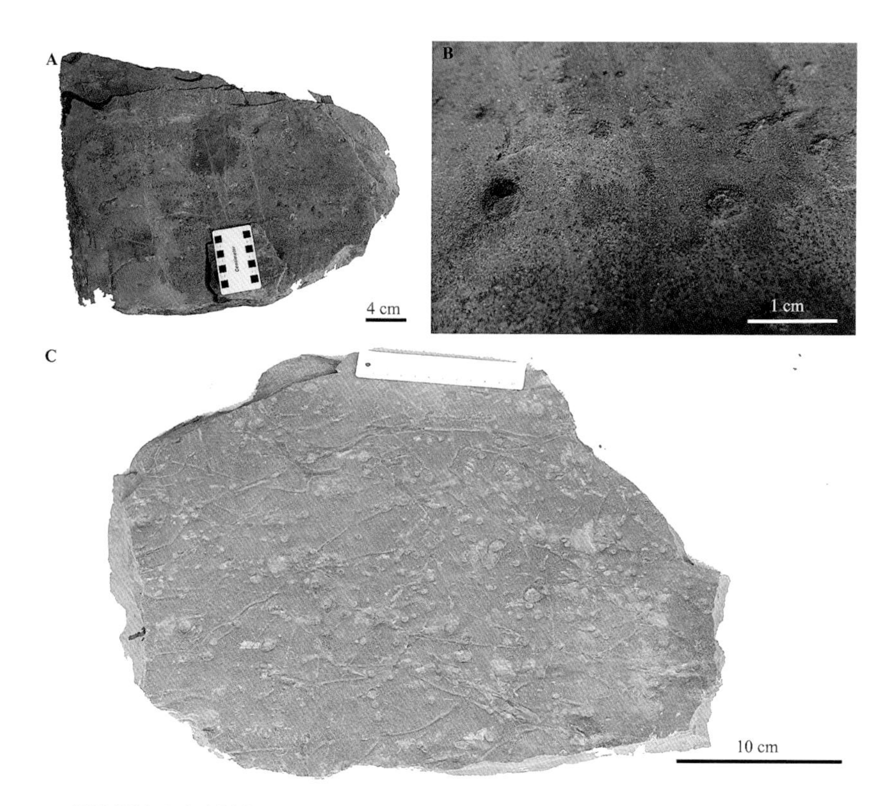

图5-1-23　似沙蠋迹（未定种）*Arenicolites* isp.

A, B. 晋宁二街下寒武统沧浪铺组；C. 晋宁梅树村剖面下寒武统黑林铺组石岩头段上部

Fig. 5-1-23　A, B. Lower part of the Canglangpu Formation, Lower Cambrian, Erjie section, Jinning, Yunnan; C. Upper part of the Shiyantou Member, Heilinpu Formation, Meishucun section, Yunnan

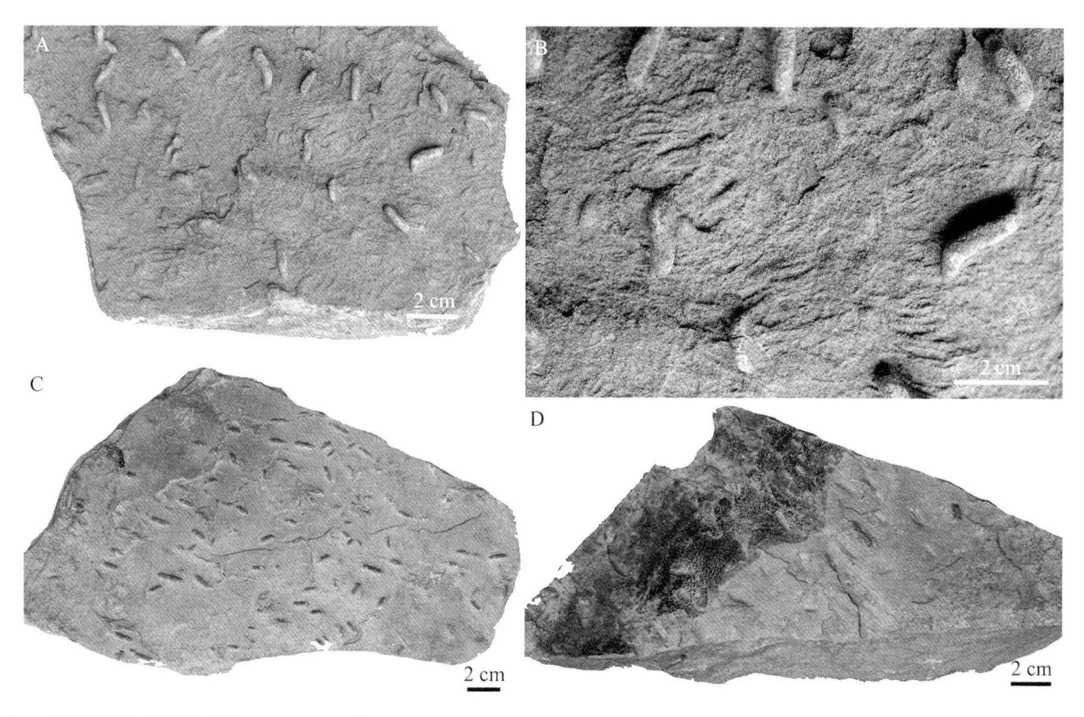

图5-1-24 似沙蠋迹（未定种）*Arenicolites* isp.
A, B. 海口尖山下寒武统渔户村组中谊村段上段；C. 晋宁梅树村剖面下寒武统渔户村组中谊村段上段；D. 晋宁梅树村剖面下寒武统黑林铺组石岩头段
Fig. 5-1-24 A. B. Upper part of the Zhongyicun Member, Yuhucun Formation, Lower Cambrian, Jianshan section, Haikou; C. Upper part of the Zhongyicun Member, Yuhucun Formation, Lower Cambrian, Meishucun section, Jinning, Yunnan; D. Shiyantou Member, Heilinpu Formation, Lower Cambrian, Meishucun section, Jinning, Yunnan

星状迹 *Asterichnus* Bandel, 1967

星状迹未定种 *Asterichnus* isp.

图（Fig.）5-1-25

描述：近圆形星状放射迹，直径17 ~ 25 mm，由10条不分叉的放射状的沟和脊组成，中心为不规则圆形突出。

讨论：这类遗迹可能是由食泥生物产生，这里发现的*Asterichnus*可以与美国堪萨斯石炭纪地层中发现的*Asterichnus lawrencensis*相对比（Bandel，1967），但放射状的沟不分叉。

产地层位：云南晋宁，梅树村剖面，下寒武统黑林铺组石岩头段上部。

Description: The traces, preserved in convex hypoirelief, are 17 ~ 25 mm in diameter. They consist of up to 10 usually non-branching radial grooves that probably represent impressions after rows of faecel pellets, circular in cross-section. The central part possibly represents the end of a vertical tube.

Remarks: These traces were probably a product of a mud eater. Their morphologic features are comparable to *Asterichnus* (*lawrencensis* Bandel, 1967) from the Carboniferous of Kansas (Bandel, 1967), although few grooves bifurcate.

Occurrence: Upper part of the Shiyantou Member, Heilinpu Formation, Lower Cambrian, Meishucun section, Jinning, Yunnan

Key references: Bandel, 1967.

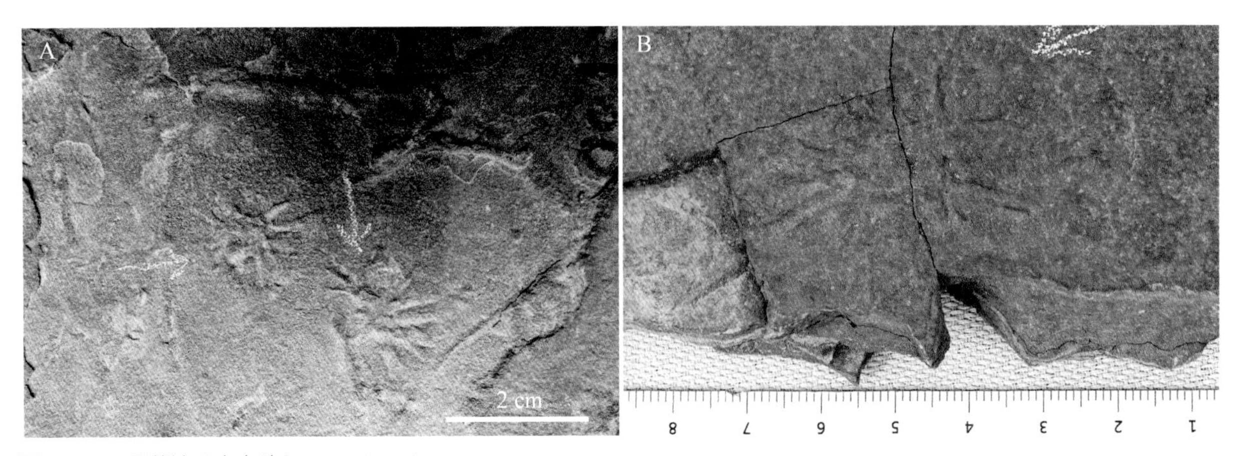

图5-1-25 星状迹（未定种）*Asterichnus* isp.
A, B. 晋宁梅树村剖面下寒武统黑林铺组石岩头段上部
Fig. 5-1-25 A, B. Upper part of the Shiyantou Member, Heilinpu Formation, Lower Cambrian, Meishucun section, Jinning, Yunnan

克鲁兹迹 *Cruziana* D'Orbiny，1842

克鲁兹迹未定种 *Cruziana* isp.

图（Fig.）5-1-26

描述：纵长形潜穴，两叶不相交，可见中槽，但未见折痕。

讨论：*Cruziana*广泛认为是三叶虫类的爬行迹，分布于埃迪卡拉纪至中新世（Seilacher，2007）。

产地层位：云南晋宁，梅树村剖面，下寒武统渔户村组中谊村段上部。

Description: The longest, bilobate trace, with a clear median groove. No starches were found.

Remarks: *Cruziana* is considered as the locomotion tails of trilobite and often ranges in age from Ediacaran to Miocene （Seilacher, 2007）.

Occurrence: Upper part of the Zhongyicun Member, Yuhucun Formation, Lower Cambrian, Meishucun section, Jinning.

Key references: Seilacher, 2007.

图5-1-26 克鲁兹迹（未定种）*Cruziana* isp.
晋宁梅树村剖面下寒武统渔户村组中谊村段下部
Fig. 5-1-26 Lower part of the Zhongyicun Member, Yuhucun Formation, Meishucun section, Jinning, Yunnan

曲形迹 *Curvolithus* Fritsch, 1908

多样曲形迹 *Curvolithus multiplex* Fritsch, 1908

图（Fig.） 5-1-27

描述：表面光滑的、三裂片形拖迹，中间具有凸起裂片，比两侧的裂片要大，其间具有沟将中间的裂片和两侧裂片分开。

讨论：*Curvolithus*一般认为是内生底栖生物的爬行迹，分布于浅水环境的*Cruziana*遗迹相。

产地层位：云南晋宁，梅树村剖面，下寒武统黑林铺组石岩头段上部。

Description: Smooth, trilobite upper surface and a convex, quadralobate lower surface. Central lobes on upper surface wider than outer lobes and separated from them by shallow, angular furrows.

Remarks: *Curvolithus* is interpreted as a locomotion trace (Repichnia) of endostratal carnivores, possibly gastropods, flatworms, or nemerteans (Buatois et al., 1998). *Curvolithus* is a component of the *Cruziana* ichnofacies in shallow-marine facies (Buatois et al., 1998).

Occurrence: Upper part of the Shiyantou Member, Qiongzhushi Formation, Lower Cambrian, Meishucun section, Jinning, Yunnan.

Key references: Buatois et al., 1998.

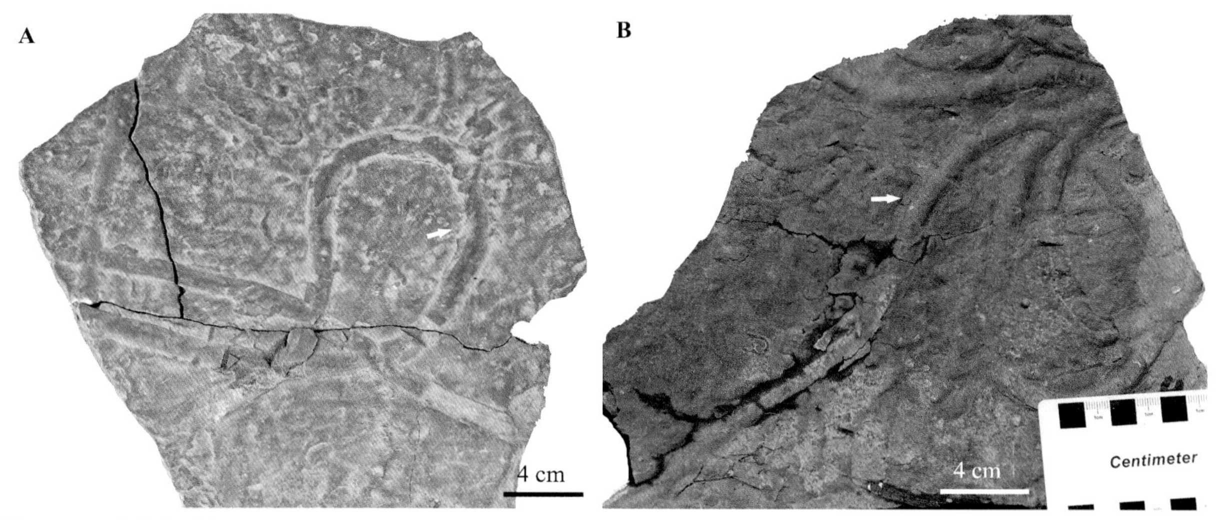

图5-1-27　多样曲形迹 *Curvolithus multiplex*
A, B. 晋宁梅树村剖面下寒武统黑林铺组石岩头段上部
Fig. 5-1-27　A, B. Upper part of the Shiyantou Member, Heilinpu Formation, Lower Cambrian, Meishucun section, Jinning, Yunnan

二分沟迹 *Didymaulichnus* Young, 1972

梅泰二分沟迹 *Didymaulichnus miettensis* Young, 1972

图（Fig.） 5-1-28

描述：水平光滑的双槽状拖迹，中间为一窄的中脊所分割，具两侧斜面。拖迹相互交切或叠覆。保存为底面凸迹。拖迹宽1 cm，中沟宽3 mm。

讨论：二分沟迹属包括4个遗迹种，*D. lyellli*, *D. tirasensis* Palij，1974，*D. miettensis* Young，1972和*D. alternatus* Pickerill, Romano and Melendez，1982。*D. miettensisi*以两侧的斜面为特征（Young，

1972），并且局限分布于寒武纪早期（Jensen and Mens，2001）。*Didymaulichnus*常被认为是软体动物的爬行迹（Bradshaw，1981；Vossler et al.，1989）。

产地层位：云南晋宁，二街剖面，下寒武统沧浪铺组。

Description: Horizontal, straight and/or curved bilobate trails, with a shallow central groove. There is typically a bateral level on each side outside the lobes but, being shallower than the main trace, this may not always be preserved. The burrow width is 1 cm and central groove is 3 mm wide. Preserved as convex hyporelief.

Remarks: There are four valid ichnospecies of *Didymaulichnus*, *D. lyellli*, *D. tirasensis* (Palij, 1974), *D. miettensis* (Young, 1972) and *D. alternatus* Pickerill, Romano and Melendez, 1982. *Didymaulichnus miettensis* is characterized by the presence of lateral bevels (Young, 1972). *Didymaulichnus miettensis* is restricted in lower Cambrian (Jensen and Mens, 2001). *Didymaulichnus* was interpreted as locomotion traces of gastropods, bivalves or arthropods (Bradshaw, 1981；Vossler et al., 1989).

Occurrence: Canglangpu Formation, Lower Cambrian, Erjie section, Jinning, Yunnan.

Key references：Young，1972.

图5-1-28　梅泰二分沟迹*Didymaulichnus miettensis*
A-H.晋宁梅树村剖面下寒武统渔户村组中谊村段7层
Fig. 5-1-28　A-H. Bed 7 of the Zhongyicun Member, Yuhucun Formation, Lower Cambrian, Jinning, Yunnan

双脊沟迹 *Diplopodichnus* Brady, 1947

比佛双脊沟迹 *Diplopodichnus biformis* Brady, 1947

图（Fig.）5-1-29

描述：光滑、平直相互平行的双槽状拖迹，中间有一个很宽的凸起。

讨论：*Diplopodichnus*常被认为是节肢类或多毛类的爬行迹（Buatois et al.，1998）。

产地层面：云南晋宁，梅树村剖面，上寒武统渔户村组中谊村段上部。

Description: Gently straight, smooth, hyporelief burrow with closely-spaced elongate parallel ridges separated by a wide concave central zone.

Remarks: *Diplopodichnus* is considered as the grazing trace (Repichnia) of myriapods and arthropods (Buatois et al., 1998).

Occurrence: Upper part of the Zhongyicun Member, Yuhucun Formation, Lower Cambrian, Jianshan section, Jinning, Yunnan.

Key references: Buatois et al., 1998.

图5-1-29　比佛双脊沟迹*Diplopodichnus biformis*
A, B. 晋宁梅树村剖面下寒武统渔户村组中谊村段6层底
Fig. 5-1-29　A, B. Bed 6 of the Zhongyicun Member, Yuhucun Formation, Lower Cambrian, Meishucun section, Jinning

次蠕形迹 *Helminthoidichnites* Fitch, 1850

土丝次蠕形迹 *Helminthoidichnites tenuis* Fitch, 1850

图（Fig.）5-1-30

描述：小型、简单、不分叉的直形遗迹，潜穴直径1～2 mm，可见相互叠覆，但并不交切。潜穴充填物与围岩相一致，保存于底面凸迹或表面凹迹。

讨论：*Helminthoidichnites tennus*常被认为是蠕虫类的爬行迹（Buatois et al.，1998）。*Helminthoidichnites*与Gordia的区别在于*Helminthoidichnites*并不相互交切，*Helminthoidichnites*与*Helminthopsis*区别在于*Helminthoidichnites*不弯曲（Hoffmann and Patel，1989；Buatois et al.，1998）。*Helminthoidichnites*分布于埃迪卡拉纪至全新世（Buatois et al.，2014）。

产地层位：云南安宁鸣矣河中谊村段。

Description：Simple, unbranched, horizontal, mostly straight to slightly bent, nonmeandering trails.

Diameter is 1 ~ 2 mm and overlapping among different individuals is common, but no self cross-over. The filled materials are the same as the host rock. Preserved in convex hyporelief and concave epirelief.

Remarks：*Helminthoidichnites tenuis* is interpreted as a grazing trace, mostly produced by vermiform animals (Buatois et al., 1998). *Helminthoidichnites* differs from *Gordia* by lacking self-overcrossing and from *Helminthopsis* by having a nonmeandering course (Hofmann and Patel, 1989；Buatois et al., 1998). *Helminthoidichnites* ranges in age from Ediacaran to Holocene (Buatois et al., 2014).

Occurrence：Mingyihe, Anning, Kunming, Yunnan, South China

Key references：Buatois et al., 1998.

图5-1-30　土丝次蠕形迹*Helminthoidichnites tenuis*
云南安宁鸣矣河中谊村段
Fig. 5-1-30　Zhongyicun Member, Mingyihe section, Anning, Yunnan

拟蠕形迹 ***Helminthopsis* Heer, 1877**

土丝拟蠕形迹 ***Helminthopsis tenuis* Książkiewicz, 1968**

图（**Fig.**）**5-1-31**

描述：水平、光滑、不分枝的，不规则状高频度的蛇曲形拖迹。拖迹宽2 mm，保存于底面凸迹。

讨论：*H. tenuis*区别于*H. abeli*和*H. hieroglyphica*是缺少马蹄形的转弯但具有高频率弯曲。*Helminthopsis*常被认为是食沉积物的爬行迹，分布于埃迪卡拉纪至全新世（Buatois et al.，1998）。

产地层位：云南晋宁，梅树村剖面，下寒武统渔户村组中谊村段上部及下寒武统筇竹寺组石岩头段上部。

Description: Horizontal, smooth, unbranched, unlined, irregular, high-amplitude meandering trails. Width is 2 mm. Preserved as convex hyporelief.

Remarks: *H. tenuis* is distinguished from *H. abeli* and *H. hieroglyphica* by the lack of horseshoe-like turns and its high-amplitude winding (Wetzel and Bromley, 1996). *Helminthopsis* is thought to be a grazing trace (pasichnia) produced by deposit-feeding organisms in brackish to fully marine environment and ranges in age from Ediacaran to Holocene (Buatois et al., 1998).

Occurrence: Upper part of the Shiyantou Member, Qiongzhusi Formation and that of the Zhongyicun Member, Yuhucun Formation, Lower Cambrian, Meishucun section, Jinning, Yunnan.

Key references: Buatois et al., 1998.

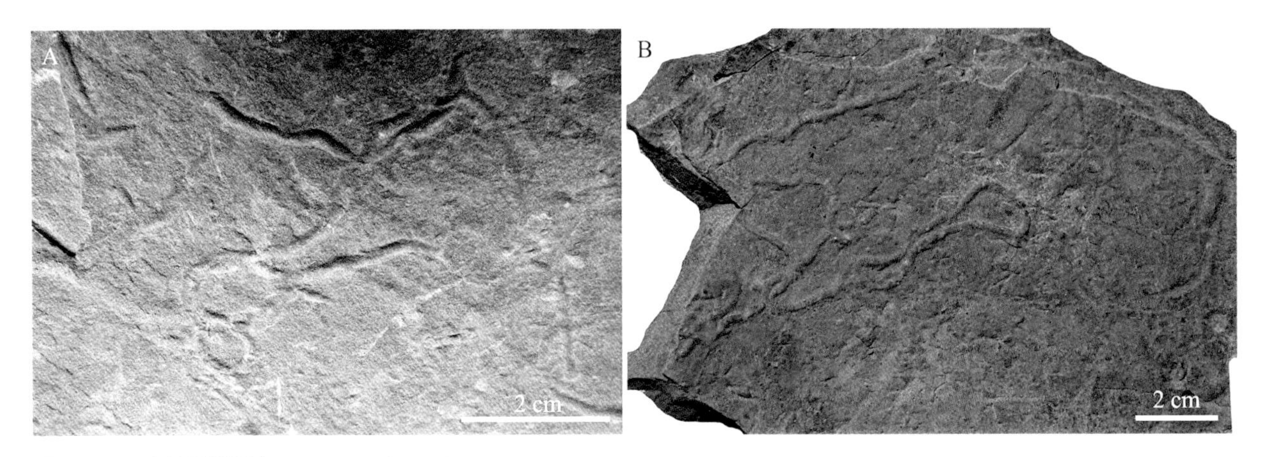

图5-1-31 土丝拟蠕形迹*Helminthopsis tenuis*
A, B. 晋宁梅树村剖面下寒武统黑林铺组石岩头段上部
Fig. 5-1-31 A, B. Upper part of the Shiyantou Member, Heilinpu Formation, Lower Cambrian, Meishucun section, Jinning

柱塞迹 *Laevicyclus* Quenstedt, 1879

帕氏柱塞迹 *Laevicyclus parvus* Desio, 1940

图（Fig.） 5-1-32

描述：漏斗状圆柱形垂直潜穴，具有主动充填的晕圈和被动充填的核心。层面上潜穴直径约11 mm。

讨论：*Laevicyclus*的造迹生物主要是双壳类，代表了双壳类在古海底虹吸作用所形成的遗迹（Knaust，2015），主要分布于寒武纪早期至中新世（Alpert and Moore，1975）。

产地层位：云南晋宁，梅树村剖面，下寒武统黑林铺组石岩头段上部。

Description: Cylindrical vertical burrows with an actively filled mantel and a passively filled core. The aperture can be funnel-shaped and enlarged. The burrow diameter of the bedding surface is about 11 mm.

Remarks: The ichnogenus *Laevicyclus* is systematically revised and interpreted as the product of bivalves, representing the bivalve's siphonal feeding traces due to deposit-feeding on the palaeo-sea floor (Knaust, 2015). It ranges in age from lower Cambrian to Miocene (Alpert and Moore, 1975).

Occurrence: Upper part of the Shiyantou Member, Heilinpu Formation, Lower Cambrian, Meishucun section, Jinning, Yunnan.

Key references: Knaust, 2015.

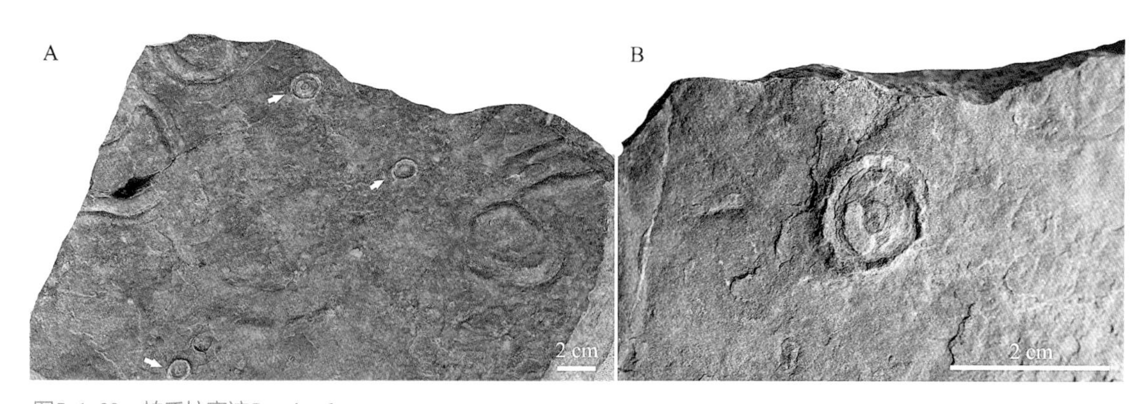

图5-1-32　帕氏柱塞迹*Laevicyclus parvus*
A, B. 晋宁梅树村剖面下寒武统筇竹寺组石岩头段上部，白色箭头指示为遗迹
Fig. 5-1-32　A, B. Upper part of the Shiyantou Member, Qiongzhusi Formation, Lower Cambrian, Meishucun section, Jinning

摩德迹 *Multina* Orłowski, 1968

曼氏摩德迹 *Multina manga*

图（Fig.） 5-1-33

描述：由一系列弯曲的、相互缠绕的潜穴组成不规则的叠覆状网状构造。网状构造一般在5 ~ 18 mm，潜穴直径一般是1 ~ 2 mm。

讨论：*Multina*主要是觅食遗迹，常分布于早古生代浅水环境（Buatois and Mángano，2004）。

产地层位：云南晋宁，梅树村剖面，下寒武统渔户村组中谊村段上部。

Description: Irregular overlapping networks having meandering to winding strings. Network size is 5 ~ 18 mm and string diameter is 1 ~ 2 mm.

Remarks: *Multina* is a feeding trace or fodinichnion (Buatois and Mángano, 2004). It is mostly recorded in shallow-marine deposits in the lower Paleozoic rocks (Buatois and Mángano, 2004).

Occurrence: Upper part of the Zhongyicun Member, Yuhucun Formation, Lower Cambrian, Meishucun section, Jinning, Yunnan.

Key references：Buatois et al., 2009.

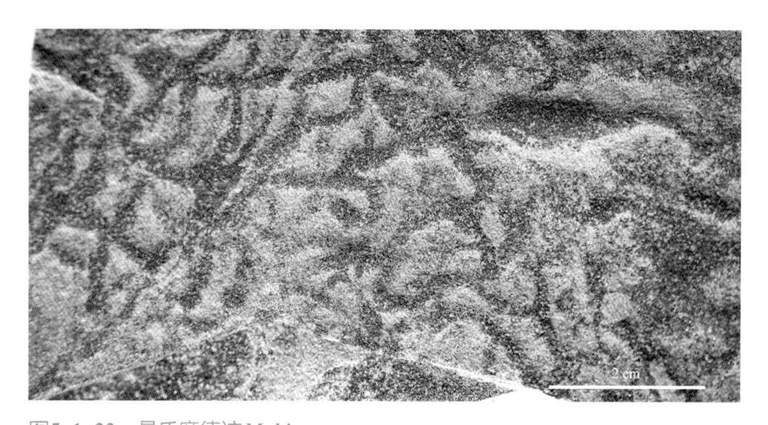

图5-1-33　曼氏摩德迹*Multina manga*
晋宁梅树村剖面下寒武统渔户村组中谊村段6层底
Fig. 5-1-33　Bed 6 of the Zhongyicun Member, Yuhucun Formation, Lower Cambrian, Meishucun secion, Jinning

漫游迹 *Planolites* Nicholson, 1873

山地漫游迹 *Planolites montanus* Richter, 1937

图（Fig.）5-1-34

描述：平行层面的柱形潜穴，不分枝，表面光滑，常弯曲，直径1 ~ 4 mm。无衬壁，充填物为浅灰色粉砂。内生迹保存。

讨论：*Planolites*与*Palaeophycus*易混淆，其区别在于*Planolites*为主动充填，但不具衬壁，*Palaeophycus*为被动充填，发育衬壁（Pemberton and Frey，1982）。*Planolites*常见有3个种，即*P. montanus*, *P. beverleyensis*, *P. annularius*。*P. montanus*弯曲状到蛇曲状，充填物颜色较围岩深；*P. beverleyensis*直或微弯，充填物颜色比围岩浅；*P. annularius*有规则分布等距离环节。为食沉积物动物（多毛类）的觅食构造（Pemberton and Frey，1982）。

产地层位：云南晋宁，梅树村剖面，下寒武统渔户村组中谊村段第6层。

Description: Horizontal, unbranched, unlined, cylindrical, curved epichnial burrows, 1 ~ 4 mm in diameter. Burrows repeatedly transect individual bedding surfaces.

Remarks: *Planolites* and *Palaeophycus* are commonly compared. *Planolites* is actively filled and unlined while *Palaeophycus* is passively filled and lined (Pemberton and Frey, 1982). *Planolites montanus* is characterized by relatively small, curved to snake-like burrow and the filling materials tend to consist of cleaner, better-sorted sediment than the host rocks. *P. beverleyensis* is characterized by relatively large, smooth, straight to slightly curved burrow whose fill is different from the lithology of host sediments. *P. beverleyensis* is distinguished from *P. montanus* primarily by the larger size and less tortuous course (Pemberton and Frey, 1982). *P. annularius* is mainly distinctly annulated, subcylindrical burrows (Pemberton and Frey, 1982). *Planolites* is a feeding burrow produced by vagile endobenthic deposit feeders (Pemberton and Frey, 1982).

Occurrence: Bed6 of the Zhongyicun Member, Yuhucun Formation, Lower Cambrian, Meishucun section, Jinning, Yunnan.

Key references：Pemberton and Frey, 1982.

图5–1–34　山地漫游迹*Planolites montanus*
晋宁梅树村剖面下寒武统渔户村组中谊村段6层底
Fig. 5–1–34　Bed 6 of the Zhongyicun Member, Yuhucun Formation, Lower Cambrian, Meishucun secion, Jinning

砂迹 ***Psammichnites*** **Torrell, 1870**

巨砂迹 ***Psammichnites gigas*** **Torell, 1868**

图（Figs）5-1-35 ~ 39

描述：水平缎带状二裂片形内生爬行迹，常轻缓弯曲，上具紧密排列的相互平行的横纹，带状的中间部分略凸隆，可见相互交切并常保存于表面凸迹。潜穴宽1 ~ 3 cm。

讨论：*P. gigas*被认为是鼻虫状生物在沉积物内部爬行并在沉积物表面觅食所形成。*P. gigas*主要分布于寒武纪早期的浅水环境。Zhu（1997）认为*Tapherhelminthopsis*和*Plagiogmus*是*Psamichnites*的同义名。寒武纪早期命名的*Tapherhelminthopsis circularis*（Crimes et al.，1977）并不让人十分信服。Uchman（1995）推断*Tapherelminthopsis* 是*Scolicia*的不同的表现形式，属于同物异名。Mángano and Buatois（2016）进一步认为*Tapehelminthopsis circularis*是*Psammichnites*的不同的保存形式。*Psammichnites*与*Didymaulichnus*区别在于缺少中央凹槽并且具有复杂的内部构造和纹饰（Seilacher，2007）。

产地层位：云南晋宁，梅树村剖面，渔户村组中谊村段、黑林铺组石岩头段及沧浪铺组下部。

Description: Large, long, straight to curved, bilobate endichnial crawling trails, with complex cross-over pattern that occur commonly in convex epirelief. Backfilled trails are about 1 to 3 cm wide and have a median dorsal ridge and closely spaced transverse ridges.

Remarks: *P. gigas* has been interpreted as the work of a slug-like animal that bulldozed inside the sediment and collected food from the surface with a pendulating siphon (Seilacher-Drexler and Seilacher, 1999). Seilacher and Gámez-Vintaned (1995) reconstructed a model for different life modes and preservational variabilities of *Psammichnites* (also see Seilacher, 2007, p.81, pl. 27). *Psammichites gigas* is well-known from the lowermost Cambrian shallow-marine sandstones in the worldwide (Seilacher et al., 2005). Zhu (1997) suggested that *Tapherhelminthopsis* and *Plagiogmus* are synonyms of *Psammichnites*. The ichnotaxonomic status of the lower Cambrian ichnospecies *Tapherhelminthopsis circularis* Crimes et al., 1977 is more uncertain. Uchman (1995) demonstrated that the ichnogenus *Tapherhelminthopsis* is a preservational variant of *Scolicia* and, therefore, its junior synonym. *Tapherhelminthopsis circularis* is most likely a preservational variant of *Psammichnites* (Mángano and Buatois, 2016). *Psammichnites* is distinguished from *Didymaulichnus* by lack of median groove on the lower side and by its overall more complex internal structure (Seilacher, 2007).

Occurrence: Zhongyicun Member of the Yuhucun Formation, Shiyantou Member of the Heilinpu Formation and lower part of the Canglangpu Formation, Lower Cambrian, Meishucun section, Yunnan.

Key references: Seilacher et al., 2005；Seilacher, 2007.

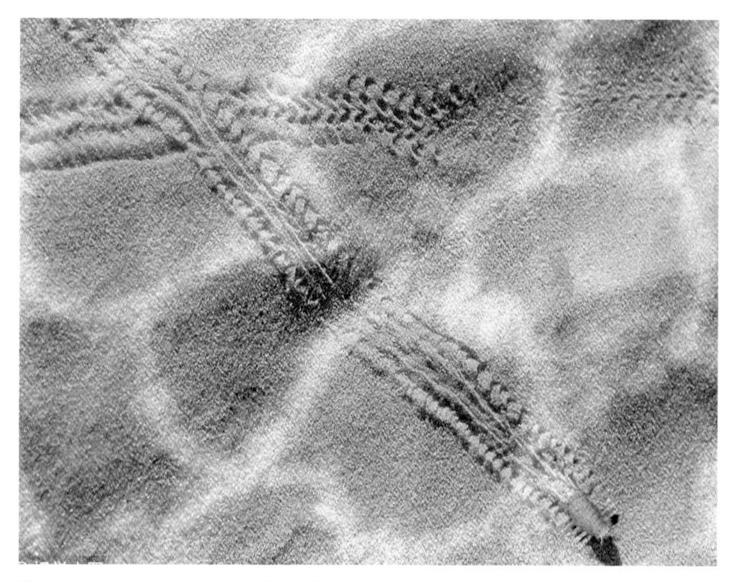

图5-1-35 *Psammichnites*的古生态复原图

Fig. 5-1-35 Palaeoecology of *Psammichnites*

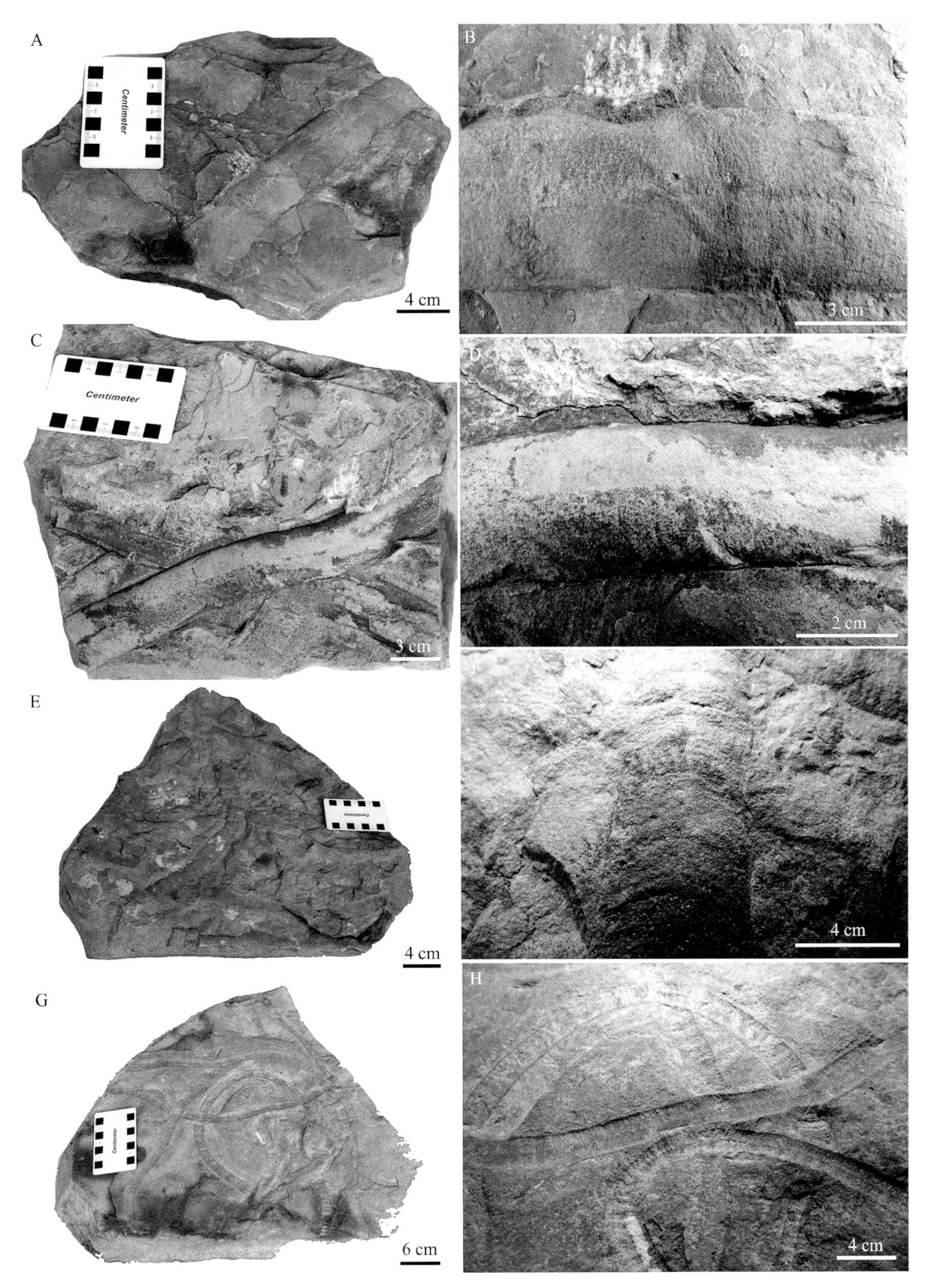

图5-1-36　巨砂迹*Psammichnites gigas*

A-H. 晋宁二街下寒武统沧浪铺组下部

Fig. 5-1-36　A-H. Lower part of the Canglangpu Formation, Lower Cabran, Erjie section, Jinning

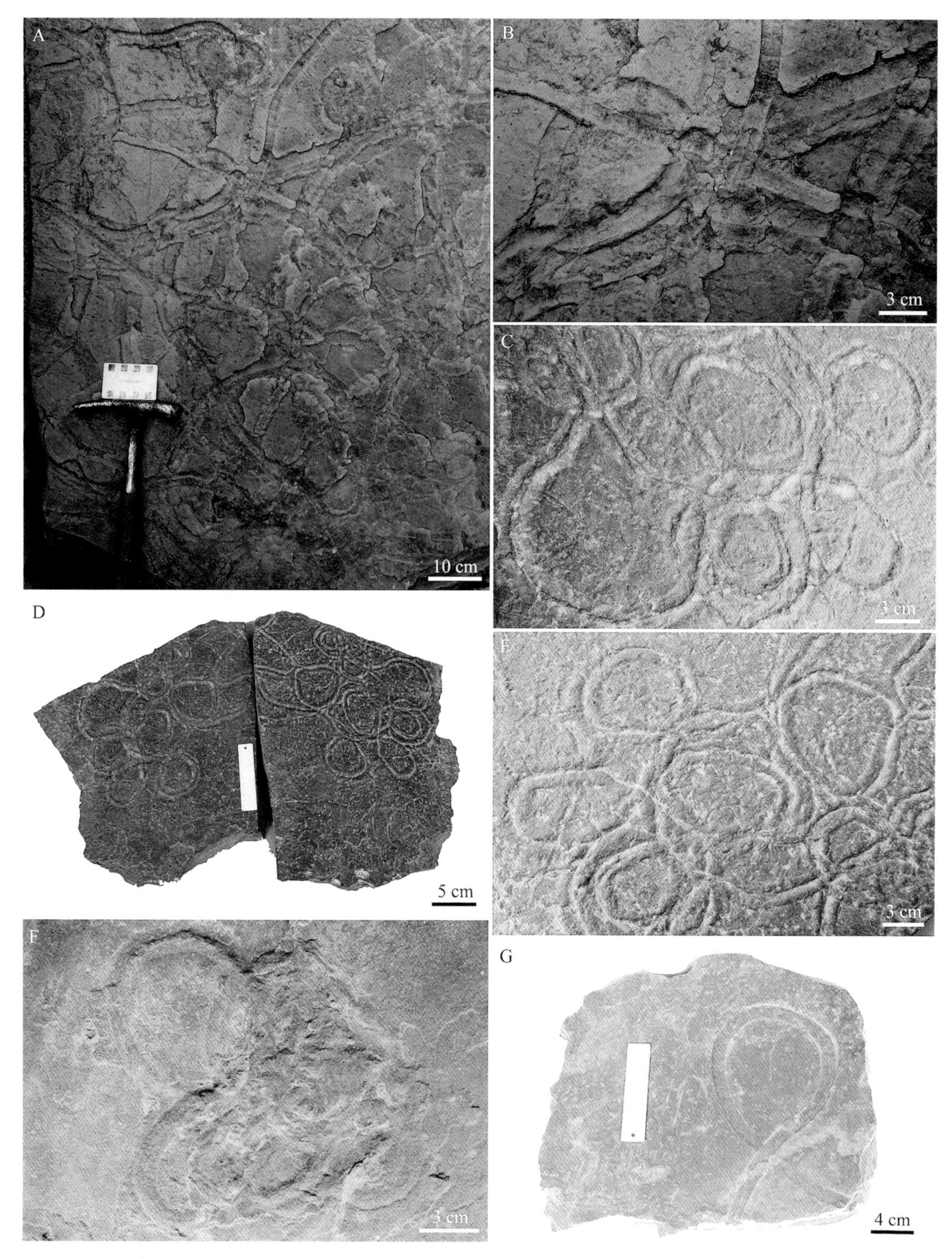

图5–1–37　巨砂迹*Psammichnites gigas*

A, B. 晋宁二街下寒武统沧浪铺组下部；C-E. "*Tapherhelminthopsis circularis*" 海口尖山剖面下寒武统筇竹寺组石岩头段上部；F-G. 晋宁梅树村剖面下寒武统黑林铺组石岩头段上部

Fig. 5–1–37　A, B. Lower part of the Canglangpu Formation, Lower Cabran, Erjie section, Jinning; C–E. "*Tapherhelminthopsis circularis*", Upper part of the Shiyantou Member, Qiongzhushi Formation, Lower Cambrian, Jianshan section, Haikou; F–G. Upper part of the Shiyantou Member, Heilinpu Formation, Lower Cambrian, Meishucun section, Jinning

图5–1–38 巨砂迹*Psammichnites gigas*

A, D-F. 晋宁梅树村剖面下寒武统黑林铺组石岩头段上部；B. 晋宁梅树村剖面下寒武统渔户村组中谊村段上段；C. 晋宁梅树村剖面下寒武统渔户村组中谊村段下段；G、H. 晋宁梅树村剖面下寒武统黑林铺组石岩头段下段；E、F. "*Tapherhelminthopsis circularis*"

Fig. 5–1–38 A, D–F. Upper part of the Shiyantou Member, Heilinpu Formation, Lower Cambrian, Meishucun section, Jinning; B. Upper part of the Zhongyicun Member, Yuhucun Formation, Lower Cambrian, Meishucun section, Jinning; C. Lower part of the Zhongyicun Member, Yuhucun Formation, Lower Cambrian, Meishucun section, Jinning; G–H. Lower part of the Shiyantou Member, Heilinpu Formation, Lower Cambrian, Meishucun section, Jinning; E、F. "*Tapherhelminthopsis circularis*"

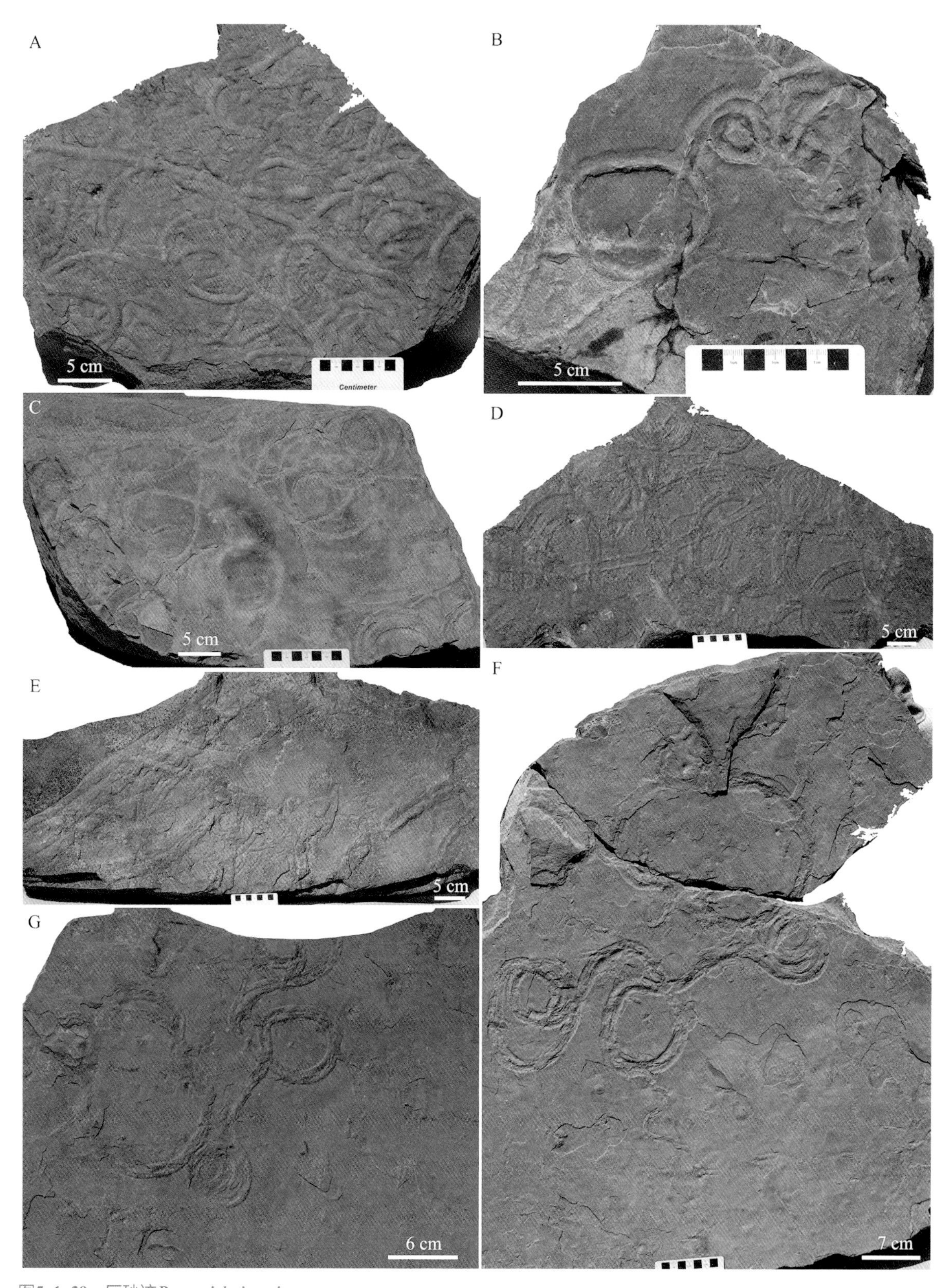

图5-1-39　巨砂迹*Psammichnites gigas*

A-G. 晋宁梅树村剖面下寒武统黑林铺组石岩头段上部；A-D, F-G. "*Tapherhelminthopsis circularis*"

Fig. 5-1-39　A–G. Upper part of the Shiyantou Member, Heilinpu Formation, Lower Cambrian, Meishucun section, Jinning; A–D, F–G. "*Tapherhelminthopsis circularis*"

根珊瑚迹 *Rhizocorallium* Zenker, 1836

群居根珊瑚迹 *Rhizocorallium commune* Schmid, 1876

图（Fig.） 5-1-40

描述：不分枝的“U”形带状潜穴，具有微弯曲并相互平行的边缘管。边缘管上没有抓痕，由于风化作用和保存差异并未见有蹼状构造。

讨论：*Rhizocorallium*现在只有2个种，其中*R. commune*分布于寒武纪早期至全新世，*R. jenense*分布于中生代至新生代。

产地层位：昆明高楼房乌龙箐组最下部。

Description: Unbranched, elongate U-shaped, band-like, a little winding and have subparallel marginal tube. No scratches found and lack the spreite due to the weathering and poorly preservation.

Remarks: *Rhizocorallium* is systematically revised and only two ichnospecies were accepted (Knaust, 2013). *R. commune* ranges in age from Cambrian to Holocene, whereas *R. jenense* occur from Mesozoic to Cenozoic.

Occurrence: The Wulongiqing Formation, Gaoloufang, Kunming.

Key references: Knaust, 2013.

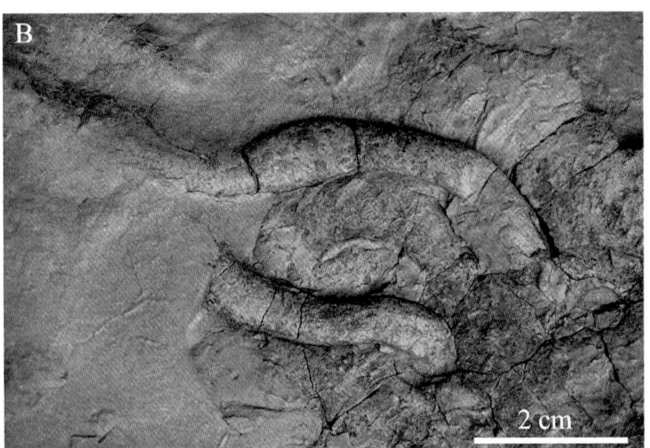

图5-1-40　群居根珊瑚迹*Rhizocorallium commune*
昆明高楼房乌龙箐组下部
Fig. 5-1-40　Lower part of the Wulongqing Formation, Gaoloufang section, Kunming

皱饰迹 *Rusophycus* Hall, 1852

皱饰迹未定种 *Rusophycus* isp.

图（Fig.） 5-1-41

描述：水平分布的短二叶形遗迹，呈卵圆形潜穴，保存为底面凸起。遗迹后部两侧相互平行，中间见中沟。遗迹宽4 cm，长7 cm，中沟宽4 mm。

讨论：*Rusophycus*主要是节肢动物的停息迹，三叶虫类主要是其造迹生物（Seilacher，2007）。

产地层位：云南晋宁，梅树村剖面，下寒武统渔户村组中谊村段上部。

Description: Bilobate scratches trace with oval outline preserved in convex hyporelief, 4 cm in width and 7 cm long. Well-developed median groove, 4 mm wide.

Remarks: *Rusophycus* is considered an arthropod resting trace and trilobites were considered as the *Rusophycus* tracemaker (Seilacher, 2007).

Occurrence: upper part of the Zhongyicun Member, Yuhucun Formation, Lower Cambrian, Meishucun section, Jinning, Yunnan.

Key references: Seilacher, 2007.

图5–1–41　皱饰迹（未定种）*Rusophycus* isp.
海口尖山剖面下寒武统渔户村组中谊村段上段
Fig. 5–1–41　Upper part of the Zhongyicun Member, Yuhucun Formation, Lower Cambrian, Jianshan section, Haikou

锯形迹 *Treptichnus* Miller, 1889

翘柄锯形迹 *Treptichnus pedum* Seilacher, 1955

图（Figs）5-1-42 ～ 44

描述：之字形排列的锯齿状潜穴，主潜穴向左右交替分枝，并规则的上弯，分枝潜穴长度近相等。

讨论：翘柄锯形迹*Treptichnus pedum*原先认为是*Phycodes pedum*，然后*P. pedum*并不具有*Phycodes*的主要特征，因此被认为了一个新的遗迹属（Osgood，1970）。*Treptichnus* 主要是觅食潜穴，分布于埃迪卡拉纪到全新世 （Crimes，1987；Uchman，1998；Guinea et al.，2014）。*Treptichnus pedum*主要局限于正常海水环境，并且广泛认为*T. pedum*的造迹生物是两侧对称生物生活在沉积物水界面以下，通过向上的掘进在沉积物表面获得食物 （Uchman，1995；Jensen，1997）。

产地层位：云南晋宁，梅树村剖面，下寒武统渔户村组中谊村段上部。

Description: Straight or curved sets of individual burrows of similar length connected to one another at their lower parts. The burrows alternate in direction, forming a zigzag pattern. The burrows are arranged in a nearly straight succession, and the segments generally are aligned and project outwards. Preserved as convex hyporelief.

Remarks: *Treptichnus pedum* is considered as *Phycodes pedum*, whereas *P. pedum* is different from other ichnospecies of *Phycodes* and was as a new ichnogenera (Osgood, 1970). *Treptichnus* is a feeding burrow and ranges from Ediacaran to Holocene (Crimes, 1987; Uchman, 1998; Guinea et al., 2014). *Treptichnus pedum* is restricted to normal marine salinity conditions (Buatois et al., 2013) and was generally agreed that *T. pedum* tracemaker was a motile bilaterian animal that lived below the sediment–water interface, propelling itself forward in upward curving projections that breached the sediment surface (Uchman, 1995；Jensen, 1997).

Occurrence: Lower part of the Zhongyicun Member, Yuhucun Formation, Lower Cambrian, Meishucun section, Jinning, Yunnan.

Key references: Crimes, 1987, Uchman, 1995；Jensen, 1997.

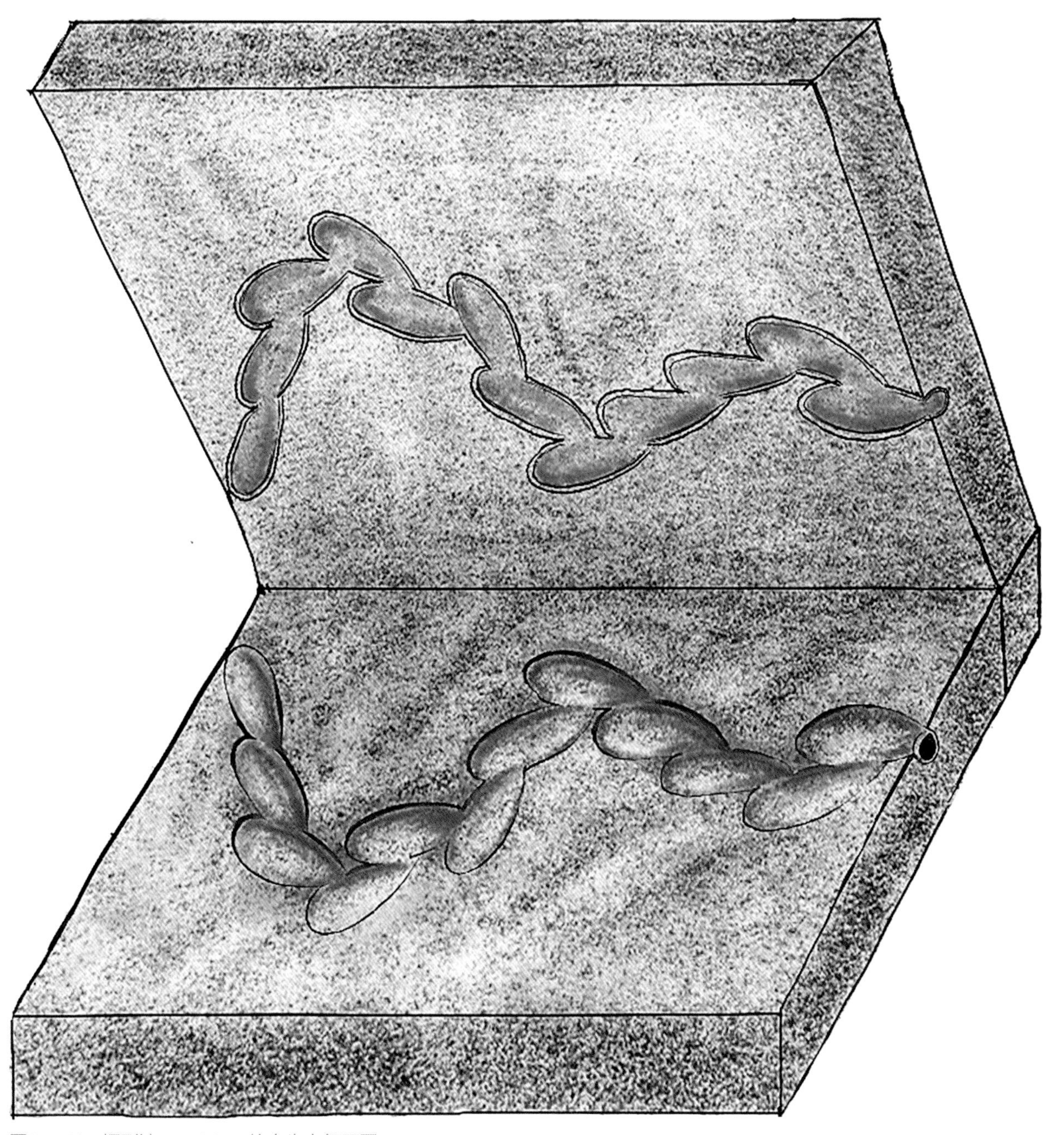

图5–1–42　锯形迹*Treptichnus*的古生态复原图
Fig. 5–1–42　Palaeoecology of *Treptichnus*

图5-1-43　锯形迹*Treptichnus pedum*

A-C. 晋宁梅树村剖面下寒武统渔户村组中谊村段6层底；E、F. 晋宁梅树村剖面下寒武统渔户村组中谊村段中段；G, H. 晋宁梅树村剖面下寒武统渔户村组中谊村段上段

Fig. 5-1-43　A ~ C. Bed 6 of the Zhongyicun Member, Yuhucun Formation, Lower Cambrian, Meishucun section, Jinning; E, F. Middle part of the Zhongyicun Member, Yuhucun Formation, Lower Cambrian, Meishucun section, Jinning; G, H. Upper part of the Zhongyicun Member, Yuhucun Formation, Lower Cambrian, Meishucun section, Jinning

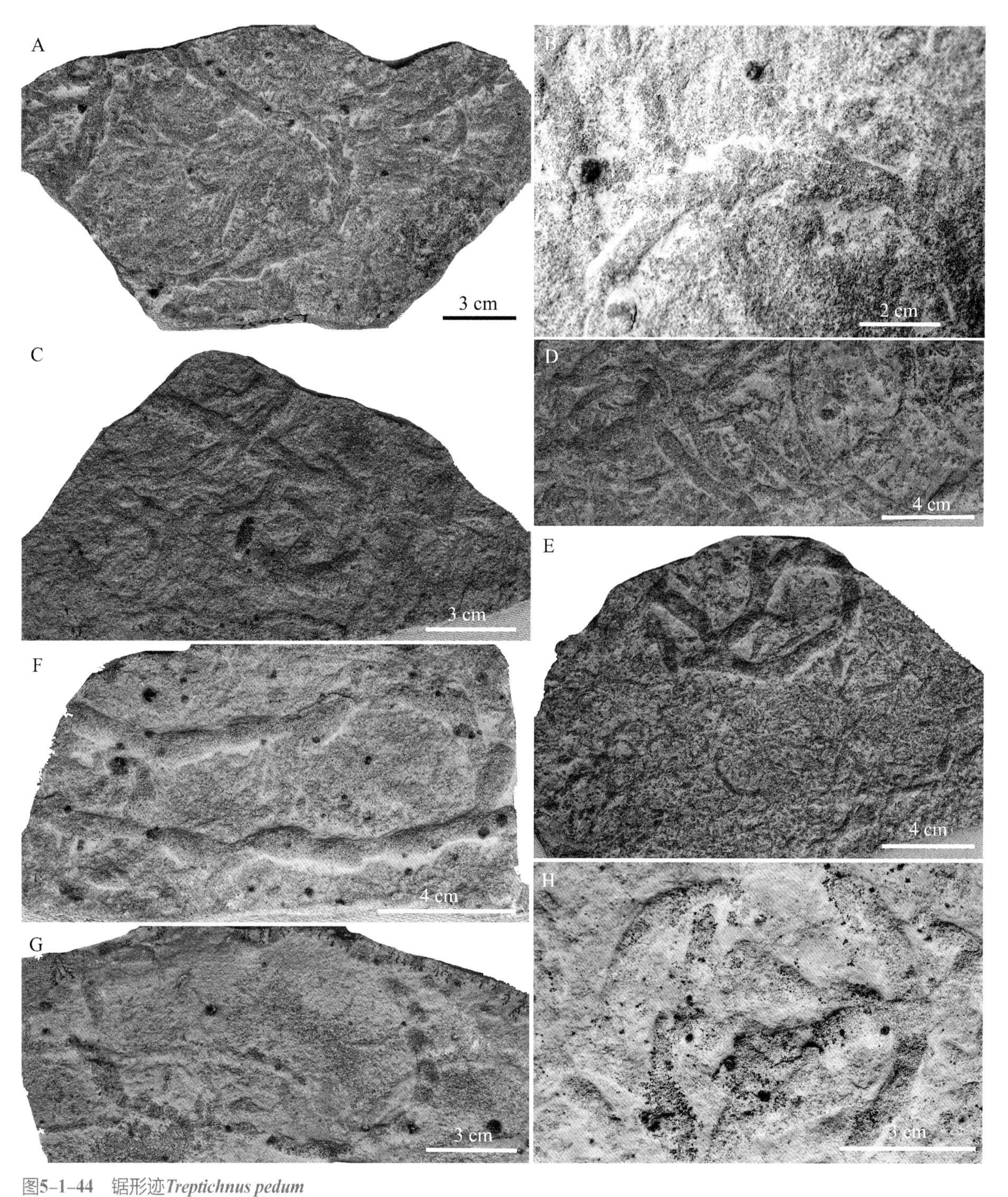

图5-1-44　锯形迹*Treptichnus pedum*
A-H. 晋宁梅树村剖面下寒武统渔户村组中谊村段6层底
Fig. 5-1-44　A-H. Bed 6 of the Zhongyicun Member, Yuhucun Formation, Lower Cambrian, Meishucun section, Jinning

致谢：感谢加拿大萨斯喀彻温大学Luis Buatois教授和挪威国家石油公司Dirk Knaust博士对于遗迹化石属种鉴定的帮助。

（张立军　王　约）

主要参考文献

[1] ALPERT S P. AND MOORE J N. Lower Cambrian trace fossil evidence for predation on trilobites[J]. Lethaia, 1975, 8(3): 223-230.

[2] APESTEGUÌA S, GALLINA P A. Tunasniyoj, a dinosaur tracksite from the Jurassic-Cretaceous boundary of Bolivia. An Acad Bras Cienc, 2011, 83(1): 267-277.

[3] BANDEL K. Trace fossils from two Upper Pennsylvanian sandstones in Kansas[M]. University of Kansas Palaeontological contributions, 1967, 18: 1-13.

[4] BRADSHAW MA. Paleoenvironmental interpretations and systematics of Devonian trace fossils from the Taylor Group(lower Beacon Supergroup)[J]. Antarctica. New Zealand Journal of Geology and Geophysics, 1981, 24(5-6): 615-652.

[5] BROMELY R G. Trace fossils: Biology, taphomomy and application[M]. London: Chapman and Hall Press, 1996: 1-361.

[6] BUATOIS L A, MÁNGANO M G. Terminal Proterozoic-early Cambrian ecosystems: ichnology of the Puncoviscana Formation, northwest Argentina[J]. Fossils and Strata, 2004(51): 1-16.

[7] BUATOIS L A, MÁNGANO M G, BRUSSA E D, et al. The changing face of the deep: Colonization of the Early Ordovician deep-sea floor, Puna, northwest Argentina[J]. Palaeogeography, Palaeoclimatology, Palaeoecology, 2009, 280(3-4): 291-299.

[8] BUATOIS L A, MANGANO M G, MIKULÁŠ R, et al. The ichnogenus *Curvolithus* revisited[J]. Journal of Paleontology, 1998, 72(4): 758-769.

[9] BUATOIS L A, NARBONNE G M, MÁNGANO M G, et al. Ediacaran matground ecology persisted into the earliest Cambrian[J]. Nature Communications, 2014(5): 3544.

[10] CRIME T P. Tridobete trace from the Lower Tremdoc of Torrwor Torrworth[J]. Geological Magazine, 1975, 112: 33-46.

[11] CRIMES T P. Trace fossils and correlation of late Precambrian and early Cambrian strata[J]. Geological Magazine, 1987, 124(2): 97-119.

[12] CRIMES T P, JIANG Z. Trace fossils from the Precambrian–Cambrian boundary candidate at Meishucun, Jinning, Yunnan, China[J]. Geological Magazine, 1986, 123(6): 641-649.

[13] DROSER M, BOTTJER D J. A semiquantitative field classification of ichnofrabric[J]. Journal of sedimentary petrology, 1986(56): 558-559.

[14] DROSER M, BOTTJER D J. Ichnofabric of sandstones desposited in high-energy nearshore enviroments: Measurement and utilization[J]. Palaios, 1989(4): 598-604.

[15] EKDALE A A, BROMELY R G, PEMERTON S G. Ichnology: Trace fossils in sedimentology and stratigraphy, Society of economic paleontologistsand mineralogists[J] . Short course, 1984(15): 317.

[16] FREY R W, SEILACHER. A Uniformity in marine invertebrate ichnologs[J]. Lethaia, 1980(13): 183-207.

[17] GUINEA, F M, MÁNGANO, M G, BUATOIS, L A, et al. Compound biogenic structures resulting from ontogenetic variation: An example from a modern dipteran[J]. Spanish journal of palaeontology, 2014, 29(1): 83-93.

[18] HOFMANN H, PATEL I. Trace fossils from the type 'Etcheminian Series'(Lower Cambrian Ratcliffe

Brook Formation). Saint John area, New Brunswick, Canada[J]. Geological Magazine, 1989, 126(2): 139-157.

[19] JENSEN S. Trace fossils from the Lower Cambrian Mickwitzia sandstone, south-central Sweden[J]. Fossils and Strata, 1997(42): 1-111.

[20] JENSEN S. The Proterozoic and earliest Cambrian trace fossil record; patterns, problems and perspectives[J]. Integrative and Comparative Biology, 2003, 43(1): 219-228.

[21] KNAUST D. The ichnogenus Rhizocorallium: classification, trace makers, palaeoenvironments and evolution[J]. Earth-Science Reviews, 2013(126): 1-47.

[22] KNAUST D. Siphonichnidae(new ichnofamily) attributed to the burrowing activity of bivalves: Ichnotaxonomy, behaviour and palaeoenvironmental implications[J]. Earth-science reviews, 2015(150): 497-519.

[23] MÁNGANO M G, BUATOIS L A. Ichnology of the Alfarcito Member(Santa Rosita Formation) of northwestern Argentina: animal-substrate interactions in a lower Paleozoic wave-dominated shallow sea[J]. Ameghiniana, 2005, 42(4): 641-668.

[24] MARTINSSON A. Toponomy of trace fossils. In: Cromes T P and Harper J C(eds)[J]. Trace fossils 1. Geol. J. Science Letters, 1970, 209: 1-17.

[25] OSGOOD R G. Trace fossils of the Cincinnati area[J]. Palaeontographica Americana, 1970(6): 281-444.

[26] PEMBERTON S G, FREY R W. Trace fossil nomenclature and the *Planolites-Palaeophycus* dilemma[J]. Journal of Paleontology, 1982(56): 843-881.

[27] SEILACHER A. Spuren und Fazies im Unterkambrium[J] . Beiträge zur Kenntnis des Kambriums in der Salt Range(Pakistan): In: Schindewolf, O.H., Seilacher, A.(Eds.). Akademie der Wissenschaften und Literatur Mainz, mathematisch-naturwissenschaftliche Klasse. Abhandlungen, 1955(10): 117-143.

[28] SEILACHER A. Biogenic sedimentary steuctures, in imbrie, J., and N. D. Newell, eds., Approaches to paleocology. Wiley, New York, 1964: 296-316.

[29] SEILACHER A. Sedimentological classification and nomenclature of trace fossils[J]. Sedimentol, 1964: 253-256.

[30] SEILACHER A. Trace Fossil Analysis[M]. Springer, Berlin, 2007: 226.

[31] SEILACHER A. BUATOIS, L A, MÁNGANO M G. Trace fossils in the Ediacaran–Cambrian transition: behavioral diversification, ecological turnover and environmental shift[M]. Palaeogeography, Palaeoclimatology, Palaeoecology, 2005, 227(4): 323-356.

[32] SEILACHER-DREXLER E, SEILACHER A. Undertraces of sea pens and moon snails and possible fossil counterparts[J] . Neues Jahrbuch für Geologie und Paläontologie-Abhandlungen, 1999(214): 195-210.

[33] TAYLOR A M, GOLDRING R. Description and analysis of bioturbantion and ichnofabric[J]. J. Geol. Soc. London, 1993(150): 141-148.

[34] UCHMAN A. Taxonomy and palaeoecology of flysch trace fossils: the Marnoso-arenacea Formation and associated facies(Miocene, Northern Apennines, Italy)[J]. Beringeria, 1995(15): 1-115.

[35] UCHMAN A. Taxonomy and ethology of flysch trace fossils: revision of the Marian Ksiazkiewicz collection and studies of complementary material[J]. Annales Societatis Geologorum Poloniae, 1998,

68(2-3): 105-218.

[36] VOSSLER S M, MAGWOOD J P, PEMBERTON, S G. The youngest occurrence of the ichnogenus *Didymaulichnus* from the Upper Cretaceous(Turonian) Cardium Formation[J]. Journal of Paleontology, 1989, 63(3): 384-386.

[37] WEBER B, HU S, Steiner M, et al. A Diverse Ichnofauna From the Cambrian Stage 4 Wulongqing Formation Near Kunming(Yunnan Province, South China)[J]. Bulletin of Geosciences, 2012, 87(1): 71-92.

[38] WETZEL A, BROMLEY R G. Re-evaluation ofthe ichnogenus *Helminthopsis*—a new look at the type material[J]. Palaeontology, 1996, 39(Part 1): 1-19.

[39] YOUNG F. Early Cambrian and older trace fossils from the southern Cordillera of Canada[J]. Canadian Journal of Earth Sciences, 1972, 9(1): 1-17.

[40] ZHU M Y, LI G X, ZHANG J M, et al. Early Cambrian Stratigraphy of East Yunnan, Southwestern China:a Synthesis. Acta Palaeontologica Sinica(古生物学报), 2001, 40(Sup): 4-39.

[41] ZHU M. Precambrian–Cambrian trace fossils from eastern Yunnan, China: implications for Cambrian explosion. Bulletin of National Museum of Natural Science, 1997(10): 275-312.

[42] 何廷贵, 钱逸, 陈孟莪, 等. 国际前寒武系—寒武系界线层型评述及早寒武世地层划分和洲际对比[M]//钱逸. 中国小壳化石分类学与生物地层学. 北京: 科学出版社, 1999: 124-161.

[43] 蒋志文, 罗惠麟, 张世山. 云南梅树村剖面早寒武世梅树村阶的遗迹化石[J]. 地质论评, 1982, 28(1):7-13.

[44] 李日辉, 杨式溥, 李维群. 中国震旦系—寒武系界线过渡层遗迹化石研究[M]. 北京:地质出版社, 1997, 1-99.

[45] 李日辉, 杨式溥. 滇东、川中地区震旦系—寒武系界线附近的遗迹化石[J]. 现代地质, 1988, 2(2):158-174.

[46] 殷继成, 李大庆, 何廷贵. 滇东震旦系—寒武系界线层遗迹化石新发现及对比意义[J]. 地质学报, 1993, 67(2):146-158

[47] 殷继成, 林文球, 何廷贵. 我国扬子地台及邻区晚震旦世—早寒武世遗迹化石的发现及地层意义[J]. 成都地质学院学报, 1983, 15(1):43-51.

[48] 殷继成, 林文球, 李大庆. 云南东部震旦系—寒武系边界层的遗迹化石和遗迹相[J]. 成都地质学院学报, 1989, 16(4):44-50.

2　蠕形动物化石

蠕形动物（Vermiform animals）泛指的是有着蠕虫状身体或者与蠕虫相似的一类动物，和小壳化石一样，并不是严格规范的分类名称。此类动物的特点有：三胚层发育，两辐射对称，身体呈蠕虫状为软躯体（没有坚硬的外骨骼和内骨骼），身体前端有头部或者前端感觉器官。现生动物中一般公认有16个动物门类可以归入蠕形动物大类（Ma et al.，2010）（图5-2-1），（a）扁形动物门（Platyhelminthes），（b）纽形动物门（Nemertea），（c）颚口动物门（Gnathostomulida），（d）腹毛动物门（Gastrotricha），（e）线虫动物门（Nematoda），（f）线形动物门（Nematomorpha），（g）鳃曳动物门（Priapulida），（h）棘头动物门（Acanthocephala），（i）环节动物门（Annelida），（j）螠虫动物门（Echiura），（k）星虫动物门（Sipuncula），（l）有爪动物门（Onychophora），（m）缓步动物门（Tardigrada），（n）帚虫动物门（Phoronida），（o）毛颚动物门（Chaetognatha），（p）肠鳃纲（acorn worm），（q）羽鳃纲（pterobranchia），（p）和（q）合称半索动物门（Hemichordata）。

而广泛分布于全球晚元古代至古生代海洋中的远古蠕形动物或古蠕虫类（Palaeoscolecids）（Mass A，2007），通常是个体呈细长条形、蠕曲状保存、体表具有清晰环纹、无硬体的附肢、不具有融合的骨板，多数保存为不完整的片段并很难有明确亲缘归属的一大类疑难化石。

这如同一个大的化石“口袋”，装满了形态相似、无法进一步归类的蠕虫化石，如果古生物学家在地层中采集到形态保存完美的蠕虫化石，其性状特征可以帮助准确判定其分类位置，那就从“口袋”中将其掏出，再细分到更加明确的古动物门纲之中。

事实上，这类蠕形动物在寒武纪以后的化石体通常已经明显分为有口的头部或翻吻（introvert）及躯干（body）两个部分；身体最前端的口咽部如同科幻传说中的“蒙古死亡蠕虫”一样，常发育咽齿（pharyneal teeth），且能全部或部分外翻，翻出的吻部多生有纵列的吻刺（scalids）；所以又被称为翻吻动物，这也是好几个趋同进化的动物门类统称。但是前寒武纪晚期的古蠕虫化石前端保存的则大多是呈圆盘状的头盘（disc），一般光滑无饰，部分有较细的颈部与躯干相连，部分为圆形或椭圆形的空腔，疑似吸盘或口孔，其他进一步的形态特征都未见保存（图5-2-2）。新元古代晚期和寒武纪早期蠕虫化石的躯干，其体表都具有环纹，埋藏压扁的化石状表面就展现为垂直于体长方向的一系列规则横纹，或因为一定角度压扁保存而呈平行的弧状细纹；尾端与躯干区分不明显，但有的逐渐变得细窄并具有尾附器或固着盘；在地层中常呈现为蠕曲状保存，与形态类似的遗迹化石不同，蠕形实体化石一般是生物的遗体直接保存而成的化石，化石成分与围岩明显不同，可以呈炭质压膜或矿化管状出露在地层层面上。地史上也有很多动物门类都可能形成蠕形化石，比如：文德虫动物门Vendobionta、线虫动物门Nematoda、线形动物门Nematomorpha、鳃曳动物门Priapulida、动吻动物门Kinorhyncha、扁形动物门Platyhelminthes、颚胃动物门Gnathostomulida、纽形动物门Nemertea、环节动物门Annelida、毛颚动物门Chaetognatha和须腕动物门Pogonophora等（图5-2-3，摘自维基百科），而在早寒武世“生命大爆发”时就曾经一下子涌现出很多蠕虫状保存的化石门类（图5-2-4），所以这个蠕形“大口袋”曾被认为是一个起源复杂的并系（Paraphyletic）或多系（Polyphyletic）类群，早期研究中环节动物（Whittard W F，1953）、须腕动物（邢裕盛等，1985）、线形动物（Hou，1994，1999，2004）都曾作为蠕虫化石的主体代表，但在最近的研究中，“口袋”里的古蠕虫化石更多的被当作鳃曳动物的原始类别（Harvey T H P，2010）。

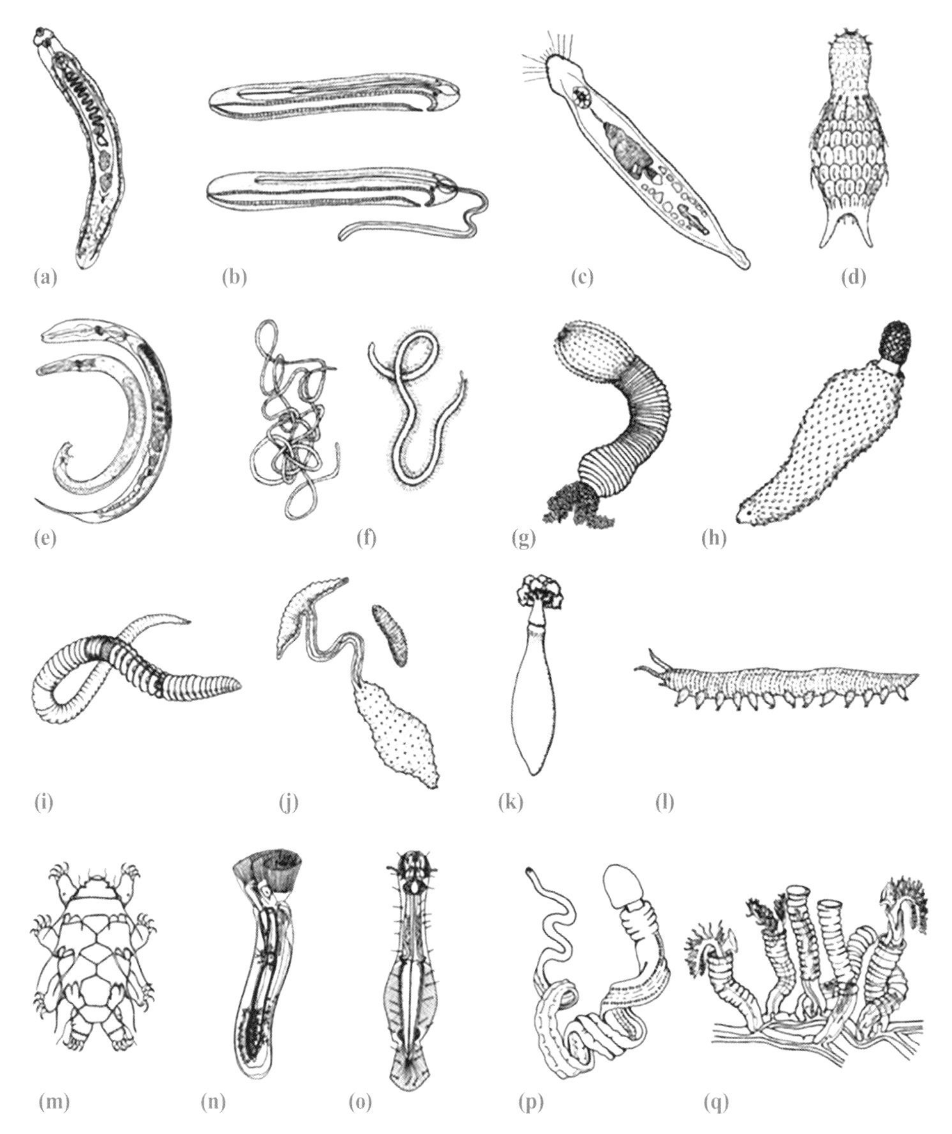

图5–2–1　现生蠕形动物类群（from Ma et al., 2010）
Fig. 5–2–1　Extant vermiform phyla

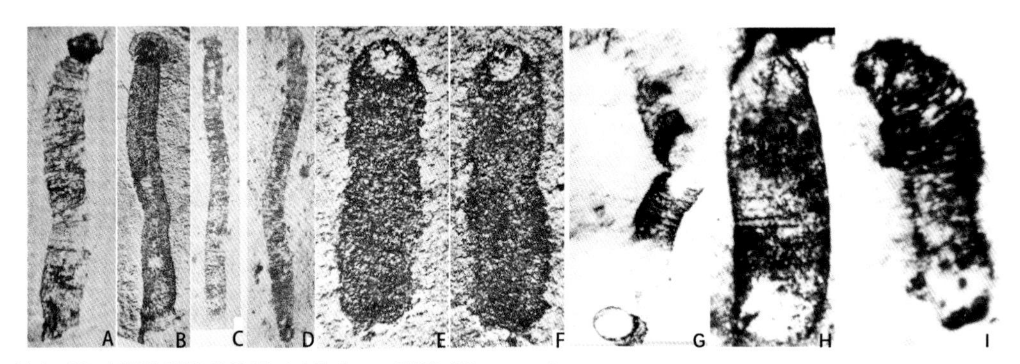

图5–2–2　前寒武纪晚期我国发现的蠕形动物化石（邢裕盛等，1985）
Fig. 5–2–2　Some worm-like fossils from Late Precambrian sections in China (Xing, 1985)
A-D：辽宁大连长岭子组古线虫，躯干最大宽度0.8 ~ 1 mm；E、F：安徽怀远九里桥组怀远虫正负模，最大宽度1.7 mm，翻拍照片横纹细密不清楚（参见邢裕盛等，1985，190页）；G-I：安徽怀远九里桥组安徽虫（G宽1.5 mm）及怀远虫（H宽1.7 mm，I宽1.4 mm）

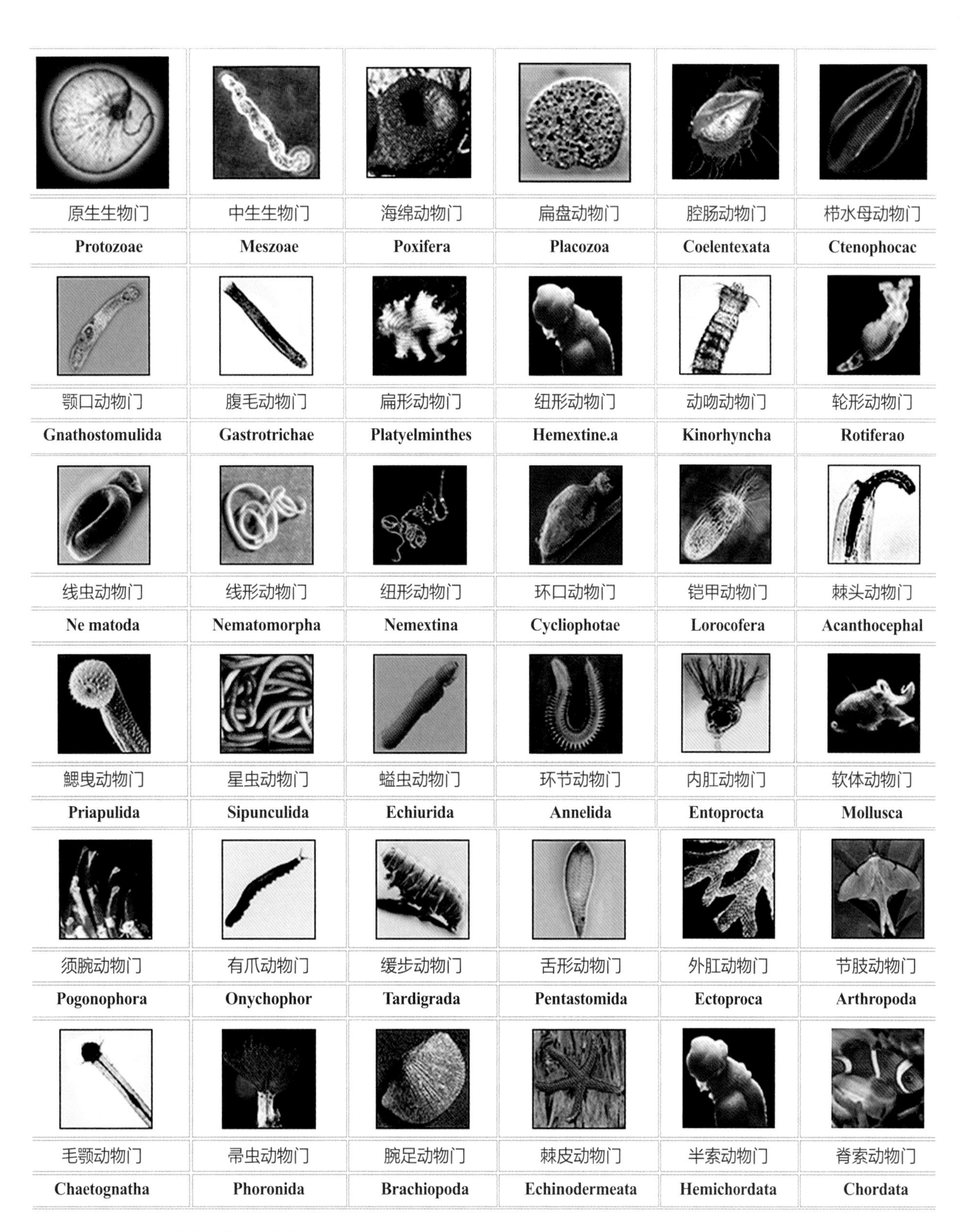

图5-2-3　动物界的基本门类（自维基百科，2015）

Fig. 5-2-3　The primary phyla of the Kingdom Animalia (from Wikipedia, 2015)

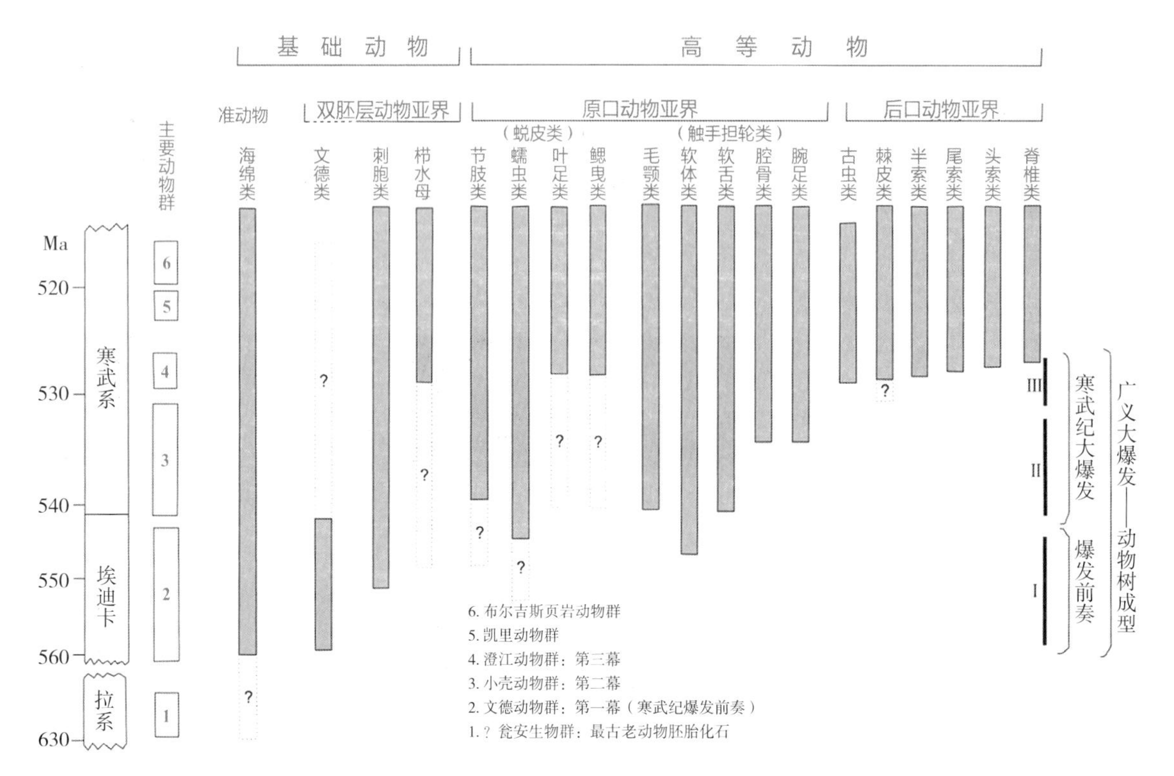

图5-2-4　寒武纪大爆发的主要动物类群（改自舒德干，2009）
Fig. 5-2-4　The dominating animals in the Cambrian Explosion (from Shu Degan, 2009)

在地质历史中有很多造迹生物是蠕虫状的软躯体动物，在全球“雪球”冰期结束后开始的埃迪卡拉纪是软躯体动物出现和演化的十分重要的一个阶段，但是由于其自身不具备硬体构造，绝大部分未保存为化石。只是在一些特殊的沉积环境中蠕形动物成为重要的造迹生物，它们的生物活动痕迹（如爬行迹、觅食迹和钻孔迹等）也能够完整地保留下来，从而为研究前寒武纪晚期生物的演化与发展提供了有效的化石记录。近年来遗迹化石的研究引起了古生物学家和沉积岩石学家的极大关注，原因就在于它有值得重视的潜在价值，专门研究遗迹化石发展起来的一门分支学科——遗迹学正日趋完善。在我国的埃迪卡拉纪晚期地层中保存了大量的遗迹化石，地球上的软躯体后生动物群是最早于前寒武纪晚期兴起的，它们活动的遗迹和印痕常常在迅速成岩硬化的碎屑岩层中保存下来，在特殊条件下，它们的软躯体偶尔呈炭质薄膜保存为宏体压膜化石。中国埃迪卡拉（震旦纪）灯影峡期处在碳酸盐台地的古地理环境，因此在部分层位发现的软躯体动物遗迹化石对探究埃迪卡拉纪末期生物群面貌和生态环境等问题具有重大意义（Wang et al., 2006）。

生物界在后生软躯体动物（以埃迪卡拉动物群为代表）到后生带壳动物（以梅树村动物群为代表）的这段演化间隔中，由于不具矿化骨骼以及其他的一些原因导致缺少宏体化石记录。自然界的生命是不可逆演替且绝不可能中断，时空上连续的有机体活动的记录——遗迹化石很好地弥补了实体化石记录的空白。遗迹化石在寒武纪初期的多样性和普遍性，可以用来作为划分对比寒武系地层的辅助手段之一。

目前，已在梅树村阶的层型剖面——梅树村剖面上除了发现有3D空间展布的遗迹化石*Phycodes pedum*（第4/5层），2D平面的遗迹化石也至少发现了7个层位，数量极为可观，造迹生物疑似是蠕形动物，可以建立4个较为完整的序列，大致相当于遗迹化石的*Skolithos*相和*Cruziana*相，常与小壳化石共生，二者关系密切，4个序列从下向上分别为：

序列1——*Sellaulichnus meishucunsis*。该序列处在小歪头山段顶部的下磷矿层的底面，层位中发现大量的遗迹化石，其形态特征主要为细长而具特殊角状弯曲的单槽型迹，相互交叉重叠，槽中未见横向纹迹；下磷矿层上部、紧挨着白泥层的白云质条带状磷块岩中也保存一种体小、枝状分叉或雁式排列的*Chondrites*；目前的认识多是上述2类遗迹很有可能是由一种体小、带有附肢的蠕虫状泛节肢动物生成。

序列2——*Cavaulichnus viatorus*。横断面为规则半圆弧形的单槽型迹，呈现任意平缓弯曲的蠕虫状，长度无定，相互重叠处呈“星状”凸起，末端变浅或弯成钩状，槽内也是光滑无任何装饰；这些都是蠕虫型化石遗迹所特有；产出层位是中谊村段上磷矿层底部。

序列3——*Didymaulichnus miettensis*。该序列处在渔户村组中谊村段上磷矿层，层位中可见大量的*Didymaulichnus*化石，是一种具有全球性分布的典型双槽型迹，个体长大，蠕曲柔顺蜿蜒，相互穿插重叠；具有一个清楚的上表面和一个与之相适应的下迹膜；迹中央有一尖窄的中脊，分其为左右对称的两槽，且产出层位比较稳定，因其形态简单易于识别，因此可作为该层位地层的对比标志；在梅树村剖面，这类标本下迹膜全由小壳化石充填。同层位还见到典型的爬痕——*Rusophycus*，这也是早寒武世地层中常见的、分布极为广泛的遗迹化石，但造迹生物也被认为是软躯体的节肢动物。

序列4——*Plagiogmus arcuatus*。筇竹寺组八道湾段岩性主要为含磷的泥质白云质粉砂岩，下部为深海沉积环境，氧气含量低，不利于生物发展演化，因此只发现少量的软躯体动物的生活痕迹。向上钙质含量增高，氧含量变高，生物种类也变得相对较多，发育大型单槽型迹*Plagiogmus*；其外型多变，单槽宽平，槽中有细的横向纹饰，可能为大型多环节蠕虫的爬痕；它代表最古老的三叶虫出现之前遗迹化石的最高序列，与之共生的尚有一种小型蠕虫缓慢规则运动形成的遗迹*Gordia maeandria*。

但对于上述滇东地区梅树村阶经典剖面中的这4类遗迹化石*Sellaulichnus*，*Cavaulichnus*，*Didymaulichnus*和 *Plagiomus*，国际上一般只认可*Psammichnites*，认为它们都是*Psammichnites*的同物异名，只是由于造迹生物的遗迹保存在不同的沉积底质条件上而导致形态上略有差别（Gabriela Mángano，2003；Zhu Maoyan，1997）。对澳大利亚，特别是中澳和南澳的帕拉契纳组和阿鲁姆贝拉组的材料，曾提出遗迹化石在地层上出现的先后顺序——遗迹化石序列（McIlroy，1997；朱士兴，2001），在早寒武世从老至新是：*Phycodes*（*P. pedum*和*P. pelmatum*）→*Skolithos*→*Rusophycus*→*Diplocraterion*→*Syringomorpha*→*Plagiogmus*→*Psammichnites*。在梅树村剖面除了小歪头山段白云岩外均有确定无疑的遗迹化石发现，且与多门类小壳化石共生，其序列可简化为：*Sellaulichnus*→（*Chandrites*）→*Cavaulichnus*→*Didymaulichnus*→（*Rusophycus*）→*Plagiogmus*→（*Gordia*）（蒋志文等，1982）。其中，*Plagiogmus*–*Gordia*可对比*Plagiogmus*–*Psammichnites*组合，*Didymaulichnus*–*Rusophycus*相当于*Rusophycus*–*Diplocraterion*序列,*Chandrites*–*Cavaulichnus*与*Phycodes*–*Skolithos*相比。如此，*Sellaulichnus*应该是较低层位的遗迹化石。另外，*Didymaulichnus*与*Plagiogmus*也在华宁火特、江川桃溪村和会泽大海小麦地剖面的相应层位中有所发现。

目前，国际上已经提出同时使用小壳化石和遗迹化石来确定界线的要求，国内外不少知名的埃迪卡拉系—寒武系剖面已经进行了多年深入的工作，为前寒武系—寒武系界线研究提供了十分宝贵的材料。然而这些剖面的遗迹化石和小壳化石并非共存或者不完备而有一定的缺陷。只有滇东梅树村剖面及其邻近剖面上二者共生，这对提高该剖面作为界线层型候选价值、同时运用遗迹和小壳化石研究早寒武世初期生物界面貌及确定界线标志提供了极为有利的条件。

已知的蠕形动物均为缺少硬体骨骼的软躯体生物，地层中很难保存为实体化石，一般常见的化石就是蠕形动物留下的遗迹化石或者零星的有机炭质片段。直到在20世纪陆续发现了寒武纪3个非常重要的特异埋藏化石群——加拿大布尔吉斯生物群和中国云南的澄江生物群、贵州的凯里生物群，在微细纹层发育的泥质、粉砂质页岩相中产出了大量的软体细节保存精美的蠕形动物化石。其中，种类最丰富的澄江生物群中差不多就有40多种化石可以归入蠕形动物类群中，大概占澄江生物群已知总物种的四分之一，除了部分被归为冠轮动物以及一些分类位置不清的以外，这些蠕形动物主要包含2类：鳃曳动物和叶足动物。

在云南发掘的澄江化石库中，古蠕虫类化石以鳃曳动物为主要代表，除了多数为细长条形的躯体形态，还发现有长囊状、短管状和哑铃状的特殊形态，这表明蠕形动物可以有更多的形状、生态习性（Maas，2007）和可能不同的生长阶段；而在更早的前寒武纪晚期地层中，同样出露过很多蠕形保存、具有细密横纹的炭质压膜和管状化石，比如我国新元古代晚期至寒武纪最早期分布广泛的皱节虫类、克劳德管和陕西迹类。本章节将与滇东梅树村剖面时代相当的有关类别分别进行概述和重点记录如下。

2.1 鳃曳动物

关于鳃曳动物（Priapulida），可能大多数人并没有见过甚至没有听说过，这类动物是现生海洋中一个很小的门类，但它却是蠕形动物的最早期代表之一，也是近年来发现化石较多、研究程度较高的古蠕虫类，可以确认其在寒武纪早期的澄江动物群中就已经发现有很多类别，虽然其貌不扬，但自寒武纪至今都对海洋生态平衡的贡献功不可没，是最古老的“活化石”之一。在漫长的地质历史中，位于食物链下层的、“低调内敛”的该类动物顽强地活着、一代代地繁衍着，它们有的在浅海的水–沉积物界面中或四处爬行，或钻孔潜穴；有的大口吞食底质，从那些砂质沉积物里挑拣出有孔虫、小型节肢类、蠕虫等为食；有的主动捕食，埋伏在潜穴里，突袭那些大意的猎物，或者张开自己的口器从海水中过滤营养物质。

不过，对于这类远古动物的形态构造尤其是软体组织的了解，多数还是从现生鳃曳动物的解剖特征获得的。首先它们的体色会因沉积环境的不同而有些变化，如同陆生动物的“拟态/色”，一般的小个体为无色或者透明，稍大的个体一般为不透明的淡褐色或者米黄色，有时会带有金属光泽，大个体一般为红棕色，表明其生态灶多种多样，并随着体型大小在不断地改变。该动物结构（图5–2–5）较为简单，没有眼睛，身体呈蠕虫状，体表具有环纹且不分节、无附

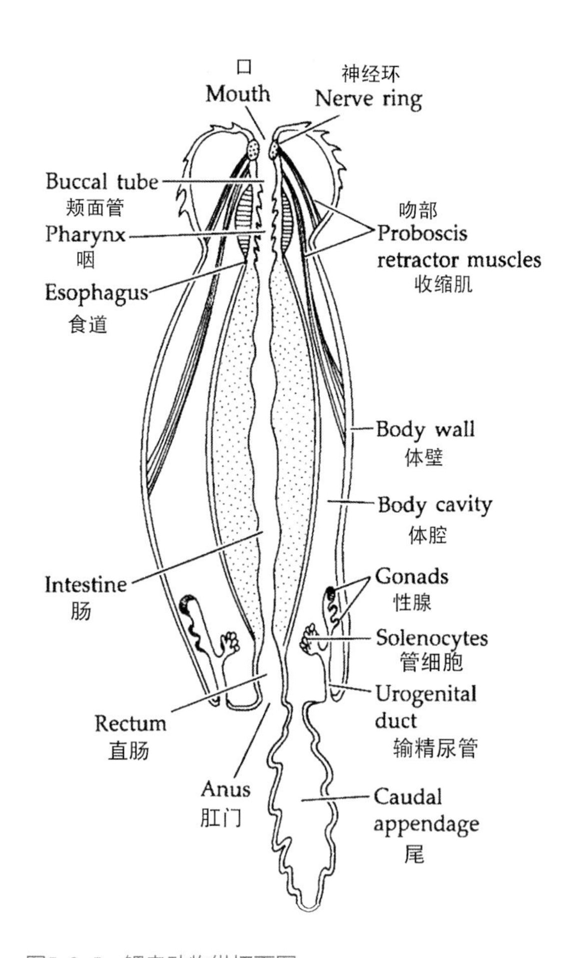

图5–2–5　鳃曳动物纵切面图
Fig. 5–2–5　The longitudinal section of Priapulus

肢；整个身体主要分成2部分：可以外翻的吻部以及躯干；鳃曳动物吻部位于身体前端呈辐射对称，有20纵列或25纵列吻刺整齐排布在吻部，从前往后逐渐变小，靠近吻部前端为领，一般较为光滑，领部前端为咽部，上面布满了不同形状的咽齿（图5–2–6）；躯干呈两侧对称，上面常具有小的棘刺或者瘤状凸起，有的躯干末端具有尾附器（或固着器），有的躯干末端是膨大凸起的尾囊；在躯干后端腹面的开口是肛门，肛门之前两侧的开口为泄殖孔用来进行繁殖（Land et al.，1970；Wennberg et al.，2008）。此外，鳃曳动物的神经系较为发达，在腹侧长有一条神经索，其吻部也有一圈环神经分布，位于领部与翻吻之间；具有环状神经的其他动物门类还有动吻动物、兜甲动物、线虫动物和线形动物，这几类动物合称为环神经类动物（Cycloneuralia）（Harvery et al.，2010）；环神经类动物和节肢动物、有爪动物、缓步动物体表环肌和纵肌之外的体壁从外到内分别由角质膜、单层细胞的表皮以及一层非常薄的膜构成，具有3层的表皮，且都有周期性蜕皮的现象，因此这几个门类组合成的一大类动物又被统称为蜕皮动物（Ecdysozoa）。

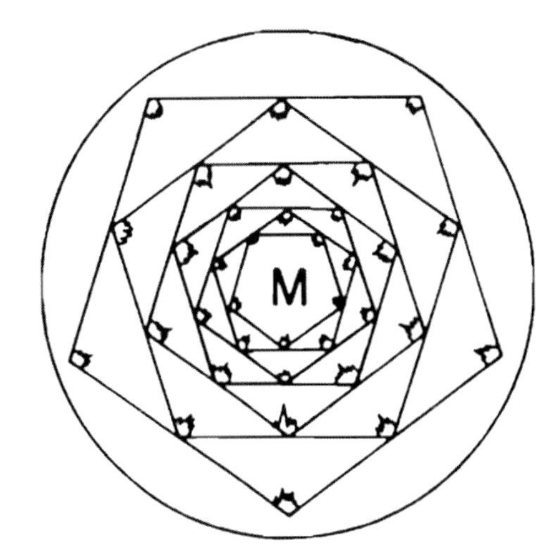

图5–2–6　鳃曳动物咽齿排列正面图（M：口部）（from Coway Morris, 1977）

Fig. 5–2–6　Anterior view showing the pentagons of circum-oral teeth in *Priapulus caudatus* (M: Mouth)

鳃曳动物的消化系统结构简单（图5–2–5），为体腔包围的一条直的长管，从前到后由口、口腔、咽球、食道、肠、直肠、肛门组成；以前大部分学者将其归入假体腔动物，自1961年发现它有体腔膜之后，人们才把它列为真体腔动物，而且独立成一门；该类动物幼体外壁还有几块叠合的保护性的硬体外鞘——兜甲，由此推测与兜甲动物也存在亲缘关系，而随着成长发育至后期，兜甲构造消失。

现生的鳃曳动物主要栖息于含泥砂的沉积物中，通过在沉积物中钻穴或者表栖。体型或体长差距较大，因食性不同而有所差异，从较小的食沉积物中细菌的mm级至大型的以小型多毛类、节肢动物为食的几十cm级不等均可见到。大型的种类主要栖息于靠近两极的冷水区，小型者可见于热带地区的珊瑚礁中。

2.1.1　鳃曳动物门分类

现生鳃曳动物门是一类特别小的海洋蠕虫类群，根据其身体形态主要分成5科7属：Halicryptidae（只有1属*Halicryptus*）、Tubiluchidae（1属*Tubiluchus*）、Priapulidae（3属*Priapulus*, *Acanthopriapulus*, *Priapulopsis*）、Meiopriapulidae（1属*Meiopriapulus*）、Chaetostephanidae（1属*Maccabeus*）。Tubiluchidae, Priapulidae科的鳃曳动物均具有长长的尾巴，除*Maccabeus*为半固着生活以外，其他种类都是自由生活种类（图5–2–7）。现生个体的大小差距也十分明显，从微观到宏体不等（多数长度在0.55 mm ~ 20 cm）。大型底栖鳃曳动物（最大可达到40 cm长）一般出现在冰冷水域或者温带水域中，大多为活跃的底栖掘穴动物，微观个体主要生活于热带或者亚热带水域中，主动掘穴或栖居在沉积颗粒的间隙中。

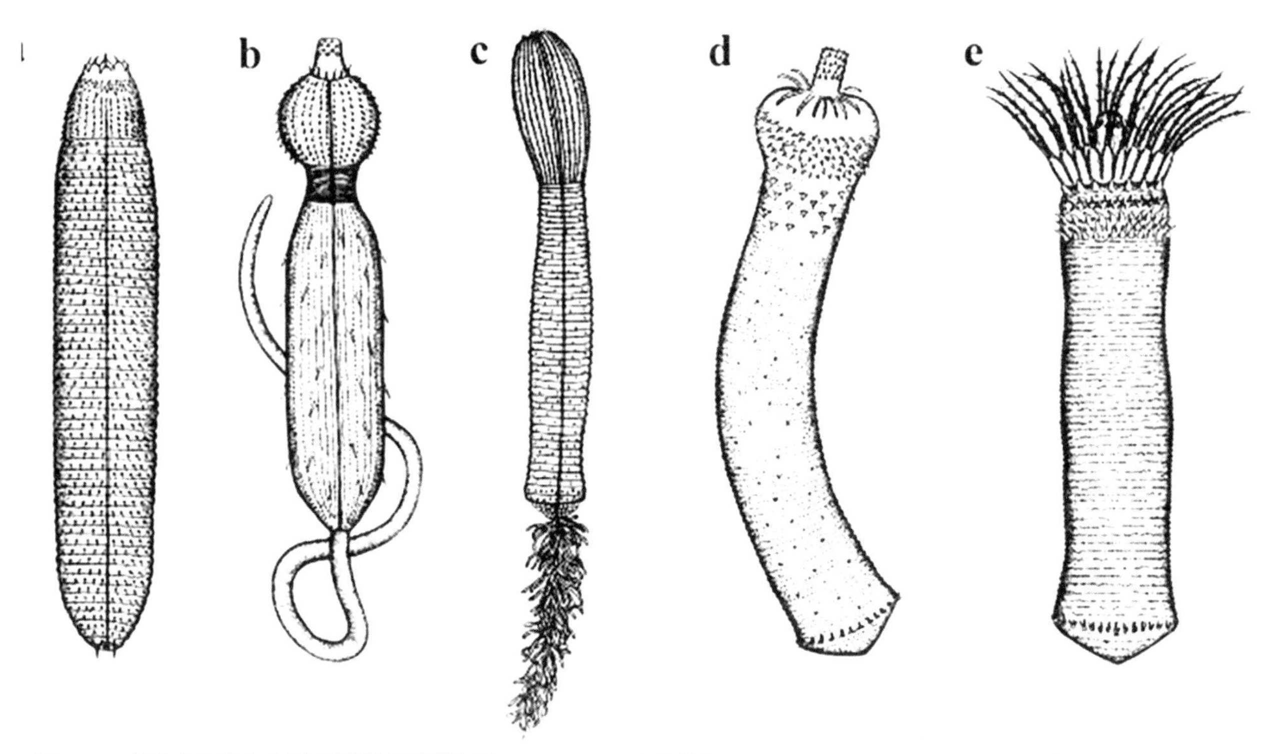

图5-2-7　现生鳃曳动物5科的不同形态素描图（from Huang et al., 2005）
Fig. 5-2-7　Morphology of five Recent priapulid Families
a. Halicryptidae: *Halicryptus spinulosus*; b. Tubiluchidae: *Tubiluchus corallicola*; c. Priapulidae: *Priapulus caudatus*; d. Meiopriapulidae: *Meiopriapulus fijiensis*; e. Chaetostephanidae: *Maccabeus tentaculatus*

近30余年来，早寒武世的澄江化石群和中寒武世布尔吉斯化石群等化石记录的研究成果表明，鳃曳动物曾经迅速鼎盛于寒武纪早、中期，限于身体构型和生态竞争等诸多因素，绝大部分支系在寒武纪末相继灭绝，除了鳃曳目之外，就连身体构型比较特殊的古蠕虫类也在志留纪末期灭绝（Ulrich et al.，1878；Conway Morris，1997；Harvey et al.，2010）。鳃曳动物化石根据身体形态特征主要分为4大类群：蠕虫类，哑铃形类，囊状类，管状类（Maas et al.，2007）。研究者发现已作为前寒武纪和寒武纪界线标志化石的麦穗状遗迹化石*Treptichnus pedum*与现生鳃曳动物*Priapulus caudatus*的运动痕迹对比一致的证据（Vannier et al.，2010），推测鳃曳动物在早寒武世可能已经出现，只是没有保存下来实体化石（图5-2-8，图5-2-9）。

2.1.2　古蠕虫类的骨板

古蠕虫类孤立的骨板在距离澄江生物群数百万年之前的梅树村小壳化石群中已有发现，证明古蠕虫类在澄江生物群繁盛以前就早已出现，只是由于保存原因其实体化石并没有像澄江化石库那样完整保存下来。并且根据最新的证据表明奥陶纪的海洋里依然存在着许多具有骨板的古蠕虫类，只是这些骨板与寒武纪早期的古蠕虫类骨板还是存在着明显的差别（如图5-2-10），但可以证明披有“铠甲”的蠕虫类依旧在早古生代的海洋里生存着，一直持续到奥陶纪结束（Botting et al.，2012）。

2.1.3　鳃曳动物门分支分析研究

已知鳃曳动物门在现代海洋中是仅有十几种留存的一个小门类，但在寒武纪大爆发时期可能是浅海生态域中相当活跃的优势分子，目前澄江动物群中的蠕虫状化石经过古生物学家的研究多数都归属

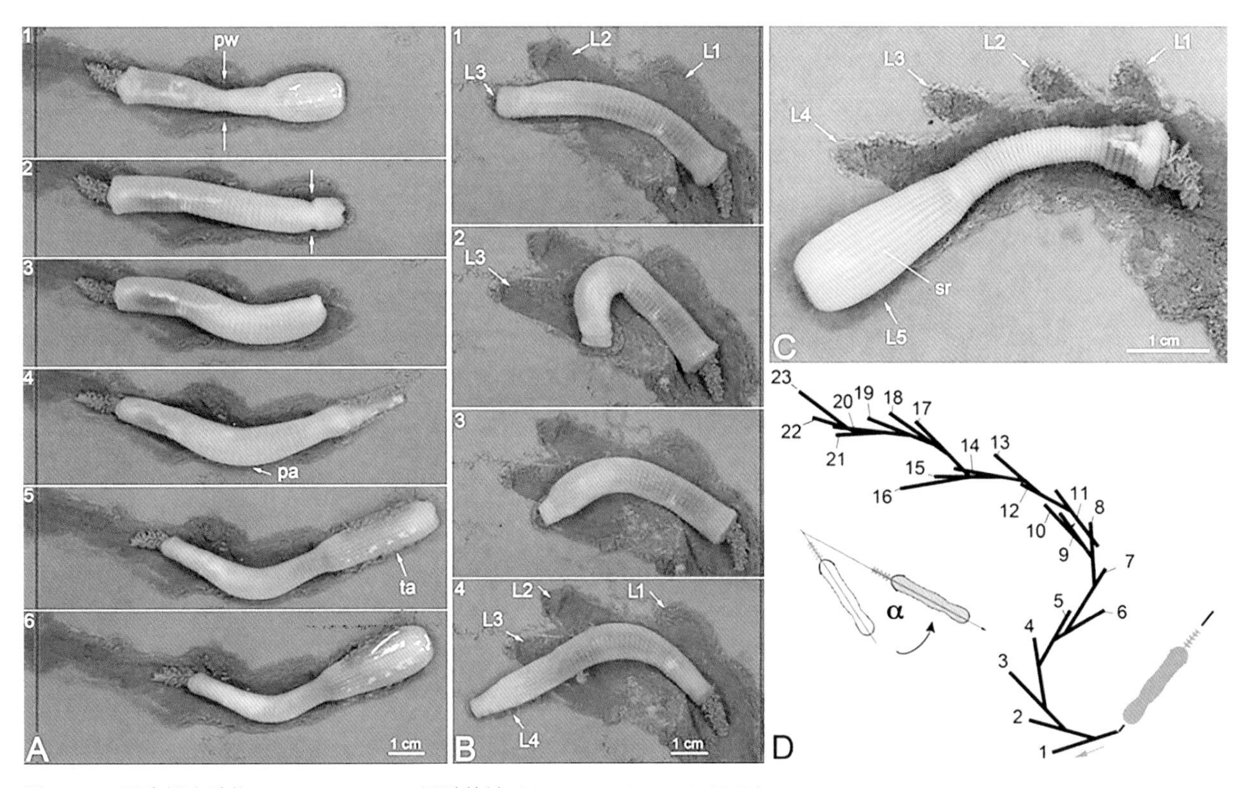

图5-2-8　现生鳃曳动物*Priapulus caudatus*运动轨迹（from Vannier et al., 2010）

Fig. 5-2-8　Locomotory mechanism of Recent priapulid worms exemplified by *Priapulus caudatus*

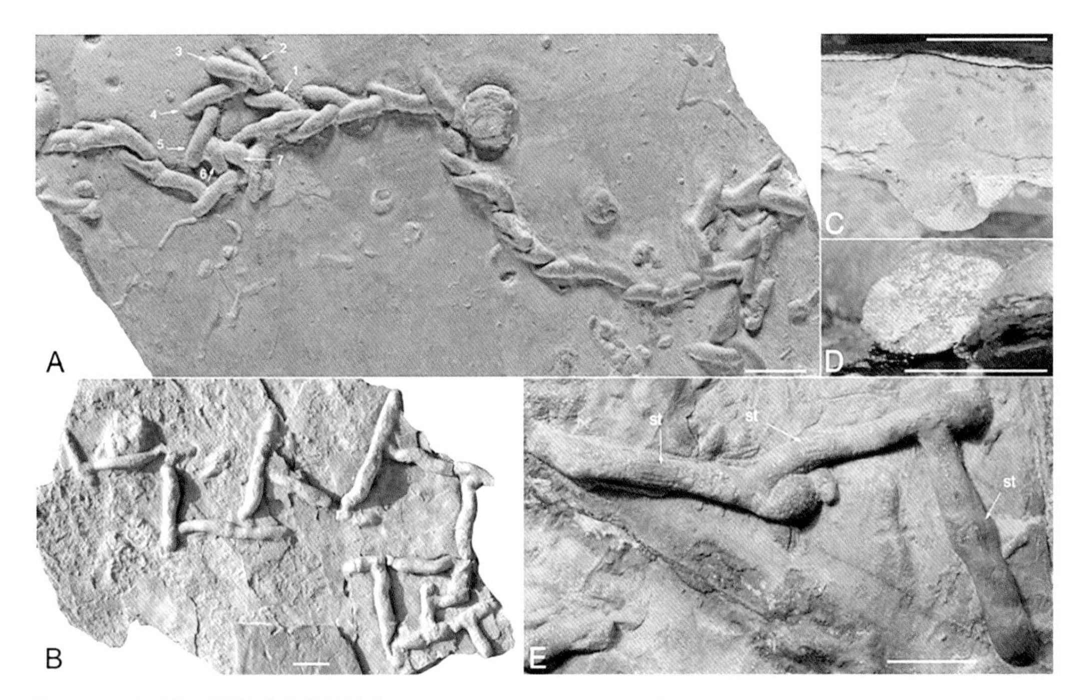

图5-2-9　寒武纪时期的麦穗状遗迹化石（from Vannier et al., 2010）

A. 早寒武世的*Treptichnus pedum*遗迹化石；B-E. 晚寒武世的*Treptichnus rectangularis* 遗迹化石

比例尺：A-D. 为1cm；E为5 mm

Fig. 5-2-9　Treptichnid subhorizontal burrow systems from the Cambrian

A: *Treptichnus pedum* from the Lower Cambrian；B-E: *Treptichnus rectangularis* from the Upper Cambrian Scale bars are 1cm in A ~ D. 5 mm in E

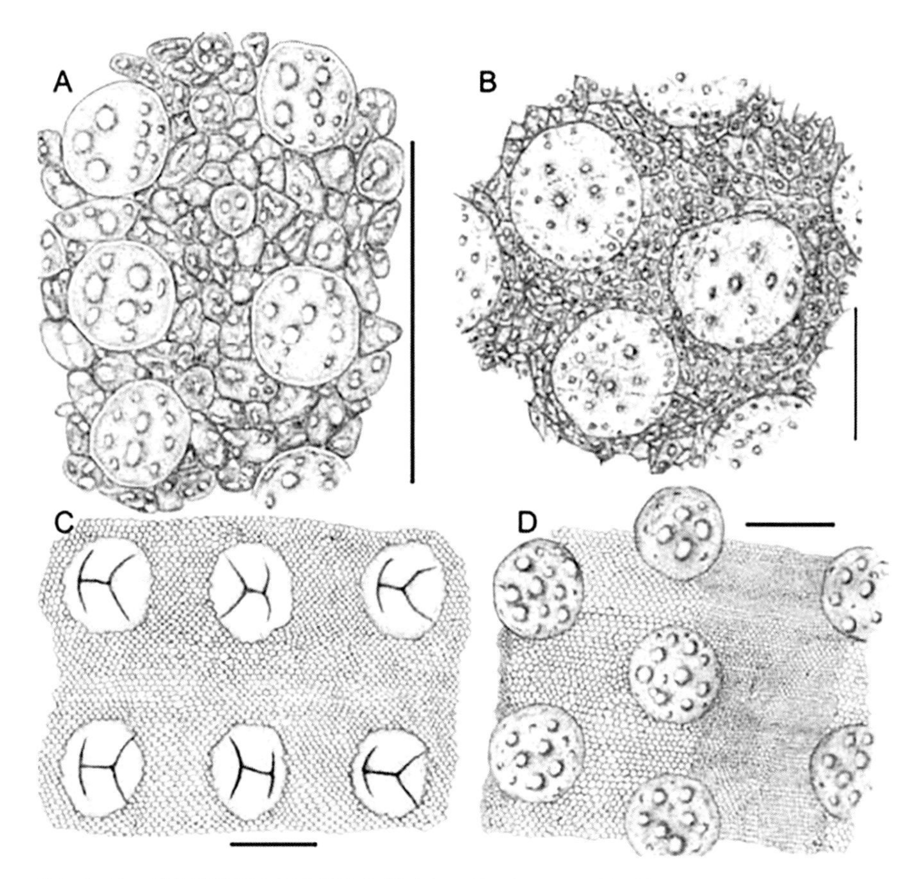

图5-2-10　部分奥陶纪古蠕虫类的骨板（from Botting et al., 2012）
Fig. 5-2-10　Palaeoscolecids plates from Ordovician
A. *Ulexiscolex ormrodi*；B. *Bullascolex inserere*；C. *Wernia eximia*；D. *Radnorscolex bwlchi*
比例尺Scale bars：20 μm（A）和40 μm（B ~ D）

于鳃曳动物门。不过依据所建立的系统树分析得知，鳃曳动物门与另2个蠕形动物类群，即动吻动物门和兜甲动物门可能也有着密切的亲缘关系，可以将这3个动物门组成1个单系类群合称为有棘类动物（Scalidophora），具有的共同特点就是吻部均带有明显的棘刺状突起。还有研究表明有棘类与线虫动物门和线形动物门是并系群，而线虫动物门和线形动物门与泛节肢动物亲缘关系更近，但这些系统演化推测需要进一步的化石证据支持。

虽然澄江生物群大部分蠕形动物被归入鳃曳动物门，但是其中一些类群的具体系统位置以及与其他类群的关系，仍然存在着很大的问题。如澄江生物群中常见的古蠕虫类群（比如：环饰蠕虫、帽天山蠕虫、马房古蠕虫等）在侯先光研究员1994年的文章中和2004年的专著中（Hou & Bergström，1994；Hou et al.，2004），都将这些化石类型放进线形动物门，最新研究又将古蠕虫类放在线形动物门干群，或有棘类干群，或鳃曳动物干群（Harvery et al.，2010；Wills et al.，2012；Ma et al.，2014）。系统位置不确定的最主要原因就是这些古蠕虫类的基本特征尚不明晰，因此深入发掘保存完美的标本和仔细研究古蠕虫类的基本特征十分重要。

2.1.4　鳃曳动物个体发育

无论现生的还是化石的鳃曳动物，关于鳃曳动物产卵、受精的文章资料都特别少见（Adrianov and Malakhov，1996；Huang et al.，2005）。鳃曳动物雌雄异体，分为体内受精和体外受精，一些雌性个体会直接将卵排在海水中，在体外自由受精；经多次卵裂后，胚胎细胞分裂到32细胞阶段为有腔囊胚，之后细胞内陷为原肠胚；胚胎又进一步分化，开始孵化阶段，此时的个体外形呈圆球状，在靠近顶端会出现一道裂口，里面幼体的吻部通过伸缩肌的牵引会冲破卵壳露出来（图5-2-11/Ⅰ）；出来的个体为第一幼虫阶段，在幼体的不同阶段，个体不断进行蜕皮来满足个体生长，即使发育到成年个体，它们依旧进行周期性的蜕皮，只是蜕皮次数明显较幼年个体少。除了鳃曳动物的*Meiopriapulus fijiensis*，其他鳃曳动物均为直接发育（Higgins and Storch，1991）。*Priapulus caudatus*主要有3个幼年阶段：第1幼虫阶段；第2幼虫阶段；第3幼虫阶段（Wennberg et al.，2008）。第1幼虫阶段的主要特征：虫体呈灯泡状，颈部短，具有翻吻缺乏口部以及咽齿，至少有8～10个吻刺，身体上没有明显的兜甲（图5-2-11/Ⅱ）。当前端翻吻老的表皮破损，幼体从破损的裂缝钻出，蜕皮结束。到第2幼虫阶段，主要特征有：整体结构跟第1幼虫阶段差不多，均有吻部，颈部和躯干，但是在这一阶段，最明显的特征是躯干上出现兜甲，因此这一阶段的幼体又称第1兜甲幼体（图5-2-11/Ⅲ）；吻刺排列形式为8-9-8-4，既第一圈吻刺有八个，第2圈吻刺有9个，依次类推，身体末端有4个对称的小管，大概有10 μm长。第3幼虫阶段（第二兜甲幼体）的主要特征：躯干上的兜甲较第2阶段变得更加坚硬，有确定的口孔包括口锥和四排指向前端的咽齿，并且这些咽齿形状有明显的区别，吻刺排列方式为8-9-8-8模式（图5-2-11/Ⅳ）。

2.1.5　鳃曳动物生态简述

尽管现生鳃曳动物特别少，但在寒武纪蠕形动物中则起着主导作用，尤其是鳃曳动物，对生态系统的主导作用最大，那时的生态系统也相对更为复杂。

经过对现生鳃曳动物运动习性的观察，推测寒武纪时期的鳃曳动物运动方式也具有一定的相似性，均通过双锚固定策略（翻吻和尾钩来固定），通过静水骨骼（实际上就是液压支撑的骨骼，软躯体动物没有骨骼支撑身体运动，就利用身体不同部位体液压强的不同进行运动）向前蠕动（杨宇宁，2016）。通过30多年的研究，已知鳃曳动物生活方式有掘穴、固着和底表爬行等的不同，其捕食方式及食性也不一样（Zhang et al.，2006；Huang et al.，2005；Huang et al.，2013）。而对其食性的最早研究主要来自Conway Morris （1977）对布尔吉斯页岩生物群中的奥托虫（*Ottoia prolifica*）肠道内含物的观察和分析，其中被分辨出了类似软舌螺类、节肢动物等的碎片（图5-2-12），证明奥托虫可能属于一类营穴居的食肉者。

（1）运动模式

由于古蠕虫类具有能够伸缩的吻部，通常被认为属于典型的底栖生物。澄江生物群与布尔吉斯页岩中的古蠕虫类化石均被推测也是依靠对身体进行液压蠕动来进行运动（静水骨骼），辅助运动可能与现生的鳃曳动物类似，将吻部的前端插入沉积物中，起到固定的作用，像水泵一样收缩蠕动身体进行移动，同时古蠕虫类身体末端长有一对强壮的尾钩，也起到锚的作用。寒武纪古蠕虫类体表常见粗糙具瘤的骨板（图5-2-10）与体环，一般被推测能在沉积物表面增大摩擦，具有纤毛和触脚（肉足）的原始功能，从而能够在海底底质表面或半潜伏地在居穴中通过体表肌肉交替的伸展及涨缩进行主动的、长距离的活动；但是这类骨板的功能还存在很大的争议，仅仅说是增大摩擦还有待商榷，也不排除具有不算完美的保护和支撑功能，是古蠕虫类具备硬体外骨骼的一种尝试。由于所发现的大部分化石标本均平行于层理面埋藏，所以可以认为古蠕虫类在大部分时间里都生活在沉积物的表面。在部分标本中甚至能够观察到被埋葬的古蠕虫化石的一端会稍微向上翘起，似乎在努力将吻部向上抬起，表明它们可能是被快速的堆积所埋葬，比如被风暴流、海底泥石流等活埋。

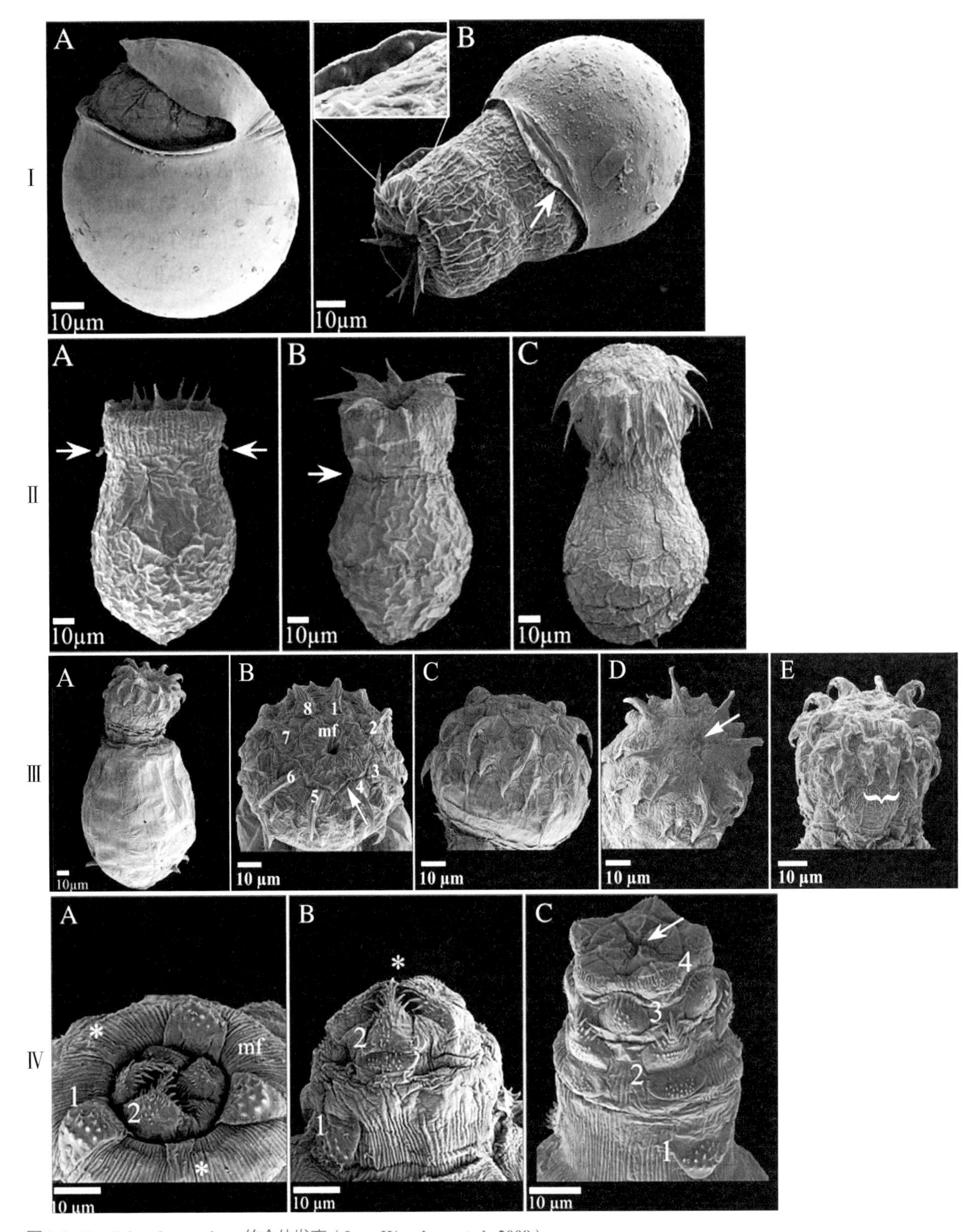

图5-2-11　*Priapulus caudatus* 的个体发育（from Wennberg et al., 2008）

Fig. 5-2-11　Ontogeny of *Priapulus caudatus*

Ⅰ排：孵化，幼虫冲出卵壳　A．开始孵化，卵壳里的幼年个体使得卵壳破裂出现一道口；　B．幼体爬出卵壳。Ⅱ排：第一幼虫阶段虫体整体形态变化。Ⅲ排：第二幼虫阶段　A.第二幼虫阶段整体形态，B-E.为吻刺排列方式及形态。Ⅳ排：第三幼虫阶段咽齿形态

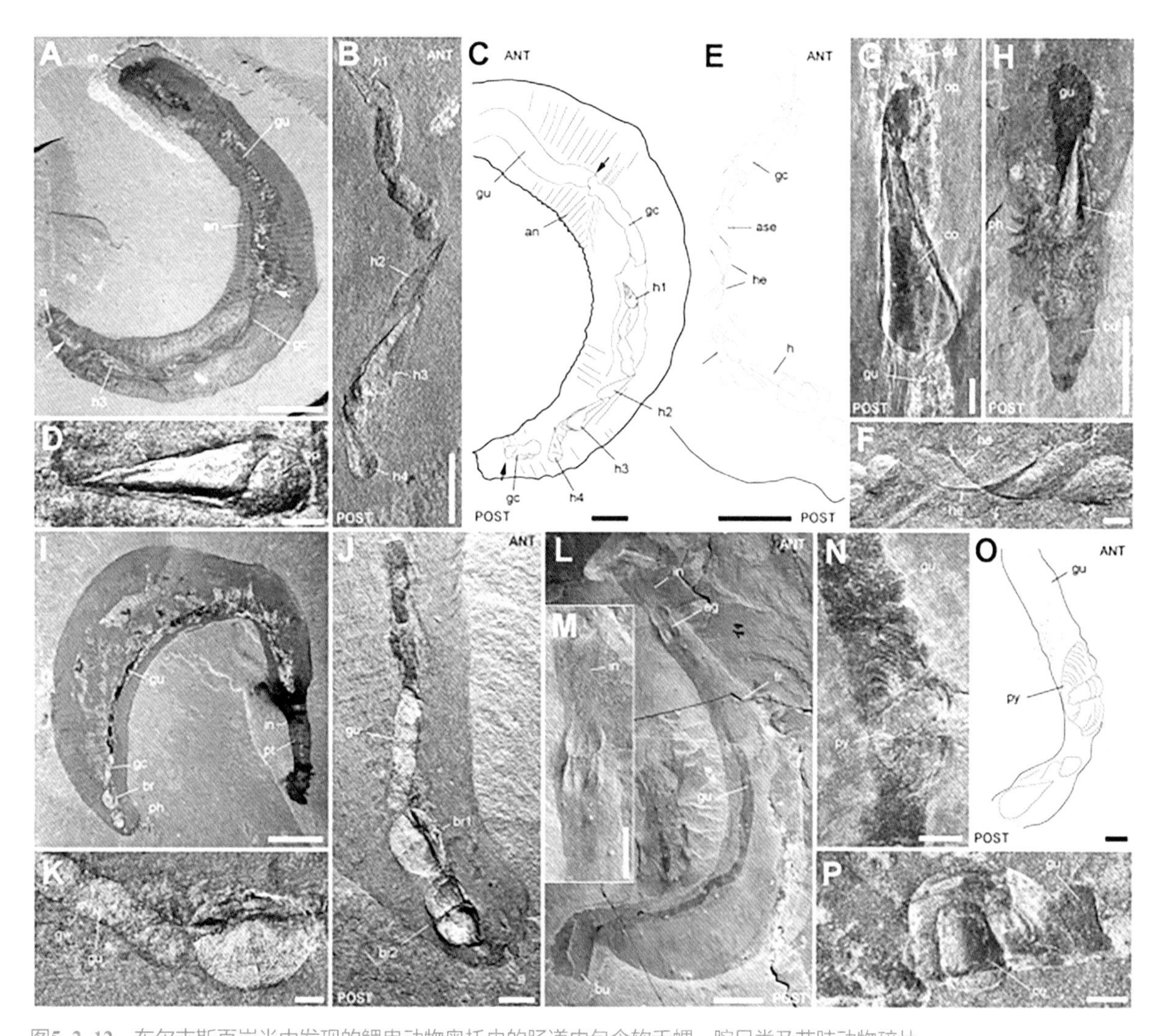

图5-2-12　布尔吉斯页岩当中发现的鳃曳动物奥托虫的肠道内包含软舌螺，腕足类及节肢动物碎片

Fig. 5-2-12　Hyolithids, brachiopods and arthropods within the gut of *Ottoia prolifica* from the middle Cambrian Burgess Shale (from Vannier et al., 2012)

A. 奥托虫完整个体；B. 奥托虫肠道的细致观察；C. 奥托虫肠道素描，包括了软舌螺碎片；D. 软舌螺个体；E. 肠道内保存的软舌螺；G, H, F. 奥托虫肠道内的软舌螺碎片；I. 奥托虫完整个体；J, K. 肠道内的节肢动物碎片；L. 奥托虫完整个体；M. 肠道内保存的球接子（一种浮游或底栖生存的三叶虫）；N. 肠道；O. 素描展现了肠道内保存的三叶虫碎片和软舌螺；P. 肠道内保存的三叶虫头甲

侯先光等（2017）还发现了最早的共生蠕虫化石标本，具有宿主专一性和宿主转移性，即在澄江生物群中发现晋宁环饰蠕虫和马房古蠕虫身上固着有相同的新属种*Inquicus fellatus*（身体呈保龄球状，躯干上有密集的环纹，末端有吸盘状的结构），新属种通过吸盘固着在马房古蠕虫或晋宁环饰蠕虫身上（Cong et al.，2017）。目前，还不清楚较小的寄主种类对宿主蠕虫的生存是否有危害？还是双方互利共赢？但是至少可以说明大个体可以帮助小个体短距离的移动，可能表明寒武纪早期的生态系统已经处于比较复杂的状态（图5-2-13）。

古蠕虫类等蠕形动物的爬行迹最早出现在震旦（埃迪卡拉）纪与寒武纪之交，但很难找到它们的实体化石，而此阶段的遗迹化石则可以提供大量关于此类动物活动进食甚至捕食方面的信息，从这些信息就可以反向推断出当时动物的运动行为，从而加深理解它们的生态环境。

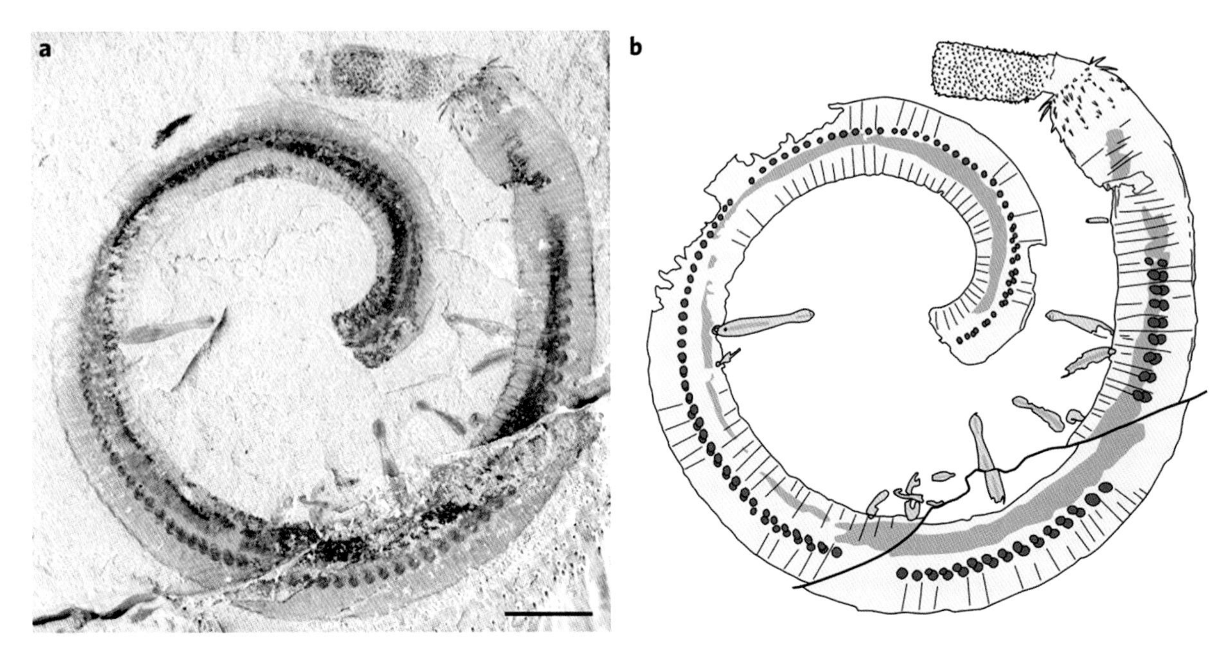

图5-2-13　成群的*Inquicus fellatus*附着在环饰蠕虫躯干上（from Cong et al., 2017）
Fig. 5-2-13　Cluster of *Inquicus fellatus* attached to *Cricocosmia jinningensis*a
至少有12只*Inquicus fellatus*附着在环饰蠕虫腹侧；b. 示意图

（2）进食方式

与布尔吉斯页岩生物群中的古蠕虫类不同，在更早的澄江生物群古蠕虫类的肠道中并未发现疑似生物碎片的填充物，而主要以深色的泥质填充为主（韩建等，2004），证明这些动物主要以沉积物为食，不过由于具有尖利的吻刺，也并不能排除它们已经具备食肉的能力。一般来讲，鳃曳动物基本都为捕食者，肠道一般呈黑色炭质保存；也有一些个体被认为食泥，肠道一般呈三维立体泥质填充，并且这些泥质填充物具有分段性，表明这些进食过程具有间断性，简单的讲就是这些动物吃一会儿，然后休息一会儿，之后再接着吃，肠道里面的泥质填充物表现出一截一截的（图5-2-19A）；更有一些强大的个体既可以食肉，也可以食泥，反映在标本上是一部分标本肠道是黑色炭质保存，一部分标本肠道呈三维立体泥质保存（Huang et al.，2005；Ma et al.，2014）。鳃曳动物的取食方式是利用可以外翻的咽部，它们在休息时，咽部一般处于缩进体内状态，等到捕食时，咽部才翻出；用咽齿刺中猎物后，猎物随咽部一起缩进体内，通过咽齿和咽球进一步将食物磨碎；这些咽齿排列规律，呈五辐射对称（图5-2-6），即以身体前后端中心为轴，每一圈的咽齿以五边形排列，但是下一圈的咽齿旋转36°与上一圈错开，这样就不会互相妨碍，在需要的时候能顺利地收缩和外翻。对于鳃曳动物来说，咽齿呈五辐射对称的主要的好处有两点：抓取食物时比较牢固和节省能量。

现生鳃曳动物中，如鳃曳虫（*Priapulus caudatus*）通过可以伸缩的吻进行钻穴，进食移动中遇到的多毛类、小型甲壳动物，通过咽齿将猎物撕裂带入口中。

化石物种当中，我们对古蠕虫类食性的了解大多来源于布尔吉斯页岩的奥托虫（*Ottoia*），图5-2-12中展示出在奥托虫的肠道内保存了许多动物的碎片，大多是底栖的小型生物，包括软舌螺、三叶虫类等，说明奥托虫是一种凶猛的底栖捕食者（Vannier J，2012）。

（3）潜穴居室

在已发现的化石当中，还包含了一部分裹在“黏液”中的古蠕虫化石。这些蠕虫化石明显展现出了一个不同的生活方式，其中的古蠕虫有的伸展开来，有的蜷缩起来，呈现一种像是在休息的动作（黄迪颖等，2014）。在数以千计的标本中，一般只有很少的一部分化石保存在这种“黏液”当中。这些看起来像是“黏液”的东西被认为其实是古蠕虫栖息的居室，它们和现生的某些底栖蠕虫类似，分泌出黏液来黏合自己挖出来的洞穴以使其变得更为稳定坚固。

比如澄江动物群中的晋宁环饰蠕虫的“黏液”状居室通常都比虫体更短但却更加宽敞，蠕虫的翻吻朝向居室内唯一的开口，整个居室看起来就像是“黏液”组成的（如图5-2-14所示）；但马房古蠕虫的居室比较不同，一头比较宽，一头尖，尖的那一端是居室的前开口（如图5-2-15所示）。

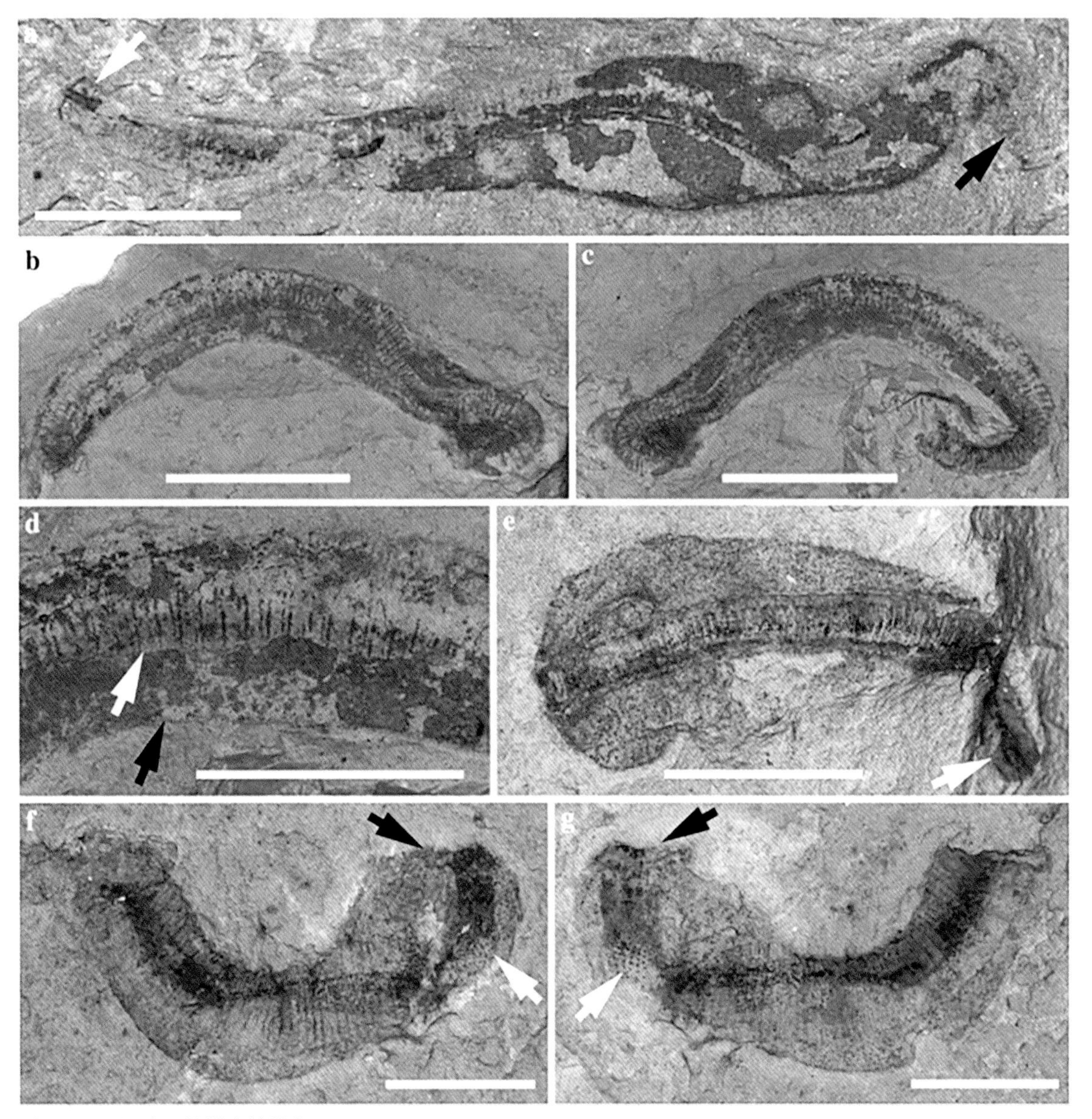

图5-2-14　晋宁环饰蠕虫的居室

Fig. 5-2-14　*Cricocosmia jinningensis* and its burrows (from Huang et al., 2014)

a. 一个膨胀的居室当中的蠕虫，白色箭头指向向内翻的咽部，黑色箭头指向暴露在外的后部；b. 有蠕虫保存的圆柱形居室；c. b的另一半化石；d. 对b图的放大，白色箭头指向虫体，黑色箭头指向居室的边缘；e. 有蠕虫的囊状居室，白色箭头指向蠕虫的咽部；f. 居室中的蠕虫，其中黑色箭头指向居室的前部开口，白色箭头指向外翻的咽部；g. f的另一半化石，黑色箭头指向居室的前部开口，白色箭头指向蠕虫外翻的咽部

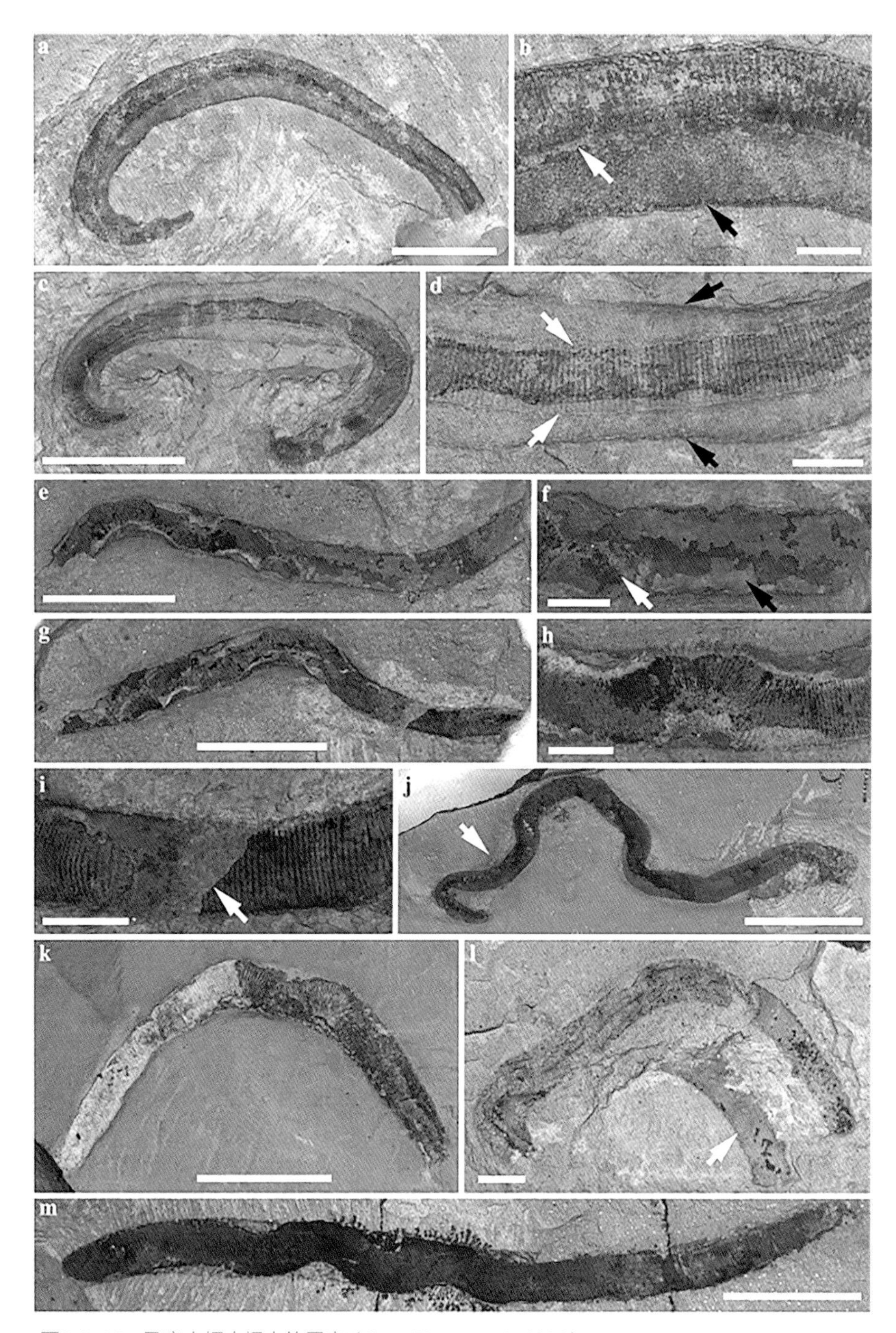

图5-2-15 马房古蠕虫蠕虫的居室（from Huang et al., 2014）

Fig. 5-2-15 *Mafangscolex sinensis* and its burrows

a.一条完整的蠕虫在它的洞穴中；b. a的放大图，展示了洞穴（黑色箭头）和蠕虫（白色箭头）的界限；c. 另一条蠕虫在它的洞穴中；d. c的放大图，展示了洞穴（黑色箭头）和蠕虫（白色箭头）的界限；e. 蠕虫在洞穴中蛇形蜿蜒运动；f. e的放大图，展示了洞穴的细节，白色箭头指的是蠕虫末端，黑色箭头指的是洞穴的边界；g. e的一部分，一个蛇形弯曲的蠕虫和它的洞穴；h. g的放大图，展示了蠕虫和洞穴的细节；i. g的放大图，展示了三维保存的洞穴覆盖在蠕虫上面；j. 几乎完整的蠕虫个体与洞穴，白色箭头指的是洞穴的边界；k. 另一条蠕虫在洞穴中蛇形蜿蜒运动；l. 圆筒状的洞穴，白色箭头所指的空的部分可能也是洞穴的一部分；m. 另一条蠕虫在洞穴中曲折蜿蜒　比例尺：b, d, f, h, i, l为2 mm, a, c, e, g, j, k, m为10 mm

这些动物的居室不同于现生的翻吻动物，而是与环节动物的居室更为类似，显得更为复杂，并且明显表现出了种之间的不同性。这些不同点可能建立在不同蠕虫不同的习性上，比如说晋宁环饰蠕虫特殊的如同“蛇”一样蜿蜒爬行的姿态应该需要更大的空间来居住等（图5–2–16）。

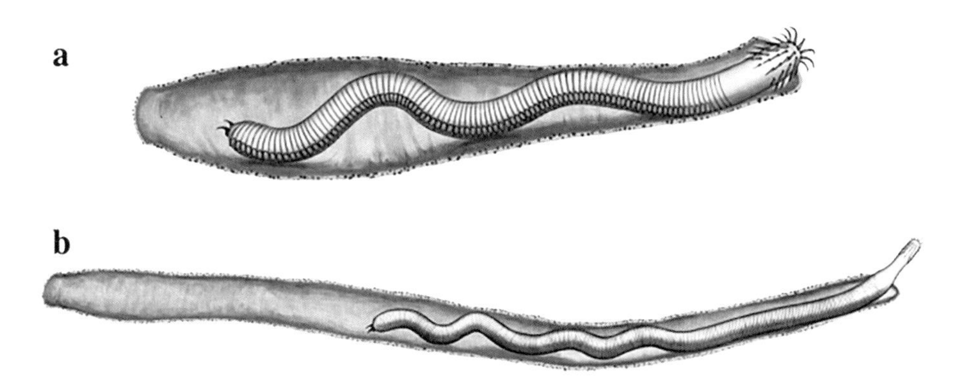

图5–2–16　晋宁环饰蠕虫（a）和马房古蠕虫（b）居室的重建复原图

Fig. 5–2–16　Reconstruction of palaeoscolecids within their burrows （a） *Cricocosmia jinningensis* （b） *Mafangscolex sinensis*

2.1.6　澄江生物群主要鳃曳动物及相关类群化石记述

“寒武纪大爆发”是地球生命演化史上空前绝后的一次大演化事件，动物界大约2/3的门类都在几乎找不到先驱亲缘物种的情况下瞬间“爆发”出来，使得这个大事件发生的机制和过程成为了长期以来令人困惑的一个前沿演化难题。已发现的一些特异埋藏的化石生物群为寒武纪大爆发提供了可靠的古生物学证据（Zhang et al.，2008），如国外的布尔吉斯页岩生物群（Briggs et al.，1994）和国内的澄江生物群（Hou et al.，2017）、关山生物群（胡世学，2013），皆保存了大量精美的、带有软躯体的生物化石，为研究早期生命的起源和演化提供了重要的线索，作为软躯体化石的代表，蠕形动物广泛发现于澄江生物群中，尤其是鳃曳动物，数量以及产出层位都比较丰富，表明蠕形动物在寒武纪海洋底栖生物类群中占有主导地位。自1984年侯先光发现澄江生物群之后36年的时间内，经过多位学者的系统研究（侯先光，1988；Hou et al.，1994，2004；Ma et al.，2014；Huang et al.，2004b，2005，2006；Hu et al.，2005；Han et al.，2003），澄江生物群中的蠕形动物化石已有17种归到鳃曳动物门及其相关类群（Hou et al.，2017），已经与现生鳃曳动物属种数量（19种）相当。本节选取已发表的澄江生物群中主要属种（摘自英文论著）进行总结描述。

动物界 **Kingdom Animalia**

鳃曳动物门 **Phylum Priapulida Delage and Hérouard, 1897**

古蠕虫纲 **Class Palaeoscolecida Conway Morris and Robison, 1986**

特征：虫体呈蠕虫状，不分节，分为吻部和躯干2部分，躯干体表表面有环纹，环纹之间分布着许多小骨板，躯干末端有1对尾钩。

科包含：古蠕虫科，帽天山蠕虫科，环饰蠕虫科。

Diagnosis: Unsegmented worm–like body, divided into two parts introvert and trunk, trunk well–annulated, cuticle covered with many tiny plates, a pair of hooks at the end of the trunk.

目未定 Order uncertain

古蠕虫科 Family Palaeoscolecidae Whittard, 1953

马房古蠕虫属 Genus *Mafangscolex* Hu, 2005

中华马房古蠕虫 *Mafangscolex sinensis* Hou and Sun, 1988

（引自罗惠麟，2014；Hou et al.，2017）

形态特征： 虫体比较大，长8 ~ 10 cm，宽2 mm。圆筒状的身体由2部分组成：吻部和躯干。吻部进一步从后端向前端又分成带刺的翻吻、领和可以外翻的咽部。翻吻比躯干略微窄一些，在翻吻前端三分之一处有13 ~ 15纵列钩状刺，每一纵列至少有7个刺。领部短而光滑。领部最前端为咽部，细长的咽部从后向前分成2部分，近端部分长有小刺，远端部分长有较强的刺（刺呈细长状并且指向前端）。圆筒状细长躯干表皮上有众多密集环纹，差不多每毫米有5个，每个环纹上覆盖了4 ~ 5排小骨板，在小骨板之间有2排更小的骨板。躯干腹侧有1对腹刺，1对强壮的尾钩出现在躯干末端。肠道比较简单，细而直且保存在身体腹面一侧，一般保存成黑色扁平带状（图5–2–17，图5–2–18）。

Diagnosis: This worm is relatively large, about 8 ~ 10 cm long and 2 mm wide. The elongate body is composed of a proboscis and a trunk. The proboscis can be subdivided into an introvert with scalids, collar, and everted pharynx from posterior to anterior. The introvert is slightly narrower than the trunk, with the anterior one third bearing 13 ~ 15 longitudinal rows of hook–like scalids, at least 7 scalids in each row. The collar is smooth and short. Elongate pharynx is divided into two sections after collar, basal section armed with small spicules, distal section armed with strong spines (spines with elongate shape and pointed tips). Elongate and slender trunk has many dense annuli, about five annuli per millimeter, with each annulus covered by 4 ~ 5 transverse rows of plates, and 2 rows of microplates in the interspace surrounding plates. A pair of spines is in the ventral of the body and a pair of strong hooks at the end of the trunk. The gut is simple, thin and straight and often preserved along the ventral side of the body as a black flat band.

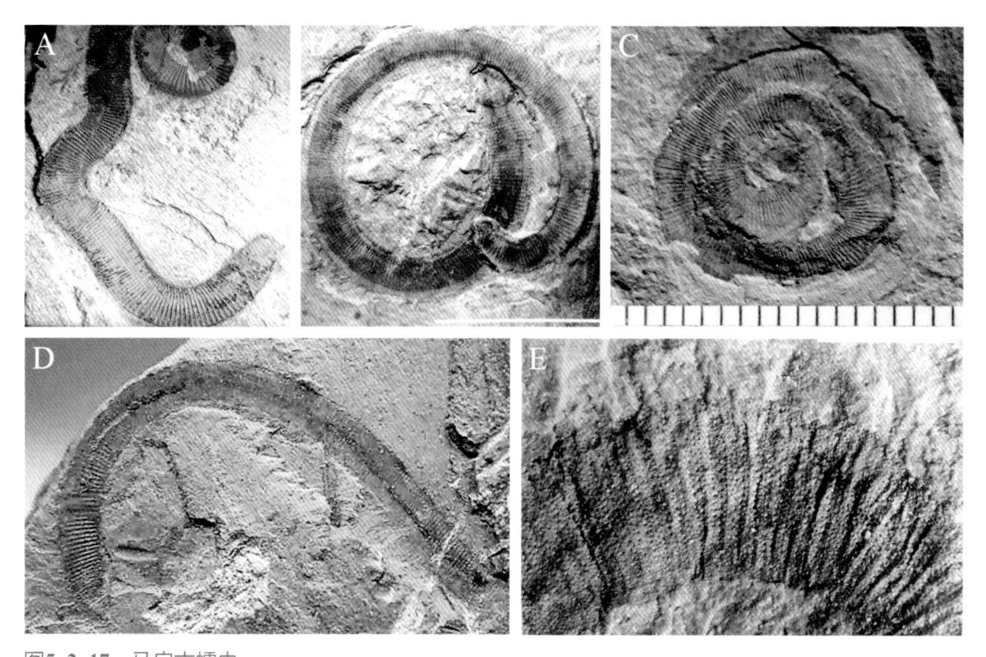

图5–2–17　马房古蠕虫

Fig. 5–2–17 *Mafangscolex sinensis*

A. 摘自Hou et al., 2017; **E.** 为马房古蠕虫躯干骨板细节

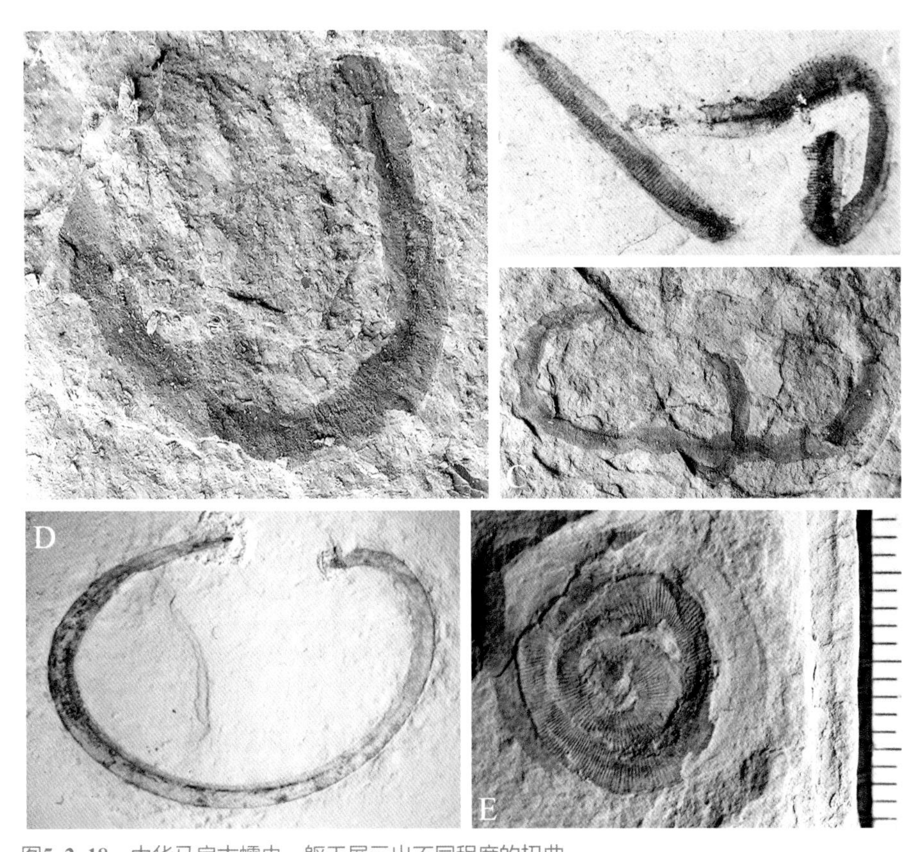

图5-2-18　中华马房古蠕虫，躯干展示出不同程度的扭曲

Fig. 5-2-18 *Mafangscolex sinensis*, **showing the different degree of distortion**

目未定 Order uncertain

帽天山蠕虫科 Family Maotianshaniidae Hou, Bergström, Wang, Feng and Chen, 1999

帽天山蠕虫属 Genus *Maotianshania* Sun and Hou, 1987

圆筒帽天山蠕虫 *Maotianshania cylindrica* Sun and Hou, 1987

（图 5-2-19；引自孙卫国等，1987；Hou et al.，2017）

形态特征：虫体呈蠕虫状，平均长2.5 cm，宽2 mm，细长的身体可以分成前端的吻部和躯干，吻部进一步从后向前分为带刺的翻吻，光滑的领以及排列有咽齿可以外翻的咽部，翻吻和身体躯干同宽，但是清楚地看到翻吻缺少环纹，躯干环纹清晰且规律（每毫米有3～4个环纹）。躯干表面布满了小骨板，大小均一，小骨板直径从15～20 μm不等，每个小骨板上表面有4个小突起。躯干后端呈圆形，缺少环纹，最末端是1对强壮的弯曲的尾钩。消化道笔直，相对较窄，呈扁平状黑色炭质膜保存，但是在肠道后端经常填有沉积物。

Diagnosis: The worm-like individuals are on average about 2.5 cm long and 2 mm wide. The elongate body can be divided into an anterior proboscis and a trunk; the proboscis is subdivided into an introvert with scalids, a smooth collar and an everted pharynx with pharyngeal teeth from posterior to anterior. The introvert is as wide as the trunk, but it can be distinguished from the latter due to the lack of annuli. The trunk has well-marked, relatively wide annuli (3 ~ 4 per millimeter) and the surface of the trunk is covered by plates, which are nearly equal in size, ranging from 15 to 20μm in diameter; four nodes are present at the convex upper surface of each plate. The posterior end of the trunk is bluntly rounded, lacking annuli and terminating in a pair of strong, curved hooks. The alimentary canal is straight, comparatively narrow, and largely preserved as flattened black film, but sediment infill is frequently observed in the posterior part of the gut.

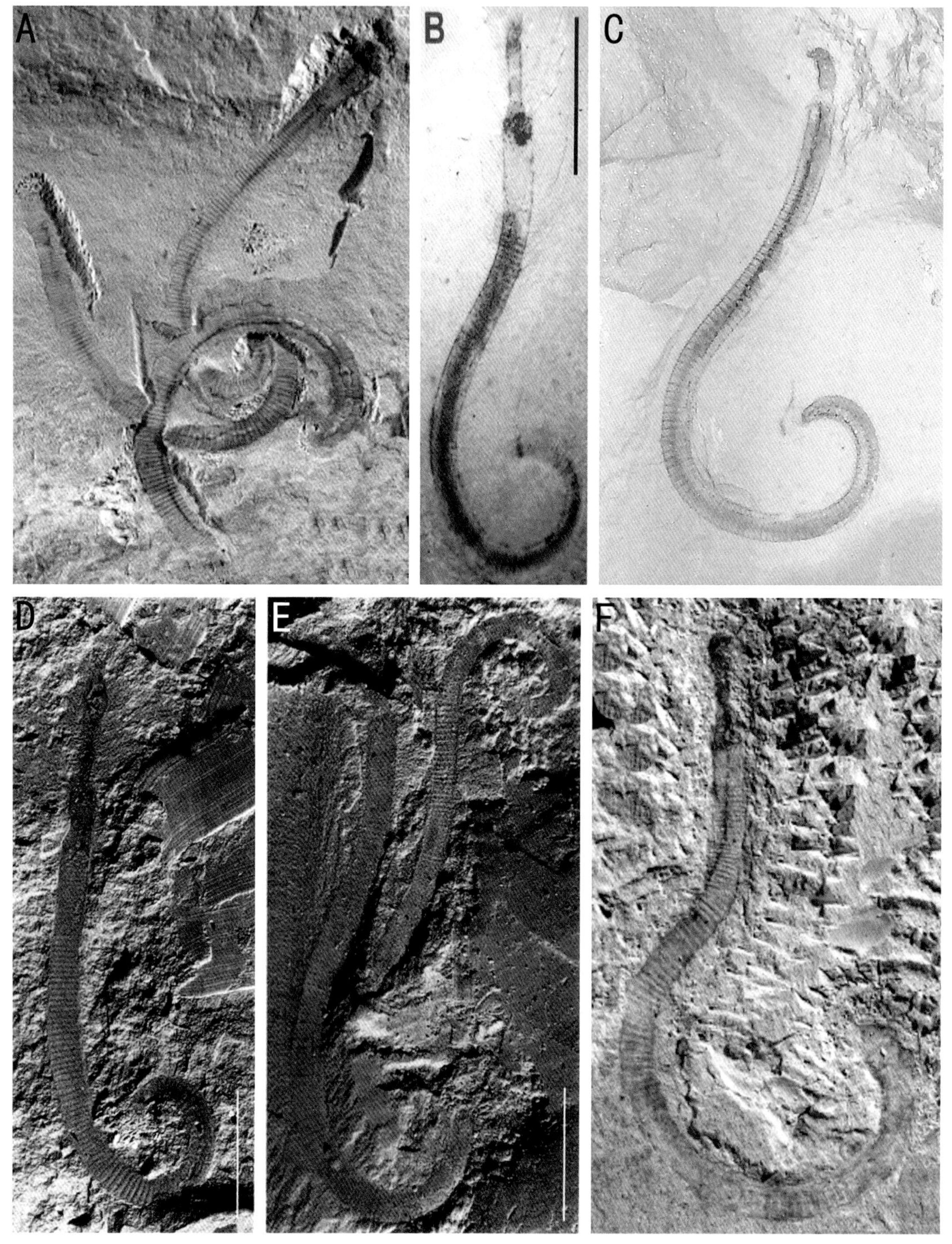

图5-2-19　圆筒帽天山蠕虫

Fig. 5-2-19　*Maotianshania cylindrica*

A-F. 为圆筒帽天山蠕虫，虫体皆成一定的扭曲状,虫体呈“6”字形；A, F来自于Hou et al., 2017, A图中至少保留了3条虫体，其中一条虫体肠道泥质间断性填充呈三维立体；D, E来自Hou et al., 1999

目未定 Order uncertain

环饰蠕虫科 Family Cricocosmiidae Hou, Bergström, Wang, Feng, and Chen, 1999

形态特征：不分节的蠕虫状身体分为两部分吻部和躯干，吻部进一步从后向前分为：长有纵列刺的翻吻；光滑的领以及带有咽齿的咽部。细长的躯干上面出现规律排布的网状结构的骨板，骨板外表面有许多小凸起，内表面有许多小凹坑。有一对刺出现在腹部，有1对尾钩出现在身体末端。

环饰蠕虫科主要包含2个属：环饰蠕虫属，板饰蠕虫属。

Diagnosis: Unsegmented worm-like body divided into two parts proboscis and trunk. Proboscis is subdivided into three zones from posterior to anterior: eversible introvert with longitudinal scalids；smooth collar and pharynx with teeth. The elongate trunk with segmental net-like sclerites that appear regularly. Sclerites are composed of many tubercles on the outer surface and corresponding pits in the inner surface. A pair of spines in the ventral, a pair of hooks at the terminal of the body.

环饰蠕虫属 Genus *Cricocosmia* Hou and Sun, 2003

晋宁环饰蠕虫 *Cricocosmia jinningensis* Hou and Sun, 2003

（图 5-2-20, 5-2-21；引自 Han et al.，2007；Huang et al.，2005）

形态特征：不分节的蠕虫状身体，个体平均长5 cm，宽2 mm。细长的身体可以分成前端的吻部和躯干，吻部从后往前可进一步分为带刺的翻吻，光滑的领部以及带咽齿可以外翻的咽部。翻吻和躯干同宽，上面覆盖了许多细长，略微弯曲的刺，领部较短而光滑，呈圆锥状。咽部细长并且可以完全外翻，咽部可以从后往前分3部分：第1部分由2圈五边形排列的咽齿组成（第1圈五边形排列的咽齿较大，第2圈较小）；第2部分由数圈小而空心的锥状咽齿组成（相邻的圈层中的咽齿有交替排列现象）；第3圈由比较大的空心锥状咽齿组成（排列方式如同第2圈），一圈差不多有10个咽齿。躯干细长向后略微变窄，体表环纹清晰，躯干最前端部分环纹较密（差不多每cm有40圈），没有任何装饰物，躯干主要部位环纹较宽（每厘米20 ~ 24圈），每个环纹上有1对侧骨板，骨板内部中空，外表面有许多小突起，骨板中心有1个长刺，内表面对应有许多小凹坑。腹神经索贯穿整个躯干，同时有1对刺出现在腹部。消化道可以分成3部分（直而简单的前肠，略微膨胀的中肠以及直而细的后肠），身体末端有1对尾钩，肛门出现在身体末端。

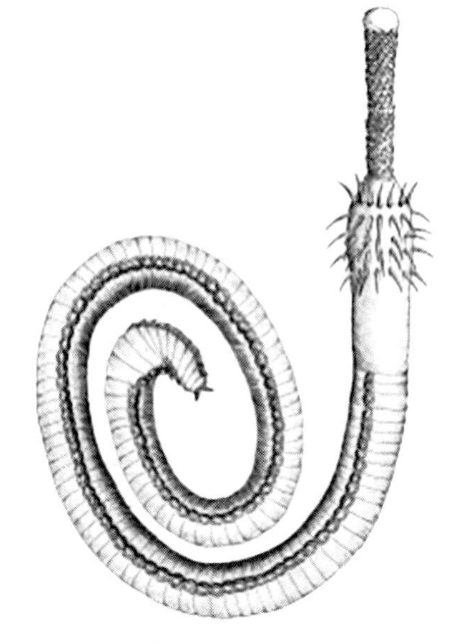

图5-2-20 晋宁环饰蠕虫复原图

Fig. 5-2-20 Reconstruction of *Cricocosmia jinningensis*

Diagnosis: The unsegmented worm-like body is on average about 5 cm long and 2 mm wide. The slender body can be divided into an anterior proboscis and a trunk. The proboscis can be subdivided into eversible introvert with longitudinal scalids, smooth collar and everted pharynx with teeth. The introvert has the same width as the trunk and is covered by elongate, slightly curved spines. The collar is short, smooth and cone-shaped. The pharynx is elongate and can be completely everted, and it can be divided into three sections from the posterior to anterior: section one formed by two circles of pentagonal teeth (first circle of pentagonal teeth large and second circle small) ; section two formed by circles of small hollow conical teeth (the arrangement of adjacent circles are interleaving); section three formed by larger hollowed conical teeth (the same arrangement as section two) with ca. 10 teeth in one circle. The slender trunk is distinctly annulated and tapers slightly toward the posterior end, the most–anterior part of the trunk has narrow annuli (about 40 per centimeter), but without any ornament. The main body of the trunk has relatively wider annuli (20 ~ 24 per centimeter), each of which bears one pair of lateral sclerites, sclerites are composed of many tubercles on the outer surface and a conical, curved, hollow spine in the central section pointing to the posterior, and correspondingly pits in the inner surface. The ventral side has nerve cord running along the trunk and double rows of spines. Digestive tract divided into three parts (straight simple foregut, slightly swollen mid–gut and slender hind gut). A pair of hooks are at the terminal of the body and anus located at the terminal end of the body.

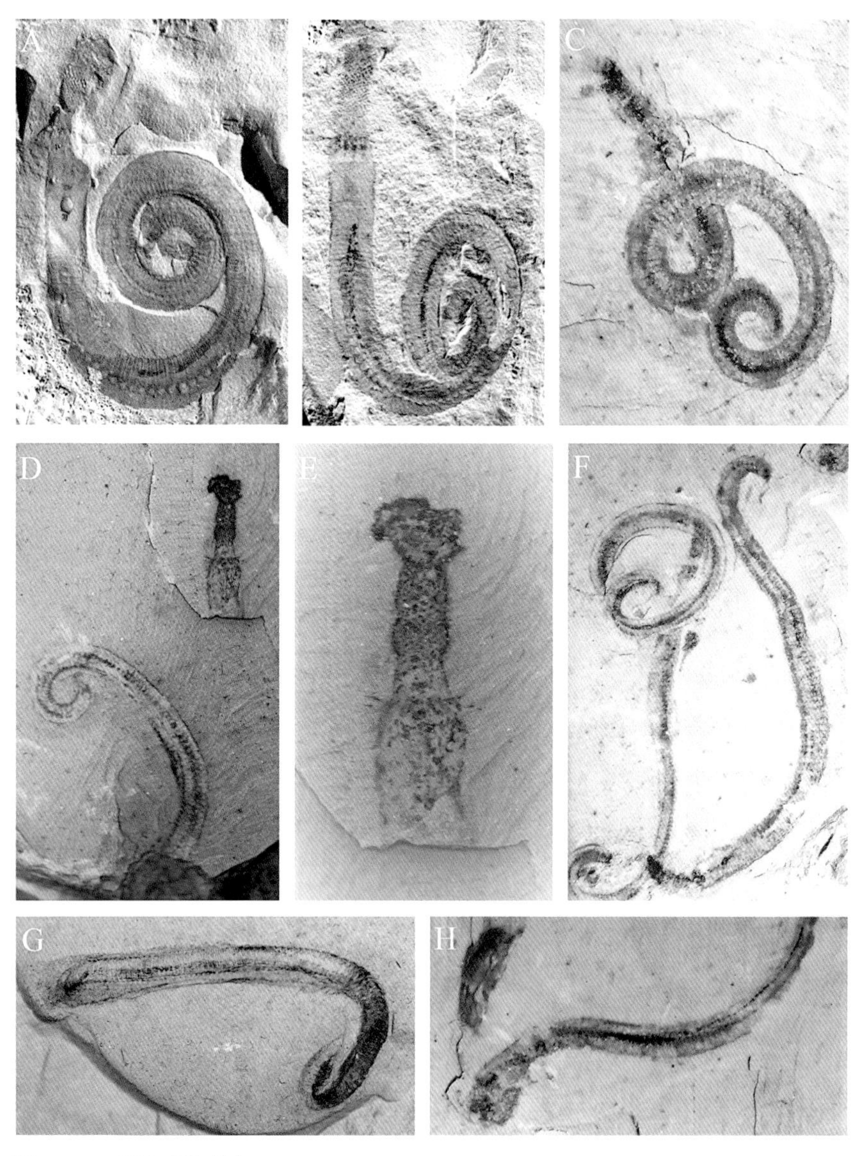

图5–2–21 晋宁环饰蠕虫

Fig. 5–2–21 *Cricocosmia jinningensis*

A-H. 均为晋宁环饰蠕虫，皆保存了不同状态下的吻部特征；A, B. 来自Hou et al., 2017；E. 为D图吻部放大图；G. 图清晰地保存了环饰蠕虫的"居室"

板饰蠕虫属 Genus *Tabelliscolex* Han, Zhang, and Sun, 2003

六角板饰蠕虫 *Tabelliscolex hexagonus* Han, Zhang and Shu, 2003

（图 5-2-22；引自 Han et al.，2003；Huang et al.，2005）

形态特征：身体不分节呈蠕虫状，主要分为前端的吻部和躯干。吻部从后向前进一步分成3个区域：带有纵刺的翻吻；光滑的领以及含有咽齿的咽部。躯干上有1对分离的网状侧面椭圆状骨板和1列背面椭圆状骨板。骨板有外表面和内表面之分，展示不同特征，外表面有许多小凸起，相应地内表面有许多小凹坑。躯干腹侧有1对刺，躯干末端有1对尾钩。肠道直而简单，通常保存为黑色炭膜形式。

Diagnosis: Unsegmented slender body, divided into two parts: the anterior proboscis and the trunk. The proboscis is subdivided into three zones from posterior to anterior: introvert with longitudinal scalids; smooth collar and pharynx with teeth. The trunk tapers slightly backward with a pair of segmental net-like lateral ellipsoidal sclerites and a row of dorsal ellipsoidal sclerites. And the sclerite has outer and inner surfaces showing different features. The outer surface has many tiny tubercles, correspondingly the inner surface has many tiny pits. A pair of spines in the ventral and a pair of hooks at the terminal of the trunk. The intestine is straight and simple which is usually preserved as a black film.

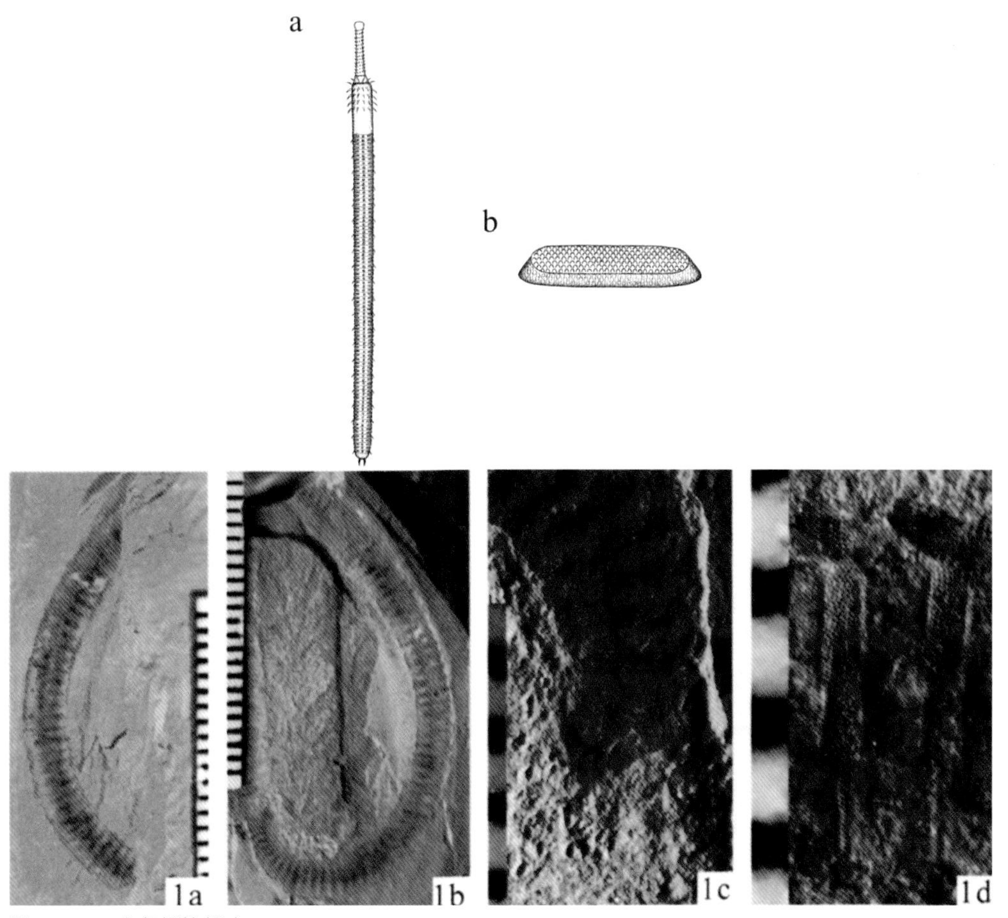

图5–2–22　六角板饰蠕虫*Tabelliscolex hexagonus*

Fig. 5–2–22　*Tabelliscolex hexagonus*

（左1a, d来自Han et al., 2003；右a, b为复原图，来自Huang et al., 2005）

鳃曳动物门 Phylum Priapulida Delage and Hérouard, 1897

纲未定 Class uncertain

鳃曳型目 Order Priapulomorpha Salvini-Plawen, 1974

鳃曳科 Family Priapulidae Gosse, 1855

小黑箐虫属 Genus *Xiaoheiqingella* Hu, 2002

奇特小黑箐虫 *Xiaoheiqingella peculiaris* Hu, 2002

（图 5-2-23，5-2-24；引自 Hou et al.，2017；Han et al.，2004）

形态特征：圆筒状的身体分成4部分：前端的吻部；收缩的脖子；环纹明显的躯干以及1对长尾。吻部从后向前进一步分为翻吻，领以及外翻的咽部，膨胀的翻吻有25列纵脊，有25列纵刺，前7排刺在脊上而后2排刺散落在翻吻后端没有在脊上。1圈长刺在翻吻的最前端。领部光滑较短并且向前略微变窄。咽部在翻出状态下罕见地保存为吻部最前端的较短突出部分。一些标本展示刺状的咽齿呈五边形排列。脖子明显收缩区分翻吻和躯干。圆筒状的躯干上环纹清晰，躯干后端有14圈小瘤点。2条长尾上环纹不清晰。肠道窄，经常向身体前端略微扭转或者弯曲，并有填充物。肠道贯穿整个身体。

Diagnosis: The cylindrical body is divided into 4 sections: an anterior proboscis; a constricted neck; a finely annulated trunk and a pair of long caudal appendages. The proboscis is subdivided into the introvert, collar and everted pharynx. The swollen introvert bears 25 longitudinal ridges and 25 longitudinal rows of scalids, seven anterior scalids standing on each ridge while the last two being located on the posterior introvert without ridges. A circle of elongate spines is observed at the anterior end of the introvert. The collar is smooth and short and tapers anteriorly. The pharynx is infrequently preserved as a short protrusion at the most-anterior end of the proboscis during eversion. A few specimens show spine-like pharyngeal teeth arranged pentagonally. The neck appears as constriction marking a sharp boundary between the introvert and the trunk. The cylindrical trunk is finely annulated, and the posterior part of the trunk has 14 circles of ring papillae. Two long caudal appendages are weakly annulated. The gut is narrow, often slightly twisted or coiled at the anterior part of the trunk, and has sediment infill. It extends from the anterior end of the proboscis to the posterior end of the trunk.

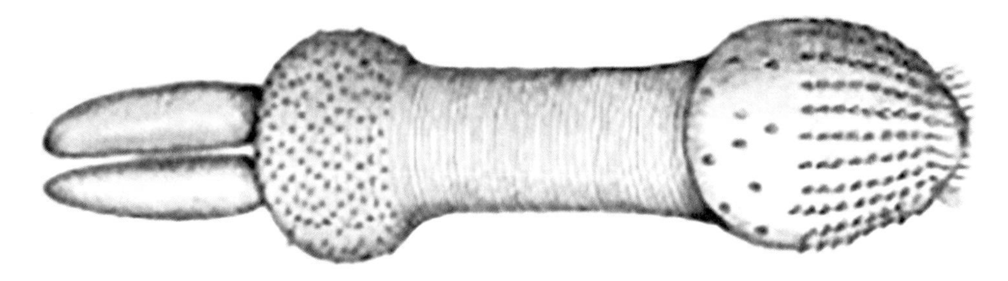

图5-2-23　奇特小黑箐虫复原图

Fig. 5-2-23　Reconstruction of *Xiaoheiqingella peculiaris*

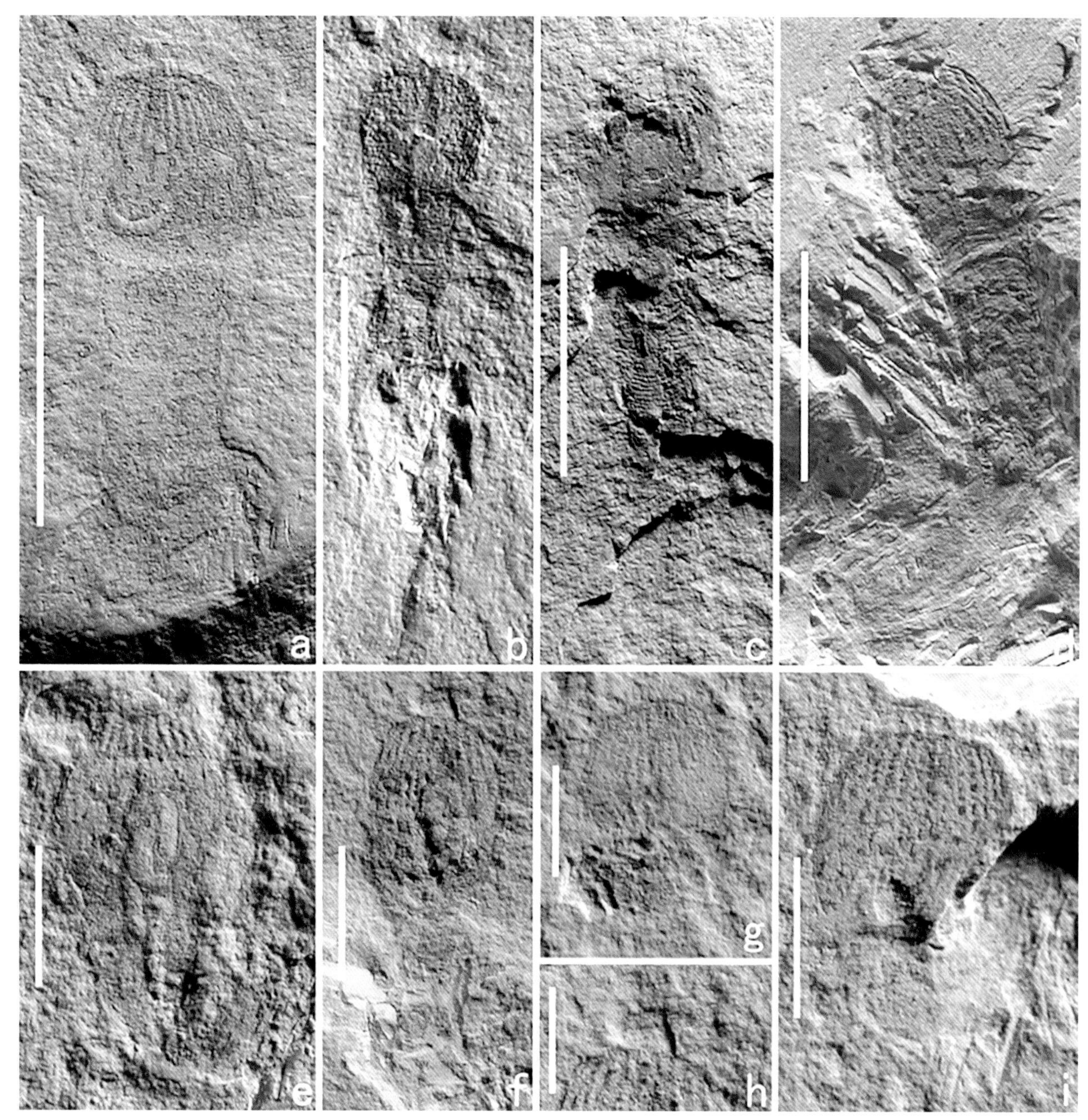

图5-2-24　奇特小黑箐虫

Fig. 5-2-24　*Xiaoheiqingella peculiaris* (from Huang et al., 2004)

a. 几乎完整标本展示吻部、颈部以及躯干（标本编号EC60301）；b. 完整的标本展示尾附（标本编号EC60302b）；c. 几乎完整的标本（标本编号EC60306）；d. 完整标本（标本编号EC60303）；e. 强烈弯曲的标本展示弯曲的肠道（标本编号EC60305a）；f. 标本EC60307展示收缩的躯干和弯曲的肠道；g. 编号为EC60309的标本展示了吻部和收缩的躯干；h. f的前端放大图，展示了呈五辐射排列的咽齿；i. 弯曲的标本（标本编号EC60304）

比例尺：图a, c, d为5 mm，b为2 mm, e-g, h, i为1 mm

鳃曳动物门 **Phylum Priapulida Delage and Hérouard, 1897**

纲、目、科未定 **Class, Order, Class uncertain**

精美鳃曳虫属 **Genus *Eximipriapulus* Ma, Aldridge, Siveter, Siveter, Hou&Edgecombe, 2014**

末端膨大精美鳃曳虫 ***Eximipriapulus globocaudatus* Ma, Aldridge, Siveter, Siveter, Hou and Edgecombe, 2014**

（图 5-2-25，5-2-26；引自 Ma et al.，2014；Hou et al.，2017）

形态特征：成年个体大概有1.4 cm长，3 mm宽，身体由3部分组成：前端的吻部，短胖的身体和膨大的末端。吻部从后向前进一步分为球状的翻吻，光滑不可以内缩的领以及带有咽齿部分可以外翻的咽部。翻吻上覆盖了30纵列长刺和9排横长刺。较窄的颈部上长有30纵列13横排从锥状到三角形的刺。不分节的躯干短胖，圆筒状，向两端略微变窄，躯干上的环纹宽度大概为0.1 mm，小刺排列在环纹上，这些小刺在躯干末端排列更有规律；一些更大刺毛分布在躯干中间位置。身体末端明显膨胀，呈球形。

Diagnosis: Mature individuals are about 1.4 cm long and 3 mm wide, and divided into three parts: an anterior proboscis, a stout trunk and a distinctly expanded posterior region. The proboscis itself is subdivided into four parts from posterior to anterior: a bulbous introvert, a smooth and non-retractable collar and a partially eversible pharynx lined with pharyngeal teeth. The introvert is covered by long spine-like scalids arranged in approximately 30 longitudinal rows and 9 circlets. And a narrower neck region bears conical to triangular scalids arranged in approximately 30 longitudinal rows and 13 circlets. The unsegmented trunk is stout, cylindrical, and slightly tapered toward both ends, with annulations each about 0.1 mm wide. Spinules arranged along annuli, more regular in circles on posterior trunk; larger seta scattered around mid trunk. Terminal part of body distinctively expanded, globular.

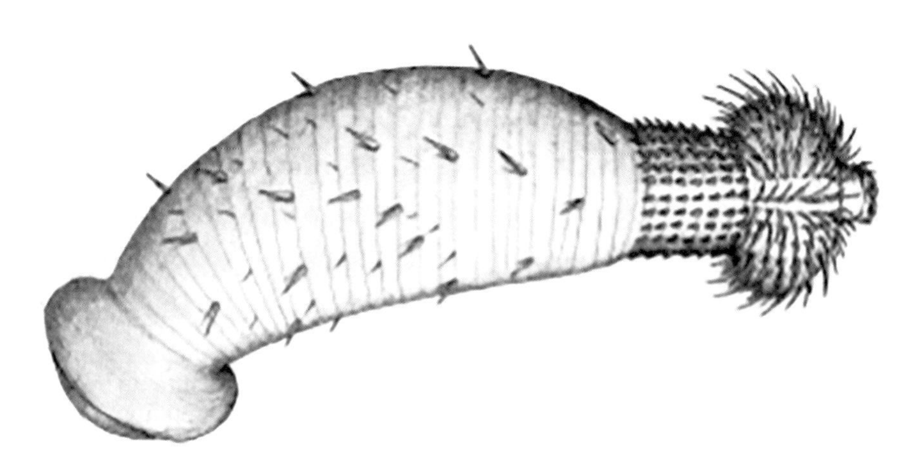

图5-2-25　末端膨大精美鳃曳虫复原图（from Ma et al., 2014）
Fig. 5-2-25　Reconstruction of *Eximipriapulus globocaudatus*

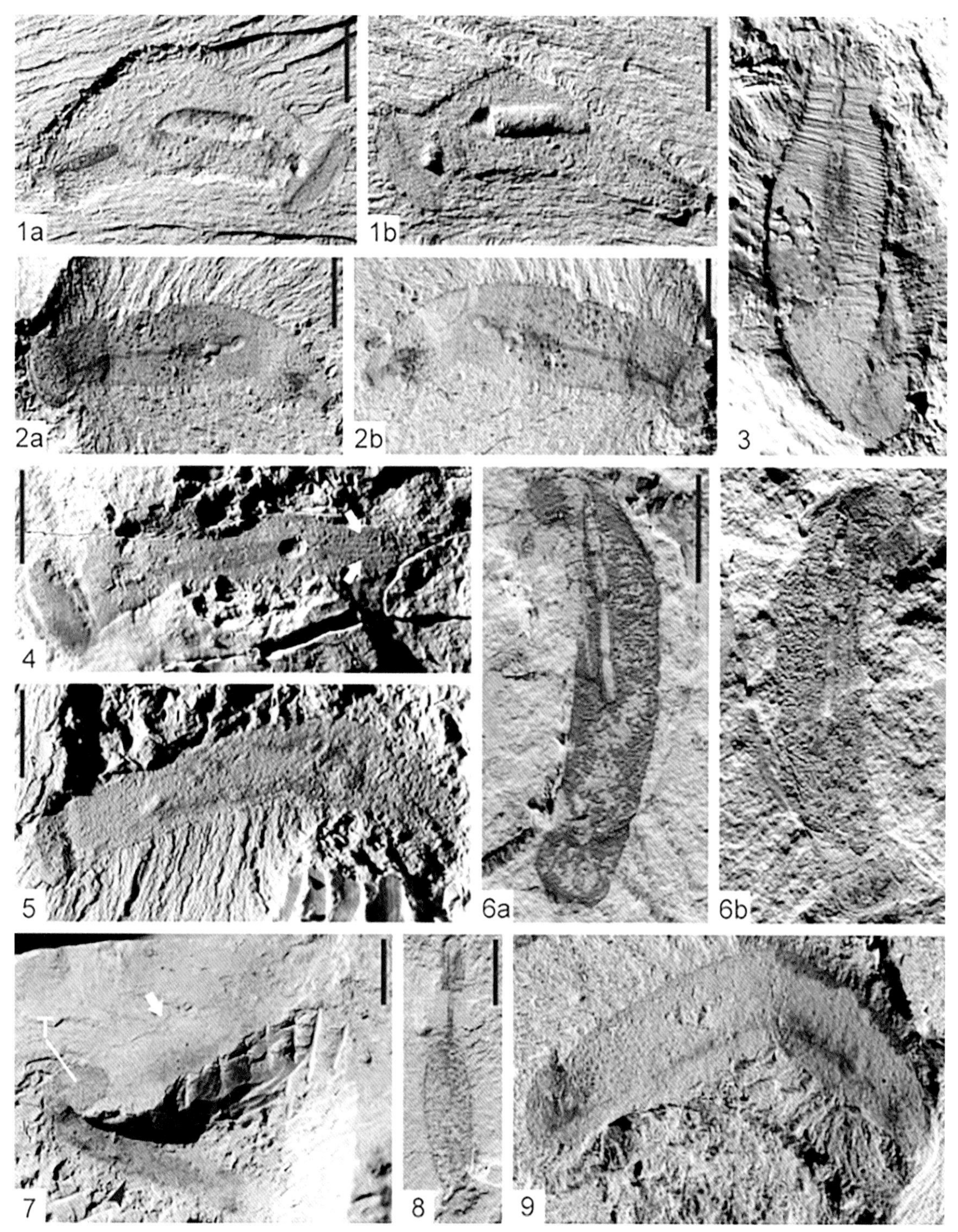

图5-2-26 末端膨大精美鳃曳虫

Fig. 5-2-26 *Eximipriapulus globocaudatus* (from Ma et al., 2014)

1a、1b. 模式标本正副模，展示起伏的吻刺和三维立体保存的中肠；2a、2b. 标本为正副模，展示中肠填充，刺和躯干上的小刺痕迹略微起伏保存；3. 展示躯干上的环纹；4. 在身体前端部分展示环带（箭头所指）；5. 展示前肠保存为起伏状；6a、6b. 三维立体保存的肠道，一些纵列的小刺或小凸起排布在躯干后端，一些肌纤维和表皮折叠；7. 2个个体保存在不同的层面上；8. 刺保存为起伏状，光滑的颈部，躯干表面凹凸不平；9. 在躯干末端规律地排布一些小凸起或小刺，保存为较低的起伏状

比例尺：3 mm

鳃曳动物门 Phylum Priapulida Delage & Hérouard, 1897

纲、目未定 Class, Orderuncertain

管状虫科 Family Selkirkiidae Conway Morris, 1977

似管虫属 Genus *Paraselkirkia* Hou, Bergström, Wang, Feng and Chen, 1999

中华似管虫 *Paraselkirkia sinica*（Luo and Hu, 1999）

（图 5-2-27；引自 Hou et al.，2017）

形态特征：管状虫体由带刺吻部和逐渐变窄的躯干2部分组成。完整个体吻部全部翻出身体总长可以达到1.3 cm,吻部超过3 mm长，虫管大约有1 cm长。吻部从后向前主要分成2部分翻吻和可以外翻的咽部。翻吻比最前面的躯干稍窄一些，上面密集地覆盖了指向前外方的刺，在翻吻最前端有1圈指向前端的细长的，略微弯曲的刺。咽部由2部分组成，近端部分明显比翻吻窄，前端上面布满细长的略微弯曲的刺（刺的大小向身体后端逐渐变小）；远端部分的咽部比近端更窄，前端长满细长小刺。咽部上面的小刺指向身体后外方。虫管细长，逐渐向后变窄且躯干上环纹规律明显。蠕虫软躯体隐藏在虫管中，但是通过管子，肠道的痕迹仍然很清晰地看到。肠道呈黑色扁平贯穿整个躯体。

Diagnosis: The tubiform worm is divided into spiny proboscis and a tapering trunk. Specimens with a fully everted proboscis can reach 1.3 cm long, with a proboscis over 3 mm in length and a tube about 1 cm long. The proboscis is divided into two parts introvert and eversible pharynx from posterior to anterior. The introvert is narrower than anterior end of trunk, armed with dense spines pointed anterolaterally and a circle of elongate and slightly curved spines anteriorly. The pharynx is divided into two sections with the basal section distinctly narrower than introvert armed with elongate and slight curved spines anteriorly (size of spines decreases backwards) and distal section narrower than basal section armed elongate spicules anteriorly. The spines and spicules of everted pharynx point posterolaterally. The elongate tube tapers posteriorly and the surface bears fine, regularly spaced annulations. And the soft trunk of the worm is concealed inside the tube but the trace of the gut is often still evident through the tube. The gut is dark, flat and extends from the mouth opening to the posterior end of the tube.

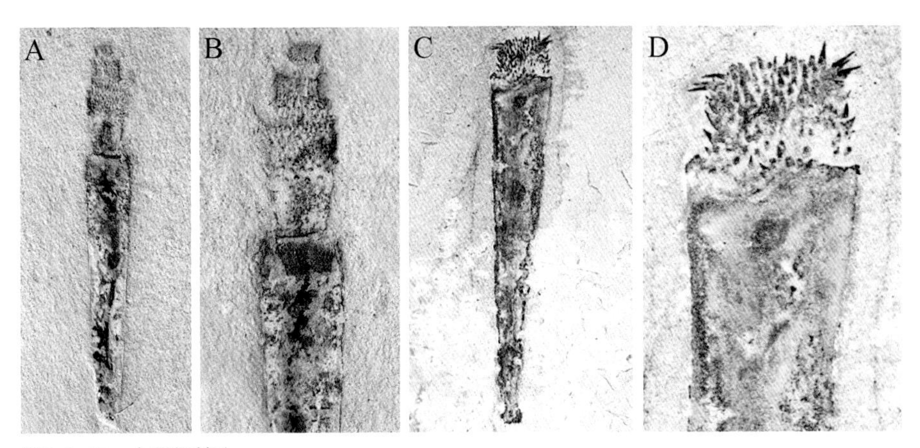

图5-2-27　中华似管虫

Fig. 5-2-27　*Paraselkirkia sinica* (from Hou et al., 2017)

A. 完整个体；B. 图A的前端放大图；C. 完整标本；D. 图C的前端放大图

鳃曳动物门 Phylum Priapulida Delage & Hérouard, 1897
纲、目未定 Class, Order uncertain
棒形虫科 Family Corynetidae Huang, Vannier and Chen, 2004
棒形虫属 Genus *Corynetis* Luo and Hu in Luo, Hu, Chen, Zhang and Tao, 1999
短棒形虫 *Corynetis brevis* Luo and Hu, 1999

（图 5-2-28，5-2-29；引自 Huang et al.，2005；Hou et al.，2017）

形态特征：蠕虫状的身体由前端的吻部，躯干以及可以外翻的短尾部3部分组成。吻部从后向前进一步分为翻吻，领以及可以外翻的咽部。翻吻光滑且比较细，在翻吻的最前端有1圈刺。领部比较长上面没有任何装饰物，向前逐渐变细。细长的咽部上面布满咽齿。躯干直径向中间后端逐渐增加，环纹明显上面覆盖许多小刺。躯干从前向后可以分成3部分：区域1上全部为强壮的刺；区域2上面覆盖有小而不规律的刺；区域3上面有许多圈状小刺。可以外翻的尾部短，没有任何装饰物。

Diagnosis: The worm-like body consists of an anterior proboscis, trunk and a short eversible caudal projection. The proboscis is divided into an introvert, a collar and an everted pharynx. The introvert is smooth and narrow, terminating anteriorly with a circle of long spines. The collar is long and tapers anteriorly without any ornamentation. The elongate pharynx is long and lined with teeth. Trunk diameter increases gradually towards middle and posterior, annuli bearing tiny setae. The trunk is divided into three sections from anterior to posterior: section one with regular pattern of strong spines； section two with small and irregular spines； section three with regular spine rings. Eversible caudal projection is short without external ornament.

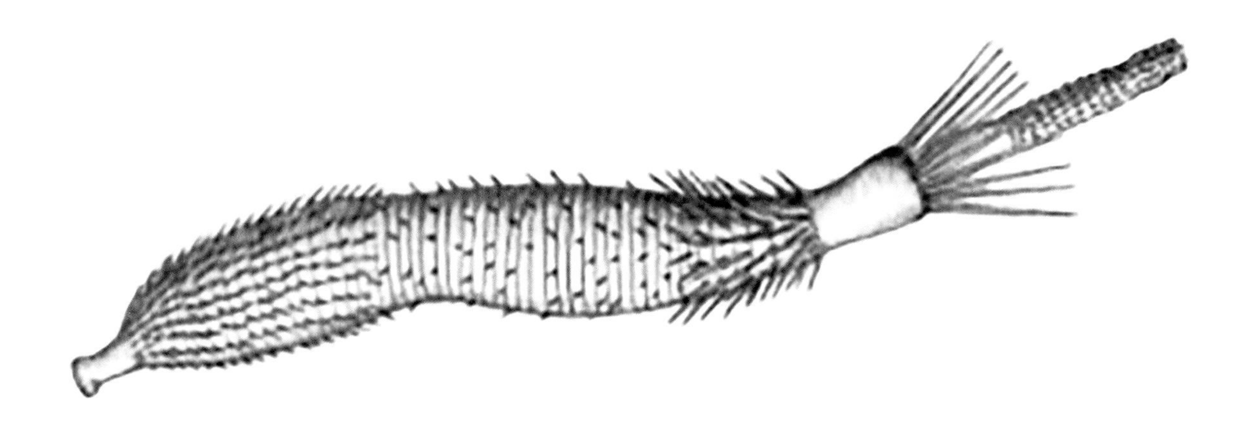

图5-2-28　短棒形虫复原图（from Hou et al., 2017）
Fig. 5-2-28　Reconstruction of *Corynetis brevis*

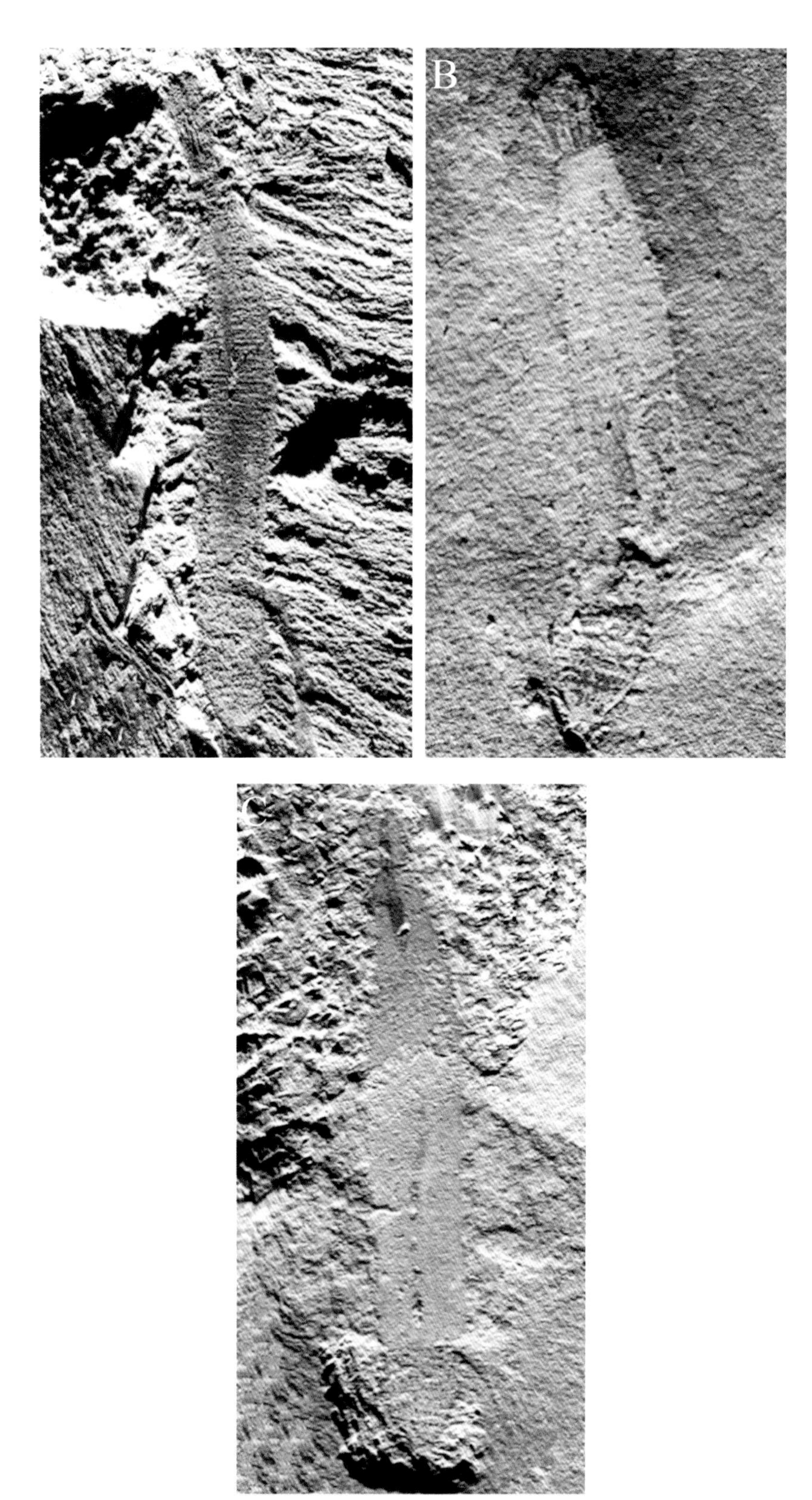

图5-2-29　短棒形虫

Fig. 5-2-29　*Corynetis brevis* (from Hou et al., 2017)

A, B, C均为完整个体，躯体展示一定的弯曲；A. 较好地保存了躯干上的环纹；B. 较好地保存了吻部前端的1圈长刺；C. 肠道保存为黑色长条状

鳃曳动物门 Phylum Priapulida Delage and Hérouard, 1897

纲、目未定 Class, Order uncertain

古鳃曳科 Family Palaeopriapulites

葫芦虫属 Genus *Sicyophorus* Luo and Hu in Luo, Hu, Chen, Zhang&Tao, 1999

珍奇葫芦虫 *Sicyophorus rarus* Luo and Hu in Luo, Hu, Chen, Zhang&Tao, 1999

（图 5-2-30，5-2-31；引自 Hou et al.，2017）

形态特征：虫体大概长1 cm,整个身体呈哑铃形由膨胀的吻部、收缩的颈部和椭球形的躯干3部分组成。吻部从后向前进一步分为带刺翻吻，领以及咽部。翻吻前端布满20纵列刺14横排刺。领部明显收缩，身体最前端是咽部，上面长有一圈圈规律的小刺。躯干和翻吻之间由强烈收缩的颈部连接。躯干表皮比翻吻明显要硬许多，上面覆盖有13 ~ 15纵列兜甲。肠道强烈弯曲，填满沉积物呈三维立体保存，充满整个躯干。

Diagnosis: The dumb-bell body is about 1 cm long and divided into three parts: an expanded proboscis, a constricted neck region and ovoid trunk. The proboscis consists of spiny introvert, collar and pharynx from posterior to anterior. The introvert bears spine-like scalids arranged in about 20 longitudinal rows and 14 circlets. The collar is distinctly narrower than the introvert and the most-anterior is pharynx with a regular array of tiny spines. A constricted neck region connects the introvert and posterior trunk. The trunk cuticle is apparently more rigid than the introvert and is covered with 13 ~ 15 longitudinal plates. The gut is heavily coiled and filled with sediment preserved as three-dimensional relief, almost entirely occupying the ovoid trunk.

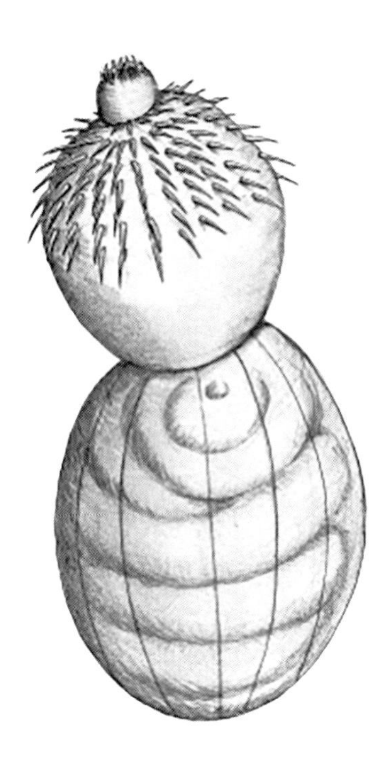

图5-2-30　珍奇葫芦虫复原图（from Hou et al., 2017）

Fig. 5-2-30　Reconstruction of *Sicyophorus rarus*

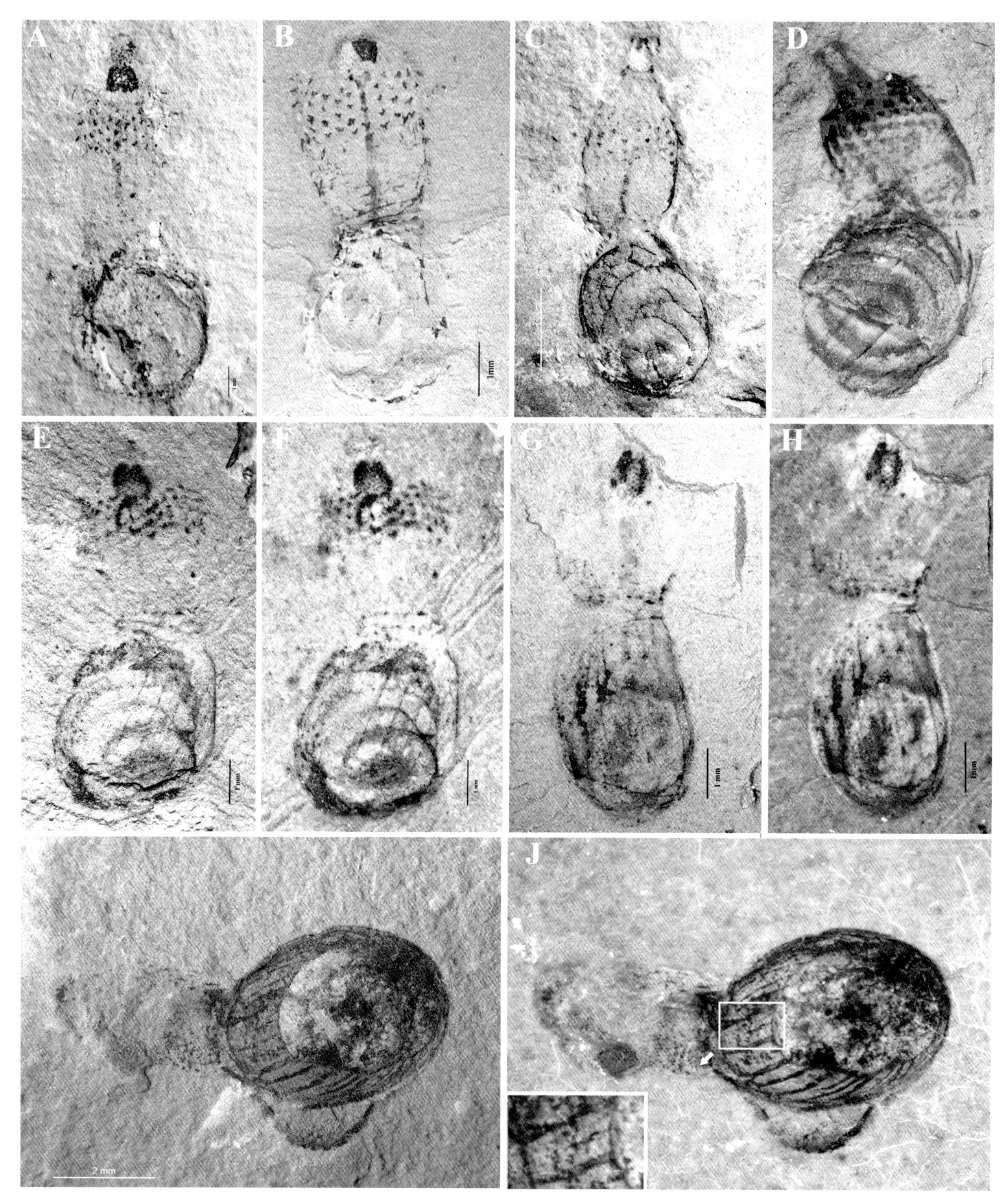

图5–2–31 珍奇葫芦虫（成娟丽提供图片）

Fig. 5–2–31 ***Sicyophorus rarus*** **(from unpublished thesis of Cheng Juanli)**

A-F. 完整的珍奇葫芦虫标本，身体包括咽部、领、翻吻、颈部和躯干5部分，肠道螺旋卷曲，躯干有兜甲；A. 外翻的咽部分为3部分；B. 翻吻具有清晰的吻刺；C. 领部伸出较长，为梯形，光滑无饰；D. 躯干保存 3D 信息，可观察标本被压扁的程度；E、F. 颈部可见 3 圈环纹，F为 E 的荧光显微镜图；G、H. 咽齿清晰排列，颈部有 2 圈清晰的刺, H为G的荧光显微镜图，I、J. 躯干完整，翻转保存，兜甲清晰，一级兜甲上具有次生的二级兜甲；J为 I 的荧光显微镜图，细节放大图显示二级兜甲

古鳃曳虫属 Genus *Palaeopriapulites* Hou, Bergström, Wang, Feng&Chen, 1999

小古鳃曳虫 *Palaeopriapulites parvus* Hou, Bergström, Wang, Feng&Chen, 1999

（图 5-2-32；引自 Hou et al.，2017）

形态特征：虫体大概长1 cm，整个身体呈哑铃形，由膨胀的吻部、收缩的颈部和椭球形的躯干3部分组成。吻部从后向前进一步分为带刺翻吻，领以及咽部。翻吻前半端布满20纵列刺。领部明显收缩突出，大部分标本看不到咽齿。颈部急剧收缩，连接躯干和翻吻。肠道细长，较直，扁平，经常保存为黑色。

Diagnosis: The dumb-bell body is about 1 cm long and divided into three parts: an expanded proboscis, a constricted neck region and an ovoid trunk. The proboscis consists of spiny introvert, collar and pharynx from posterior to anterior. Spine-like scalids cover the anterior half of the introvert and are arranged in about 20 longitudinal rows. The collar is protruding, distinctly narrower than the introvert, and the pharynx of most specimens are not observed. A constricted neck region connects the introvert and posterior trunk. The intestine is narrow, straight and flat and often preserved in a dark color.

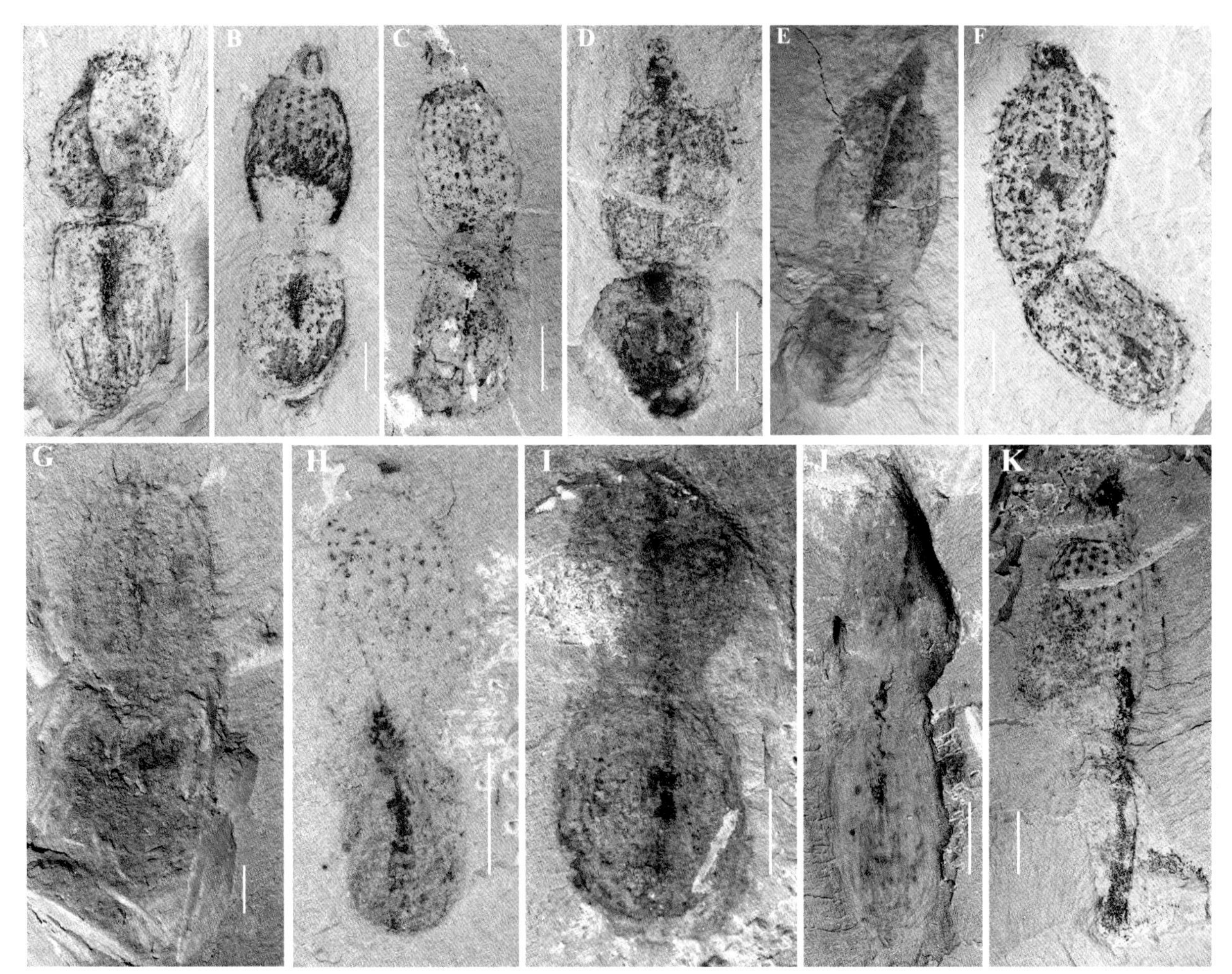

图5-2-32　小古鳃曳虫（成娟丽提供图片）

Fig. 5-2-32　***Palaeopriapulites parvus*** **(from unpublished thesis of Cheng Juanli)**

A-K. 皆保留完整个体，小古鳃曳虫均具有笔直的肠道；比例尺：**2 mm**

鳃曳动物门 Phylum Priapulida Delage and Hérouard, 1897

纲、目、科未定 Class, Order, Class uncertain

大齿鳃曳属 Genus *Omnidens* Hou, Bergström and Yang, 2006

大齿鳃曳动物 *Omnidens amplus* Hou, Bergström and Yang, 2006

（图 5-2-33；引自 Hou et al.，2017）

形态特征：这些标本被认为是鳃曳动物的吻刺。最大的口板4.7 cm长，根据推算该动物至少超过1 m长。口部位于身体最前端由3种不同的骨板组成：①大概排列有12齿状口板，大小向外逐渐减小，每一列至少有6个骨板；②在咽齿外面，有1圈14 ~ 16个比较大的圆锥状的骨板，每个骨板末端有一具刺结构；③大骨板末端有许多带有结点的纽扣状骨板，每个骨板之间由光滑的表皮连接。

Diagnosis: These preserved specimens are interpreted as scalids on an introvert. The largest mouth sclerite is 4.7 cm long, and the animal is estimated to be over 1 m long. The mouth at the anterior end of the body consists of three types of sclerites: ① There are approximately 12 radiating rows of pectinate sclerites and decrease in size from the outside, each row with at least six sclerites; ② Outside the pharyngeal teeth, there is a circle of 14 ~ 16 large, cone-shaped plates, each with a raised spinose structure at the distal tip; ③ Posterior to the large plates, there are numerous button-shaped sclerites with a few nodes, each sclerite surrounded by smooth cuticle.

图5-2-33　大齿鳃曳动物

Fig. 5-2-33　*Omnidens amplus* (from Hou et al., 2017)

标本A, B为正副模

鳃曳动物门 Phylum Priapulida Delage and Hérouard, 1897
纲、目未定 Class, Order uncertain
无饰蠕虫科 Family Acosmiidae Hou, Bergström, Wang, Feng and Chen, 1999
无饰蠕虫属 Genus *Acosmia* Chen and Zhou, 1997
帽天无饰蠕虫 *Acosmia maotiania* Chen and Zhou, 1997

（图 5-2-34；引自 Hou et al.，2017）

形态特征：蠕虫相对较大，可达到10 cm长，8 mm宽。蠕虫状的身体由前端的吻部和后端的躯干组成。桶状的吻部位于躯干最前端，有1个比较宽大的口孔，上面有许多钩刺。躯干上环纹明显，上面装饰有乳头状的小凸起和小刺。肠道笔直较宽，表面有条痕，并且肠道经常被沉积物充填。

Diagnosis: The worm is relatively large, and can be up to 10 cm long and 8 mm wide. The worm-like body is divided into an anterior proboscis and a posterior trunk. The barrel-shaped proboscis is at the anterior-most of the body with a broad mouth opening, which is armed with an array of hooks. The trunk has fine annuli and ornamented with papillae and spines. The gut is wide and straight, with a striated surface, and often infilled with sediment.

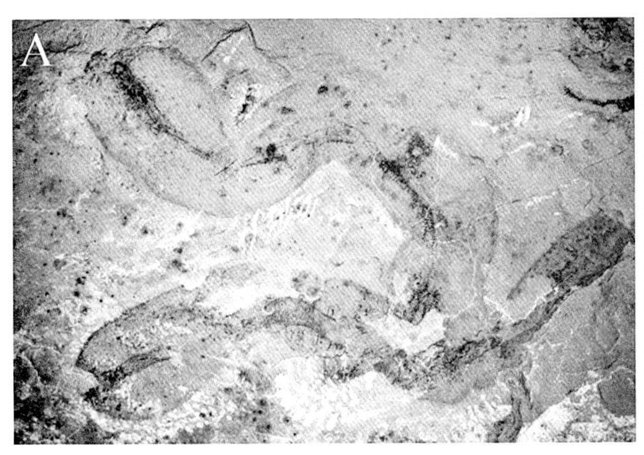

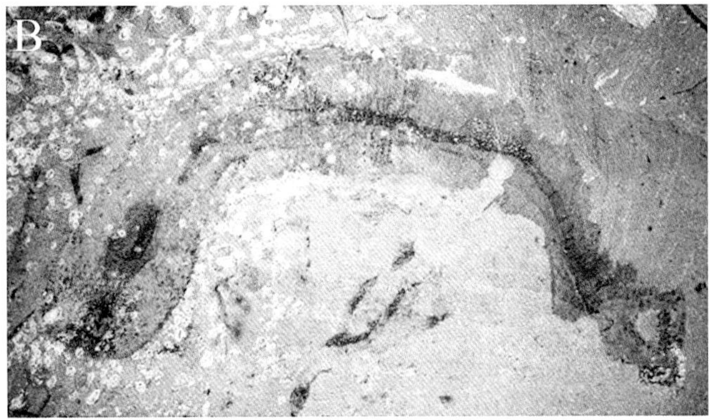

图5-2-34　帽天无饰蠕虫

Fig. 5-2-34　*Acosmia maotiania* (from Hou et al., 2017)

A, B展示几乎完整的帽天无饰蠕虫

鳃曳动物门 Phylum Priapulida Delage & Hérouard, 1897

纲、目、科未定 Class, Order, Class uncertain

原始管虫属 Genus *Archotuba* Hou, Bergström, Wang, Feng and Chen, 1999

锥形原始管虫 *Archotuba conoidalis* Bergström, Wang, Feng and Chen, 1999

（图 5-2-35；引自 Hou et al.，2017）

形态特征：此类标本基本上全仅仅保存圆锥状管子，身体也成锥状，大个体可达5 cm长，开口处可达6 mm宽。管表面光滑缺少装饰物，只有少部分个体零星出现环纹。部分肠道可以通过管子看到，较为笔直呈黑色。缺少吻部信息。

Diagnosis: The tubiform body is shaped like an elongated cone. Large individuals can reach 5 cm in length and 6 mm in diameter for the wide opening. The surface of the tube is smooth and lacks ornamentation, but a few specimens sparsely have annulations. Parts of intestine can be seen through the tube, preserved as a straight dark structure.

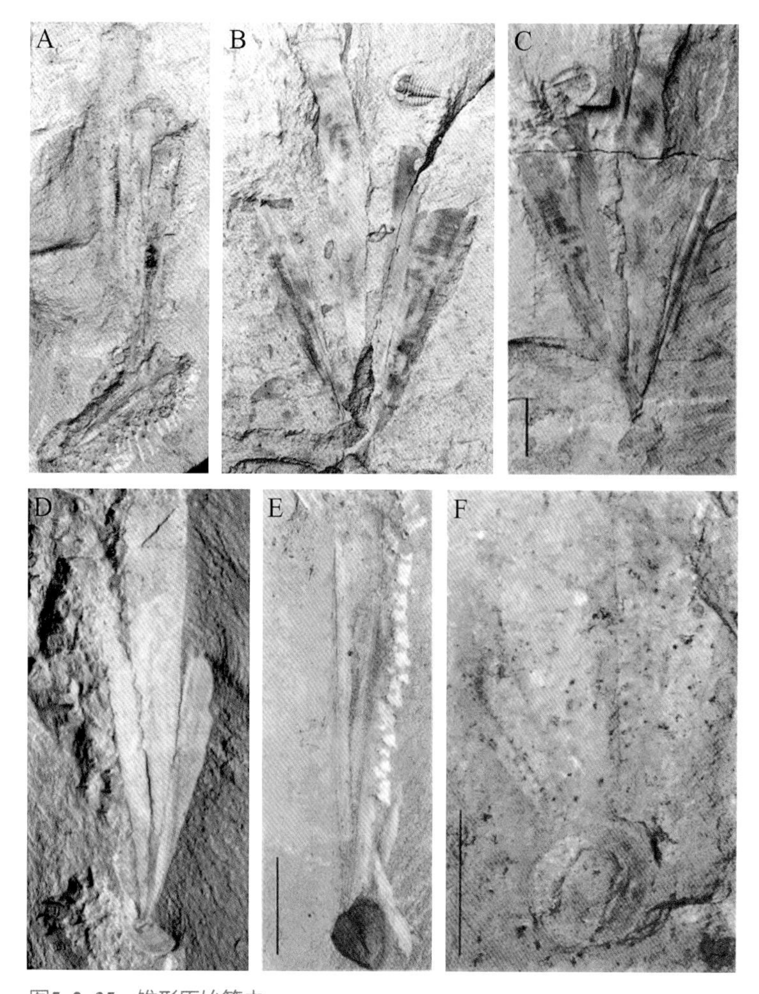

图5–2–35　锥形原始管虫

Fig. 5–2–35　*Archotuba conoidalis* (from Hou et al., 1999, 2017)

A-F. 锥形原始管虫皆固着在其他生物个体上，基本上全展示完整个体，C为B的副模；图A, B, D来自Hou et al., 2017；图C, E, F来自Hou et al., 1999

2.2　皱节虫类

在最近的认识中，遥远的前寒武纪晚期，特别是埃迪卡拉纪不再像过去以为的那样是空荡荡的，而是充满了各种形态诡异奇怪的、结构抽象难懂的微体和宏体生命。将近一个世纪的研究发掘表明，那个地质时期尽管依旧火山喷发频繁，但浩瀚平静的浅海已经广布全球，地球生物圈的雏形已经开始构建，海洋沉积的地层也不再是以往认知的“哑地层”，而是保存了印痕化石、铸模化石和遗迹化石及炭质薄膜、有机体和早期矿化骨骼化石等多种多样的生命遗存，只是留给了我们很有限的化石证据来推测它们生前的样子。这些化石生物包括有重大地层意义和演化意义的海绵、栉水母、刺胞动物、可能的扁盘动物、可能的两侧对称动物等等。1926年，Yanishevsky首次描述了远古地层中产出比较丰富的皱节虫属（*Sabellidites*），后来的研究确认这是一类分布于埃迪卡拉纪—寒武纪之交的疑似动物化石，其形态简单且特殊，体表由有机质化石化形成的炭质压膜组成，通常保存有平行密集的横纹、呈长条形的生物，被认为可能归属于多毛类（Yanishevsky，1926）、须腕动物（Sokolov，1965）或环节动物（Moczydlowska，2014）等。在这些化石生物生存的时期，典型的埃迪卡拉生物群已经衰落几近绝灭，而这类奇特的生物则广泛分布于“地质大世纪”转换的这套过渡地层中，取代了埃迪卡拉伊甸园的动物，成为了这一时期的主宰。

然而，大部分保存下来的这些化石却并不理想，很难观察到内部的结构，使得早期学者对于其分类位置的推断大多并不明确。皱节虫的炭膜化石保存长度可达16 cm以上，宽0.5 ~ 1.5 mm，具有密集的环纹，一般公认是圆柱状管体，埋藏压扁后呈现平行细密的横纹，垂直于生长的方向。有的学者对管体使用电子显微镜观察，显示这些管体是由细丝状的几丁质构成（图5-2-36），分为2层，内层的部分由纵向的纤维构成，而外层则是杂乱交织的纤维（图5-2-37），管体表面的有机质富含碳和磷，在埋藏后的缺氧环境中硫化细菌的作用下极易黄铁矿化，故而常见矿化标本的管体表面和内部矿化铸模，但管体并未黄铁矿化，证明黄铁矿化发生在虫体死亡之后，类似特征被认为是属于环节动物的（Moczydlowska，2014）；而保存下来的几丁质或炭质的管体则可能是虫体的栖管，这就与同时期发现的横纹边缘略微突出的萨伦虫类的形态功能解释比较相似（Gnilovskaya，1996）（图5-2-38）。也与全球均有报道的通常解释为蠕形动物体表层层嵌套的矿化栖管——*Cloudina*克劳德管的形态特征基本一致，这样的管状形态特征和现生的须腕动物可以对比（图5-2-39）。不过，生物地球化学的证据也显示，皱节虫类的管体内含有的多是β几丁质，与这种几丁质形态最为相似的动物是环节动物多毛类的Siboglinidae科，表明皱节虫类也可能是其中的成员之一（Hybertsen，2017；Schiffbauer et al.，2020）；相对于更古老的埃迪卡拉纪化石类型，这些动物明显拥有更为复杂的内部结构，上述管体内黄铁矿化的标本就展示出它们产生了真正意义上的内脏（图5-2-40C-E），应该具有三胚层动物的肠管特征，食物来源也和典型的埃迪卡拉动物不同，这让以炭膜广泛保存在过渡期地层中的皱节虫类成为了证明埃迪卡拉动物—寒武纪动物分野的重要化石证据之一。只是由于大部分化石埋藏条件恶劣，一般观察不到虫体的所谓软组织构造及炭化管壁的显微构造被保存下来，古组织学的研究很难有效开展。管体通常因后期化石化作用被大量矿物质所交代填充，所以这些管体中到底居住着什么样的生物依然是一个谜，依据我们现有关于这些管状化石组成和形态结构的证据，其中的原住民更可能是现代须腕动物和环节动物遥远的干群始祖。

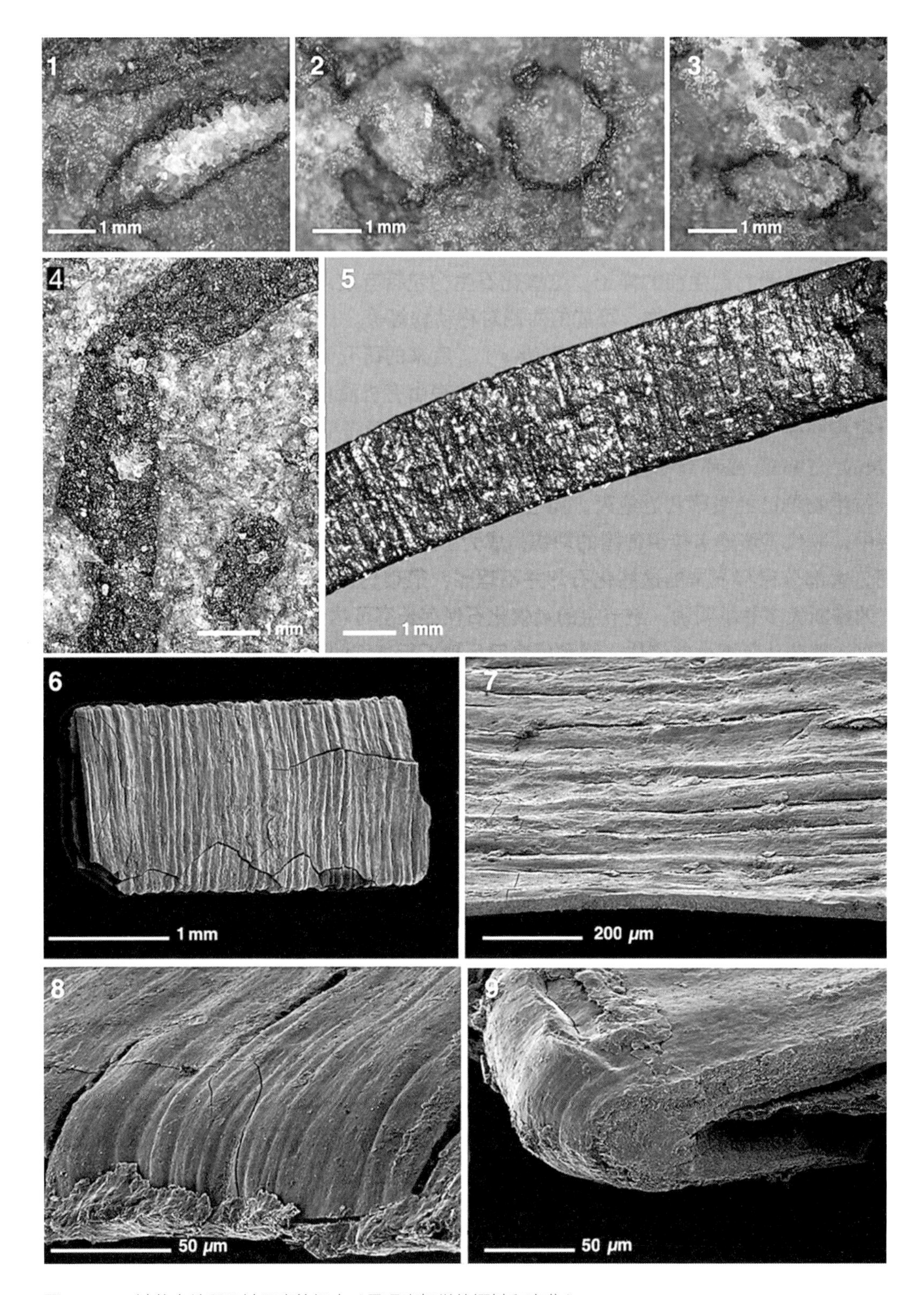

图5–2–36 皱节虫片段及被压扁的标本（显现出轻微的褶皱和弯曲）

Fig. 5–2–36 The compressed fragments of *Sabellidites* (Moczydlowska, 2014)

1 ~ 4. 皱节虫脱落的节片横断面及弯折部分的片段；5. RLM图像分离标本（背景经过人工处理）；6 ~ 7. 标本表面挤压破碎，6中呈现刚性裂纹，7是6的横截面；8、9. 侧观的被压扁的标本，8中展现了附着在管体上的沉积物，9中展示了厚的壳壁和被沉积物填充的内部

图5-2-37　皱节虫类管体显微结构示意图（自Lvaptsov, 1990）
Figure 5-2-37　Microstructure diagram of *Sabellidites cambriensis* body
A. 纵向的叠层状纤维；B. 纵向混合交互的纤维；C. 最外最内层保护层

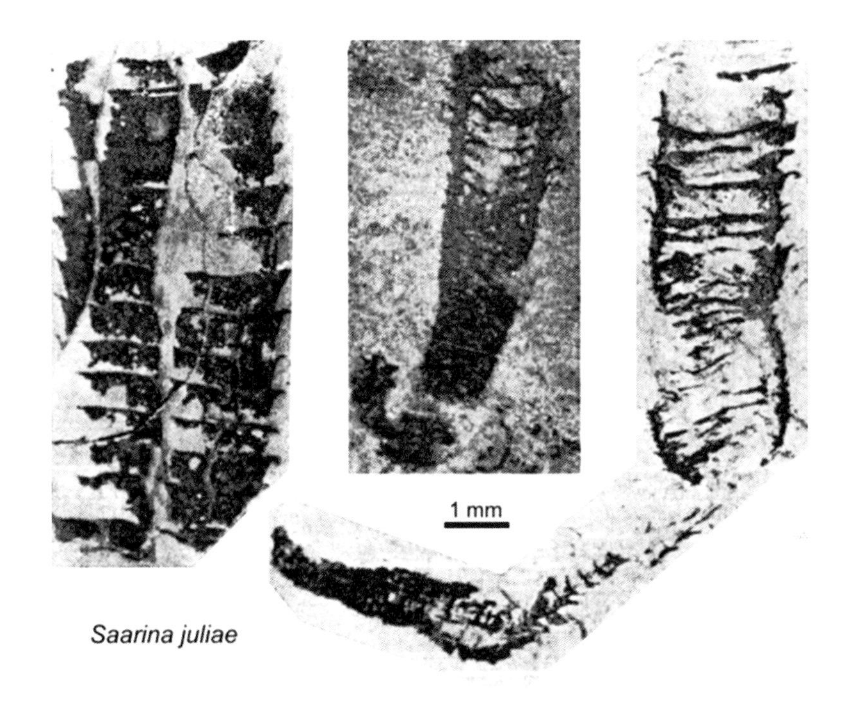

图5-2-38　萨伦虫化石的片段
Fig. 5-2-38　The fragments of *Saarina*

图5-2-39　现代海底的须腕动物群体
Fig. 5-2-39　The colony of living Pogonophora

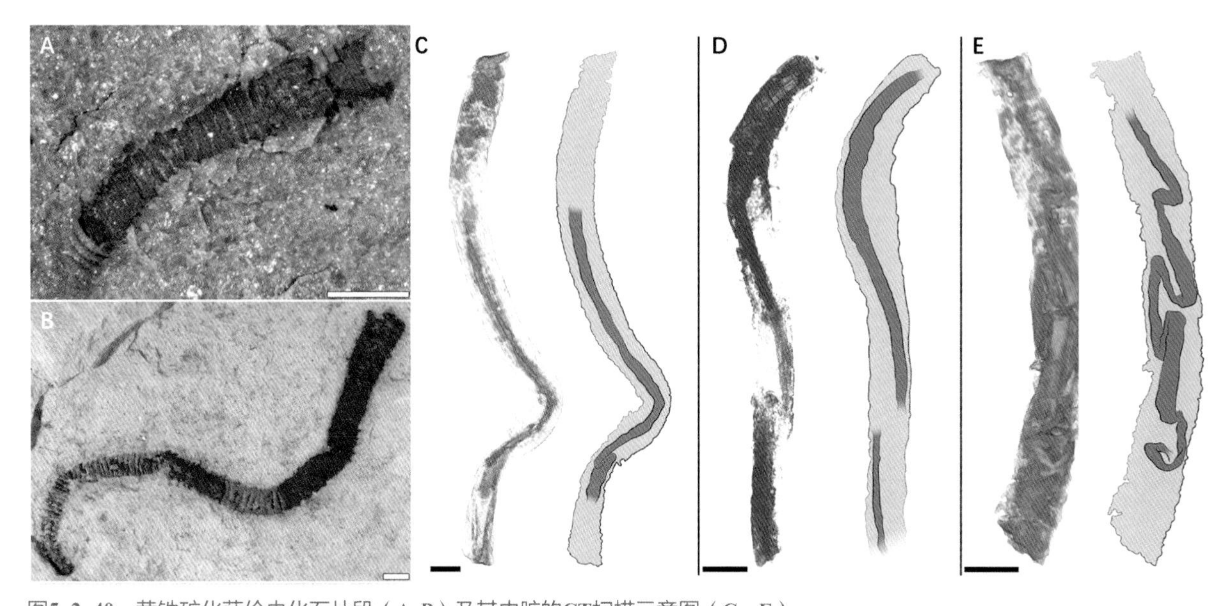

图5-2-40　黄铁矿化萨伦虫化石片段（A, B）及其内脏的CT扫描示意图（C ~ E）
Fig. 5-2-40　*Saarina* of pyritization (A, B) and the CT diagram of *Saarina* gut (from Schiffbauer et al., 2020, Fig. 2, Fig. 3)

2.3　克劳德管 (*Cloudina*)

2.3.1　概　述

克劳德管类（cloudinids）是埃迪卡拉纪（Ediacaran）晚期非常重要的标志化石，呈宏体不分枝的管状，广泛保存于我国华南和全球新元古代埃迪卡拉纪末期的沉积物中（图5-2-41，图5-2-42），曾被认为是最早具有生物硬体骨骼的生物类型之一（Grant，1990），具有重要的演化意义，因此在生物地层划分与对比方面也具有重要的应用价值。但其系统分类位置目前尚不明确，根据其形态学特征目前认为最可能归属的门类是环节动物或者刺胞动物。然而，从*Cloudina* 化石套管的形态、显微构造和生物矿化构造来看，其骨骼结构和任何已发现的具有外骨骼的蠕形分节动物（如Sabellids, Serpulids和Cirratulids）还是存在较大的差异，其无性繁殖的特征则更加接近刺胞动物，并且*Cloudina*管状化石一般都具有一个逐渐变细及至封闭的端部或基部，也与刺胞动物的亲缘关系相接近（Vinn O，2012）。

当然，不同的观点依然存在，如上节所述的最新研究，黄铁矿化保存的规则平行的套管外形及复杂蠕曲的内脏铸型更提示这类管状化石可能具有三胚层高等动物的亲缘关系（见图5-2-4；Schiffbauer et al.，2020）。中国的陕西宁强县的灯影组高家山段中部也发现过一富含黄铁矿化三维立体保存的管状化石层，曾被命名为高家山管或*Conotubus*（华洪等，2006；见图5-2-45），可以尝试CT扫描其内部的肠管结构以获得进一步的证据（华洪等，2020）。

通过对*Cloudina*化石的埋藏学、形态学和岩石学以及地球化学各方面的研究，其独特的文石骨架被认为是其原生的骨骼结构而非沉积形成。华洪等（2005）通过电子显微镜对*Cloudina*的研究发现其骨骼矿物之中并未出现明显的放射状或是栅栏状显微晶体构造，而这些构造是代表矿物的晶体成核、生长受到一个有机至无机薄层基底综合作用的产物，也就是说有机生物层在克劳德管的骨骼形成中没有显著的影响；而形成*Cloudina*骨骼的是由软体部分分泌的矿物沉淀微粒与有机物质混合或胶合的颗粒状沉淀物质，而后这些物质被化石生物的软体部分塑造成*Cloudina*独特的套管状外壳。即真正的生物矿化机制在*Cloudina*管化石中尚未形成（有关矿化机制的简述参见下一节——小壳化石）。

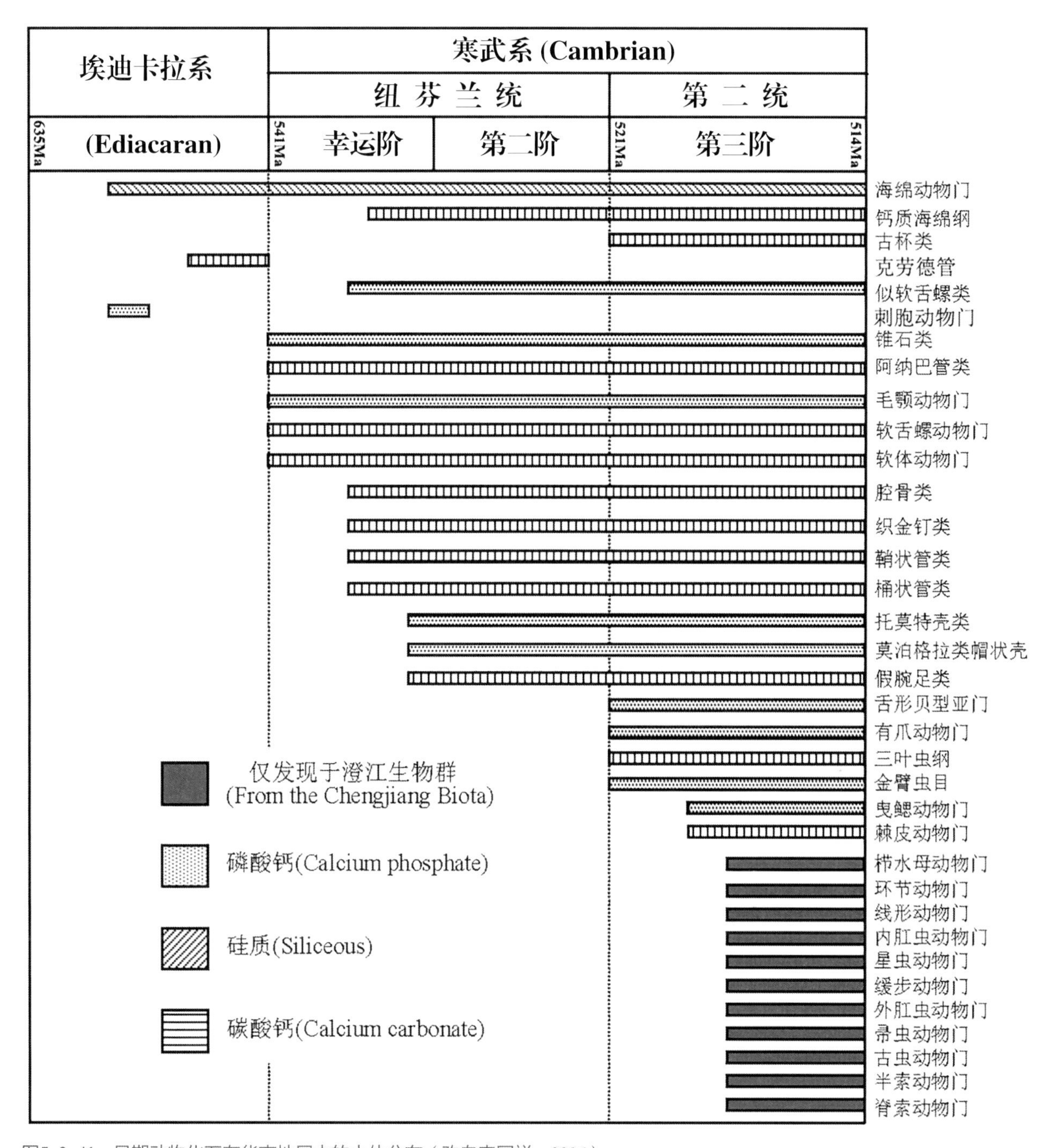

图5–2–41　早期动物化石在华南地层中的大体分布（改自李国祥，2006）

Fig. 5–2–41　The occurrences of the early animal fossils in South China

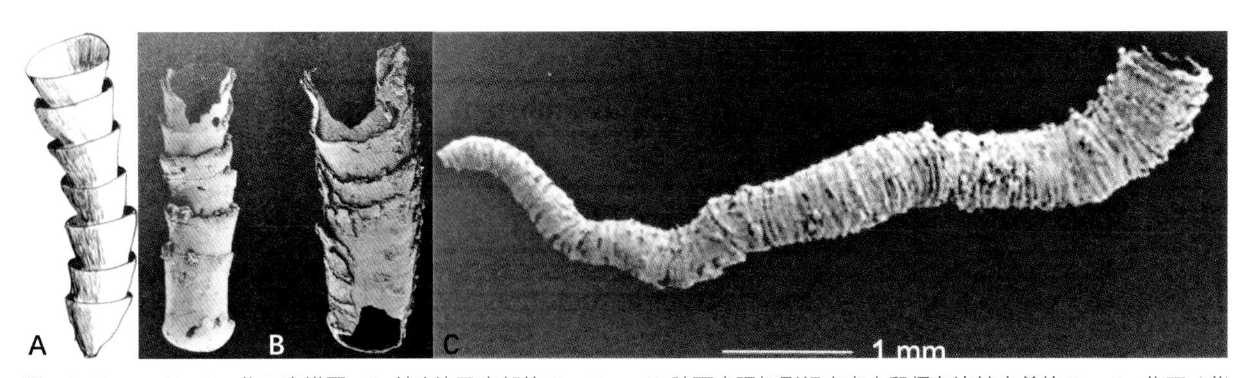

图5-2-42 A. *Cloudina*化石素描图；B. 纳米比亚南部的*Cloudina*；C. 陕西宁强灯影组高家山段保存比较完美的*Cloudina*化石（华洪等，2004）

Fig. 5-2-42 A. Sketch of *Cloudina*; B. *Cloudina* fragments from South Namibia; C. *Cloudina* from the Ediacaran Dengying Formation, Gaojiashan Member in Ningqiang, Shaaxi Province (Hua et al., 2004)

生物矿化的意义不仅在于生物运作的生理基础，更是需要与生物进化的历史相结合看待的。远古生物中出现矿化能力产生骨骼矿物的生理途径以及它们塑造的骨骼的形式和功能都受地质时期海洋环境和自然选择的影响，这就使得地质历史时期中的生物矿化起源及骨骼演化事件可能具有偶然性，而不具有连续性。但是一旦它们获得了这种能力，可以支撑和保护软体组织并在恶劣环境中维持合适的代谢平衡，其所有的后裔就都延续和发扬了这一优质的性状特征，从此生命世界变得更加显眼（地层中的化石剧增）和丰富多彩，显生宙的生物圈也真正拉开帷幕。因此，对于这些化石生物矿化机制的研究和探索具有着非凡的意义，让我们可以从一个全新的角度去理解看待这些骨骼生物的演化进程。

在如今的海洋之中，大量碳酸钙质骨骼和硅质骨骼由生物产出，沉积在海床上，形成生物碎屑灰岩和硅质沉积物。然而在生物还未开始演化时的海洋，钙离子和二氧化硅则是主要由化学风化作用被运输到海水里，形成在隐生宙也广泛分布的灰岩、白云岩和硅质岩。在真核生物开始爆发式演化之前，大自然就为其登场准备了舞台，这些沉积在地层中的岩石矿物同样也为生物的骨骼演化提供了充实的物质基础。

不过，以往对骨骼生物的起源演化多是从宏观形态特征进行观察对比，而对克劳德管这类管状化石硬体的超微结构和物质组成的认识仍然非常有限，导致追溯生物硬体起源的时间线及分化节点一直相当模糊。最近对蒙古地区埃迪卡拉纪末期地层中保存精美未变形的管状化石材料研究后，也发现了管体的有机质残留，综合超微结构和成分分析，提出Cloudinids类化石管体可能没有发生生物矿化，其原始成分是几丁质或角蛋白类的有机质（图5-2-43；Yang et al.，2020）。这就同上述第2.2节大约同时代的皱节虫类化石管体一样（见图5-2-36），进一步表明地球历史上最初形成的骨骼可能为有机质骨骼，并且被寒武纪大爆发以后分别繁盛于海洋和陆地的蜕壳/皮大类（如节肢动物的三叶虫纲和昆虫纲，见图5-2-4）继承和发扬光大，成为地表生物圈数量和种类最为繁多、占据优势的成功类群。该研究还通过对化石及现生环节动物的超微结构研究，揭示出克劳德管类化石形态和结构成分与现生环节动物更为一致，为克劳德管类属于环节动物更可能是其干群组成提供了新的证据；同时也进一步证实，克劳德管类不但延续到寒武纪，也可能延续到更晚的地质时代，与现生的环节动物之间存在演化上的关系；综合已知的克劳德管类化石不同产地的保藏方式，表明该类化石存在至少5种埋藏相（磷灰石、碳酸盐岩、黄铁矿、硅化、磷灰石−有机质相），这就掩盖了其原始的有机质特征，导致以往许多学者认为此类化石存在钙质骨骼的主要原因（Yang et al.，2020）。

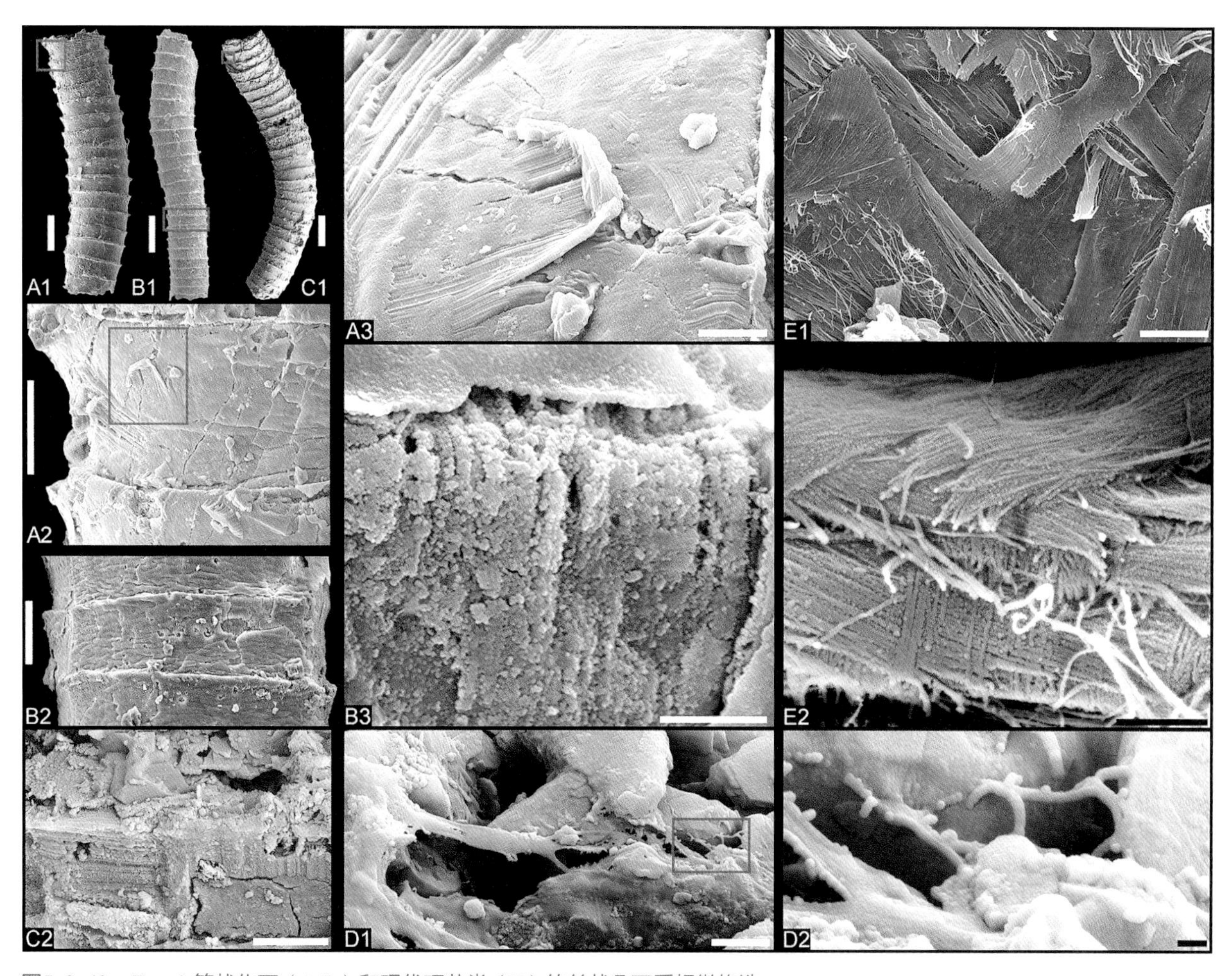

图5-2-43　*Zuunia*管状化石（A-D）和现代环节类（E）的丝状几丁质超微构造
Fig.5-2-43 The fibrous ultrastructures of tube wall (A–D) in *Zuunia* and modern siboglinid (E)
（标本产自蒙古Zuun Arts组，杨犇提供电镜片原图，Yang et al., 2020, Fig.4）

2.3.2　克劳德管 (*Cloudina*) 化石描述

刺胞动物门 Phylum

纲、目、科未定 Class, Order, Class uncertain

克劳德管属 Genus *Cloudina*

形态特征：此类标本基本上全部仅仅保存圆锥状管子，身体也成锥状，大个体可达5 cm长，开口处可达6 mm宽。管表面光滑缺少装饰物，只有少部分个体零星出现环纹。部分肠道可以通过管子看到，较为笔直呈黑色。缺少端部或吻部信息。

Diagnosis: *Cloudina* was originally diagnosed as a calcareous, sinuous tube, consisting of a number of stacked cones. The exterior surfaces of the tubes bear annular ridges and depressions (Germs，1972). Subsequently, Grant (1990) emended the original diagnosis to accommodate new observations that the tubes are conical, with one end open and the other closed. Grant (1990) noticed terminal thin flanges at the open end of the tubes. A similar diagnosis was provided by Hagadorn and Waggoner (2000) in which they described the tubes as open at both ends.

克劳德管（未定种）*Cloudina* sp.

图（Fig.）5-2-44

化石描述：克劳德管A以磷酸盐化保存，微弯曲，管体长1.7 mm，呈次圆柱状，始端到末端管体直径逐渐增大，管体叠锥套合现象明显，缺少胎管部分，管体表面有横纹（图5-2-44A）。

克劳德管B化石以磷酸盐化保存，管体破碎，微弯曲，长约2 mm，直径约为350 μm，整体呈次圆柱状，未见胎管，始端破裂、末端开口，管体呈叠锥套合结构，管体表面外可以观察到近平行的环脊，管体内表面光滑，管体始端可以观察到缩缢现象（图5-2-44B）。

Description：A：Phosphatized *Cloudina* is curved to sinuous with cylinder-like shell. Tube, 1.7 mm in length, and the diameter gradually grows from the beginning to the aperture. The tubular body has obvious funnel-in-funnel structure and horizontal grain. Lacking of sicula.

B：The phosphatized *Cloudina* is fragmented usually. Tube, 2 mm in length, and 0.35 mm in diameter at the aperture. The morphology characteristic of it is curved to sinuous, conical shell, and one fragmented end closed relative to its aperture. *Cloudina* has a calcified tubular wall with typical funnel-in-funnel structure interiorly and paralleled annulations externally. Constriction can be observed at the beginning of the tube.

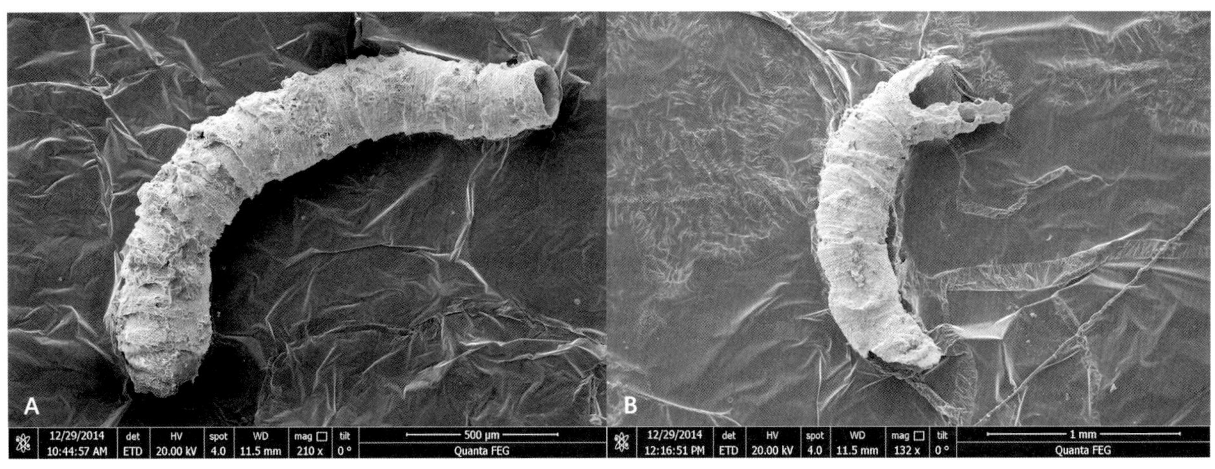

图5-2-44 克劳德管（未定种）*Cloudina* sp.化石，产自陕西宁强灯影组高家山段（华洪提供电镜图片）

Fig. 5-2-44 ***Cloudina*** **from the late Ediacaran Dengying Formation, Gaojiashan Member in Ningqiang, Shaanxi Province (SEM photographs from Prof. Hua Hong)**

2.4 陕西迹及条带状化石

2.4.1 陕西迹化石概述

陕西迹（*Shaanxilithes*）是一类保存比较特殊的蠕形化石，其生物属性的争议一直很大（见表5-2-1）。最初在陕西宁强发现时因其相似于皱节虫而被归属于须腕动物（陈孟莪，1975；图5-2-45），后因没有发现明显的有机炭膜保存，且不同于上覆地层中矿化的克劳德管状化石，曾被认为是蠕形动物的遗迹，由邢裕盛（1983）正式定名为陕西迹（图5-2-46）。其后在宁夏贺兰发现的正目观迹（杨式溥，1985；李日辉等，1997），在贵州的贵阳清镇（华洪，2004）、青海的海西大柴旦（Shen Bin et al.，2007）、云南的晋宁六街（张志亮等，2015）和江川江城（唐烽等，2015），以及印度北部的小喜马拉雅（Tarhan et al.，2014）等地的埃迪卡拉（震旦）系顶部地层中产出的陕西迹都具有相似的保藏特征，在岩层中顺层产出，基本是三维保存，蠕虫状展布，可见间距疏密不等的疑似体节状构造，层面上呈现横节纹和月牙纹，岩性颜色也与围岩存在较大的差别，甚至发现具有有机炭化的节纹，所以近年来普遍认为是实体化石，但其系统归属仍然无法明确。

表5-2-1 *Shaanxilithes*化石的研究历史沿革（改自张志亮等，2015）

Table 5-2-1 Research history of *Shaanxilithes*（from Zhang Ziliang et al., 2015）

研究者	化石	层位	年代	地区		历史沿革
张路易，1964	*Chabakovia* sp.	宽川铺组	寒武纪	陕西宁强	藻类	首次解释为化石
陈孟莪等，1975	*Sabellidites* sp.	高家山组	震旦纪	陕西宁强	须腕动物皱节虫	建立高家山组
邢裕盛等，1984	*Shaanxilithes ningqiangensis*	灯影组	震旦纪	陕西宁强	遗迹化石	*Sabellidites* sp.（陈孟莪, 1975）
杨士溥等，1985	*Helanoichnus helanensis*	正目观组	震旦纪	宁夏贺兰山	觅食迹	*Shaanxilithes ningqiangensis* 暂定（Shen et al., 2007）
林世敏等，1986	*Shaanxilithes ningqiangensis*	灯影组	震旦纪	陕西宁强	遗迹化石	
张路易，1986	*Shaanxilithes ningqiangensis*	灯影组	震旦纪	陕西宁强	遗迹化石	
张路易，1986	*Shaanxilithes erodus*	灯影组	震旦纪	陕西宁强	遗迹化石	*Shaanxilithes ningqiangensis* 的同物异名（Shen et al., 2007）
Bentson et al., 1992	*Shaanxilithes ningqiangensis*	灯影组	震旦纪	陕西宁强	实体化石	首次确定为实体化石
李日辉等，1997	*Shaanxilithes*	正目观组	震旦纪	宁夏贺兰山	遗迹化石	
华洪等，2000	*Shaanxilithes ningqiangensis*	灯影组	震旦纪	陕西宁强	遗迹化石	
华洪等，2004	*Shaanxilithes ningqiangensis*	桃子冲组	震旦纪	贵州清镇	藻类碎片	
华洪等，2004	*Shaanxilithes erodus*	桃子冲组	震旦纪	贵州清镇	藻类碎片	*Shaanxilithes ningqiangensis* 的同物异名（Shenet ai., 2007）
沈冰等，2007	*Shaanxilithes ningqiangensis*	正目观组	埃迪卡拉纪	宁夏贺兰山	疑难实体化石	
沈冰等，2007	*Shaanxilithes ningqiangensis*	皱节山组	埃迪卡拉纪	青海柴达木	疑难实体化石	
We ber et a1., 2007	*Shaanxilithes ningqiangensis*	灯影组	埃迪卡拉纪	四川北部	大型后生动物	
Grazhdankin et al., 2008	未定	Kha tyspy tall	埃迪卡拉纪	西伯利亚	实体化石	可能的 *Shaanxilithes*
Zhuravlev et al., 2009, 2010	*Gaojiashania annulcosta*	Yudoma段第6段	埃迪卡拉纪	西伯利亚	遗迹化石	*Shaanxilithes* 的修订
蔡耀平等，2010	*Shaanxilithes ningqiangensis*	灯影组	埃迪卡拉纪	陕西宁强	软体浅水生物	
Meyer et al., 2012	*Shaanxilithes ningqiangensis*	灯影组	震旦纪	陕西宁强	圆盘状模块结构化石	
Tarhan et al., 2014	*Shaanxilithes ningqiangensis*	Krol,Tai群	埃迪卡拉纪	印度西北部	有机质壁	
张志亮等，2015	*Shaanxilithes ningqiangensis*	灯影组	埃迪卡拉纪	云南晋宁	实体化石	
顾鹏等，2018	*Shaanxilithes ningqiangensis*	灯影组	埃迪卡拉纪	云南江川	蠕虫化石	

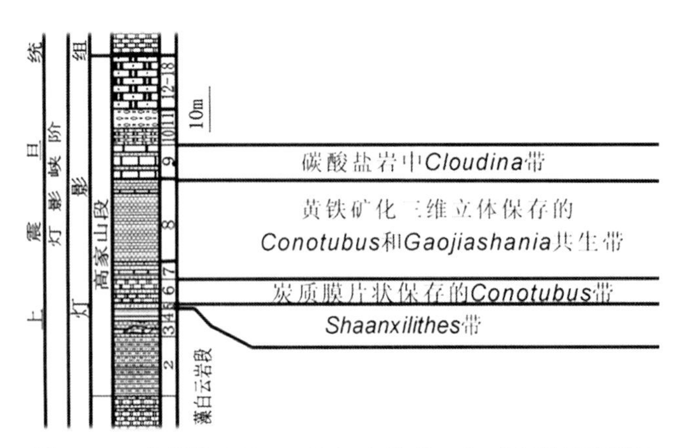

图5-2-45 陕西迹（*Shaanxilithes*）及*Cloudina*化石的产出层位（华洪，2006）

Fig. 5-2-45 The occurrence position of *Shaanxilithes* and *Cloudina* from the late Ediacaran Dengying Formation, Gaojiashan Member in Ningqiang, Shaanxi Province (Hua Hong, 2006)

陕西迹*Shaanxilithes*最早发现于陕西宁强震旦系高家山段底部灰黑色钙质粉砂岩中，该化石带在区域上分布比较广泛，层位稳定（图5-2-45）。张录易等人于1964年在陕西南部宁强李家沟地区野外勘测时，首次发现“蠕形虫化石”，将其定名为*Chabakovia* sp.，但归属为藻类，后被重新修订为皱节虫，并将其产出地层首次命名为高家山组（陈孟莪等，1975）。邢裕盛等（1984，1985）将其定为后生动物的遗迹化石，并正式命名为宁强陕西迹，沿用至今（图5-2-46；表5-2-1）；张录易（1986）为了便于与峡东地区地层对比，将宁强地区富含高家山生物群的层位重新命名为灯影组高家山段（华洪等，2001）。华洪等（2006）更加精准地定位了陕西迹的产出层位（见图5-2-45），以及讨论了与其他管状化石的地层关系。

除了陕西西南部的高家山段中下部，华南扬子地台区和华北台缘区也有多处采集并报道过陕西迹化石，比如贵州清镇的桃子冲组底部（华洪等，2004；见图5-2-47）、湖北通山黄荆岭的老堡组上部（赵银胜，1995）及本项目研究的滇东地区灯影组旧城段中、下部（唐烽等，2015，见化石描述图5-2-52～5-2-55；张志亮等，2015，见图5-2-48；顾鹏等，2018）；华北的青海大柴旦全吉群红藻山组及宁夏贺兰的正目观组和皱节山组（Shen Bin，2007，见图5-2-49；杨式溥和郑绍昌，1985，见图5-2-50）。

罗惠麟等人最早野外踏勘云南澄江地区时，在渔户村组旧城段层纹状粉砂岩中也发现了疑似陕西迹的弯曲连续伸展的绿色泥质片具有螺纹状的断续构造，但却将其解释为非生物成因构造所形成的“泥皮”（罗惠麟和张世山，1986）。

张志亮（2015）通过对云南晋宁六街镇旧城段粉砂岩中所采集的大量精美陕西迹化石标本的观察研究，发现化石个体通常具紧密排列的环纹，呈带状延伸，并具有一定的厚度，深入岩层内部，为压扁状态保存的三维实体化石，个体长度10～60 mm不等；化石以群体保存较为常见，个体之间常以断裂的袋状体和破裂的圆盘、次圆盘状体在不同的岩层面上相互交叠而不出现分支（张志亮等，2015，见图5-2-48）；唐烽等在江川侯家山及古埂的旧城段下部泥质粉砂岩中和宜良九乡旧城段中部泥质白云岩中、张世山在会泽大海的相当层位中同样也采集到陕西迹的实体化石（见化石描述图5-2-52～5-2-55）。而唐烽等在江川、晋宁和会泽地区磷矿层底板的粉砂质页岩（小歪头山段顶部）中新发现富集的炭质压膜保存的条带状化石，则非常疑似并略大于北欧、俄罗斯前寒武系—寒武系过渡地层广泛分布的*Sabellidites*，都可见密集的横脊纹，且横脊纹与体壁垂直（唐烽等，2015），这与邢裕盛（1984）原始命名的陕西迹化石标本较为相似，而与上述旧城段所采集的化石还是有较大的区别。

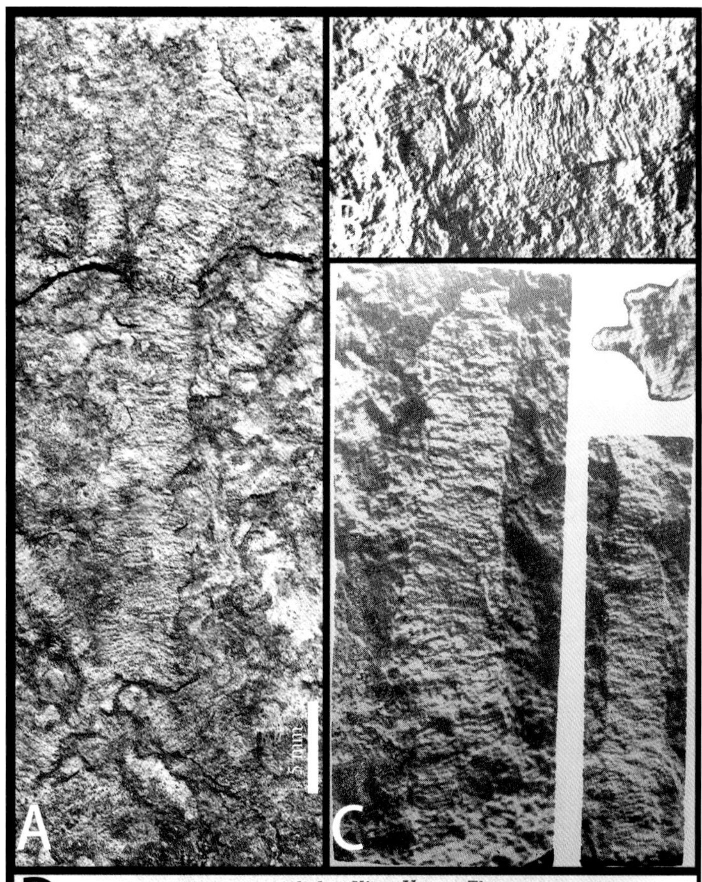

陕西迹（新属）*Shaanxilithes* Xing, Yue et Zhang (gen. nov.)

属型种：宁强陕西迹（新属、新种）*Shaanxilithes ningqiangensis* Xing, Yue et Zhang (gen. et sp. nov.)

特征：带状印痕，宽度基本相同，推测所见每一标本均为整体的一部分，其宽度为1—6毫米或更宽，可见长度25—60毫米。印痕上可见许多紧密排列的横向脊纹；印痕两侧不封闭，无缘，未见漏斗状排列现象。脊纹细，基本上相互平行排列，每1厘米的长度内有脊纹19—39条不等。

比较和讨论：本文所描述的标本，带状印痕边部不封闭，无缘，有紧密排列的脊纹，看不到漏斗状穿插排列的现象。在观察大量标本后，未见有任何管状特征，并未见有炭化的有机体残余物，而这些特点在目前国内外发现的蠕形动物标本中常可见到。因此，笔者认为，本文描述的化石可能是蠕虫在沉积物中形成的印痕，而不是虫体本身。陈孟莪等1975年报导在本区发现蠕虫cf. *Sabellidites* sp.，可能即属于此类标本。

宁强陕西迹（新属、新种）*Shaanxilithes ningqiangensis* Xing, Yue et Zhang (gen. et sp. nov.) ×3.2。19、标本号：KG—3—(2)，正模；20、标本号：KC—3—(1)。宁强李家沟北侧；上震旦统，灯影组上段，相当李家沟剖面第3层。

图5-2-46　陕西宁强灯影组高家山段的宁强陕西迹*Shaanxilithes ningqiangensis*（A-C）及原始记述与图例说明（D, E）（摘自Weyer et al., 2012；邢裕盛、岳昭，1984；邢裕盛等，1985）

Fig. 5-2-46 ***Shaanxilithes*** **from the late Ediacaran Dengying Formation, Gaojiashan Member in Ningqiang, Shaanxi Province and the first naming description**

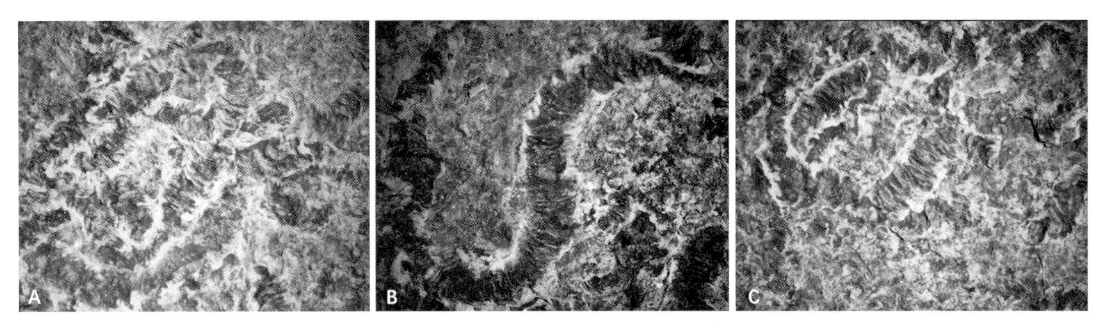

图5–2–47　贵州清镇桃子冲组底部*Shaanxilithes ningqiangensis*化石（自华洪等，2004图版Ⅰ）

Fig. 5–2–47　*Shaanxilithes* from the bottom of Taozichong Formation in Qingzhen, Guizhou, South China

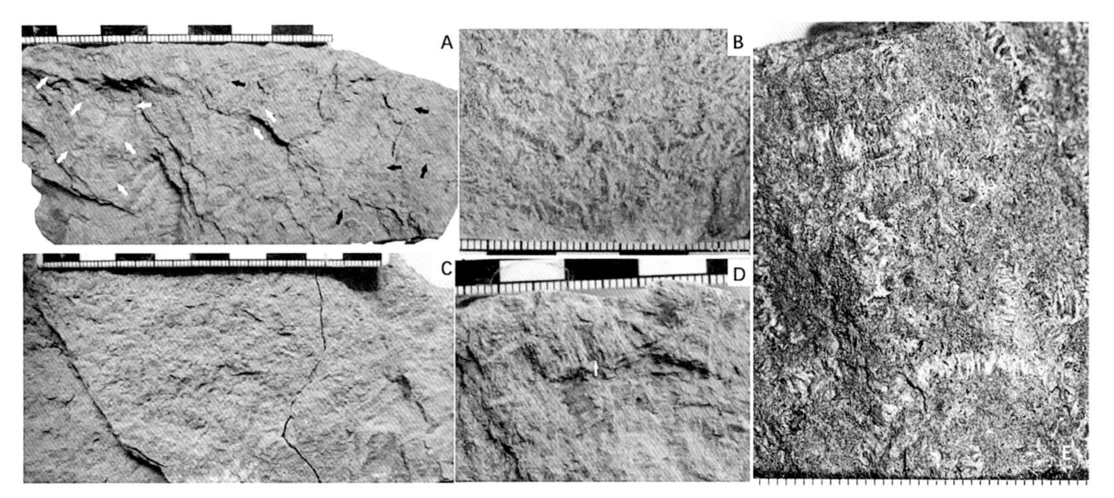

图5–2–48　云南晋宁六街灯影组旧城段下部*Shaanxilithes ningqiangensis*化石

（A-D. 自张志亮等，2015，插图3；E. 王欣提供图片）

Fig. 5–2–48　*Shaanxilithes* from the late Ediacaran Dengying Formation in Liujie, Jinning, Yunnan

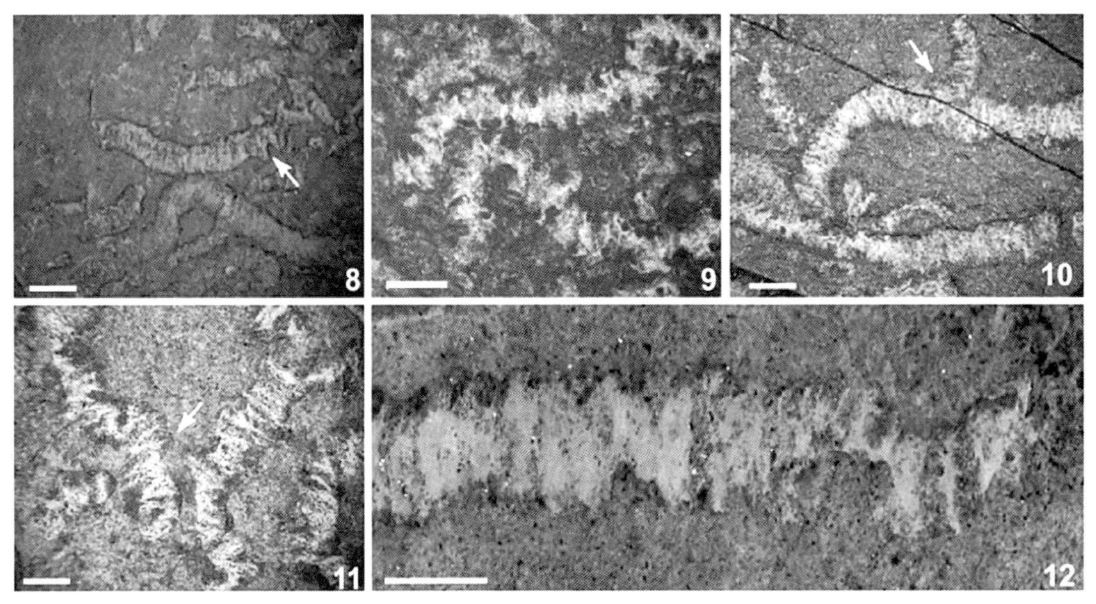

图5–2–49　青海大柴旦全吉群红藻山组*Shaanxilithes*化石（自Shen Bin, 2007, p.76, Fig2.8）

Fig. 5–2–49　*Shaanxilithes* from the late Ediacaran Quanji Group in western Qinghai, North China

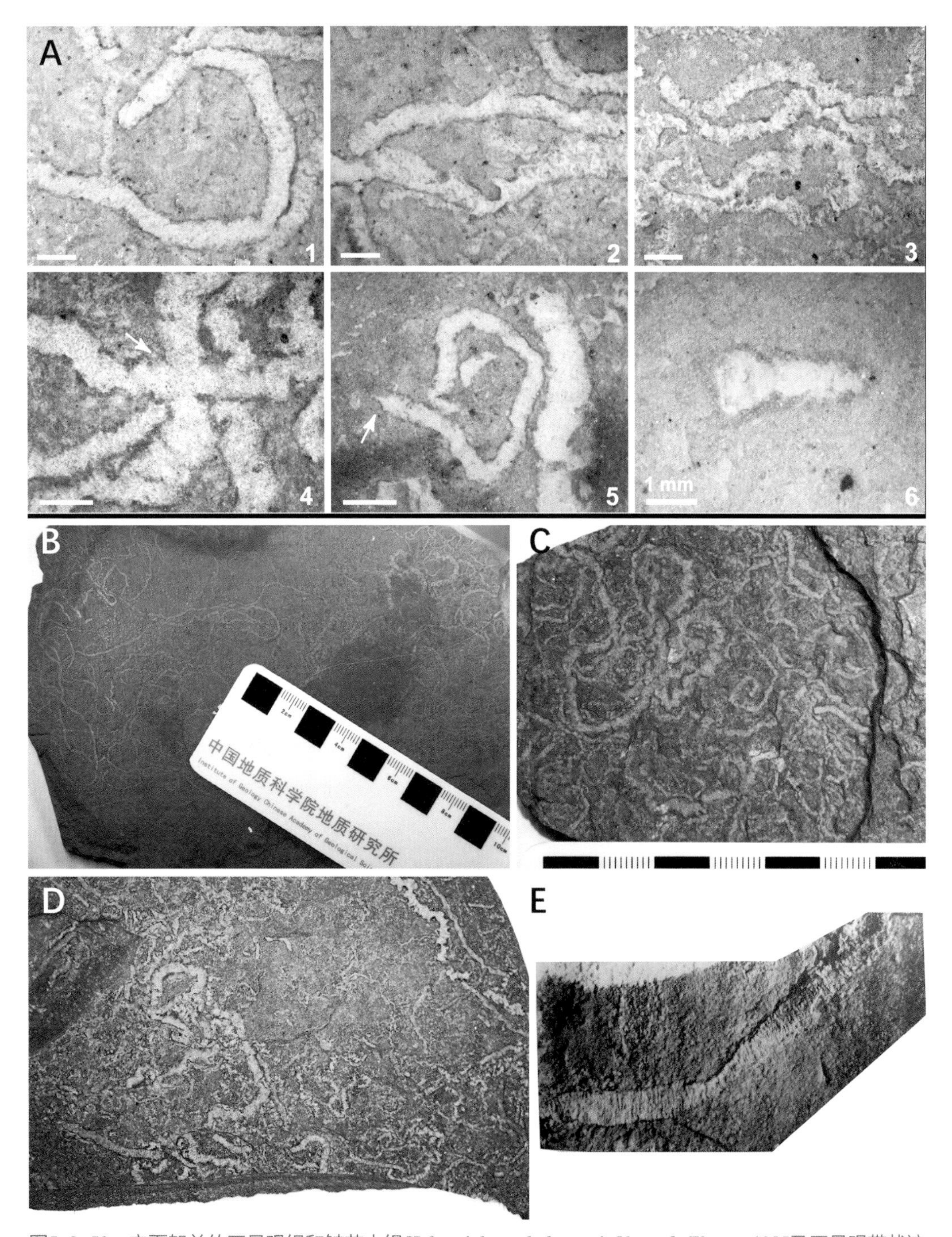

图5-2-50　宁夏贺兰的正目观组和皱节山组*Helanoichnus helanensis* Yang & Zheng, 1985及正目观带状迹*Taenioichnus zhengmuguanensis* Yang 1985（A/1-6：自杨式溥和郑绍昌，1985；B-D. 邢裕盛提供，1990年采集；E. 自郑绍昌和陆松年，1986年报告）

Fig. 5-2-50　*Helanoichnus helanensis* and *Taenioichnus zhengmuguanensis* from the late Ediacaran Zhengmuguan Formation and Zhoujieshan Formation in Helan, Ningxia, North China

蔡耀平（2011）等从形态学并结合埋藏学和地球化学信息对陕西宁强高家山段不同类型的管状化石进行了分析，证实了*Shaanxilithes*存在不同保存及埋藏方式；国外学者也综述了*Shaanxilithes*是由可能有机的、基本连续的重复单元（圆盘状）模块结构三维交叠、不同环境自然保存而成的环带状形态，及报道了印度北部小喜马拉雅地区Ediacaran纪晚期Krol和Tal群2个层位产出的宁强陕西迹*S. ningqiangensis*，推断是一类蠕曲的软躯体并具有机壁的管状实体化石（Weyer et al.，2012；Tarhan et al.，2014；图5-2-51）。这些新成果扩大了对该类化石的理解程度，不仅提高了洲际对比的精确程度，对于地层更加细致的划分也有一定的指导作用。

上述的工作及其他相关的成果（杨式溥等，1985；罗惠麟等，1988，1991；Bengtson et al.，1992；李日辉等，1997；Shen et al.，2007；Cai et al.，2010），都不断地推进了对*Shaanxilithes*的研究，对其埋藏环境和属性有了更加深入的认识。而且，陕西迹*Shaanxilithes*化石广泛的产出于全球埃迪卡拉纪末期的碎屑岩相地层中，又骤然灭绝于寒武系，显然也具有重要的地层意义；目前的研究成果显示，其可以作为埃迪卡拉系—寒武系过渡地层划分及界线划定的全球性的潜在标志化石之一。

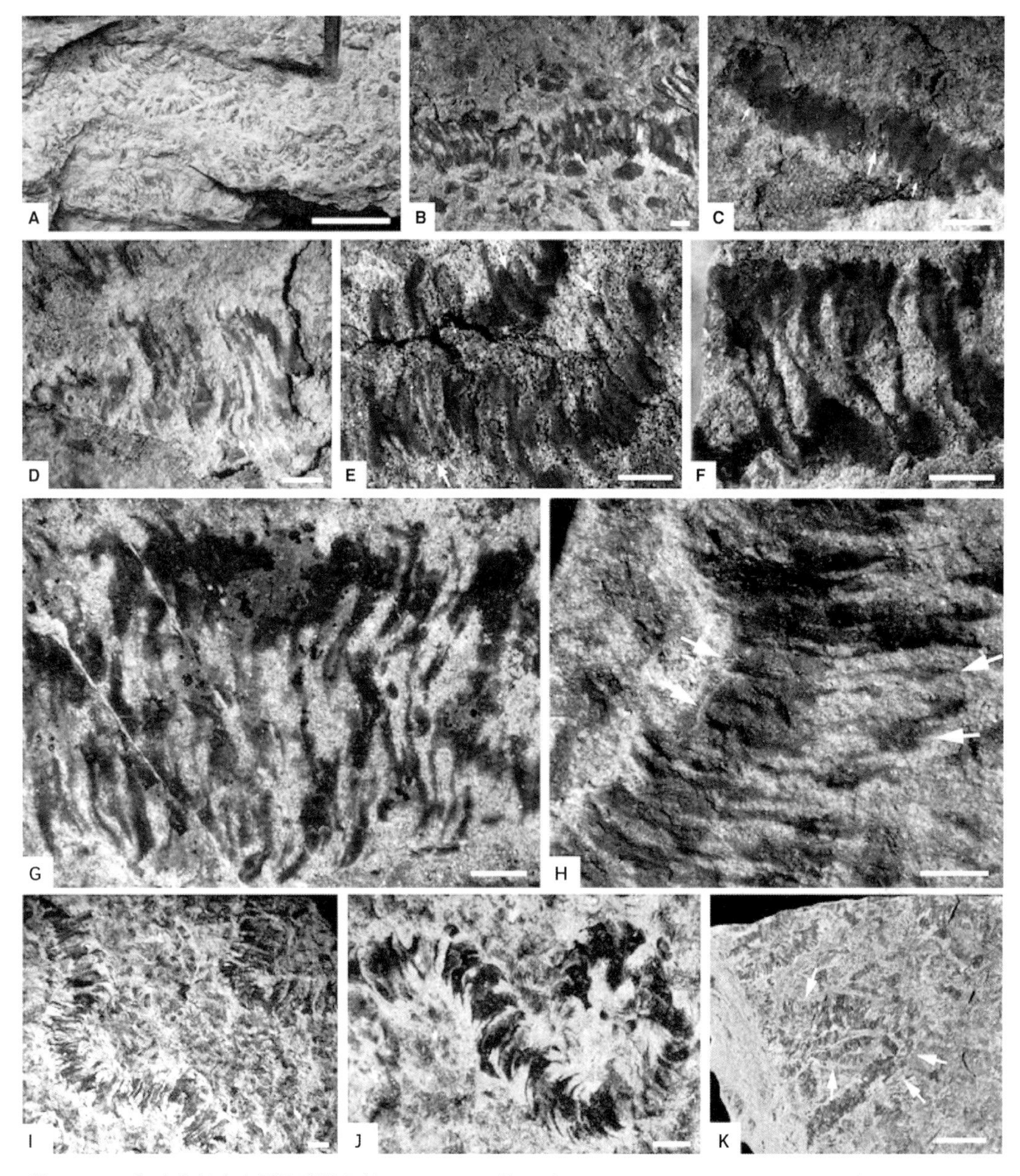

图5-2-51　印度北部小喜马拉雅地区的*Shaanxilithes*化石（A-K；Tarhan et al., 2014, Fig.3,4）

Fig. 5-2-51　*Shaanxilithes* from the late Ediacaran Krol and Tal Group in the Lesser Himalaya, North India

2.4.2　滇东地区陕西迹 *Shaanxilithes* 化石描述（中英文）

门、纲、目、科未定 **Phylum, Class, Order, Class uncertain**

属种 **Genus & species**

宁强陕西迹 ***Shaanxilithes ningqiangensis*** **Xing，Yue and Zhang，1984**

（图 5-2-52 ～ 5-2-55）

形态特征：化石呈宽度相对稳定的长管状或扁带状，由许多紧密相连的环状结构组成的个体片段，未见端部和分支现象，宽度在0.5 ~ 6 mm，长度范围为3 ~ 60 mm。每厘米约有10 ~ 20个重复排列的圆盘状单元体（改自张志亮等，2015）。

Diagnosis: Ribbon-shaped impression with constant width. Specimens mostly fragmentary. Width ranges from 1 to 6 mm or more. Observed length ranges from 25 to 60 mm. Closely spaced transverse annulations visible on impressions. Ribbonshaped impressions do not have well-defined lateral boundaries. Thin annulations parallel to one another. Nineteen to thirty-nine annuli per centimeter length of ribbon-shaped impressions（translated from Xing et al.，1984，p.182；Zhang et al.，2015）.

讨论描述：滇东旧城段发现的此类标本基本上与云南晋宁六街记述的化石形态一致，仅岩性和保存状态在其他地区略有差异。

在云南江川侯家山至清水沟矿区的公路旁，旧城段地层出露完整，厚72.16 m，底部标志层仍然是紫红色泥质粉砂质白云岩，下部暗红色泥质粉砂岩增多，夹有2层凝灰质黏土岩层；紧邻的中部层位主要为中薄层含海绿石的黄绿色白云质泥质粉砂岩及页岩互层，岩性与晋宁六街王家湾剖面的化石层基本相似；其中均产大量的宁强陕西迹*Shaanxilithes ningqiangensis*化石，保存形态两地完全可以对比（见张志亮等，2015，插图3 ~ 5）。即风化后浅黄绿色围岩粉砂岩包裹着富集多层的浅灰绿色泥质化石体，众多蠕曲的个体交互穿插叠覆，所谓的圆盘状单元体或密集的环纹很难分辨出来，尤其个体的中央部位呈现出疑似环纹融合的波浪状凹凸不平的光滑表面（图5-2-52）。所以最初罗惠麟和张世山等（1986）将在澄江旧城段发现的这些绿色泥质片状、弯曲螺纹状伸展的断续构造解释为泥皮，而忽略了其实体化石的属性和地层意义。

江川古埂是近年来新发现的化石产地，旧城段紫色粉砂质白云岩之上也有一薄层斑脱岩夹层（锆石U-Pb年龄正在测定），其上约5 m即发现在两层泥质粉砂质页岩中保存有富集形态及大小与侯家山产出的化石类似的陕西迹*Shaanxilithes*化石，不同的是化石体颜色灰黑，显然炭化有机质残留较多，和围岩相比粒度更加细腻，泥质含量增加（图5-2-53）。

云南会泽是20世纪“金钉子”研究对比项目的经典辅助剖面之一，在大海新修的公路边相当于旧城段的同层位地层中也在最近发现有陕西迹*Shaanxilithes*化石的集中出露（图5-2-54）。

宜良九乡和会泽大海的旧城段剖面一样，构造古地理上位于大致南北向的小江大断裂带以东，受古构造、古环境、沉积物源和后期地质作用的影响（参见本书第二篇），同时代地层岩性出现一定变化，与断裂带西侧的江川化石剖面明显不同的是，富含陕西迹*Shaanxilithes*的化石层出现较多的绿泥石化（会泽大海）和普遍的白云岩化（宜良九乡）；特别是产自九乡泥质白云岩中的化石灰褐色环纹相当明显，未见到融合成“泥皮”的现象，与印度北部和贵州清镇的化石标本圆盘状或盘片状单元体密集叠置呈粗细不等长条形的保存状态非常相似，只是与围岩反差更加强烈，横纹细密，弯曲变形，较不规则，其单元体的显微构造形态尚待深入的研究。在以上2个化石产地目前尚未发现化石层之下下伏有火山凝灰岩夹层（图5-2-55）。

图5-2-52 云南江川侯家山旧城段陕西迹*Shaanxilithes*化石

Fig. 5-2-52 ***Shaanxilithes*** **from the late Ediacaran Jiucheng Member in Houjiashan, Jiangchuan, Yunnan**

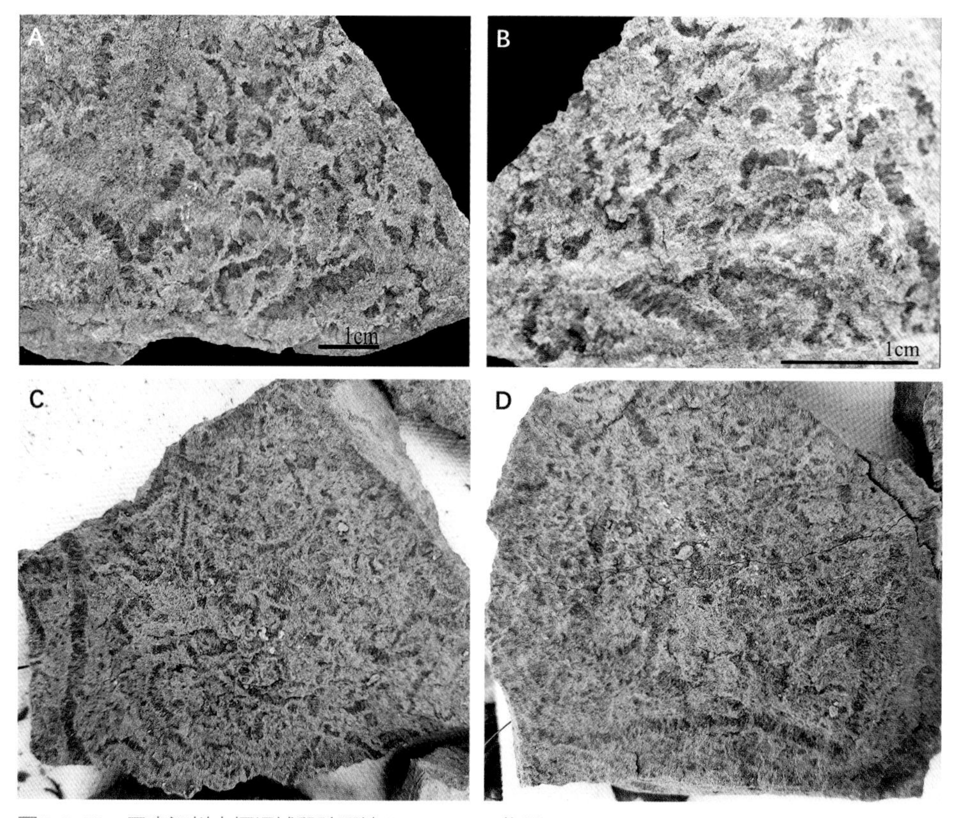

图5-2-53 云南江川古埂旧城段陕西迹*Shaanxilithes*化石

Fig. 5-2-53 ***Shaanxilithes*** **from the late Ediacaran Jiucheng Member in Gugeng, Jiangchuan, Yunnan**

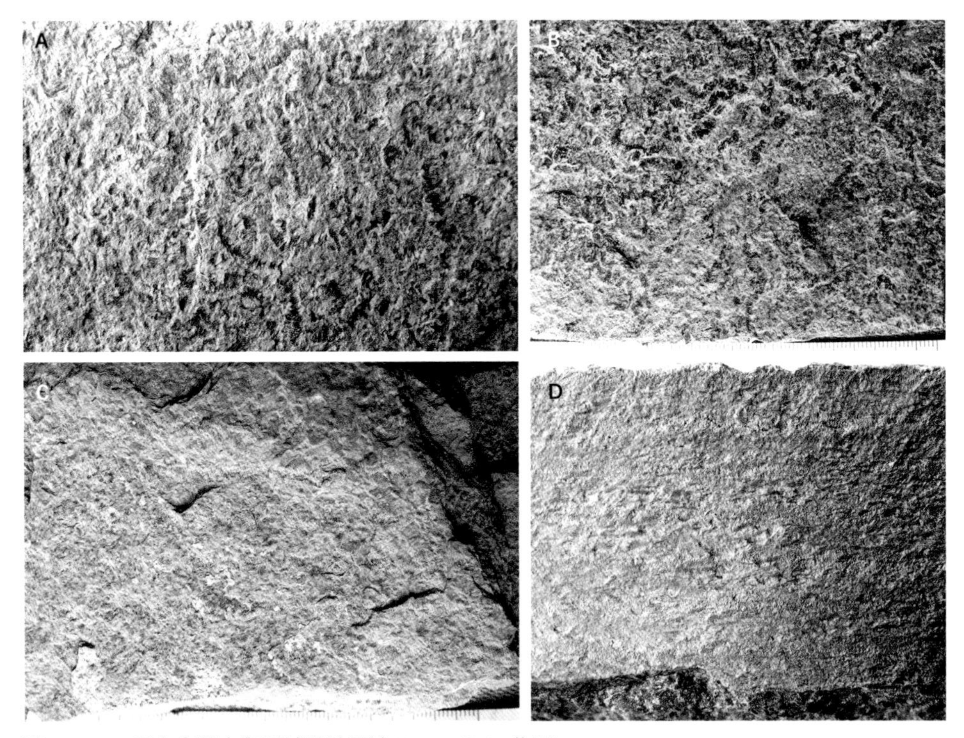

图5-2-54　云南会泽大海旧城段陕西迹*Shaanxilithes*化石

Fig. 5-2-54　*Shaanxilithes* from the late Ediacaran Jiucheng Member in Dahai, Huize, Yunnan

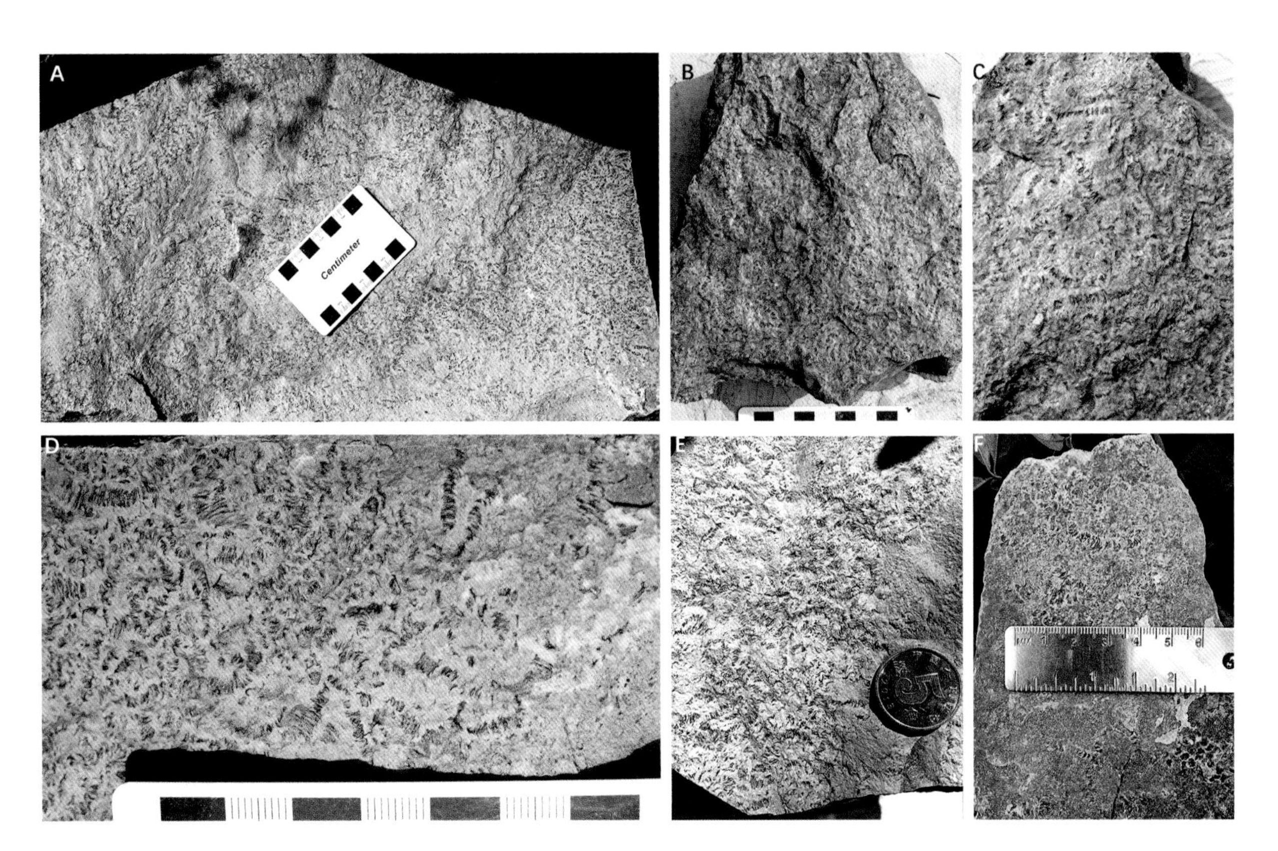

图5-2-55　云南宜良九乡旧城段陕西迹*Shaanxilithes*化石

Fig. 5-2-55　*Shaanxilithes* from the late Ediacaran Jiucheng Member in Jiuxiang, Yiliang, Yunnan

2.4.3 滇东地区条带状新化石概述

2014年9月，唐烽等结束对江川侯家山旧城段"江川生物群"的发掘工作后，从埃迪卡拉系灯影组地层的藻白云岩上部开始，由老至新踏勘到清水沟磷矿生活区的东侧采坑，发现并详测了采矿剥露出来的清晰的垂直剖面（顾鹏，2018；图5-2-56A, B）。清水沟矿区是一个封闭的向斜构造，自早寒武世中谊村段下磷矿层直至中泥盆世海口组石英砂岩层，磷矿公司的生活区即坐落在向斜核部中泥盆世海口组基本水平的岩层之上，高品位磷矿层自东向西倾角逐渐陡直、蜿蜒分布在矿区周边（见第二章图2-2-1及内页彩照插图N4）。剖面底板的灰黄—灰黑色纹层状页岩粉砂岩中出露共3层（自下而上分别厚约1.0 m、0.6 m、0.6 m）条带状化石层，尤以第2层最为富集，并排列紧密，基本定向（见第二章图2-1-7及内页插图N2、本节化石描述图5-2-63）；化石层总厚约2.2 m，在生活区采坑距磷矿层底界2.8 m处开始大量出现，距底界约0.68 m处第3层终止，向北、向西化石层渐厚可达3 ~ 4.6 m（图5-2-56C-E）；上部第3层化石明显稀疏，定向性很差，同时伴生有与条带状化石形态尺寸相似的遗迹化石铸型（图5-2-56F-H）。2015年3月底全国地层委员会在云南易门、江川组织中、新元古代地层野外研讨会，也到现场参观了侯家山旧城段"江川生物群"和清水沟条带状新化石产地；随后，唐烽等分别在2016年11月和2017年4月组织了一次野外现场会和中美专家联合考察滇东地区的前寒武—寒武系过渡地层；在2018年6月及2019年11月同样在江川及晋宁各组织了一次中石油系统露头地层学野外培训和中英专家联合考察（见内页彩照插图N6、N10）。

经过历次考察与深入的发掘，对这类条带状新化石的认识也在不断地修正与完善。起初由于富集的新化石均呈炭质压膜长条状保存，平行排列的横脊纹细密整齐，并垂直条带的两侧边缘，规则程度与原始命名的陕西迹化石图片相当，且犹有过之（见化石描述图5-2-61）；新化石宽度多为2 ~ 3 mm，每毫米内横纹最多可达8 ~ 9条，与宁强高家山段常见的陕西迹相比略窄；而陕西迹模式标本宽度约为4 mm，单位毫米内横纹数量几乎多出1倍，遗憾的是本节作者一直没有找到宁强陕西迹的模式标本，无法进行实物比对，但与1983年首发出版物的图版对比后，我们认为新化石形态大小与之较为一致，因此一开始都将之推断是陕西迹有机炭膜保存的实体化石。并于2016年11月邀请了美国耶鲁大学Lidya Tarhan和Noah Planavsky博士夫妇来华联合考察，如前所述，Tarhan博士在2014年刚刚研究发表了印度北部邦的陕西迹化石，与我们在江川侯家山和古埂旧城段下部及晋宁六街王家湾剖面同层位采集到的被归属为陕西迹化石的形态和保存方式都非常相似。经过本次中外联合野外现场考察，及2017年4月在玉溪江川举办的野外专题研讨会，专家们详细对比讨论后认为，我们确定的埃迪卡拉系顶部地层中广泛出露的这类条带状新化石，应该与宁强陕西迹属于不同的类别，至少是不同埋藏环境下保存的同一大类（干群）实体化石；由于普遍出现弯折和扭折保存的状态，这在同时代或寒武纪的圆管状蠕形动物化石中都极为罕见，表明这类化石生物活体应该是长扁带形的体态（图5-2-57A），生活时因水流动荡及沉积扰动等发生扭转翻折后被快速埋藏；化石剖面第2富集层呈现的大量化石平行定向分布和较粗的粉砂岩说明当时存在较为稳定的水流和类似海底涌流产生的快速堆积；这种弯折和扭折的保存方式在片带状的现生高级藻类中也是相当少见的，条带状藻类的膜片保存通常是在生长的纵向上出现很多不规则的纵纹（图5-2-57B）；而具有规则横节纹的藻类只有钙质蠕藻*Neomeris*的地史和现生记录，但都是圆柱状的藻体（Zeng et al.，2004；图5-2-57D）；而且也在清水沟化石点发掘的部分标本中发现浑圆的端部和同一个体中横纹密度也有的疏密变化特征，这也可能正是软躯体节片状的扁形动物绦虫类的典型特征（见图5-2-57D及化石描述图5-2-61B, G）。因而，我们开始推测在江川清水沟和晋宁王家湾的磷矿层底板即小歪头山段顶部发现的条带状化石可能属于未知的新类别，生物属性与具密集体节的扁形动物绦虫类比较接近，尽管现生的绦虫均是寄生生活，但较为公认的是原始的绦虫或扁形动物的始祖应该是海生起源的，而且扁形动物也被认为是高等的三胚层动物的最早期祖先之一（图5-2-4），在早期动物系统演化上的位置相当重要。

2017年初，继中美联合考察后2个月，我们在江川古埂与侯家山旧城段下部几乎相同的层位，其后寻此层位线索又在小江断裂带东侧的会泽大海和宜良九乡，相继发现了大量确认为与国内外多地产出的标本可以对比的陕西迹化石（如前文所述及图5-2-52～5-2-55所示），经张世山回忆确认，与他们在和江川化石点隔抚仙湖相望的澄江旧城村发现的泥皮应属同一类别。由此，我们开始明确在清水沟和王家湾矿区的中谊村段下磷矿层底板下，也即小歪头山段顶部的黑色岩系中发现的条带状新化石可能不是*Shaanxilithes*，证实了2016年11月同来访的Lidya Tarhan博士在野外考察时所达成的共识。但在2017当年4月举办的野外研讨会及10月在湖北宜昌召开的Ediacaran国际会议上我们仍旧以疑似陕西迹的条带状化石进行了报告和展板形式的交流（顾鹏等，2018）。在2019年末的最近一次滇东野外考察，我们成功地在澄江旧城村找到了罗老师和张老师所说的旧城段宏体化石层位，但绿化覆盖严重，化石发掘可能难度很大。当然，在此期间项目组成员已经着手查询国外前寒武系—寒武系界线附近多有报道的寒武皱节虫文献资料。与寒武皱节虫的炭膜化石对比后发现，新发掘的条带状化石，横纹同样更为细密，宽度也明显更大，大量标本保存弯折及扭转的状态，这种扁带状体型才有的扭折形态显然不会是管状生物死亡埋藏后压扁所导致的，个别标本还可见末端保存；而迄今已经报道的寒武皱节虫化石外观均较细短，宽度均不超过2 mm，个体相比更为细小，都保存的是片段，未见端部和扭折保存，尤其在近期研究成果中的显微构造特写图片中，也展示了皱节虫是压扁的圆管状生物体（Jensen et al.，1998；Moczydlowska，2014；图5-2-31）。最近的综述研究也表明（华洪等，2020），前寒武纪晚期不同方式所保存的具有定向生长纹饰的长条形宏体化石，如页岩型的炭质压膜化石、碳酸盐或磷酸盐岩相中的黄铁矿化或磷酸盐化外部套管化石、压扁的有机质壳膜化石等，生物体的原生体态基本都被认为是蠕曲的长圆管状，或被埋藏压扁或被三维矿化保存下来，而目前在灯影组顶部折曲保存的化石是首次发现的最低层位的扁带状体型的生命体。

晋宁六街镇的王家湾磷矿坑，位于经典的偏头山剖面东侧，与江川清水沟磷矿类似，中谊村段磷矿层被开采剥离后，留下了大面积底板地层小歪头山段的露头，在该段顶部的薄层粉砂质泥质页岩中同样发掘到大量条带状炭膜化石（图5-2-58）。这个地点的化石个体与清水沟富集层化石的形态大小及频繁扭折的保存方式基本相似；不同的是，在层面上分布杂乱，几乎看不到定向，推断化石点可能是位于海底定向水流的末端，或更加深水区的能量很弱的“化石坟场”；化石片段更多，在清水沟常见的很长个体非常罕见，表明可能是异地搬运后飘落堆积的“强弩之末”（见化石描述图5-2-64）。

图5-2-56 A. 清水沟磷矿生活区东侧矿坑剖面（摄于2015年3月）；B. 2016年8月在清水沟磷矿测制剖面；C. 2018年8月在清水沟磷矿底板化石坑采集化石；D, E. 2019年8月摄之江川清水沟磷矿层底板灰黑色页岩（D）及下磷矿层+底板页岩+磷质粉砂岩（E, 小歪头山段）；F-H. 2019年8月摄之磷矿底板与条带状化石共生的遗迹化石

Fig.5-2-56 The section (A,B), fossil horizons (C), black shale (D), phosphorous siltstone of Xiaowaitoushan Member (E) and the trace fossils with ribbon-like fossils (F-H) in Qingshuigou phosphorite mine, Jiangchuan, Yunnan, South China

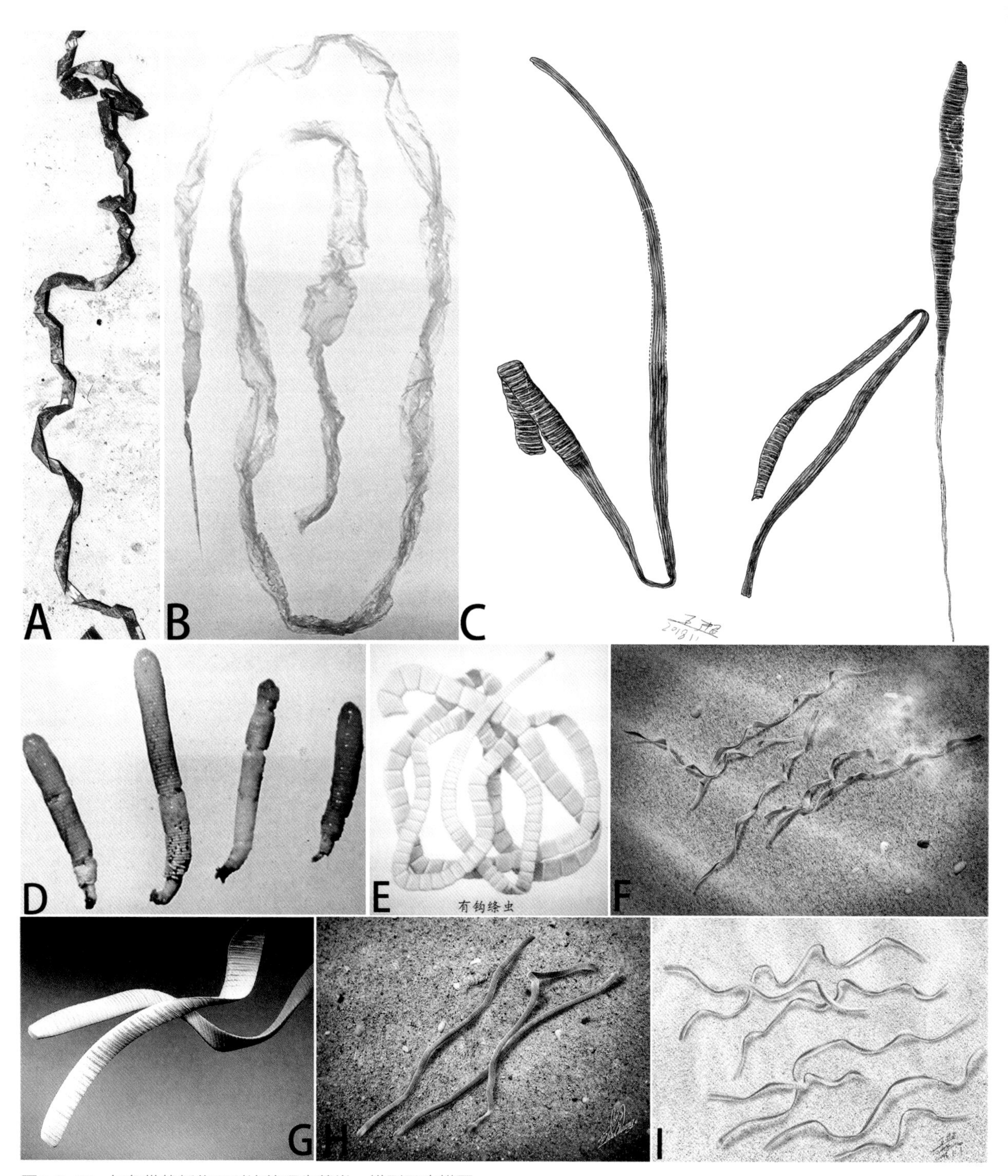

图5–2–57　与条带状新化石对比的现生藻类、模型及素描图

A.条带状个体扭折保存示意图；B. 现生条带状绿藻浒苔的叶状体膜片标本，可见不规则纵纹；C. 鸣矣河首次发现的具纵横纹化石素描；D. 现生具横节纹的钙化蠕藻*Neomeris*；E. 扁带状的现生扁形动物有钩绦虫模型；F ~ I. 本课题组请的两位美工画的清水沟、王家湾化石复原图

Fig.5–2–57　Living alga, taenioid models and sketch diagrams in contrast to the ribbon-like fossils

图5-2-58　王家湾磷矿剖面及小歪头山段化石富集点
Fig.5-2-58　Phosphorite mine and section of Xiaowaitoushan, Zhongyicun and Dahai Members in Wangjiawan, Jinning, Yunnan

在安宁鸣矣河磷矿剖面，我们发现的条带状化石却有着更加不同的形态构造。最早是依据张世山总师提供的线索，说是在那里的磷矿层中，20世纪末他也曾发现有条带状炭膜化石。我们于2016年9月即将结束的一次野外考察的转场踏勘时，由研究生顾鹏首先发现的原始层位；但迄今保存的化石构造最完好的标本仍是顾鹏在2017年7月的野外季采获的2件（见素描图5-2-57C；化石描述图5-2-65），遗憾的是那次野外发掘只进行了2天，这个首次独自出野外的90后研究生就被当地高大威猛的护矿队员吓回了北京，更加遗憾的是该同学毕业后不愿意再继续攻博，这次经历可能是个主要原因之一也未可知。

2017年末至2019年间，我们先后又去安宁的这个矿区进行了4次化石发掘和剖面测制工作（见化石描述图5-2-65，66及内页彩照插图N9），有幸采集到几件构造保存比较明显的标本，由此判断鸣矣河剖面的条带状化石具有非常特殊的形态特征。

首先，有规则横节纹的部分与清水沟和王家湾发现的标本在形态大小及扭折保存方式上也是几乎一致；但重要的是，新发现有较多标本向一端逐渐变细，却保存的是纵向的纹饰，平行规则展布，可分辨出3～9条不等的炭膜条纹。这种纵、横纹出现在同一化石个体上的现象，是在我们所有以往发掘的蠕形的、条带状的标本中首次出现（见图5-2-57C化石素描）！这个与众不同的特征引发了我们的极大兴趣，因而仔细检视了所采集拍照的有此特殊构造的标本，发现在较短小的化石上，纵纹部分可以保存有体长的一半以上，个别因扭转略呈现螺旋状，然后渐宽部分即出现密集平行的横纹（见化石描述图5-2-66）；而在保存较长（约3 cm以上）的若干化石上，纵纹部分也几乎占据保存体长的一半左右，在横纹部分体宽的1/3～1/2处出现1～2 mm长的纵横纹分界过渡带，其间表面光滑无任何纹饰（见化石描述图5-2-65）。另外在2019年暑假的一次野外考察中，与即将赴英国伦敦UCL攻读学位的宋思存同学一起又意外发现了一件细部末端保存类似盘状构造的标本（Tang et al.，2020，Fig.3，in press），这也是具有相当重要特征的珍贵证据！

至此，我们初步对安宁新发现化石的主要形态特征有了如下基本认识：①表面具纵横纹体征；②弯折及扭折保存，表明化石生命活体应该是扁带形体型；③纵纹末端可能具有盘状附着器；④横纹末端浑圆封闭。

然而，区区的几个特征仍然相当稀少，这些早期的生命类型和现在多姿多彩的生命大不相同，对于这些大量出现在清水沟和偏头山磷矿层下小歪头山段的扁条带状体型的动物化石，简单的结构和性状保存，使得对它们的分类问题始终困扰着我们。可以说，越原始、越简单的生物其归类就越困难，我们对这类条带状化石的亲缘家世了解得一直很模糊，其原因就在于此。可是我们知道，在化石的研究之中，明确物种在系统发生演化上的位置是非常重要的，目的是从理论上和实践上，阐明种类之间的关系（或亲缘关系），建立自然系统，确定各类群的命名和排序，总结其进化历史。地球上现生的物种以百万计，千变万化，各不相同，如果不予分类，不立系统，便无从认识，难以利用。而且这些化石在年代久远的地层之中埋藏了很久，由于保存环境的因素，化石的内部细微结构都很难保存下来，即使是很明显的结构，也有缺失和被埋藏作用改变和磨损。为了了解这些疑难化石的亲缘关系，我们只能从同时代的其他类似体型的化石出发，结合现生的各种生物，来推测他们在系统发生树上所属的位置。

最开始在清水沟磷矿小歪头山段发现扁条带状化石的时候，因为其保存形式为炭膜保存，同时在富集层位产出非常密集，具有类似于叶状体藻类化石的特征，所以包括我们自己，看到过这些化石富集标本的多数同事都认为可能是一种带状菌藻生物的集合体，特别是藻类化石，比如同时代相邻地层中广泛出露的文德带藻*Vendotaenia*（图5–2–59）。

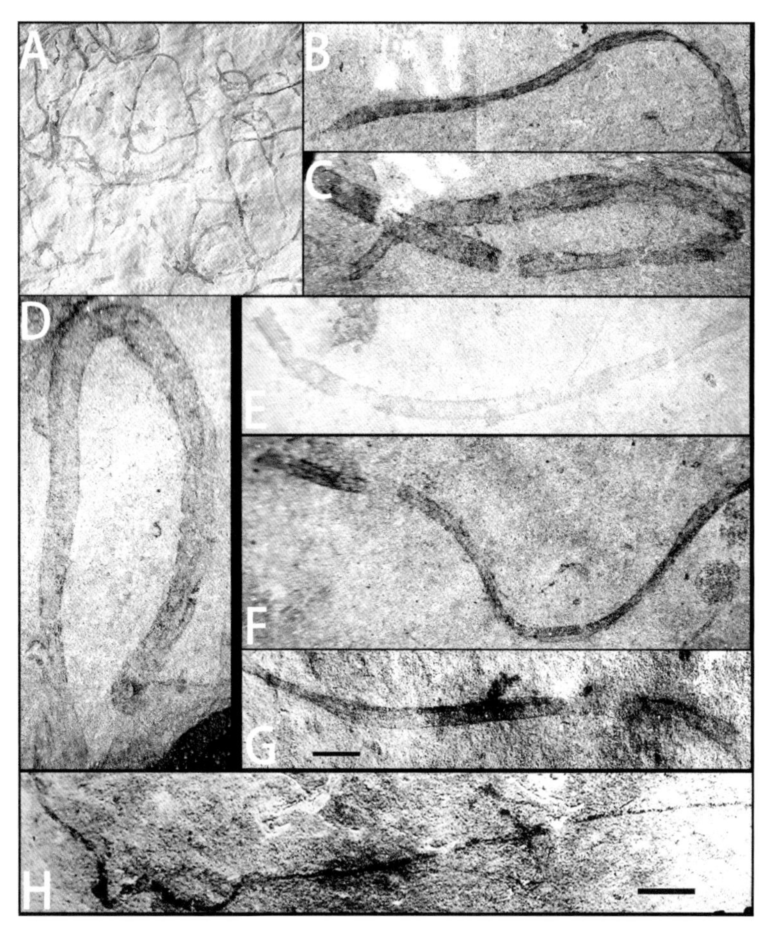

图5–2–59　俄罗斯前寒武纪末期地层中的文德带藻（A）和云南江川旧城段发现的文德带藻（B-H）

Fig. 5–2–59　*Vendotaenia* in the uppermost Ediacaran in Russia (A) and Jiucheng Member (B–H) in Jiangchuan, Yunnan

如上提到的，随之的野外考察中，我们在安宁几乎同层位地层中发现了条带状化石新的特征。即在安宁发现的扁条带状化石同时具有密集的纵纹和横纹。

这种身体分节的特征不论是在相近地质时代的条带状藻类化石亦或是现生的条带状藻类化石上都没有发现过。化石藻类或者现生藻类一般在身体表面只有横纹或者只有不规则分布的纵纹，没有同时在身体上具有密集平行的横纹和纵纹的个体。为此我们还曾专门咨询了中科院青岛海洋所的藻类分类专家。不过，这样的身体表面特征在动物的身上倒是很多见，比如现生的纽形动物、扁形动物和鳃曳动物，奇怪的是，就在毗邻较新地层中产出的澄江动物群里的优势种类寒武纪的鳃曳动物，却没有出现一段明显有纵纹的体节（参见本节2.1部分化石描述）。

尽管以长躯体同时具有横向和纵向的纹饰考虑，让我们立刻就联系到了现生动物中的鳃曳动物，但是如果要将这些条带状化石归类为鳃曳动物的话会出现几个问题。第一是目前发现的所有化石之中，没有出现任何类似于鳃曳动物吻部或者尾部的结构；即使由于埋藏环境问题出现了结构的缺失，完全没有任何附加结构保存下来的情况依然是小概率事件，况且至少在清水沟及王家湾两地化石集群中埋藏了如此富集的横纹片段化石，而纵纹片段及如澄江鳃曳类化石的吻部或尾部构造却均未出露。第二是目前发现的鳃曳动物其身体都呈现圆管状，而根据扁条带状化石的来回折叠的保存形式，推测其原始身体应该为扁带状，而呈圆管状身体的生物在死亡埋藏后一般是以蜷曲的形式保存的，这在澄江动物群里的古蠕虫类和其后的蠕虫化石都是如此。第三是被发现的条带状化石出现了很细长的个体，最长的个体可达到90 cm以上，而这种长度和宽度比例差异巨大的躯体在鳃曳动物之中并不存在。

这样，对于扁条带状化石的分类再一次陷入了困境。在和不同的研究者相互讨论之中，统一的意见始终没有形成。课题组的唐烽老师一直坚持是扁形动物亲缘，但苦于没有查到可靠的现生对比标本，无法使其他同事信服；认为这些化石属于藻类化石的看法也有很多，高林志老师及几位硕博士研究生就持如此观点：即使不是完全合适，但是似乎只能暂时把这些化石划分为长条叶片状的藻类炭膜。

事情的转机出现在2019年暑期最后一次安宁考察的几个月后。已经前往伦敦UCL深造求学的本节作者之一宋思存同学，他在一个课业学习结束的下午，去参观了位于伦敦UCL园区的格兰特动物博物馆（Grant Museum of Zoology）。这个知名的博物馆是在一个入口极不起眼的门楼里，由UCL解剖学教授罗伯特·格兰特在1828年创建的。下面就是小宋自己的回忆和感悟：

“里面的展品琳琅满目……，虽然单独泡在福尔马林内部的各类动物躯体或器官标本以及支架上巨角獠牙的骷髅骨架都整整齐齐排列在展厅里，略微显得有些令人惊悚，但是配合展馆柔和的灯光与典雅的实木装潢反而让游客感觉到了一种历史的厚重感”。

“特别吸引眼球的是在博物馆一角的神奇房间，有几面光怪陆离的玻璃墙上贴着很多（据说有2300片）被制作成了显微镜薄片的微小动物标本。这些动物种类非常繁多，有昆虫的标本，有小鱼小虾的切面，有寄生虫的标本等等。即使用于封装玻片的树胶都因为时间的久远而泛黄，这些标本的保存情况依然很好，细节都清晰可见。这些奇形怪状的小生物在我们日常生活中其实很难见到。相比于经常出现在各类影视作品之中的各类史前巨兽，我却对这些生活在自然界被人忽略到角落的生物更加感兴趣”。

“在漫步式的浏览之中，薄片墙上一件薄片中的标本立刻引起了我的注意”。

“它身体扁平，很细长，一头较粗而另一边身体较细。在较粗的身体上可以看见规则排列的细密横纹，在较细的身体上可以看见延伸排列的纵向纹路。这些特征和一直困扰我们的寒武纪早期发现的条带状化石是如此的相似。在询问了博物馆的记录和查询了标签上的信息之后，我得知这个标本属于现生扁形动物的四叶目绦虫”。

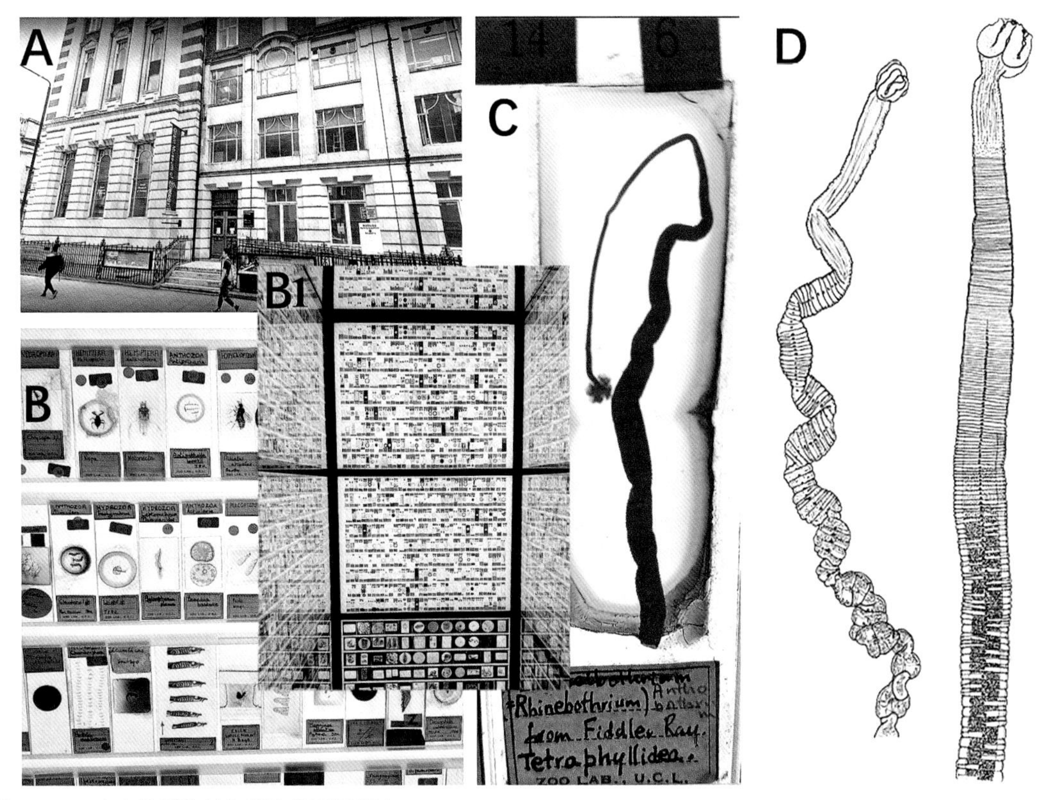

图5-2-60　古老的博物馆与现生四叶目绦虫
A. 伦敦UCL的格兰特动物博物馆；B, B1. 馆内的小微动物2 300个切片贴成的透光薄片墙；C. 现生的四叶目绦虫光片标本；D. 四叶目绦虫素描图，显示端部吸盘、细部纵纹、宽部横纹和扁带体型的弯折保存
Fig. 5-2-60　Old museum and living tapeworm

“四叶目绦虫为多节绦虫。虫体中等大小。吸叶可能存在也可能缺失，虫体一般分节明显，末节易脱落、雌雄同体。这种寄生虫一般幼虫寄生在甲壳动物或硬骨鱼而成虫寄生在板鳃总目软骨鱼类的肠道螺旋瓣处或全头类体内。

“在清水沟和王家湾乃至安宁发现的扁条带状化石在形态学特征上和现生的四叶目绦虫非常相似。在没有办法分析化石的基因属性的情况下，未分类的化石位置只能由其形态证据来推测，而现生的四叶目绦虫在特征和体型上相比藻类、古蠕虫或者鳃曳动物与条带状化石更加类似。虽然现生的所有绦虫都是寄生生物，但是有证据表明绦虫类生物最初的始祖可能并不是寄生生活的。在早期生命演化的过程中条带状化石的集中埋藏，保存下来了如此珍贵的化石记录，为研究早期两侧对称动物的演化提供了更多关键性的证据。这些大体型的造迹动物，也可以成为前寒武—寒武纪界线过渡地层中大量生物遗迹化石产生的原因。

“能够发现扁条带状化石的现生亲缘类型是非常偶然的。在之前寻找资料的过程中，我们曾经考虑过绦虫这类扁平细长的生物，然而我们印象之中的绦虫更多都是类似于猪肉绦虫这样的寄生虫，这些绦虫具有口刺和较宽的横向体节，其横纹特征保存应该与条带状化石不大相似，曾被排除在外。这些浅尝辄止、不充分的调查和研究以及先入为主的印象一开始就阻碍了我们分类扁条带化石的脚步，这些在之后的研究中会给我们都敲响警钟。我在博物馆能够找到一条四叶目绦虫的标本实属幸运，这也给我带来了极大的乐趣和收获，感慨在不同的环境里进行学习、参观和交流确实能很大程度上弥补个人知识积累的不足；事实证明了，闭门造车并不可取，开卷有益……”

2.4.4 滇东地区条带状新化石描述

扁形动物门 **Phylum Platyhelminthes**

绦虫纲 **Class Cestoidea**

目、科未定 **Order, Family uncertain**

属种 条带垂纹虫（新属新种） *Rugosusivitta orthogonia* **gen. et sp. nov.**

（图 **5-2-61** ～ **5-2-66**）

一般特征：化石外形整体呈现丝带状长条形，一端较粗而另一端较细，在较细的一端末尾偶尔具有圆盘状的结构与化石体连接。从化石一端至过渡段上具有明显的细密平行横纹且带体较宽；另一端至过渡段则具有明显的平行纵纹且带体较窄；过渡段具有一截较短的表面横纵纹过渡变化的区域且身体的宽度也呈过渡变化。化石个体大部分都是平直的，部分身体处会有一些扭曲和折叠，从而使得整个化石呈现弯折状。

形态描述：化石模式标本等保存较完整的个体，呈现细长的带状，体长可达20 cm以上。化石没有明显的头尾端部结构，但是可以依照化石表面的纹路大致分为3个部分：横纹段、过渡段和纵纹段（图5-2-65）。

纵纹段是化石中较细的段，宽度在2～5 mm，弯曲折叠的区域宽度会变得更窄，变为2～3 mm。纵纹段的长度占据化石体长总长度的比例最大，约占三分之二。其上有明显的平行于化石延伸方向的纵向纹路，两道连续纹路直接的间距小于1 mm。纵向纹路在纵纹段之内一直连续，没有间断和分叉的现象（图5-2-65C）。

横纹段是化石中体宽最宽的段，宽度在5～8 mm，长度相比纵纹段占据身体总长度的比例要小；其上具有细密的平行横向纹路，两道平行横纹之间的间距小于1 mm。（图5-2-65）

过渡段紧接横纹段之后，宽度基本与横纹段相同，在过渡段之中，化石的宽度从横纹段向纵纹段略有收缩，过渡段的长度占据化石体长的比例最小，长度一般不超过1 cm。在过渡段中，化石外部两侧的纵纹在接近横纹段时具有向内卷曲的趋势，而中部的纵纹依然保持相互平行，垂直于横向纹路，同时化石的宽度也从纵纹段过渡到横纹的宽段，化石的横纹在过渡段之中依然保持原有延伸方向，相互平行，在横纹纵纹交界线处依然没有过渡变化，转折显得比较突兀（图5-2-65A, B）。联系到横纹段的宽度大于纵纹段，可能造成这样没有纹路过渡的现象的原因是横纹段在化石生活的时期是外套生长在纵纹段的外部的，同时纵纹段也会在横纹段内部向前继续延伸，所以横纹才会在过渡处戛然而止。

偶尔会发现有圆盘状结构连接在纵纹段的末端，其出现位置和形态非常类似于扁虫的吸附器官，但是并未发现圆盘之中有更多的结构和形态证据（图5-2-66A, C；Tang et al.，2020，Fig.4A）。

产地层位：中谊村段下部的下磷矿层上部。

Diagnosis: Compressed macrofossils generally presents a banding outline. No distinct segmentation features or head or tail structures. The light brown ribbon-like flat body usually present 'U' shape curves，'Z' shape folds and 'X' shape twists in the rock. Body length ranges from 50～150 mm and body width ranges from 2～5 mm. The body consists of three distinguishing units: longtitudinal features zone , transitional zone and transversal features zone. Longtitudinal zone bears elongate narrow longtitudinal features parallel to the body edge and usually have 10～14 countable ridges across the body. Transitional zone which is centered is short with both longtitudinal and transversal features. Transversal zone bears dense transversal features perpendicular to the body outline and have 6 ~ 8 lines within 1 mm. The majority part of the body is straight while occasionally bodies are bent and folded.

Description: One specimen (no counterpart) known. The body relatively elongate (total length 16. 8 cm) , and can be divided into three zones : transversal features zone , transitional zone and longitudinal features zone according to the features on the body (Fig. 5–2–65).

The longitudinal features zone is the narrow part of the body and the full width is about 2 ~ 5 mm (Fig. 5–2–65). The narrowest part occurs in bending and folding areas. The length of the longtitudinal zone is slightly more than a half of the whole body. Longtitudinal textures elongate through this zone and pinch out at the end without being interrupted and branching. There is less than 1 mm width between two parallel textures.

Transversal features zone is the widest section of the body ， total width is about 5 ~ 8 mm and this part also occupies about a half of the whole body (Fig. 5–2–65). Transveral zone bears dense parallel transversal textures which are fine and closely woven (Fig. 5–2–65).

Transitional zone is connecting the transversal zone and the longitudinal zone. It is the shortest section on the body and the total length is below 1 cm (Fig. 5–2–65). In this section , the body width narrows from the transversal zone to the longtitudinal zone. In transitional zone , the pattern of the longtitudinal textures change slightly. While approaching the transversal textures, the bilateral elongating lines strat to perform inward bending and somewhat bundled. However, the texture lines in centre part remain straight and parallel. The transversal textures in the transitional zone hold the same pattern as transitional zone which are dense and parallel and cut off crisply at the junction to the longtitudinal textures. Considering the transversal zone always exceeds the longtitudinal zone in width and the transition between two textures is abrupt , the transversal zone is likely to be a sheath covering the longtitudinal feature zone outside (Fig. 5–2–66；Tang et al. ，2020，Fig. 4A).

对比讨论：这些主要产自安宁的条带状新化石被命名为“条带垂纹虫”，应该最早报道于1986年，并在当时只发现有保存横纹的片段，被认为是皱节虫类的成员（罗惠麟等，1986），其理由是安宁化石具有和皱节虫类化石非常相似的深浅相间的横向纹饰，且化石体呈现长条状。然而大部分皱节虫类的化石被认为是一种能够分泌几丁质虫管的后生动物所留下的管状化石而非动物实体，一些被认为是实体化石的弯曲的可能为蠕虫化石的皱节虫则与多数扭折的安宁化石在保存形态上具有非常明显的区别。同时，此次新发现的条带纹虫标本揭示了其身体表面同时具有横纹和纵纹双重纹饰的独特形态特征，同时也发现其在细长的纵纹段末端偶尔保存有圆盘状类似固着器的结构。

最早对于两侧对称动物的系统发生学研究表明，冠轮动物区分于其他动物的特征可能是其螺旋状的胚胎结构，故而其另外一个名称是螺旋卵裂动物（Spiralia）（Dunn et al.，2008；Hejnol et al.，2009）。后生动物起源这一部分演化树被认为是近年来最焦点的系统发生学问题之一，其较少的种类和生物量以及标本的保存情况都让利用分子生物学的方法对其进行系统分类非常困难。而对于这一类化石，在其早期演化过程之中就只能依据其有限的形态学特征作为主要证据对该类群中的物种进行分类和排序。

从形态学的角度来看发现于安宁的条带状化石应该是一种动物，所以定名为条带垂纹虫，并且很可能是扁形动物的早期分支。由于其相对简单的形态，条带垂纹虫的亲缘关系并不明显，但是化石体上同时具有横向和纵向细密纹饰的特征却非常独特。只是除此以外，化石体内部和外部结构的缺失使得我们难以明确定义其分类学位置。与具有相似形态特征的早期寒武纪化石物种相比较，可以发现这些条带状化石具有与同期的藻类、古蠕虫和一些遗迹化石都有关联的特征。

化石从整体外形和总体都呈现较为平直和带片状的保存形式，这与宏体藻类的形态类似，所以最开始也被认为可能是一种宏体藻类。

宏体藻类化石大量分布在云南地区震旦系灯影组的旧城段和白岩哨段地层之中，包括：*Chuaria*, *Tawuia*, *Shouhsienia*, Longfengshaniaceae、文德带藻和基拉索带藻等（Tang Feng，2014；见本节图5-2-59）。其中*Vendotaenia antiqua* Gnilovskaya，1971是前寒武纪大型带状藻类化石，也被认为可能是菌落化石。和条带垂纹虫化石类似，*Vendotaenia*化石保存为炭质压膜，在层面围岩中清晰可见，整个化石体表面光滑及没有分支。

但条带垂纹虫化石具有横向和纵向2个方向的平行密集纹饰的特征在藻类之中却非常罕见，而在动物化石特别是扁虫类化石中这样的特征比较常见。在藻类化石中除了微体藻类如红藻、颤藻等可见有横纹，在宏体不分支藻类中也只有现生的钙化的圆柱状蠕藻有横纹的个体存在。在条带状化石中我们并未找到芽体或分支的构造。藻类化石在以炭质压膜的形式保存时也很少出现如安宁化石一样的折叠形态，从形态学的角度上来看二者的差别明显。

在同时期发现的古蠕虫化石之中，由于强烈的埋藏学作用可以产生类似于安宁条带垂纹虫化石体上细密的纹饰（罗惠麟，2014）。这种强力的收缩作用使得古蠕虫的骨板之间距离非常接近，也会使得骨板的不规则交错排列变得较为规则而紧密。但是这样产生的平行的表面纹饰会在每条平行纹饰上体现明显的弯曲和波动，而安宁条带化石纹饰中的每一条都平直而完整，其条纹间也均未发现有微小骨板状构造。同时，安宁化石具有折叠、扭曲的保存形态，说明其存活时躯体呈现扁平长条带状；这与古蠕虫长圆柱状或者线状的体态不符合。而呈现圆柱状的古蠕虫在保存为化石记录时更多呈现出蜷曲或者弯曲的形态，体表横纹也呈扇面状辐射分布，不似扭折保存的安宁等地条带化石表现为横纹相交和叠压（图5-2-62～5-2-65）。而且，在安宁新发现的化石记录不仅在体表上表现出微细的脊状横向纹饰，而且在躯体的一半上也呈现出纵向纹饰，而这是在中华马房虫*Mafangscolex sinensis*和其他古蠕虫化石上都没有出现过的特征。由于化石主体的这些形态差异，我们没有将安宁带状化石视为古蠕虫。

如前所述，在滇东江川清水沟、晋宁王家湾中谊村段的下部磷矿底板页岩中都发现了大量的条带状化石（图5-2-61～5-2-64），在形态上与安宁下磷矿夹层中出露的条带垂纹虫化石类似，躯体都呈现长条带状，具有相似的更为细密的横纹构造和扭折保存状态，但宽度均一，即使很长保存的化石都未见有安宁化石的纵纹构造和较细的宽度，可能这些化石和安宁化石就是不同的两个种类，也可能两者是相邻层位生活的同一类别生物，只是安宁化石保存得更为完整，具有纵纹部分而已，横纹部分呈现出的略粗疏纹饰可能是由于埋藏条件的差异而导致的现象。

此外，前文已经记述，在滇东地区已有4个地点（包括江川的侯家山及古埂、晋宁的王家湾、会泽的大海和宜良的九乡）更下部的旧城段中上部地层中均发现丰富的蠕形长条状*Shaanxilithes*化石，与印度北部小喜马拉雅、陕西宁强、宁夏贺兰、贵州清镇、青海柴达木等地埃迪卡拉系顶部发现的实体化石可以对比，由于都具有大致平行、细密的横纹，滇东安宁和江川、晋宁等地出露的炭膜条带化石曾经也被暂归为陕西迹。最初的宁强陕西迹*Shaanxilithes ningqiangensis*标本因与围岩反差不大，曾被描述为带状的遗迹化石，后来发现是由横向、平行的环带组成，又将这些化石归入*Sabellidites*（Xing等，1984b）。最新研究发现，陕西迹是由压缩的有机圆柱形结构组成，形态类似一系列扩展成圆碟状

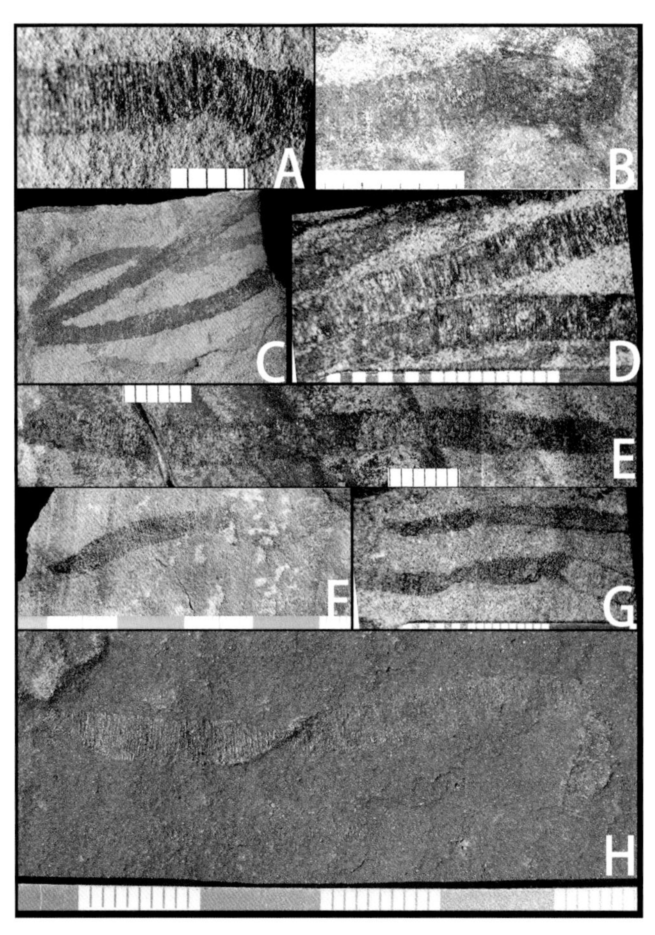

图5-2-61　云南江川清水沟磷矿小歪头山段顶部的条带状化石
Fig. 5-2-61　The ribbon-like fossils in Xiaowaitoushan Member, Qingshuigou, Jiangchuan
A-H. 较为直长的条带状化石，均可见清晰规则的横纹
个别保存有末端（B）和扭折（A, F～H）及更加宽扁（G）的构造

的重复单元叠置而成（Lidya G. Tarhan，2014），但其生态学和分类学位置则一直存在争议。

我们可以从已有的*Shaanxilithes* 标本和图像之中发现，*Shaanxilithes* 具有多个相互交叠嵌套的骨片状结构，同时也拥有实体的有机物残留在嵌套结构之间的缝隙之中，呈现排列有序的散点状，的确与安宁条带虫的横纹段比较类似。但是安宁化石中占据躯体很大比例的纵纹段却从未在*Shaanxilithes*的任何标本上发现过。而且安宁化石纵纹段之中的纵向线状纹饰保存清晰，明显具有规律性排列，一组纹路之间具有相当好的平行性，刻印入岩石（这与炭化有机质的次生横向不规则脱水破裂不同），很难认为这些纹饰是由于后期埋藏作用形成的现象。安宁化石体上的横纹非常细密，并且单个横向纹路平直不弯曲且相互之间平行度高，这与*Shaanxilithes*由片状结构堆叠形成的较为曲折的横纹有较显著的差别，故而安宁化石和*Shaanxilithes*应该是完全不同的2个物种。陕西迹通常沿富含磷酸盐的粉质和钙质页岩的层理面保存，几乎不含炭质物质（Meyer et al.，2012），其保存层位和岩性也和安宁条带垂纹虫化石保存的情况截然不同。

安宁条带垂纹虫化石与鳃曳动物具有一定相似的特征，也同时具有横向和纵向的身体纹饰。鳃曳动物纵、横纹饰之间的过渡和转换也非常突兀，这可能因其特殊的翻吻构造而产生的。一些产出于澄江的鳃曳动物如*Ottoia*等在保存形式和中间段的形态上和条带垂纹虫非常相似，而且其他一些鳃曳动物也可以与条带垂纹虫找出形态上的共同点。但是条带垂纹虫并不存在任何可以被看作是尾部和吻部的构造，个别保存的圆盘状端部膨大构造则疑似具有固着或吸附的功能，与现生扁形动物绦虫类可以对比，如果将其归类于鳃曳动物则无法解释其吻部是如何缺失，又没有在附近有任何的证据保存。

安宁条带化石显然是两侧对称的，其体态为一端膨大而另一端较为细长，沿着体长方向则是左右对称的，这些特征和现生的绦虫动物非常类似。与目前的绦虫相比，化石具有扁带状和分段的身体；现生绦虫带状的身体由许多相似的单元组成，称为体节，类似结构在保存过程中发生垂直和强力收缩时，就可能产生安宁条带状化石具有的横向纹饰；绦虫没有肠道或口器（Robert D.，2004），这可以解释在安宁化石体内或附近没有发现清晰的其他附属构造；绦虫的肌肉框架可能会导致身体不同部位的横向和纵向特征，例如像四叶类绦虫中的某些物种就具有这样的特征。除了绦虫之外，安宁化石身上的这些纵向纹饰特征很少出现在其他两侧对称动物化石和现代物种上。

尽管安宁条带垂纹虫与现代绦虫具有许多共同点，但是将其定义为绦虫还是有一些问题。与现代绦虫不同，安宁条带状化石是独立且大量地在富集层位之中产出，没有任何寄生生活的证据。

安宁化石是一种具有柔软躯体没有硬壳并且身体扁平的蠕虫状生物。发现的大部分安宁条带垂纹虫的化石主体呈平直的带状，在转弯处呈现折叠而非蜷曲或弯曲的形态。从澄江生物群中出产的蠕虫化石标本可以发现，软体的生物如果具有圆柱状或者近圆柱状的身体，在埋藏作用的过程中一般呈现蜷曲的形态，而扁平身体的生物在死亡后由于受到水流的作用则会呈现出折叠的形态。安宁条带垂纹虫化石呈现的大角度折叠和弯折形态来源于其原始的扁平状身体，以及其可能的在海底沉积物表面生活的生态习性。

安宁化石两侧对称的身体特征明显，其同时具有横向和纵向纹饰的独特特点和现代现存的绦虫具有相似之处。其形态学特征和现生扁虫动物门之中四叶目的属种如*Taciniatum* Linton, *Rhinebothrium himanturi*等非常相似。二者都拥有较为粗大的具有横纹部分和较为细长的具有平行细密纵纹的躯体，同时躯体都呈现扁平状，而安宁化石偶尔能在纵纹段末端发现的圆盘状结构可能对应四叶目扁虫躯体上的固着节，即其细长段末端的膨大结构。在四叶目扁虫的生态之中，固着节用于将虫体固着在宿主的身体上，从而能够寄生宿主。而安宁化石末端的圆盘状结构也很可能用于固着条带状个体，所以在化石生物体死亡之后固着器及纵纹部分可能大多数都脱离本体留在了原地，而横纹部分则被搬运沉积至化石富集点（比如江川清水沟）形成了我们看到的大量富集定向排列的现象（图5-2-63），后来通过更加深入的采掘工作发现了安宁化石的富集层，化石也确实未出现明显的定向性保存。

很可惜，迄今为止，我们并没有发现任何安宁条带垂纹虫体内或体外有附属器官构造（如类似肠道或附肢等）的存在，因而目前只能认为安宁的蠕虫化石并不属于后口动物，而更可能是无体腔动物的一种。要确定安宁化石在系统演化树上的具体位置，还需要更好的化石标本和更进一步的分析。

根据出现在化石层位之上的斑脱岩同位素年龄，安宁化石出现的年代是早（于535.2 ± 1.7）Ma的，这一年龄和推测的早期扁形动物出现的时间非常接近（Edgecombe，2011），考虑到安宁化石扁平的躯体特征和两组共同存在于躯体上不同部位的横向纵向纹饰，安宁化石应该被归类为冠轮动物中的早期扁形动物。

又鉴于安宁化石和早期扁形动物之间存在这种密切的亲缘关系，很可能安宁化石也是两侧对称的三胚层高等动物早期始祖的一个代表。

随着新技术的发展，有了电子显微镜和DNA测序数据的证据，多细胞动物的系统演化树一直在更新换代。利用计算机进行系统发生学的演化计算在如今成为了演化生物学家的通用工具，这使得研究人员可以在更加短的时间内处理更多的形态学数据。自千年之交以来，研究人员又引入了多基因序列分析法，分子序列数据在系统发生学中发展迅速。

通过结合多种系统发生学分析方法和前人在后生动物系统树上的研究，目前基于分子生物学新技术获得的证据，对于后生动物发生演化有了一些共识（Tang et al.，2020，Fig.5）。

在之前对于早期两侧对称动物的研究中，曾认为最早的两侧对称生物出现于距今618 Ma以前。Peterson等（2008）根据古生态环境变化事件将该年龄作为真体腔生物的首次出现时间。随后Love等（2009）所发现的冠轮动物化石和其相关发表的研究都为早期两侧对称生物的出现提供了有力证据。

分子生物学的研究将两侧对称动物的干群可以追溯到成冰纪（距今720～635 Ma），然而许多两侧对称动物的分支谱系直到大约距今520 Ma才出现化石记录，在此之前经历了一个非常久的生物种类多样性并不高或化石报道空白的时期。

安宁条带垂纹虫化石出现的大致时间（距今541～535 Ma）就处于该时期，其出现的时间处于两侧对称动物刚刚开始多样化爆发性演化的开始。

所以，安宁条带状炭膜实体化石可能是两侧对称动物早期演化的关键而确凿的证据，填补了埃迪卡拉纪（两）辐射低等动物至寒武纪以后两侧对称的高等动物之间的演化空缺，对于两侧对称动物的早期演化有着重大的意义（图5-2-4），展示着动物界真正从低等原始迈入高等复杂演化的门槛。

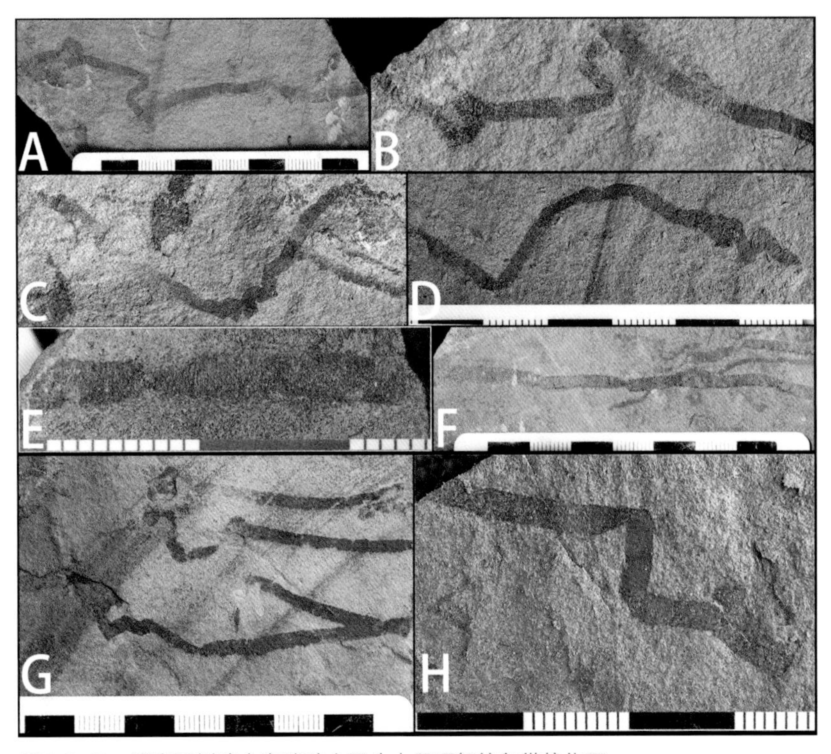

图5-2-62　云南江川清水沟磷矿小歪头山段顶部的条带状化石

Fig. 5-2-62　The ribbon-like fossils in Xiaowaitoushan Member, Qingshuigou, Jiangchuan

A-H. 发生明显多次的扭折构造的化石，个别可见末端有圆盘状膨大（**H**）

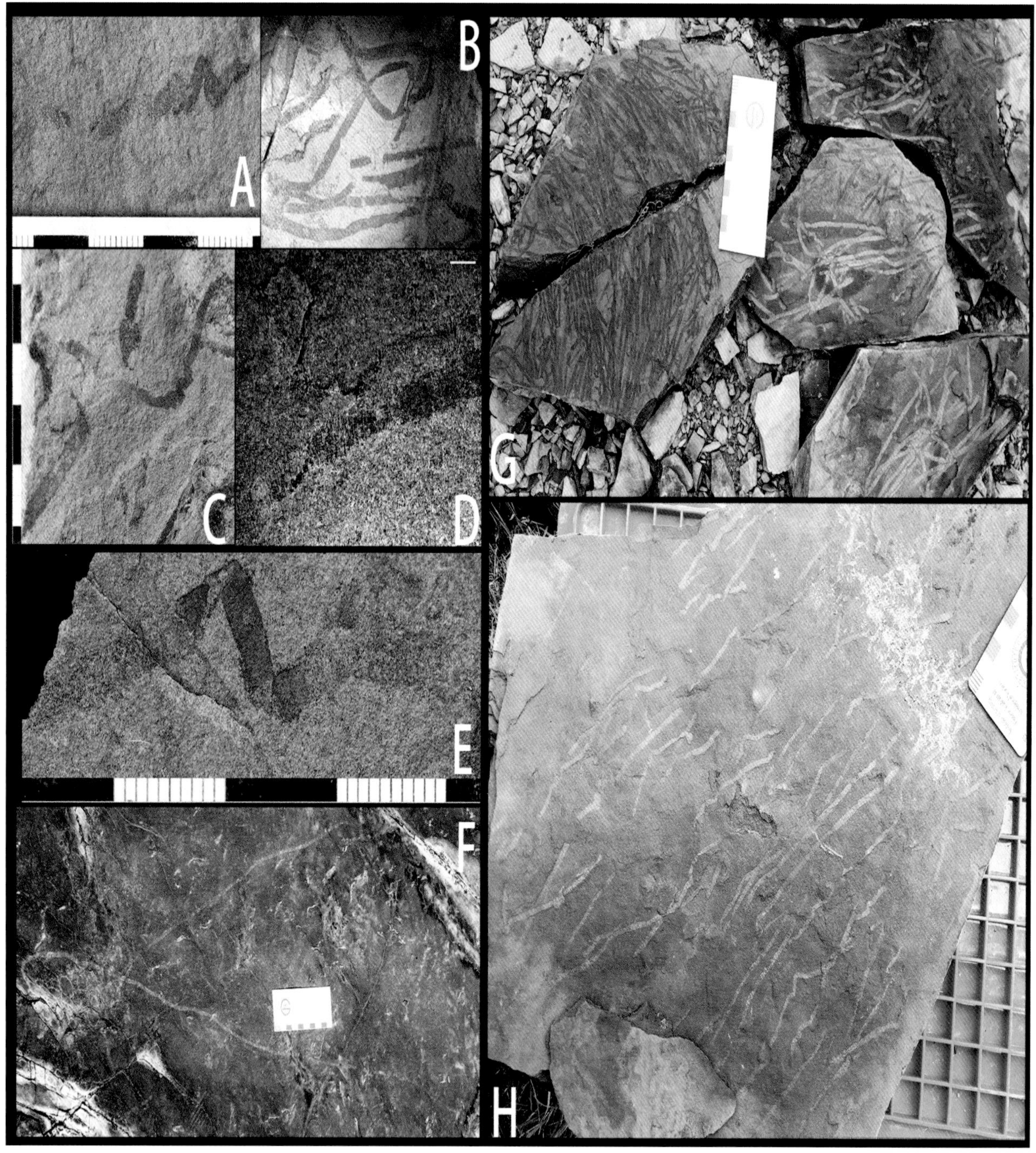

图5-2-63　云南江川清水沟磷矿小歪头山段顶部的条带状化石

Fig. 5-2-63　The ribbon-like fossils in Xiaowaitoushan Member, Qingshuigou, Jiangchuan

A-E. 弯折、扭折的条带状化石；**F.** 迄今发现的最长条带化石片段，长达90 cm；**G, H.** 在层面富集且平行定向的条带化石

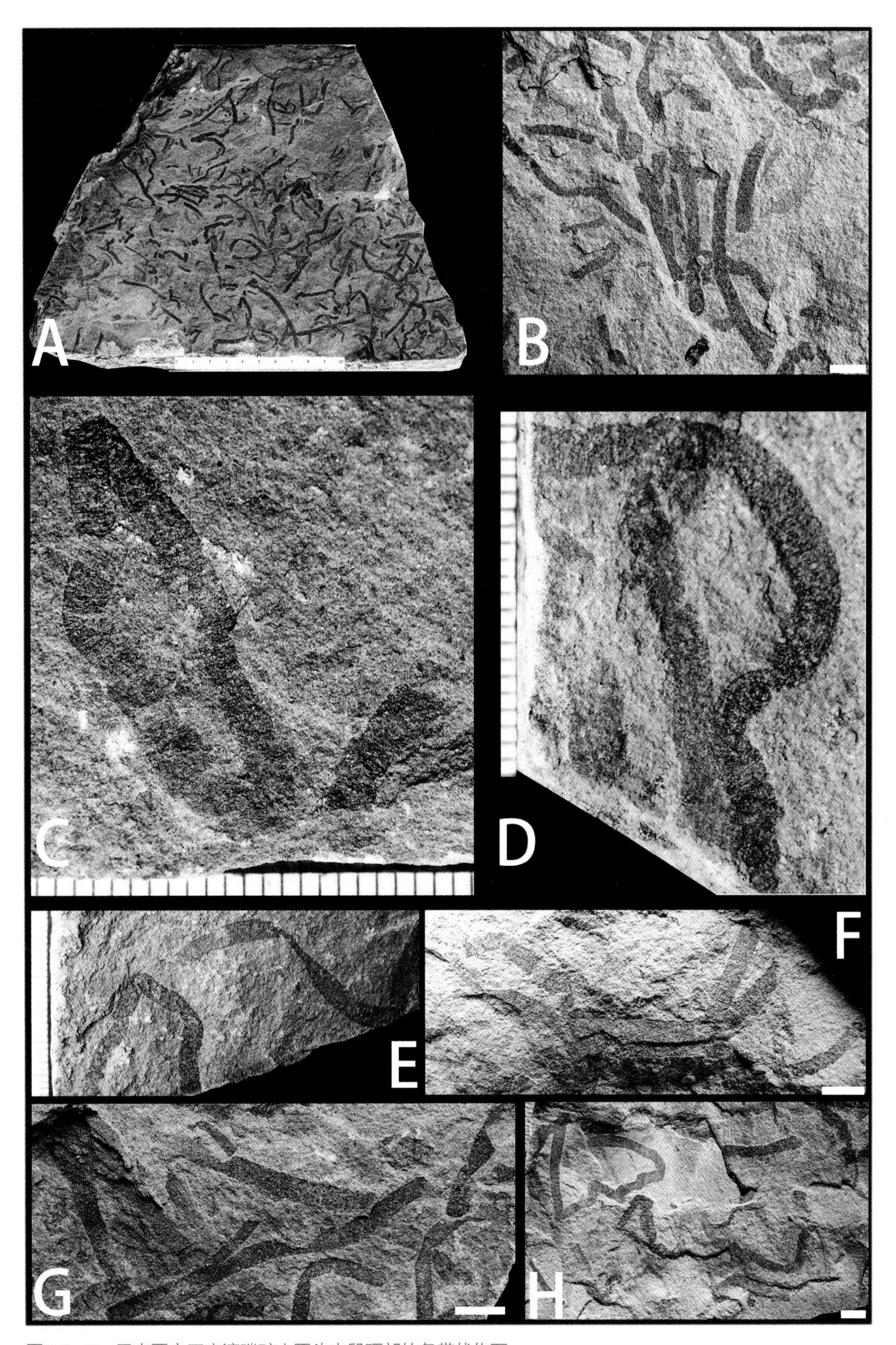

图5-2-64　云南晋宁王家湾磷矿小歪头山段顶部的条带状化石
Fig. 5-2-64　The ribbon-like fossils in Xiaowaitoushan Member, Wangjiawan, Jinning, Yunnan

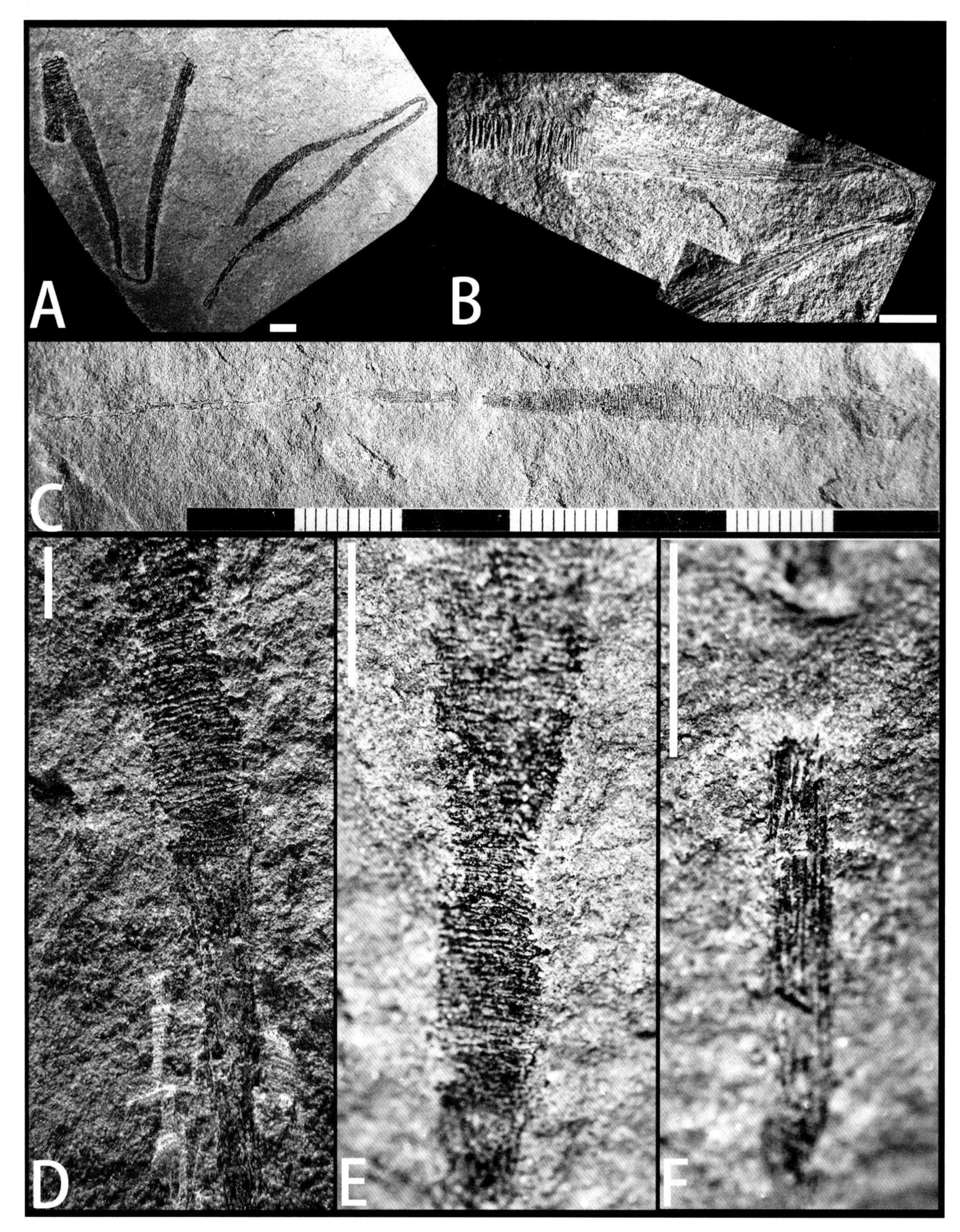

图5-2-65　云南安宁鸣矣河磷矿中谊村段下部的条带状新化石

Fig. 5-2-65　The ribbon-like newfound fossils in Zhongyicun Member, Mingyihe, Anning, Yunnan

A-F. 弯折的（**A, B**）和平直保存的（**C**）新类别化石模式标本及局部放大（**D-F**），可见明显平行规则保存的纵横纹饰，**A, B**中标尺为**5 mm**

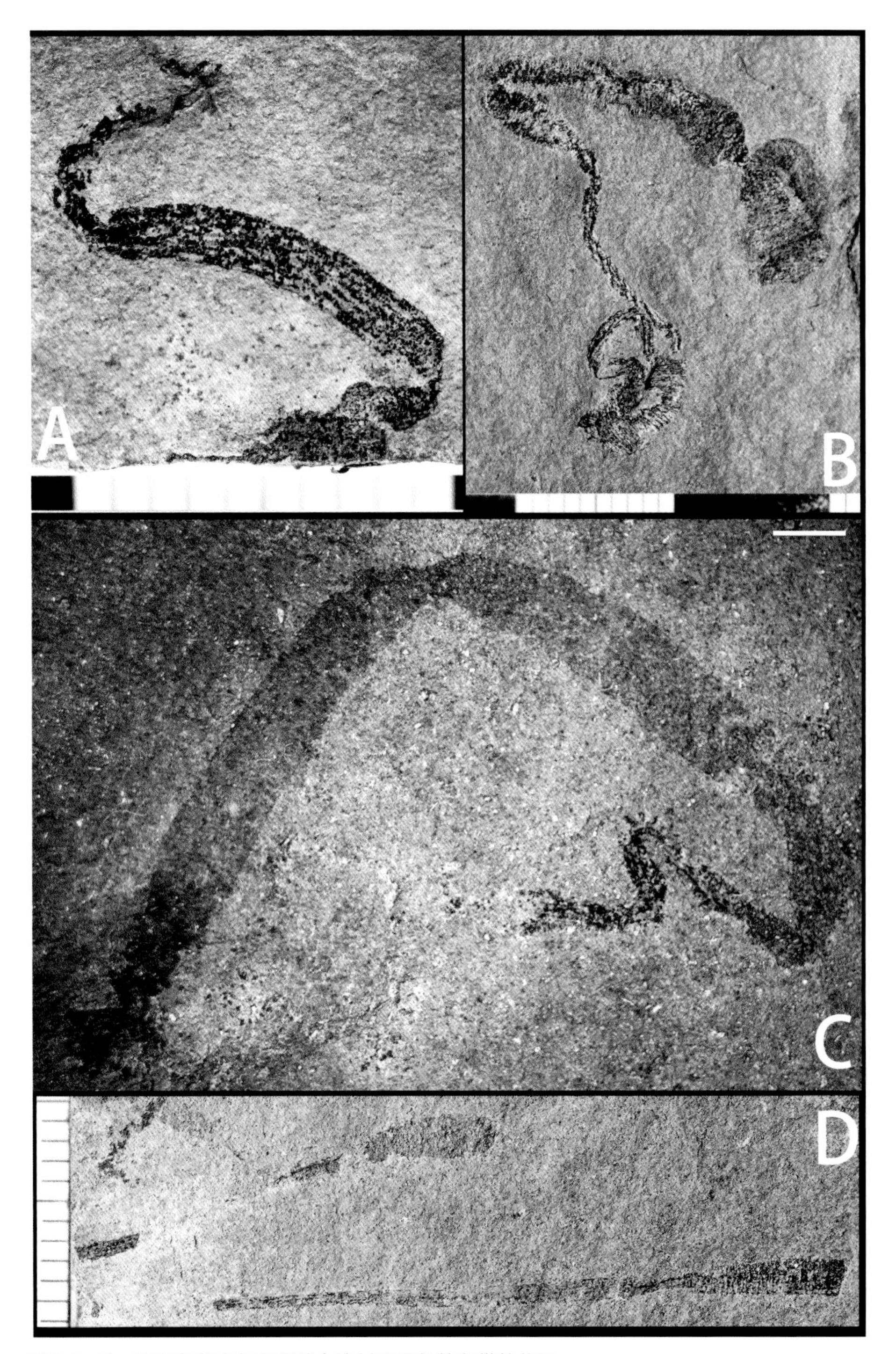

图5-2-66　云南安宁鸣矣河磷矿中谊村段下部的条带状化石

Fig. 5-2-66　The ribbon-like newfound fossils in Zhongyicun Member, Mingyihe, Anning, Yunnan

A-D. 疑为条带新化石的幼年个体（**A, B**），显示末端可能的附着器保存和纵纹扭转呈螺旋状保存；折叠保存的横纹段和发育较短的纵纹段个体（**C**），两端的构造保存不明显；平直保存有纵横纹饰的个体片段（**D**）

（史笑美　张光旭　宋思存　任津杰　唐　烽）

主要参考文献

[1] 华洪, 陈哲, 张录易. 后生动物骨骼化起源——来自高家山生物群的新证据[C]. 中国古生物学会第九届全国会员代表大会暨中国古生物学会第二十三次学术年会论文摘要集, 2005.

[2] 华洪. 新元古代末期高家山生物群的生态多样性[J]. 地学前缘, https:''doi.org'10.13745'j.esf.sf.2020.6.2

[3] 赵鑫, 李国祥. 陕西镇巴早寒武世海绵骨针化石[J]. 微体古生物学报, 2006(3): 281-294.

[4] 张志亮. 埃迪卡拉纪疑难化石 *Shaanxilithes* 在云南王家湾剖面的发现及地层意义[J]. 古生物学报, 2015, 54(1): 12-28.

[5] 侯先光, 孙卫国. 澄江动物群在云南晋宁梅树村的发现[J]. 古生物学报, 1988(27): 1-12.

[6] 胡世学, 朱茂炎, 罗惠麟. 关山生物群[M]. 昆明: 云南科技出版社, 2012: 1-204.

[7] 罗惠麟, 胡世学, 韩健, 等. 云南晋宁梅树村剖面古蠕虫再研究[J]. 地球科学与环境科学, 2014(44): 947-952.

[8] 孙卫国, 侯先光.云南澄江早寒武世蠕虫化石——*Maotianshania* gen. nov[J]. 古生物学报, 1987(26): 257-271.

[9] 杨宇宁. 华南寒武纪鳃曳动物形态分类与谱系演化研究[J]. 西北大学学报, 2016.

[10] ADRIANOV A V, MALAKHOV V V. The phylogeny, classification and zoogeography of the class Priapulida. I. Phylogeny and classification[J]. Zoosystematica Rossica,1996(4): 219-238.

[11] BOTTING J P, MUIR L A, ROY P V, et al. Diverse middle Ordovician palaeoscolecidan worms from the Builth-Llandrindod Inlier of central Wales[J]. Palaeontology, 2012(55): 501-528.

[12] BRIGGS D E G, ERWIN D H, COLLIER F J. Fossils of the Burgess Shale[M]. Washington & London: Smithsonian Institution Press, 1994.

[13] CONWAY MORRIS. Fossil Priapulid worms. The palaeontological association London,1977: 160.

[14] CONG P Y, MA X Y, WILLIAMS M, et al. Host-specific infestation in early Cambrian worms[J]. Nature Ecology & Evolution, 2017(1): 1465-1469.

[15] EDGECOMBE G D, GIRIBET G, DUNN C W, et al. Higher-level metazoan relationships: recent progress and remaining questions[J]. Organisms Diversity & Evolution, 2011, 11(2): 151-172.

[16] GNILOVSKAYA M B. New Vendian Saarinids from the Russian platform[J]. Doklady Akademii Nauk, 1996(348): 89-93.

[17] GRANT S W. Shell structure and distribution of Cloudina, a potential index fossil for the terminal Proterozoic[J]. American Journal of Science, 1990(290): 261.

[18] HAN J, ZHANG X L, ZHANG Z F, et al. A new platy-armored worm from the early Cambrian Chengjiang Lagerstätte, south China[J]. Acta Geologica Sinica, 2002(77): 1-6.

[19] HAN J, SHU, D G, ZHANG, Z F., et al. The earliest-known ancestors of recent Priapulomorpha from the early Cambrian Chengjiang Lagerstätte[J]. Chinese Science Bulletin, 2004, 49: 1860-1868.

[20] HAN J, LIU J N, ZHANG Z F, et al. Trunk ornament on the palaeoscolecid worms Cricocosmia and Tabelliscolex from the early Cambrian Chengjiang deposits of China[J]. Acta Palaeontologica Polonica, 2007(52): 423-431.

[21] HARVEY T H P, DONG, X P, et al. Are palaeoscolecids ancestral ecdysozoans Evolution & Development,

2010(12): 177-200.

[22] HOU X G, BERGSTRÖM J. Palaeoscolecid worms may be nematomorphs rather than annelids[J]. Lethaia, 1994(27): 11-17.

[23] HOU X G, BERGSTRÖM J, WANG H F, et al. The Chengjiang Fauna: Exceptionally well-preserved animals from 530 million years ago[M]. Kunming: Yunnan Science & Technology Press, 2004: 170.

[24] HOU X G, CONG P Y, ALDRIDGE R J, et al. The Cambrian fossils of Chengjiang, China: the flowering of early animal life[M]. Wiley Blackwell Publisher, 2017: 328.

[25] HUANG D Y, VANNIER J, CHEN J Y. Recent Priapulidae and their early Cambrian ancestors: comparisons and evolutionary significance[J]. Geobios, 2004b(37): 217-228.

[26] HUANG D Y. Early Cambrian worms from SW China: Morphology, systematic, lifestyle and evolutionary significance[D]. University Lyon, 2005, 1: 1-245.

[27] HUANG D Y, CHEN J Y, VANNIER J. Discussion on the systematic position of the early Cambrian priapulomorph worms[J]. Chinese Science Bulletin, 2006(51): 243-249.

[28] HUANG D Y, CHEN J Y, ZHU M Y, et al. The burrow dwelling behavior and locomotion of palaeoscolecidian worms: New fossil evidence from the Cambrian Chengjiang fauna[J]. Palaeogeography, Palaeoclimatology, Palaeoecology, 2012(398): 154-164.

[29] Land J V. systematics, zoogeography, and ecology of the priapulida[J]. Zoologische verhandelingen, 1970, 112.

[30] LOVE ALAN C, YOSHINARI YOSHIDA. Reflections on Model Organisms in Evolutionary Developmental Biology. Evo-Devo: Non-model Species in Cell and Developmental Biology[M]. Springer, Cham, 2019: 3-20.

[31] MAAS A, HUANG D Y, CHEN J Y, et al. Maotianshan-Shale nemathelminths—Morphology, biology, and the phylogeny of Nemathelminthes[J]. Palaeogeography, Palaeoclimatology, Palaeoecology, 2007(254): 288-306.

[32] MA X Y, HOU X G, BAINES D. Phylogeny and evolutionary significance of vermiform animals from the Early Cambrian Chengjiang Lagerstätte[J]. Sci China Earth Sci, 2010(53): 1774-1782.

[33] MA X Y, RICHARD J A, DAVID J S, et al. A New Exceptionally Preserved Cambrian Priapulid From The Chengjiang Lagerstätte Source[J]. Journal of Paleontology, 2014(88): 371-384.

[34] MEYER M B. Contributions to late Ediacaran geobiology in South China and southern Namibia[M]. Virginia Tech, 2013.

[35] PETERSON KEVIN J, et al. The Ediacaran emergence of bilaterians: congruence between the genetic and the geological fossil records[J]. Philosophical Transactions of the Royal Society B: Biological Sciences, 2008(363): 1435-1443.

[36] Ruppert, Fox, Barnes, Fox, Richard, et al. Invertebrate Zoology : A Functional Evolutionary Approach. 7th Ed. 'Edward E. Ruppert, Richard S. Fox, Robert D. Barnes ed. Belmont, CA: Brooks'Cole, 2004. Print.

[37] STORCH V, HIGGINS R P. Scanning and transmission electron microscopic observations on the larva of *Halicryptus spinulosus*(priapulida)[J]. Morphology, 1991(210): 175-194.

[38] TARHAN L G, HUGHES N C, MYROW P M, et al. Precambrian-Cambrian boundary interval occurrence

and form of the enigmatic tubular body fossil *Shaanxilithes ningqiangensis* from the Lesser Himalaya of India[J]. Palaeontology, 2014, 57(2).

[39] ULRICH E O. Observations on fossil annelids and descriptions of some new forms[J]. Journal of the Cincinnati Society of Natural History, 1878(1): 87-91.

[40] VANNIER J, CALANDRA I, GAILLARD C, et al. Priapulid worms: Pioneer horizontal burrowers at the Precambrian-Cambrian boundary[J]. Geology, 2010(38): 711-714.

[41] VINN O, ZATOŃ M. Inconsistencies in proposed annelid affinities of early biomineralized organism Cloudina(Ediacaran): structural and ontogenetic evidences[M]. Carnets de Géologie, 2012.

[42] WILLS M A, GERBER S, RUTA, M, et al. The disparity of priapulid, archaeopriapulid and palaeoscolecid worms in the light of new data[J]. Journal of Evolutionary Biology, 2012(25): 2056-2076.

[43] WENNBERG S A. Aspects of priapulid development. Acta Universitatis Upsaliensis[J]. Digital Comprehensive Summaries of Dissertations from the Faculty of Science and Technology, 2008, 451: 45. Uppsala.

[44] ZHANG X L, LIU W, ZHAO Y L. Cambrian Burgess Shale-type Lagerstatten in South China: Distribution and significance[J]. Gondwana Research, 2008(14): 255-262.

[45] ZHANG X G, HOU X G, BERGSTRÖM J. Early Cambrian priapulid worms burried with their lined burrows[J]. Geological Magazine, 2006: 1-6.

[46] YANISSHESKY M. Ob ostatkah trubchatyh chervei iz kembriyskoy sineygliny. On the remains of the tubular worms from the Cambrian blue clays[J]. Ezhegodnik Russkogo Paleontologicheskogo Obchestva, 1926(4): 99–112.

[47] YUSHENG X, QIXIU D, HUILIN L, et al. The Sinian-Cambrian boundary of China and its related problems[J]. Geological Magazine, 1984, 121(3):155.

[48] FEDONKIN M A. Systematic Description of Vendian Metazoa, In B. S. Sokolov and A. B. Iwanowski(eds.). The Vendian System. Paleontology, Springer-Verlag, 1990, 1: 71-120.

[49] MALGORZATA M, WESTALL F, FOUCHER F. Microstructure and Biogeochemistry of the Organically Preserved Ediacaran Metazoan *Sabellidites*[J]. Journal of Paleontology, 2014, 88(2): 224-239.

[50] TANG F, SONG S C, ZHANG G X, et al., 2020, Enigmatic ribbon-like fossil from early Cambrian of Yunnan, China, China Geology, doi.

3　小壳化石

3.1　漫谈小壳化石

显生宙寒武纪是地球生命史上极为关键的地质时代，生命大爆发在那个时代骤然上演，一举拉开了通向现代生物圈演化的序幕。

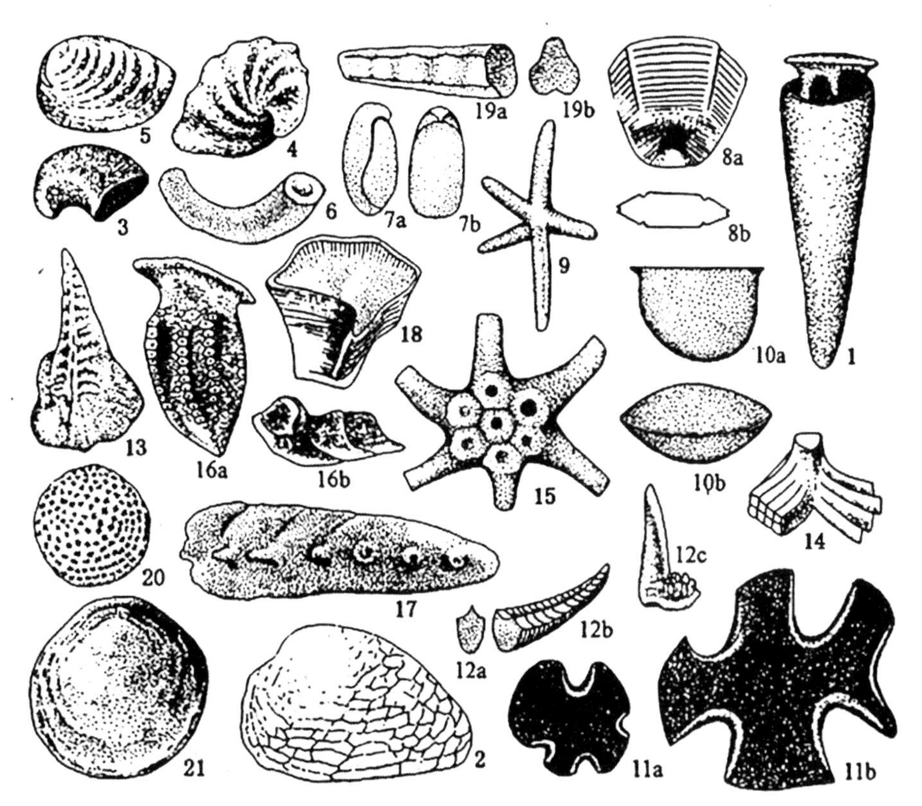

图 5–3–1　寒武纪早期具骨骼动物主要门类始祖化石

Fig. 5–3–1　Early Cambrian small shelly fossil

1. 锥管螺*Conotheca*；2. 马哈螺*Maikhanella*；3. 扬子锥*Yangtzeconus*；4. 始旋螺*Archaeospira*；5. 海拉尔特壳*Heraultipegma*；6. 寒武管*Cambrotubulu*；7. 初生贝*Hesomoceypha*；8. 六方锥石*Heangulaconularia*；9. 原始海绵骨针*Protospongia*；10. 大巴山虫*Dabashanella*；11. 李勇骨板*Liyongella*；12. 原赫兹刺*Protohertaina*；13. 织金钉*Zhjnites*；14. 棱管壳*Siphogonuchites*；15. 开腔骨*Chancelloria*；16. 赫尔克壳*Halkieria*；17.拟骨状壳*Paracarinachiles*；18. 猪耳壳*Poroourigqula*；19. 阿纳巴管*Anabarites*；20. 橄榄球壳*Olivooides*；21. 缺缘锥*Emarginoconus*

在这一激动人心的宏演化背景下，寒武纪最先出现的一批小壳动物格外引人注目，它包含了一些可以归入软体动物、软舌螺、腕足类等少数已知动物门类和更多无法归入已知动物门类的疑难类群（Qian and Bengtsion，1989；Missazhevsky，1989）。这一现象突显了寒武纪伊始，新型的门纲级动物祖先分子就已大量涌现了，构成了寒武纪生命大爆发第一波进化浪潮。

这些动物普遍披有磷质壳、钙质壳或硅质壳；它们的个体都非常微小，仅1 mm左右；有的或许代表了动物的个体，但更多的可能是动物复合体上某个离散的部件。国外科学家曾对相对新的层位中发现的哈氏虫（*Halkieria*）复合多骨片体化石进行了详细研究（Conway Morris, S. and Peel, J. S.，1995），发现这些骨片体竟然由多达2 000多个骨片组成。由此试图对分布在寒武纪早期地层中的离散骨片进行了尝试性的整合分析和骨片体再造。然而，难度极大，以至于一直以来都难有大的突破。所幸的是，继哈氏虫和威瓦西亚虫（*Wiwaxia*）复合骨片体发现以来，南京古生物研究所科学家在2017年又发现了5.18亿年前的寒武纪奇异生物——长形黎镰虫（*Orthrozanclus*）（Zhao et al.，2017），揭示了其身体造型的复杂多样性。这种造型奇特的带壳化石，身体两侧长有弯曲锋利的长刺，其身体壳片的排列方式和结构上与哈氏虫相似。总之，离散骨片的整合研究仍依赖于复合骨片体的发现，纯粹从寒武纪早期小壳化石中进行拼合再造多骨片体的研究仍然困难重重，虽有进展，却始终没有得到根本性改观。

有关小壳化石的研究主要还是化石形态学的描述，但微细结构上的观察分析也已获得非常珍贵的有用信息，不但为确认动物类群的分类地位，也为一些动物门类之间的亲缘关系提供了重要而关键的信息和依据。例如，腹足类是软体动物的纲级分类单元，早期腹足类与典型的紧密螺旋型的腹足类有一个很大的不同在于其螺壳的松旋性。它们是否属于真正的腹足类？微细结构的研究表明，它们普遍拥有一层交错层状结构，这是一种典型软体动物交错片状结构，虽然显得比较原始，仅具有2层交错片体，但从生物矿化作用的角度佐证了这些松旋的小壳化石属于腹足类（Feng et al.，2003）。另外，微细结构在区分软体动物与软舌螺的亲缘关系上也提供了关键的证据，软舌螺具有的十字形交错纤状结构显示了与软体动物微细结构的明显不同（Feng et al.，2001），从而为解决长期以来存在的争议提供了重要证据。

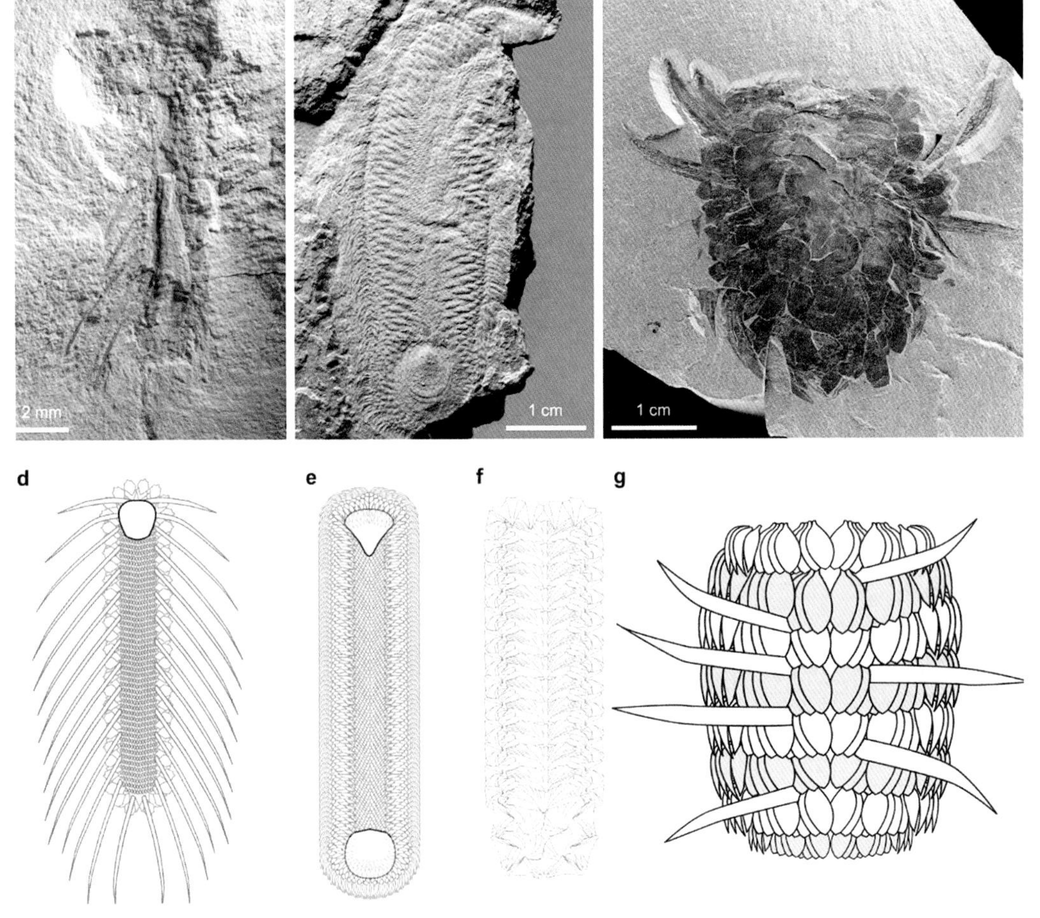

图 5-3-2　寒武纪具骨壳化石及其壳排列重建图（Zhao et al., 2017）

Fig. 5-3-2　Reconstructed early Cambrian sclerite-bearing animal image. (Zhao et al., 2017)

图 5–3–3　寒武纪软体动物壳体亚显微结构（Zhao et al., 2017）
Fig. 5–3–3　Early Cambrian mollusc shell SEM image (Zhao et al., 2017)

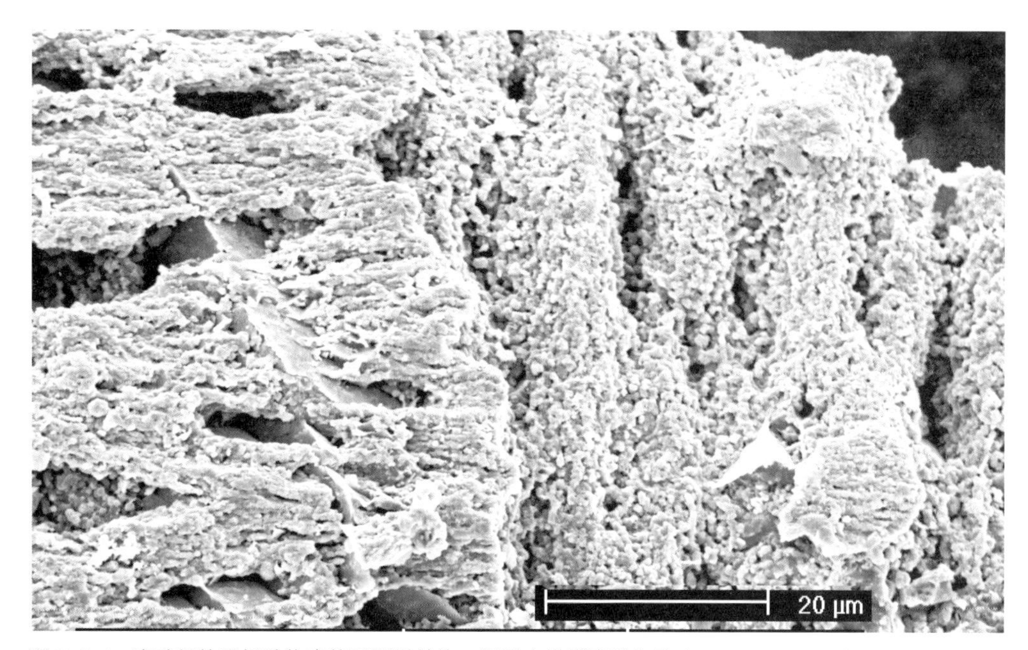

图 5–3–4　寒武纪软舌螺动物壳体亚显微结构，可见交错垂直的构造（Zhao et al., 2017）
Fig. 5–3–4　Early Cambrian hyolithes shell SEM image with perpendicular arrangement

当然，这批小壳化石的价值远不止分类学上的意义，更在于它突显了寒武纪生命大爆发中非常重要的进化现象，即骨骼化事件。小壳化石的大量出现充分表明，在寒武纪之初发生了大规模的生物矿化事件，虽然生物矿化作用可以追溯到前寒武纪，但大都是缺乏生物控制的矿化作用。因此，以生物控制矿化作用为主的早寒武世生物骨骼化过程是地球早期生命演化阶段的一个重要标志。骨骼化的产物，即生物硬体或骨骼，成为区别于前寒武纪生物群最显著的生物学特征，生物骨骼化作用不仅极大提高了动物化石保存的潜力，造成了前寒武纪与寒武纪化石保存的极大差异，而且为完整记录生物的形态学、组织结构学和分布的信息提供了可能。早寒武世生物矿化事件显示了4个重要特征：出现了所有主要骨骼矿物（钙、镁钙、文石、磷灰石和蛋白石），形成了磷质、钙质和硅质3大类动物群；出现了大多数主要的骨骼结构（纤状结构、球粒状结构、珠母结构、交错片状结构）（Runnegar，1989）；出现了形态多样的骨骼类型，例如针形（spicules）、管形（tubes）、贝壳形（conchs）、骨片形（sclerites）、齿形（toothlike）和加厚形（reinforcements）；出现了几乎所有由这些矿物和骨骼组成的海洋无脊椎动物类型，代表门一级的生物单元有近40个类型（Runnegar，1989）。

生物骨骼化是生命史上里程碑的事件，小壳动物恰恰代表了地球上第一批拥有真正骨骼的动物，它反映了大气氧含量的提高已使生物足以产生骨骼来获得进一步演化。因此，骨骼化代表了生物演化进入了一个崭新的阶段。从此，生物能够适应和进入更多样化的生态环境，并有了朝宏体化发展的基础，也意味着生物间已然呈现了非常密切的捕食与被食的竞争关系，因为骨骼的出现其重要的生物学原因就是动物广泛发生的捕食行为。因此，相对于前寒武纪生命世界，具有真正骨骼生物的出现是寒武纪一次革命性的演化事件。

小壳化石的意义还反映在古生物地理学上。通过对比发现，寒武纪时期，我国河南、安徽等地区的单板类和腹足类与澳大利亚的非常相似，同属甚至同种，这就意味着如今远隔南北半球的二个大陆，在5亿年前或许是邻居或相隔不远的近邻。

小壳化石中的软体动物单板类是比较丰富的类群，是寒武纪浅海生活的软体动物优势分子，这样的优势分子一直延续到了早古生代。但在之后漫长的演化中单板类几乎销声匿迹。所幸的是20世纪50年代在深海发现了现代版的单板类。因此，从寒武纪到如今，尽管单板类的整体形态变化似乎并不大，但在生态适应上有了根本性的改变，即从浅海转为了深海生活。

小壳化石在世界各地具有广泛的分布，澳大利亚、中国、西伯利亚、加拿大、非洲和欧洲等地都有大量的化石发现，它是前寒武纪与寒武纪界线的标准化石。但近年来新的研究进展表明，一些小壳化石与前寒武纪末的有机质套管化石重叠出现在地层中（M. Zhu et al.，2017）。这一现象可能对寒武纪大爆发的突然性提出了挑战，它表明大爆发可能并非一蹴而就，而是有过渡性的变化。另外，小壳化石在寒武纪早期所呈现出来的分异度和丰度变化表明，随着环境的起伏，小壳动物群的演化也是高低潮变化，辐射与灭绝曾多次上演，尤其是各门类动物的演化最高潮几乎都出现在梅树村阶中谊村段，显示了即使是不同类群的动物在适应环境上也有相当的一致性。结合地层学研究，小壳化石与环境演变的密切关系将为揭示寒武纪大爆发奥秘提供重要而有意义的证据。

3.2 小壳化石基本特征

3.2.1 小壳化石的定义

小壳化石（SSF, small shelly fossils）是一些寒武纪最早期海生无脊椎动物的泛称，特指寒武纪最早期海相地层中出现的原始带壳小动物化石。其中包含8个已知的动物门类：软舌螺动物门（Hyolitha）、软体动物门（Mollusca）、腕足动物门（Brachiopoda）、环节动物门（Annelida）、腔肠动物门（Coelenterata）、海绵动物门（Porifera）、节肢动物门（Arthropoda）、棘皮动物门（Echinodermata）；以及9个分类未定的自然门类：管状化石（tubular fossils）、牙形刺状化石（conodont-like fossils）、球状化石（globular fossils）、腔骨类（coeloscleritophoran）、托莫特壳类（tommotiids）、开腔骨针类（chancelloriids）、拟骨状壳类（paracariuachitiids）、织金壳类（zhijinitids）和帽状化石（cap-like fossils）。这些化石往往共生在一起，在特定的地层里大量产出，组成一个丰富的多门类动物群。

小壳化石（SSF, small shelly fossils）这一名称并不是正式的分类学术语，该名称第一次出现于Matthews and Missarzhevsky在1975年发表的学术文章之中，用于归纳描述当时最早的发现于寒武纪早期的骨骼化石。即使划分在小壳化石范畴的一些化石种类可能并不小，甚至可能不是生物的壳体，但在国内外大量文献中，这个名称被广泛地引用作早期寒武纪骨骼化石的总称，包括针状体、贝壳、管状体和多种脱节的骨板等。

3.2.2 小壳化石的特征

小壳化石所包含的门类众多，产出非常丰富，与大多数生物的亲缘关系不明，具有“微小”和“带壳”的共同特征。这些化石的总体特点是个体小，肉眼难以见到，直径大小为0.1 ~ 5 mm。其形态多种多样，如软舌螺类、似软舌螺类、拟牙形刺类大多呈锥形；腹足类大多呈旋转锥形；单板类、多板类、腕足类大多呈帽形、贝壳形；锥石类多呈锥管状，腔骨类、托莫特类、开腔骨针类、织金壳类呈多骨片或多骨针系列，等等。

3.3 小壳化石的分类和演化

3.3.1 软舌螺的分类和早期演化

软舌螺累资料零散，分类非常混乱，原始属种非常多，长期以来被认为是古生物门类中难以掌握和鉴定的一个古老的门类。按照钱逸和肖立功1995年的方案，可以将软舌螺按照有无口唇划分出2个纲，即软舌螺纲（Hyolithimorpha）和直管螺纲（Orthothecimorpha）。在直管螺纲内更具有无腹背壳之分划分2个目，即腹背壳不区分，壳面浑圆过渡的Ciircothecida和腹背分明的Orthothecida。前者根据壳形、横切面和始部特征分为4个科；后者根据腹背缘形态分为6个科。软舌螺纲根据腹背界限与侧缘是否吻合分成2个目，即腹背界限与侧缘吻合的Sulcavitida和不吻合的Hyolithida。前一目根据腹背缘形态分为10个科；后一目仅仅有一个科Hyolithidae。软舌螺按照此分类为1门2纲4目21科155属。

中国的寒武纪早期软舌螺可以划分为3个不同的演化阶段：

第1阶段，在梅树村早期，软舌螺全部属于圆管螺目，锥壳小，口平，横截面呈椭圆形，装饰全部由单一的横向生长纹组成，如*Conotheca*, *Kunyangotheca*等。

第2阶段，在梅树村中期，软舌螺仍然以圆管螺目为代表，如*Paraloborilus*，但也出现了一些腹背壳分异较低的直管螺类，如*Platycirotheca*, *Heterosculpotheca*。

第3阶段，在梅树村晚期和筇竹寺期，这一时期软舌螺形态变化巨大，不仅出现了具有口唇的代表，还出现了具有复杂结构的软舌螺口盖，如带螺科的*Microcornus*, *Burithes*, *Linevitus*, *Ambrolinervitus*, *Dipterygotheca*等；同时出现了没有口唇的、腹背分异分明的异管螺的代表种类，如*Allatheca*, *Ancheilotheca*。同时出现了球状始部带尖刺的*Neogloborilus*。

前2个阶段的软舌螺化石主要分布在扬子地区的含磷块岩的地层之中，典型的剖面位于云南晋宁梅树村中谊村段磷矿层之中。

第3阶段的软舌螺主要分布在川西、滇东梅树村晚期含磷的碎屑岩层中和鄂西北的含磷白云岩中。

表 5-3-1 软舌螺分类表（钱逸, 1999）

Table 5-3-1 Phyletic classification of *hyolithes* (Qian, 1999)

<table>
<tr><th>门</th><th>纲</th><th>目</th><th>科</th><th>属</th><th>种</th></tr>
<tr><td>1</td><td>2</td><td>4</td><td>21</td><td>155</td><td>845</td></tr>
<tr><td rowspan="31">Hyolitha</td><td rowspan="31">Orthothecimopha
Hyolithimorpha</td><td rowspan="31">Circothecida
Orthothecida
Sulcavitida
Hyolithida</td><td>Circothecidae</td><td></td><td></td></tr>
<tr><td>Turchuthecidae</td><td></td><td></td></tr>
<tr><td>Spinulithecidae</td><td></td><td></td></tr>
<tr><td></td><td></td><td></td></tr>
<tr><td>Paraglobrillidae</td><td></td><td></td></tr>
<tr><td></td><td></td><td></td></tr>
<tr><td>Allathecidae</td><td></td><td></td></tr>
<tr><td></td><td></td><td></td></tr>
<tr><td>Novitatidae</td><td></td><td></td></tr>
<tr><td>Gracilithecidae</td><td></td><td></td></tr>
<tr><td>Orthothecidae</td><td></td><td></td></tr>
<tr><td>Isitithecidae</td><td></td><td></td></tr>
<tr><td></td><td></td><td></td></tr>
<tr><td>Tetrathecidae</td><td></td><td></td></tr>
<tr><td></td><td></td><td></td></tr>
<tr><td>Sulcavitidae</td><td></td><td></td></tr>
<tr><td></td><td></td><td></td></tr>
<tr><td>Aimitidae</td><td></td><td></td></tr>
<tr><td>Angusticomidae</td><td></td><td></td></tr>
<tr><td>Parakorilithidae</td><td></td><td></td></tr>
<tr><td></td><td></td><td></td></tr>
<tr><td>Trapezovitidae</td><td></td><td></td></tr>
<tr><td></td><td></td><td></td></tr>
<tr><td>Linevitidae</td><td></td><td></td></tr>
<tr><td></td><td></td><td></td></tr>
<tr><td>Notabilitidae</td><td></td><td></td></tr>
<tr><td></td><td></td><td></td></tr>
<tr><td>Pauxillitidae</td><td></td><td></td></tr>
<tr><td>Cardiolithidae</td><td></td><td></td></tr>
<tr><td>Parentilitidae</td><td></td><td></td></tr>
<tr><td>Hyolithidae</td><td></td><td></td></tr>
</table>

表 5-3-2　软舌螺分类示意图（钱逸1999）

Table 5-3-2　Phyletic classification of *hyolithes* (Qian, 1999)

门	纲	目	科
1	2	4	5　6　7　8
		9	10　11　12　13　14　15
	3	16	17
		18	19　20　21　22　23
			24　25　26　27　28

1.Hyoliths；2.Circothecimorpha；3.Hyolithimorpha；4.Circothecida；5.Spinulithecidae；6.Circothecidae；7.Paragoborilidae；8.Turcuthecidae；9.Orthothecida；10.Allathecidae；11.Orthothecidae；12.Novitatidae；13.Tetrathecidae；14.Isitithecidae；15.Gracilithecidae；16.Hyolithids；17.Hyolithidae；18.Sulcavitida；19.Sulcavitidae；20.Aimitidae；21.Angusticomidae；22.Parakorilithidae；23.Parentilitidae；24.Trapezovitidae；25.Linevitidae；26.Notabilitidae；27.Pauxillitidae；28.Cardiolithidae

3.3.2 早期软体动物的分类和演化

软体动物是三胚层真体腔动物，种类很多，大多为水生。其形态差异较大，包括螺、蚌和乌贼等壳形状差别非常大的种类，它们的共同特征是：除螺类外两侧体型对称；身体柔软不分节；分为头、足、内脏团和外套膜等4个部分；身体外面有由外套膜分泌的钙质外壳，少数种类为内壳或者无壳；多数类型用鳃呼吸。陆生的腹足类有无鳃用肺呼吸的种类。

余汶于1987年系统总结了我国扬子地区早寒武世早期软体动物的分类，认为早期软体动物共有61种，可以归位于6个纲，即：多板纲、节壳纲、喙壳纲、单板纲、腹足纲、双壳纲和太阳女神螺类。后钱逸和Bengtson因其材料主要取自于滇东、鄂西下寒武统，认为其中被归入多板纲的化石未发现肌痕，对该分类方式提出质疑，并认为早期软体动物可以归为单板纲、腹足纲、双壳纲、喙壳纲和未定类。

（1）单板纲

单板纲在近三四十年来，一些学者提出了几种具有代表性的单板纲分类。Runnegar和Pojeta（1980，1985）提出单板纲适合作为一个范畴较大的概念，除了传统的分类的Tryblidiacea的*Pilina, Tryblidium*和*Neopilina*之外，还可以包括Helcionellids, Hypseloconids, Bellerophontids, Archinacellids, Pelagiellids, Turangiids和Cyrtonellids。

但是，另外有一些学者主张将壳体不扭曲的单壳类一分为二。Homy于1965年提出将单板纲分成2个亚纲：背壳肌亚纲（Tergomya）和环肌亚纲（Cyclomya）。背壳肌亚纲包括Tryblidiacea等传统的单板纲，环肌亚纲主要由Archinacelloida和强烈卷曲的Crytonellida组成。这2个亚纲由肌痕圈与顶壳的关系相互区别；背壳肌亚纲中壳的顶位于背部肌痕的外侧而在环肌亚纲之中壳顶位于肌痕圈内。Peel（1991c）提出了相似的分类观点，但是同时也提出了2个新纲的划分：背壳肌纲Tenomya和太阳女神螺纲Helcionellida。他指出单板纲是一个能在很宽的范畴上定义各种不扭曲的软体动物单壳类的术语，但是其包含的内容过于广泛，不适合作为单独的1个纲，建议取消单板纲（Peel，1991b，p.17），主张以Tergomya纲取代传统的单板纲。这里的Tergomya纲就相当于Horny（1965）提出的Tergomya亚纲，也同样等同于Harper和Rollins（1982）年提出的狭义的单板纲的概念，包含3个目：Cytonellida, Tryblidiida, Hypseloconida。Peel的分类方式主要是基于功能形态学的证据分析，Tergomya亚纲是外腹式的螺旋型，即壳顶在前，壳体向后扩展，进水管在前端出水管在后部；Helcionelloida亚纲属于内腹式螺旋型，壳顶在后，壳体向前扩展，进水口在壳体的两侧，出水管在后侧中央。余汶（1987）提出了补充了中国扬子地区早寒武世早期一些单板纲分子的分类，如：*Yangtzeconus* Yu, *Eosoconus* Yu, *Actinoconus* Yu，*Archaeotremaria* Yu，*Granoconus* Yu，接近传统的单板纲分类，认为单板纲包括3个目：Yangtzeconioidea, Tryblidiida, Archinacelloida和一个超科Archaeotremariacea，然后将太阳女神螺类归类于一个与单板纲有密切关系的独立类群。

对于现生的单板类的研究通过软组织研究已经确定了单板纲的定义和它在软体动物门中的位置，但是面对早寒武世早期出现的各种单板类化石，许多学者对于以何种标准划分还是见仁见智。Horny（1965）从肌痕和壳顶的关系将单板纲划分为背壳肌亚纲（Tergomya）和环肌亚纲（Cyclomya），然而环肌亚纲具有壳顶处在肌痕圈之中的特征与腹足类中的蝛类相同（Peel，1991，p.21，fig13E），所以Staribogatov（1970），Runnegar和Jell（1976），Runnergar和Pojeta（1985）不同意这样的观点。Peel将环肌亚纲中的Cyrtonellida转移到Tergomya纲之中；Staribigatov（1970），Harper和Rolins（1982），Yochelson（1988）和Peel（1900，1911）

的文章之中将Archinacellida转移到腹足类的范畴。Peel（1991）的分类方式可以看做是Horny（1965），Harper和Rollins（1982），Yochelson（1978）观点的结合，并且Yochelson（1978）就提出Helcionellida可能是一个独立的新纲，但是Peel等并未提出其详细的分类。余汶的分类方式与Peel分类非常相似，也将早寒武世早期不扭曲的单壳类分为2部分：单板纲和未确定纲目的太阳女神螺科Helcionellida和窄壳螺科Stenothecidae。

（2）喙壳纲

*Heraultipegma*在梅树村阶分布广泛，多见于滇东的中谊村段地层内和鄂西黄鳝洞段的地层内、川西麦地坪组地层里（钱逸，1979）。尤其以滇东会泽大海大海段上部出产最为丰富。*Heraultipegma*壳体微小，构造简单，个体数量非常丰富可以堆积成层，是滇东地区大海段上部的标志层位，也是我国喙壳类演化初期形式的代表。

（3）双壳纲

双壳类化石全部为水生软体动物，两侧对称，具有2片外套膜分泌的2瓣外壳。两侧外套膜之间的空腔叫做外套腔，腔内具有瓣状鳃。鳃为其呼吸器官，其结构由简单到复杂可分为：原鳃、丝鳃、真瓣鳃和隔鳃4种。双壳类的肉足位于身体的前腹方，常形似斧形，出于两瓣壳之间，用于挖掘泥沙，移动身体或者钻孔等用途。某些双壳还在足后伸出一簇丝状的足丝，用于附着在外物之上。足丝发育的成年个体，足经常退化。

近30年来，寒武纪的双壳化石发现了一些新的属种。在俄罗斯西伯利亚地台下的寒武统阿特达班阶发现了*Fordilla siberica* Krasilova，1977；澳大利亚南部Yorke半岛下寒武统Parara灰岩层下部发现*Pojetaia runnegari* Jell（1980）。在国内，张仁杰（1980）首次报道了湖北咸丰下寒武统天河板组双壳纲化石，其个体较大，体长至7～15 mm，出产时代相当于华南沧浪铺期乌龙箐亚期。1985年余汶报道了梅树村阶中谊村段一个疑似的双壳类化石*Yangtzedonta* Yu。这可能是目前世界上发现的最早的最古老的双壳类化石，为探讨软体动物的起源，特别是双壳类的起源提供了重要的资料，因为双壳被前人一度认为是从奥陶纪或中寒武世才出现的，这一发现将双壳的起源时间提前到了早寒武世的早期。同样在陕西洛南下寒武辛集组也发现了软体动物化石，其中包含有首先在南澳大利亚Yorke半岛下寒武统Parara灰岩层下部发现的*Pojetaia runnegari* Jell。1986年，在安徽霍丘雨台山组合淮南凤台山灯山的相应地层之中，李文玉和周本对发现的*Pojetaia elliptica* Li et Zhou, *Jellia elliptica* Li et Zhou, *Pojetaia runnegari* Jell进行了详细的研究。雨台山组和辛集组的双壳类具有保存好、数量大、壳体较小的特点；这些种类的化石在我国华北地台南缘沧浪铺期早期广泛分布，与澳大利亚南部Yorke半岛下寒武统Parara灰岩层双壳化石形态非常类似，标志双壳类进入了辐射演化阶段，而且国际地层对比意义重大。

（4）腹足纲

腹足动物是指保存在各个地质历史时期岩层之中腹足类生物的遗体和遗骸。腹足类的生物多营移动性生活，头部发达，具有眼、触角；足发达，呈现叶状位于腹侧，故称为腹足类；具有足腺，为单细胞黏液腺。除少数种类之外，多具有一枚外壳。外壳多呈螺旋形，雌雄同体或者异体，卵生。水生种类用鳃呼吸，陆生种类用外套膜表面代替肺的作用用以呼吸。腹足类的壳体极其发达，变化多样，有的为外壳，有的为内壳，有的则壳体完全退化。一般壳体呈现螺旋形，左旋或者右旋。足部通常能够分泌一个角质的或者石灰质的口盖掩盖壳口，起到保护的作用。壳口前端为前方，壳的顶端为后方，口侧为腹方，相反方向为背方。右旋壳一般壳顶朝上，壳口正对观察者，壳口位于壳体的右侧；

而左旋壳其壳口此刻则会位于左侧。

腹足纲壳体具有单壳、螺旋、不对称的明显特征，但是不能将所有的不对称螺旋单壳化石都简单地归类为腹足。Runnegar（Bengtson et al.，1990）认为Bellerophora和pelagiellids应该是单板类，Morris（1990，p. 86）在讨论来自我国梅树村阶的*Archaeospira* Yu, *Hubeispira* Yu的时候认为这些化石属于和单板纲平行的外腹型类群。而Peel（1990，p.58）则认为*Archaeospira*是内腹型的太阳女神螺类，而壳口偏离壳体是壳体突然的膨大所导致的，Runnegar还从*Pelagiella* Matthew 的内模标本残留的模糊肌痕的排列规律，推测该化石没有经过明显的扭曲。中国早寒武世早期梅树村阶*Archaeospira*, *Yangtzespira*, *Aldanella*都具有壳体小且低矮，螺环少且平旋，壳口大且壳饰简单等特征，显示了类似于*Latouchella* Cobbold的特征，即腹足类的原始特征。

20世纪70年代后期，中国最重要的寒武纪腹足类动物群在扬子板块下寒武统梅树村阶被发现（余汶，1979，1981，1987；何廷贵、殷见成等，1980；蒋志文，1980；罗惠麟，1982）。既有左旋型的*Archaeospira*，也有右旋型的*Hubeispira* Yu, *Aldanella* Vostokova, *Uncinaspira* He, *Yunannospira* Jiang，还有特殊壳型的*Yangtzespira*。其中的*Aldanella*分布非常广泛，于美国马萨诸塞州、加拿大纽芬兰、波兰、俄罗斯西伯利亚地台和蒙古等地的下寒武统地层都有发现；在我国的湖北宜昌、陕西宁强等地区的下寒武统也有出产。20世纪80年代早期，中国在华北板块南缘下寒武统沧浪铺阶下部辛集组和雨台山组发现了2个属：*Xinjispira* Yu, *Auriculaspira* He et Pei，其中*Auriculaspira*的个体数量非常多，而且该化石也在澳大利亚Parara灰岩层之中作为重要的化石分子出现，所以*Auriculaspira*可以作为洲际地层对比和探讨早寒武世古地理环境的重要参照之一（余汶、戎治权，1991）。

（5）未定类的软体动物化石

中国早寒武早期软体动物中有很多属种，其壳型与单板纲相似，但大多数人不将这些化石放在软体动物已知的各个纲之中；钱逸和Bengtson（1989）根据不同的壳饰构造将这一类化石分为了两大类群：有鳞片状壳饰的类群和具有颗粒状壳饰的类群。最早出现的该类化石是*Maikhanella pristinia*，出现于最早的小壳化石层位。

（6）软体动物的早期演化

早寒武世早期发现的软体动物化石，除了喙壳纲、太阳女神螺类、窄壳类、似海螺类之外，单板纲、双壳纲、腹足类都延续存活到了今日，广泛分布于现代世界的各个大洋之中。早期软体动物演化的认识很多都得益于对于现生软体动物的胚胎学、组织解剖学方面的研究。丹麦哥本哈根大学Lemche（1957）教授对采集的深海黑泥（3570 m）中的10个带有软体组织的现生单板类标本和3个空的壳体的研究表明，这些被命名为*Neopilina galatheae* Lemche的单板类，背侧有约3 cm的斗笠状壳体，腹侧有圆形的肉足，口部在前端，肛门在后端，具有5对原始的鳃，6对肾脏和8对缩足肌和梯形神经。这种生理结构显示了单板纲内部器官仍然保留了原始的假分节性状。动物学家Salvini-Plawen （1972，1981，1985）通过对无板纲的尾坑目（Caudoveata）、沟腹目（Solengastres）和多板纲等低级动物的外套膜、腹侧面、外套腔、肌肉系统、感觉器官、消化道、循环系统、排泄和生殖器官以及个体发育等一系列比较解剖学的研究，认为软体动物起源于类蜗虫祖先（turbellarimoph ancestor），软体动物的祖先具有腹背侧低扁，背部是几丁质，角质层上有文石鳞片体；运动器官在侧缘，腹部帮助滑行有黏液纤毛，具备脑神经节、腹索神经和侧神经索；外套腔的后部有鳃，边缘有一对纵向的肌肉束和一系列的背腹肌肉束；具有1条直的消化道和单列的齿舌；具备围心腔和开放式循环系统，有1对生殖腺；并且他认为软体动物的演化路线是从无板纲到多板纲，从多板纲到单板纲，从单板纲再辐射至其他的纲。Haas（1981）通过研究多板纲的壳体显微构造，和胚胎时期壳腺的发育情况和钙质骨针产生和生长的过程，认为多板纲壳质的构造比锥形类原始得多，多板纲的骨针形成类型与无板纲的过程类似，因此他认为单板纲的单个壳体是由多板纲的分离的壳板逐渐融合演化形成的。

动物学家对于软体动物起源演化的相关研究和观点对我们有着重要的指导意义，但是不能仅仅依靠现生生物的解剖学证据断定地质历史时期上的事件，化石材料的支持是必不可少的。化石记录已经表明，Hecionellids, Pelagiellids等类型在寒武纪之后已经绝灭（Peel，1991c），但是这些类群也是寒武纪早期非常重要的软体动物类群，同样反映了软体动物早期演化的特征。

近三四十年来，早寒武世地层之中不断发现了新的软体动物化石。Runnegar和Pojeta（1974）提出早寒武世最早期软体动物最早出现的门类是单板纲，而软体动物的各个纲都是由单板纲衍生出来的，并且他们认为单板纲与环节动物门、星虫动物门（Sipunculoidea）和软舌螺动物门关系密切，起源于共同的祖先，即原始蜗虫类扁虫（turbellarian flatworm）；软体动物门1共有8个纲：无板纲（Aplacopoda）、多板纲（Polyplacophora）、单板纲（Monoplacophora）、腹足纲（Gastropoda）、头足纲（Cephalopoda）、双壳纲（Bivalvia）、掘足纲（Scaphopoda）、喙壳纲（Rostroconchia）；喙壳纲如今已经绝灭。他们认为多板纲起源于单板纲，并建议将锥形壳类（Conchicifera）划分为2个亚门，即直体亚门（Diasoma）和曲体亚门（Cyrosoma），前者包括双壳纲、喙壳纲和掘足纲；后者包含单板纲、腹足纲和头足纲。1987年时，Yochelson提出了另一种软体动物的演化模式，认为早寒武世出现的太阳女神螺类Helcionellacea应该划分为独立的纲，软体动物的祖先不一定是单板纲。Pojeta（1980）提出的早期软体动物演化图表显示：软体动物门由原始蜗虫状扁虫（turbellarian-like flatworm）演化而来，而且软体动物不分节，单板纲可能是腹足纲、头足纲和喙壳纲的共同祖先，喙壳纲则依次演化为掘足纲和双壳纲。Peel（1981，1991b）曾经评述前人对于软体动物的早期演化模式时，认为Runnegar将早寒武世早期的单壳类几乎全部归类为单板纲，并且将单板纲作为软体动物的其他纲的祖先的说法是不正确的，建议废弃单板纲的名称，代以背壳肌纲，同时建立太阳女神螺新纲。他认为太阳女神螺纲是喙壳纲、掘足纲和头足纲的共同祖先，腹足类来源于弓锥形的背壳肌纲；多板纲和halkieriids类起源于无板纲，然后演化成为单壳类。

自20世纪70年代以来中国的扬子地区发现了世界上最丰富的早寒武世的软体动物化石群，包括单板纲、腹足纲、双壳纲、喙壳纲等门类的化石。余汶根据这些材料提出了软体动物早期演化的新观点并建立了一个新的纲：节壳纲（Yu Wen，1987，1989，1990，1993）。他认为多板纲、节壳纲和单板纲都属于前后轴生长；双壳纲不属于高级软体动物；强调单板纲起源于多板纲，软体动物的演化序列是从无壳到有壳，从多壳到单壳的，从外壳到内壳的序列。

梅树村阶的软体动物群之中最丰富而且出现最早的化石是单板纲的化石，许多化石分子都代表了此后许多类群的祖先形态。如*Spatuloconus* Yu, *Eococonus* Yu, *Truncatoconus* Yu, *Obtusoconus* Yu。早寒武世的单板类出现过2次辐射演化的高潮，代表第1次辐射式演化的层位是梅树村阶中谊村段地层的上部，出产大量属种的单板类的化石，分布非常广泛。在筇竹寺阶单板类相对较少，然后至沧浪铺阶辛集组下部，单板类动物又出现了分异和发展，其中以*Stenotheca drepanoida*（He et Pei）和*Igorellina probscis* Feng et al.的个体尤为丰富，且出现了壳饰复杂化的现象；不过该动物群的分布更为局限，主要沿着华北板块南缘分布，国外仅现于澳大利亚南部Parara灰岩层内。

双壳类的首次辐射式演化，大范围分布出现在沧浪铺组的早期，基本相当于单板类二次演化的高潮时期。虽然双壳类首次辐射的时间较晚，但是双壳类化石不仅存在头部，而且前后轴生长，具有成对的肌痕和外壳层具有骨针等特征都表明它属于低级的软体动物（余汶，1993）。喙壳纲的最原始代表是*Heraultipegma*，这个属先后在我国湖北宜昌灯影组黄鳝洞段（钱逸等，1979），四川，云南会泽，永善、寻何灯影组中谊村段上部和大海段底部（罗惠麟等，1982；何廷贵，1982）发现。壳体上*Heraultipegma*介于单板纲*Anabarella*和双壳纲*Fordilla*之间，壳体一般很小，构造简单，个体数量非常丰富可以堆积成层。喙壳纲在我国华南梅树村阶和法国南部海拉尔特（Herauld）和瓦伦斯（Varense）下寒武统上部与三叶虫共生的地层之中都有发现，故而Pojeta和Runnegar认为*Heraultipegma*是从单板纲演化而来，之后发展成为双壳纲最原始的属出现的类群。

腹足纲出现于早寒武世梅树村阶组合带Ⅱ之中，分异演化非常快，出现了多种祖先型分子，形成了腹足类早期演化的第一阶段。该阶段的腹足类具有非常原始的特征，壳体较小且低矮、平旋、不对称、螺环小、壳口较大、壳饰简单并一般表现为同缘的褶饰纹。这种壳饰特征也是早期单板类通常具有的特征，可以表明两者的演化关系。

3.3.3 早期的腕足类化石的分类和演化

腕足动物是海生底栖，单体，群居住，真体腔，不分节而两侧对称的无脊椎动物。腕足动物的软体外面有2片外套膜和由外套膜分泌形成的两瓣几丁磷质或钙质外壳。腕足动物为滤食性动物，其摄食器官是纤毛腕。腕足动物为有性生殖，幼虫有几天到几周浮游生活的时期，其后就会产生胎壳并开始以肉茎附着于海底营固着生活，也有肉茎退化，以次生胶结物或者壳刺固着于海底。

腕足动物壳形的基本特征是：两瓣壳分为腹壳和背壳，两瓣壳的大小不相等，腹壳一般较大，背壳较小但是每瓣壳本身是左右对称的，壳面可见生长线。在壳上，最早形成的部分称为壳喙，它位于壳的后端，腹喙比背喙发达。壳喙下方，有肉茎伸出壳外的小孔，称为肉茎孔。壳喙所在一侧的壳边缘为后缘，其对应一侧的边缘为前缘，壳的两侧为侧缘。有些腕足类的壳中线上，有一条宽阔隆起或者凹槽，被称为中隆和中槽，这是壳体的前缘在生长的晚期时产生的形态上的变化。若背壳有一个中槽，腹壳有一个中隆则称之为单槽型，反之，若背壳有一个中隆，腹壳有一个中槽，则称之为单褶型；中槽和中隆上还可以产生次级的隆和槽，组成更为复杂的前缘类型。近20年来我国西南地区下寒武统梅树村阶发现了大量的mm级的壳片化石。其中的一些壳体先后被不同的研究者定为腕足类的新属18个，新种21个。这些分类单元基于的原始标本，均未见到其内部的构造，保存完好的壳体都以单瓣壳体的形式产出，所显示壳体形态都比较特异，对化石的审定和整理工作有非常大的困难和局限性。

根据钱逸（1999）的观点，这些化石之中有一些基本可以归为腕足类的属，其他的化石均存在明显的问题。这些可以划归为腕足类的化石形态也都相当特异，而且没有观察到比较分明的内部构造，但是在已知的化石门类之中只能和腕足类相互对比。壳体的保存形式是2个壳体联合在一起，并且呈现左右对称，2个壳瓣则不对称且不等大。壳的顶部一些构造有较好的保存，壳顶、壳顶的生长类型、后转面和茎孔形态均有所保存。根据这些形态构造特征，可以将这些化石划分为2个超科：初生贝超科（Heosomocelyphacea Liu）和细生贝超科（Dolichomocelyphacea Liu）。前者包括2个科：初生贝科（Heosomocelyphidae Liu）和尖头贝科（Acidotocarenidae Liu）。后一个超科仅仅包含1个科细生贝科

（Dolichomocelyphidac Liu）。这些所有划分到2个超科内的化石壳体都有1个独特的特征，它们的后缘都具有1个未闭合的横向延伸的裂口。原始腕足类和如Acrotretids的幼年壳的肉茎会延伸出两壳各自的后缘之间，联想到这些腕足后缘的特征，它们当时应该都没有发育固定的特定肉茎孔。这些特征可以看出这些产自我国梅树村阶的腕足类比俄罗斯莫特阶的小腕足类*Aldanotreta*更为原始，同样我国梅树村阶的时代也早于托模特阶（Liu Diyong，1987）。

除了上述的化石之外，还有2个被定为腕足类的种类，一个是*Tianzhushanella* Liu （Liu Diyong，1987），Conway Morris以此建立了一个新的科Tianzhushanellidae Conway Morris，1990，但是他认为这个科可能是与腕足类有亲缘关系的双壳类生物（Bengtson et al，1990，p.164）。另一个属叫易漏贝属*Lathamella* Liu，1979，李国祥和陈均远（1992）将此属归入存疑的软体动物，并将刘弟墉（1979）原定的*Lathamella*提升为新科Lathamellidae Li et Chen，1992。不过这个科和Tianzhushanellidae Conway Morris，1990很难相互区分，可能前者是后者的晚出同义名。

3.3.4　原始锥石类的分类

在1980年以前的文献之中，锥石类化石仅仅产于中寒武世至三叠纪地层之中，但是在近40年我国早寒武世梅树村阶地层之中发现了形态酷似锥石动物的骨骼化石，按其形态组合可以分为骨状壳类和六方锥石类两种类型。

骨状壳类（carinachitids）是以*Carinachites* Qian，1997为代表，具有方形横切面的管状体，相邻的面具有4条清晰的角沟，锥面具有清晰的横向肋凸起。有些角沟很宽很深，4个锥面被明显分割，形成四辐对称的花瓣状横切面，壳体外形类似于4个单列的管状体纵向辐射排列，锥面显示上曲的横肋至鸟喙状尖刺。

六方锥石类（hexangulaconulariids）为壳体呈现扁平的锥体，两辐对称，在2个宽面上均有1个宽的中央锥面和左右1对狭窄的侧锥面，侧锥面与中央的锥面之间的角沟有时有有时无，横截面呈现椭圆形或者透镜形，锥面上具有横肋，以分节壳属的*Arthrochites* Chen，1982为代表。如果是中央锥面与侧锥面之间呈现角状过渡，角沟清楚，横截面呈现两侧对称横向延长的六角形，则被定为*Hexangulaconularia* He，1984。

上述2种锥石类具有明显的锥石动物的性质，如壳呈现四辐对称至两辐对称的管状体或者锥状体，壳体由外表皮和内部支撑的硬骨骼组成，锥面之间有角沟，锥面上具有埋在周围组织之中的棒状物构造形成的横肋，少数标本上可以隐约见到面中线，这些特征符合典型的锥石动物的壳体形态构造特征。梅树村锥石类个体比较小，未见隔壁刺和典型的面中线，始部未被保存，因而它与典型的锥石类化石有一定的区别，特别是形态上和时代上更为接近小锥石科Conulariellidae，后者产自于中寒武世至早奥陶世地层。钱逸（1991）称这些化石为原始锥石类（protoconulariids）。

除了四川的南江地区的*Hexangulaconularia*可以从早寒武世梅树村阶的第一组合带*Anabarites-Protohertzina-Arthrochites*延伸到第二组合带*Siphogonuchites-Paragloborilus*之外，其余各属如*Carinachites,Arthrochites,Punctatus*都产自于梅树村阶第一组合带的中层部位。原始的锥石类化石地理分布也不广，集中在中国扬子板块的西缘，自陕西南部、四川北部、西部、云南东部向南延伸至印度小喜马拉雅地区。根据化石记录，云南晋宁梅树村剖面第5层和永善肖滩剖面第15层有*Arthrochites*（蒋志文，1980；罗惠麟等，1982；Qian Yi and Bengtson，1989），安宁白登剖面第1层发现了*Crinachites*。在四川西部峨眉麦地坪剖面第34层，锥石类不仅数量丰富而且类型也较多，除了*Crinachites*之外，其余各个属均有发现（陈梦莪，1982；殷继成，1980；何廷贵，1984；钱逸，1989）。在四川北部南江地区，包括南江桥亭沙滩磨坊岩剖面的第4～5层和新立长梁剖面第4层，锥石化石数量很多，不过品种比较单调，仅仅可见*Hexangulaconularia*（杨暹和等，1984；何原相，1986）。在陕西宁强宽川铺瓢家垭剖面的第15、16层（Conway Morris and Chen Meng'e，1991），石中沟剖面第24、25层，袁家坪剖面第5层（邢裕盛等，1984）的锥石类最为丰富，目前除了*Hexangulaconularia*未出现之外，其余4个属都有发现。在印度小喜马拉雅下Tal组的燧石—磷块岩段曾经有发现*Arthrochites*的记录，说明其时代与梅树村第Ⅰ组合带基本相当。

原始锥石类通常保存在早寒武世梅树村阶的含磷层位，在云南晋宁梅树村保存在含磷的页岩之中；在安宁白登，四川峨眉麦地坪保存在含磷白云岩之中；在四川雷波抓抓岩和牛牛寨剖面，南江新立长梁，陕西宁强石中沟、袁家坪，陕西西乡河西张家河保存在磷灰岩之中；在陕西宁强宽川铺、云南永善肖滩则保存在胶磷矿磷块岩之中。

3.3.5 海绵骨针化石

寒武纪海绵骨针分布范围很广，在不同的沉积类型之中都有分布，如泥岩、砂岩、页岩、白云岩、灰岩、磷块岩之中都有发现。由于早寒武世海绵绝大多数呈现零星的孤立骨针保存，普遍认为没有分类学意义和地层学意义而长期被忽视，以*Protospongia*宽泛地指代或者根据孤立的骨针建立形态属种。钱逸（1991）参考N.W.Laubenbels和Hartman等（1980）关于海绵形态的描述，E.B.Phillip（1961）关于海绵骨针形态的分类方案，将寒武纪海绵骨针分为6大类35小类。对于共生的骨针，即使形态类型不同，凡是组织结构、成分、排列方式等方面基本相似的化石就合并为一个单元，据此在我国早寒武世梅树村阶鉴定了一些属种，如*Protospongia* sp.，*Asteractinella* cf. *expansa* Hinde，1988，*Calcihexactina*? sp.，*Hunanospongia delicata* Qian et Ding，1988；在沧浪铺阶有*Eiffelia araniformis*（Missarzhevsky，1981）；在中寒武建立了*Miriella hainanensis* Jiang et Huang，1986。其中能够鉴别为高级分类单元的骨针只包括了2个类别：一类属于钙质海绵纲（Calcarea）、异射海绵目（Heteractinida），如*Eiffelia*是多射枝的，主要为八射针，形态上跟开腔骨类十分相似，其骨针有良好的定向和残余下来的磷酸盐的成分，但是原始的成分是钙质的。另一类属于六射海绵目（Hexactinellida），如*Protospongia*带有硅质成分和轴沟，证实了现代类型的六射海绵类在早寒武早期就已经存在。这个时期出现繁多的海绵骨针类型表面海绵动物的辐射分异并不是在中寒武世晚期也不是在早寒武世筇竹寺时期，而是在寒武纪最早的梅树村时期就已经开始，遗憾的是完整形态的寒武纪海绵化石最早在加拿大中寒武世布尔吉斯动物群中才有发现，近30年在我国云南特异埋葬的澄江生物群又发现了20余种的完整类型。

3.3.6 棘皮动物骨板

我国早寒武世地层之中，经过化学处理之后，可以发现一些形状奇特的疏松多孔的骨板化石，已知三峡东宜昌石牌组、汉中梁山郭家坝组、河南辛集组等地都有产出。李勇等（1991）对陕南镇巴小洋坝水井沱组的类似材料进行了描述，命名为*Liyongella* Qin et Li。根据现代化石岩石学的研究，这些骨骼具有棘皮动物的典型特征，骨板外形多种多样，多孔，岩性多具有同轴增生的特征，在正交镜下呈现整体消光。Bengtson等（1990，p.255，figs 174-C）自澳大利亚早寒武世地层之中报道了类似形态的骨板，可惜未做进一步的描述。

我国贵州中寒武世凯里动物群中有完整的棘皮动物化石（赵元龙等，1994），在北美中寒武世发现许多保存非常好的棘皮动物化石，分属于数个纲（Robinson，1991），其骨板形态多样。

3.3.7　原牙形类和牙形状化石（观第五篇第 7 节）

牙形类的生物学上的亲缘关系至今没有一个明确的结果，最近的假说集中于2种：脊索动物和毛颚动物，但是这两类动物之间相差甚远，还是难以判断其中的联系。尽管在石炭纪和志留纪地层之中发现了带有软体组织残留的牙形动物化石，但是仍然没法得出定论，甚至对于其牙形器官的功能在学者之中也有很大的分歧，既有认为是“牙”的模式，也有认为是“肉中刺”的说法。

Bengtson（1976）根据牙形类化石的组织特征将其划分为3大类：原牙形类（protoconodont）、副牙形类（paraconodont）和真牙形类（euconodont）。并且提出了由原牙形类到副牙形类再到真牙形类的演化序列，从全暴露的单体通过部分暴露的单体演化到全部包埋在上皮囊里的单体。这一假说现在被普遍接受。

寒武纪许多化石在总体形态上类似于牙形类，多数情况下呈现简单的椎体形态，仅有类型在某种程度上限制了与典型的真牙形类有亲缘关系的理解。早寒武世早期的原牙形类和牙形状化石的研究起始于20世纪70年代初期，目前仅仅辨认出原牙形类和牙形状化石。

原牙形类是一类细长的单锥状刺体，壳壁具层状微结构，最早的典型代表是*Protohertzina*。该属在世界范围内分布广泛，在中国、俄罗斯、哈萨克斯坦、蒙古、印度、伊朗、加拿大、澳大利亚等国家的早寒武纪地层之中都有发现。尤其在中国的扬子板块之中，钱逸（1997）、蒋志文（1980）等学者将此属作为梅树村阶第Ⅰ组合带（下亚带）的带化石之一，是目前建立的最早的一个牙形类化石带。这个化石带的建立提高了中国乃至世界上寒武纪地层对比的潜力，为确立寒武纪底界起到了标准化石的作用。

原牙形类在我国早寒武世梅树村期至筇竹寺期经历了3个演化阶段，被划分为3个原牙形类化石带，即梅树村期的*Protohertzina anabarica*带，*Ganluodina symmetrica*带和筇竹寺期的*Hagionella cultrata*带。目前在我国早寒武世中期还未发现真正的牙形类，仅在河南方城、叶县早寒武世辛集组小壳化石中发现牙形状化石*Bioistodina* He et Pei，1984和 *Henaniodus* He et Pei ，1984（何廷贵等，1984；裴放，1988），前一个属于牙形动物关系不大，可能为某种动物的上颚器，而后一个属与牙形动物似乎有关联。

3.3.8　具腔片骨类

Bengtson和Missarzhevsky于1981年首次提出Coeloscleritophora这一名称，包括3个科：Wiwaxiidae Walcott，1911（=Halkieriidae Poulsen，1967 =Sachitidae Meshkova，1969），Siphogonuchitidae Qian，1977和Chancelloriidae Walcott，1920 。这些动物以复合的外骨骼为特征，其单个的骨片（sclerites）都有1个显著的内腔和1个细小的基孔。他们认为骨片形成的方式可能是矿化沿着生物身躯的表面发生，之后再占据了整个骨片的内腔。骨片是生物的外部构造，这种外骨骼的生长或者是新骨片的添加，亦或是大骨片更换为小骨片的过程，所涉及的骨骼组织的基本相似性表明这类骨骼的同源特征。由于寒武系底部大多产出的都是分散的骨片并且涉及许多绝灭的生物种群，分类和命名在缺少对各个生物之间谱系关系的了解的情况下十分混乱。

*Halkieria*属和Halkieriidae科是Pouldon 1967年根据丹麦波恩荷恩岛下寒武统磷酸盐结核之中的鳞甲状外模化石建立的，最开始被视为软舌螺的一个科。其特征是披有鳞片状骨片的后生动物，左右对称。身体两端各有1个显著的壳，前壳矩形，凸起；后壳呈卵形，微凸，前后壳体上都有同心环状生长纹。

钱逸（1977）首次报道并描述了我国麦地坪剖面灯影组麦地坪段的此类化石，鉴定了*Sachites* 4个种。蒋志文（罗惠麟、蒋志文等，1982）通过云南会泽和梅树村阶的地层材料，鉴定了6个种。

赫尔克壳类（Halkieriids）骨片不仅特征明显，数量非常多，而且地理分布非常广泛。中国的扬子地区、塔里木，俄罗斯西伯利亚、哈萨克斯坦、蒙古、印度、巴基斯坦、丹麦、英国、斯堪的纳维亚半岛、澳大利亚、加拿大纽芬兰和美国东部早寒武世地层都有发现。

开腔骨类（chancelloriids）呈现锥状或花瓶状，内部中空，外部镶嵌有密集的骨片。单个骨片是由2～20个边缘射管和中央射管组成，每个管都是一个独立的单元，具有自己的腔体。开腔骨类离散的骨片多保存为内模，但因为相邻腔体直接壳壁较薄而且容易被成岩的矿物填充，在酸泡之后相邻射管多粘连。

蒋志文（罗惠麟、蒋志文等，1982）详细报道了云南梅树村阶开腔骨类的7属9种的化石：*Dimidia simplexa* Jiang，1982；*Allonnia erromenosa* Jiang，1980；*Onychia tetrathallis* Jiang；*Archiasterella pentacitina* Sdzuy，1969；*Adversella montanoides* Jiang，1982；*Eiffelia bispanica* Sdzuy，1969；*Chancelloria maroccana* Sdzny，1969；*Chancelloria altaica* Romanenko，1968。

根据我国开腔骨类的骨片类型在不同时代的地层之中的分布情况来看，寒武纪最早的梅树村期，第Ⅱ组合主要是Chancelloria骨片，水平射管多而且完全平伸，以*Chancelloria aksuensis* Xiao为代表。梅树村第Ⅳ组合之中开腔骨类的骨片中边缘射管从平伸向斜伸发展，数量变少，以*Allannia teerathallis* Jiang；*Allannia erromenosa* Jiang 为代表。在筇竹寺期开腔骨类骨片边缘射管数量减少，萎缩呈纽扣状，以*Chancelloria arida* 为代表。从筇竹寺期到沧浪铺期的开腔骨类骨片的边缘射管与中央射管呈现相反方向延伸，以*Archicladium tridactyles*为代表。早寒武世开腔骨类骨片边缘射管从多枝向少枝演化，从平伸到斜伸至反向延伸演化，从长射管到短射管到纽扣状演化。

3.3.9 阿纳巴管类

首次发现阿纳巴管类的学者应该是Rosén（1919），他描述并图示了瑞典加里东山造山带下寒武统的石灰岩之中管状化石的切面，但是它没有正式命名。后来我国的王鸿祯（1941，fig，1a）描述了云南晋宁梅树村昆阳磷矿的一块标本，并命名为*Hyolithes* sp. type A，现在来看就是阿纳巴管类的化石。

现在发现的阿纳巴管产于西伯利亚、蒙古、中国南方、印度北部、伊朗、加拿大北部、澳大利亚南部、纽芬兰东部和瑞典的下寒武统。阿纳巴管的形态非常独特，所有代表化石均有壳，其所有的形态单元都是“3”的倍数，包括褶皱、沟槽、凸起和环纹等。横截面的轮廓多种多样，有圆三角形，分三分、六分、六方形以及三瓣等类型，壳的分散角度一般都不大。壳体的始部一般缺失，壳体呈现圆锥形，在外表面上有生长环纹，偶尔有纵纹。

有一些证据表明阿纳巴管类是固着生物，特别是不呈现两侧对称，有些种类具有纵向的凸起，这可能是在柔软的沉积物之中支撑管体阻止其卷缩的结构。

在西伯利亚剖面，典型的阿纳巴管类出现在前寒武—寒武系界线上下，被认为是区分托莫特期和先托莫特期地层单位的标志。我国扬子地区典型的阿纳巴管出现在早寒武世梅树村阶第Ⅰ、Ⅱ组合带。在印度小喜马拉雅下Tal组产出的最早骨骼化石组合带之中发现了阿纳巴管类（Kumar et al.，1987），伊朗厄尔布尔士山的前寒武—寒武系地层界线剖面也报道了阿纳巴管类（Brasier，1989）。它们的地层时代和中国的梅树村阶Ⅱ组合带相当。

3.4　云南早寒武世小壳动物群古生态

3.4.1　小壳生物的个体生态

小壳动物的研究之中多种早期骨骼化石组合多样而复杂，埋藏环境也非常复杂，对于有效而系统地对小壳生物的古生态的推测造成了非常大的阻碍。

根据早寒武世保存的大量小壳动物化石分析，它们都具有共同的特点：海生，而且大多数都为底栖类型，少部分为游移生活或附着生活。其食物与大部分软体动物相似，一般认为是悬浮的有机物颗粒和微生物、沉积物中的有机物颗粒以及生长在海水或岩石上的藻类。

在营养专属性方面许多多管栖类捕食浮游生物，开腔骨类类似海绵动物的性状从一方面也表示它们从食性上于海绵相似。海绵从古至今都是捕食浮游动物为生的，从而开腔骨类这类多管的小壳动物也可能是采用这种觅食方法。具有壳体的小壳动物，腕足动物可以比较肯定地确定为滤食浮游生物。现生的许多蛞蝓状后生动物都生长骨片，由此可以推测具有类似骨片的赫尔克壳类以及托莫特壳类可能是以沉积物为食的动物。而软舌螺类和软体动物以沉积物为食的习性是可以确定的。

原牙形类可能是肉食性动物的一部分。这些带壳动物的肉食性的直接证据包括在管栖种类、无铰纲腕足类和其他带壳化石上的小捕食孔痕迹，但是造成这些小孔的生物是什么目前尚未有定论。这些带壳生物之中丰富的双壳种类和口盖应该都是应对捕食的保护。

属于底栖移动动物的种类有软体动物、软舌螺和许多带有骨片的种类。但是这些种类的生物也很可能是固着的。

浮游生活的动物可能有原牙形类，其形态与现代漂浮而生的毛颚类相似。

3.4.2　小壳生物所在的环境

（1）温度

软舌螺类和其他一些小壳化石常常与三叶虫、高肌虫、腕足类、古杯等动物以及藻类共生，根据三叶虫、高肌虫和古杯等动物的生活习性，可以推断出小壳动物中很多种类的动物也属于喜暖动物。根据解永顺（1987）研究，小壳化石多数与海绿石共生，推测其生活温度在3～15℃的水中或寒流和暖流交汇处。

（2）盐度

对于早寒武世小壳动物化石的研究，可以发现多数的软舌螺、腹足类、单板类、原牙形类、开腔骨类和海绵类都保存在正常的如含磷白云岩、磷块岩、生物碎屑磷块岩、泥质砂质灰岩和白云岩等浅海地层之中，而在膏盐地层之中没有发现，故而小壳化石生活的海水盐度是正常的。

（3）深度

小壳动物一般生活在潮间−潮下低能带的浅海大陆架区，以潮间和潮下坪的环境为主要，在浪基面以下的深水沉积环境形成的黑色炭质页岩和黑色泥质砂岩之中很少见到大量小壳化石产出。故小壳化石一般生活在中低能潮下海湾和正常的浅海大陆架环境。小壳化石内部不同种类对于生活深度也有不同，部分海绵动物、原牙形类等可能为某些浮游的生物体的一部分，生活在水体的上层。而如软舌螺和软体动物等种类则生活在水体的下部。

（4）水体的清浊度

多数的小壳化石保存在生物碎屑白云岩、灰岩和磷块岩、含磷白云岩以及泥砂质灰岩之中，这些岩层类型多沉积形成于清澈的沉积环境之中，而且海水之中富含磷和钙，可以推测小壳化石主要生活在清澈的近海岸地区。在砂岩和页岩之中保存的小壳化石相对就少很多，说明小壳化石对于水质有一定的选择。

（5）基底

小壳动物在硬质和软质的基底上都有出现。在寒武纪最早期海底的基底以硬质为主，因此许多具骨片的小壳动物保存的都是支离破碎的骨片，而在软质基底如一般粒度的泥岩之中则很少见到小壳化石，如果有则保存非常完好（澄江动物群）。生活在泥沙质软基底上的软舌螺类群个体大小要稍微大一些，有时保存了口盖甚至固着器。

（6）水动力条件

小壳化石对水动力环境的适应范围较广，从开阔的海岸的潮间带到基本静止的深海和泻湖环境之中都能发现小壳化石的存在，但是多数小壳化石集中在较为适宜的近岸大陆架区域。高水动力条件水体的标志是硬底质（适合胶结附着、巢居或者足丝附着的生物）或者不稳定的流动底质（适合快速掘穴的滤食生物）。多数小壳生物于中等水动力条件下生活，只有少数的种类适应高能的水体环境。高能的水体环境既可以带来丰富的有机质供给底栖的生物食用，也可能会将其他地方的生物带来一起呈现介壳滩堆积一起保存。

3.5 小壳化石的研究意义

首先，对于小壳化石的研究在生物发展演化理论上具有重大的价值。小壳化石的发现是在埃迪卡拉纪软躯体动物化石之后，是世界上动物界最早的硬体骨骼的动物群化石，它标志着由后生软躯体动物演化为后生具微小骨骼的动物群的重大地质历史事件；标志着从此以后后生动物发展进入了一个新的重要阶段，开创了生物界发展的崭新面貌，为以后的动物界演化起到了非常关键的作用。而且从寒武纪初期开始的物种的辐射式进化，大量种属爆发式出现的“寒武纪大爆发”事件，小壳化石的辐射式发展就是其中最早的一幕，引领了整个“寒武纪大爆发”的潮流。

在生物地层学方面，小壳化石的发现和研究对于研究埃迪卡拉纪晚期至早寒武世的地层划分和对比，尤其是前寒武—寒武系的界线划分有着非常重大的实践意义，小壳化石可以解决许多不含有宏体化石的很多早期地层的时代归属，在近30年之中一些原本被划归为前寒武纪和一些较为年轻的变质岩系的地层之中都相继发现了小壳化石，从而确认了它们是属于晚震旦世或者早寒武世初期的沉积，如华北板块北缘分布在原内蒙古地轴上的古老变质岩系中发现了晚震旦世或相当于早寒武世初期梅树村期的地层，又如在南秦岭地区原本认为是中生代的浅变质岩之中发现了特定的小壳化石，证明了南秦岭地区发育有较老的早梅树村期的地层；可以看出小壳化石组合或者特定的种类是现在地层划分和对比的重要手段之一。

小壳化石的出现事件，是动物界由后生软体动物到产生后生带有稳定硬体动物的重要事件，其发生时间和前寒武纪到寒武纪的过渡阶段时间重合，而且小壳化石发展迅速，其大量出现的事件被认为是地质历史时期进入寒武纪的重要标志之一，而且具有国际性的广泛分布，自然成为我国甚至全世界划分埃迪卡拉系—寒武系分界线的重要依据。1977年，云南地质科学研究所和中国地质科学院的学者率先在云南开展了全球埃迪卡拉系—寒武系界线层型的研究，开启了中国首个全球地层年代学“金钉子”的研究。以罗惠麟、邢裕盛为首的研究团队在前人的基础之上，对昆明南部梅树村剖面的埃迪卡拉系—寒武系过渡地层进行了多学科的综合性研究，取得了重要的研究进展，并且将埃迪卡拉（震旦）系—寒武系界线点放置在梅树村小壳化石Ⅰ组合，显然小壳化石的研究在生物地层学的方面意义非凡。

在矿产资源普查方面，小壳化石是寻找埃迪卡拉纪晚期至寒武纪初期沉积的磷、锰以及稀有金属等沉积矿床或者埃迪卡拉纪末期层控铅锌矿床等矿床的重要标志。研究表明我国许多地区的寒武系底部含磷岩系之中都含有非常丰富的小壳化石，根据小壳化石出现的组合和种类可以一定程度上推测出含有磷、锰、稀有金属以及铅锌等矿产的具体层位，这些都是小壳化石在指导找矿方面具有的经济意义。

3.6　小壳化石的显微构造分析

在化石矿化的过程中，微生物与环境相互作用，产生的生物矿化作用对于化石组织的保存非常重要。同时，这个时期也是后生动物大量出现骨骼的最早时期。在这个时期，小壳化石的繁盛标志着骨骼生物第一次大量出现并占据主要生态位；对这些早期骨骼化石的显微结构的观察和对其矿化机制的探讨，对于理解早期生命的埋藏学特征，以及早期海洋环境之中矿物与生物的相互作用和早期生命的骨骼演化过程有重要的意义。

梅树村阶的小壳化石多保存在磷块岩之中，壳体也大多为磷酸盐质。震旦纪—寒武纪之交的时期也是小壳生物辐射式发展的时期。带有骨骼结构的生物大量出现和这一特殊的历史时期的富磷的海洋环境很可能存在密切的关系，同时磷酸盐骨骼的生物大量繁衍对于当时的海洋沉积环境也有反作用，生物和环境相互影响，形成了“梅树村动物群”这样密集的化石保存点和世界范围内小壳化石同时期的广泛繁盛，并且小壳动物在三叶虫和古介形类出现之前的无三叶虫带占据优势的生态地位。

这一时期略早之前，也是扬子地区磷块岩广泛沉积的时期，为含磷硬体生物大规模出现提供了物源基础，陡山沱期最富的大型磷矿床主要产在台地浅滩和生物丘或礁相环境（贵州开阳磷矿、瓮福磷矿及湖南石门东山峰磷矿等），而在深水斜坡带只有薄层及结核状磷块岩产出，规模较小。

在这一系列生物快速演化的过程中，华南地区也同时相伴有大量的富含磷元素的地层沉积，生物与环境相互作用，富磷的海洋环境为生物进化出更为坚固的磷酸盐骨骼提供了元素来源，大量具有磷酸盐骨骼的生物死亡后遗留的磷酸盐骨骼也加速了磷块岩的沉积成岩过程。

本文小壳化石样品标本产于下寒武统中谊村段中部，采集于晋宁区昆阳镇北8 km中谊村西北的小歪头山。

偏光显微镜中可见明显的团粒结构，团粒主要由隐晶质磷灰石组成，粒径为0.15～0.45 mm，在很多团粒中都能找到生物骨骼化石或者骨骼化石的碎片（图5-3-6）。胶结物为隐晶质石英脉体；可见大量生物碎屑和胶磷矿。胶磷矿是一种含碳酸-氢氧-氟的磷酸盐矿物，是磷灰石向碳磷灰石过渡的变体。在一些富磷的灰岩、磷块岩或者碳酸盐岩石中，胶磷矿可被方解石、碳磷灰石代替，呈现鲕状、球粒状产出。鲕粒、球粒具有同心圆或者放射纤维状构造。胶磷矿的形成过程中有细菌、单细胞藻类等微生物的参与，微生物与隐晶质磷灰石形成交替包裹的环状结构在胶磷矿中很常见。

在扫描电子显微镜之中可以观察到大量完整的小壳骨骼化石和化石碎片（图5-3-7）。化石的截面中可以清晰看到磷质骨骼层和有机物层呈现互层的非常典型的生物骨骼结构（图5-3-7 a, b），可以明显与胶磷矿的结构区分开来。因为胶磷矿之中没有明显存在的有机物层，其不同圈层之间没有明显的分界，而且存在非常薄的层（$<0.5\ \mu m$）；这样的薄层应该是磷酸盐在无机环境中自然沉积矿化形

图5-3-5 早寒武主要种类小壳生物SEM图像
早寒武骨针：1. 六射海绵骨针；2. *Taraxaculum*, 可能属于寻常海绵纲；3. *Dodecaactinella* 和4. *Eiffelia*, 都为碳酸钙骨针海绵；5. *Microcoryne*, 可能属于八射珊瑚。早寒武骨片：6. *Siphogonuchites* 和7. *Hippopharangites*, 空心骨片；8. *Lapworthella*,托莫特壳类骨片；9. *Eccentrotheca*,另一种托莫特壳类；10、11. *Microdictyon*,叶足动物；12. *Tumulduria*, 可能是腕足动物；13. *Scoponodus*, 未分类的骨片；14. *Cyrtochites* 类似螯肢的部分；15. *Porcauricula*, 可能属于托莫特壳类；16. *Hadimopanella*, 古蠕虫；17. *Cambroclavus* 的骨片；18. *Paracarinachites*,骨片。早寒武管状动物：19. *Cloudina*, 最早的具有碳酸盐化硬体骨骼的生物之一. 20. *Aculeochrea*,具有重结晶的磷酸盐管状骨骼，可见骨骼中的三层状结构，在前寒武—寒武界限上出现；21. *Hyolithellus*, 钙磷灰石化的管状骨骼；22. *Olivooides*；23. *Olivooides*未完全孵化的卵。早寒武具壳动物：24. *Archaeospira*,可能为腹足纲；25. *Watsonella*, 可能属于双壳动物的基干类群；26. *Cupitheca*, 其壳体在生长过程中会分裂；27、28. *Aroonia*, 口盖，可能属于腕足动物的基干类群；29、30. *Parkula*,软舌螺的壳体和鳃盖. 比例尺为0.1 mm（Bengtson，2004: 67–78）
Fig 5-3-5 Early Cambrian Small Shelly Fossils SEM image and main taxons

成的（图5-3-7 F ~ G）。在扫描电子显微镜下，团粒中的化石骨骼碎片显得更为明显，而且可以在大的团粒里找到多个小团粒、化石碎屑存在的痕迹（图5-3-7 E-c）。这说明这些团粒最初应该都是以一个化石或者化石碎片或者其他碎片为中心层层包裹结晶的磷酸盐形成的。在当时骨骼生物大爆发的背景下，骨骼生物大量增加，其死亡后的遗骸对于中谊村组鲕状磷块岩的形成起到了促进作用，才能最终形成在华南扬子地区广泛存在的大规模磷矿沉积。

生物控制矿化作用则是矿物的成核位点、生长速度、晶体学取向、晶体形态和形成的位置都由细胞活动直接控制，生物组织或细胞对于矿化作用使得生物矿物在多级的尺度上都呈现一种较高级别的有序结构。很多证据表明，在生物控制矿化的过程中以蛋白质为代表的一些有机分子能够在结晶的过程中起到“基底”的作用，提供晶体最初形成的活化能较低的成核位点，并且控制晶体最初生长的方向。在现生的动物中，如鸟类的蛋壳和软体动物的外壳等结构内有有机物层–无机物层的复合层状结构，体现了无机晶体在有机物层–溶液界面生长形成的复合物合成过程。

几乎所有磷化的小壳化石骨骼都是由形成覆盖其生物体表面并穿透内部空腔的薄磷酸盐衬里所组成的。这种取向附生作用会形成非常整齐的栅栏状晶体。这种生物矿化作用的机制是：在晶体成核作用的过程中，通过减少临界活化能来催化这一过程，使得成核迅速增加。而在正常的过饱和溶液沉积磷酸盐的过程中，在室温下需要2周才有沉积物出现，而且需求无氧环境（Briggs and Kear，1993）。由于底物的关键作用，磷酸化通常具有较高的选择性，通常，与石灰钙质化石相比，文石钙质化石更容易进行磷酸化。在来自Valentin Tcirl的志留纪Kok剖面地层样品中，文石钙质的软体动物的外壳磷

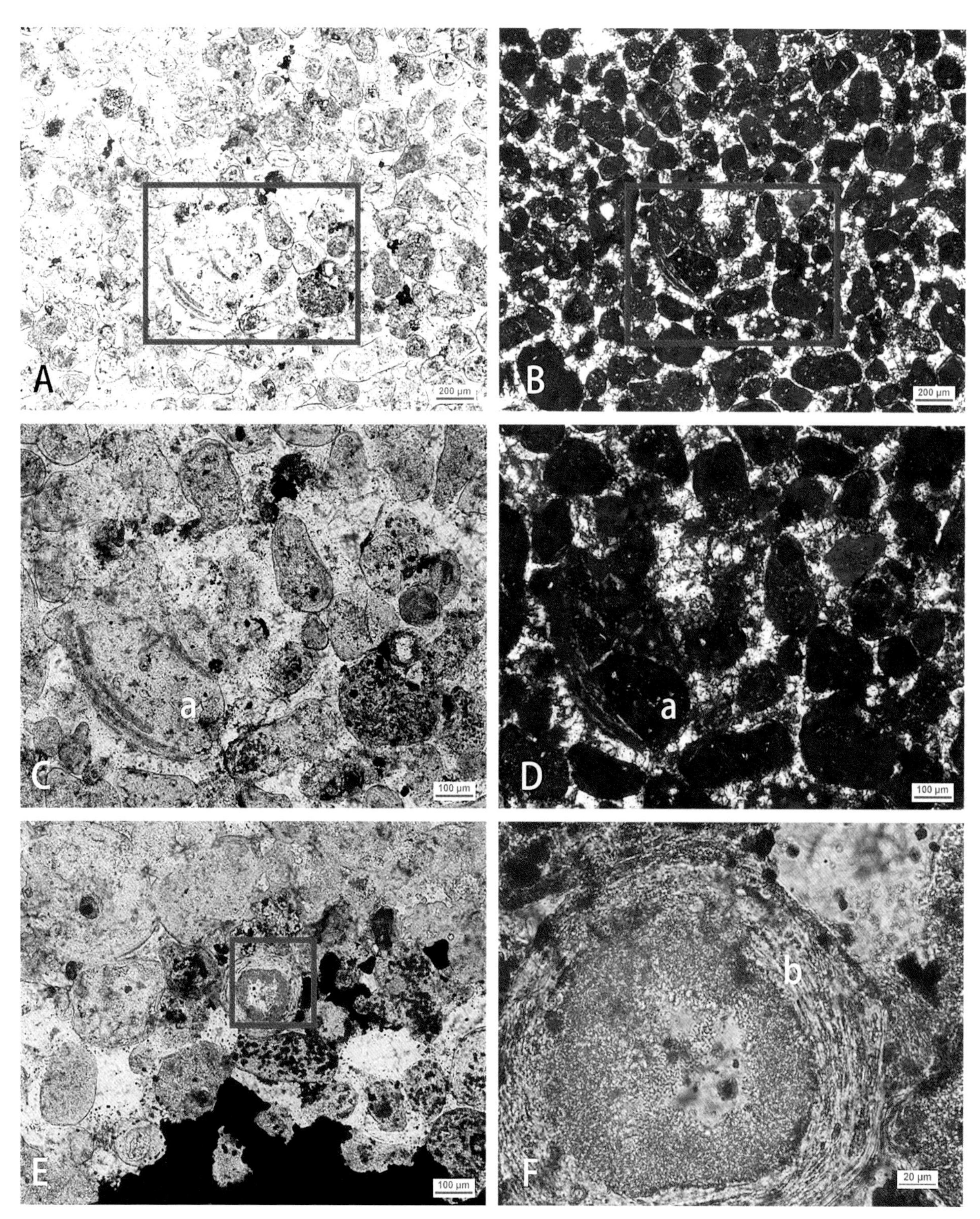

图5–3–6　**A, C.** 中谊村段薄片单偏光图像，可见明显的团粒结构，团粒由胶磷矿组成，胶磷矿中存在化石碎片的残留；**B, D.** 正交偏光图像，可见团粒之间的石英质的胶结物；**E, F.** 具有圈层结构的胶磷矿团粒，中部的空洞是后期被交代重结晶的产物；（a）残留的化石碎片结构，正交偏光下可见被部分矿化的结构；（b）胶磷矿中的环形纹层

Fig. 5–3–6　Thin section image of SSF rich specimen under polarizing microscope

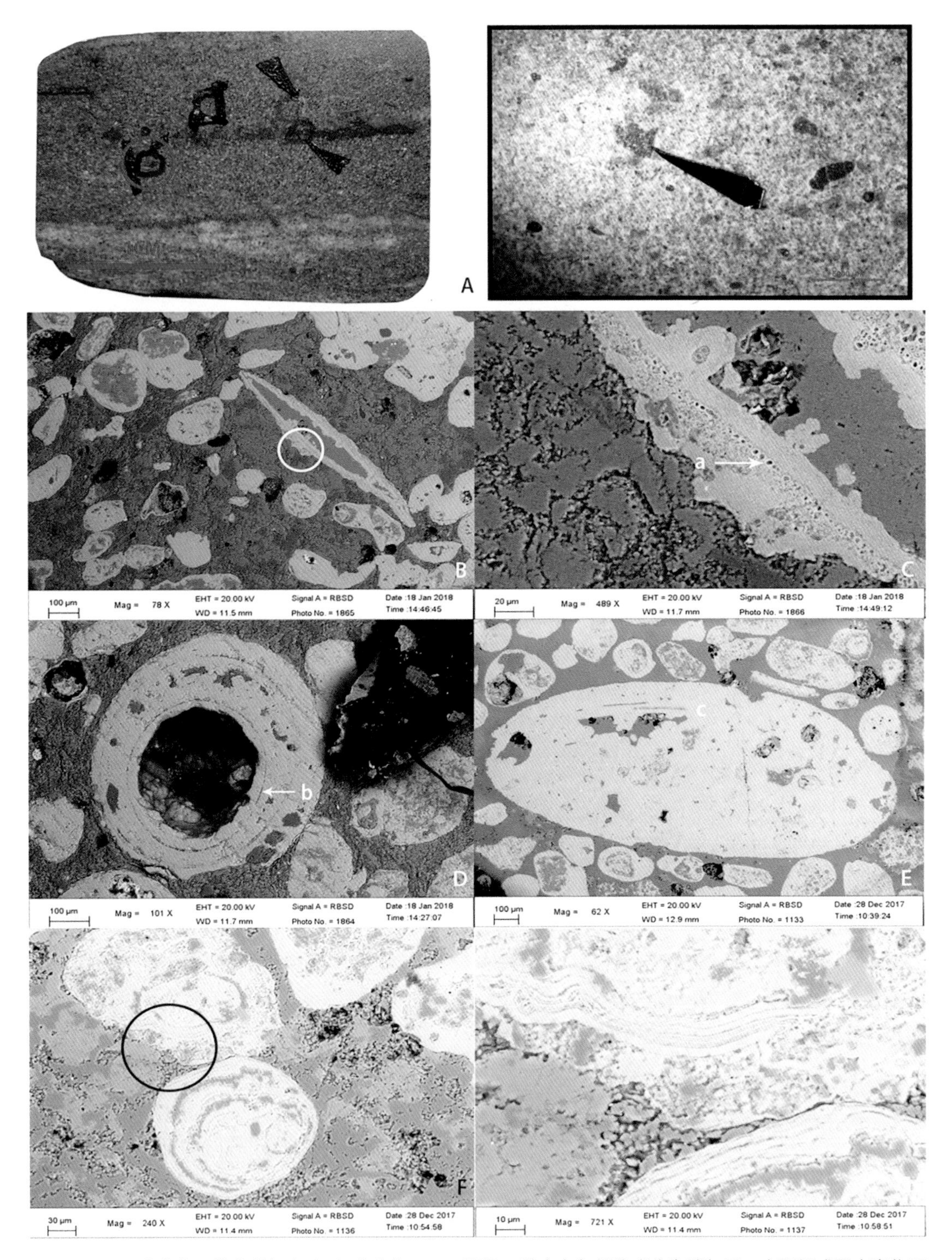

图 5–3–7　A. 小壳化石抛光片标本（A）小壳化石SEM图像，较亮白色部分成分为磷灰石，主要组成是小壳化石及化石碎片，灰色部分为隐晶质石英脉体；B, C. 小壳化石局部放大图像，可观察到夹在两层磷灰石层之间的生物残留结构，为典型的生物控制成矿作用形成的结构；D. 螺横截面SEM图像，可以观察到有机物层–磷灰石层交替互层的生物控制成矿作用结构；E. 团粒里包含小团粒、化石碎屑；F, G. 隐晶质磷灰石微层，单层晶体非常薄，晶体无晶型无取向，为生物诱导成矿作用；（a）小壳化石中的有机物层残留；（b）软舌螺壳体结构中有机物层–磷灰石矿化层交界面；（c）残余的化石碎片

Fig. 5–3–7　SEM image of SSF rich specimen. Biomineralization presented clear structures that differ from the dolomite matrix

化，而石灰钙质介形虫和三叶虫却被硅化。磷质小壳化石的空间与时间的分布可能很大程度上取决于海水中磷酸盐粒子的浓度和原本钙质的碎屑在富磷环境之中驻留的时间。用环境和埋藏差异解释早期小壳动物骨骼成分的差异有助于明晰小壳化石生物组合出现之时不同成分的骨骼化石混合出现的模式。现代的磷沉积物主要在太平洋东部沿岸边缘发育。在此处，富含营养的上升补偿流提高了海洋表层的初级生产力，微生物高速繁衍在海洋中形成了低氧区，有利于富有机沉积物的积累和随之而来的磷生成。沿着洋流主导的东部沿岸，沉积物的堆积率低，可以使表层沉积物发生强烈的生物成因混合，并有利于磷灰石因物理和生物化学诱导形成局部过饱和（Follmi et al.，1991）。磷灰石的沉淀通常是由微生物活动介导的。从寒武纪（Southgate，1986）到第三纪（Follmi et. al，1991）的地层中普遍存在有磷酸盐涂层的骨架颗粒、碎片。然而对于早期小壳化石出现的时代，各种古地理环境推测和研究都不足，从古海洋环境和现代洋流学说来解释寒武纪磷酸盐沉积的分布证据尚不充分。

如果要从化石骨骼演化的角度来看早期小壳化石与磷酸盐沉积的关系，则梅树村地区标志性的小壳化石类群是对于细致分类小壳化石和研究其演化过程的绝佳地点。

Cloudina 是非常重要的埃迪卡拉纪标志化石，广泛存在在新元古代埃迪卡拉纪末期的沉积物中，被认为是最早具有生物矿化的生物之一（Grant，1990），在梅树村标志剖面B点下方也被大量发现。其分类目前尚不明确。根据其形态学特征目前认为最可能归属的门类是环节动物或者刺胞动物。然而，从*Cloudina* 套管的形态、显微结构和生物矿化结构来看，其骨骼结构和任何目前发现的具有骨骼的环节动物（如serpulids, sabellids and cirratulids）都有较大差异，其无性繁殖的特征更加接近刺胞动物，并且*Cloudina*中存在封闭的基部也与其为刺胞动物的假说相符合（Vinn O，2012）。

通过对*Cloudina* 化石的埋藏学、形态学和岩石学以及地球化学研究，其独特的文石骨架被认为是其原生的骨骼结构而非沉积形成。华洪等（2005）通过电子显微镜对*Cloudina*的研究发现*Cloudina*骨骼矿物之中并未出现明显的放射状或是栅栏状显微晶体构造，这些构造代表矿物的晶体成核、生长受到一个无机或有机的基底作用，即有机生物层在克劳德管的骨骼形成中没有显著的影响，而形成*Cloudina*骨骼的是由软体部分分泌的矿物沉淀与有机物质混合的沉淀物质，而后这些物质被化石软体部分塑造成*Cloudina*独特的套管状外壳。

生物矿化的意义不仅在于生物运作的生理基础，更是需要与生物进化的历史相结合看待的。化石生物矿化产骨骼矿物的生理途径以及它们塑造的骨骼的形式和功能都受地质时期自然选择的影响，所有这些使得地质历史时期中的骨骼演化事件不具有连续性，但是通过对于这些化石生物矿化机制的研究和探索，我们可以从一个全新的角度去理解看待这些骨骼生物的演化进程。

在如今的海洋之中，大量碳酸钙质骨骼和硅质骨骼由生物产出，沉积在海床上，形成灰岩和硅质沉积物。然而在生物还未开始演化时的海洋，钙离子和二氧化硅则是主要由化学风化作用被运输到海水里，形成在隐生宙也广泛分布的灰岩、白云岩和硅质岩。在真核生物开始爆发式演化之前，大自然就为其登场准备了舞台，这些沉积在地层中的岩石矿物为生物的骨骼演化提供了物质的基础。

梅树村阶的小壳化石作为磷酸盐骨骼繁盛的生物群体，化石中的磷酸盐晶体几乎全是生物控制矿化作用的结果。在扫描电子显微镜图像中可以清晰地在化石的横切面上观察到无机磷灰石层和有机物层呈现互层的结构，这是生物控制矿化形成的磷酸盐外壳的标志。生物本身的有机物残余从提供磷元素来源和产生生物矿化作用2个方面促进了磷灰石等矿物的结晶，这一时期能够形成的大量的胶磷矿沉积与该时期该地区小壳生物群的繁盛有必然的联系。

3.7 前寒武纪—寒武纪界线地层中的小壳化石

20世纪70年代，我国开展了对扬子地区的小壳化石的研究，并将其作为震旦系—寒武系划分的依据（张忠华，1977；湖北省地质局三峡地层研组，1978；钱逸，1977），依据在扬子地台发现的小壳化石提出梅树村阶作为下寒武统的第一个阶。钱逸当初选定的梅树村阶指寒武系黑色页岩之下，灯影组顶部的含磷岩系。罗惠麟等（1980）在研究云南晋宁梅树村剖面的时候将梅树村阶小壳化石划分出3个组合，自下而上为：①*Anabarites–Circotheca*组合；②*Paragloborilus–Siphogonuchites*组合；③*Eonovitatus longevaginatus–Turcutheca badaowanensis*组合。这3个组合又可以进一步划分为6个亚组合。不过需要注意，罗惠麟等人提出的梅树村阶的概念和钱逸的不同，它不但包括灯影组顶部的含磷岩系，同样也包括筇竹寺组下部的八道湾段（为第3组合）。于此同时，殷继成等（1980）在川西峨眉麦地坪剖面之中划分出3个相应的化石组合，归入梅树村阶。1984年罗惠麟将同一剖面梅树村阶3个化石组合自下而上更改为：①*Anabarites–Circotheca*组合；②*Paragloborilus–Siphogonuchites*组合；③*Sinosachites–Eonovitatus*组合。此时梅树村阶已经扩大到位于筇竹寺组上部的玉案山段底部2.4 m处。此次变更的依据是三叶虫产出的最低层位，认为该剖面最低三叶虫层位之下的地层属于梅树村阶。第3组合之中的*Sinosachites*属于玉案山段，*Eonovitatus*则属于八道湾段，同一个组合的化石来自于不同的地层。邢裕盛等（1984）综合了扬子地台不同地区的梅树村阶小壳化石的分布，自下而上划分出：①*Anabarites–Circotheca–Protohertzina*组合带；②*Paragloborilus–Siphogonuchites–Lapworthella*组合带；③*Eonovitatus–Sinosachites- Ebianotheca*组合带。

在含有多门类的小壳化石的含磷岩系及其相当层之下，即埃迪卡拉纪晚期，陈孟莪等（1977，1981）在三峡石牌灯影组中部发现了矿化的管状化石，定名为*Sinotubulites*，认为其可以和*Cloudina*对比。邢裕盛、岳昭（1984，p.115–116）报道了陕南灯影组位于多门类小壳化石之下层位的管状化石。Bengtson and Yu（1992）对该化石进一步研究之后认为它应该就是*Cloudina*。岳昭对扬子地台不同地区数条有关的研究剖面以及所含小壳化石做了综合研究，认为产于陕西宁强石中沟剖面和李家沟剖面的管状化石为*Cloudina*。产于三峡的*Sinotubulites*与*Cloudina*非常相似，但是因为次生的硅破坏了微结构使之难以与*Cloudina*详细进行对比（Grant，1990）。丁启秀等（1993）在黄陵背斜西翼的庙河剖面发现了该化石。*Cloudina*在上述地区的发现证明了该属在扬子地台具有区域性分布的特点，并且出现层位均位于梅树村期小壳化石层位之下，具有很好的生物地层的对比价值。*Cloudina*是目前已知的最古老的据矿化骨骼的生物，它具有世界性的分布，目前依据发现于纳米比亚（Germs，1972）、巴西（Hahn and Pflag，1985）、西班牙（Palacios，1989）。产于北美和墨西哥以及中国三峡的*Sinotubulites*, *Nevadatubulus*, *Wyattia*均有被认为结构上与*Cloudina*相似，但是因为保存太差无法断定是同一属（Grant，1990）。在扬子地台*Cloudina*产出的时代早于梅树村期小壳化石而晚于埃迪卡拉型软躯体后生动物。在世界的其他地区*Cloudina*均产于寒武系地层之下，从其世界性分布来看，它均出现于晚前寒武纪晚期，其时限相当于埃迪卡拉动物群第3组合带（553 ~ 543 Ma）。*Cloudina*分布广泛而时限较短，可以作为扬子地台灯影晚期的1个化石带。梅树村阶下部的2个小壳化石带在扬子地台上分布非常广泛，分带清楚。最下部的第1化石带的主要分子包括*Anabarites trisulcatus*, *Olivooides multisulcatus*, *Protohertzina anabarica*, *Atthrochites emeishanensis*, *Rugatotheca typica*, *Siphogonuchites triangulatus*, *Conotheca* sp. 等。梅树村第1带为完全矿化骨骼的首次出现，代表后生动物演化的一个新阶段。该带的分子还有种属表现出不完全矿化的特征（Rugatotheca、岳昭、何廷贵，1989），体现出*Cloudina*带的继承特征。

梅树村第2小壳化石带的主要特征为出现大量可能为软体动物的罩状外壳和螺旋壳化石。其代表的化石分子包括：*Latouchella, Aldanella, Anabarella, Obtusoconus, Eohalobia, Heraultipegma*等；管状化石有：*Paragloborilus subglobosus, Tiksitheca licis*，以及Halkiera, chancelloriids。这个带之中具有壳的生物更加繁盛，属种的数量比前一个带明显增加，许多新的门类都出现了。

梅树村第3阶段的小壳化石带主要见于滇、川、黔地区，在梅树村剖面该带包括了筇竹寺组石岩头（原八道湾）段以及玉案山段的底部。石岩头段中没有发现小壳化石，玉案山段底部含有*Lapworthella rete, Tannuolina zhangwentangi, Sinosachites flabelliformis*以及chancelloriids等化石。在扬子地台，该带的生物组合面貌与其下的2个带有很大的差异，从地层角度来看，该带所在的地层与下伏2个带的地层处于不同的岩石组合之中，其间具有明显的沉积间断，而且与其上方的含有三叶虫的地层层位沉积连续，关系更加密切，梅树村阶第3化石带与筇竹寺组关系更加密切。

扬子地台埃迪卡拉纪—寒武纪过渡时期小壳化石的分带为：

筇竹寺期：*Lapworthella–Tannuolina–Sinosachites* 带（图5–3–20）

梅树村期：*Paragloborilus subglobosus* 带（图5–3–19）

Anabarites trisulcatus–Protohertzina anabarica 带（图5–3–18）

灯影峡阶：*Cloudina* 带（图5–3–17）

动物界 Kingdom Animalia

软体动物门 Phylum Mollusca Linnaeus, 1758

太阳女神螺纲 Class Helcionelloida Peel, 1991

太阳女神螺形目 Order Helcionelliformes Golikov & Starobogatov, 1975

Superfamily Yochelcionelloidea Runnegar & Jell, 1976

Family Rugaeconidae Vassiljeva, 1990

Rugaeconus Vassiljeva, 1990

图 5-3-8 A-I

形态特征：壳体呈现低矮的帽状，纵向体长大于横向体宽。壳口偏向一侧，逐渐变窄并最后向下弯曲。壳体正侧向前平滑突出，接近开口的部分具有较宽的褶皱（宽圆盘状褶皱的边缘具有反向翻卷至壳体内部，分隔了内部腔室）。壳体没有纹饰。喙部从椭圆状到泪滴状和圆球状均有。壳体开口处的边缘具有宽阔的浅凹口。Rugaeconidae Vassiljeva，1990与其他Yochelcionellidae 不同的是，Rugaeconidae 壳体上的环沟没有延伸至壳体腹侧中轴线，也没有形成呼吸沟。与Stenothecidae的区别在于Rugaeconidae的壳体更加厚。1990 年 Vassiljeva 将新种*Rugaeconus* Vassiljeva 归入到这一科之中，但是她并未提供对于该科的描述。

Diagnosis: The shell is low cap–shaped, elongated longitudinally, wide. The apex is strongly displaced posteriorly and hooked downwards. The anterior field of the shell is evenly convex; posterior one is concave and sharply folded (a wideplate–like fold projects into the interior of the shell separating the main cavity of the shell from the train). The train is very short, but wide and high. The shell lacks ornamentation. The aperture varies from elongate elliptical or drop–like to almost circular. Its posterior margin is cut by low and wide notch.(Parkhaev, 2002)

图 5-3-8　寒武纪底部软体动物小壳化石

Fig. 5-3-8　Lower Cambrian mollusc fossil Rugaeconidae Vassiljeva, 1990 SEM image

A ~ I. Rugaeconidae Vassiljeva, 1990 壳体上具有规则分布的凸脊和环沟，壳体纹饰只从背侧延伸到接近腹侧，并未完全在壳体上闭合

比例尺为**200 μm**（**Parkhaev, 2010**）

太阳女神螺科 Family Helcionellidae Wenz, 1938

Mackinnonia corrugata Runnegar in Bengtson et al., 1990.

图 5-3-9 A-G

形态特征：壳体较为光滑，具有向内的沟纹，呈现扁平窄帽状，纵向体长大于横向体宽。壳体正侧向前平滑突出，没有纹饰。喙部形状为钝角尖锥状，有时向壳体背侧弯曲。壳体开口较为扁平，开口偏向壳体外侧。

Diagnosis: Species of Makinnonia combine an externally smooth or almost smooth shell with internal furrows, and internal mould usually possess corresponding characteristic rugae with alternating furrows. (Runnegar in Bengtson et al., 1990)

笠螺总科 Superfamily Patelloidea Knight, 1956

笠螺科 Family Pelagiellidae Knight, 1952

笠螺属 Genus *Pelagiella* Matthew, 1895

Pelagiella madianensis Zhou et Xiao, 1984

图 5-3-10 H-P

形态特征：具有右旋包卷的卵球形至三角形壳体，具有开阔的喙部。壳体上具有开放的脐口和延长的喙，整个壳体可以分为凹陷的侧壳与圆角的背壳2个部分。壳体的内模具有1.5倍快速膨胀的横向螺纹，与开口平面齐平或者略低。壳体外模没有纹饰，最大的标本长度为1.1 mm，高660 μm，开口直径最大为550 μm。尽管*Pelagiella*在寒武纪早期的地层之中分布非常广泛，其组内各个物种之间的相互差异非常大，而且根据壳体内模上的纹饰进行种的划分方式一直以来都存在争议。

*Pelagiella*最早在Mernmerna 标准剖面发现。所有的标本最初的区分都是根据壳体内模的形态的，而外模的保存非常差。一些后期的标本中非常明显的呈现螺旋状排列的细长纹饰也并未在Mernmerna剖面中的*Pelagiella*标本中保存。在该类化石中有几种相似的化石共同出现。*Pelagiella subangulata*与*P. madianensis*的区别在于前者具有更大的壳体，更近三角形的开口和纹饰。这些种间区别只能在成熟个体上体现，因为内模的纹饰在幼年期不明显，幼年个体之间很难相互区分。

*Pelagiella madianensis*与*P. adunca*在形态上非常相近。*P. subangulata* 和 *P. adunca*区别在于其开口更加细长且有尖锥状的刺。*P. adunca*则具有更加扁平的壳体，同时开口周缘并没有齿状纹饰存在。*Pelagiella*时至今日最少还命名了大约20个物种，它们互相之间的形态依然没有完全明晰。日后随着对于该种类的形态研究和分类研究的进展，该组之中很多同物异名关系都可能会被揭示。

Diagnosis: Dextrally coiled shells display an ovoid to triangular, flaring aperture. The internal mould is composed of approximately 1.5 rapidly expanding whorls with the spire lying approximately at the level of the upper apertural margin or slightly lower. The exterior of the moulds bear no ornament. The largest specimen is 1.1 mm long，660 μm high and has an apertural diameter of 550 μm.

图 5-3-9　寒武纪底部软体动物小壳化石

Fig. 5-3-9　Lower Cambrian mollusc fossil *Mackinnonia corrugata* and *Pelagiella madianensis* SEM image

A-G. *Mackinnonia corrugata* Runnegar in Bengtson et al., 1990. A. 壳体正面；**B.** 壳体俯视图；**C-G.** 壳体表面的环状纹饰；**H-P. *Pelagiella madianensis* Zhou & Xiao, 1984**

比例尺为**200 μm**

门、纲、目未定 Phylum，Class，Order Uncertain

Anabaritidae Missarzhevsky, 1974

图 5-3-10 A～E

形态特征：壳体为螺旋的直或者弯曲的长管状，在末端具有开口，旋转角度约为5°。管的横截面为圆形。管的外壁基本是光滑的，有时具有横向的环状纹饰，少见纵向的纹饰。管的内表面是完全光滑的，没有任何纹饰。管壁具有双层结构。

Diagnosis: Narrow conical straight or curved tubes opened from both ends, with expansion angle up to 5°. Crosssection of tubes circular. Tubes externally smooth, or bear transversal or rarely longitudinal ornamentation. Internal surface smooth. Tube wall bilaminar (Kouchinsky A，2002).

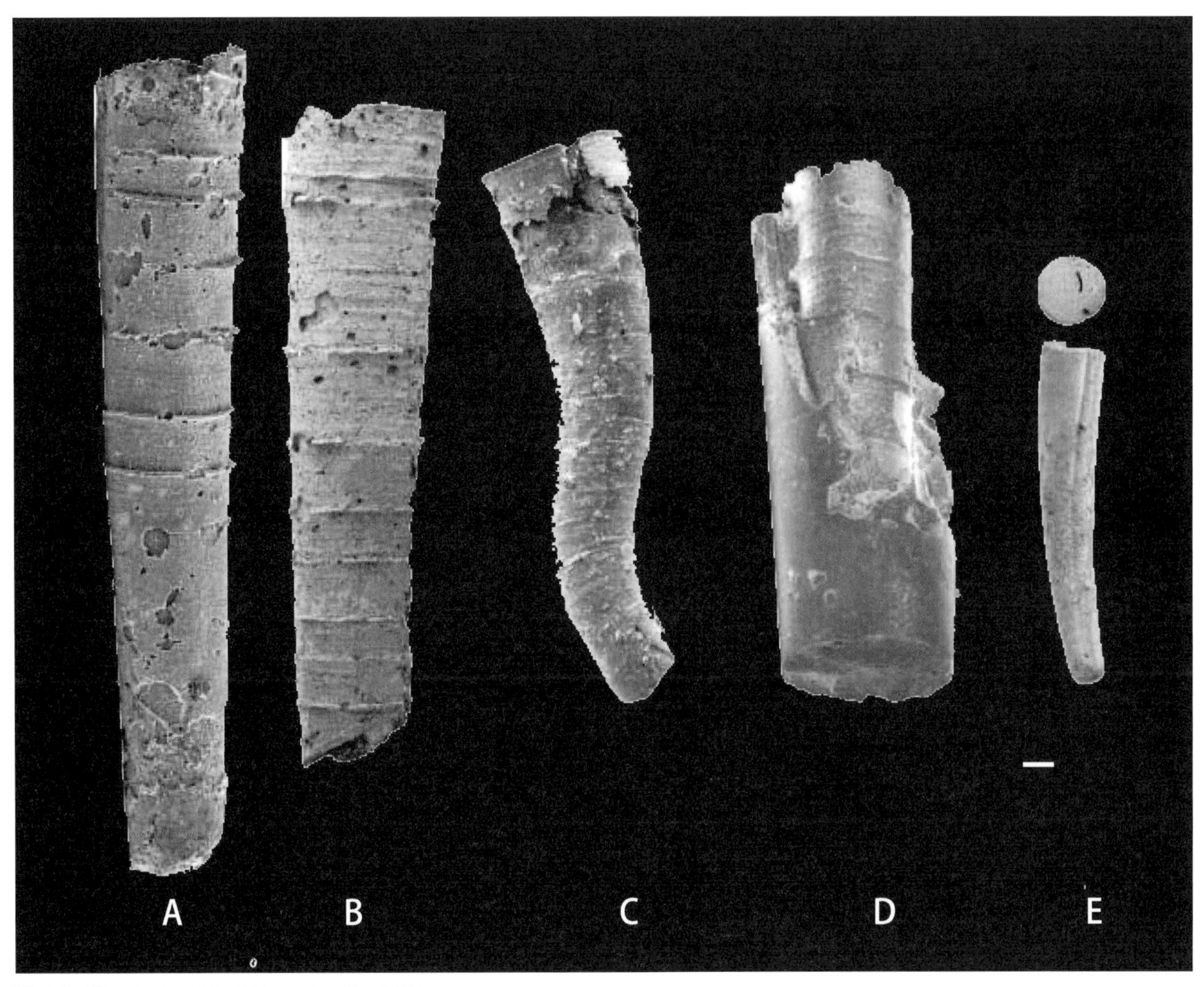

图 5-3-10　*Anabaritidae* Missarzhevsky, 1974

Fig 5-3-10　Lower Cambrian tubular fossil *Anabaritidae* SEM image

A, B. 化石具有多层管壁，基本呈现直管状；C. 化石管壁具有有些呈现弯曲状态，有些没有呈现分层现象；D. 管壁具有双层结构；E. 管体的横截面为圆形

比例尺长度为100 μm（Kouchinsky A, 2002）

门、纲、目未定 Phylum, Class, Order Uncertain

Coleoloides typicalis Walcott, 1889

图 5-3-11 A-D

特征描述：具有略微曲折的长管状壳体。其横截面为圆形或者近圆形。有些标本外壁光滑，但大多具有沿纵轴延伸的螺旋形平均分布的凸脊和凹槽（间隔0.05 mm）。在开口处（直径>0.1 mm的个体），最少有6组斜螺旋状分布的纹饰。对于开口直径更加大的个体，其纹饰的数量会更多，它们呈现一定角度延伸并慢慢消失。凸脊和凹槽之间有模式复杂的分叉和中断。在体型较大的个体（直径1.0～1.5 mm）中甚至有发现具有120道凸脊的个体。不论个体大小，纵向延伸的纹饰都有分节的现象，这些纹饰会在壳体的某一部位错断开，这一现象在表面较为光滑的个体上更加明显。完整的壳体的总长度最长可以达到90 mm，其直径约为1.5 mm。最长的壳体碎片达到了26.5 mm。最初Missarzhevsky（1969）使用壳体上凸脊的数量来定义*Coleoloides*化石，但是他并未统计化石的长度和大小粗细，忽略了其生态发育过程对于其形态的影响。所有的*Coleoloides*化石都具有分节的现象，这一特征与其他同时期的管状化石如*Glauderia mirabilis*区分较为明显。

Description: Elongate, slightly tapering to cylindrical tubes of calcium carbonate with circular to subcircular cross-section. May be smooth, but usually have evenly spaced longitudinal to spiral ridges and grooves on outer surface (spacing c. 0.05 mm). At apical end (diameter c. 0.1 mm upwards), there may be as few as six ridges that spiral obliquely. At greater diameters, the number of ridges increases, their obliquity decreases and ribs become flatter, with complex bifurcations and disruptions in the pattern. From 70 to 120 ridges found in larger specimens, at diameters of 1.0 ~ 1.5 mm. Both small and large specimens may exhibit one or two longitudinal 'splits' or a series of discontinuous gashes in the shell, especially in smooth forms. Estimated maximum length 90 mm at diameter of 1.5 mm. Maximum length of fragment 26.5 mm (Signor P W, 1983).

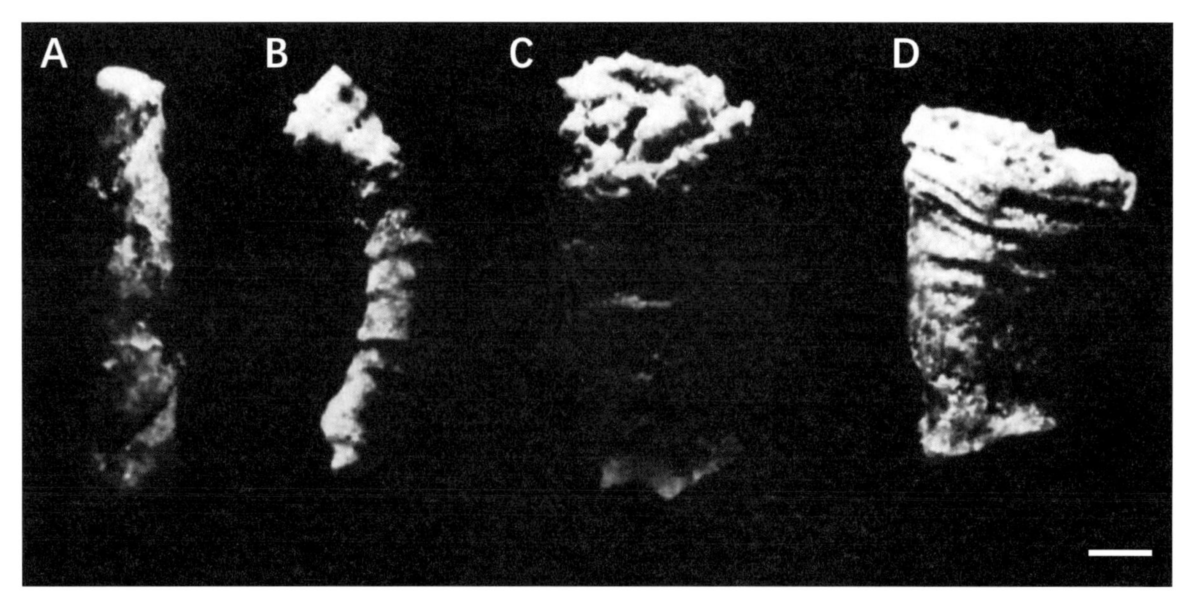

图5-3-11 *Coleoloides typicalis* Walcott, 1889

Fig. 5-3-11 Lower Cambrian tubular fossil *Coleoloides* SEM image

A, B. 化石具有多层管壁，基本呈现直管状；C. 化石管壁具有有些多层结构，有些没有呈现分层现象；D. 管壁上具有规则分布的横纹，个体形态的差异可能是由于埋藏条件的不同导致的

比例尺长度为1 mm（Signor P W, 1983）

毛颚动物门 Phylum Chaetognatha Leuckart, 1854
牙形纲 Class Protoconodonta Landing, 1995
目，科未定 Order, Family Uncertain
Genus *Fomitchella* Missarzhevsky, 1975
图 5-3-12 A ~ B

特征描述：*Fomitchella*化石呈现的尖锥漏斗状背认为曾经是相互重叠的，多个漏斗状骨骼共同组成生物体的一部分。*F. infundibuliformis* 具有中空的锥状壳体，在开口处略微扁平，具有宽阔的开口和弯曲尖细的顶部。壳体的内腔很大，壳壁非常薄（最低5 μm），但是内腔并未延伸至尖端内部。内外表面都特别光滑，外表面偶尔可见一些较浅的放射状纹饰。在垂直壳体的横截面上，可以发现壳体由厚度特别薄的（0.5 ~ 2 μm）与外壳表面平行的薄层组成，这些薄层向内侧楔入。

这些证据表明*F. infundibuliformis* 可能是由薄层构成的漏斗状骨骼，也可能是由于生物软体死亡后形成的生物矿化作用形成的外模。如果这些薄壳是由生物本身形成，那么生物成矿作用就曾经发生在壳体的外侧表面形成，说明壳体的外表面上具有分泌组织，这种形成壳体的机制与euconodont类群类似。

*Fomitchella*是一类具有漏斗状锥体磷酸盐骨骼的小壳化石。最早由Missarzhevsky 于1975年发现并命名。最早发现于西伯利亚Tommotian阶下段，位于寒武纪地层的底部。之后该类化石在纽芬兰也被发现，随后陆续在世界范围内相同时间段的地层中被发现（Bengtson and Fletcher，1983）。

Description: Straight to curved proclined, flaring, bilaterallysymmetrical conoidal phosphatic microfossils of lamellarapatite; bilaterally symmetrical; apical part narrow and elongated, basal part expanded, to trumpet-like; crosssection rounded, circular or ovate at apical end, ovate or tear-drop shaped at basal end; may bear weak posterior keel; posterior side of cusp more strongly curved, anterior side tends to be straight, flaring at base; internal and external surfaces smooth or with faint longitudinal striations.(Brasier M D，1987)

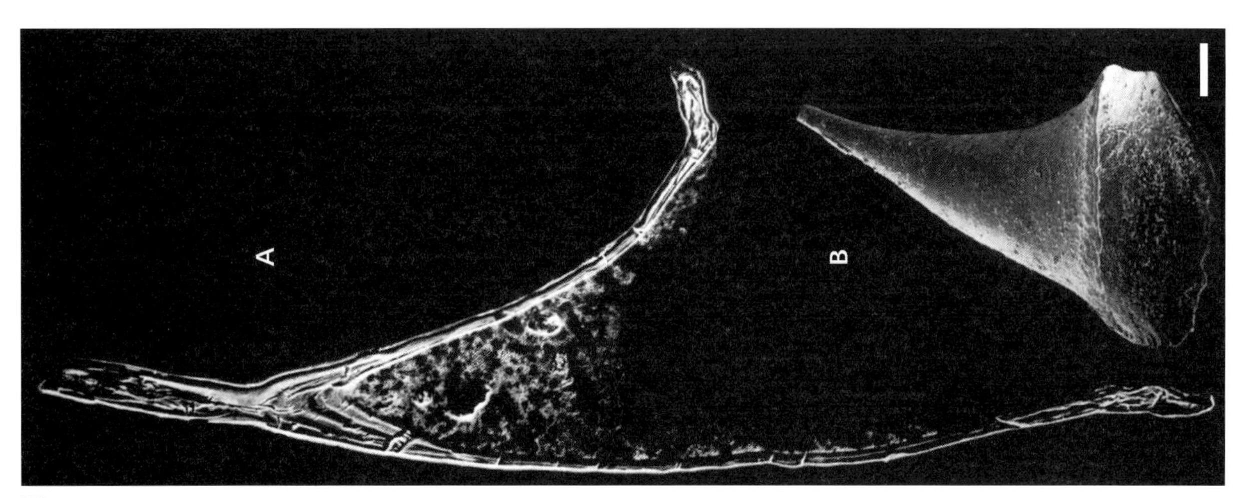

图5-3-12　*Fomitchella infundibuliformis.*

Fig. 5-3-12　Lower Cambrian shell fossil *Fomitchella infundibuliformis* SEM image

A. 电子显微镜下的壳体横截面，可见壳体由多个薄层叠加而成，内部壳体薄层并未在顶端交汇；B. 壳体的SEM图像，其尖锥状顶部具有管状构造

比例尺为100 μm（Missarzhevsky, 1975）

门、纲、目未定 Phylum, Class, Order Uncertain

Family Mobergellidae Missarzhevsky, 1989

Discinella Hall, 1872.

图 5-3-13 A-E

形态特征：半圆形至椭圆形磷酸状壳体，具有偏心状分布的喙。从背侧观察壳体扁平，壳体内侧具有11～14组肌肉痕。这些肌肉痕从喙部放射状分布，一般呈现两侧对称。有时有些标本会具有1块单独的前置肌肉痕。肌肉痕凹陷于壳体内部镶嵌。

Diagnosis: Semi-circular to slightly ovate phosphatic shells with excentrically placed apex. External surface of shell convex, flattened or concave in lateral view, with 11 to 14 muscle scars on the inner surface radiating from the apex. Muscle scars usually bilaterally arranged in pairs, sometimes with the exception of a single mostanterior scar. Muscle scars with minute pores. (Missarzhevsky, 1989)

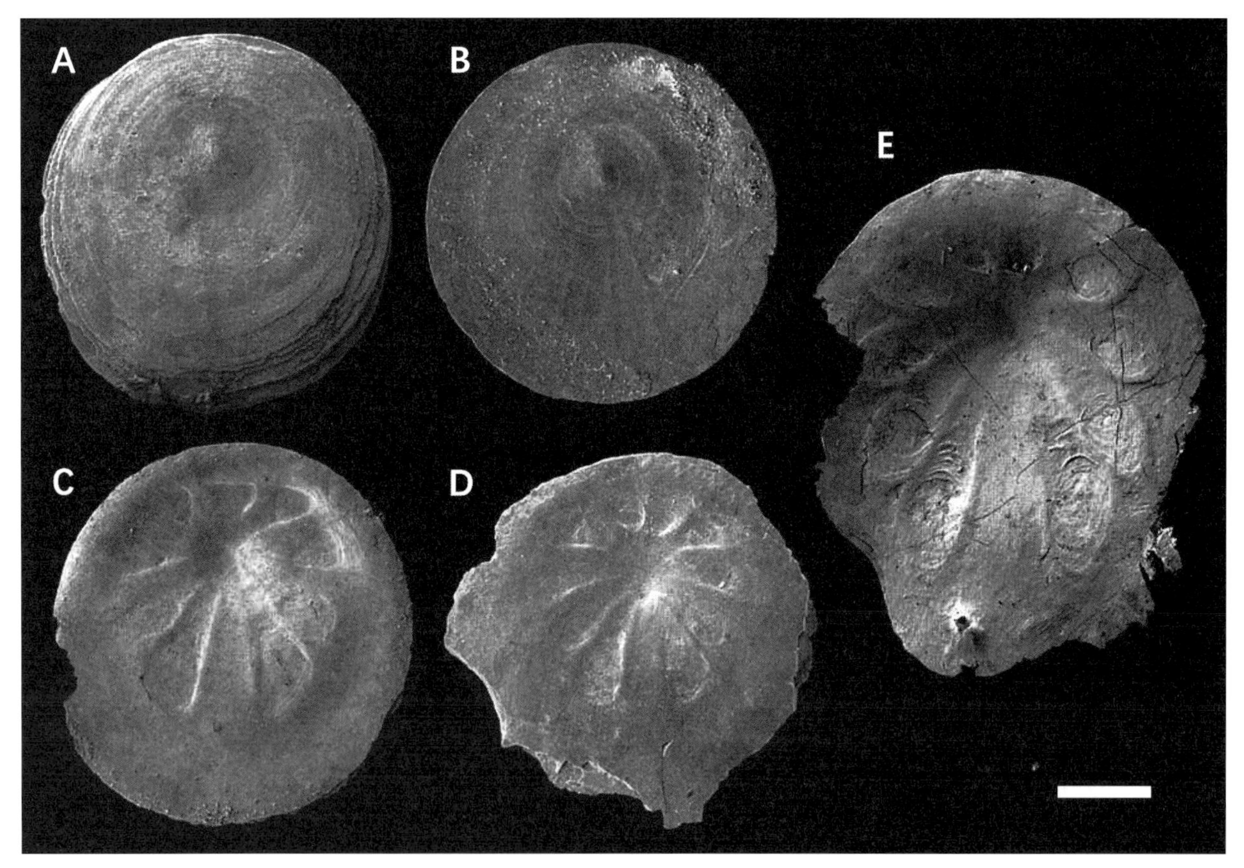

图5-3-13 *Discinella micans* (Billings, 1871)

Fig. 5-3-13 Lower Cambrian shell fossil *Discinella micans* SEM image

A, B. 壳体外表面，具有放射状和同心环状细纹；C, D. 壳体内表面光滑具有肌肉痕；E. 11处肌肉痕显微结构细节

比例尺为20 μm

鳃曳动物门 Phylum Priapulida Delage et Herouard, 1897

纲、目未定 Class, Order Uncertain

Family Hadimopanellidae Märss, 1988

Hadimopanella oezgueli Gedik, 1977

图 5-3-14 A-H

形态特征：圆盘状的微小骨片，底面光滑或略微凸起，顶面凸起强烈，具有一个中心的尖喙。围绕中心凸起的四周具有冠状等距分布的瘤状凸起。内部具有双层的结构，有一个较厚的核心层外部被密度更大的薄层外壳所包裹。骨片非常小，外形一般呈现圆形或者近圆形。厚度最大为42 μm，直径为厚度的2.5 ~ 4倍。下表面没有纹饰，呈现粗糙的质感，上表面有一个中心锥状的凸起。中心凸起被9 ~ 13个瘤状凸起环绕。这些瘤状纹饰呈现等距规律排列，分布更靠近骨片的边缘而不是中心，大小是中央凸起的1/4 ~ 1/3。这些瘤状凸起大小都基本相同，以一个规律的环形分布在骨片上。

Diagnosis: Discoidal, microscopic sclerite, with lower surface smooth and flat to shallowly convex, and the upper-strongly convex, with a pointed central apex, which is surrounded by a crown of regulary spaced minute nodes. Internal structure bilayered: thick inner core covered with a thin denser layer. Sclerites very small, usually circular to subcircular in outline, up to 42 μm thick and with diameter 2.5 to 4 times larger than the thickness. Lower (inner) surface unornamented, rough, passing through rounded margin into strongly convex upper (outer) surface with conical apex. The apex surrounded by 9 to 13 minute nodes. The nodes arranged in a form of regular rim spaced closer to sclerite margin than the center, are 3 ~ 4 times smaller than central conical apex. These nodes are of the same size in a given rim and are spaced regularly at different distances.

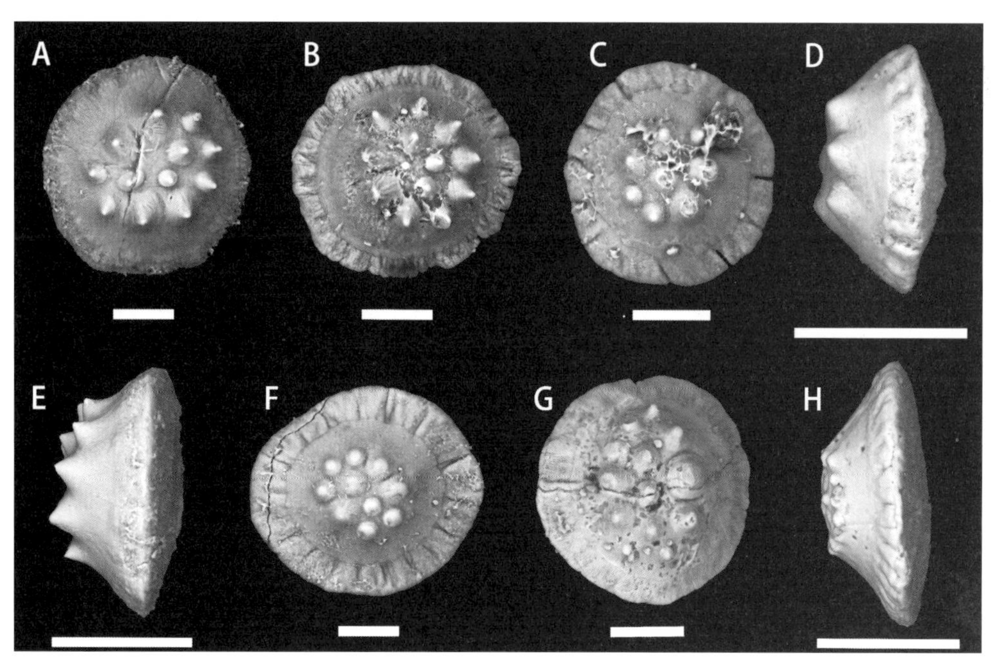

图5-3-14 A, B, C, F, G. *Hadimopanella oezgueli* Gedik, 1977 壳体外平视图，圆盘状的微小骨片，围绕中心凸起的四周具有冠状等距分布的瘤状凸起；D, E, H. 壳体外侧视图，底面光滑或略微凸起，顶面凸起强烈 比例尺为100 μm（Barragán，2014）

Fig. 5-3-14 Lower Cambrian sclerite fossil *Hadimopanella oezgueli* SEM image

门、纲未定 Phylum, Class Uncertain

Order Hyolithelminthes Fisher, 1962

Family Hyolithellidae Walcott 1886

Hyolithellus Billings, 1871

图 5-3-15

形态特征：哑铃形的壳体，长至1.4 ~ 4.5 mm，由狭窄的中部和2个直径不等的边缘凸起组成。凸起可以在垂直于内模轴线的平面上稍微拉平。内外模表面光滑。有时中段外模上具有平滑的凸脊。

Diagnosis: Internal molds of elongated dumbbell shape, up to 1.4 ~ 4.5 mm long, composed of a narrow median part and two marginal bulges unequal in diameter. Distally the bulges can be slightly flat tened in the plane perpendicular to the axis of the mold. The surface of the mold is smooth.

图5–3–15　A, B, C. *Hyolithellus* Billings, 1871哑铃形的壳体，由狭窄的中部和两个直径不等的边缘凸起组成，有时中段外模上具有平滑的凸脊，有时壳体非常光滑（C）；D. 壳体外模，嵌套于矿物内部

比例尺为100 μm（Steiner et al., 2007）

Fig. 5–3–14　Lower Cambrian sclerite fossil *Hyolithellus* Billings, 1871 SEM image

门、纲未定 Phylum, Class Uncertain

Order Hyolithelminthes Fisher 1962

Family Torellellidae Holm, 1893

Genus *Annelitellus* Qian, 1989

Annelitellus yangtzensis Qian, 1989

图 5-3-16

形态特征：管状壳体很小，呈圆锥形且弯曲，最长可达1.0～2.6 mm，并从侧面明显变平。管的顶端部分的膨胀角为10°～20°，该角朝向孔口略微减小。壳体的横截面是椭圆形的。开孔边缘是几乎笔直的。壳体管的顶端部分略有膨胀。壳体的外表面在不规则出现的凸形横向肋，肋之间是光滑的。肋的宽度为0.02～0.05 mm，它们之间的距离为0.07～0.16 mm。

Diagnosis: The tubes are small, conical, and curved, up to 1.0～2.6 mm long, distinctly flattened from the lateral sides. Expansion angle in the apical part of the tube is 10°～20°, the angle slightly decreases towards the aperture. The crosssection of the tube is distinctly elliptical. The apertural margin is straight or almost straight. The apical part of the tube is slightly swollen. The external surface of the tube is smooth between irregularly placed convex transversal comarginal ribs. The ribs are 0.02～0.05 mm wide, and the distance between them varies as 0.07～0.16 mm. (Parkhaev.，2010)

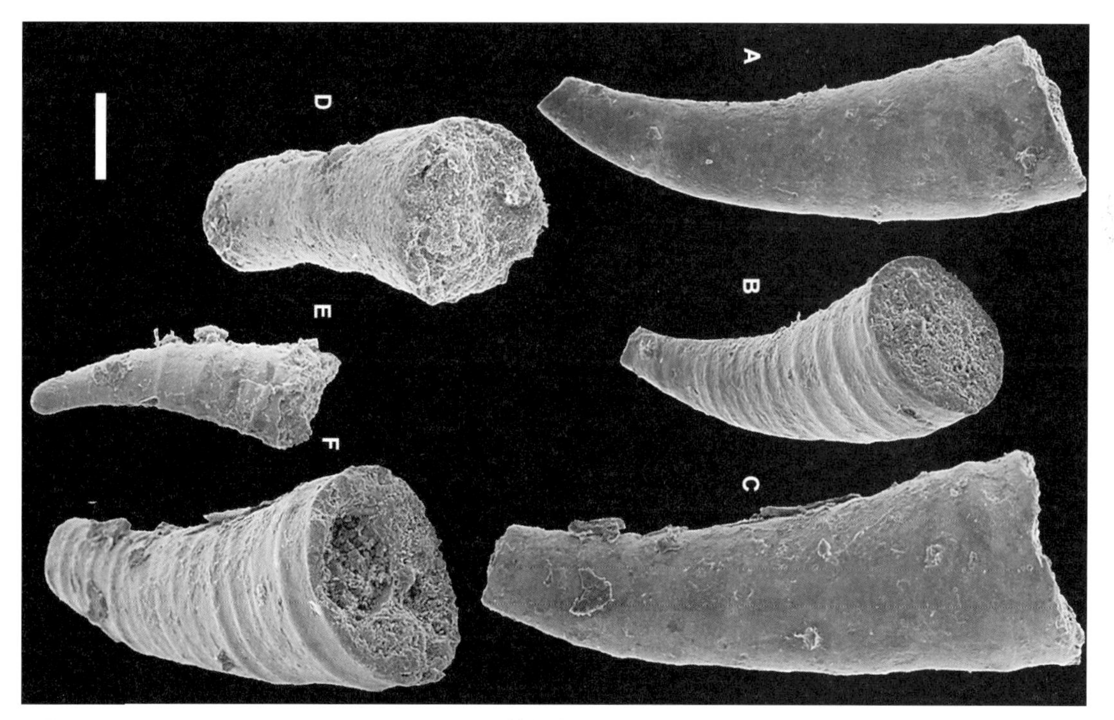

图5-3-15　A-F. *Annelitellus yangtzensis* Qian, 1989管状壳体很小，呈圆锥形且弯曲；B, F. 壳体的外表面在不规则出现的凸形横向肋，肋之间是光滑的
比例尺为500 μm（Parkhaev., 2010）
Fig. 5-3-14　Lower Cambrian sclerite fossil *Annelitellus yangtzensis* SEM image

（宋思存　冯伟民　唐　烽）

主要参考文献

[1] 裴放. 河南下寒武统辛集组中齿形类 Henaniodus 的再研究[J]. 微体古生物学报, 1988, 5(2): 179-182.
[2] 何廷贵, 解永顺. 扬子地台西部梅树村阶中的一些疑难小壳化石[J]. 微体古生物学报, 1989, 6(2): 111-127.
[3] 华洪, 陈哲, 张录易. 陕南新元古代末期微体管状疑难化石[J]. 古生物学报, 2005, 44(4): 487-493.
[4] 蒋志文. 云南梅树村剖面梅树村阶单板类、腹足类动物群[J]. 地质学报, 1980(2): 112-123, 168-170.
[5] 罗惠麟, 武希彻, 欧阳麟. 云南东部震旦系—寒武系界线地层的相变与横向对比[J]. 沉积与特提斯地质, 1991(4): 27-35.
[6] 罗惠麟, 蒋志文, 何廷贵. 川滇地区震旦系—寒武系界线[J]. 地质科学, 1982(2): 215-219.
[7] 钱逸, 陈孟莪, 陈忆元. 峡东地区下寒武统黄鳝洞组的古动物化石[J]. 古生物学报, 1979, 18(3): 207-232.
[8] 钱逸. 中国小壳化石分类学与生物地层学[M]. 北京: 科学出版社, 1999.
[9] 钱逸, 解永顺, 何廷贵. 陕南地区下寒武统筇竹寺阶软舌螺化石[J]. 古生物学报, 2001, 40(1): 31-43.
[10] 解永顺. 陕西镇巴下寒武统筇竹寺阶小壳动物及有关问题的讨论[J]. 成都地质学院学报, 1988, 15(4): 21-29.
[11] 余汶. 湖北西部早寒武世最早期的单板类和腹足类及其生物地层学意义[J]. 古生物学报, 1979, 18(3): 230-270.
[12] 余汶, 戎治权. 河南方城下寒武统辛集组的两种腹足类化石[J]. 微体古生物学报, 1991(3): 9.
[13] 殷继成, 丁莲芳, 何廷贵, 等. 四川峨眉高桥震旦系—寒武系界线[J]. 地球学报, 1980, 2(1): 59-74.
[14] 岳昭, 何廷贵. 四川甘洛、峨眉早寒武世小壳化石再研究[J]. 微体古生物学报, 1989, 6(4): 389-407.
[15] 赵元龙, 袁金良, 朱茂炎. 等. 贵州中寒武世早期凯里生物群研究的新进展[J]. 古生物学报, 1999(38): 1-14.
[16] BARRAGÁN T, ESTEVE J, GARCÍA-BELLIDO D C, et al. Hadimopanella oezgueli Gedik, 1977: a palaeoscolecidan sclerite useless for taxonomic purposes[J]. Palaeontologia Electronica, 2014(17): 1-20.
[17] BRASIER M D, SINGH P. Microfossils and Precambrian–Cambrian boundary stratigraphy at Maldeota, Lesser Himalaya[J]. Geological Magazine, 1987, 124(4): 323-345.
[18] BENGTSON, S. T. E. F. A. N. The early history of the Conodonta[J]. Fossils and Strata, 1983, 15(5): 19.
[19] BRIGGS D E G, KEAR A. J, et al. Phosphatization of soft-tissue in experiments and fossils[J]. Journal of the Geological Society, 1993, 150(6): 1035-1038.
[20] BENGTSON S, CONWAY MORRZS S, COOPER B J, et al. Early Cambrian fossils from south Australia[J]. Association of Australasian Palaeontologists, 1990.
[21] BENGTSON S. The cap-shaped Cambrian fossil Maikhanella and the relationship between coeloscleritophorans and molluscs[J]. Lethaia, 1992, 25(4): 401-420.
[22] BENGTSON S. Early skeletal fossils[J]. *The* Paleontological Society *Papers*, 2004(10): 67-78.
[23] CREVELING J R, KNOLL, A H, Johnston, D. T. Taphonomy of Cambrian phosphatic small shelly fossils[J]. Palaios, 2014, 29(6): 295-308.
[24] FÖLLMI K B, GARRISON R E, GRIMM K A. Stratification in phosphatic sediments: Illustrations from

the Neogene of Central California[J]. Cycles and events in stratigraphy, 1991: 492-507.
[25] GERMS, G J. New shelly fossils from Nama Group, south west Africa[J]. American Journal of Science, 1972, 272(8): 752-761.
[26] HAMDI B, BRASIER M D, ZHIWEN J. Earliest skeletal fossils from Precambrian–Cambrian boundary strata, Elburz Mountains, Iran[J]. Geological Magazine, 1989, 126(3): 283-289.
[27] KOUCHINSKY A, BENGTSON S. The tube wall of Cambrian anabaritids[J]. Acta Palaeontologica Polonica, 2002, 47(3): 431-444.
[28] KUMAR G, JOSHI A, MATHUR V K. Redlichiid trilobites from the Tal Formation, Lesser Himalaya, India[J]. Current science (*Bangalore*), 1987, 56(13): 659-663.
[29] MATTHEWS S T, MISSARZHEVSKY V V. Small shelly fossils of late Precambrian and early Cambrian age: a review of recent work[J]. Journal of the Geological Society, 1975, 131(3): 289-303.
[30] MCMENAMIN M A, MCMENAMIN M A, MCMENAMIN D L. S. The emergence of animals: the Cambrian breakthrough[J]. Columbia University Press, 1990.
[31] MORRIS S C, FRITZ W H. Lapworthella filigrana *n.* sp.(incertae sedis) from the Lower Cambrian of the Cassiar Mountains, northern British Columbia, Canada, with comments on possible levels of competition in the early Cambrian[J]. Paläontologische Zeitschrift, 1984, 58(3-4): 197-209.
[32] MORRIS S C, CHEN M. Cambroclaves and paracarinachitids, early skeletal problematica from the Lower Cambrian of South China[J]. Palaeontology, 1991, 34(2): 357-397.
[33] MORRIS S C, PEEL J S. Articulated halkieriids from the Lower Cambrian of North Greenland and their role in early protostome evolution. Philosophical Transactions of the Royal Society of London[J]. Series B: Biological Sciences, 1995, 347(1321): 305-358.
[34] MÜLLER K J. Conodonts and other phosphatic microfossils[J]. In Introduction to Marine Micropaleontology. Elsevier Science BV, 1998: 277-291.
[35] PARKHAEV P Y. Phylogenesis and the system of the Cambrian univalved mollusks[J]. Paleontological journal c/c of paleontologicheskii zhurnal, 2002, 36(1): 25-36.
[36] PARKHAEV P Y. Protoconch morphology and peculiarities of the early ontogeny of the Cambrian helcionelloid mollusks[J]. Paleontological Journal, 2014, 48(4): 369-379.
[37] PICKERILL R K, PEEL J S. Gordia nodosa isp. nov., and other trace fossils from the Cass Fjord Formation(Cambrian) of North Greenland, 1991.
[38] QIAN Y, Li G X, Zhu M Y. The Meishucunian Stage and its small shelly fossil sequence in China[J]. *Acta* Palaeontologica Sinica, 2001, 40(SUPP): 54-62.
[39] RUNNEGAR B. The evolution of mineral skeletons. In Origin, Evolution, and Modern Aspects of Biomineralization in Plants and Animals. Springer, Boston, MA, 1989: 75-94.
[40] STEINER M, Li G, Qian Y, et al. Neoproterozoic to early Cambrian small shelly fossil assemblages and a revised biostratigraphic correlation of the Yangtze Platform(China)[J]. *Palaeogeography, Palaeoclimatology, Palaeoecology*, 2007, 254(1-2): 67-99.
[41] WOOD R A, ZHURAVLEV A Y, SUKHOV S S, et al. Demise of Ediacaran dolomitic seas marks widespread biomineralization on the Siberian Platform[J]. Geology, 2017, 45(1): 27-30.

[42] YANG B, STEINER M, ZHu M, et al. Transitional Ediacaran-Cambrian small skeletal fossil assemblages from South China and Kazakhstan: Implications for chronostratigraphy and metazoan evolution[J]. Precambrian Research, 2016, 285: 202-215.
[43] YI Q, BENGTSON, S. Palaeontology and biostratigraphy of the Early Cambrian Meishucunian stage in Yunnan province, South China, 1989.
[44] ZHAO F, SMITH M R, YIN Z, et al. *Orthrozanclus elongata* n. sp. and the significance of sclerite-covered taxa for early trochozoan evolution[J]. Scientific reports, 2017, 7(1): 1-8.

附录

图版I

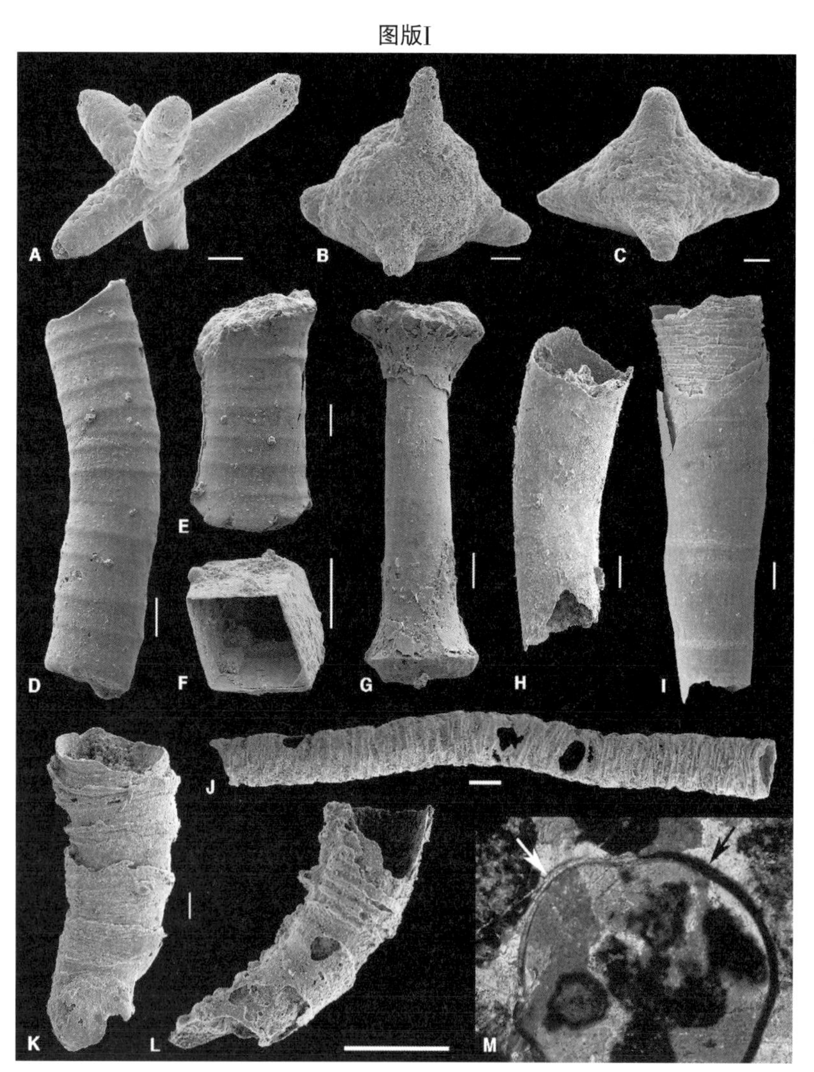

图5-3-17 *Cloudina* Zone 主要化石

A, B磷酸盐化的骨针；C. 磨损的骨针；D, E. *Hyolithellus*；F. 化石提取过程溶解的白云石晶体形成了磷酸盐表面晶体；G. *Hyolithellus*末端膨大，可能由其埋藏环境导致；H. *Chenella laevis*；I. *Conotheca subcurvata* 具有光滑的表面和磷酸盐覆盖，在提取化石的过程中部分壳体被溶解；J. *Sinotubulites cienegensis*；K. *Cloudina hartmannae*；L. *Cloudina cf. hartmannae*；M. *Anabarites trisulcatus*.的横截面

细比例尺为100 μm，粗比例尺为500 μm（Bengtson，2004: 67–78）

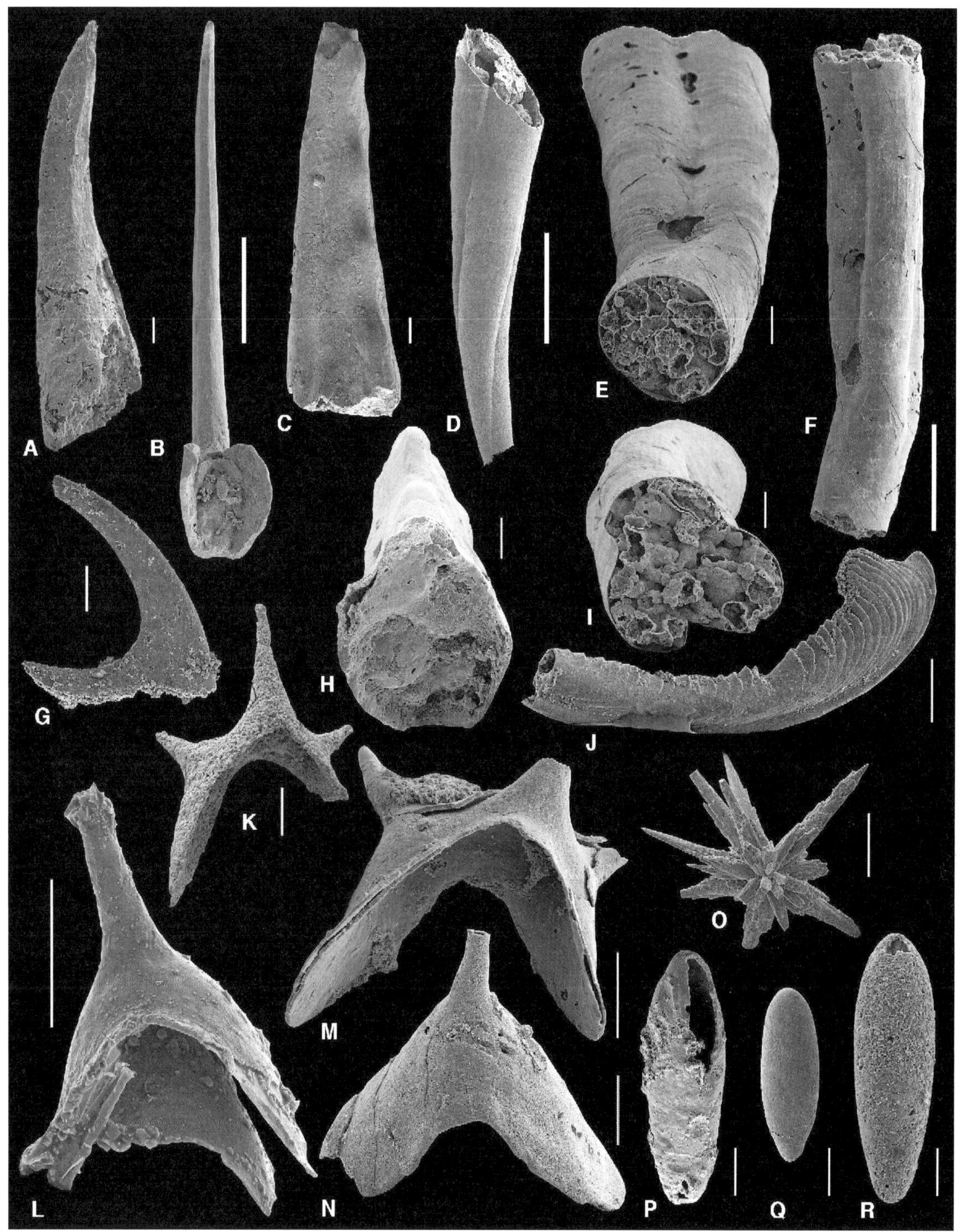

图5–3–18　*Anabarites trisulcatus–Protohertzina anabarica* Assemblage Zone 主要化石

A. *Protohertzina anabarica*；B. *Protohertzina unguliformis*；C, H. *Paracanthodus variabilis*；D. *Anabarites trisulcatus*；E, F, I. *Conotheca subcurvata* and *Anabarites cf. trisulcatus*；G *Mongolodus longispinus*；J. *Fengzuella zhejiangensis*；K. *Kaiyangites novilis* 具有一个中央刺和两个副刺；L. *Kaiyangites novilis* 只有一个中央刺保存；M. *Kaiyangites novilis* 同时具有中央刺和副刺保存；N. *Kaiyangites novilis* 只有一个中央刺保存；O. 不对称的巨大磷酸盐结晶；P, Q, R. 轴对称的骨刺，可能是被磷酸盐包裹的腔肠动物骨刺

细比例尺为100 μm，粗比例尺为500 μm（Bengtson, 2004: 67–78）

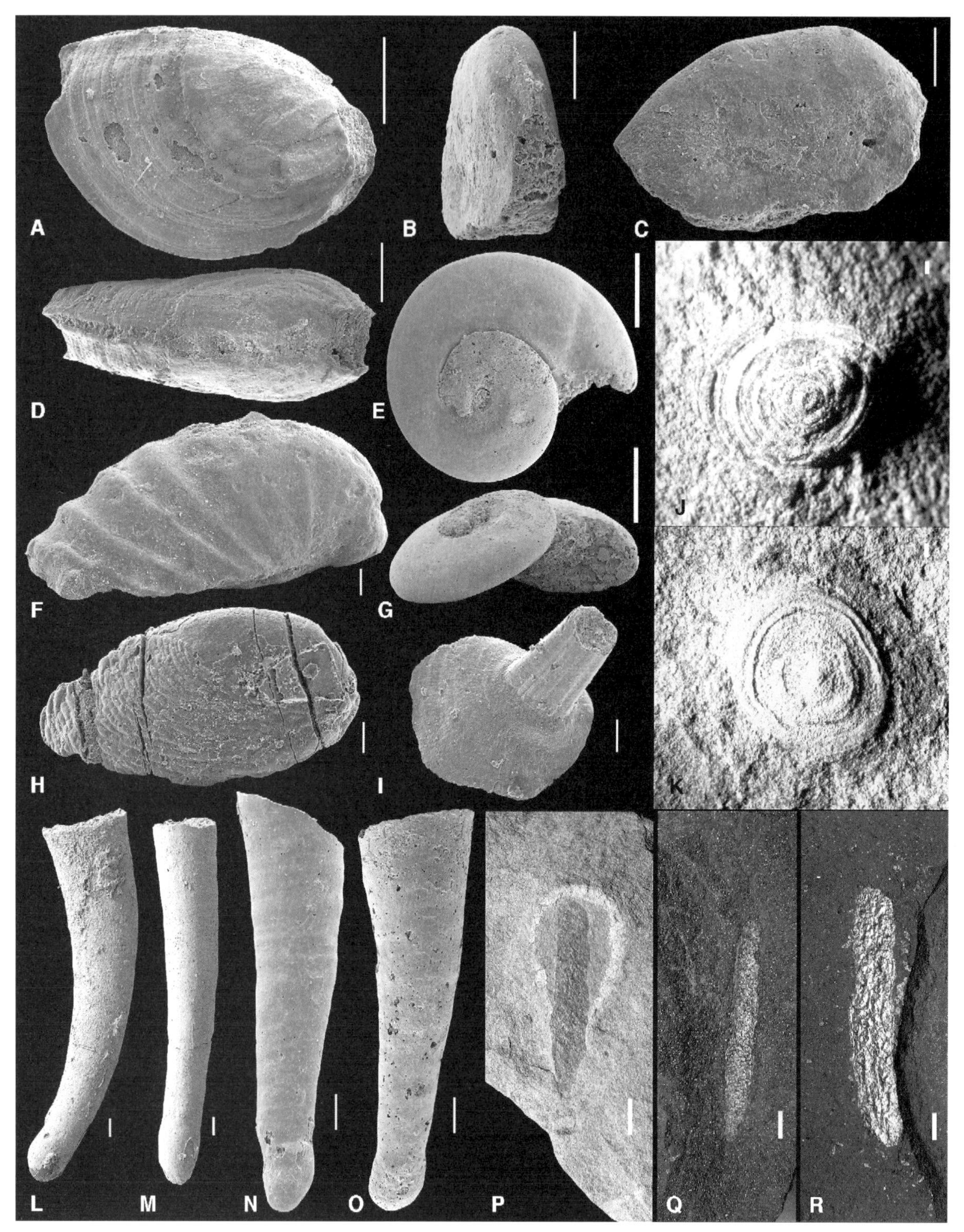

图5–3–19 *Paragloborilus subglobosus*–*Purella squamulosa* Zone 主要化石

A, D. *Watsonella crosbyi*； B, C. *Watsonella crosbyi* 保存于结合之中； E, G. *Aldanella yanjiahensis*； F. *Oelandiella korobkovi*； H. *Purella squamulosa*； I. *Zhijinites longistriatus*； J. *Palaeacmaea*； K. *Palaeacmaea*； L-O. *Paragloborilus subglobosus*； P-R. Carbonaceous megaalga. 细比例尺为100 μm

粗比例尺为500 μm （Bengtson, 2004: 67–78）

图5-3-20　*Sinosachites flabelliformis*–*Tannuolina zhangwentangi* Assemblage Zone 主要化石

A. *Sinosachites flabelliformis*；B. *Tannuolina zhangwentangi*；C. *Archiasterella pentactina*；D. *Lapworthella rete*；E. *Coleoloides typicalis*；F, G. *Pelagiella subangulata*；H. *Halkieria sthenobasis*；I, J. *Pelagiella subangulata*；K. *Microdictyon* sp. 细比例尺为100 μm

粗比例尺为500 μm（Bengtson，2004: 67–78）

图版II

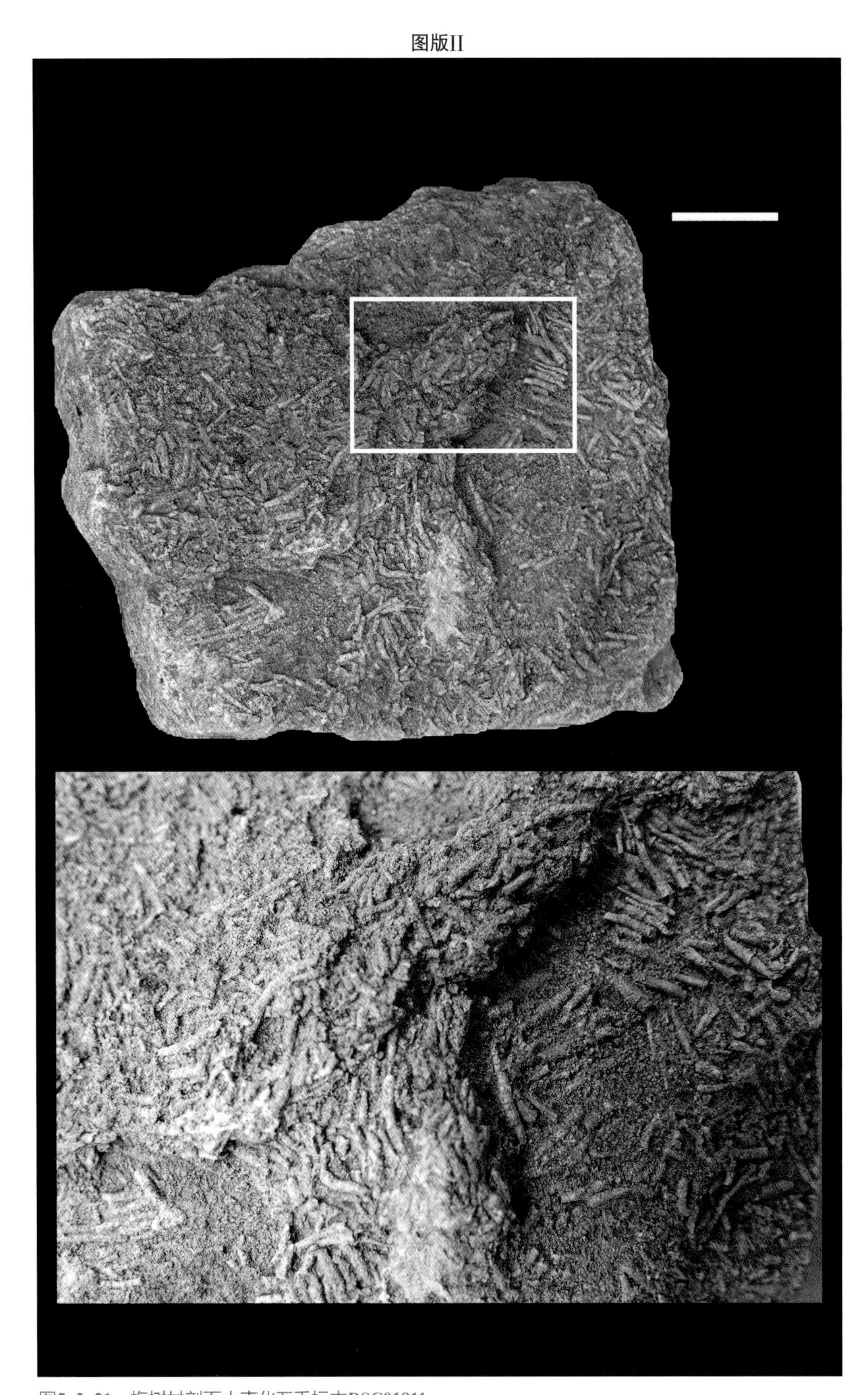

图5-3-21　梅树村剖面小壳化石手标本DSC01811
Fig. 5-3-21　Small shelly fossil rich specimen from Meishucun section
比例尺为2 cm

图5-3-22　梅树村剖面小壳化石手标本DSC01836
Fig. 5-3-22　Small shelly fossil rich specimen from Meishucun section
比例尺为2 cm

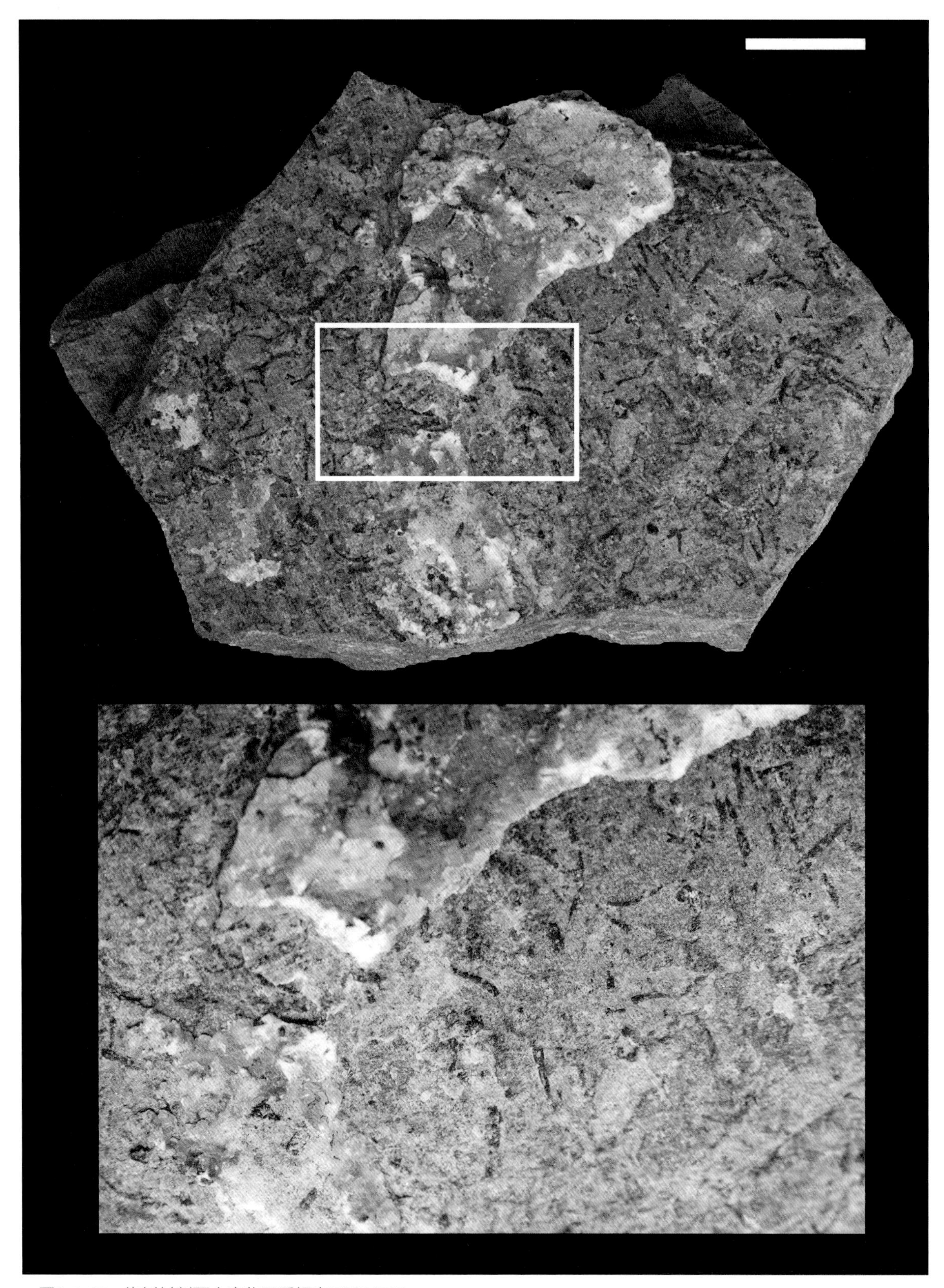

图5–3–23　梅树村剖面小壳化石手标本DSC01837

Fig. 5–3–23　Small shelly fossil rich specimen from Meishucun section

比例尺为2 cm

图5-3-24　梅树村剖面小壳化石手标本DSC01839
Fig. 5-3-24　Small shelly fossil rich specimen from Meishucun section
比例尺为2 cm

图5-3-25 梅树村剖面小壳化石手标本DSC01840
Fig. 5-3-25 Small shelly fossil rich specimen from Meishucun section
比例尺为2 cm

图5-3-26　梅树村剖面小壳化石手标本DSC01841
Fig. 5-3-26　Small shelly fossil rich specimen from Meishucun section
比例尺为2 cm

图5-3-27　梅树村剖面小壳化石手标本DSC01794
Fig. 5-3-27　Small shelly fossil rich specimen from Meishucun section
比例尺为2 cm

图5-3-28　梅树村剖面小壳化石手标本DSC01796
Fig. 5-3-28　Small shelly fossil rich specimen from Meishucun section
比例尺为2 cm

图5-3-29　梅树村剖面小壳化石手标本DSC01799
Fig. 5-3-29　Small shelly fossil rich specimen from Meishucun section
比例尺为2 cm

图5–3–30　梅树村剖面小壳化石手标本DSC01812

Fig. 5–3–30　Small shelly fossil rich specimen from Meishucun section

比例尺为2 cm

图5-3-31　梅树村剖面小壳化石手标本DSC01807
Fig. 5-3-31　Small shelly fossil rich specimen from Meishucun section
比例尺为2 cm

4　海绵动物化石

4.1　海绵动物概述

海绵制品是现代生活中运用最广泛的必需品，从客厅到厨房、卧室、卫生间都有它的身影。在古代，靠海的居民常采集一种名为“浴海绵”的海绵作为洗浴用具，少数巨大的杯形海绵还被作为儿童的浴盆。目前纯天然的浴海绵极少，仅在非洲及地中海等地少量产出，且价格昂贵。因而只有极少数的有钱人才能用得起真正的海洋里的天然的环保品。其实，这类无骨针海绵只是庞大海绵家族中的另类。

海绵动物是最古老和最原始的后生动物类群之一，是一类营底栖固着生活的多细胞动物。因为海绵动物具有固着生活和无定形的（非对称）的生长形式，早期的博物学家一直认为它们是植物。直到1765年，海绵内部水流的性质被发现后，才被确认是动物。18世纪晚期和19世纪的博物学家，如拉马克、林奈和居维叶，把海绵动物归入腔肠动物或者放射动物。R. E. Grant（1836）最先从形态和生理上对海绵动物充分理解并创建了名称“多孔动物”（Porifera）一词，而同时代其他常用的名字是海绵动物门（Spongida, Spongiae, Spongiaria）。2002年出版的多孔动物门专著*Systema Porifera*认为多孔动物除延伸到现代的六射海绵、普通海绵和钙质海绵外，还包括海绵形的绝灭类群古杯动物（*Archaeocyatha*）、层孔虫（*stromatoporoids*）、刺毛类（Chaetetidae）（Hooper and Van Soest，2002）。

海绵动物与其他后生动物有着明显的区别，如没有明显的组织分化和胚层结构。它们的营养、细胞组织、气体交换、对环境刺激做出反应等方面都与原生生物一样，但由于具有水沟系、孔细胞和领细胞，以及胚胎发育过程中胚层的逆转等，被称为侧生动物（Parazoa）（Bergquist，1978）。海绵动物自前寒武纪晚期出现之后，在寒武纪发生了显著的分异，并成为古生代和中生代重要的造礁生物。

现代已知的海绵动物超过15000种，占所有已知海洋动物种数的1/15。大多数海绵动物的身体由大大小小的硅质或者钙质的针状骨骼所建造，这些由蛋白石和方解石透明骨骼构成的“家”就是一座座活体水晶宫。在水晶宫里，住着各种共生的藻类，有些还有胡萝卜素装点，从而显得色彩斑斓。六射海绵维纳斯花篮因网状骨骼通体透明而出名，被作为永恒爱情的象征。在这种全身长满小孔的花篮里，纤弱的俪虾在幼体时，常一雌一雄从海绵小孔中钻入，在里面安全而又温馨的生活，长大后，它们在里面再也出不来，成对相伴生活，直至寿终，传为“偕老同穴”的佳话。

海绵的全身长满小孔，是一个个的“嘴巴”。通过不断振动体壁的鞭毛，源源不断的水流进入“嘴巴”，细菌、硅藻、原生动物或有机碎屑变成一份份美食，使脏水变成了干净水。通常一个高10 cm、直径1 cm的海绵，一天内能净化22.5 L海水。海绵既是生物圈的“净水器”也是生物界的“老寿星”，能活千年乃至万年以上。一个1 m大小的海绵，在它1000年的寿命中，可以净化$8.2\times10^{8}m^{3}$的海水，是自身体积的几亿倍。正是这种高效的净化，使海洋不腐，始终保持干净，其他动物得以生存。

海绵动物具有非凡的再生能力，它们的身体被磨成粉后依然具有顽强的生命力。将它们抛进大海中以后，不但不会死去，相反每一小块都会渐渐长大，变成了一个个新的海绵动物。现代白枝海绵只要碎片超过0.4 mm，带有若干领细胞就能再生，重新长成新个体。海绵动物通过这种高效的克隆方式，成万上亿的海绵占据海洋的每个角落。

海绵动物被认为是地球上最早开始进化的物种之一，代表了进化历史最长的动物类别，是研究动物演化水平的最好证据。最早的海绵化石证据来源于贵州瓮安，这种被称作“贵州始杯海绵”的动物化石只有1 mm大小，保存有精美的细胞和完整的水沟系统。最早肉眼可见的海绵动物化石来源于澄江动物群。它们大的超过2 m，小的只有几毫米，种类超过50种，是寒武纪海洋最重要的生态极。

现生海绵动物广泛分布在海洋环境和淡水中，Hooper and Van Soest（2002）统计已描述的现生海绵动物有3个纲，25个目，127个科，680个属15000个种，有可能仅是所有海绵动物的一小部分。化石海绵动物有6个“纲”，30个目，245个科。

海生海绵动物出现在所有的海洋深度，但无污染的沿海热带珊瑚礁栖息地尤为丰富。大多数海绵动物有厚或薄的硬表面层。生活在软基质的海绵通常直立，高大，从而避免被沉积物覆盖。潮下带和深水物种因为不面对强大的潮汐流或浪涌，其外形通常大且均匀对称。更深水的六射海绵外形往往呈不规则形状、精细玻璃质结构或者呈圆形并集群生活，或者呈绳子状。

传统上通过海绵动物内部骨架/骨针的性质来定义分类，所以海绵动物通常被分为4个纲：钙质海绵纲（Calcarea），六射海绵纲（Hexactinellida），普通海绵纲（Demospongiae）和硬骨海绵纲（Sclerospongiae）。其中硬骨海绵纲included those species that produce a solid，包括能产生固体钙质，在坚硬如岩石的基质上生活的动物物种，这一名称最后被放弃，并归入钙质海绵和普通海绵（Vacelet，1985）。普通海绵纲是最大的sponge class, comprising about 95 percent of the living海绵类群，包含约85%的现生种类 Because of its size and variability, the Demospongiae物种，文献已描述现生物种约6900种（Hooper and Van Soest，2002b）。因为它的大小和变化多样，给分类学家带来了许多的问题。Lévi（1957）结合生殖特性，在1953—1957年间发表一系列的论文，对普通对海绵纲第一次做出重要评价，并依据普通海绵的胚胎发育形式将其分为四射海绵亚纲（Tetractinomorpha）和角质海绵亚纲（Ceractinomorpha）两大类。传统上海绵动物依据骨针分类，但有些海绵根本没有骨针，故而骨针分类就有巨大的不确定性。现代海绵动物专家结合胚胎学、生物化学、组织学和细胞学方法对海绵动物进行分类（Lévi and Boury-Esnault，1979；Rützler，1990）。近些年来，海绵动物学家主要集中海绵的在一系列重要生物活性化合物的方面研究，发现了许多药理化合物（例如，抗菌、抗感染、抗肿瘤、细胞毒性、抗污）（Lewbart，2006；Pallela and Ehrlich，2016）和骨针仿生学研究（Müller et al.，2007；王晓红和王毅民，2006；王晓红等，2011）。

4.1.1 海绵动物形态和基本构造

海绵动物有多种多样的外部形状，如块状、球状、片状、扇状、垫状、指状、锥状、棒状、管状、枝状、笼状、杯状、碗状、网状、长柄高脚酒杯状和一些无定形的形态（Boury-Esnault and Rützler，1997）。

海绵动物体壁由表面的皮层和里面的胃层构成，皮层和胃层之间为中胶层（图5-4-1）。皮层由起保护作用的扁平细胞组成，其间分布有孔细胞，在孔细胞中央有一细管，水通过细管进入海绵腔。具鞭毛的领细胞构成海绵胃层，其具有消化和摄食功能。中胶层中包含数量众多的变形细胞，用于传输营养和排泄废物。

水管系统是海绵动物取食的重要结构，也是分类的主要依据之一。海绵动物类型不同，其水管系统也不相同（图5-4-1，图5-4-2）。通常有4种类型：A单沟型（ascon），即水由垂直体壁的沟道（孔细胞）直达海绵腔。全为钙质海绵。B简单双沟型（simple sycon），体壁折叠，水经过鞭毛室，后流入海绵腔。C复杂双沟型（complex sycon），体壁进一步增厚，出现表皮孔。D复沟型（rhagon或leucon），鞭毛室进一步折叠，鞭毛室出现环绕的领细胞，水经过流入沟、鞭毛室、流出沟，到达海绵腔。复沟型结构增加了海绵体内的水流量，提高取食效率，能满足大型海绵生存需要。

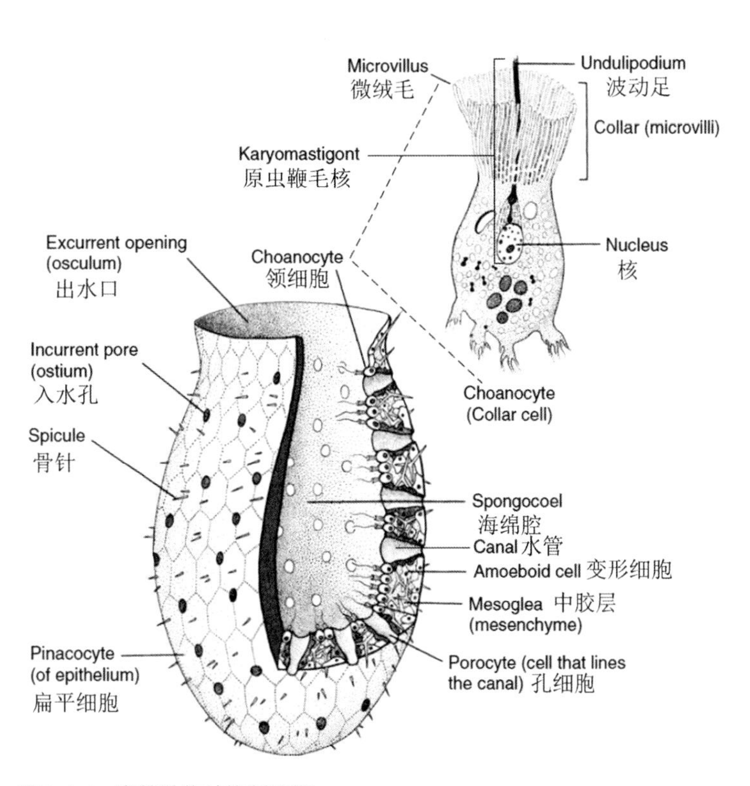

图5-4-1　海绵动物结构剖面图

Fig.5-4-1　Cross section of sponge structure (from Margulis & Chapman, 1998)

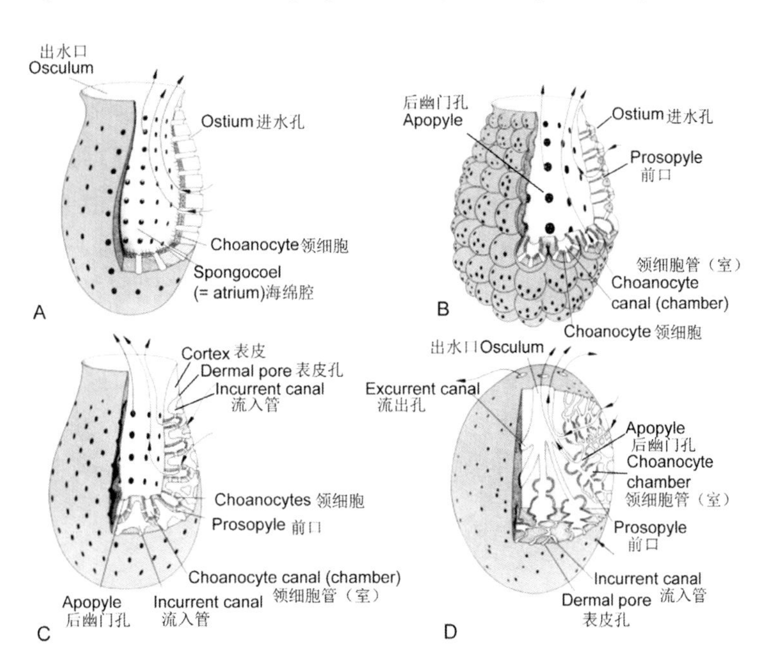

图5-4-2　海绵水管系统示意图（箭头为水流方向）

Fig.5-4-2　Body complexity in sponges (arrows: flow of water)(from Brusca & Brusca, 2003)

A. 单沟型（ascon）；B. 简单的双沟型（simple sycon）；C. 复杂的双沟型（complex sycon）；D. 复沟型（leucon）

4.1.2 海绵动物分类

现生海绵动物根据形态、骨架的特征、细胞和分子等方面，分为3个纲，分别为普通海绵纲、六射海绵纲和钙质海绵纲（Brusca and Brusca，2003）。

钙质海绵纲（Calcarea）：骨针全部由碳酸钙以高镁方解石的单个晶体组成；骨骼没有分化为大骨针和小骨针；骨针通常1、3或者4射，少数多射；骨针常见离散分布，少数类型的骨针会相互连接；幼虫形态为囊胚幼虫型，具有类似胎生的生殖方式；海绵体单沟型、双沟型或者复沟型；全部海生。

六射海绵纲（Hexactinellida）：硅质骨针，三轴六射针，单轴针或两轴针也常见；具有大骨针和微骨针；体壁网状多孔；无扁平皮层或者为非细胞表皮膜取代；领细胞为合胞体；全为海生，主要生活在深水中；骨架中没有钙质矿物或硬化的有机海绵丝成分；硅质骨架可能是完全疏松的，或者部分连接形成稳固的基底和领细胞层框架。

六射海绵动物为类似胎生的生殖方式，幼年体为旋毛幼虫。现生六射海绵纲动物占整个海绵动物的7%，大约有500个物种（Reiswig，2002）。根据微骨针的差异，六射海绵纲可以分为双锚亚纲（Amphidiscosida）和六星亚纲（Hexasterophora）。双锚亚纲从来不生活在硬质基底上，由簇状骨针形成的根须固着在软基底上，大骨针分散，不胶结成硬质网状骨架，具双轮微骨针，无六射星状微骨针，绝大多数深海生活。六星亚纲通常固着在硬质基底，偶尔由根部簇状骨针固着，微骨针为六星状，大骨针自由排列，通常胶结成硬质网架，形成大而复杂的形态。

普通海绵纲（Demospongiae）是现生海绵动物中最为丰富的类群，大约占现生类群总数的85%（Hooper and van Soest，2002）。其骨架由矿化的骨针或非矿化的海绵丝组成，骨针主要为硅质，少数类型在生长后期发育有钙质沉积。大骨针主要为各种类型的单轴针和四轴针，石海绵类具有特殊的大骨针。现生普通海绵纲根据幼虫类型和繁殖方式的差异，可以划分为3个亚纲：同骨海绵亚纲（Homoscleromorpha）、四辐海绵亚纲（Tetractinomorpha）和角骨海绵亚纲（Ceractinomorpha）。同骨海绵亚纲具有环形幼体（cinctoblastula）和类似胎生的生殖方式；四辐海绵亚纲具有双囊胚幼虫（parenchymella）或囊胚幼虫（blastula）和卵生的生殖方式；角骨海绵亚纲具有双囊胚幼虫，主要为类似胎生的生殖方式。另外，普通海绵还根据微骨针分为2个亚纲：星骨亚纲（Astrotetraxomida），以星状微骨针为标志，S形骨针亚纲（Sigmatotetraxonida），以S形微骨针为标志。

根据钙质海绵和普通海绵具有单核细胞类型特征，而六射海绵成体拥有一个细胞中存在着多个细胞核的合胞体（syncytial）组织特征，海绵动物又被划分为裸膜海绵亚门（Symplasma）和胶膜海绵亚门（Cellularia）。根据骨针的形态和发育特征，六射海绵和普通海绵具有硅质骨针，系细胞内分泌形成，骨针内部具有纤维蛋白的轴。钙质海绵为钙质骨针，无大骨针和微骨针的分化，骨针为胞外分泌形成，无纤维蛋白轴。根据骨针的性质，海绵动物可分为2个大类：硅质海绵亚门（Silicispongiae）和钙质海绵亚门（Calcispongiae）。

古杯动物（Archaeocyatha）为一类已经绝灭的化石类型。古杯动物具有钙质的固结骨架，体壁结构大多为双层结构，均发育有小孔。古杯动物包含“规则类型”和“不规则类型”的2大类。其分类位置变化非常大，曾经被归入藻类、海绵类、独立的门级分类单元和独立的古杯界（Rowland，2001）。最近一些年来，大多数观点倾向于将其归入多孔动物门中（Debrenne et al.，2002；Antcliffe et al.，2014）。

4.1.3　海绵动物的分子系统学研究

分子序列能够比表型特征提供更多的系统发生信息，并且这种信息不容易受外界环境和生物内部生理状态的影响，是研究不同生物类群之间系统发育关系的有效方法。

传统上认为海绵动物位于动物树的基部，但最近栉水母动物基因系列的分子系统学研究表明栉水母位于动物树的根部，海绵动物和腔肠动物与两侧对称动物接近（Ryan et al.，2013；Moroz et al.，2014）。

对海绵动物最早的分子系统学研究始于1991年（Kelly-Borges et al.，1991）。Lafay et al.（1992）分析了众多普通海绵和钙质海绵的28S rDNA序列，发现海绵动物是并系类群而不是传统概念中的单系类群；六射海绵和普通海绵为姊妹类群，钙质海绵更靠近其他真后生动物（Adams et al.，1999；Medina et al.，2001）。

而Borchiellini et al.（2001）的研究表明六射海绵与其他海绵动物和腔肠动物是姊妹群。使用管家基因编码表达的蛋白，如热休克蛋白和b抗体蛋白，或者信号转导分子和调钙蛋白（Schütze et al.，1999）的研究显示六射海绵为海绵动物的原始类型。

六射海绵分子系统学的研究与当前的林奈分类系统基本一致。大约占全部六射海绵8%的物种的分子系统学研究完全支持双锚亚纲（Amphidiscophora）和六星亚纲（Hexasterophora）2个分支（Dohrmann et al.，2012）。在六星亚纲中，松骨海绵目（Lyssacinosida）的30个种归入3个科，是单系，与形态学特征一致（Mehl，1992）。在双锚亚纲中，选择的6个物种支持2个分支，3个物种属于拂子介科（Hyalonematidae Gray，1857），另外3个属于围线海绵科（Pheronematidae Gray，1870）。总的来说，六射海绵的分子分支系统学研究仅是一个开端。

在普通海绵内部，新近的分子系统学研究数据识别出4个分支，*Keratosa*，*Myxospongiae*，加2个新分支*Haploscleromorpha*和*Heteroscleromorpha*（Borchiellini et al.，2004；Holmes and Blanch，2007；Lavrov et al.，2008；Sperling et al.，2009）。姊妹群*Keratosa*和*Myxospongiae*没有硅质大骨针，*Haploscleromorpha*和*Heteroscleromorpha*具有硅质大骨针（Holmes and Blanch，2007；Lavrov et al.，2008）（图5-4-3）。这些研究显示，普通海绵祖先骨骼可能具有海绵丝和双射骨针，在演化过程中，双射骨针的丢失演化成为角质海绵，射的退化和增加演化成为单轴海绵和四射海绵。

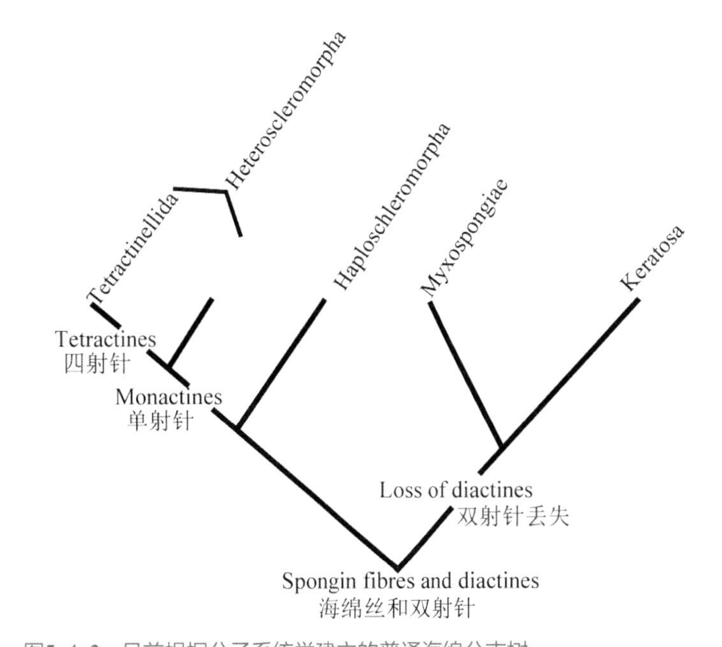

图5-4-3　目前根据分子系统学建立的普通海绵分支树

Fig.5-4-3　Current consensus tree for Demospongiae (from Cárdenas et al., 2012)

推测普通海绵祖先的骨骼特征为海绵丝和单轴双射针。双射针在***Myxospongiae***和***Keratosa***丢失，单轴单射针出现在异骨海绵亚纲（**Heteroscleromorpha**），四射针出现在四射海绵亚纲（**Tetractinellida**）

现生钙质海绵已描述约675个物种，占现存已描述海绵的9%。钙质海绵属种偏少的原因在于通常认为钙质成分难以识别，而被无意就列入硅质海绵。在过去的2个世纪，钙质海绵的单系起源从未被严重质疑过。利用18S和部分

28S rDNA系列测定也支持钙质动物的单系起源和石灰海绵目（Calcinea）和钙质海绵目（Calcaronea）2个分支（Manuel et al.，2003，2004；Dohrmann et al.，2006）。从骨针来说，石灰海绵目三射针（triactine）各射之间的角度相等，是个体发育中较早出现的骨针，钙质海绵目三射针针射之间角度不等，双射针（diactines）为个体发育最先出现的骨针。

同骨海绵（*Homoscleromorpha*）是一类比较特殊的海绵，可能为独立的海绵纲级分类单元，属种数量最少。过去被归入普通海绵纲中，但因为其独特的特征：如环形幼体（cinctoblastula larvae），在领细胞层和扁平层以及幼虫中存在同样的基底膜，不同形态具有不同的水管系统和骨针，精子具有顶体等，区别于其他普通海绵（Boury-Esnault et al.，1995，2003；Boute et al.，1996；Ereskovsky and Boury-Esnault，2002）。同骨海绵分类学研究刚刚起步，目前已描述7属87种，超过一半是在过去20年中描述的（Cárdenas et al.，2012），现在综合利用解剖学、细胞学、骨针形态、微共栖生物学、分子生物学和化学特征来研究不同属和不同种之间的差别（Muricy，2011）。

4.1.4 海绵动物骨骼形态学简述

骨骼是构成海绵动物身体的重要结构之一，除用以支撑身体外，一部分骨针可突出体外用做防御武器。骨骼成分、形态与构造差异是海绵动物分类的主要依据。除一些同骨海绵种类如*Halisarca*, *Oscarella*, *Octarella*等没有骨骼外，绝大多数海绵动物都具有不同物质成分和形态构成的骨骼。海绵动物体死亡后，有机物被分解，留下耐腐烂的由骨针组成的骨架。化石海绵因为主要保存骨针和骨架，其分类依据是骨针类型和骨骼宏观结构。

（1）海绵动物骨骼类型

海绵动物的骨骼系统有3种类型（Reid，2003a），第1种是软胶体构成，形态多样，有黏液型的溶胶到较硬的凝胶；第2种是骨针，矿物成分是碳酸钙或者蛋白石。到目前为止，仅发现现代硬骨海绵能够同时分泌这2种成分的骨骼。各种骨针在海绵体内占据一定的部位，具有一定的排列方式。有的骨针愈合在一起构成坚固的网格状骨架，有的骨针紧密并排但却彼此分离。现代硅质海绵的骨骼宏观结构有专门的描述术语（Boury-Esnault and Rutzler，1997），本文图示其部分在澄江海绵化石中描述用到的术语和图例，见图5-4-4和图5-4-5。第3种是海绵丝（spongin），是弹性有机物构成的胶原蛋白纤维骨架，与角质和毛发成分接近。有的海绵硅质骨针完全退化，只留下网状的海绵质纤维，如角骨海绵。在海绵骨骼中，它们或单独的存在于海绵动物体壁内，或与硅质骨针同时存在。许多小的硅质骨针埋在海绵丝中，形成有效的支持物。许多大型群体海绵常同时存在着这2种骨骼。海绵丝是由许多造骨细胞联合形成，先是由少数细胞形成分离的小段，然后再愈合成长的海绵丝。在普通海绵纲动物中，这些海绵丝再相互联结形成网状骨架。

（2）海绵动物骨针分类和命名

海绵动物骨针分为大骨针（megascleres）和微骨针（microscleres）。大骨针构成海绵动物身体骨架，微骨针不参与骨架组成。大骨针长度一般在100～300 μm，少数可达几厘米（王晓红等，2011）。大骨针通常是微骨针的10倍体积，特殊情况下，最大的微骨针体积会超过最小的大骨针。大骨针直径通常10 μm，少数达30 μm。微骨针通常直径1 μm甚至更小，长度10～100 μm，少数可达300 μm。

微骨针在确定海绵属性上也很重要，种类繁多，如六射海绵的微六射针（microhexactin）、伞形针（hexadisc）、八星针（octaster），普通海绵的双伞形骨针（amphidisco）、缠绕星状针（metaster）。在化石海绵中，一些有分类意义的、小的微骨针没有被保存下来，只有大的骨针保留下来，造成现代海绵的分类方法或鉴别属种的标准不能应用于化石海绵的分类中，于是化石海绵的分类遇到了很大的难题。

大骨针在命名时通常用“轴”（axon）和“射”（actine）的术语来描述。“轴”指的是骨针的轴线数目。一般根据轴的多少，可分为单轴骨针（monaxon）、双轴骨针（diaxon）、三轴骨针（triaxon）、四轴骨针（tetraxon）。“射”指的是骨针自中心向外射出的尖端方向。例如三轴骨针可以分别有三射、四射、五射、六射而称为三轴三射（ triactin）、三轴五射（pentactin）、三轴六射（hexactin）。由于存在非轴丝生长的分泌骨针，虽然在定义“射”依据的是从中心向外伸展的尖端数目，但并不是所有延伸的部分都是从中心开始生长，这类骨针称为假射（pseudoactine）和非轴（anaxial）类（Reid，2003a）。

三射针在化石海绵中很普遍，是分类的重要依据，描述上和命名上有专门的术语（Reid，2003b）（图5-4-6，图5-4-7，图5-4-8）。

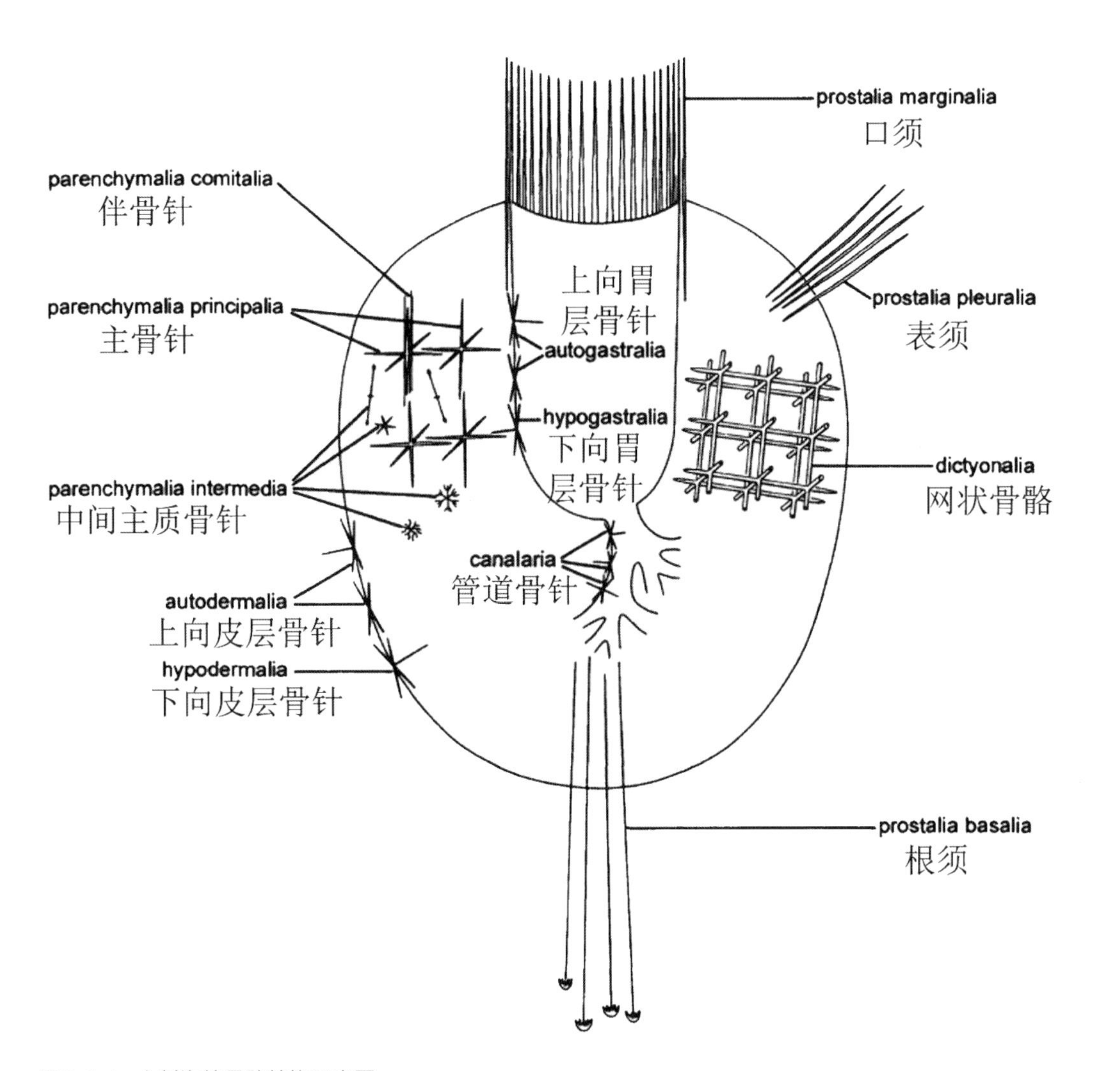

图5-4-4　六射海绵骨骼结构示意图

Fig.5-4-4　Architecture of the Skeleton and Spicules of Hexactinellida (from Boury-Esnault and Rutzler, 1997)

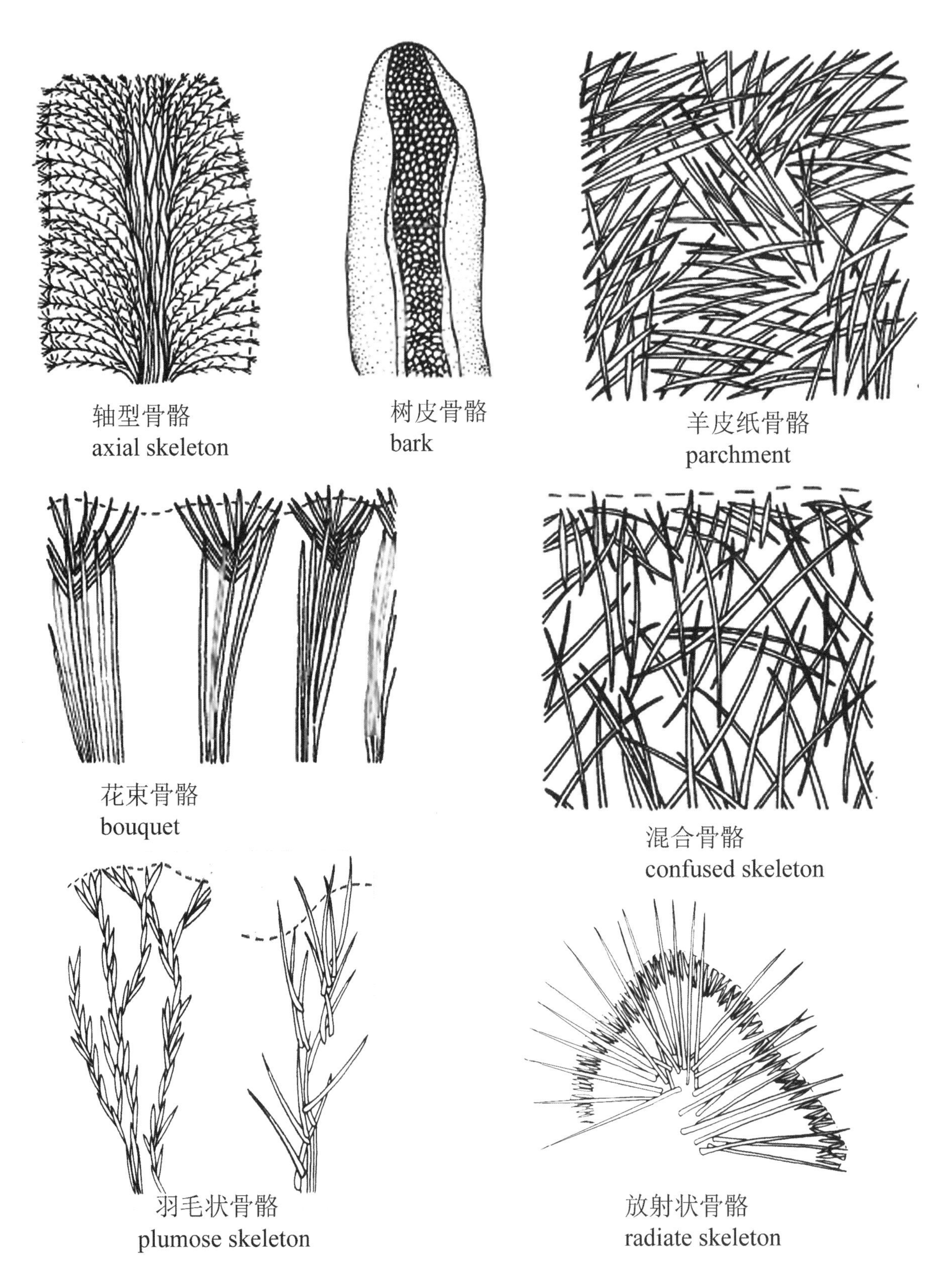

图5-4-5　部分普通海绵骨骼结构示意图

Fig.5-4-5　Part of Architecture of the Skeleton of Demospongiae (Boury-Esnault and Rutzler, 1997)

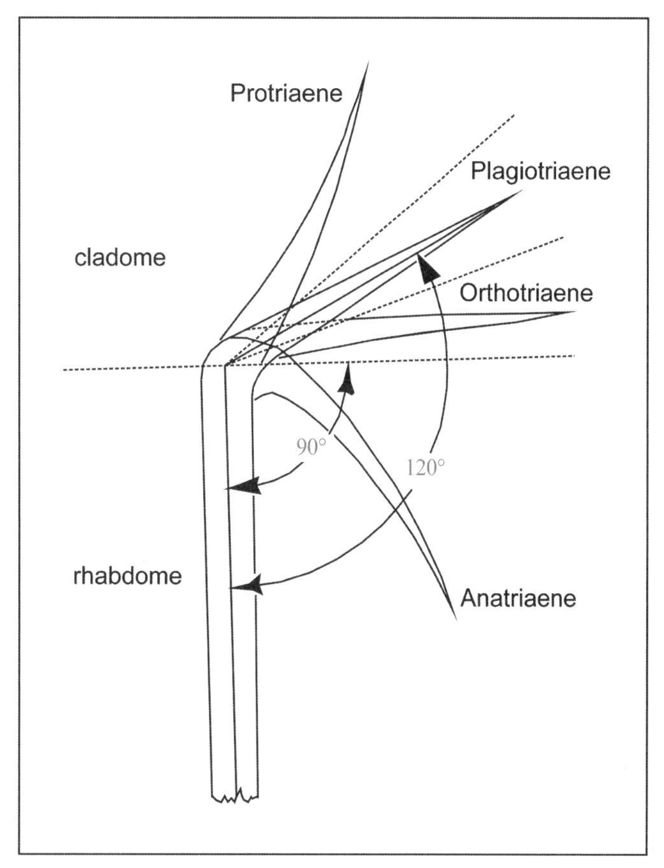

图5-4-6　三射针命名示意图
Fig.5-4-6　Nomenclature of Triaenes (Reid, 2003b)

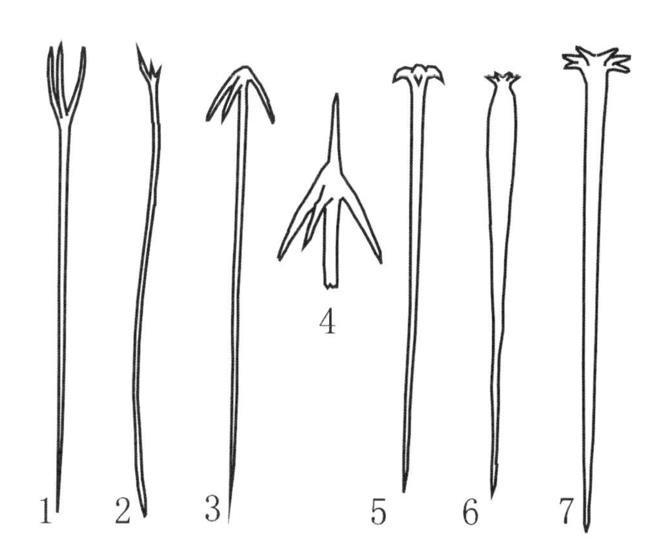

图5-4-7　长杆三射针命名示例
Fig.5-4-7　Long-shafted triaenes and some variants (from Reid, 2003b)
1. long-shafted protriaene；2. hairlike protriaene；3. long-shafted anatriaene；4. mesotriaene；5. long-shafted orthotriaene；6. trachelotriaene；7. long-shafted dichotriaene

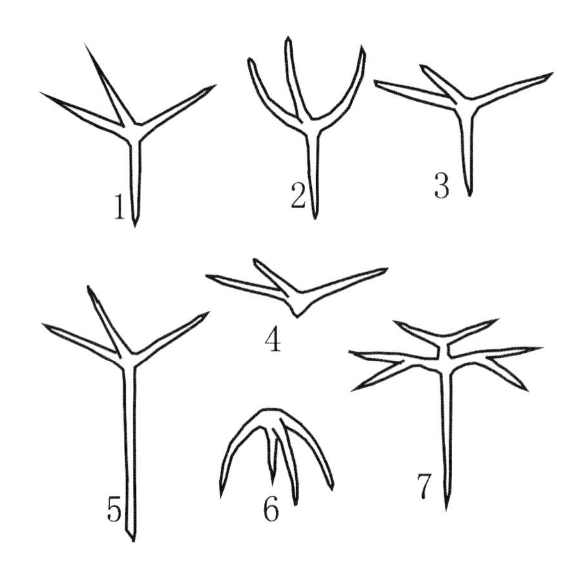

图5–4–8　短杆三射针命名示例

Fig.5–4–8　Short-shafted triaenes and some variants (from Reid, 2003b)

1. calthrops；2. protriaene；3. orthotriaene；4. subtriactine；5. plagiotriaene；6, anatriaene；7. dichotriaene

（3）海绵动物骨针内部形态和生长机制

硅质海绵动物骨针一般都有一直径约1 μm的轴管，围绕轴管沉积有同心圆状非晶硅层，轴管里具有机丝，叫做轴丝（axial filament），由硅蛋白组成（Cha et al.，1999；Krasko et al.，2000）。硅蛋白酶在普通海绵和六射海绵中都有发现，控制了生物硅的形成（Müller et al.，2007，2008）。硅层的主要成分是非晶二氧化硅和6%～13%的水（Urizet et al.，2000）。海绵动物骨针生长由起催化作用的硅蛋白控制，其生长过程大致分3个阶段：①细胞内生长；②细胞外生长；③成型阶段（Müller et al.，2007）（图5–4–9）。

通常情况下，海绵动物的骨针轴管截面形态可以确定其分类属性。在硅质骨针中经常见到有机轴丝，位于骨针中轴上。轴管断面在六射海绵中为正方形，在普通海绵中呈正三角形、正六边形或长短边交替的六边形，正三角形是在六边形的基础上差异生长而成。因此，一个骨针可以中部为正三角形，而端部为六边形。钙质骨针由于受成岩后生变化影响，轴丝很难保存，因此早期一直否认存在轴丝，后多次证实轴丝确实存在（Weaver and Morse，2003）。非结晶的硅质在骨针老化和石化时从内部溶解或脱水，引起骨针横向收缩而产生管状轴腔，骨针愈大，时代愈老，轴管直径也愈大，且轴管直径小的相当于轴丝，大的可占骨针直径的一半。轴管断面形态与轴丝完全一致，即六射海绵为正方形（Reiswig，1971），普通海绵为等边三角形与正六边形（Weaver and Morse，2003）。

Botting and Muir（2013）对采集英国晚奥陶世保存异常完好的网针海绵*Cyathophycus loydelli*标本用扫描电子显微镜（SEM）研究发现，标本不仅包含精巧细致的黄铁矿化骨针，还保存轴丝。作者认为这一发现的主要含义在于六角管是硅蛋白组建普通海绵轴丝具有优势的一个衍生条件。这可能表明 *Cyathophycus*是普通海绵的基干类群。六射海绵中也有少量硅蛋白和组织蛋白酶，它可能是可波动的，围绕六射海绵和普通海绵的一个相当的比例的酶导致六角管的独立分离。在六射海绵冠群中，蛋白组分稳定，组织蛋白占据了轴丝组成，从而形成正方形轴管。在任何现生海绵动物类群中没有六边

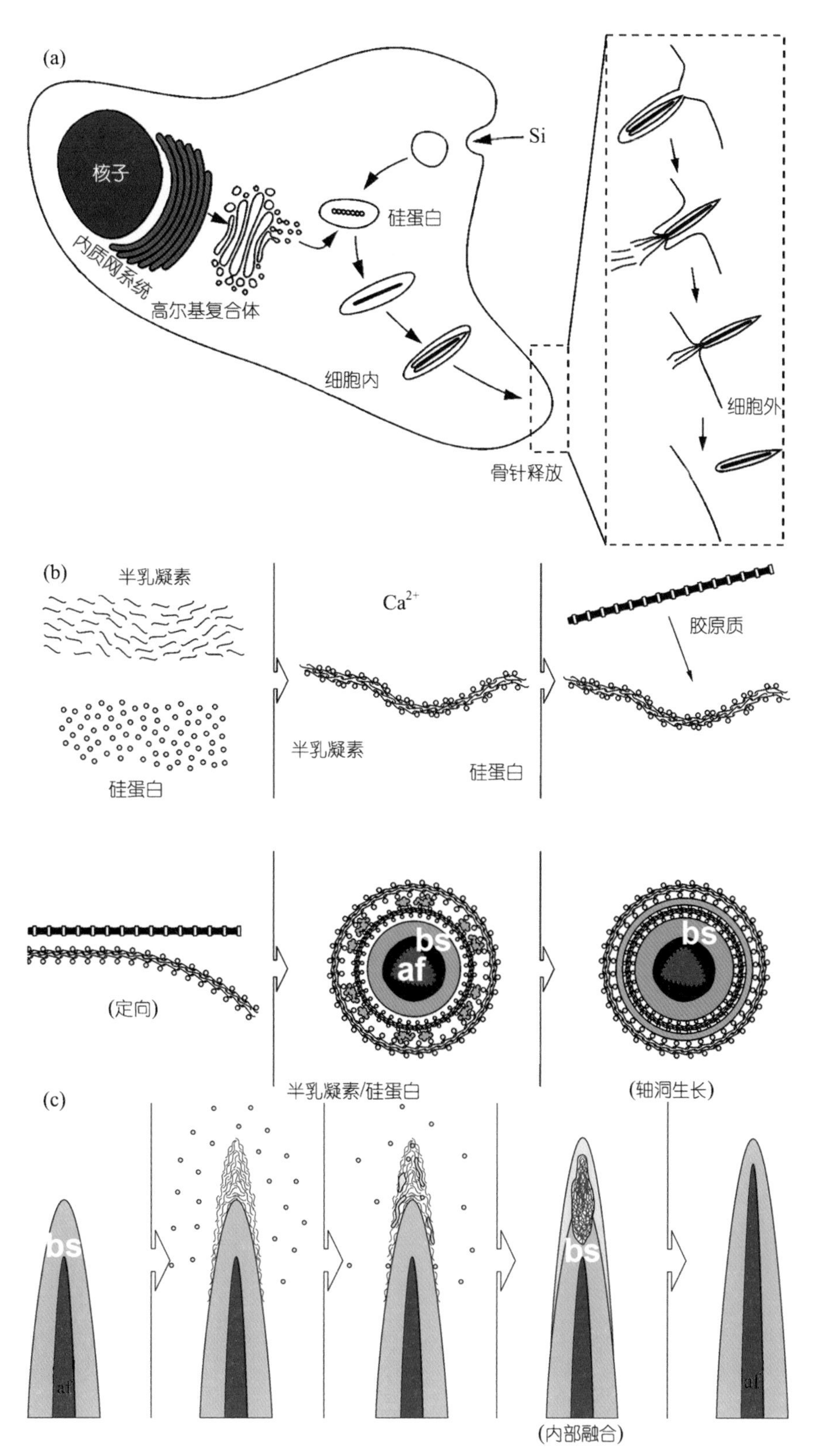

图5-4-9　海绵动物*Suberites domuncula* 中骨针生长过程示意图

Fig.5-4-9　Schematic outline of spicule formation in *Suberites domuncula*

a. 细胞内生长; b. 细胞外生长; c. 骨针的成型阶段（引自Müller et al.，2007）

形轴管。这支持了解释*Cyathophycus*不是六射海绵的冠群而可能是接近普通海绵干群。

除了轴管形态，轴丝生长点也可确定海绵骨针的属性。如现代六射海绵的单轴骨针中心存在生长点，而普通海绵中却没有。一些六射针退化的单轴针生长点就有6个方向，其在命名上就有差别，称为杆状骨针，如杆状双射针（rhabdodiactine）。由于保存的缘故，化石海绵的单轴骨针中，生长点无法观察到，所以无法确定单轴骨针属于哪一个纲。现生普通海绵单轴针形态多样，描述上有专门的术语（图5-4-10）。

四轴针与三轴针的演化关系是探索海绵动物纲之间演化的关键。六射海绵拥有三轴针及其变形针，普通海绵拥有四轴针及其变形针。现代普通海绵单轴针在个体发育过程中表现出其四辐退化而在中心位置留下残余痕迹，这一过程也可由观察有机轴丝的数目来确定。因此通常认为单轴目海绵是最原始的普通海绵，它们由六射三轴针退化而来。但这一现象能否用化石来证明一直是难题，一是实体完整化石极其罕见，二是化石经过成岩过程，轴丝已经消失，轴管截面形状也已不可见。截止目前，所有已报道的寒武纪早期及以前的普通海绵化石，均为单轴针海绵。现代普通海绵骨针的核心形态是四轴针，离散保存的四轴针最早出现在中寒武世（Mehl，1998）。这一时期，三射针（triaene）和网石海绵（lithistids）特有的网状骨片（desma）都已出现。

4.2 早期海绵化石研究概况

4.2.1 前寒武纪海绵化石

在现存动物门中，海绵动物门代表了进化历史最长的动物类别，被认为有显著的前寒武纪历史（Glaessner，1984），是最古老的后生动物，也是最早分泌三维矿化骨架的动物之一（Muscente et al.，2015；Chang et al.，2017），是研究新元古代（541～1000 Ma）动物演化水平的最好证据，被称作“活化石”（Müller，1998c）。

有证据揭示在距今750 Ma以前，最早的海绵动物就留下了痕迹（Reitner and Wörheide，2002）。利用现代分子生物学研究方法，对海绵动物的功能和结构蛋白质信息进行基因序列数据计算后表明，

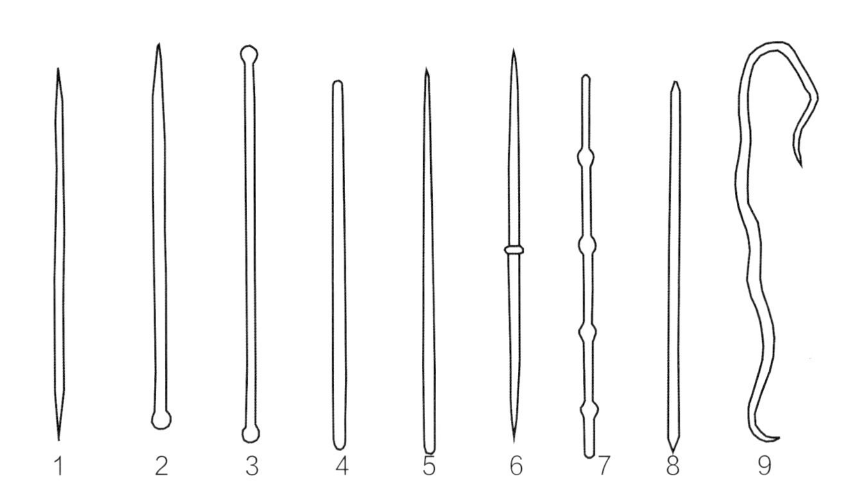

图5-4-10　普通海绵单轴针命名示例

Fig.5-4-10　Nomenclature of demosponge monaxons (Reid, 2003b)

1. oxea；2. tylostyle；3. tylote；4. strongyle；5. style；6. centrotylote；7. polytylote；8. tornote；9. ophirhabd

在距今650～665 Ma之前，即在斯图特（Sturtian）冰期（710～680 Ma）和马里诺（Marinoan）冰期（635 Ma）之间（Condon et al.，2005），海绵动物就可能已经从共同的祖先动物（Urmetazoa）分化出来了（Schäcke et al.，1994），这与依照古生物化石记录所推测的结果基本吻合（Wang et al.，2010）。在此期间，空气中二氧化碳和地表岩石中不易溶解的碳酸盐和硅酸盐发生反应，生成可溶解在水中的硅酸根、碳酸根和钙离子（Hoffman et al.，1998；Walker，2003）。在富含可溶性二氧化硅的水环境中，生物硅可能在海绵动物体内沉积形成，并发育成骨针和硅质骨骼（Müller et al.，2003）。在斯图特和马里诺2个冰期几乎全球发生的“雪球时期”，地球表面几乎全部都被冰覆盖，大多数生物在这个寒冷的极端环境中绝灭，海绵动物却在雪球事件中存活下来，其原因可能是：①海绵自身具有热休克蛋白-70抗体等保护分子，能够抵抗极端的温度变化（Pfeifer et al.，1993； Wiens et al.，2003）；②具有能够和真菌（Müller et al.，2004b；Taylor et al.，2007）与细菌相识别的分子系统（Perović-Ottstadt et al.，2004；Thakur and Müller，2005），它们一起建立共生关系，在缺乏食物供应情况下，能够存活下来；③具有抵御紫外线辐射的防护机制，如光解酶系统（Schröder et al.，2003）以及DNA修复系统（Krasko et al.，1998）。

相关分子钟研究显示，后生动物分异时间为945～790 Ma（Dohrmann, M. and Wöheide，2017），海绵动物可能起源于距今750 Ma左右（Sperling et al.，2007，2010；Erwin et al.，2011）。其生物标志物最早在18亿年前的早元古代的叠层石中就有报道（Reitner and Wörheide，2002），并认为7.5亿年前内华达地层记录了最老的普通海绵骨针。

目前认为最早的海绵化石记录是距今717～635 Ma间冰期时发现的普通海绵所特有的生物标志化合物如异烷基硫醇24-isopropylcholestanes和甲基豆甾烷醇26-methylstigmastane等分子化石（Love et al.，2009；Zumberge et al.，2018）。中国南方在冰期后的湖北庙河陡山沱组页岩中和贵州瓮安磷矿陡山沱组磷块岩中都含有很丰富的海绵实体化石，但是研究者们在这些岩石中却并未检测出异烷基硫醇。殷纯嘏等（1999）认为这与海底热泉导致生物大分子发生了降解有关。袁训来等（2009）认为在有机质封闭后产生的自解过程中，局部高温可能导致生物标志化合物很难保存，并评价这种生物化学方法在证实陡山沱组海绵化石的生物属性上不能起到决定性的作用。

澳大利亚埃迪卡拉的*Palaeophragmodictya reticulata*，缺乏明显的骨针，但被鉴定为海绵动物化石，并称可能是六射海绵动物化石（Gehling and Rigby，1996）。其他地点相应层位的一些微体化石也被解释为海绵个体化石（Brain et al.，2012；Laflamme，2010；Maloof et al.，2010）。新近发现的*Coronacollina acula*被认为与寒武纪早期的斗篷海绵的构造相似（Clites et al.，2012）。

对于这个时期的骨针化石，一些学者对这些海绵化石的可靠性提出了质疑。Rigby（1986a）认为，在早期文献中，所谓“海绵”化石的前寒武纪年龄无法证明是可靠的或者是海绵起源。许多所谓新元古代骨针，已证实与无机物有关（Gehling and Rigby，1996；Pickett，1983）；或者可能是矿物晶体（Steiner et al.，1993；Yin et al.，2001；Zhang et al.，1998）；在岩石表面为有机质膜或成束的细长的类骨针结构可能是风化形成的假相或丝状菌类和藻类（Xiao et al.，2002）。在瓮安陡山沱组磷块岩切片中的被称为具有典型外部形态的海绵个体（Li et al.，1998，fig.1A），被认为是球藻（袁训来等，2002，2009）。

尽管如此，一些前寒武纪的骨针化石（唐天福等，1978；赵自强等，1985，1988；Brasier，1992；Brasier et al.，1997；Rozanov and Zhuravlev，1992）和海绵体化石（陈孟莪，肖宗正，1991，1992a, b；陈孟莪等，1994；丁莲芳等，1992，1996；Steiner，1994；Du and Wang，2012）还未受到质疑。从演化

生物学的角度来看，有的研究者认为陡山沱组具矿化骨针的海绵化石可靠性也是值得商榷（袁训来，2009）。因为生物矿化这一革新事件发生的时间表不早于5.5亿年（Amthor et al.，2003；Grant，1990；Grotzinger et al.，1995；Hofmann and Mountjoy，2001），而较早期地层中发现的原生动物化石都是有机质壳（Bloeser et al.，1977；Porter and Knoll，2000）。

以炭质压膜保存的宏体海绵化石震旦海绵（Sinospongia）（陈孟莪、肖宗正，1991，1992a，1992b；丁莲芳等，1992，1996），其丝状结构具有多种解释，它们也可能是藻类本身的丝状体，也可能是海绵丝。

寒武纪之前的完整海绵化石报道稀少（Brain et al.，2012；Laflamme，2010；Maloof et al.，2010），且缺乏骨针，因而是否是真正的海绵属性有待更多的证据支撑。

Antcliffe et al.（2014）对前寒武纪可能的20种海绵动物化石进行了评论，认为545 Ma的六射骨针为生物成因，最早的可靠海绵化石是来自于535 Ma的伊朗的六射针化石，最早的可靠普通海绵是来自于西伯利亚523.5 ~ 525.5 Ma的非骨针钙质海绵似古杯动物化石。最早的海绵实体化石则是来自600 Ma的贵州瓮安生物群磷酸岩化的贵州始海绵*Eocyathispongia qiania*，其化石保存了精美的细胞和完整的水沟系统，但缺乏骨针系统（Yin et al.，2015）。

4.2.2 寒武纪海绵化石

寒武纪早期的海绵化石大都以离散的骨针形式保存（Bengtson et al.，1990；Steiner et al.，1993；Zhang and Pratt，1994；郑亚娟等，2012），其中有的具有显著的微细结构，如中轴和生长纹等（Qian and Bengtson，1989；胡杰等，2002；Xiao et al.，2005）。以个体的形式保存的海绵化石，除了个体中有很多骨针外，其整体形态也非常典型（Botting et al.，2012；陈哲等，2004；Wu et al.，2005；Yuan et al.，2002）。如果以寒武纪早期的海绵化石特征作为判别陡山沱期海绵化石的标准，那些已发表的海绵化石证据都要受到质疑。陡山沱组岩石切片中的骨针都没有显示中轴和生长纹等典型的微细构造，部分骨针反而具有典型矿物晶体的特征（Yin et al.，2001）。一些矿物晶体，如铁的化合物不但具有针状外形，而且其交叉生长方式也与海绵骨针非常类似（周传明等，1998）。

寒武纪海绵实体化石主要来源于2个大区，一个是中国的寒武纪早期地层，包括澄江生物群（Hou et al.，2017）、牛蹄塘生物群（杨兴莲等，2010）、荷塘生物群（Wu et al.，2005；Xiao et al.，2005；Botting et al.，2012），另一个是北美寒武纪中期地层，包括加拿大的布尔吉斯动物群（Walcott，1920；Rigby，1986a；Rigby and Collins，2004），美国境内犹他州（Rigby and Gunther，2003；Rigby et al.，2010）、佛蒙特州和宾夕法尼亚州（Resser and Howell，1938）、怀俄明和内华达州（Okulitch and Bell，1955）、德州和科罗拉多州（Wilson，1950）、爱达华州（Church et al.，1999）。北美寒武纪早期的海绵化石仅报道过3种（Rigby，1987）。其他地点的寒武纪海绵化石也只有零星报道，如澳大利亚（Mehl，1998），西伯利亚（Ivantsov et al.，2005），西班牙（Garcia-Bellido Capdevila，2003），德国（Sdzuy，1969），阿根廷（Beresi and Rigby，1994），格陵兰（Rigby，1986b），伊朗（Hamdi et al.，1995），威尔士（Salter，1864），爱尔兰（Rushton and Phillips，1973）等地。

部分寒武系产出的海绵化石属种也见于奥陶纪地层，报道集中在中国的浙江、安徽（Botting et al.，2017；Li et al.，2015），威尔士、摩洛哥和北美（Botting，2004，2005；Carrera，1994；Rigby，1995；Rigby and Desrochers，1995）。海绵的形态既有布尔吉斯页岩型海绵类群，也有与现生海绵特征极为相似的类群。

4.3　澄江生物群海绵动物化石记述

云南的埃迪卡拉系地层极为丰富，在滇中、滇东地区广泛出露，其中晋宁梅树村研究最为详细，但并未有海绵化石或骨针的报道。

云南的寒武纪地层中的海绵化石以澄江生物群为代表，部分属种延伸到关山生物群，并且有古杯化石的记录（胡世学等，2013）。最早报道的海绵骨针化石出现在玉案山段底部，是破碎的十字骨针和正交六射针（罗惠麟等，1984）。

自1989年首次报道澄江生物群海绵化石以来，澄江生物群海绵化石研究迄今已有30多年的历史。经过多年多人系统研究（陈均远等，1989，1990；Rigby and Hou，1995；Wu et al.，2014；Chen et al.，2015），海绵化石超过35属57种（陈爱林，2015）。本节选取已发表的属种进行总结描述。

动物界 **Kingdom Animalia**

多孔动物门 **Phylum Porifera Grant, 1836**

普通海绵纲 **Class Demospongea? Sollas，1875**

棒轴亚纲 **Subclass Clavaxinellida Lévi, 1956**

原始单轴海绵目 **Order Protomonaxonida Finks and Rigby, 2004**

鬃毛海绵科（新科）**Family Saetaspongiidae fam. nov.**

特征：海绵体球形或者椭球形；骨骼由单轴针（含双尖针和钉头骨针）不规则交叉排列形成；体表无突出骨针。

属包括：鬃毛海绵属，麦粒海绵属。

Diagnosis: Thin-walled; Globe to ellipsoid-shaped sponges whose skeleton is composed of monaxonal spicules arranged irregularly. Marginalia absent.

Genus including: *Saetaspongia*, *Triticispongia.*

鬃毛海绵属 ***Saetaspongia*** **Mehl and Reitner，1993**

集鬃毛海绵 ***Saetaspongia densa*** **Mehl and Reitner，in Steiner et al.，1993**

（图 **5-4-11A, B, C**）

形态特征：大型海绵，个体直径通常达60 mm，外形椭圆形，出水口不明显。骨骼由细长的头发状直形单轴双尖针、曲形单轴针（可能是细长的直形单轴针因为压缩保存的假象）斜交穿插排列成半平行或形成不规则网状，骨针不突出海绵体表面。长的单根骨针长度超过海绵体直径一半，达3 ~ 4 cm长，直径0.025 mm，最大直径可达0.1 mm。由于压缩保存的原因，骨针呈三轴针或者十字骨针的假象，被认为是六射海绵（Finks and Rigby，2004b）。

Diagnosis: This sponge has a large, well-defined, almost circular body up to 6 cm in diameter. An oscular opening is not evident, though a flattened part of its outline may be the margin of the osculum. The skeleton consists mainly of very thin haired-like diactine spicules，3 ~ 4 cm long and about 0.025 mm in diameter. The spicules occur as dense, semi-parallel, almost plumose bundles, and do not project beyond the outer margin of the sponge body. Less common, somewhat thicker spicules, up to 0.1 mm in diameter, are intermixed. The monaxonal spicules usually show a triaxonal spicules or stauractspseudomorph for compressed preservations and they are ascribed to *Hexactinellida* (Finks & Rigby, 2004b).

图5-4-11　密集鬃毛海绵*Saetaspongia densa*化石（A,B）及复原图（C）
Fig.5-4-11　Fossils (A,B) and reconstruction (C) of *Saetaspongia densa*

麦粒海绵属 ***Triticispongia*** **Mehl and Reitner，in Steiner et al.，1993**

斜针麦粒海绵 ***Triticispongiadia gonata*** **Mehl et Reitner, in Steiner et al, 1993**

（图 **5-4-12A, B, C, D**）

形态特征：海绵体小，卵形到圆形，直径一般6 ~ 10 mm，壁薄而光滑，出水口不明显。骨骼由两个大小系列的直形双尖针组成，排列不规则，不突出海绵体表面。由于压缩保存的原因，骨针呈三轴针或者十字骨针的假象，被认为是六射海绵（Finks and Rigby，2004b）。

Diagnosis: Specimens are small, some 0.6 ~ 1.0 mm high. The sponge body is oval to rounded and thin walled. The skeleton contains two moderately well-organized series of small, delicate spicules with irregular arrangement. The monaxonal spicules usually show a triaxonal spicules or stauractspseudomorph for compressed preservations and they are ascribed to *Hexactinellida* (Finks & Rigby, 2004b)

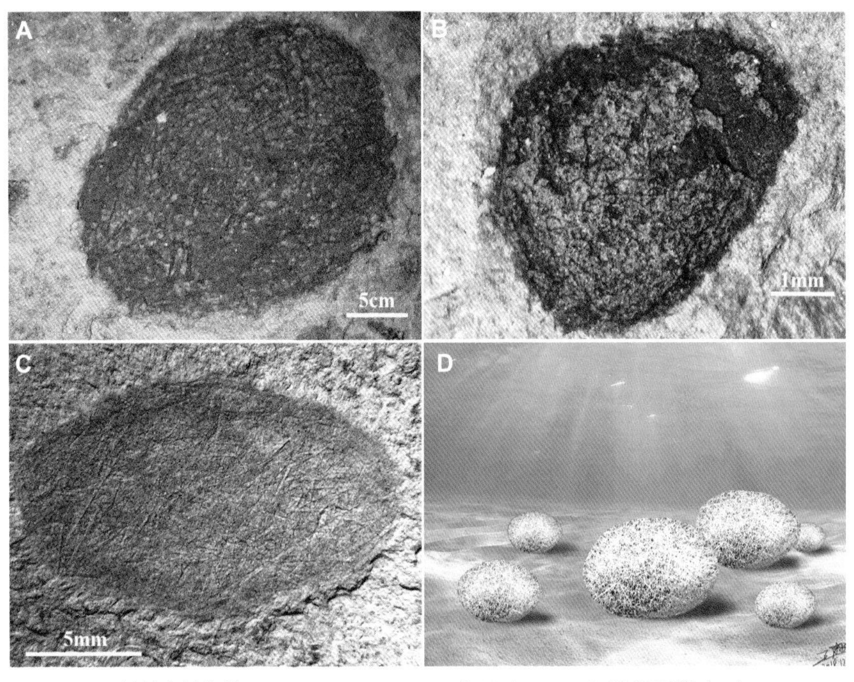

图5-4-12　斜针麦粒海绵*Triticispongia diagonata*化石（A, B, C）及复原图（D）
Fig.5-4-12　Fossils (A, B, C) and reconstruction (D) of *Triticispongia diagonata*

斗篷海绵科 Family Choiidae de Laubenfiels, 1955

小斗篷海绵属 Genus *Choiaella* Rigby et Hou, 1995

辐射小斗篷海绵 *Choiaella radiata* Rigby et Hou, 1995

（图 5-4-13A, B, C, D）

形态特征：海绵体小，盘状到宽盾状或呈漏斗状。简单的纹射状单轴针，最大直径通常 0.015 ~ 0.020 mm，骨针为针状双尖骨针。骨针或许局部束状，或许不是束状分布，但延伸不超过海绵盘状边缘；缺少顶部主要粗形骨针。

Diagnosis: In overall form *Choiaella radiata* is small and discoidal to low and broad shield-shaped or funnel-shaped. The skeleton consists essentially of a radiating thatch of small oxeas that are generally of one size and which display bundling locally. Other than as a minor fringe, the spicules do not project beyond the margin of the disk.

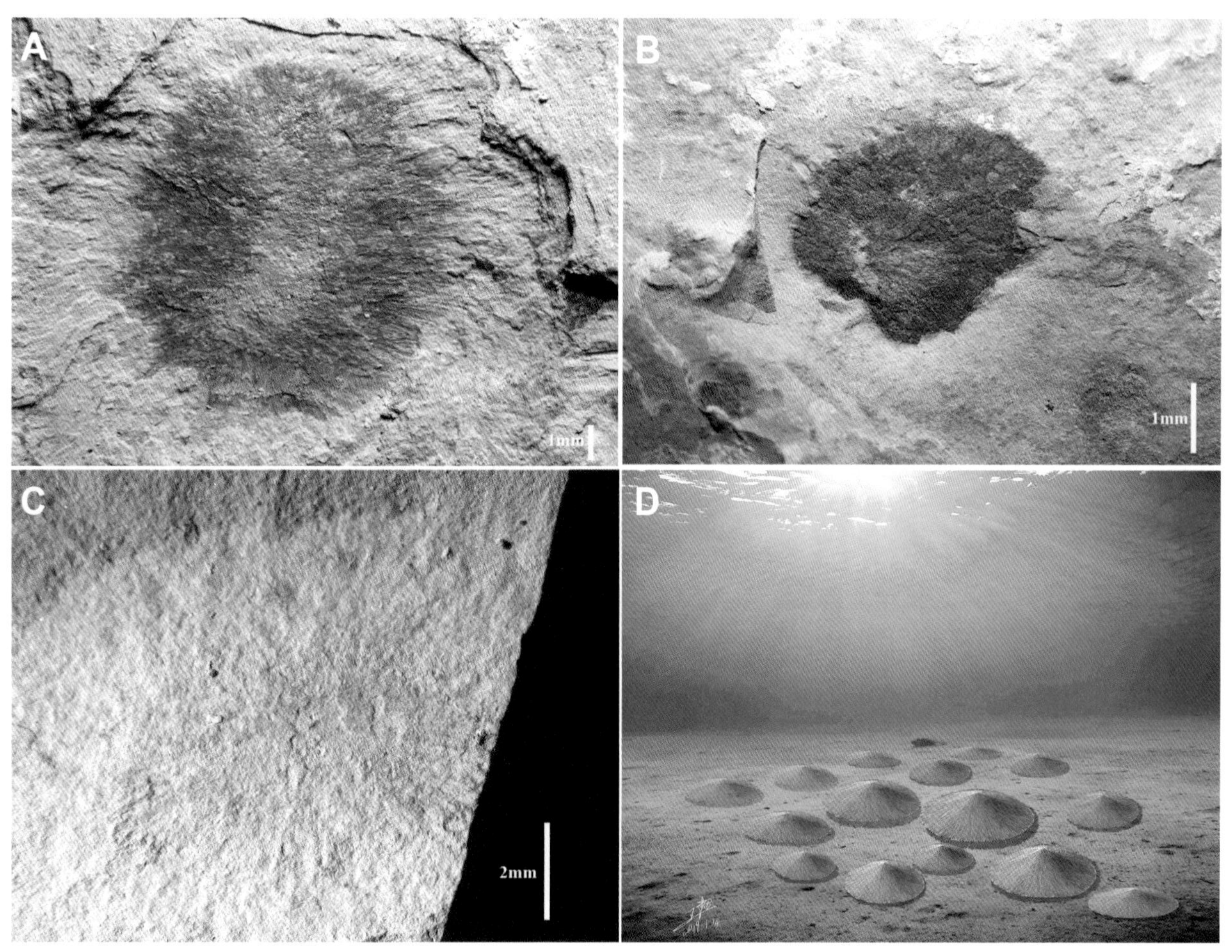

图5-4-13　辐射小斗篷海绵*Choiaella radiata*化石（A, B, C）及复原图（D）
Fig.5-4-13　Fossils (A, B, C) and reconstruction (D) of *Choiaella radiata*

斗篷海绵属 Genus *Choia* Walcott, 1920

小滥田斗篷海绵 *Choia xiaolantianensis* Hou et al., 1999

Choia carteri Walcott，1920

（图 5-4-14A, B, C, D）

形态特征：海绵体外形呈矮锥的斗篷状，个体较小，成体的盘体直径约3 cm。盘体由辐射状排列的单轴针组成，骨针有粗细2种，盘体的主体由微体骨针和大骨针构成，并且较粗的大骨针呈辐射状延伸出盘体外，长度超过盘体直径。中央盘直径8 ~ 30 mm，由小的针状双尖针辐射状排列成，骨针最大直径在0.01 ~ 0.04 mm，长可达4 mm。盘直径多在10 ~ 14 mm，茅草状骨针直径多在0.01 ~ 0.02 mm。冠状骨针交错排布，长度可达30 mm，并从中央盘边缘伸出10 ~ 15 mm，但不超过25 mm。冠状骨针是针状双尖针，最大直径多在0.15 ~ 0.30 mm，在中央盘中以不同层次出现。

Diagnosis: The body of *Choia xiaolantianensis* has a low, conical-shaped central disk up to 3 cm in diameter, composed of short, thin monaxonal spicules that combine to give a thatch-like appearance. Radiating from the disk there is a plethora of slender and discrete monaxons, some of which are longer than the diameter of the disk itself.

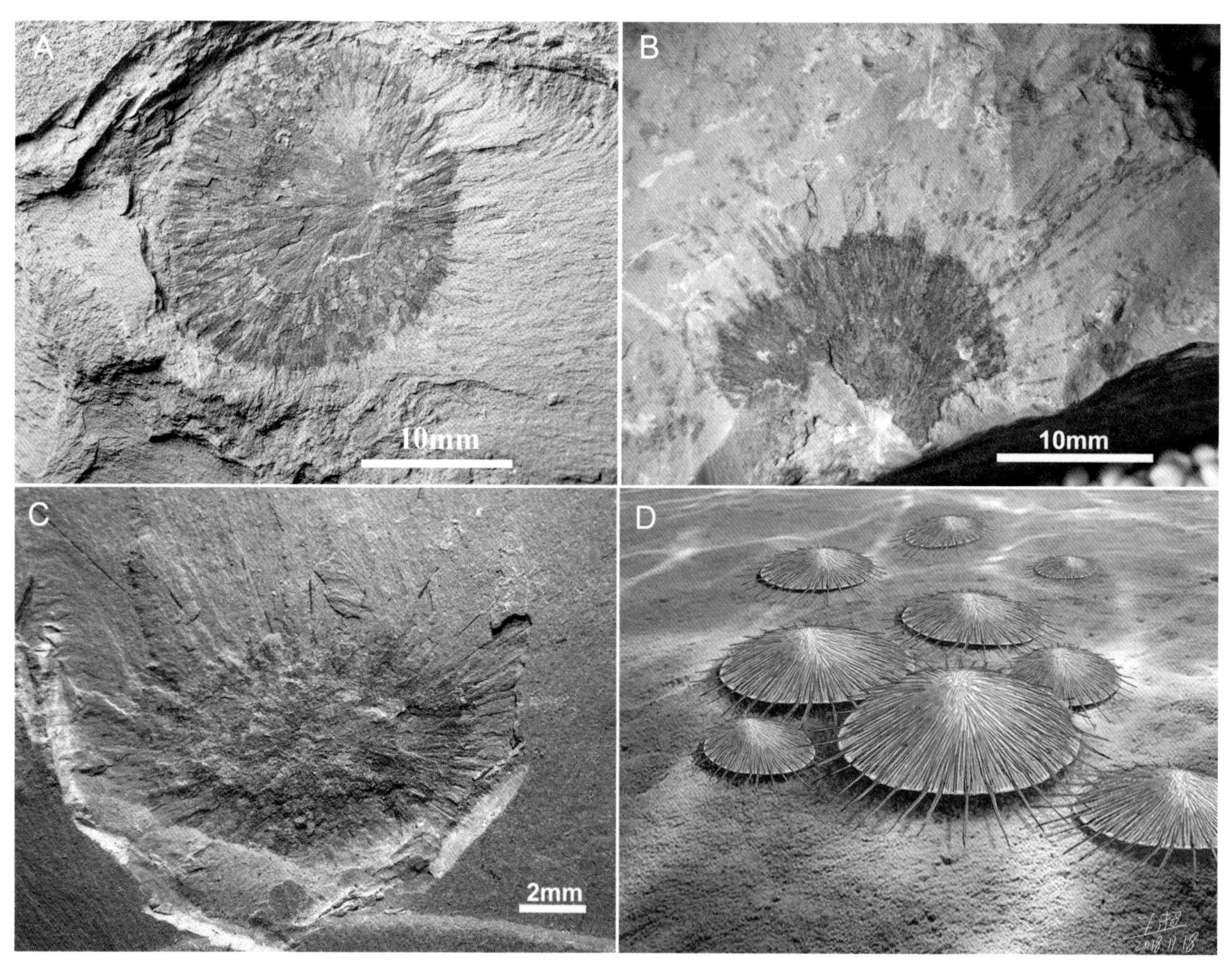

图5-4-14 小滥田斗篷海绵*Choia xiaolantianensis*化石（A, B, C）及复原图（D）

Fig.5-4-14 Fossils (A, B, C) and reconstruction (D) of *Choia xiaolantianensis*

里德利斗篷海绵 *Choia ridleyi* Walcott，1920
（图 5-4-15A, B, C, D）

形态特征：中—微小类型海绵，中央盘直径一般1.5 ~ 4.0 mm，个别可达8 mm。中央盘密集细小的茅草状骨针，粗糙的单轴冠状骨针从中央盘边缘向外伸出可达15 mm。冠状骨针多10 mm长，直径0.08 ~ 0.12 mm。2种骨针皆为单轴针，主要为针状双尖针，有时为钉头形骨针。

Diagnosis: A minute form of the genus, generally with a central disc 1.5 ~ 4.0 mm across, although some may range up to 8 mm across. Dense, finely spiculed thatch of the disc is surrounded by a coronal fringe of coarser monaxial spicules that may extend up to 15 mm out from the edge of the disc. Coronal spicules are mostly approximately 10 mm long and 0.08 ~ 0.12 mm in diameter. Both central thatch and coronal spicule are monaxonal, principally oxeas, although styles may also be present.

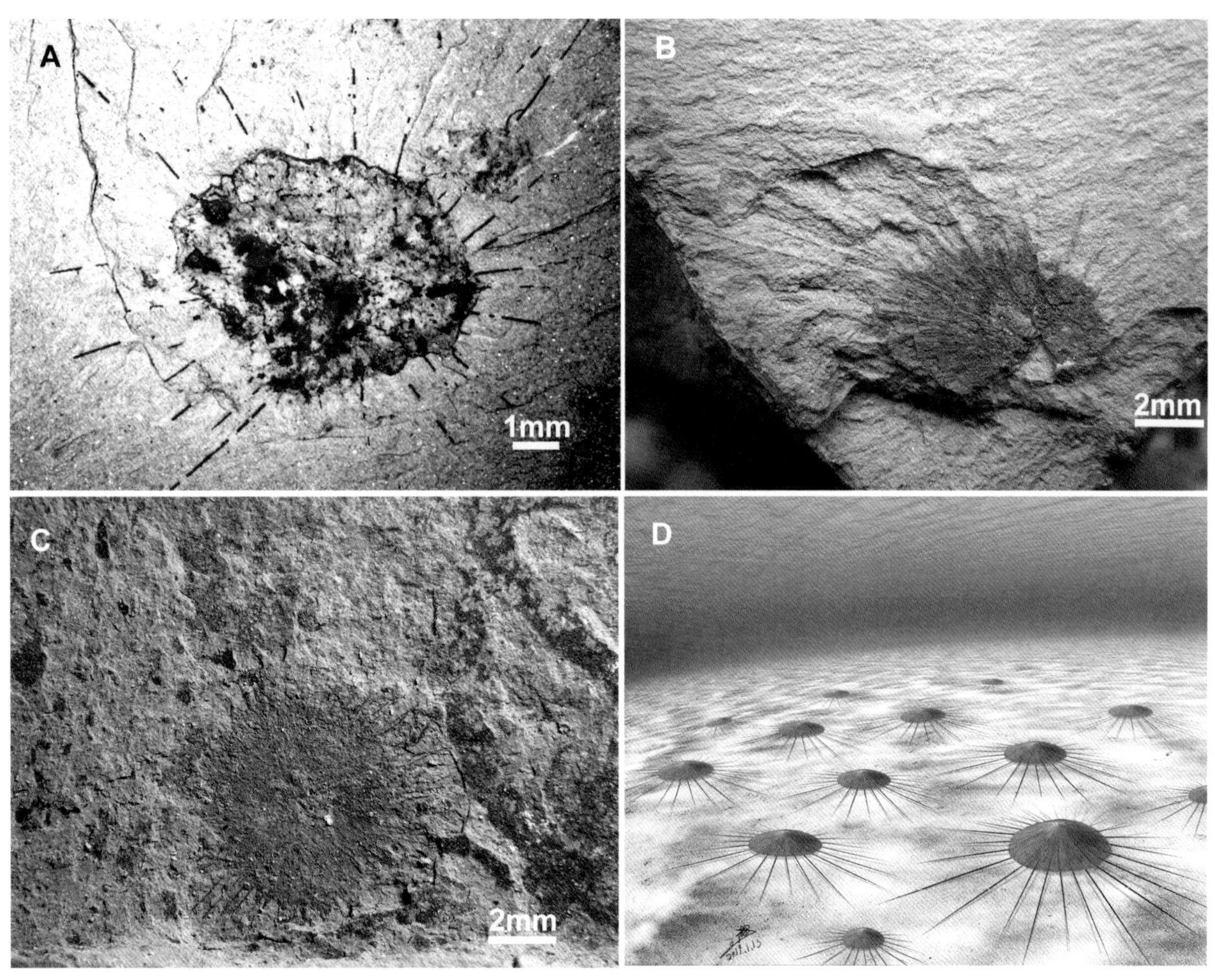

图5-4-15　里德利斗篷海绵*Choia ridleyi*化石（A, B, C）及复原图（D）
Fig.5-4-15　Fossils (A, B, C) and reconstruction (D) of *Choia ridleyi*

海因德斗篷海绵 *Choia hindei* Dawson, 1896

（图 5-4-16A, B, C, D）

形态特征：海绵中央盘直径可达70 mm，由单轴骨针（针状双尖针）辐射状排列而成，这些骨针直径为0.16 mm，长度可达10 mm。冠状骨针直径可达1.0 mm，在盘体边缘一般直径为0.6 ~ 0.7 mm，长度可达80 mm，一般为50 ~ 60 mm。光滑的冠状骨针两端渐尖，不规则的分布于矮锥状中央盘上。

Diagnosis: *Choia hindei* (Dawson, 1896) is the largest species in this genus. The skeleton consists essentially of a radiating thatch of single coarse axis spicules. It may have central discs up to 70 mm in diameter that are composed of considerably coarser spicules than present in either of the other species. Coronal spicules of *C. hindei* may be up to 1 mm in diameter and 80 mm long.

图5-4-16　海因德斗篷海绵*Choia hindei*化石（A, B, C）及复原图（D）
Fig.5-4-16　Fossils (A, B, C) and reconstruction (D) of *Choia hindei*

肠状海绵属 Genus *Allantospongia* Rigby et Hou, 1995

小块肠状海绵 *Allantospongia mica* Rigby et Hou, 1995

（图 5-4-17A, B, C, D）

形态特征：小型海绵，呈延长的卵形到肠形。模式标本个体较小，仅10 mm宽，14 mm长。小的单轴针辐射排列，骨针呈束状，中等大小，延伸可以越过海绵体的顶部中心区。骨针可以分为3个区：

一是中心开阔区，一是密集边缘区，再者是骨针较稀疏的外边缘区。单个骨针似乎是针状双尖骨针，最大直径0.015 ~ 0. 020 mm。

Diagnosis: The body of *Allantospongia mica* is elongate ovate to sausage-shape in overall form and is relatively small. The holotype measures 1.4 cm by 1 cm. It consists mostly of a radiating hatch of small, single-axis (monaxon) spicules that are locally clumped into tufts. Some parts of the central area of the holotype skeleton are more open-textured. Moderately larger spicules extend outward from around the central thatched area.

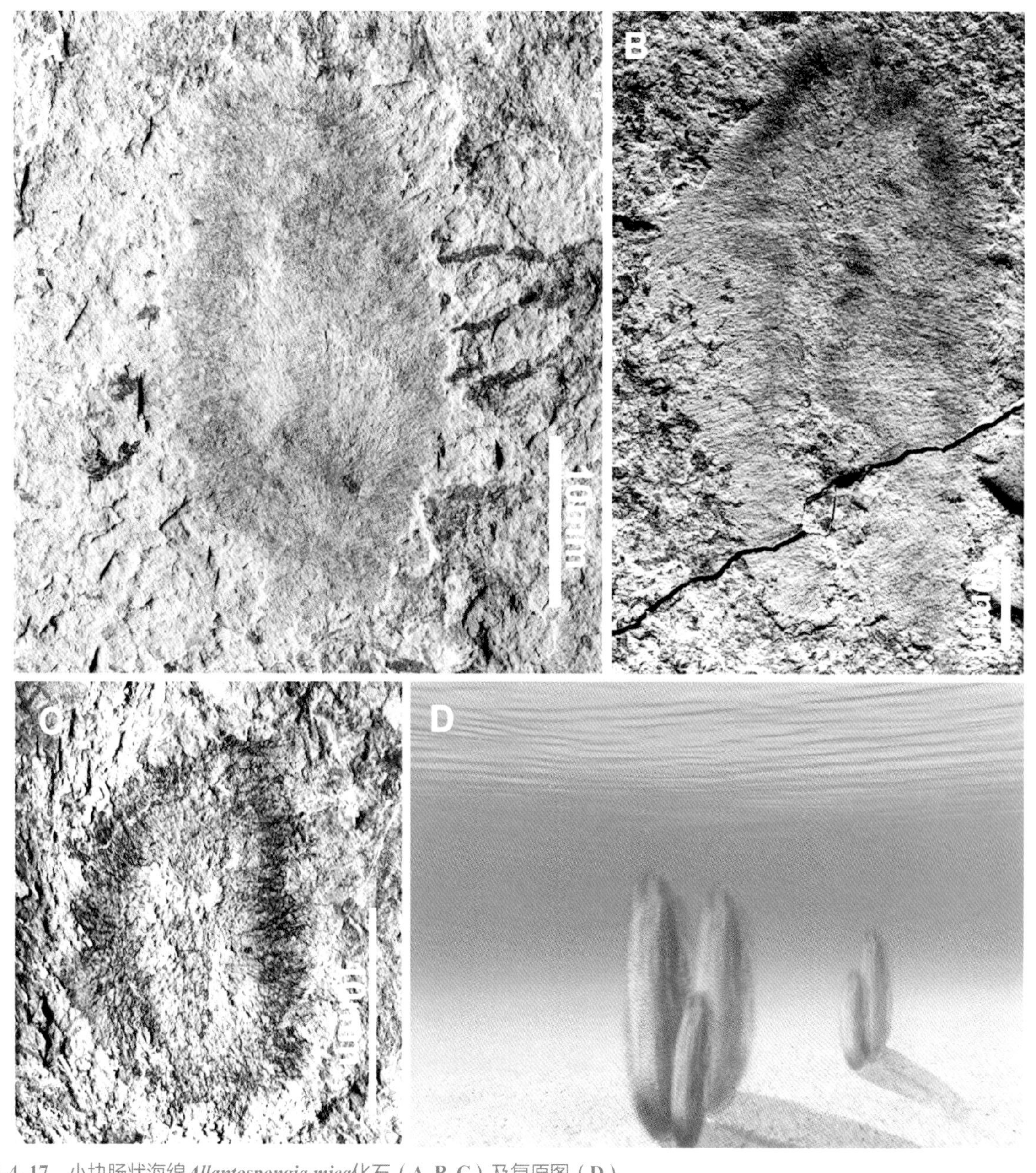

图5-4-17　小块肠状海绵*Allantospongia mica*化石（A, B, C）及复原图（D）
Fig.5-4-17　Fossils (A, B, C) and reconstruction (D) of *Allantospongia mica*

汉普顿海绵科 Family Hamptoniidae de Laubenfels，1955

汉普顿海绵属 Genus *Hamptonia* Walcott，1920

澄江汉普顿海绵 *Hamptonia chengjiangensis* Wu，Zhu and Steiner，2014

（图 5-4-18A,B,C,D）

形态特征：海绵体呈亚圆形、叶状到锥形。主要骨架由2种大小的系列骨针组成。大的单轴双尖针直径为0.1 ~ 0.12 mm，长度可超过10 mm，它们呈单个或成束。大骨针之间分布的小骨针亚平行于大骨针，直径0.018 ~ 0.021 mm，最长可达2 ~ 4 mm，它们在海绵基部和顶部呈辐射状排列，在海绵体表面的远端则紧密结合或者骨针束相互交错排列。

Diagnosis: Small-size mantle sponge with two sizes of spicules (oxeas). The large spicules are 0.1 mm in diameter and occur separately or in bundles. The space between the larger specules (0.4–0.5 mm) is filled with sub-parallel small spicules with maximum length of 0.15 mm. These small spicules align in radiate format in the lower part of the sponge, and cross each other in the upper part of the sponge.

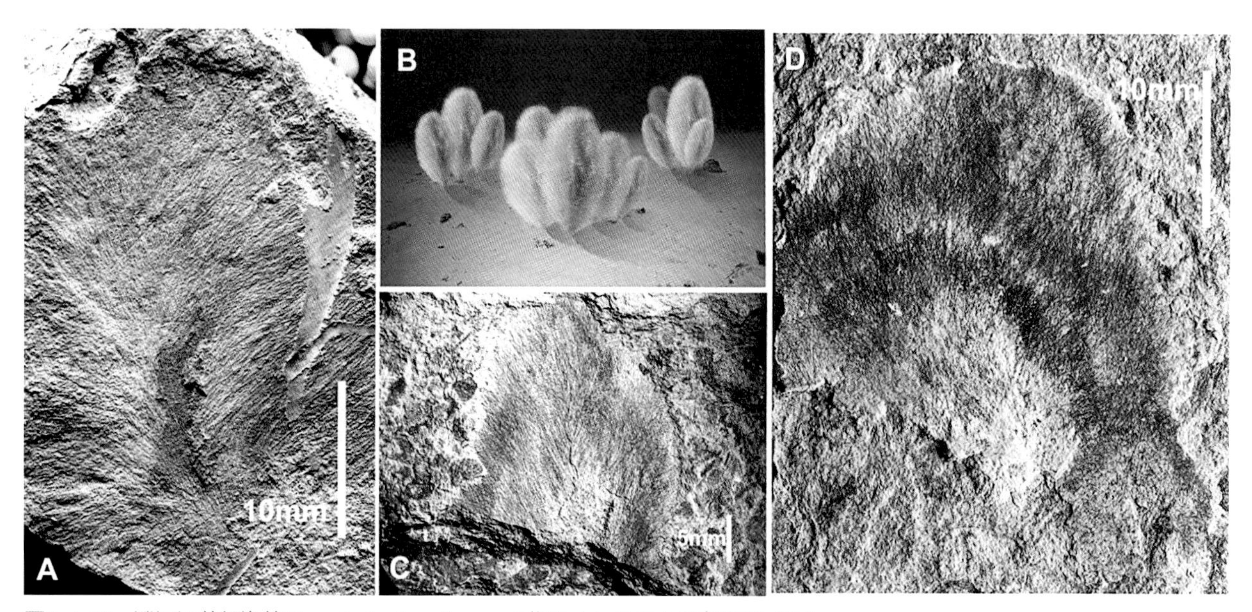

图5–4–18　澄江汉普顿海绵*Hamptonia chengjiangensis*化石（A, C, D）及复原图（B）
Fig.5–4–18　Fossils (A, C, D) and reconstruction (B) of *Hamptonia chengjiangensis*

软骨海绵科 Family Halichondritidae Rigby, 1986

软骨海绵属 Genus *Halichondrites* Rigby, 1986

美丽软骨海绵（相似种）*Halichondrites* cf. *ellssa* Walcott，1920

（图 5-4-19A,B,C,D）

形态特征：宽锥形海绵，小型到大型，有显著的突出骨针和长的针状双尖状的表皮针。主要骨骼由长的向上呈羽毛状排列的单轴针组成；内层骨骼网格通常由略微倾斜向上的双尖针排列而成；突出骨针明显，由基部膨大的钉头骨针组成。

Diagnosis: Sponge thin-walled, conical-cylindrical with marked prostalia and dermalia of major oxeas that extend up and out from the general axis of the sponge; with prominent styles prostalia that extend up from the dense, brush-like coronal fringe at the oscular margin. Main body a thatch of dominantly vertical to weakly spiraling small oxeas, in dense brush-like patterns, with a few cross-bracing isolated oxeas that produce a weakly reticulate margin.

图5-4-19　美丽软骨海绵（相似种）*Halichondrites* cf. *ellssa*化石（A, B, C）及复原图（D）
Fig.5-4-19　Fossils (A, B, C) and reconstruction (D) of *Halichondrites* cf. *ellssa*

细海绵科（新科）Family Ischnspongiidae fam. nov.

特征：海绵体锥形；骨骼由小的双尖针围绕由长的大型双尖针构成的中轴组成，体表无突出骨针。

属包括：细海绵属。

Diagnosis: Thin-walled, conical sponges whose skeleton is composed of two-series monaxon (oxeas); the large spicule constitutes the axial of the sponge; the smaller one surrounds with the large axial monaxons; marginalia absent.

Genus including：*Ischnspongia.*

细海绵属 Genus *Ischnspongia* Wu, Zhu and Steiner, 2014

树形细海绵 *Ischnspongia dendritica* Wu，Zhu and Steiner，2014

（图 5-4-20A,B,C,D）

形态特征：小型、分枝状薄壁海绵，通常2～3 cm高，海绵体最大直径3 mm。通常2或者4个个体群居在一起。骨骼由双尖针组成。小的双尖针围绕由长的大型双尖针构成的中轴斜向上、向外排列。骨针在中轴中部呈不规则斜向下排列。

Diagnosis: Small–sized (20–30 mm in length, 3 mm in maximum breadth), branching (usually 2 or 4 individuals) thin–walled, plumose sponge whose skeleton is composed of two-series monaxon (oxeas). The large spicule constitutes the axial of the sponge; the smaller one aligns upward and outward on both sides of the axial in a plumose form.

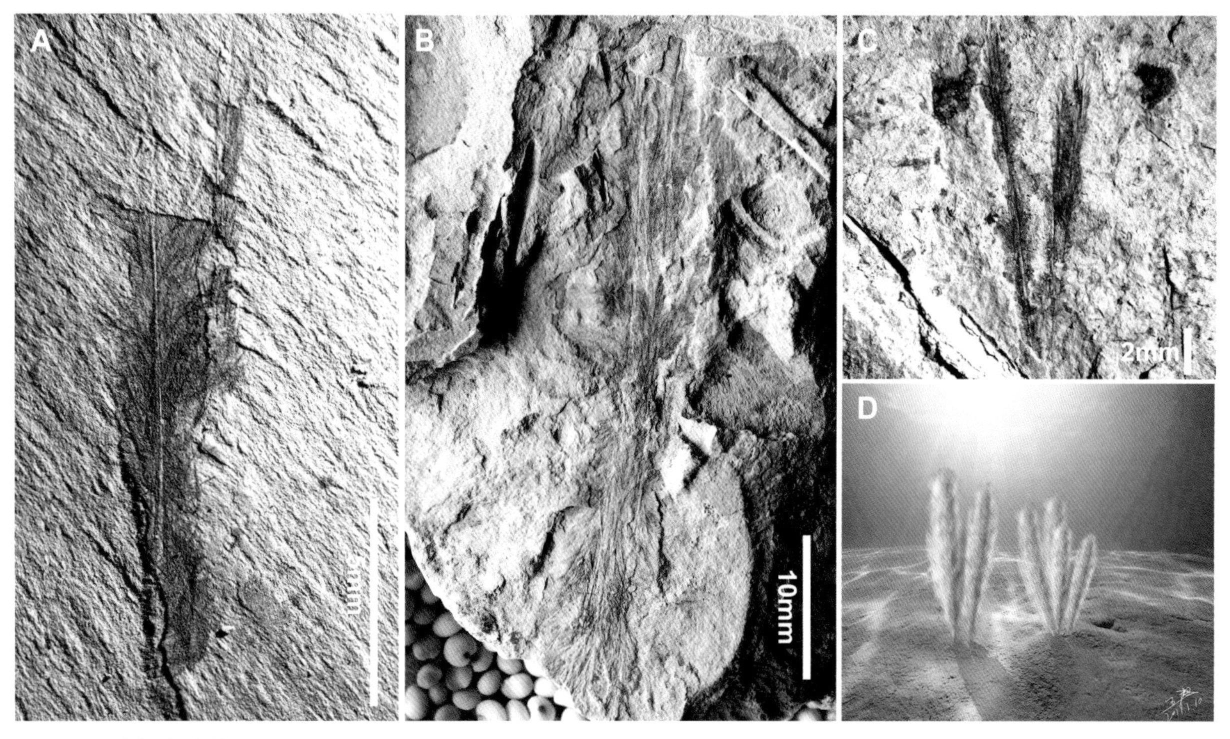

图5–4–20　树形细海绵*Ischnspongia dendritica*化石（A, B, C）及复原图（D）

Fig.5–4–20　Fossils (A, B, C) and reconstruction (D) of *Ischnspongia dendritica*

细丝海绵科 Family Leptomitidae de Laubenfels, 1955

细丝海绵属 Genus *Leptomitus* Walcott, 1886

次圆柱形细丝海绵 *Leptomitus teretiusculus* Chen, Hou& Lu, 1989

（图 5-4-21A,B,C,D,E）

形态特征：中到大型柱状海绵，体长可超过10 cm，壁薄，骨骼由3种大小不同的单轴骨针所组成，呈单层结构。纵向骨骼由双尖大骨针互相叠接而成的纵向骨棒所组成。内骨层由水平排列的小骨针所组成。横向小骨针与纵向骨棒穿插排列。出水口具口须。

Diagnosis: *Leptomitus teretiusculus* is a moderately common, thin-walled sponge species. Specimens range up to 11 cm long and about 1.2 cm wide. The body is very elongate, tube-shaped, and possibly composed of a single skeletal layer. The vertical skeleton consists of larger coarse spicules, which in some specimens are slightly smaller in the lower half of the skeleton. The horizontal are short fine spicules. Both horizontal and vertical skeleton are each monaxonal spicules and interlocked each other. A short fringe of spicules extends beyond the oscular margin.

图5-4-21　次圆柱形细丝海绵*Leptomitus teretiusculus*化石（A, B, C）及复原图（D）和局部放大（E. 显示纵向骨针与横向骨针穿插排列）

Fig.5-4-21　Fossils (A, B, C) and reconstruction (D), close-up picture (E) of *Leptomitus teretiusculus*

小细丝海绵属 Genus *Leptomitella* Rigby，1986

困惑小细丝海绵 *Leptomitella confuse* Chen, Hou& Lu, 1989

（图 5-4-22A,B）

形态特征：大型薄壁海绵，外形柱状，骨骼由3种大小不同的单轴双尖针所组成。双尖大骨针互相叠接而成的纵向骨棒，骨棒之间填充小型骨针。横向骨层由两类骨针组成：一类呈束状排列，一类为单针，不均匀分布于束状骨针之间。水平骨针束向固定端逐渐加密，最后消失。基部宽，具根须。此种海绵高度可以超过40 cm。

Diagnosis: This is one of the more common sponge species in the Chengjiang biota. Specimens are flattened and have a column shape, broad base with tuft. The length of largest sponge is more than 40 cm. The one-layered skeleton is composed of horizontal and vertical spicules that interlocked each other. The vertical skeleton consists of larger coarse spicules with inserted small fine oxeas. The horizontal are two kinds of short fine spicules: one is bundled spicules, another is single spicules. Single spicules are unevenly distributed among bundled spicules.

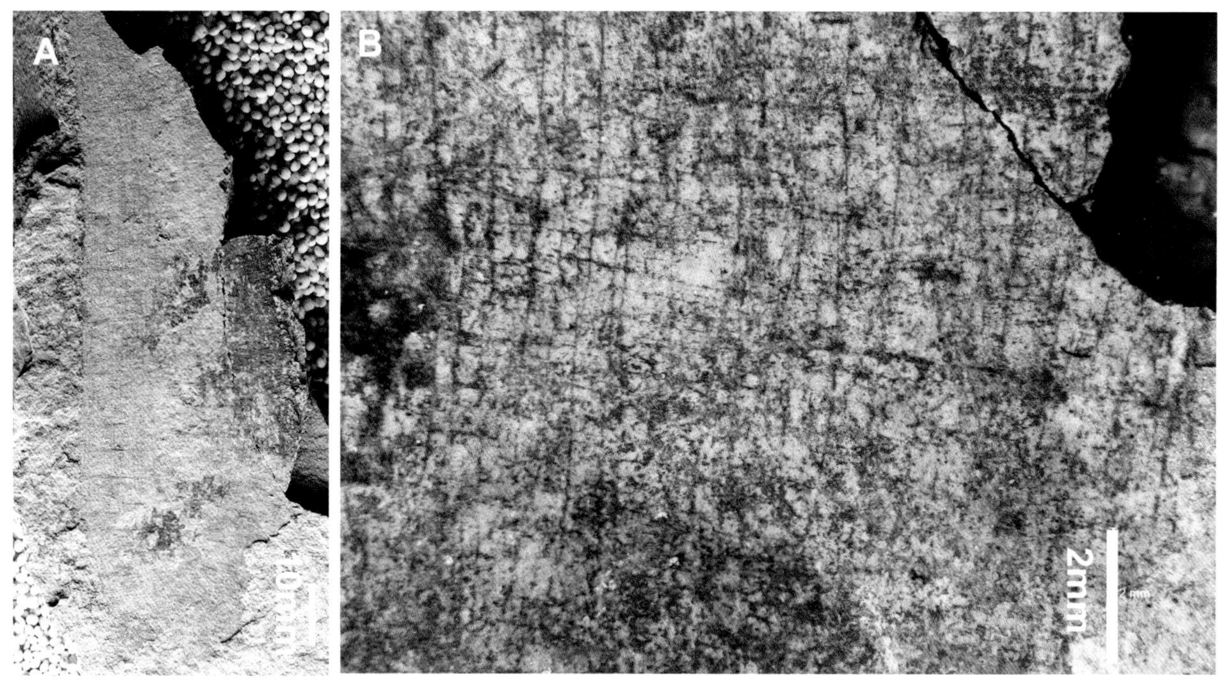

图5-4-22　困惑小细丝海绵*Leptomitella confusa*化石（A）及复原图（B）

Fig.5-4-22　Fossils (A) and reconstruction (B) of *Leptomitella confusa*

锥形小细丝海绵 *Leptomitella conica* Chen, Hou& Lu, 1989

（图 5-4-23A,B,C）

形态特征：小型海绵，通常3～5 cm长，宽不超过5 mm。体形长角锥状，体壁薄，单层骨骼由大小不同的3套单轴针所组成。纵向骨层由相互叠接的骨棒和埋于骨棒之间呈纵向分布的细小骨针组成。横向骨骼层由呈束状排列的单轴针组成。

Diagnosis: *Leptomitella conica* has an overall long conical shape whose length is usually 3 ~ 5 cm, width 3–4 mm. The sponge skeleton consists of moderately well–spaced vertical rods composed of en echelon coarse oxeas that produce a pin stripe–like fabric and horizontal bundled small monaxons (oxeas). The one–layered thin body wall is composed of horizontal and vertical spicules that interlock each other.

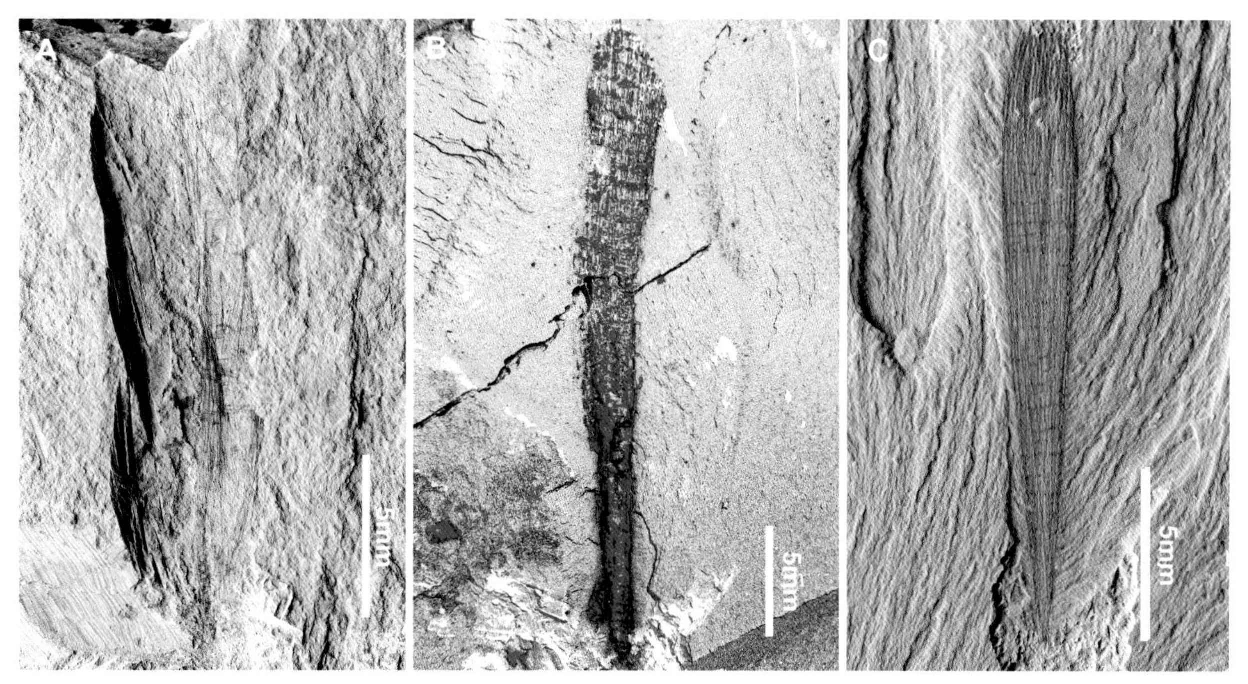

图5–4–23　A ~ C. 锥形小细丝海绵
Fig.5–4–23　A□C. *Leptomitellaconica*

螺旋小细丝海绵 *Leptomitella spiralis* Chen et Hou，in Yang et al.，2019

（图 5-4-24A,B,C）

形态特征：海绵体高60 mm，表面光滑，呈两端细中间粗的纺锤状。体薄壁，由3套大小不同的骨针构成网状骨架。大的纵向双尖针平行排列形成骨棒，粗骨棒中间插入小的呈纵向排列的茅草状双尖针。横向的双尖针聚集成束并围绕海绵体呈螺旋排列。横向骨针束与纵向骨针穿插排列。

Diagnosis: Smooth, fusiform, thin–walled sponges with a maximum height of about 6 cm. Its skeletons are composed of three series of monaxons. Vertical thatch of finest monaxons and inserted vertical rods; horizontal monaxons in bundles that spiral, and intersperse with the vertical spicules.

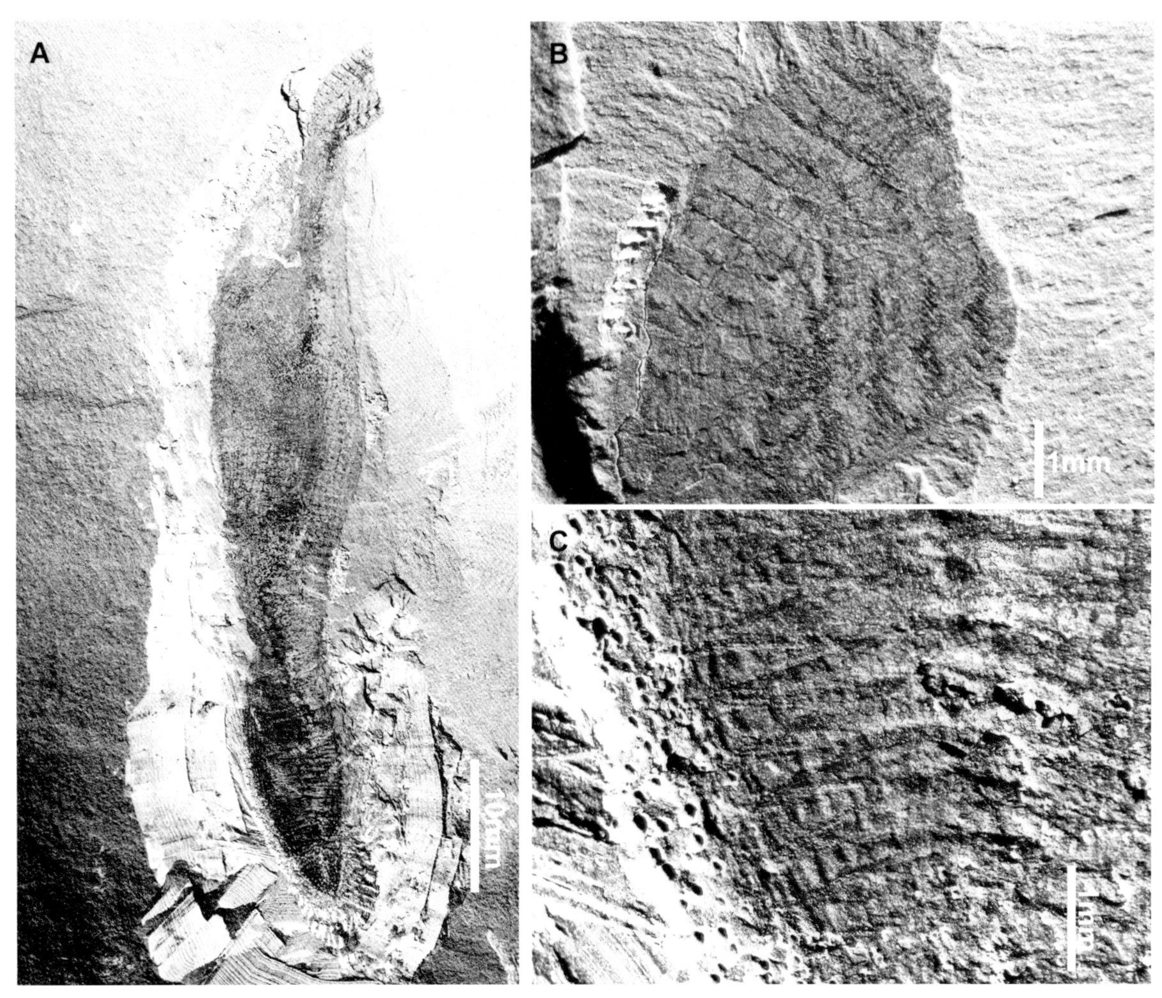

图5-4-24 螺旋小细丝海绵*Leptomitella spiralis*化石（A）及放大图（B, C）
Fig.5-4-24 Fossils (A) and close-up (B, C) of *Leptomitella spiralis*

拟小细丝海绵属 Genus *Paraleptomitella* Chen，Hou and Lu，1989
网状拟小细丝海绵 *Paraleptomitella dictyodroma* Chen，Hou and Lu，1989
（图 5-4-25A,B,C,D）

形态特征：海绵体中型大小，外形长角锥形，上下端收缩。骨骼由3种不同大小的单轴骨针所组成。大骨针弯弓状，双尖式，近垂直方向分布，相互交错排列成菱形网眼。大骨针与垂直方向排列的小型骨针穿插排列。横向骨针有水平束状和分散排列的单独骨针2种。横向骨针与纵向骨针穿插排列，不是分层排列。海绵体根部尖，具少量根须。出水孔圆形，大型骨针围绕出水孔。

Diagnosis: *Paraleptomitella dictyodroma* is a relatively common, tubular, thin-walled sponge that grew to about 10 cm in height. The fossils are flattened, and have a maximum width of about 1.2 cm. The base of the sponge is narrow, and the oscular margin seems to be rounded. Its double-layered skeleton is formed of monaxonal spicules. The outer layer consists of coarse, slightly curved oxeas that interlock with one another to form tapering, elongate areas filled with fine, vertically arranged spicules. Bundles of horizontally arranged spicules make up the inner layer.

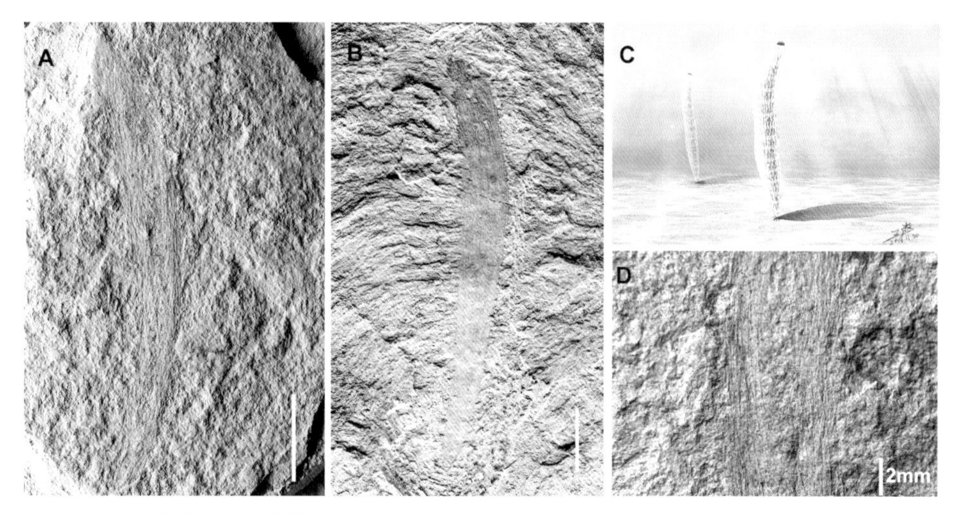

图5-4-25　网状拟小细丝海绵*Paraleptomitella dictyodroma*化石（A, B, D）及复原图（C）
Fig.5-4-25　Fossils (A, B, D) and reconstruction (C) of *Paraleptomitella dictyodroma*

球形拟小细丝海绵 *Paraleptomitella globula* Chen，Hou and Lu，1989（图 5-4-26A,B,C,D）

形态特征：完整个体最大约7 cm高。海绵体上部呈长囊球状，下部细柱状；骨骼由3种大小不同的骨针所组成；纵向大骨针为弯弓形单轴骨针，互不叠接，排列成菱网状；长的垂直排列的微细骨针与网格穿插排列；横向骨针大小中等，呈束状排列，中间有分散排列的单独骨针。

Diagnosis: This is a distinctively shaped, thin-walled sponge, with a maximum height of about 7 cm. The lower part is elongate and tubular, some 5 mm wide, above which it expands into a balloon-like shape of around 1.5 cm maximum width, with a much narrower osculum. Both layers of the skeleton consist of monaxonal spicules. The outer layer has an interweaving of slightly curved, coarse oxeas, between which there is a network of fine, vertical spicules. The inner skeletal layer comprises fine horizontal spicules arranged in bundles.

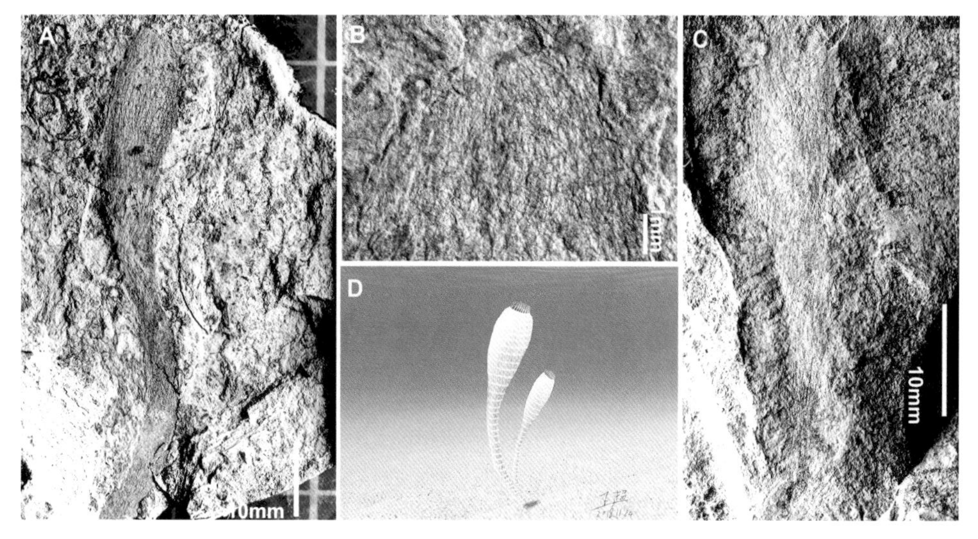

图5-4-26　球形拟小细丝海绵*Paraleptomitella globula*化石（A, B, C）及复原图（D）
Fig.5-4-26　Fossils (A, B, C) and reconstruction (D) of *Paraleptomitella globula*

四层海绵科 Family Quadrolaminiellidae Chen, Hou et Li, 1990

四层海绵属 Genus *Quadrolaminiella* Chen, Hou et Li, 1990

对角四层海绵 *Quadrolaminiella diagonalis* Chen, Hou et Li, 1990

（图 5-4-27A,B,C,C,D）

形态特征：海绵体大，呈卵球状，最大高度可达30 cm，宽度达12 cm以上，是动物群中个体最大的海绵。由于该种海绵体大，很难采到完整标本。骨骼层4层，第1层有纵向排列的骨针组成，第2层由横向排列的细小骨针组成，与第1层骨针垂直，压缩面上组成外网；第2层由左上斜伸骨针组成，第4层由右上斜伸骨针组成，压缩面上第3层与第4层垂直排列而组成内网。由于骨架较复杂，被认为具有三轴六射针，并归入六射海绵纲（Finks and Rigby，2004b）。

Diagnosis: The body of *Q. diagonalis*is is large ovate shape. It occurs as two-dimensional impression fossils up to 30 cm long and about 12 cm wide, narrowing proximally and also distally toward the presumed site of the osculum. The skeleton consists of four layers of monaxonal spicules, arranged into two nets with each of two layers. The spicules of the outermost layer are coarse, relatively widely spaced and extend virtually the entire length of the sponge; those of the second layer are finer, more closely spaced and horizontal. The spicules of the two layers of the inner net trend diagonally in opposite directions. They are ascribed to Hexactinellida (Finks & Rigby, 2004b) for their complex skeletons.

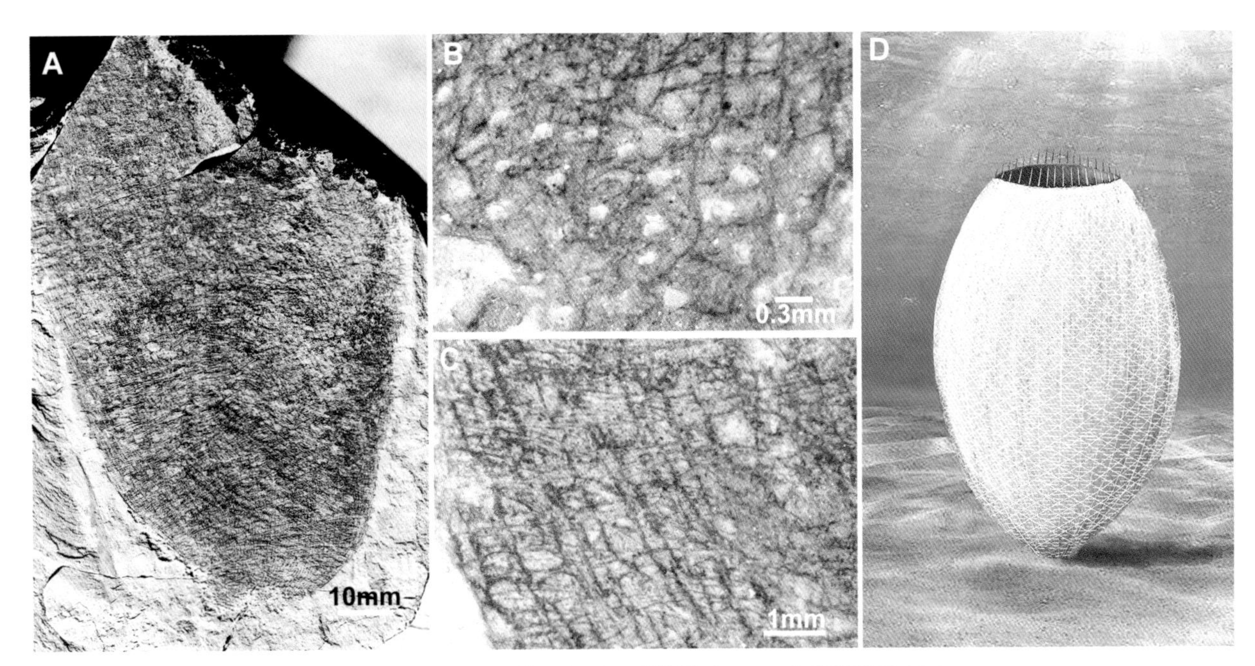

图5-4-27 对角四层海绵*Quadrolaminiella diagonalis*化石（A）、局部放大（B, C）及复原图（D）

Fig.5-4-27 Fossils (A) and close-up (B, C), reconstruction (D) of *Quadrolaminiella diagonalis*

海扎海绵科 Family Hazeliidae de Laubenfels, 1955

九村虫属 Genus *Jiucunia* Hou, Bergstrom, Wang, Feng & Chen, 1999

瓣状九村虫 *Jiucunia petalina* Hou et al., 1999

（图 5-4-28A,B,C,D）

形态特征：为小型锥形或长卵形薄壁海绵。高约2 cm，宽0.8 cm。骨骼由单轴双尖骨针组成交叉形成网络。海绵体表面由纵向骨针束加密隆起形成8条脊状条带，脊状条带之间形成近似纵向的沟。海绵体口边缘和表面具边缘刺。出水孔明显。

Diagnosis: The sponge body is elongate–ovoid in outline and relatively small, only some 2 cm high and 0.8 cm wide. The thin wall is composed of closely spaced tracts of plumose small monaxons, principally oxeas. The sponge skeleton shows eight ridges that are constructed by dense longitudinal diactines. Narrower ridges are visible between the wide ridges, and the whole surface is covered by a fine, rather irregular, grid–like tracts.

图5–4–28 瓣状九村虫*Jiucunia petalina*化石（A）、基部放大（B）、口部放大（C）及复原图（D）
Fig.5–4–28 Fossils (A) and close-up (B, C), reconstruction (D) of *Jiucunia petalina*

六射海绵纲 Class Hexactinellida Schmidt，1870

网针海绵目 Order Reticulosa Reid，1958

原始海绵科 Family Protospongiidae Hinde，1887

似斜纹海绵属 Genus *Paradiagoniella* Chen，Müller，Hou and Xiao，2014

小滥田似斜纹海绵 *Paradiagoniella xiaolantianensis* Chen，Müller，Hou and Xiao

（图 5-4-29A,B,C,D）

形态特征：海绵体外形呈卵形或者椭圆形，个体较小，高3.2 cm，宽2.5 cm左右。海绵体骨骼由十字骨针为基底的网络组成，方向相对于海绵体主轴斜交排列，连接成不规则网眼。十字骨针大小有六级。除十字骨针外，还具有弯弓形和针形双尖单轴针。

Diagnosis: The sponge body is ovoid in outline and relatively small, only some 3.2 ~ 3.3 cm high and 1.8 ~ 2.4 cm wide. It has a round base and possibly a round osculum. The maximum width occurs near the oscular end. The skeleton is mainly composed of stauractines (spicules with four rays) and rare oxeas (spicules with two rays). The four rays of the stauractines are of equal lengths, smooth and distally sharp. Up to six ranks of stauractines can be distinguished, each of which is not arranged parallel to the other ranks. The first order of stauractines can form sub–quadrules in the body wall, with smaller stauractines nested inside. Oxeas are interlocked with stauractines.

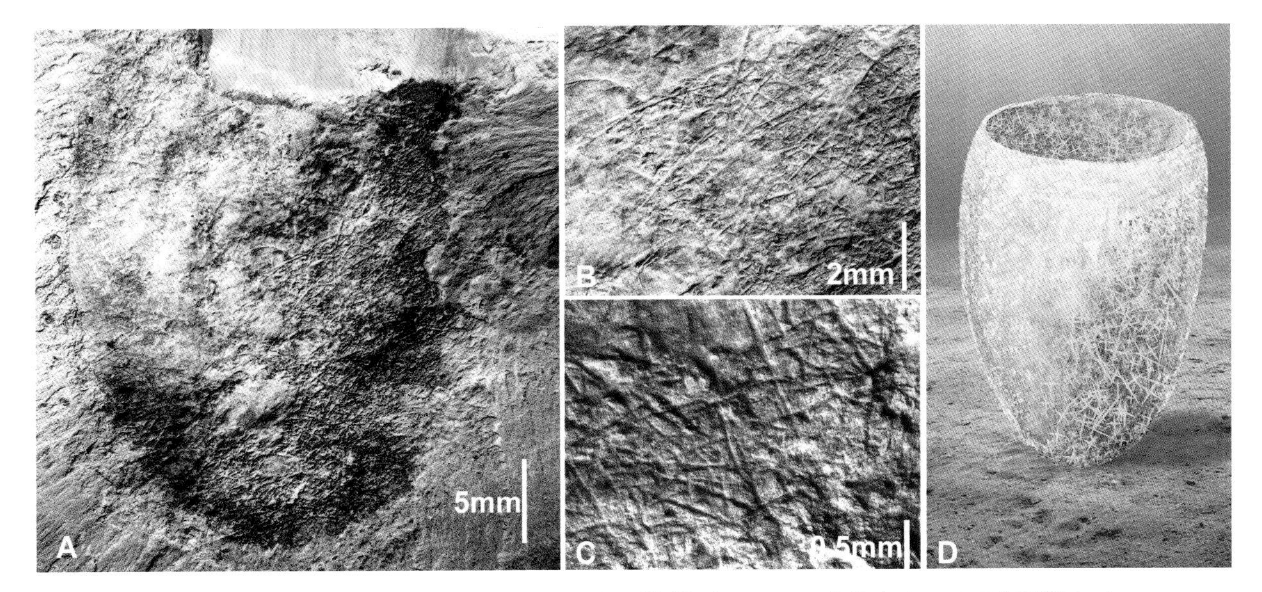

图5–4–29 小滥田似斜纹海绵*Paradiagoniella xiaolantianensis*化石模式标本（A）、局部放大（B, C）及复原图（D）
Fig.5–4–29 Holotype (A) and close-up (B, C), reconstruction (D) of *Paradiagoniella xiaolantianensis*

大型似斜纹海绵 *Paradiagoniella magna* Chen，Müller，Hou and Xiao，2014（图 5-4-30A-E）

形态特征：大型海绵，海绵体长卵形或者椭球形。体壁薄，骨骼由十字骨针不规则排列形成。为基底的网络相对于海绵体主轴斜交排列并连接成网眼。十字骨针有六级，同一级十字骨针之间不平行，与下一级十字骨针之间也不平行，而是斜交。十字骨针针射之间相互叠压相交，形成不规则网眼。除十字骨针外，还穿插排列有六射针、弯弓形和针形双尖单轴针。海绵体光滑，没有标志的边缘骨针或者突出骨针。

Diagnosis: Thin–walled protospongiid with dense mesh of stauractines and minor amount of oxeas (straight or curved diactines). Rare hexactines may also be present. Stauractine sranked in size. First–order principal stauractines arranged irregularly, but forming local sub–quadrules oblique to body axis. Smaller–sized stauractines oriented independently of principal stauractines.

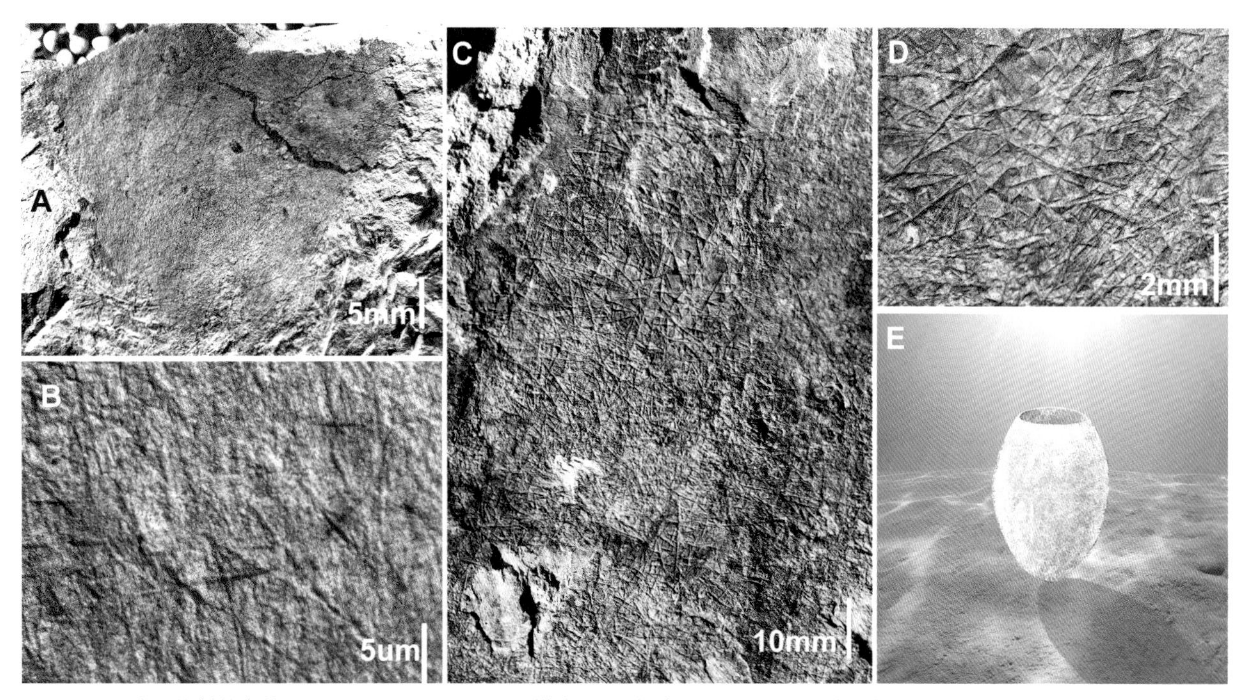

图5-4-30　大型似斜纹海绵*Paradiagoniella magna*化石模式（A）标本（C）及局部骨针形态（B, D）和复原图（E）
Fig.5-4-30　Holotype (A), paratype (C) and close-up (B, D), reconstruction (E) of *Paradiagoniella magna*

囊形似斜纹海绵 *Paradiagoniella marsupiata* Chen and Hou, in Ma et al., 2018
（图 5-4-31A）

形态特征：海绵体袋形或椭球形，基部钝圆。体壁薄，十字骨针与单轴双尖针穿插排列形成骨骼网格。十字骨针分级不明显，同一十字骨针两对针射长度不一致。单轴针大体呈左右两个倾斜方向，与体轴斜交，密度较大。弯形单轴针存在。海绵体光滑，无标志性的边缘骨针或者突出骨针，无根簇和口须。

Diagnosis: Marsupial or ellipsoidal, thin-walled sponge has a round base. Stauractines interlock with oxeas to form the principal skeletal net. Stauractines have three orders in size. Two pairs of spicular rays of stauractineare not equal in length. Diactines densely arrange in oblique crossing body axis with two directions. Some curved diactines may be present. No evidence for any distinct prostalia, including marginalia, pleuralia or basalia.

十字骨针和六射骨针席 stauractine and hexactine mates
（图 5-4-31B, C）

形态特征：大量十字骨针和六射针成不规则分散排列。骨针之间斜交排列，有的叠压在一起。体视显微镜观察到这些散落的骨针既有十字骨针，也有六射针。十字骨针和六射针光滑无装饰，末端尖锐。六射针垂直岩层面的针射断裂，有的凸起，有的凹下。一级骨针的长度和基部直径之比为65：66，接近大型似斜纹海绵*Paradiagoniella magna*。散落骨针经常与节肢动物背甲保存在一起。

Diagnosis: Abundant isolated four-ranked stauracts, and hexacts occur in the stone beds and arrange irregularly. Some spicules can be as long as 1 cm. Stauracts and hexacts show smooth out shape and sharp ends. The ratio of first rank stauract of length to diameter is about 65 ~ 66 which is close to *Paradiagoniella magna.* The vertical actine of hexacts is broken and making a hole on the bedding plane. Usually the isolated spicules are kept together with carapace of arthropods.

图5–4–31　囊形似斜纹海绵*Paradiagoniella marsupiata*化石模式标本（A）及十字骨针和六射骨针席（B、C）
Fig.5–4–31　Holotype (A) and stauractine (B), hexactine mates (C) of *Paradiagoniella marsupiata*

橄榄形似斜纹海绵 *Paradiagoniella oliviformis* Chen and Hou, 2019
（图 5-4-32A-E）

形态特征：海绵体整体呈橄榄形，基部钝圆。体壁薄，十字骨针与单轴双尖针穿插排列形成骨骼网格。十字骨针短粗，分级不明显，两对针射长度不一致。单轴针排列不规则，密度稀疏。弯形单轴针存在。海绵体光滑，没有标志性的边缘骨针或者突出骨针。无根簇和口须。五射针和十字星骨针可能存在。

Diagnosis: Thin–walled sponge is smooth without distinct prostalia；the root tuft and marginalia present or not；stauractines rank in size and arrange irregularly；largest stauractines arrange obliquely to longitudinal axis of sponge, together with hexactines, curved or straight diactines, to form entire skeleton; pentactines may be present.

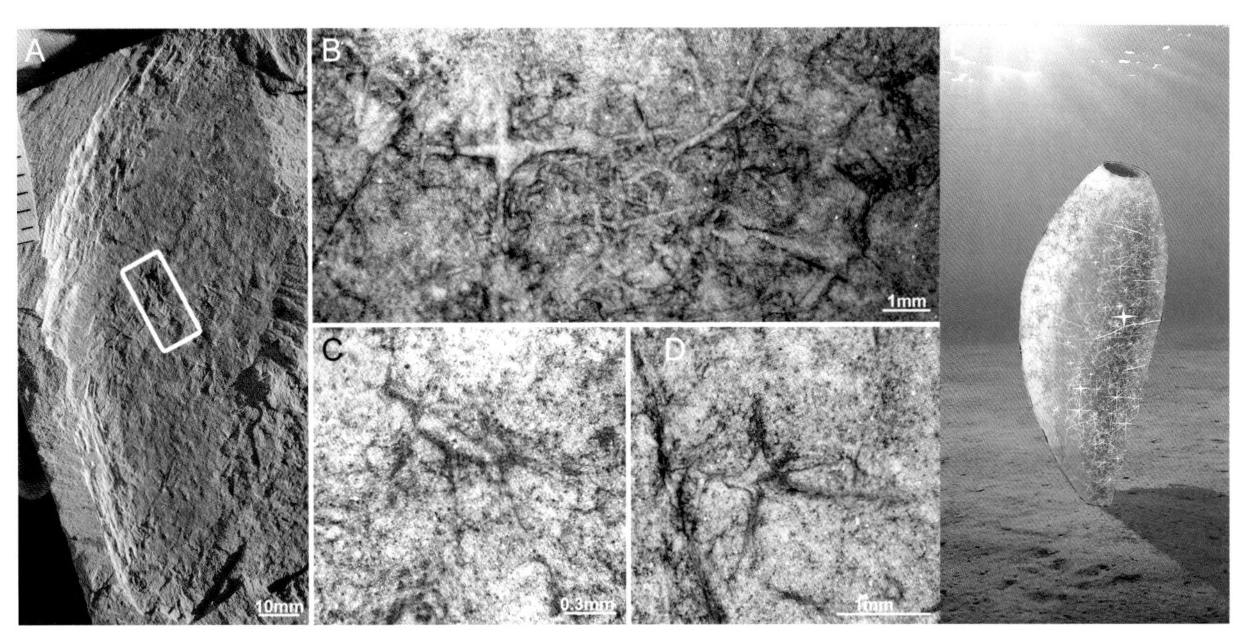

图5-4-32 橄榄形似斜纹海绵 *Paradiagoniella oliviformis*
A. 模式标本；B. A方框放大显示分级十字骨针；C. 可能的十字星骨针；D. 可能的五射针；E. 复原图
Fig.5-4-32 Holotype (A), close-up pics (B, C, D) and reconstruction (E) of *Paradiagoniella oliviformis*

锥形似斜纹海绵 *Paradiagoniella conica* Chen and Hou, 2019
（图 5-4-33A-F）

形态特征：海绵长锥形，基部尖。体壁薄，六射针、十字骨针与单轴双尖针穿插排列形成网状骨骼。十字骨针分级不明显，两对针射长度一致。单轴针大体成两个方向，一组与海绵体长轴平行，一组与体轴斜交。无弯形单轴针。海绵体光滑，没有标志的边缘骨针或者突出骨针。具根须，口须不清楚。

Diagnosis: Long conical, thin-walled sponge with a sharp base. The primary skeleton net is composed by hexactines, stauractines and oxeas in interlocked arrangement. Stauractines have three orders in size. The four rays of stauractines are of equal lengths. Diactines are generally oriented in two directions, one arrange parallel to the long axis of the sponge and the other arrange oblique to the body axis. The wall of sponge is smooth without the distinct prostalia. The basalia are present, marginalia uncertain.

图5–4–33　锥形似斜纹海绵 *Paradiagoniella conica*

A、B. 正模标本；C. 复原图；D. 副模标本，右侧个体；E. 海绵体基部放大，显示最大骨针为正交六射骨针（箭头）；F. 六射针放大，射针断裂后留下凸起的根部

Fig.5–4–33　Holotype (A,B) and reconstruction (C), paratype (D) close-up pics (E,F) of *Paradiagoniella conica*

图5-4-34　澄江生物群海绵复原景观
Fig.5-4-34　Reconstruction picture of early Cambrian Chengjiang sponges

（陈爱林　马海丹）

主要参考文献

[1] AMTHOR J E, GROTZINGER J P, SCHRÖDER S, et al. Extinction of Cloudina and Namacalathus at the Precambrian-Cambrian boundary in Oman[J]. Geology, 2003, 31(5):431-434.

[2] ANTCLIFFE J B, CALLOW R H T, BRASIER M D. Giving the early fossil record of sponges a squeeze[J]. Biological Reviews, 2014(89): 972-1004.

[3] BOTTING J P. Exceptionally well-preserved Middle Ordovician sponges from the Llandegley rocks Lagerstätte, Wales[J]. Palaeontology, 2005(48): 577-617.

[4] BOTTING J P, MUIR L A, XIAO S, et al. Evidence for spicule homology in calcareous and siliceous sponges: bimineralic spicules in Lenica sp. from the Early Cambrian of South China[J]. Lethaia, 2012(45): 463-475.

[5] BOTTING J P, MUIR L A. Spicule structure and affinities of the Late Ordovician hexactinellid-like sponge Cyathophycusloydelli from the Llanfawr Mudstones Lagerstätte, Wales[J]. Lethaia, 2013(46): 454-469.

[6] BOTTING J P, MUIR L A, ZHANG Y D, et al. Flourishing sponge-based ecosystems after the End-Ordovician mass extinction[J]. Current Biology, 2017, 27(4): 556-562.

[7] BOURY-ESNAULT N, ERESKOVSKY A, BEZAC C, et al. Larval development in the Homoscleromorpha(Porifera, Demospongiae)[J]. Invertebrate Biology, 2003(122): 187-202.
[8] BOURY-ESNAULT N, RÜTZLER K. Thesaurus of sponge morphology, in: Boury-Esnault, N., Rützler, K.(Eds.). Smithsonian Contributions to Zoology, No. 596[M]. Washington, Smithsonian Institution Press, 1997: 55.
[9] BRAIN C K, PRAVE A R, HOFFMANN K H, et al. The first animals: ca. 760-million-year-old sponge-like fossils from Namibia[J]. South African Journal Science, 2012, 108(1/2): 8.
[10] BRASIER M D, GREEN O, SHIELDS G. Ediacaran sponge spicule clusters from southwestern Mongolia and the origin of the Cambrian fauna[J]. Geology, 1997(25): 303-306.
[11] BRUSCA R C, BRUSCA G J. Invertebrates(2nd edition)[M]. Sunderland: Sinauer Sunderland Mass, 2003: 936.
[12] CÁRDENAS P, PÉREZ T, BOURY-ESNAULT N. Sponge Systematics Facing New Challenges, In: Lesser, M.(Eds.). Advances in Sponge Science-Phylogeny, Systematics, Ecology[M]. Elsevier London, UK, 2012: 79-210.
[13] CARRERA M G. An Ordovician sponge fauna from San Juan Formation, Precordillera basin, western Argentina. NeuesJahrbuchfürGeologie und Paläeontology, Abhandlungen, 1994, 191:201-220.
[14] CHANG S, FENG Q L, CLAUSEN S, et al. Sponge spicules from the lower Cambrian in the Yanjiahe Formation, South China: The earliest biomineralizing sponge record. Palaeogeography, Palaeoclimatology, Palaeoecology, 2017, 474: 36–44.
[15] CHEN A L, MÜLLER W E G, HOU X G, XIAO S H. New articulated protospongiid sponges from the early Cambrian Chengjiang biota[J]. Palaeoworld, 2015, 24: 46-54.
[16] CLITES E C, DROSER M L, GEHLING J G. The advent of hard-part structural support among the Ediacara biota: Ediacaran harbinger of a Cambrian mode of body construction[J]. Geology, 2012, 40(4): 307-310.
[17] CONDON D, ZHU M, BOWRING S, et al. U-Pb ages from the Neoproterozoic Doushantuo formation, China[J]. Science, 2005, 308(5718): 95-98.
[18] DOHRMANN M, VOIGT O, ERPENBECK D, et al. Non-monophyly of most supraspecific taxa of calcareous sponges(Porifera, Calcarea) revealed by increased taxon sampling and partitioned Bayesian analysis of ribosomal DNA[J]. Molecular Phylogenetics and Evolution, 2006, 40:830-843.
[19] DOHRMANN M, HAEN K M, LAVROV D, et al. Molecular phylogeny of glass sponges(Porifera, Hexactinellida): Increased taxon sampling and inclusion of the mitochondrial protein-coding gene, cytochrome oxidase subunit I[J]. Hydrobiologia, 2012, 687: 11-20.
[20] D W, WANG X. Hexactinellid Sponge Spicules in NeoproterozoicDolostone from South China[J]. Paleontological Research, 2012, 16(3):199-207.
[21] ERWIN D H, LAFLAMME M, TWEEDT S M, et al. The Cambrian conundrum: early divergence and later ecological success in the early history of animals[J]. Science, 2011, 334:1091-1097.
[22] FINKS R M, RIGBY J K. Paleozoic demonsponges, in: Kaesler, R.L.(Eds.). Treatise on invertebrate paleontology. Part E(revised). Porifera. The Geological Society of America and the University of Kansas, Boulder, Colorado, and Lawrence, Kansas, 2004.
[23] GARCIA-BELLIDO, CAPDEVILA D. The demospongeLeptomituscf. L. lineatus, first occurrence from the Middle Cambrian of Spain(Murero Formation, Western Iberian Chain)[J]. Geologica Acta, 2003(1): 113-119.

[24] GEHLING J G, RIGBY J K. Long-expected sponges from the Neoproterozoic Ediacara fauna of South Australia[J]. Journal of Paleontology, 1996(70): 185-195.
[25] HOOPER J N A, VAN SOEST R W M. System Porifera: A Guide to the Classification of Sponges[M]. Kluwer New York: Academic' Plenum Publishers, 2002: 1-1708.
[26] HOU X G, DAVID J S, Derek J S, et al. The Cambrian Fossils of Chengjiang, China. The flowering of early animal life[M]. Second Edition. Wiley Blackwell, 2017: 1-316.
[27] IVANTSOV A, ZHURAVLEV A, LEGUTA A, et al. Palaeoecology of the Early Cambrian Sinsk biota from the Siberian platform[J]. Palaeogeography, Palaeoclimatology, Palaeoecology, 2005(220): 69-88.
[28] KELLY-BORGES M, BERGQUIST P R, BERGQUIST P L. Phylogenetic relationships within the order Hadromerida(Porifera, Demospongiae, Tetractinomorpha) as indicated by ribosomal RNA sequence comparisons[J]. Biochemical Systematics and Ecology, 1991(19): 117-125.
[29] KRASKO A, SCHRÖDER H C, HASSANEIN H M A, et al. Identification and expression of the SOS-response, aidB-like, gene in the marine sponge Geodiacydonium: Implication for the phylogenetic relationships of metazoan Acyl-CoA dehydrogenases and Acyl-CoA oxidases[J]. J Molec Evol, 1998, 47(3): 343-352.
[30] LAFAY B, BOURY-ESNAULT N, VACELET J, et al. An analysis of partial 28S ribosomal RNA sequences suggests early radiations of sponges[J]. Biosystems, 1992(28): 139-151.
[31] LÉVI C. Ontogeny and systematics in sponges[J]. Syst. Zool, 1957(6): 174-183.
[32] LI C W, CHEN J Y, HUA T. Precambrian sponges with cellular structures[J]. Science, 1998(279): 879-882.
[33] MARGULIS L, CHAPMAN M J. Kingdoms & Domains: An Illustrated Guide to the Phyla of Life on Earth[M]. 4th ed.W. H. Freeman and Company, U.S.A, 1998: 659.
[34] MEDINA M, COLLINS A G, SILBERMAN J D, et al. Evaluating hypotheses of basal animal phylogeny using complete sequences of large and small subunit rRNA[J]. Proceedings of the National Academy of Sciences, USA, 2001(98): 9707-9712.
[35] MEHL D. Die Entwicklung der HexactinellidaseitdemMesozoikum. Paläobiologie, Phylogenie und Evolutionsökologie[C]. Berliner geowissenschaftlicheAbhandlungen E2, 1992: 1-164.
[36] MEHL D. Porifera and chancelloriidae from the middle Cambrian of the Georgina Basin, Australia[J]. Palaeontology, 1998, 41(6): 1153-1182.
[37] MOROZ L L, KOCOT K M, CITARELLA M R, et al. The ctenophore genome and the evolutionary origins of neural systems[J]. Nature, 2014(510): 109-114.
[38] MURICY G. Diversity of Indo-Australian Plakortis(Demospongiae: Plakinidae). with description of four new species[J]. Journal of the Marine Biological Association of the United Kingdom, 2011(91): 303-319.
[39] MÜLLER W E G, KRASKO A, LE PENNEC G, et al. Molecular mechanism of spicule formation in the demosponge Suberitesdomuncula: Silicatein-collagen-myotrophin. Progress Molecular Subcell Biology, 2003, 33(1): 195-221.
[40] MÜLLER W E G, BOREIKO A, WANG X H, et al. Silicateins, the major biosilica forming enzymes present in demosponges: protein analysis and phylogenetic relationship[J]. Gene, 2007(395): 62-71.
[41] PALLELA R, EHRLICH H. Marine Sponges: Chemicobiological and Biomedical Applications[M]. Springer India, 2016: 381.
[42] PORTER S M, KNOLL A H. Testate amoebae in the Neoproterozoic Era: evidence from vase-shaped microfossils in the Chuar Group, Grand Canyon[J]. Paleobiology, 2000, 26(3): 360-385.

[43] REISWIG H M. The axial symmetry of sponge spicules and its phylogenetic significance[J]. Cahiers de Biologie Marine, 1971(12): 505–514.
[44] RIGBY J K. Sponges of the Burgess Shale(Middle Cambrian)[J]. British Columbia: Palaeontographica Canadiana, 1986a(2): 1-105.
[45] RIGBY J K. Cambrian and Silurian sponges from North Greenland[J]. Grondlands Geologiske Undersogelse Rapport, 1986b(132): 51-63.
[46] RIGBY J K. Early Cambrian sponges from Vermont and Pennsylvania, the only ones described from North America[J]. Journal of Paleontology, 1987(61): 451- 561.
[47] RIGBY J K. The hexactinellid sponge Cyathophycus from the Lower-Middle Ordovician Vinini Formation of central Nevada[J]. Journal of Paleontology, 1995(69): 409-416.
[48] RIGBY J K, DESROCHERS A. Lower and Middle Ordovician lithistiddemosponges from the MinganIslands, Gulf of St[J]. Lawrence, Quebec, Canada. Memoir, 1995, 69(S45): 1-35.
[49] RIGBY J K, HOU X G. Lower Cambrian demosponges and hexactinellid sponges from Yunnan, China[J]. Journal of Paleontology, 1995(69): 1009-1019.
[50] RÜTZLER K. New Perspectives in Sponge Biology[M]. Washington, D. C. Smithsonian Institution Press, 1990: 533.
[51] SCHÄCKE H, MÜLLER I M, MÜLLER W E G. Tyrosine kinase from the marine sponge Geodiacydonium: The oldest member belonging to the receptor tyrosine kinase class II family[M] // Müller W E G, ed. Use of Aquatic Invertebrates as Tools for Monitoring of Environmental Hazards. Stuttgart, New York: Gustav Fischer Verlag, 1994: 201-211.
[52] SDZUY K. Unter undmittel kambrische Porifera(Chancelloriida und Hexactinellida)[J]. Paläontologische Zeitschrift, 1969(43): 115–147.
[53] SPERLING E A, PETERSON K J, PISANI D. Phylogenetic-signal dissection of nuclear housekeeping genes supports the paraphyly of sponges and the monophyly of Eumetazoa[J]. Molecular Biology and Evolution, 2009(26): 2261-2274.
[54] TAYLOR M W, RADAX R, STEGER D, et al. Sponge-associated microorganisms: evolution, ecology, and biotechnological potential[J]. Microbiol. Mol. Biol. Rev., 2007(71): 295-347.
[55] THAKUR N L, MÜLLER W E G. Sponge-bacteria Association: a useful model to explore symbiosis in marine invertebrates[J]. Symbiosis, 2005(39): 109-116.
[56] VACELET J. Coralline sponges and the evolution of the Porifera. In S. C. Morris et al.(Eds.). The Origins and Relationships of Lower Invertebrates[J]. Syst. Assoc. Spec. Vol, 1985(28): 1-13.
[57] WALCOTT C D. Middle Cambrian Spongiae, Cambrian Geology and Paleontology[J]. Smithsonian Miscellaneous Collections, 1920(67): 261-364.
[58] WALKER G. Snowball Earth: The Story of the Great Global Catastrophe that Spawned Life as We Know it[M]. New York: Crown Publishers, 2003: 288.
[59] WANG X, Hu S, GAN L, et al. Sponges(Porifera) as living metazoan witnesses from the Neoproterozoic: biomineralization and the concept of their evolutionary success[J]. Terra Nova, 2010(22): 1-11.
[60] WEAVER J C, MORSE D E. Molecular biology of demosponge axial filaments and their roles in biosilicification[J]. Microscopy research and technique, 2003(62): 356-367.
[61] WIENS M, MANGONI A D, ESPOSITO M, et al. The molecular basis for the evolution of the metazoan bodyplan: extracellular matrixmediated morphogenesis in marine demosponges[J]. J. Mol. Evol.,

2003(57): 1-16.
[62] WU W, YANG A, DORTE JANUSSEN, et al. Hexactinellid Sponges from the Early Cambrian Black Shale of South Anhui[J]. Journal of Paleontology, 2005, 79(6):1043-1051.
[63] WU W, ZHU M, STEINER M. Composition and tiering of the Cambrian sponge communities[J]. Palaeogeography, Palaeoclimatology, Palaeoecology, 2014(398): 86-96.
[64] XIAO S, YUAN X, STEINER M, et al. Macroscopic carbonaceous compressions in a terminal Proterozoic shale: Asystematic reassessment of the Miaohe Biota, South China[J]. Journal of Paleontology, 2002, 76(2): 347-376.
[65] XIAO S, HU J, YUAN X, et al. Articulated sponges from the Lower Cambrian Hetang Formation in southern Anhui, South China: Their age and implications for the early evolution of sponges[J]. Palaeogeography, Palaeoclimatology, Palaeoecology, 2005(220): 89-117.
[66] YIN L, XIAO S, YUAN X. New observations on spiculelike structures from Doushantuophosphorites at Wengan, Guizhou Province[J]. Chinese Science Bulletin, 2001, 46(21): 1828-1832.
[67] YIN Z J, ZHU M Y, DAVIDSON E H, et al. Spongegrade body fossil with cellular resolution dating 60 Myr before the Cambrian[J]. Proceedings of the National Academy of Sciences, USA, 2015, 112(12):1453-1460.
[68] ZHANG X, PRATT B R. New and extraordinary Early Cambrian sponge spicule assemblage from China[J]. Geology, 1994(22): 43-46.
[69] ZHANG Y, YUAN X, YIN L. Interpreting Late Precambrian Microfossils[J]. Science, 1998(282): 1783.
[70] ZUMBERGE J A, LOVE G D, et al. Demosponge steroid biomarker 26-methylstigmastane provides evidence for Neoproterozoicanimals[J].Nature Ecology &Evolutionvolume, 2018(2): 1709-1714.
[71] 陈爱林. 云南澄江生物群多空动物系统古生物学[D]. 昆明: 云南大学, 2015: 1-219.
[72] 陈均远, 侯先光, 路浩之. 云南澄江下寒武统细丝海绵化石[J]. 古生物学报, 1989, 28(1): 17-31.
[73] 陈均远, 侯先光, 李国祥. 云南澄江下寒武统海绵化石新属——*Quadrolaminiella* gen. nov[J]. 古生物学报, 1990, 29(4): 402-414.
[74] 丁莲芳, 李勇, 胡夏嵩. 震旦纪庙河生物群[M]. 北京:地质出版社, 1996: 1-221.
[75] 胡世学, 朱茂炎, 罗惠麟, 等. 关山生物群[M]. 昆明:云南科技出版社, 2013: 1-204.
[76] 罗惠麟, 蒋志文, 武希彻, 等. 中国云南晋宁梅树村震旦系—寒武系界线层型剖面[M]. 昆明: 云南人民出版社, 1984: 1-154.
[77] 王晓红, 汪顺锋, 甘露, 等. 硅质海绵骨针矿化机制及仿生应用研究进展[J]. 地球学报, 2011, 32(2): 129-141.
[78] 杨兴莲, 赵元龙, 朱茂炎, 等. 贵州丹寨寒武系牛蹄塘组海绵动物化石及其环境背景[J]. 古生物学报, 2010, 49(3): 348-359.
[79] 殷纯嘏, 张昀, 姜乃煌. 贵州瓮安新元古代陡山沱组磷块岩中的有机化合物[J]. 北京大学学报(自然科学版), 1999, 35(4): 509-517.
[80] 袁训来, 肖书海, 尹磊明, 等. 陡山沱期生物群:早期动物辐射前夕的生命[M]. 合肥:中国科技大学出版社, 2002: 1-171.
[81] 袁训来, 王丹, 肖书海. 新元古代陡山沱期的动物[J]. 古生物学报, 2009, 48(3): 375-389.
[82] 郑亚娟, 李勇, 郭俊锋. 陕南镇巴笻竹寺期的海绵骨针化石[J]. 地球科学与环境学报, 2012, 34(2): 24-30.
[83] 周传明, 袁训来. 贵州瓮安上震旦统陡山沱组骨针状假化石[J]. 微体古生物学报, 1998, 15(4):380-384.

5 三叶虫化石

5.1 三叶虫化石概述

三叶虫因身体纵向上呈一个中轴叶和两个侧肋叶，横向上呈头、胸和尾部的典型三分形状而得名（图5–5–1）。它是一类在地球历史中已经灭绝的海洋生物。它也是人类目前已知的最早的具有分节和附肢的动物之一，在现代生物分类中，三叶虫属于蜕皮动物大类中的节肢动物门（见本章第2节图5–2–4），现生常见的节肢动物就是虾、蟹、蜘蛛等。它更是演化迅速、分化显著的动物类别，不同种类三叶虫的出土，优先成为了判断地质年代、地层区划、沉积环境的绝佳证据，全球分布的三叶虫化石还常常被用作划分地史“朝代”的标志，比如俄罗斯寒武纪早期（约5.21亿年前）的阿特达班阶Atdabanian就是用一类原始类型的三叶虫*Profallotaspis*的首次出现来界定的。

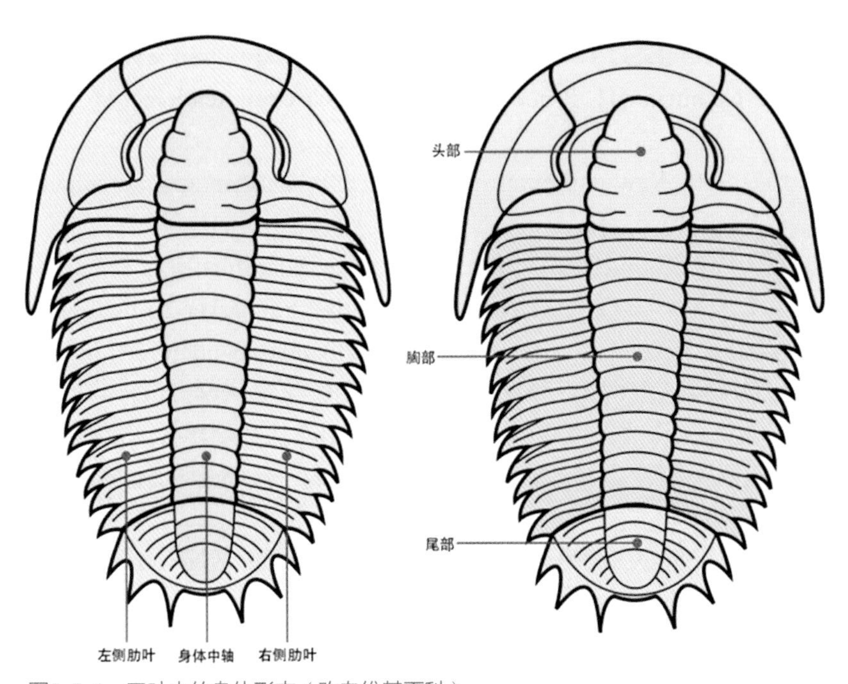

图5–5–1 三叶虫的身体形态（改自维基百科）

Fig.5–5–1 The morphological structure of trilobite body (from Wikipedia)

三叶虫化石自寒武纪早期地层记录中出现伊始，就已经高度多样化且广泛分布了，也因其硬体外骨骼相比前寒武纪的软躯体动物祖先更容易石化保存下来，所以野外发现的标本丰富多样。似乎三叶虫是在显生宙开始的地层中“突然”地、“大量”地显现的，伴随三叶虫的就是现今一半以上的动物门类“瞬间”涌现，“寒武纪生命大爆发”随之而来。这一现象曾经让“进化论”的创始人达尔文非常困惑，甚至一度有点怀疑自己的世界观，也是神创论者诟病达尔文生物演化学说的重要依据，当年的达尔文不得已给出的解释是“化石记录的不完备”！但是现代古生物学的深入研究表明，地史上这样的物种爆发式演化辐射是多次存在的，可以说，寒武纪大爆发是最显著、最引人注目的一次，而三叶虫正是这次爆发的真正“主角”，它引领着地球表面生物圈开始迈进生态多样、生机盎然的显生宙第一代——古生代，生命的谱系树由此开始变得枝繁叶茂了。

将近3亿年高龄的三叶虫，几乎在整个古生代的全球海洋中都是一类占据优势的庞大的动物家族，尤其在寒武纪，超强独霸，雄踞海洋无有敌手。但是三叶虫在晚泥盆纪的灭绝事件中被重创而衰减，尽管不久又有所复苏，但从此没能满血复原、再创辉煌，在随后陆地增生、植物开始兴盛的石炭纪、二叠纪海洋中逐渐走向没落。作为地球上所有早期基干动物中生存繁衍最久、分异种类最多、演化最为成功的类群之一，三叶虫终于没有扛过在二叠纪末期发生的那次地史上最为恐怖惨烈的大灭绝灾难，在距今约2.51亿年前彻底消失了，只在厚厚的地层史书（表5–5–1）中保存了不可胜数的化石残骸，让我们还可以发掘化石，遥想它的当年，识别它的种类，推算它的家谱。在漫长的时间长河中，三叶虫演化出繁多的种类，繁衍出了众多的类群和海量的个体（图5–5–2），但都归入同一个纲。三叶虫纲更低的级别可以分为10个目：球接子目、莱得利基虫目、耸棒头虫目、褶颊虫目、镜眼虫目、裂肋虫目、栉虫目、镰虫目、砑头虫目及齿肋虫目，再往下包含有1500多个属，1万多个种。而向更高的分类阶元追溯，即查找三叶虫家谱中的最早始祖，迄今还是没有充分的证据可以确定，只是目前研究三叶虫谱系的文献通常都将三叶虫列入始裂肢动物亚门，蛛形超纲。

三叶虫的生活方式，或者说食性也很多样，有的三叶虫喜欢捕食其他动物，有的滤食其他生物，也有的吃其他动物的尸体，还有的则吃浮游生物。现代海洋中节肢动物所具备的生活方式，除了寄生这一现象暂时没有在三叶虫化石中发现以外，其他的生活方式都有所保存。甚至有的人认为某些三叶虫，比如欧勒尼科（Family Olenidae）的三叶虫与食硫细菌为共生关系。而要生存发展，就要先适应环境！食性的多样化决定了三叶虫分化出不同的种类去适应不同的环境。它们有的喜欢水上漂浮生

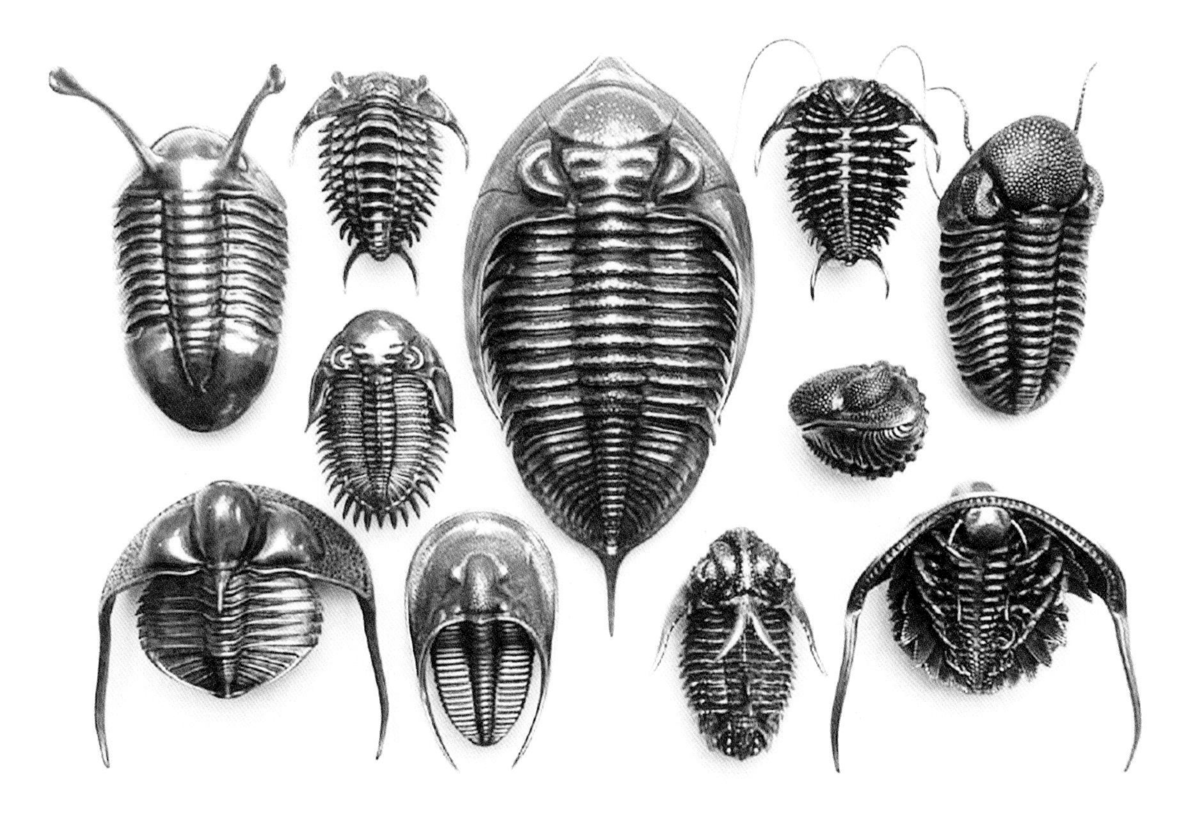

图5–5–2　多种多样的三叶虫化石模型（采自网络）
Fig.5–5–2　The diverse models of trilobite fossils (from network)

活，有的愿意海里随波逐流，有的在海底连爬带游，有的钻泥沙滤食穴居，它们适应不同的水温和光照，在全球海洋中的每个水层、每个海域、每个角落，都可能会见到三叶虫的身影。也许这也正是三叶虫能够历久不衰、成功长寿的重要原因之一。

5.1.1 三叶虫的形态

通常我们认知的三叶虫形态都是不完整的外骨骼，大多包含有坚硬矿化的背壳，以及背壳向腹面延伸的腹部边缘 ，腹面的节肢/腿肢为几丁质，其他部分都被柔软的薄膜所掩盖。地层中一般所采到的实体化石大都是较硬的背壳，包括三叶虫在生长期蜕皮脱落的外壳，这些外骨骼具有重要的支撑和保护软体组织的作用，可以抵御浅海波浪的冲击和奇虾等少数天敌的掠食。只有少数标本保存了腿肢、鳃、肌肉和消化道等身体柔软的部位，以及眼睛等精细结构，借助现代的荧光或透射显微技术，有时也能幸运地观察到神经网络、血管系统等软组织构造（图5–5–3）。而三叶虫的大小，据现有的研究，其躯体长度范围相当广，大的可达72 cm（Rudkin et al.，2003），小的可至3 mm以下（Whittington，1997）。

典型的三叶虫头部（图5–5–4）多数被两条背沟纵分为三叶，中间隆起的部分为头鞍及颈环 ，两侧为颊部，眼位于颊部外缘。颊部为面线所穿过，两面线之间的内侧部分统称为头盖，外侧部分化石化保存时较易脱落分离，称为活动颊或自由颊。头背部壳面一般光滑无饰，但若有纹饰的话，就是各式各样的孔坑、瘤包、斑点、放射形线纹、同心圆形线纹及短或长的尖刺等，也基本发育在背壳面，化石专家可以据此鉴定三叶虫的类别归属，估计这些古老的“虫们”自己活着的时候，也是靠这些“刷脸”来区分种群、美丑或雌雄的。

三叶虫的胸部，中间部分为中轴，两侧称为肋部。中轴由若干胸节组成，形状不一，胸节数目也各类不同，成虫最少为2节，最多的可在40节以上。胸节自然延展到肋部，关联着对应的肋节，每个肋节上具肋沟，两肋节间为间肋沟（图5–5–1）。胸部的各个胸肋节组成的体节在成长和成熟期都基本均匀等大，但它的胸肋节数量却是跟年龄正相关的，刚孵化的“婴儿期”三叶虫背面是卵圆形不分节的，也没有纵沟；进入生长期后，胸肋节数量会随着三叶虫的生长发育逐步增加，体型逐步增大；当胸肋节数目不再增加后，三叶虫就进入成年期，这时的三叶虫就可以寻找生命中的另一半，生儿育女了。

表 5–5–1 地质年代和生物历史对照表

Table 5–5–1 Life history and geological time

代 Era	纪 period	世 Epoch	距今 （百万年）	地质现象 自然条件	开始出现 物种	发展最盛 物种	衰亡绝灭 物种
新生代	第四纪 Quaternary	全新世	0.01	冰川广布 黄土生成 气温逐渐下降	人类	人类	……
		更新世	1.8				
	新近纪	上新世	5	气候渐冷 有造山运动	现代 哺乳动物	现代被子植物 哺乳动物	原始 哺乳类
	N	中新世	23				
	古近纪	渐新世	37				
	E	始新世	58				
		古新世	65				

续表 5-5-1

代 Era	纪 period	世 Epoch	距今（百万年）	地质现象 自然条件	开始出现 物种	发展最盛 物种	衰亡绝灭 物种
中生代	白垩纪 Cretaceous	晚白垩世		晚期造山运动 后期气候变冷	被子植物	被子植物 现代昆虫	大爬行类 裸子植物
		早白垩世	140				
	侏罗纪 Jurassic	晚侏罗世		气候温暖 有气候带分布	原始鸟类 （始祖鸟）	裸子植物 大爬行类 （恐龙）	
		中侏罗世					
		早侏罗世	195				
	三叠纪 Triassic	晚三叠世		气候温暖 地壳较平静	原始哺乳动物	爬行动物	种子蕨
		中三叠世	230				
		早三叠世	251				
古生代	二叠纪 Permian	晚二叠世		末期造山运动频繁；大陆性气候干燥炎热	原始爬行类 昆虫 原始裸子植物	蕨类 昆虫	三叶虫
		早二叠世	280				
	石炭纪 Carboniferous	晚石炭世		有造山运动 气候湿润温暖		种子蕨 两栖类	笔石
		中石炭世					
		早石炭世	345				
	泥盆纪 Devonian	晚泥盆世		海陆变迁 出现广阔陆地气候干燥炎热	原始两栖动物；原始陆生植物 （裸蕨）	裸蕨类 木本蕨 鱼类	无颌类
		中泥盆世					
		早泥盆世	395				
	志留纪 Silurian	晚志留世		末期造山运动 局部气候干燥，海面缩小初期平静海侵	原始鱼类	水生无脊椎动物（苔藓虫、珊瑚）	
		中志留世					
		早志留世	435				
	奥陶纪 Ordovician	晚奥陶世		浅海广布 气候温暖	原始陆生动物 （多毛类）	海藻 高等无脊椎动物	
		中奥陶世					
		早奥陶世	500				
	寒武纪 Cambrian	晚寒武世		地壳静止，浅海广布	节肢动物 软体动物 （腕足类）	三叶虫	
		中寒武世					
		早寒武世	541				

续表 5-5-1

代 Era	纪 period	世 Epoch	距今（百万年）	地质现象自然条件	开始出现物种	发展最盛物种	衰亡绝灭物种
元古代	新元古代	Ediacaran	635	岩层古老，地壳变动剧烈	原始无脊椎动物 单细胞绿藻	原生动物	
	中元古代						
	早元古代		2500				
太古代			3800		蓝藻、裂殖菌		
冥古代			4600	地球初期阶段	生命起源，化学进化		

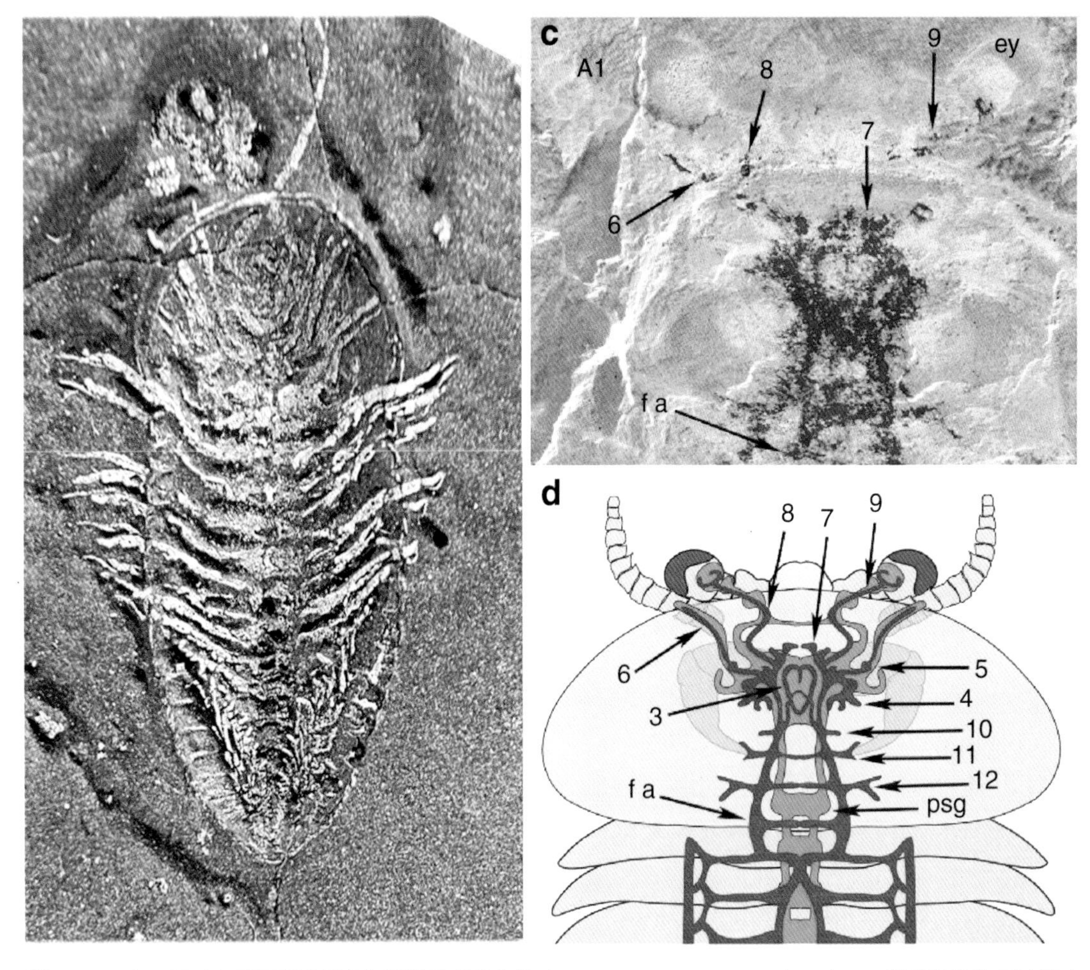

图5–5–3　左：三叶虫腹面保存触角和腿肢的部分构造（Bruton and Haas, 2003）；右：一类节肢动物抚仙湖虫头部异常保存的血管、神经系统及其重建示意图（Ma et al.，2014）

Fig.5–5–3　The tentacles and appendages of *trilobite* ventralis (Left) and the vascular & neural reconstruction of *trilobite* head (Right)

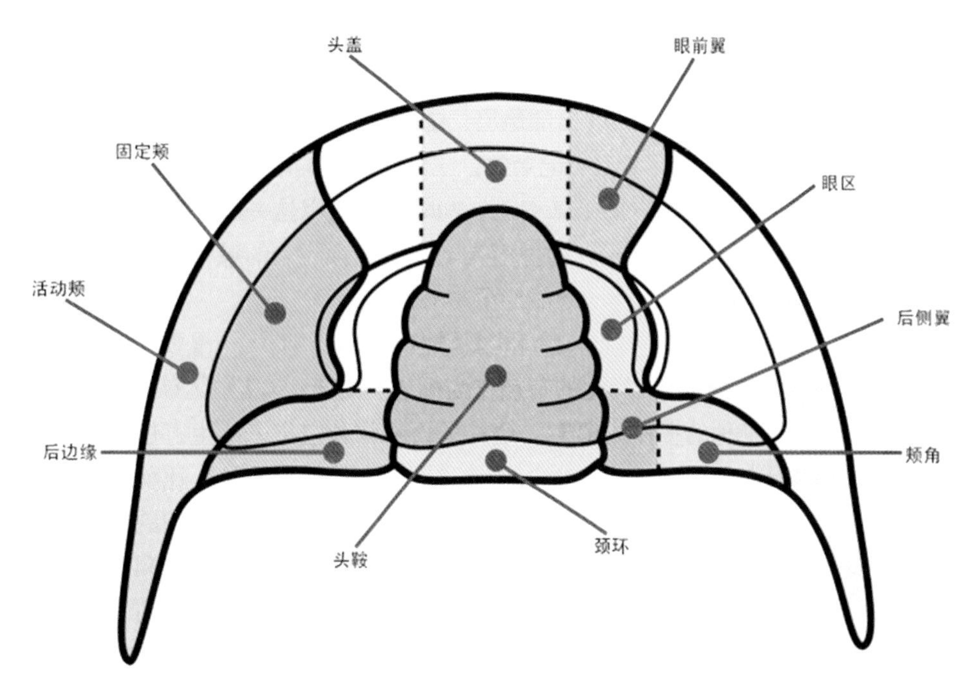

图5–5–4　三叶虫的头部结构示意图（改自维基百科）
Fig.5–5–4　The schematic structure of *trilobite* head (from Wikipedia)

三叶虫的尾部同样也是由若干体节互相关联组成的，节数自1～30节以上不等。尾部的形状一般多作半圆形，但变化很大，其凸度差异也很大。尾部也可分为中轴部和两侧肋部。轴部分节比较明显，肋部分节或不分节。体节形态构造与胸部相似，只是向尾端逐渐变小尖灭。肋部可具边缘突起甚或呈刺状，但亦可缺失。

多数三叶虫还有一个重要特征，它们是最早一批进化出复杂双眼的生物！与昆虫相同，三叶虫的眼睛是复眼，由许多透镜状的小眼组成，由单晶的、透明的方解石来组成其每只小眼睛的透镜，每个透镜都是一个六边形拉长的棱镜，呈蜂巢状密集排列。每只复眼内的透镜数不等，有些只有几个，有些可达几百上千。当其他生物眼睛还不发达，在黑暗中摸索的时候，三叶虫就已经在用几百只眼睛观察海洋世界了，有了比其他生物更为先进的视觉感官，主动掠食而获得食物就更加快捷准确了。但也有些三叶虫是“睁眼瞎”，可能由于居住在非常深而没有光亮的海底，视力逐步退化，放弃了先进的复眼功能。还有的三叶虫生有很长的分节的触角，可达20～30 cm，可能是用作味觉和嗅觉器官，辅助眼睛来感知环境和猎物的，还有可能像陆地上的昆虫一样具有交流的功能。

三叶虫的附肢高度分工进化，与更早的动物相比显著提高了运动能力。三叶虫口前有1对触角和其他没有分异的双肢型附肢2～4对，胸节部分一般每一节1对，尾部数对，也基本都是双肢型附肢（Hughes，2003）。每条内肢（一般为步行足）由6～7节构成，附着在基节（coxa）上，可能与其他早期节肢动物同源（Hughes，2003；Whittington，1997）。外肢大多附着细毛状或鳃状分支，和现生的螃蟹一样，可能用于辅助游泳捕食或者感知水流动态，在一些物种中可能还用于呼吸获取氧气（Whittington，1997）。

5.1.2　三叶虫的演化

三叶虫最早出现于寒武纪早期，更早了大约3000万年前就出现于澳大利亚埃迪卡拉生物群中的斯普里格虫*Spriggina floundersi*虽然外形也是三分、分节貌似一样，但它们之间存在着巨大的演化鸿沟。化石记录中的三叶虫最早可以追溯到5.20亿～5.40亿年前，有研究认为，所有三叶虫最早可能出现于西伯利亚东部的托莫特阶（Tommotian）的顶部地层，随后从该位置向外分布和辐射（Fortey，2000；Linan et al.，2008）；然而在那里的早期化石记录中，三叶虫动物的多样性就已经很高了，比如三叶虫群体中所具有的复杂衍征如复眼业已出现（McCall，2006），所以这一起源地的推测尚待进一步的证据发现。而我国云南东部研究程度很高的梅树村标准剖面化石记录中的最早三叶虫类化石，具有较多的原始特征，至少表明滇东可能也是该类动物的起源中心之一。

三叶虫在整个寒武纪和奥陶纪都保持着较高的多样性，是早古生代最重要的强势动物类群，许多地层年代的划分都可以用三叶虫多样性变化的节点作为标志。对于历经近3亿年的三叶虫而言，见证了太多物种的灭绝，以及幸存物种的多样化辐射，填补了灭绝物种空出来的生态位。三叶虫的演化趋势一般是从无天敌时的原始形态向适于运动捕食和易于防御护身的方向发展，比如新型眼睛的出现、分节机制的改善、身体卷曲的灵活变化、尾甲大小发生改变，以及某些类群中刺的异常尖锐等等；还包括胸部变窄或者胸部体节减少，以及头部特定部位如头鞍的大小和形状、眼睛和面线的位置、口部唇瓣的特化（Gon，2008；Fortey et al.，1997；Clarkson and E. N. K.，1998）。还有一些形态特征的变化则只出现在某些类群当中（如底栖钻孔的眼睛消失或变小）；头部、尾甲等表面某些结构的丢失；或者胸部凹槽间的界线变弱，也是较为常见的演化趋势（Gon，2008 ）。

5.1.3　三叶虫的分布

有化石记录的三叶虫目前仅发现于古海相地层中，而且分布范围极广，浅水到深水均有分布。几乎所有大陆都能采集到三叶虫化石标本，保存下来的既有三叶虫化石化的实体残留物，也有三叶虫的爬迹、潜穴等活动遗迹，又有三叶虫的外骨骼碎片，还有眼睛、附肢等软体结构（Baldwin and C. T.，1977；Burns，1991；Pickerill et al.，2002）。

三叶虫化石遍布全球，已知物种成千上万，在地质历史事件上快速出现，并且像其他节肢动物一样蜕壳成长，数量庞大，易于采集和对比，因此可以作为首选的指示性标志化石，用以确定岩层的沉积年代和环境。三叶虫是最早引起广泛关注的化石类型之一，而且至今每年还会有新的物种发现。

5.1.4　三叶虫的研究意义

三叶虫的研究对于地质历史事件的界定、不同板块间的历史关系都具有不可磨灭的意义，也是寒武纪时期常用的地层对比划分的标志（Babcock et al.，2005；Shermer，2001）。2018年底国际地科联通过并确定在中国贵州剑河县八郎村乌溜—曾家岩剖面的寒武系苗岭统乌溜阶“金钉子”层型剖面，就是以多节类三叶虫——印度掘头虫*Oryctocephalus indicus*化石的首现作为全球该地层界线对比的标志的（见本书第一篇第1节，图1-1-2F、G）。

5.2　梅树村剖面相关三叶虫化石（中英文）

5.2.1　莱德利基类

中间型古莱德利基虫 ***Eoredlichia intermedia***（**Lu, 1940**）

基本特征：中间型古莱德利基虫其头鞍呈锥形，头鞍沟3对，眼叶新月形，后端远离头鞍。尾小，略呈椭圆形，其上有1对小凹坑（Yen-Hao，1940，2009）。标本产于昆阳磷矿一采区（小九嘴），筇竹寺组中部。

澄江生物群中收集到多于500块的中间型始莱德利基虫，至少有25块保存了附肢。始莱德利基虫–武定虫三叶虫化石带正是以其命名而来。头鞍锥形，头鞍沟3对，眼叶新月形，后端远离头鞍。头甲后端两侧有1对长长的颊刺，至少延伸至胸部后缘（Fortey，1990）。胸节15节，第9节有一长的轴刺。该物种的触角、双肢型附肢以及消化系统的特征都有保存。长的单肢型触角从头甲下向侧边延伸，每根触角由46～50个带刺的短节构成。触角后附肢为双肢型附肢，头甲下有3对，胸部15个胸节下各1对，尾甲下可能有3对。每一条双肢型附肢有强壮的基部结构，基节。内肢由7节组成，最末端为三分的爪。基节上内侧有一短的具刺内叶，基节腹侧也有稀疏的刺，内肢分节上也有刺。外肢由40个左右长的细丝附着在片状杆上构成，末端有刺似流苏状分布。内肢近端以铰链的形式连接在基节上内肢分节的第1节近端连接在该关节（hinge joint）上，肠道是直的，只有一小点印记延伸到头鞍下。肠道到达头鞍处有4对分支，胸部5对位于前4对轴部环的末端边缘，轴部环周后明显没有肠道分支（罗惠麟，1985； Hou et al.，1999，2017）。

根据附肢的形态，一般认为中间型始莱德利基虫营滤食或者捕食（Shu et al.，1995；Ramsköld et al.，1996；Hou et al.，2009）。与其他三叶虫分在同一支上（Jell，2003；Legg et al.，2013）。

Diagnosis: *Eoredlichia* is named after *Eoredlichia–Wutingaspis* trilobite biozone, where the biota occurs. A pair of long cheek spines on both sides of the rear end of the head shield, extending at least to the rear edge of the thorax (Fortey, 1990). There are 15 thoracic segments and a long posteriorly directed spine in the ninth axial ring. Long uniramous antennae beneath the head shield extend to the edge, and each antenna is composed of 46–50 spiny annulus . Post–annulary appendages are biramous limbs. Three pairs beneath the head shield, and one pair under each of the 15 thoraxic segments, and three pairs under the tail nails. Each biramous appendage has a strong basipodite. The endopod is composed of 7 podomeres, with a three–pointed terminal claw. There is a short spiny endopodite on the inner side of the basipod, also sparse spines on the ventral of the basipod, and spines on podomeres of endopod. The exopod is composed of about 40 long filaments attached to the blade–like shaft, and the ends distribut with spines.

华氏古莱德利基虫 *Eoredlichia walcotti*

形态特征：华氏古莱德利基虫，其背壳呈椭圆形。头部呈次半圆形。头盖呈亚方形，其宽度大于长度。头鞍呈宽锥形，较短，前端宽圆，凸起。3对头鞍沟向后斜伸；第1对弱，自后眼脊沟与背沟交会处伸出，略向内斜伸。第2、3对较深、较长，并向内倾斜。颈沟两侧深而斜伸，中部稍浅，近于水平延伸。颈环中部宽，向后拱曲。内眼颊窄，后端鼓胀。后侧翼纵向窄，横向不长。后侧沟中等宽度及深度。眼叶很长，后端延伸至颈沟相对水平位置之后，并与头鞍之间的距离约为颈环宽度（横向）的1/3。眼脊相对短，斜伸。眼前翼呈三角形。外边缘宽，平缓凸起。内边缘较外边缘窄，在头鞍之前常见微弱的横向凹陷。中间型面线，面线前支较向外分散，与中轴交角约45°；面线后支相对较短。活动颊宽而短，颊刺细长，活动颊后侧边缘较长。间颊角约150°。眼前翼、内眼颊及活动颊眼台上常见不规则的放射状线纹装饰。胸部由15节组成，第9个中轴轴环上具长的轴刺，肋刺短。尾部极小，其上有1对横沟（罗惠麟，1981）。

标本采于晋宁老高山剖面，为早寒武世筇竹寺组16层底部。

Diagnosis: The dorsal exoskeleton is oval. The head shield is sub–square and its width is greater than its length. The glabella is wide and tapered, short, and the front end is round and convex, 3 pairs of glabellar

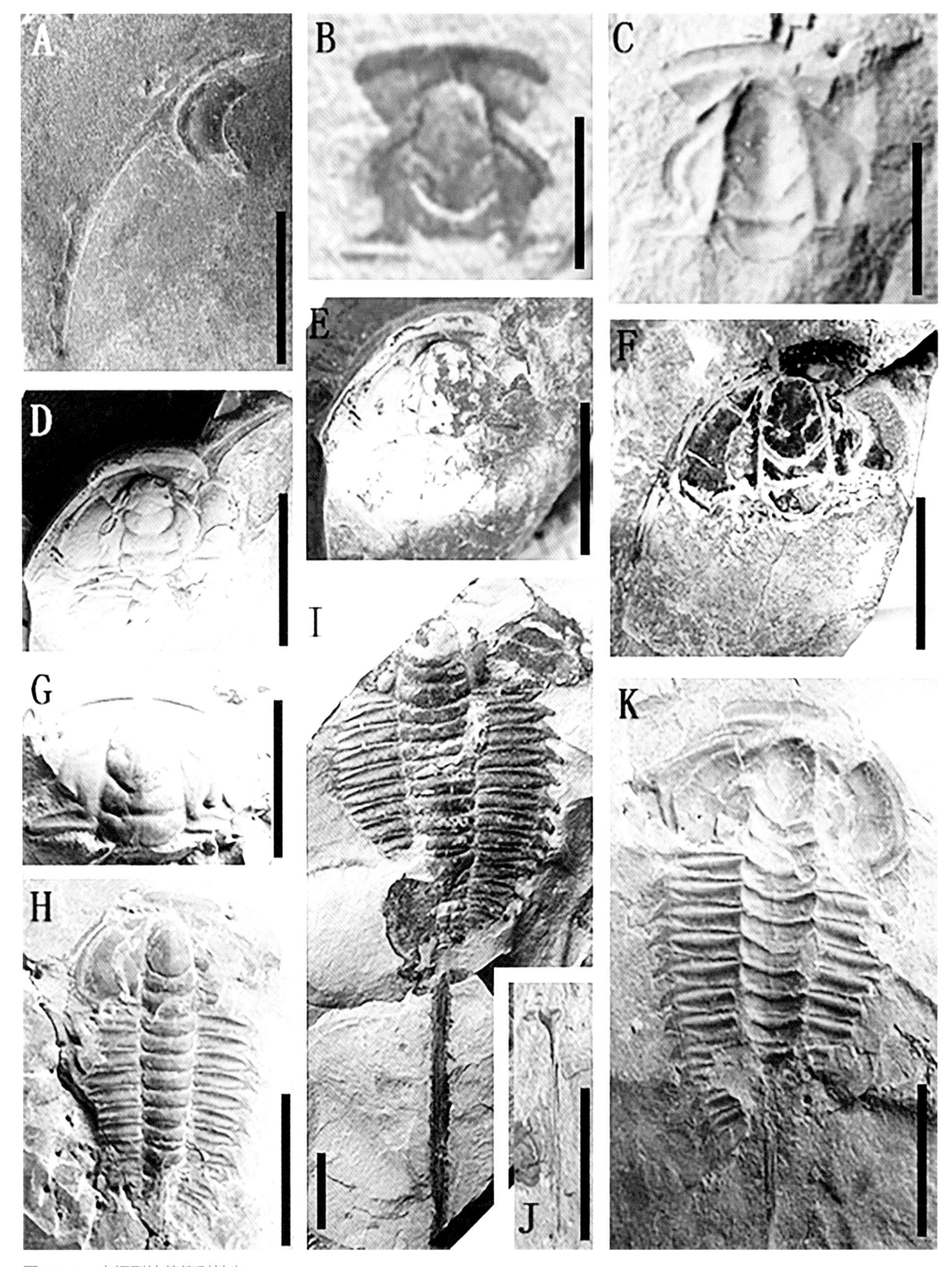

图5-5-5　中间型始莱德利基虫
Fig.5-5-5　*Eoredlichia intermedia*

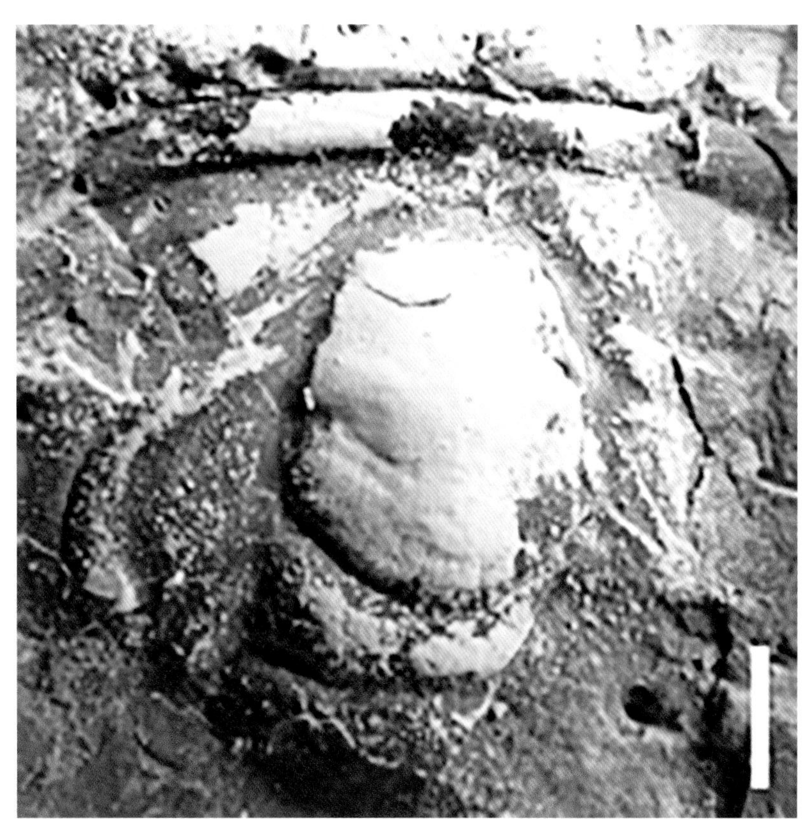

图5-5-6　华氏古莱德利基虫
Fig. 5-5-6　*Eoredlichia walcotti*

grooves extend diagonally backward. The first pair is weak, extending from the intersection of the posterior sulcus and dorsal groove, slightly inward. The second and third pairs are deeper and longer, with a strong inward tilt. Both sides of the occipital ring extend deep and obliquely, with the middle slightly shallower, and extends almost horizontally. The occipital ring is wide in the middle and arches backwards. The eye lobe is very long, and the posterior end extends to a relatively horizontal position of the occipital ring, and the distance from the saddle is about one-third of the width of the occipital ring (transversely). The outer edge is wide and gently raised. The inner edge is narrower than the outer edge, and a weak lateral depression is common in front of the glabella. The front branch of facial suture is more outwardly dispersed, with an angle of about 45 degrees to the axis; the rear branch of the facial suture is relatively short. The movable cheeks are wide and short, with long genal spines. The rear edge of the movable cheeks is long. There are 15 thracic segments, with a long axial spine on the ninth axial ring. The pleural spines are short.The tail is extremely small, with a pair of transverse grooves on it (Luo, 1981) (scale bar: 5 mm).

姚营古莱德利基虫 *Eoredlichia yaoyingensis*

形态特征：姚营古莱德利基虫背壳呈卵形，头盖呈亚方形。头鞍呈锥形，较短。背沟一致，有中等深度及宽度。3对头鞍沟，颈沟与中间型始莱德利基虫相似。颈环凸起，中部较宽。眼叶呈新月形，稍短，后端与头鞍之间的距离约为头鞍后部宽度的1/2。眼脊较眼叶略短，向外略向后斜伸。内眼颊的宽度约有在两眼叶之间头鞍宽度的1/2，内眼颊后端鼓胀隆起。后侧沟较宽。后侧翼宽而较长。外边缘凸起，略向前拱曲。前边缘沟不见有凹坑构造。内边缘上的中脊不明显或清楚。眼前翼呈亚三角形。眼前颜线与面线前支近于平行，两侧相距较宽。中间型面线，面线前支与中轴交角约30°。活动颊较短，其宽度为内眼颊的2倍，活动后边缘沟与侧边缘沟相接成直角，不呈圆滑的弯曲。活动颊后边缘长度与后侧翼长度相近。间颊角约155°，比中间型始莱德利基虫稍大。颊刺极长。胸部由15个胸节组成，第9个胸节的中轴轴环上有一粗大的长轴刺。尾部极小，尾部之前有一肋节并与尾部呈半胶合的状态，中部有关节及轴环，两侧有肋沟及肋刺，但该肋节后部的后缘与尾部两侧有分离开的，亦有胶合起来的。真正的尾部则被这一肋节包围起来，横向呈椭圆形，后缘宽圆，不见有任何边缘，前部有1对横沟。

标本发现于昆阳磷矿一采区（小九嘴），早寒武世筇竹寺组底部。

Diagnosis: The dorsal shell of *Eoredlichia yaoyingensis* is oval, and the head shield is sub-square. The glabella is tapered and short, 3 pairs of glabellar grooves, the neck groove is similar to that of *Eoredlichia intermedia*. The neck ring is raised and the middle is wider. The eye lobe is crescent-shaped, slightly short, and the distance between the rear end and the glabella is about half the width of the rear of the glabella. Genal spines are extremely long. There are 15 thoracic segments, and the ninth has a large and thick axis spine on the axis. The tail is extremely small, in front which is a pleural lobe semi-glued with the tail. There are pleural grooves and spines on both sides of axial region on thrax (scalebar: 5 mm).

图5-5-7 姚营古莱德利基虫

Fig.5-5-7 *Eoredlichia yaoyingensis*

华氏拟莱得利基虫 *Eoredlichia*（*pararedlichia*）*walcotti*（Mansuy）

基本特征：本种与中间型始莱德利基虫的主要区别是，头盔较宽，头鞍宽锥形，外边缘宽而凸起，内边缘窄而下凹。眼叶较长，后侧翼较窄，面线前支向外扩散较强。

华氏拟莱得利基虫发现于晋宁梅树村八道湾，早寒武世筇竹寺组上部。

Diagnosis: *Eoredlichia* (*pararedlichia*) was found in Badaowan, Meishu Village, Jinning, in the upper part of the Early Cambrian Qiongzhusi Formation. The main difference between this species and the mid-type Lederici is that the helmet is wider, the glabella is wide and tapered, the outer edge is wide and convex, and the inner edge is narrow and concave. The eye lobes are longer, the rear flanks are narrower, and the anterior branch of the facial suture is more diffuse outward.

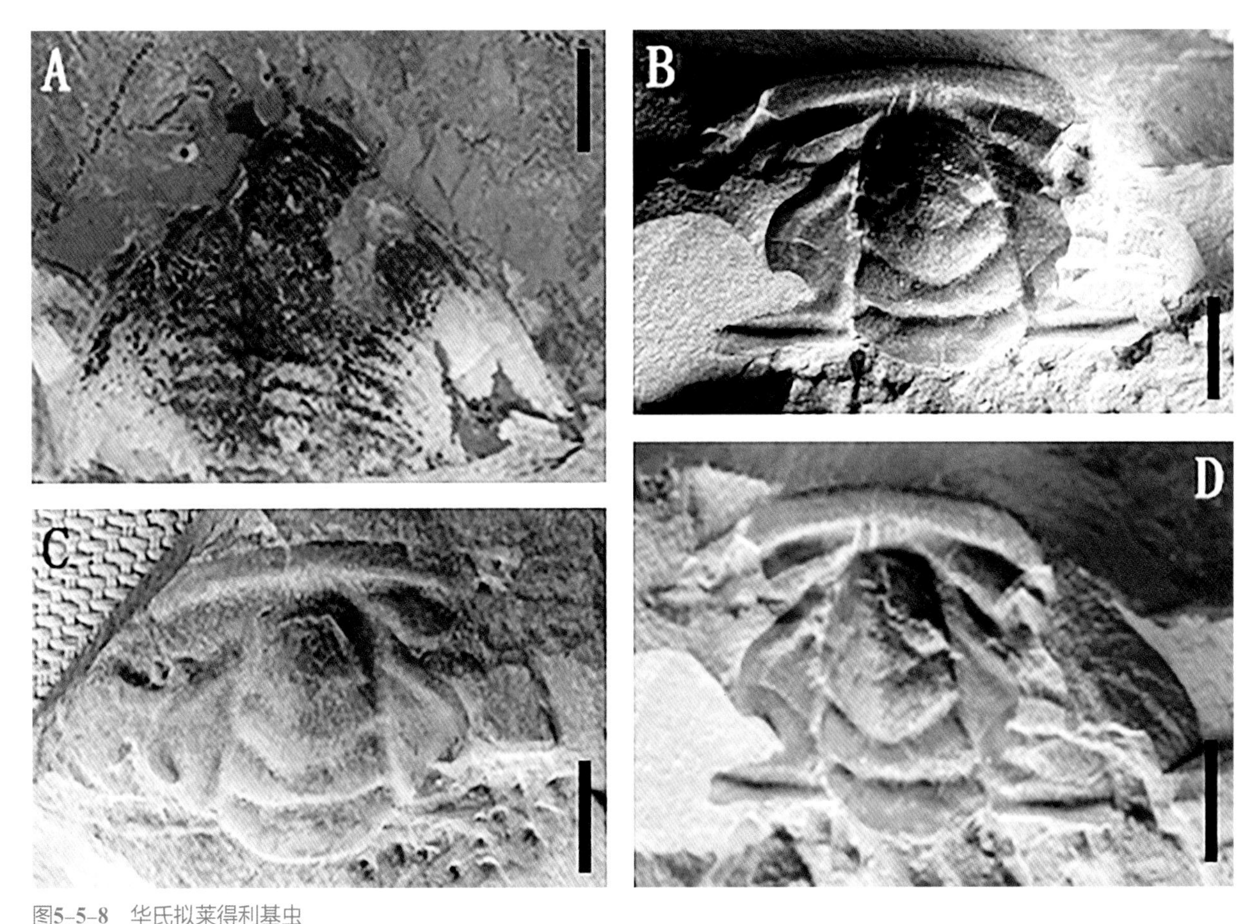

图5-5-8　华氏拟莱得利基虫
Fig. 5-5-8　*Eoredlichia (pararedlichia) walcotti* (Mansuy)

丘疹关杨虫 *Kuanyanggia pustulosa*

形态特征：其头盖呈亚梯形，背沟宽而浅。头鞍宽大，呈筒锥形，顶端宽圆。有3对斜伸的头鞍沟；第1对浅，向后斜伸；第2对长而较深，向后斜伸；第3对长而深，强烈向后斜伸。颈沟明显分为3段，中段平直，浅而宽，两侧窄而深，向内斜伸，末端向后弯曲延伸至颈环内，使颈环前侧有凸起的前侧叶。颈环凸起，有中等宽度。固定颊平缓凸起，其宽度约有头鞍底部宽度的1/2。后侧翼横向长，纵向亦较宽，但眼叶末端之外侧较窄。后边缘沟极宽，有中等深度。后边缘窄，向内稍微变宽。眼前翼纵向较窄，横向较长，未见有眼前颜线保存。外边缘有中等宽度，平缓凸起，略向前拱曲，其上具不规则的横向线纹装饰。内边缘不存在或极窄。前边缘沟较浅。眼脊凸起，向外斜伸。眼叶与眼脊呈连续状态，较眼叶稍短，宽度与眼脊相似，末端距头鞍远，其距离约有头鞍宽度的1/2。弧形面线，面线前支较短，微向外侧扩散，与中轴的交角<30°；面线后支长，向外向后斜伸。壳面具粗粒状的瘤刺。

丘疹关杨虫（Hou et al.，2017）发现于昆阳磷矿一采区上山公路旁（小九嘴）。

Diagnosis: Five species have been reffered to Kuanyangia, but if not all of which at least several maybe the same species (Hou and Bergström, 1997). There are a pair of uniramous antennae with about 20 short annulus and about four pairs of biramous limbs under the head shield, 16 thoracic segments with biramous limbs that are similar to these celphalic limbs, while the exact number is not sure. Biramous limbs consist of exopod that composed of a shade-like shaft fringed with narrow, flat setae posteriorly and distally, and endopod identified at least five or six cylindrical podomeres with the terminal one bearing a few short spines.

The neck (occipital) ring bends forward laterally into a small occipital lobe, in front of which the occipital furrow is the deepest. There is a short preglabellar field posterior to a convex anterior border. A medium-sized eye lobe lies opposite the mid-length of the glabella, and the eye ridge is strong. Facial sutures diverge anteriorly and run outward and backward posteriorly. There is a short cheek spine. The axial rings of 16 thoracic segments have a median node and a lateral lobe, and there are short spines laterally on the thoracic segments. The tail shield is very small with two or three axial rings. Pustules cover much of the cuticle. Kuanyangia is a redlichioid trilobite, benthic in habit, and it occurs in the Eoredlichia-Wutingaspis trilobite biozone of Yunnan.

图5-5-9　丘疹关杨虫
Fig.5-5-9　*Kuanyanggia pustulosa*

5.2.2　盘虫类

八道湾勉县盘虫 ***Mianxiandiscus badaowanensis***

形态特征：八道湾勉县盘虫（罗惠麟，1985）为小型前颊类三叶虫。头盖次方形，平缓凸起。头鞍窄，长锥形，前叶长卵形；具2对头鞍沟，第1对（前一对）明显，横越头鞍，第2对极短，仅在两侧微显。背沟深，颈沟浅，颈环中部变宽，但未见颈刺。眼脊微弱，细而长，从头鞍前侧角呈弧形向外延伸，眼叶小，位于头盖横中线稍后的地方。固定颊稍宽，凸起。后侧翼宽，向后侧方延伸呈一粗壮颊刺。后侧沟深，后边缘窄而凸起。前边缘分内、外边缘；外边缘平，宽度均匀，具10个小瘤，前缘具一浅沟及窄而凸起的边缘。内边缘与外边缘宽度近相等，微下凹。面线前支微向外分散延伸，后支短，向外伸。

八道湾勉县盘虫发现于梅树村八道湾，早寒武世筇竹寺组下部。

Diagnosis: *Mianxiandiscus badaowanensis* (Luo, 1985) was found in Badaowan of Meishu Village, the lower part of the Early Cambrian Qiongzhusi Formation. The *Mianxiandiscus Badaowanensis* in Mianxian County, Badaowan is a small trilobite. The head shield is sub-square and gently raised. The glabella is narrow, long tapered, and the front lobes are long oval. There are two pairs of glabellar furrows. The dorsal grooves are deep, the neck grooves are shallow, and the middle of the neck furrow is widened, but no neck spurs are seen. The eye ridges are weak, thin and long, and it extends from the front side of the glabella in an arc shape. The eye lobes are small and behind horizontal centerline of the head shield. The fixed cheeks are slightly wider and raised. The rear flanks are wide and extend to the back to form a thick cheek spine. The posterior groove is deep, and the posterior edge is narrow and convex. The front edge is divided into inner and outer edges; the outer edge is flat, with uniform width, ten nodules ornamented, and the front edge has a shallow groove and a narrow and raised edge. The inner and outer edges are nearly equal in width and slightly concave.

图5–5–10　八道湾勉县盘虫

Fig.5–5–10　*Mianxiandiscus badaowanensis*

5.2.3 小阿贝得类

锥形拟小阿贝得虫 ***Parabadiella conica***

形态特征：锥形拟小阿贝得虫（罗惠麟，1981；1985）其头盖次方形，横向稍宽，平缓凸起。头鞍凸起，锥形，向前收缩；具3对头鞍沟，第1对短而浅，近平伸；第2对稍长，向内微向后斜伸；第3对长，向内向后斜伸。颈沟浅而宽，颈环中部稍宽，后端具一短颈刺。眼叶长而宽，新月形，眼沟浅而宽，眼脊向内变窄，并与头鞍前侧带相连，外边缘凸起，较窄，微向前拱曲。前边缘沟中等深度，内边缘较宽，中脊极为明显。眼前翼次长方形。固定颊次三角形，后侧翼横向短，纵向宽；后侧沟宽而深，后边缘窄而凸起。面线前支向外分散延伸，与头盖中轴线交角约38°，中支围绕眼叶，向后微向内弯曲，后支极短。活动颊较窄，后边缘亦较窄，边缘窄而凸起，向后侧方延伸成一细长颊刺。

标本采于八道湾早寒武世筇竹寺组上部。

Diagnosis: The *Parabadiella conica* was collected in the upper part of the Early Cambrian Qiongzhusi Formation in Badaowan (Luo, 1981, 1985). Its head shield is sub-square, slightly wider in width, and gently raised. The glabella is convex, tapered, and shrinks forward; with 3 pairs of glabellar furrows, the first pair is short and shallow, nearly flat; the second pair is slightly longer, slightly inwardly and diagonally backward; the third pair is long, inwardly backward stretch. The neck groove is shallow and wide, the middle of the neck ring is slightly wider, and the back has a short neck spine. The eye lobes are long and wide, crescent-shaped, with shallow and wide eye grooves, the eye ridges narrowing inward, and connected to the anterior band of the glabella. The outer edges are convex, narrow, and slightly arched forward. The anterior marginal groove is of medium depth, the inner margin is wider, and the middle ridge is very obvious. The fixed cheek is of buccal triangle, the rear flanks are short horizontally and longitudinally wide; the rear lateral grooves are wide and deep, and the rear edges are narrow and convex. The front branch of the facial suture extends outwards and spreads out at an angle of about 38 degrees with the central axis of the head shield. The middle branch surrounds the eye lobe and bends slightly backwards inward. The posterior branch is extremely short. The movable cheek is narrow and the rear edge is also narrow. The edge is narrow and convex, extending to the back to form an elongated cheek spine.

图5-5-11 锥形拟小阿贝得虫

Fig.5-5-11 *Parabadiella conica*

云南拟小阿贝得虫 *Parabadiella yunnanensis* Luo, 1981

形态特征：云南拟小阿贝得虫（罗惠麟，1981）头盖次方形，横向较宽。头盖次锥形，具3对明显的头鞍沟，第1对较短，向内微向后斜；第2对较深，向内向后斜伸；第3对窄而深，向内向后斜伸，并在中部相连接。颈沟两侧窄而深，中部变浅。颈环两侧较窄，中部明显变宽，并向后延伸呈一较长颈刺。眼叶长而宽，后端距头鞍较远；眼脊斜伸，具明显的两分现象，前带与头鞍前侧带相连。外边缘中等宽度，较平，微向上挠起。前边缘沟浅而宽，内边缘较宽，平缓凸起、眼前翼次长方形，中脊明显，但宽而低。眼前颜线隐约呈现。固定颊次三角形，平缓凸起，后侧翼横向较短，纵向较长，后侧沟浅而宽，后边缘窄而凸起。面线前支微向外斜伸，与头盖中轴线交角约为25°，中支围绕眼叶，向后向内弯曲，后支短，切于间颊角。活动颊较窄，边缘窄而凸起，边缘沟浅，颊刺细长。

云南拟小阿贝得虫采于梅树村八道湾，早寒武世筇竹寺组底部（距底4 m）。

Diagnosis: The head shield of *Parabadiella yunnanensis* is broadly sub-square, with 3 pairs of obvious saddle grooves near the central of the shield. The first pair is shorter and slightly inwardly inclined backward; the second pair is deeper and extends inwardly and backward; the third pair is narrow and deep and inwardly shallow. It extends diagonally and connects in the middle. The occipital ring is narrow and deep on both sides and shallow in the middle. The sides of the neck ring are narrower, the middle part is significantly wider, and a long neck spine is extended backward. The eye lobes are long and wide, and the back end is far away from the glabella. The eye ridges are oblique, with obvious dichotomy. The front band is connected to the front side of the glabella. The outer edge is of medium width, flatter and slightly raised upward. The anterior edge groove is shallow and wide, the inner edge is wide, gently raised, the front wings are rectangular, and the middle ridge is obvious, but wide and low. The fixed cheek is of buccal triangle, gently protruding. The rear flanks are shorter in the lateral direction and longer in the longitudinal direction, the rear lateral groove is shallow and wide, and the rear edge is narrow and convex. The front branch of the facial suture slightly obliquely stretches outwards, and the angle with the central axis of the head shield is about 25 degrees. The middle branch surrounds the eye lobe and bends backwards and inwards. The posterior branch is short and cuts at the mesobuccal angle. The movable cheeks are narrow, the edges are narrow and convex, the margin grooves are shallow, and the cheek spines are slender.

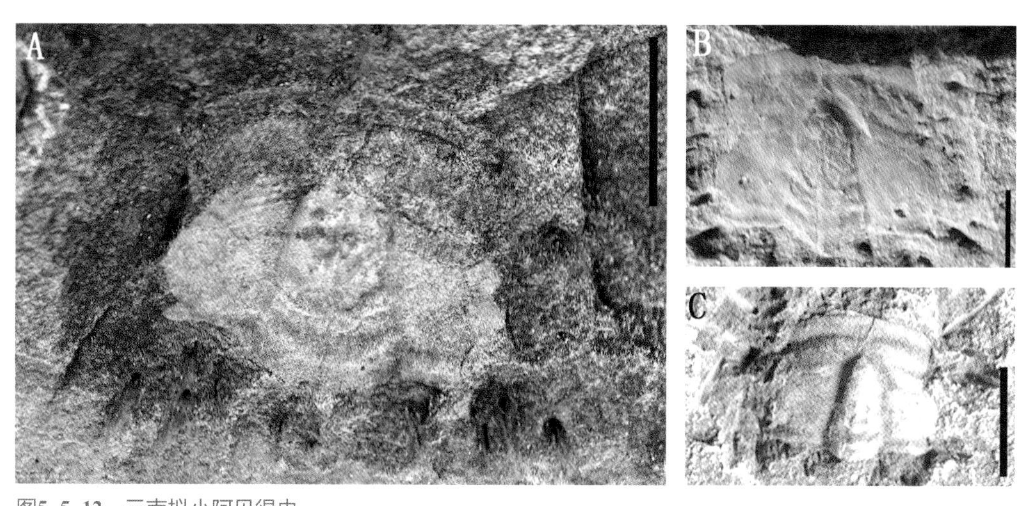

图5-5-12　云南拟小阿贝得虫

Fig.5-5-12　*Parabadiella yunnanensis*

5.2.4 武定虫类

武定虫 ***Wutingaspis* sp.**

形态特征：武定虫*Wutingaspis* sp.（罗惠麟，1981）背壳呈长椭圆形，头部呈半圆形，背沟有中等宽度及深度。头鞍呈亚锥形，向前缓慢收缩，前端宽圆。有3对头鞍沟。颈沟两侧深，中部浅而宽。颈环中部有一颈刺或无颈刺。固定颊约有头鞍宽度的1/2。后侧翼横向长纵向宽。后侧沟宽，较深。眼脊长而宽，由头鞍前侧端微向后斜伸，眼叶有中等大小，其长度与眼脊长度大致相同。眼沟及前后眼脊沟清楚。外边缘凸起，前缘向前拱曲。内边缘与外边缘宽度相似，前边缘沟清楚，眼前翼呈亚四边形。眼前颜线比面前前支更向外斜伸。Tingi型面线，面线前支略向外扩散，与前边缘沟垂直相交；面前中支较*Eoredlichia*短，轻微向外弯曲，但距头鞍甚远；面线后支长，向外向后延伸至后边缘，切于间颊角之角顶。活动颊比固定颊宽，间颊角有106°～150°，颊刺向后并微向外伸。胸部有15个胸节，中轴宽度小于肋部宽度，每一中轴环节上有一小的中瘤，中轴上没有长轴刺，肋刺短小。尾部小，中轴宽大而凸起，后端圆，其上有2～3对横沟或者横向的凹坑，肋部仅有一斜伸的小肋节与中轴胶合在一起，显示1条肋沟及1条线的间肋沟。

武定虫发现于安宁白登磷矿，早寒武世筇竹寺组。

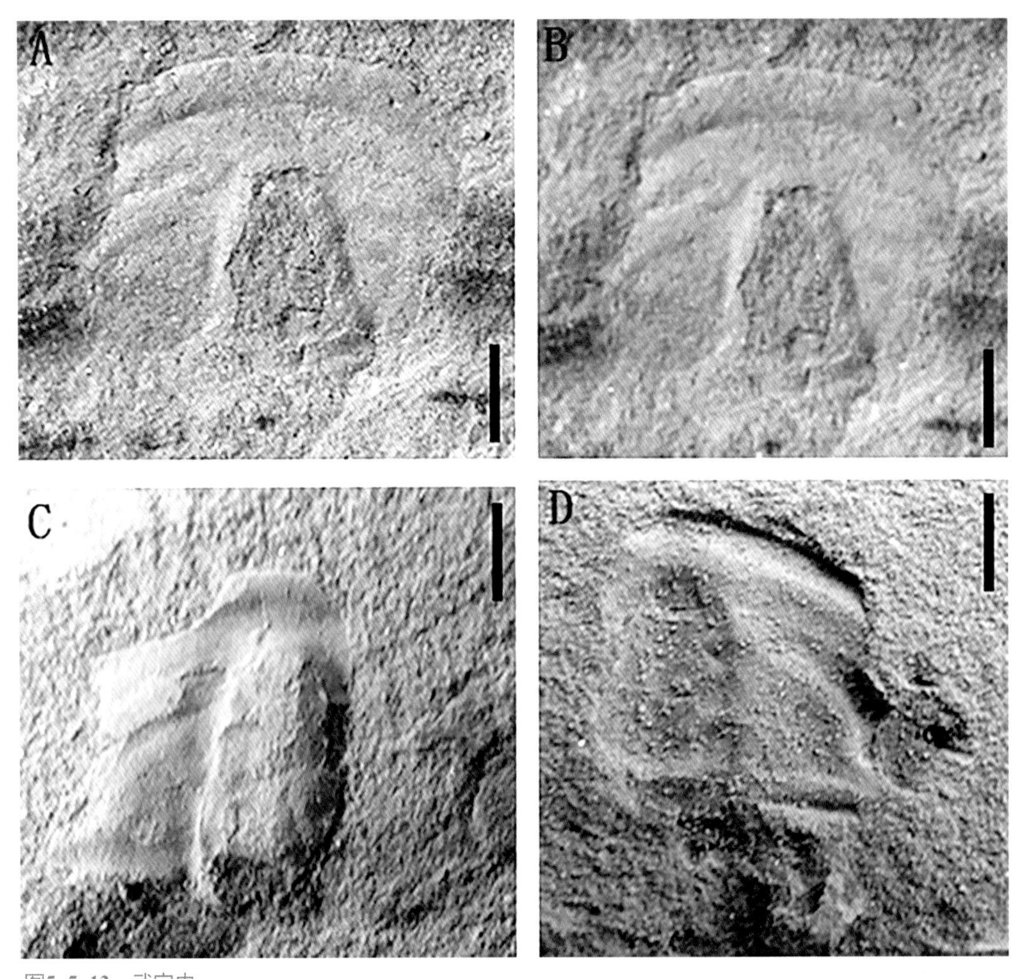

图5-5-13　武定虫
Fig.5-5-13　*Wutingaspis* sp.

Diagnosis: *Wutingaspis anningensis* (Luo, 1981) was found in the Baideng Phosphate Mine, Anning, and the Early Cambrian Qiongzhusi Formation. The dorsal shield of *Wudingaspis* sp. is long and oval, the head is semicircular, and the dorsal grooves are of medium width and depth. The glabella is sub-tapered, slowly contracting forward, and becoming wide at the front. Three pairs of glabellar furrows are on the glabella. The neck groove is deep on both sides, shallow and wide in the the middle. There is a neck spine or no neck spines in the middle of the neck ring. The fixed cheeks are about 1/2 of the width of the glabella. The rear flanks are horizontally long and longitudinally wide. The posterior groove is wide and deep. The eye ridges are long and wide, slightly obliquely extending backward from the front side of the glabella, and the eye lobes are medium in size, and the length is approximately the same as the length of the eye ridge. The front line of the eyes is more oblique than the front branch in front. The front branches of the facial suture spread slightly outward and intersect perpendicularly with the front edge furrow; the middle branch in front is shorter than that of *Eoredlichia*, slightly curved outward, but far from the glabella; the posterior branch of the facial suture is long and extends outward to the posterior edge, cutting at the top of the corner of the buccal angle. The movable cheeks are wider than the fixed cheeks, and the mesiobuccal is 106 degrees to 150 degrees. There are 15 thoracic segments, and the width of the axis is smaller than that of the ribs. Each axial ring is attached with a small tumor, but no long axial spines on the trunk. The pleural spines are short and small. The tail is small, the axial region is wide and convex, and the rear end is round. There are 2 ~ 3 pairs of horizontal grooves or horizontal pits on the ribs.

安宁武定虫 *Wutingaspis anningensis*

形态特征： 安宁武定虫（罗惠麟，1981，1985）其头盖横向较宽，宽与长之比为1.6：1。头鞍宽锥形，向前收缩较快，前端圆尖。具3对头鞍沟，前两对窄而浅，较短，后一对窄而深，并在中部相连接。颈沟两侧窄而深，中部浅深而宽，近平伸。眼脊宽，向外微向后伸；眼叶较大，后端距头鞍较远。固定颊较宽，后侧翼较短，后侧沟浅而宽，后边缘窄而凸起。内边缘较外边缘稍宽，前边缘沟明显，外边缘窄而凸起。面线前支向外分散延伸，后支短，近斜伸。

标本采于安宁县白登磷矿，早寒武世筇竹寺组上部。

Diagnosis: *Wutingaspis annigensis* (Luo, 1981, 1985) was collected from the Baideng Phosphite Mine in Anning County, and the upper part of the Early Cambrian Qiongzhusi Formation. The head shield is wider in the lateral direction, and the width-to-length ratio is 1.6 to 1. The glabella has a wide tapered shape, shrinks forward quickly, with a rounded tip. With 3 pairs of glabellar furrows, the first two pairs are narrow and shallow, shorter, the last pair are narrow and deep, and are connected in the middle. The neck groove is narrow and deep on both sides, shallow and deep in the middle, and nearly flat. Eye ridges are wide, slightly outward and backward; eye lobes are large, and the rear end is far from the glabella. The fixed cheeks are wide, the rear flanks are relatively short, the posterior grooves are shallow and wide, and the posterior edges are narrow and convex. The inner edge is slightly wider than the outer edge, the front edge groove is obvious, and the outer edge is narrow and convex. The front branch of the facial suture extends outward, and the posterior branch is short and nearly oblique.

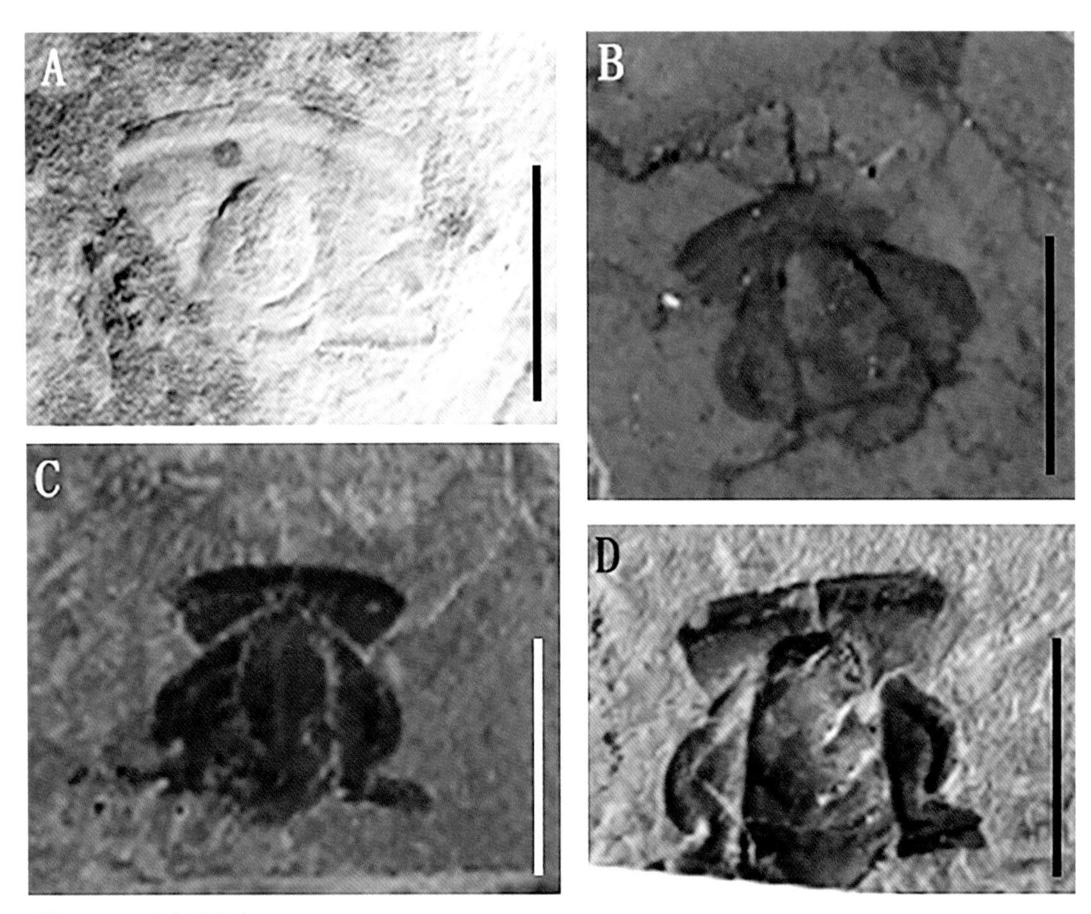

图5-5-14 安宁武定虫
Fig.5-5-14 *Wutingaspis anningensis*

昆阳武定虫 *Wutingaspis kunyangensis*

形态特征：昆阳武定虫（罗惠麟，1981，1985）三叶虫个体较小。头盖次方形，横向较宽。头鞍锥形，向前收缩较快，前端尖圆，伸入内边缘。具3对明显的头鞍沟，第1对短，窄而深，向内微向后斜伸；第2对较长，向内向后斜伸；第3对最长，向内向后斜伸，延至头鞍中部。颈沟两侧窄而深，中部浅而宽，颈部向中部略变宽，中后部具一瘤状刺。眼脊粗壮，眼叶较大，后端距背沟较远。眼沟浅，固定颊平，后侧翼横向延伸较长，后侧沟窄而深，后边缘窄而凸起。外边缘中等宽度，平缘凸起，前边缘浅而宽；内边缘平。眼前翼次方形，较内边缘宽。面线前支向外分散延伸，与中轴线交角约为30°，中支线眼叶向内弯曲，后支短由眼叶后端向外向后弯曲延伸。

化石采于八道湾小路上，早寒武世筇竹寺组下部，距底6 m。

Diagnosis: *Wutingaspis kunyangensis* (Luo, 1981, 1985) was collected on the Badaowan Road, the lower part of the Early Cambrian Qiongzhusi Formation, 6 meters away from the bottom. Specimens are quite small. The head shield is sub-square and horizontally wide. The glabella is tapered, shrinking forward fast, the front end is rounded, and projects into the inner edge. There are 3 pairs of obvious glabellar furrows, the first pair is short, narrow and deep, and extends slightly inward and backward; the second pair is long and extends inward and backward; the third pair is the longest and extends inward and backward to the middle of the head shield. The neck groove is narrow and deep on both sides, shallow and wide in the middle, and the neck is slightly wider toward the middle, with a tumor-like spine in the middle and rear. The eye ridge is thick, the eye lobes are large, and the rear end is far from the dorsal furrow. The sulcus is shallow, the fixed cheeks are flat, the rear flanks extend long, the rear sulcus is narrow and deep, and the rear edge is narrow and convex. The outer edge is of medium width, the flat edge is raised, and the front edge is shallow and wide; the inner edge is flat. The front branch of the facial suture extends outwards and spreads out at an angle of about 30 degrees with the axis. The middle branch of the facial suture is curved inward, and the posterior branch is curved outward from the rear end of the eye lobes.

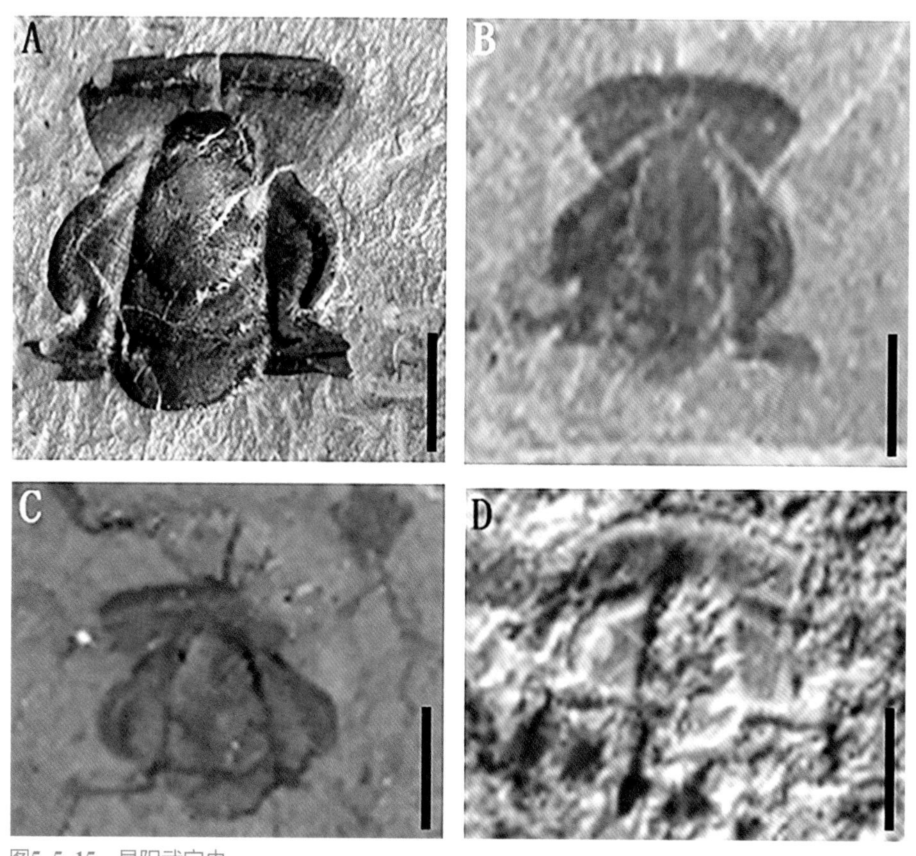

图5-5-15　昆阳武定虫
Fig. 5-5-15　*Wutingaspis kunyangensis*

平武定虫 *Wutingaspis planifrons*

形态特征：平武定虫（罗惠麟，1981，1985）其头盖平，次方形，宽略大于长。头鞍宽锥形，向前缓慢收缩，前端圆润，由于表壳已破，仅见后1对头鞍沟，窄而长，向内向后斜伸。颈沟浅而宽，颈环宽度均匀。眼脊、眼叶凸起均校平，宽度均匀，眼脊较眼叶略长，眼叶后端距头鞍较远。固定颊宽平，后侧翼宽，后侧沟浅而宽。内边缘宽而平，与眼前翼宽度相似，外边缘较内边缘稍窄，宽度均匀，略微凸起，前边缘沟极浅而模糊。面线前支微向外分散延伸，后支短而斜伸。活动颊宽而平，颊刺宽短。

标本产于晋宁县白登磷矿，早寒武世筇竹寺组上部。

Diagnosis: *Wutingaspis planifrons* (Luo, 1981, 1985) was yielded in the Baideng Phosphate Mine in Jinning County, the upper part of the Early Cambrian Qiongzhusi Formation. Its head shield is flat, sub-square, and width slightly bigger than length. The glabella is wide and tapered, slowly shrinking forward, and the front end is rounded. As the overall shield has been broken, only the rear pair of glabellar furrows are seen, narrow and long, extending inward and backward. The neck groove is shallow and wide, and the width of the neck ring is even. The eye ridges and eye lobes are evenly leveled, with a uniform width. The eye ridges are slightly longer than the eye lobes, and the back of the eye lobes are far from the glabella. The fixed cheeks are wide and flat, the rear parts are wide, and the rear groove is shallow and wide. The inner edge is wide and flat, similar to the width of the anterior part of the eye, the outer edge is slightly narrower than the inner edge, the width is uniform, slightly convex, and the front edge groove is extremely shallow and fuzzy. The front branch of the facial suture extends slightly outward, and the rear branch is short and oblique. The moveable cheeks are wide and flat, and the cheek spines are wide and short.

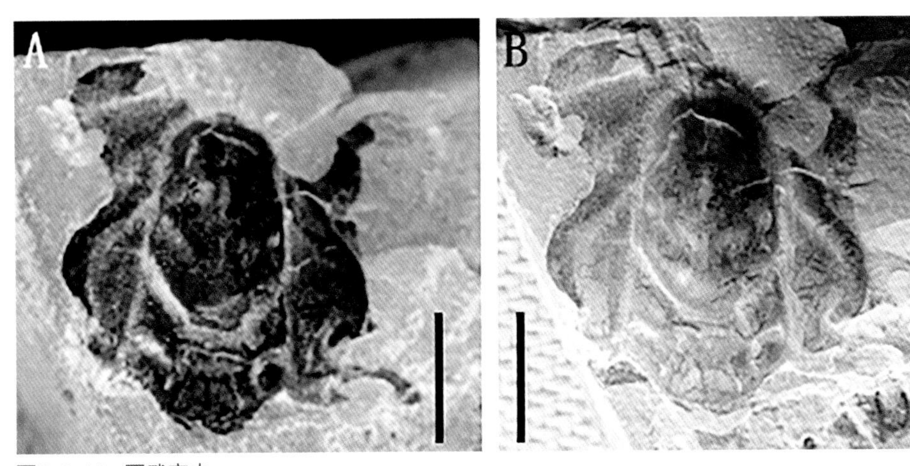

图5–5–16　平武定虫
Fig.5–5–16　*Wutingaspis planifrons*

丁氏武定虫 *Wutingaspis tingi* Kobayashi

形态特征：丁氏武定虫（罗惠麟，1981）其头盖宽阔。头鞍柱锥形，前端宽圆。头鞍沟3对，向后倾斜。颈沟两侧深而倾斜，中部浅而平直。颈环中部向后伸出一颈刺。固定颊宽，其厚度有在两眼叶之间头鞍宽度的1/2。眼叶短，末端距头鞍宽。眼脊与眼叶长度相似，微向后斜伸。后侧翼纵向宽，横向极长，其长度大于颈环宽度。后侧沟深而宽。外边缘较内边缘稍狭，凸起，向前拱曲。内边缘平，前边缘沟较深，较宽，眼前翼呈亚长方形，平缓凸起，眼前颜线更向外斜伸，不与面线前支平行。tingi型面线，面线前支略向外斜伸，α角<30°；面线中支较短，与头鞍距离远；面线后支较长，向外向后延伸。胸部由15节组成。中轴较肋部窄，每个中轴环节上有一个小瘤，肋节的肋沟深，延伸至外侧端消失，肋刺短小。尾部小，呈次圆形，中轴极宽，其上有2～3对横沟，有1对肋节与中轴胶合在一起。腹边缘板两端显示连接线向内弯曲。没有发现口板。

化石采于晋宁县梅树村八道湾剖面，早寒武世筇竹寺组下部。

Diagnosis: *Wutingaspis tingi* Kobayashi (Luo, 1981) was collected from the Badaowan section of Meishu Village, Jinning County, in the lower part of the Early Cambrian Qiongzhusi Formation. Its head shield is wide. The glabella is tapered and the front end is wide and round. There are 3 pairs of glabellar furrows, tilted backward. The neck groove is deep and inclined on both sides, and the middle is shallow and straight. A neck spine extends from the middle of the neck ring. Fixed cheek is wide, which is 1/2 the thickness of the glabella between the eye lobes. The eye lobes are short and the ends are far from the glabella. The eye ridges and lobes are similar in length and slightly obliquely extend backward. The rear flanks are longitudinally wide and extremely long laterally, and their length is greater than the width of the neck ring. The posterior groove is deep and wide. The outer edge is slightly narrower than the inner edge, raised and arched forward. The inner edge is flat, the front edge groove is deeper and wider, the front area of the eye is sub-rectangular, gently convex, and the front line of the eye is more oblique outward, not parallel to the front branch of the face line. For tingi noodles, the front branch of the noodle is slightly obliquely extending outward, and the angle of α is less than 30 degrees. The middle branch of the facial suture is short and far from the glabella. The posterior branch of the facial suture is longer and extends outward and backward. There are 15 thoracic segments. The axis is narrower than the ribs. There is a small knob on each axial ring. The rib grooves of the ribs are deep and disappear to the outer end. The pleural spines are short. The tail is small, sub-circular, and the axial region is extremely wide. There are 2 ~ 3 pairs of transverse grooves on it, and a pair of ribs are glued to the central axis. The ends of the ventral edge plate show that the connecting lines are bent inward.

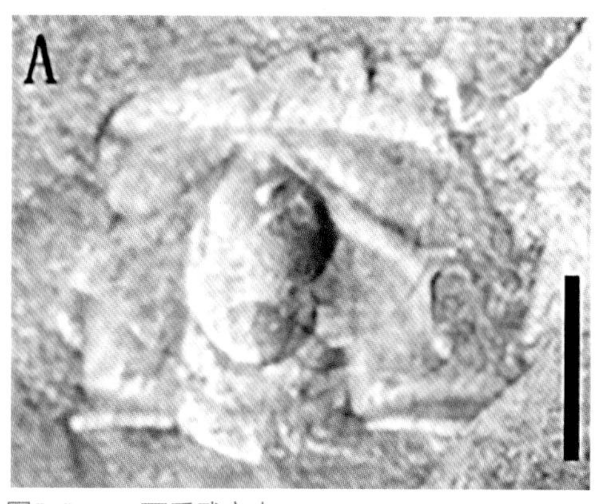

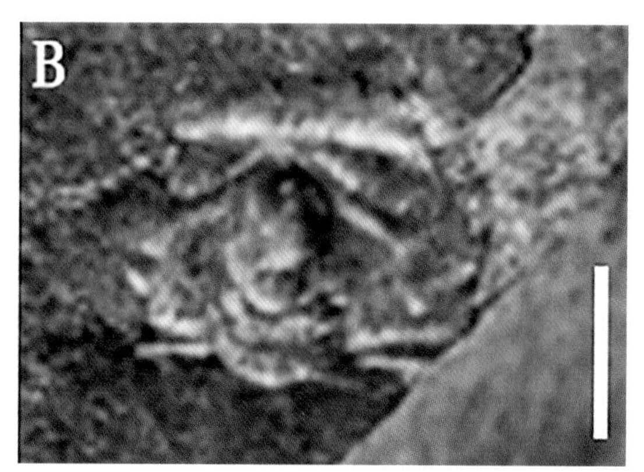

图5-5-17 丁氏武定虫
Fig.5-5-17 *Wutingaspis tingi* Kobayashi

5.2.5 云南头虫类

昆阳云南头虫 ***Yunnanocephalus kunyangensis***

形态特征：新种头鞍向前收缩较缓慢，虽然亦呈截锥形，但前端收缩不多，具3对浅的头鞍沟。最后1对有分叉的现象。内边缘略凹下，外边缘略凸起，边缘沟不清。颈沟两侧深，中部浅，颈环宽度均匀。固定颊较平、较宽，大约为头鞍底部宽的2/3。眼叶中等大小，后侧边缘沟相当浅，后侧边缘略凸起。面线前支自眼叶前端向前几乎平行伸延；后支短，向后直切于后侧边缘。胸部14节，每个轴节上有一小疣点或小疣刺，前4节上的疣点不明显，从第5节开始，非常突起，并愈向后突起愈高，几成小疣刺，肋节上肋沟宽，具短的肋刺。

昆阳云南头虫采于昆阳磷矿东风村附近，早寒武世筇竹寺组下部。

Diagnosis: *Yunnanocephalus kunyangensis* was collected near the Kunyang Phosphorus Mine of the Dongfeng Village, the lower part of the Early Cambrian Qiongzhusi Formation. The glabella has a slow forward contraction, although it also has a truncated cone shape, the front end does not shrink much, with 3 pairs of shallow glabellar furrows. The last pair bifurcates. The inner edge is slightly concave, the outer edge is slightly convex, and the edge groove is not clear. The neck groove is deep on both sides and shallow in the middle, and the width of the neck ring is even. The fixed cheeks are flat and wide, about 2/3 of the width of the bottom of the glabella. The eye lobes are medium in size, the posterior marginal groove is quite shallow, and the posterior margin is slightly convex. The front branch of the facial suture extends from the front of the eye lobe almost parallel to the front; the posterior branch is short and cuts straight to the posterior edge. There are 14 thoracic segments. There is a small wart spot or small wart spur on each axial ring. The wart spots on the first 4 ring are not obvious. Starting from the 5th axial ring, they are very protruding, and the protrusions become higher as they go backward. The grooves on the ribs are wide and have short spines.

图5-5-18　昆阳云南头虫
Fig.5-5-18　*Yunnanocephalus kunyangensis*

平云南头虫 *Yunnanocephalus planifrons*

形态特征：其头盖次梯形，横向较宽。头鞍切锥形，前端较圆，具3对较短的头鞍沟。颈沟浅，颈环宽度均匀。固定颊较宽，其宽约为头鞍宽的2/3。眼脊明显，从头鞍前侧端向外伸；眼叶短，微向外斜伸。后侧翼短，后侧沟浅，后边缘略凸起。前边缘平，前缘强烈向前拱曲，无边缘沟，不分内外边缘。面线前支向前微向内弯曲，中支短，后支较长，向后弯曲斜伸（罗惠麟，1981，1985）。

平云南头虫最先发现于道湾西山坡，早寒武世筇竹寺组上部。

Diagnosis: *Yunnanocephalus planifrons* (Luo, 1981, 1985) was firstly found on the western slope of Daowan, in the upper part of the Early Cambrian Qiongzhusi Formation. Its head shield is of trapezoidal shape and is wide in the lateral direction. The glabella is tapered with a rounded front end and 3 pairs of shorter saddle grooves on the dorsal. The neck groove is shallow and the width of the neck ring is even. The fixed cheeks are wide, about 2/3 of the width of glabella. The eye ridges are obvious and extend outward from the front side of the glabella; the eye lobes are short and slightly oblique outward. The rear flank is short, the rear ditch is shallow, and the rear edge is slightly convex. The front edge is flat, the front margin is strongly arched forward, and there is no edge groove, regardless of the inner and outer edges. The front branch of the facial suture is curved forward and slightly inward forward , the middle branch is short, the rear branch is long, and it bends backward and obliquely.

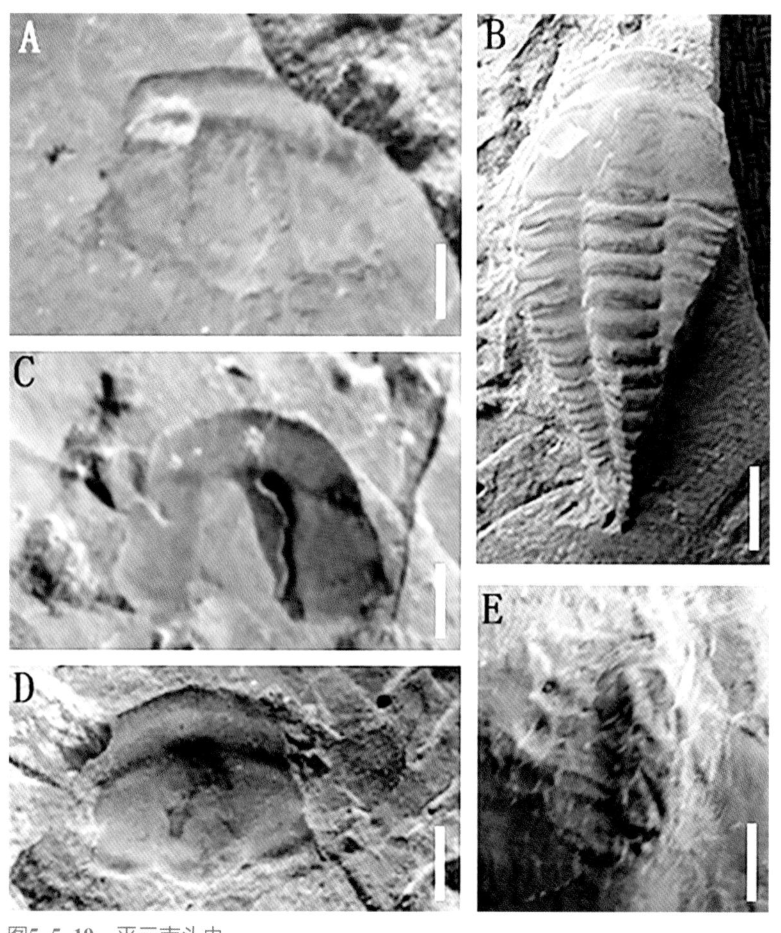

图5–5–19　平云南头虫

Fig. 5–5–19　*Yunnanocephalus planifrons*

次平行云南头虫 *yunnanocephalus subparallelus*

形态特征：其头盖次方形，宽大于长。头鞍长方形，两侧近于平行，前端平切，平缓凸起。具3对浅而宽的头鞍沟，均向内微向后倾斜。颈沟浅而宽，颈环中部稍宽，后缘向后拱曲。固定颊宽，较头鞍稍窄。后侧翼短，后侧沟浅而宽，后边缘窄而凸起。眼脊明显，由头鞍前侧角稍后的地方向外微向后斜伸。眼叶小，位于头盖横中线稍后的地方。前边缘沟模糊，外边缘凸起，内边缘略向后倾斜。面线前支向前略平行延伸，后支短，向后向外圆滑延伸（罗惠麟，1981，1985）。

次平行云南头虫发现于八道湾剖面，早寒武世筇竹寺组上部。

Diagnosis: *Yunnanocephalus subparallelus* (Luo, 1981, 1985) was collected on the Badaowan section, in the upper part of the Early Cambrian Qiongzhusi Formation. Its head shield is sub-square, and the width is greater than its length. The glabella is rectangular, both sides are nearly parallel, the front end is flat, and it is gently convex. There are 3 pairs of shallow and wide glabellar furrows, all of which tilt slightly inward and backward. The neck groove is shallow and wide, the middle of the neck ring is slightly wider, and the trailing edge is arched backward. The fixed cheeks are wide and slightly narrower than the glabella. The rear flank is short, the rear ditch is shallow and wide, and the rear edge is narrow and convex. The eye ridges are obvious, and slightly outward from the front side of the glabella. The eye lobes are small, located at the posterior of the midline of the head shield. The front edge groove is blurred, the outer edge is convex, and the inner edge is slightly inclined backward. The front branch of the facial suture extends slightly parallel to the front, the rear branch is short, and smoothly extends outward.

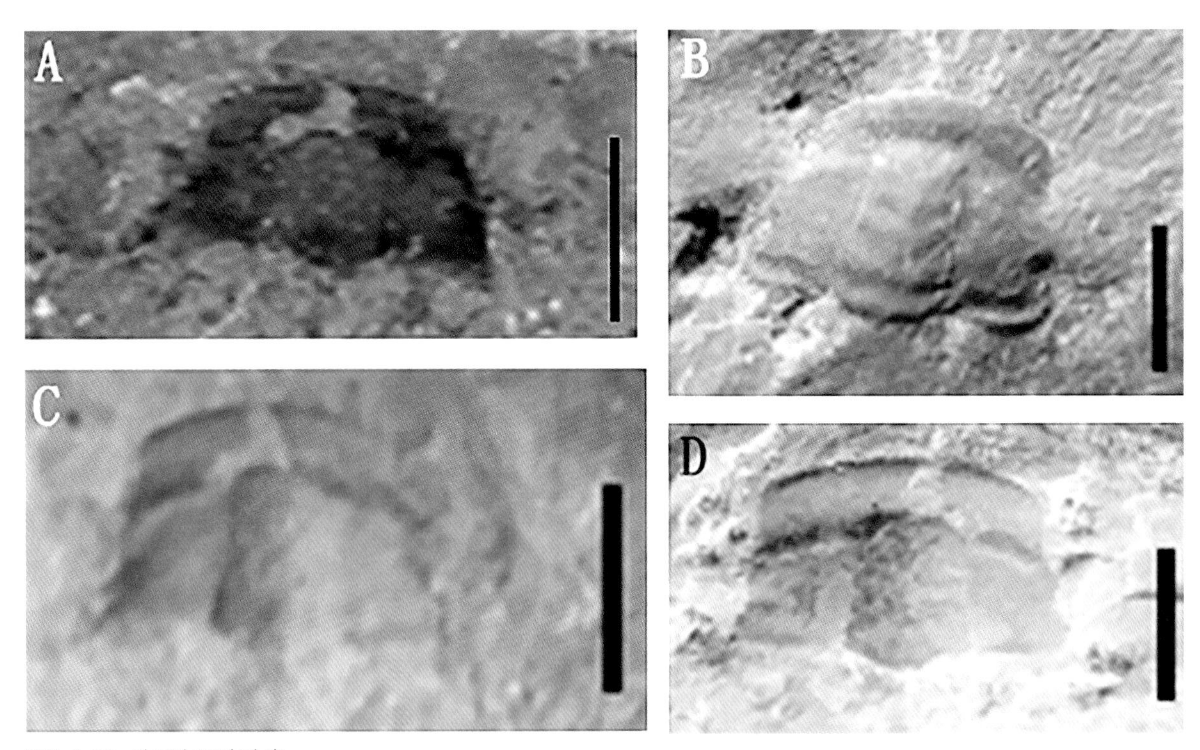

图5-5-20 次平行云南头虫

Fig.5-5-20 *Yunnanocephalus subparallelus*

云南云南头虫 *Yunnanocephalus yunnanensis*（Mansuy）

形态特征：该三叶虫个体较小，体长很少超过2 cm。头部大，呈椭圆形，头鞍沟3对。但有时不明显；眼脊粗，从头鞍前叶向两侧伸出；活动颊小而窄，颊角圆滑。胸部14节，肋沟浅而宽，肋刺粗而短。尾部小，一横向浅沟把尾分为两部分，前部分短，后部分长。少量的标本仅仅发现保存有较好的触角，由于个体小，外骨骼矿化，附肢难以解剖暴露(侯先光等，1999；Kobayashi，1936；Hou et al.，2017）。

云南云南头虫发现于昆阳磷矿小九嘴（公路旁），早寒武世筇竹寺组顶部。

Diagnosis: *Yunnanocephalus yunnanensis* (Kobayashi, 1936; Hou et al., 1999, 2017) was found at Xiaojiuzui (near the highway) in the Phosphorus Mine, near the upper part of Qiongzhusi formation. It is small and rarely exceeds 2 cm in length. The head is large and oval, with 3 pairs of glabellar furrows. But sometimes glabellar furrows are not obvious; the eye ridges are thick and protrude to the sides from the front lobe of the glabella; the moveable cheeks are small and narrow, and the cheek angles are smooth, 14 thoracic segmens, shallow and wide rib grooves, thick and short pleural spines. The tail is small. A horizontal shallow groove divides the tail into two parts. The front part is short and the posterior part is long. A small number of specimens preserved good antennae. Due to their small size and mineralization of the exoskeleton, the appendages were difficult to dissect and expose.

图5-5-21　云南云南头虫

Fig.5-5-21 ***Yunnanocephalus yunnanensis***

5.3 非三叶虫真节肢动物（non-trilobite euarthropod）

不矿化或者矿化很弱的非三叶虫真节肢动物（non-trilobite euarthropod）因为特异埋藏保存了很多精美的软体结构如眼睛、触角、附肢、附肢上的刚毛等而为世人所知，尤其是在特异埋藏化石库丰富的寒武纪（Hou & Bergström，1997；Budd，2011；Minter, et al.，2011；Paterson et al.，2012；Stein，2013；Stein et al.，2013；Lerosey et al.，2017；Ortega-Hernández et al.，2017），非三叶虫类肢动物（non-trilobite，artiopodans）是中国南部寒武纪早、中期特异埋藏化石库中的常见分子（澄江生物群，化石库中的常见分子）。此处根据现有内容插入相关文献：化石库中的常见分子（如：澄江生物群（Hou & Bergström 1997；Hou et al.，2004）、关山生物群（胡世学等，2013）、凯里生物群（Zhao et al.，2005）、果乐生物群（Zhu et al.，2016）。本文所涉及的三叶形虫为澄江生物群中产自云南省昆明市海口、筇竹寺等地区玉案山段以下地层的非三叶虫真节肢动物（Hou & Bergström，1997；Hou et al.，2004，2017）。

5.3.1 游肋亚纲 Subclass Nectopleuran. Hou & Bergström, 1997

异形网面虫 *Retifacies abnormalis* Hou, Chen & Lu, 1989

形态特征： 异形网面虫相较于其他寒武纪节肢动物而言，最明显的区别是背部有网状纹饰（侯先光等，1989；Hou & Bergström，1997；罗惠麟等，1997； Hou et al.，2004；Luo et al.，2010；Hou et al.，2017）。异形网面虫头部有1对单肢型分节的触角、3对可能是单肢型的附肢和1对双肢型附肢。躯干部有10个胸节，每个胸节下有1对双肢型附肢。尾甲下可能有5 ~ 7对附肢，后带一长的尾刺。异形网面虫可能与悉德尼虫（*Sidneyia*）关系较近，与盾状小鳞片虫（*Squamacula clypeata*）、盾形虫（*Pygmaclypeatus*）等可能同是螯肢动物干群（Hou et al.，2017；Du et al.，2018；Chen et al.，2019）。

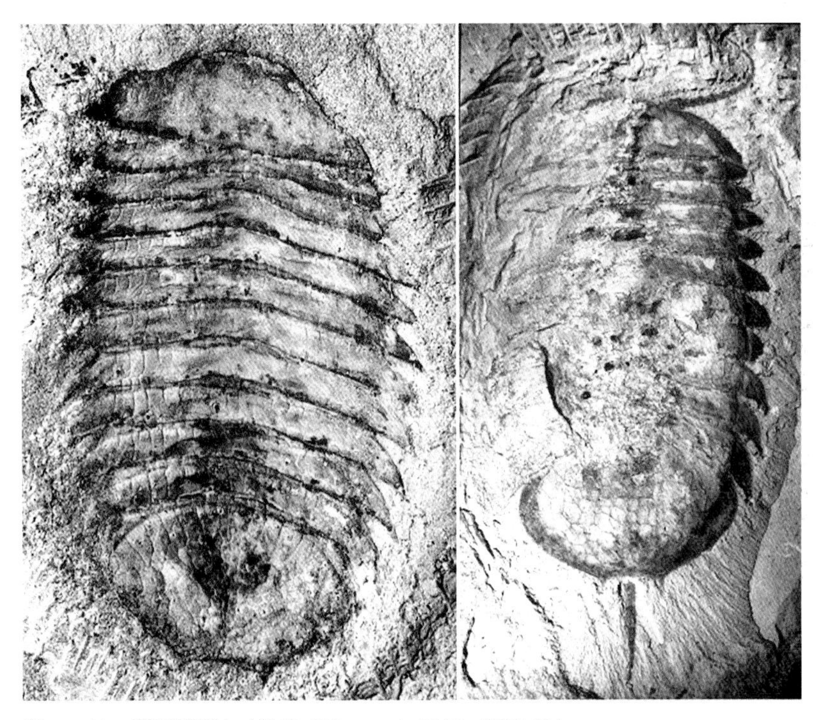

图5–5–22 异形网面虫（选自（Hou et al., 2017，图20.28）
Fig.5–5–22 *Retifacies abnormalis* (from Hou et al., 2017, Fig. 20.28)

Diagnosis: Compared with other Cambrian arthropods, the most obvious character of *Retifacies abnormalis* is that the dorsal surface of the entire exoskeleton has an irregular polygonal mesh - like ornament (Hou et al., 1989; Hou & Bergström, 1997; Luo et al., 1997; Hou et al., 2004) . A pair of uniramou antennae, three pairs of seemly uniramous appendages and a pair of biramous limbs are beneath the head shield(unpublished). Each segment is attached with a pair of biramous appendages among ten thoracic segments. More than fivepairs of biramous appendages are covered by a oval pygidium. Some studies indict that it may closely related to *Sidneyia*, *Squamacula clypeata*, *Pygmaclypeatus*, and probably they are stem group of chelicerates(Hou et al., 2017; Du et al., 2018; Chen et al., 2019).

刺状纳罗虫 *Naraoia spinosa* Zhang & Hou, 1985

形态特征：刺状纳罗虫有两种形态，A类有边缘刺，头甲后侧有1对颊刺，躯干部有10对或者11对侧刺，后侧有1对刺；B类没有边缘刺。2种形态的刺状纳罗虫都有清晰的附肢和消化痕迹（Zhang et

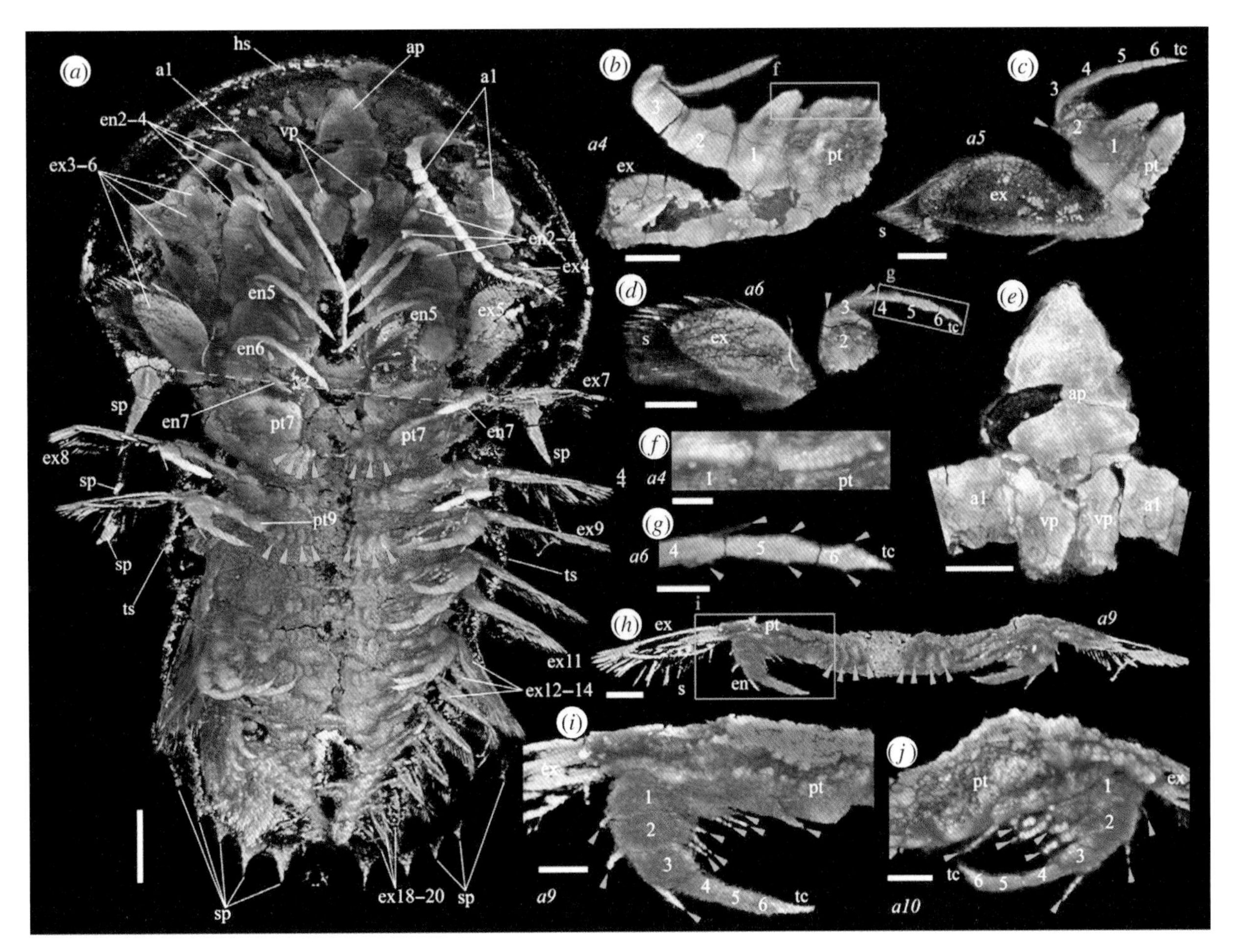

图5-5-23　刺状纳罗虫（选自Zhai et al., 2019, Fig. 1）

Fig. 5-5-23　*Naraoia spinosa* (From Zhai et al., 2019, Fig. 1)

Abbreviations: ap, anterior plate of the hypostomal complex; an, the nth appendage; en, endopod; enx, endopod of xth appendage; exn, exopod of nth appendage; hs, head shield; ptn, protopod of nth appendage; s, seta; sp, spine; tc, terminal claw; ts, trunk shield; vp, ventral plate of the hypostomal complex. Numerals 1□6 indicate endopodal podomeres.Green arrowheads indicate endopodal setae. Scale bars, 1 mm for (a), 500 μm for (b□e, h) and 200 μm for (f, g, i, j).

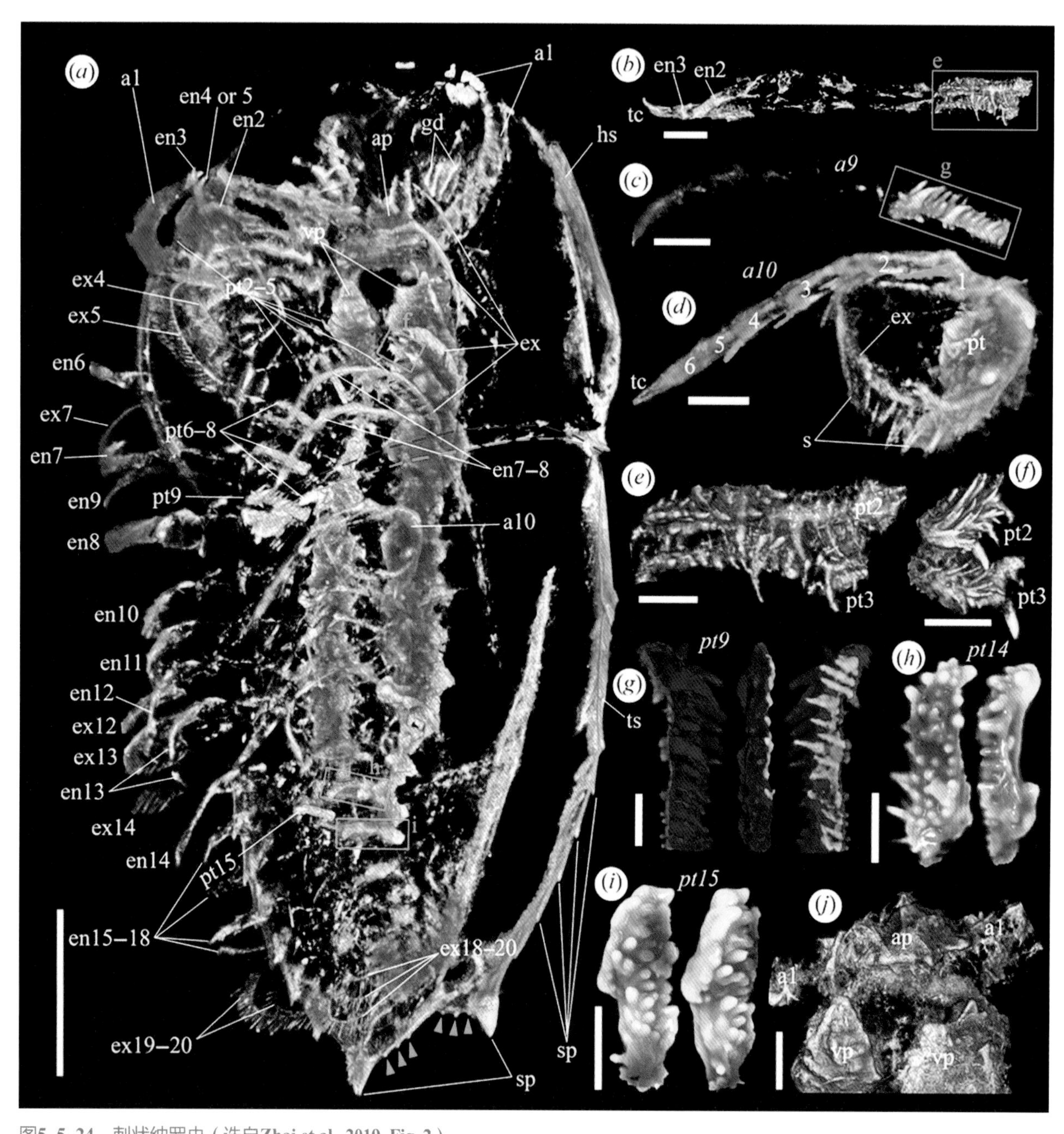

图5–5–24 刺状纳罗虫（选自Zhai et al., 2019, Fig. 2）

Fig. 5–5–24 *Naraoia spinosa* (From Zhai et al., 2019, Fig. 2)

Abbreviations as in Fig. 21. Scale bars, 1 mm for (a), 500 μm for (b–e, h) and 200 μm for (f, g, i, j).

al.，2007）。一对触角通常向头甲前侧边延伸，至少有30个节。最新研究CT扫描后发现唇板侧边有2个凸起（Zhai et al.，2019）。触角后附肢均为双肢型，头甲下大概有4对，躯干部位有14对（Zhang et al.，2007；Hou et al.，2017；Zhai et al.，2019）。每一附肢由基节、内肢、外肢构成。末端延伸的桨状外肢外边缘凸起，密布长的片状结构。内肢包括末端的爪有7节，近端内侧有带刺的内叶（Zhang et al.，2007；Zhai et al.，2019）。肠道从头甲中部延伸至躯干背甲后边缘，2个前外侧延伸的小型管道向前下延。最前端的支囊从小型管道后侧起，分为向前和向后的分支一直辐射至颊边缘（Vannier &

Chen，2002；Hou et al.，2017）。后续的支囊更为简单，且仅限于轴部区域，头部区域由4对，躯干部位前部（或者整个躯干部位）有6对（Vannier & Chen，2002；Hou et al.，2017）。

Diagnosis: Two forms of *N. spinosa* were preserved, Type A: with marginal spines its body, including a pair of cheek spines on the posterior of the head shield, ten or eleven pairs of lateral spines on the trunk, and a pair of spines on the posterior margin; Type B with no marginal spines. Both forms of *N. spinosa* have clear appendages and digestive tracks (Zhang et al., 2007). A pair of antennae usually extend toward the front of the head shield, consisting of at least 30 annulus. The latest study suggests that two bulges on the dorsal side of head shield are probably for the ventral eyes(Zhai et al., 2019). The post–antennulary appendages are all biramous, with about four pairs under the head shield and fourteen pairs on the trunk (Zhang et al., 2007; Hou et al., 2017; Zhai et al., 2019). Each appendage consists of a basipod, endopod and exopod. The outer edge of the paddle-shaped exopod is slightly convex and densely spaced lamellar setae. The endopod consists of seven podomeres including the terminal claw, the proximal bears endites with spines on their inner margins. The gut extends from the center of the head shield to the posterior margin of the trunk shield; two anterolaterally directed minor ducts come off it anteriorly (Zhang et al., 2007; Hou et al., 2017; Zhai et al., 2019). The antero-and postero-lateral branches which originated from the foremost diverticula ramify extensively into the cheeks. The succeeding diverticula are more simple and confined to the axial region; four are in the head region, and six in anterior part of (or the whole of; Vannier & Chen 2002) the trunk region.

长尾周小姐虫 *Misszhouia longicaudata*（Zhang & Hou, 1985）

形态特征：长尾周小姐虫有一长而光滑的躯干部背甲。短而宽的头甲外边缘呈椭圆形，头甲后外侧边缘近圆。头甲和躯干部背甲向背面矿化弱。不包括一对长的单肢型触角在内，该动物标本的长度可达6.5 cm。触角之间的一对小圆形结构可能代表腹面的眼睛。一个唇板、一个中部的凸起和两个侧边的凸起通过通过一个缝合线明显连接在一起，头部双肢型附肢不等，有3～4对，头甲后部的附肢为19～26对，未成年个体有16～18对（Hou & Bergström 1997；Edgecombe & Ramskold 1999；Zhang et al.，2007）。内肢分为7节，近端连接有带刺的内叶，末端为爪（claw）。外肢附着在基节上，且明显是内肢第一节近端。外肢近端的分节细长，分节上有片状刚毛和窄的末端刺（呈棒状）。肠道分支较短，仅位于轴部区域。多个小管和微小的颗粒构成了肠道。

长尾周小姐虫是周小姐虫属唯一的一个物种，与纳罗虫属节肢动物关系密切（Legg et al.，2013）。其躯干部很长，最前端的一对肠道分支简化，这与纳罗虫属的物种区别开来（Zhang et al.，2007）。研究者们普遍认为长尾周小姐虫为底栖捕食者或掠食者。但有人提出长尾周小姐虫为摄取泥质沉积的动物。这种提议的依据已经受到了埋藏学研究的质疑，因为埋藏学研究表明，肠道内的泥浆来自中肠腺的磷酸盐矿化作用（Chen et al.，1997；Edgecombe & Ramskold，1999；Butterfield，2002；Vannier & Chen，2002；Bergstrom et al.，2007；Zhang et al.， 2007）。

长尾周小姐虫只在云南省寒武纪早期发现。在贵州省同时代的地层中记录了可与该物种进行比较的物种（Steiner et al.，2005），尽管后来又认为其是刺状纳罗虫（*Naraoia spinosa*）（Zhang et al.，2007）。

Diagnosis: *Misszhouia longicaudata*'s trunk shield is long and smooth. The outer edge of the short and wide head shield is oval, and the posterior edge is nearly round. Both the head shield and trunk shield are weakly mineralized toward the back.

The length of this animal is up to 6.5 cm, excluding a pair of long uniramous antennae. A pair of small circular structures between the antennae may be positions for the ventral eyes. A hypostome, a middle bulge and two side protrusions are obviously connected together by a suture. Three to four pairs of biramous appendages are beneath the head shield, posterior to which are nineteen to twenty-six pairs of appendages, and siteen to eighteen pairs of the juvenile(Hou & Bergström, 1997; Edgecombe & Ramsköld, 1999; Zhang et al., 2007). The endopod consists of seven podomeres, the proximal bears endites with spines on their inner margins, and the terminal is a claw. The exopod originating from the basipod obviously is the proximal end of the first podomere of the endopod. The proximal podomere of exopod is slender and long, each with lamellar setae and narrow terminal spines. Branches of gut are short and only located in the axial region. Multiple small tubes and tiny particles make up the intestine.

Misszhouia longicaudata is the only species of genus *Misszhouia*, and is closely related to *Naraoia* (Legg et al., 2013). The trunk is very long, and the frontal pair of intestinal branches are simplified, which is distinguished from *Naraoia*(Zhang et al., 2007).

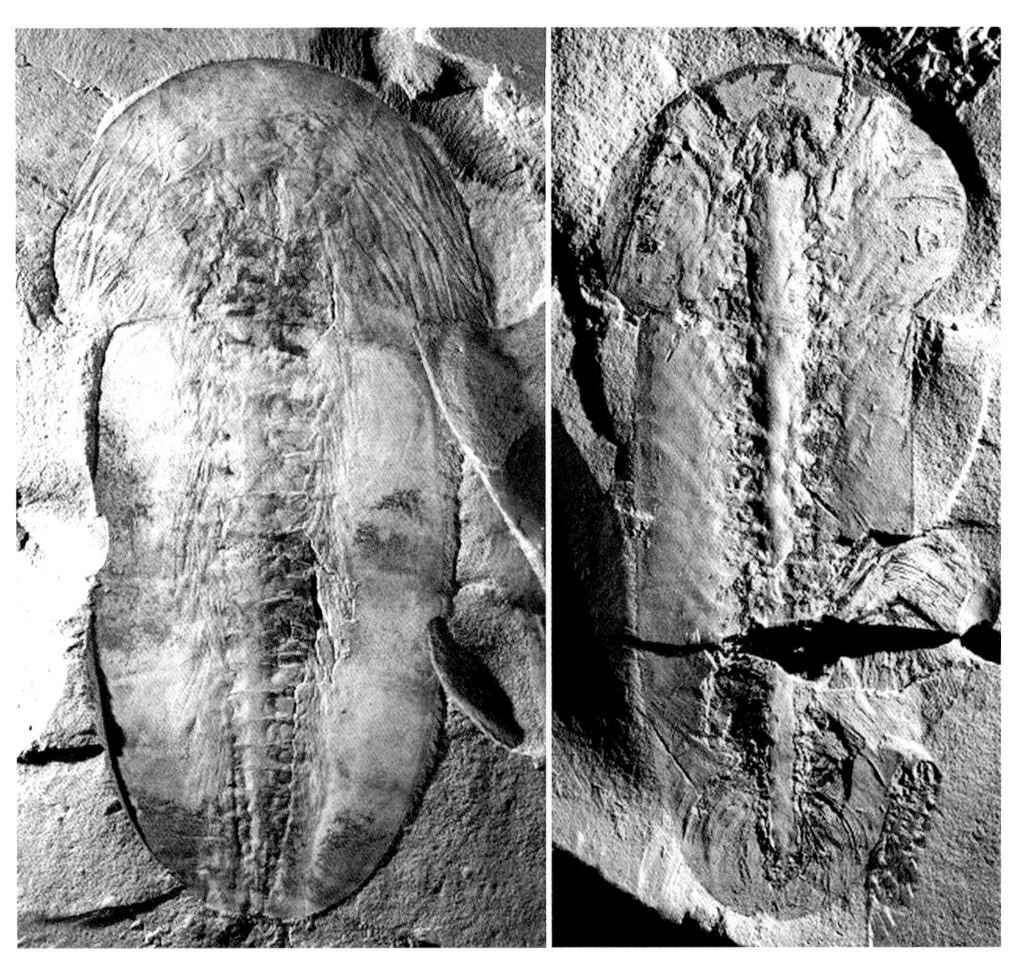

图5-5-25　长尾周小姐虫（选自Hou et al., 2017, 图20.48）
Fig. 5-5-25　*Misszhouia longicaudata* (from Hou et al., 2017, Fig. 20.48)

It is generally believed that *Misszhouia longicaudata* is a benthic predator or scavenger. But it was suggested that *Misszhouia longicaudata* is a muddy deposits feeder. The basis for this proposal has been questioned by taphonomy, which has shown that the intestinal mud comes from phosphate mineralization of the midgut glands (Chen et al., 1997; Edgecombe & Ramsköld, 1999; Butterfield, 2002; Vannier & Chen, 2002; Bergström et al., 2007; Zhang et al., 2007).

Misszhouia longicaudata was only found in the early Cambrian in Yunnan Province. Species comparable to this one have been recorded in the strata of the contemporaries in Guizhou Province(Steiner et al., 2005). although it was later considered to be *Naraoia spinosa* (Naraoia spinosa) (Zhang et al., 2007).

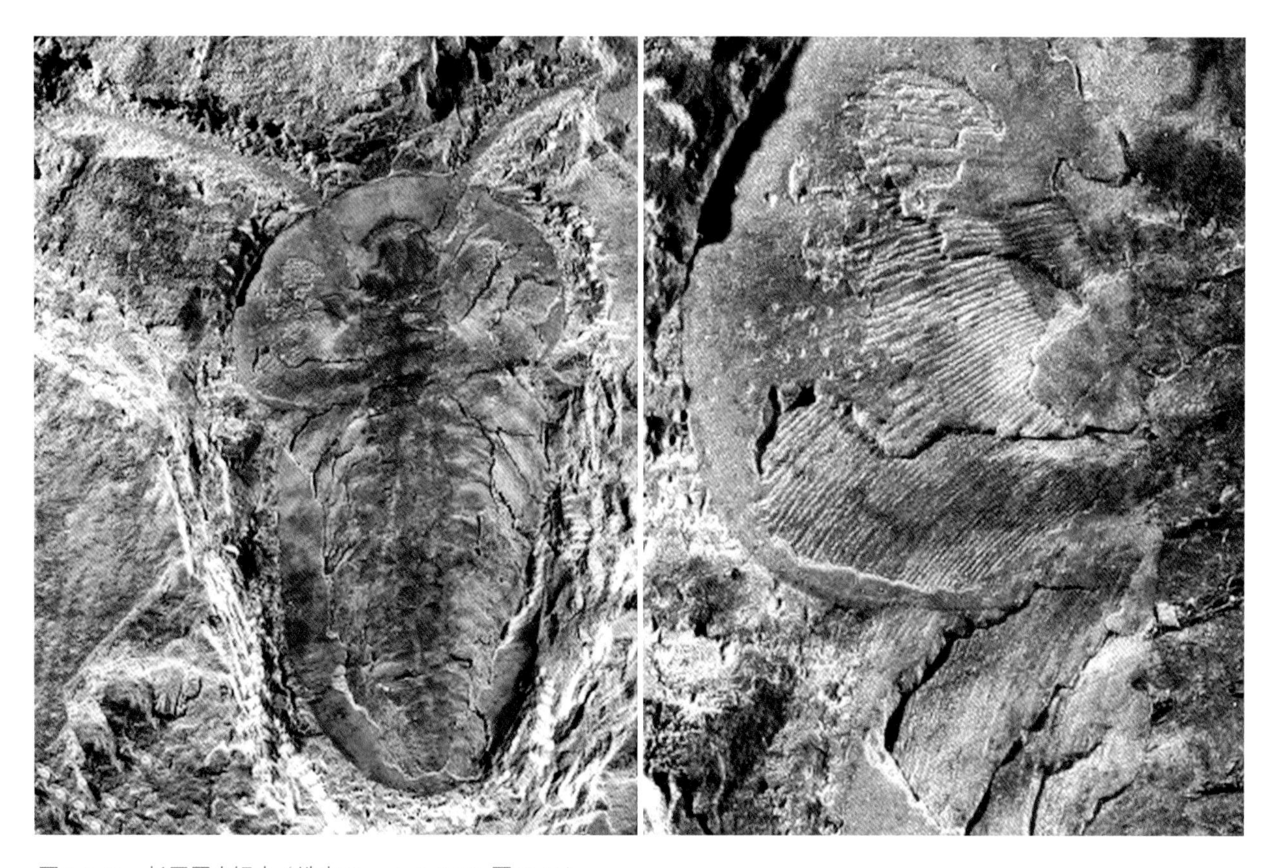

图5-5-26 长尾周小姐虫（选自Hou et al., 2017, 图20.48）
Fig. 5-5-26 ***Misszhouia longicaudata*** **(from Hou et al., 2017, Fig. 20.48)**

盾状小鳞片虫 *Squamacula clypeata* Hou & Bergström, 1997

形态特征：该物种是一类相当小的节肢动物，最初记录有2块标本，但是随后发现至少有6块标本可以用于更充分的研究（Zhang et al.，2004）。总的说来，外骨骼微微向上拱起，长度可达2.3 cm，宽度略小。头甲宽而短，胸部有10个向后相互叠覆的背甲，每个背甲下有1个体节，尾甲极小且背面呈亚卵圆形。外骨骼上没有明显的轴部区域，也没有发现有关眼睛的证据。头甲有巨大的内衬，一些作者认为该内衬具有帮助动物在沉积物中移动的作用。头部有1对多分节的单肢型附肢，每一对胸节上有1对双肢型附肢附着在带刺的附肢基部。内肢由7个分节构成，最末端带刺。外肢呈桨状，边缘有刚毛。尾甲部位的附肢形状与胸部附肢相像。肠道位于轴部，有沉积物填充，侧边连接有中肠腺的痕迹。

基于该动物与澄江动物异形网面虫的形态相似性，盾状小鳞片虫被建立为网面虫科的一个物种（Hou & Bergström，1997）。最近的研究证实了这一分类，并将网面虫科分类到螯肢动物干群基部（Legg et al.，2013）。最近的已知鳞片虫物种只有发现于澳大利亚寒武纪早期的鸸鹋湾页岩化石库的 *Squamacula buckorum*（Paterson et al.，2012）。

盾状小鳞片虫背腹扁平，可能在近海底捕食或者掠食。带刺的内肢可能用于步行和粉碎食物，细丝状外肢可能用于游泳和呼吸。

盾状小鳞片虫仅发现于云南省海口附近的帽天山。

Diagnosis: *Squamacula clypeata* is fairly small, with two specimens initially recorded, but then is was found that at least 6 specimens can be used for further study (Zhang et al., 2004).

In general, the exoskeleton arched slightly upwards, up to 2.3 cm in length and slightly smaller in width. The head shield is wide and short, and ten tergites overlap each other backwards. Each tergite covers a segment. The pygidium is extremely small and the dorsal is suboval. There is no obvious axial region on the exoskeleton, and no evidence of eye is found. The head has a pair of multi–segmented uniramous appendages, and each pair of thoracic segments has a pair of biramous appendages attached to the spine–bearing base of the appendages. The endopod is composed of seven podomeres, with a sharp end. The exopods are paddle–shaped with bristles at the edges. The shape of the appendage of the pygidium is similar to that of the thorax. The intestine is located on the axial region, filled with sediments, and traces of midgut glands are connected to the sides.

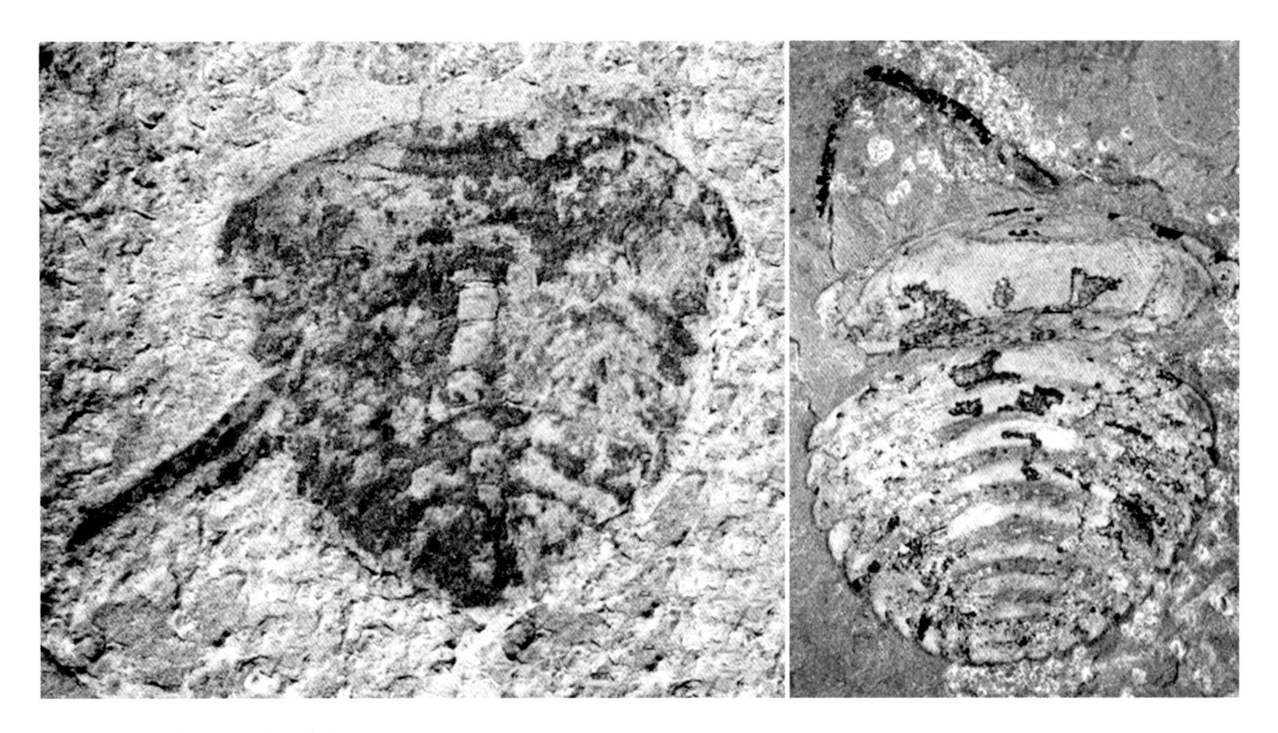

图5–5–27 盾状小鳞片虫（选自Hou et al., 2017, Fig. 20.30）
Fig. 5–5–27 *Squamacula clypeata* (from Hou et al., 2017, Fig. 20.30)

Based on the morphological similarity between this animal and *Retifacies abnormalis*, *Squamacula clypeata* was included into a number of Retifaciid(Hou & Bergström, 1997). Recent studies have confirmed this classification and classified Retifaciid to the base of the stem group of chelicerates (Legg et al., 2013). Its nearest relative is the only other known *Squamacula* species, *S. buckorum* from the Early Cambrian Emu Bay Shale Lagerstätte of Australia (Paterson et al., 2012).

Squamacula clypeata has a flat dorsal abdomen and may prey on the bottom of the sea. Bristle-bearing endopod may be used for walking and tearing food, and filamentous exopod may be used for swimming and breathing.

Specimens of *Squamacula clypeata* were only found in Maotian Mountain near Haikou in Yunnan Province.

5.3.2 宽肋亚纲 Subclass Petalopleura n. subcl. Hou & Bergström, 1997

镜眼海怪虫 *Xandarella spectaculum* Hou, Ramskold & Bergström, 1991

形态特征：镜眼海怪虫半圆形头甲背面有1对复眼，头甲部位有1对单肢型触角和5对双肢型附肢，躯干部分前7个体节每节1对双肢型附肢，第8个体节2对，第9个4对，第10个5对，最后一个可能

图 5-5-28　镜眼海怪虫（选自选自Hou et al., 2017, Fig. 20.38）
Fig. 5-5-28　*Xandarella spectaculum* (from Hou et al., 2017, Fig. 20.38)

有12对双肢型附肢（侯先光等，1999； Hou et al.，2004，2017）。镜眼海怪虫可能与毛里塔尼亚海怪虫（*X. mauretanica*）、灰姑娘虫（*Cindarella*）、灯笼眼罗惠麟虫（*Luohuilinella deletres*）、珍稀罗惠麟虫（*Luohuilin rarus*）、月形疑虫（*Sinoburius*）等关系较近（Edgecombe & Ramsköld，1999；Hou et al.，2017，2018； Du et al.，2018；Chen et al.，2019）。

Diagnosis: There is a pair of compound eyes on the dorsal side of *Xandarella spectaculum*'s head. There are a pair of uniramous antennae and five pairs of biramous appendages beneath the head shield. One pair of biramous appendages attach to each of the first seven trunk segments. The eighth thoracic segment has two pairs, the 9th has four pairs, the tenth has five pairs, and the last may have twelve pairs of biramous appendages (Hou et al., 1999, 2004, 2017) . *Xandarella spectaculum* may be closely related to *X. mauretanica*, *Cindarella*, *Luohuilinella deletres*, *Luohuilin rarus*, *Sinoburius*, etc.(Edgecombe & Ramsköld, 1999; Hou et al., 2017, 2018; Du et al., 2018; Chen et al., 2019).

灯笼眼罗惠麟虫 *Luohuilinella deletres* Hou, 2018

形态特征：头甲占身体总长的1/5，躯干部分有30个背甲。第1个背甲和最末3个背甲没有延长的肋叶。头甲下有1对多分节的单肢型触角。触角后至少有11对双肢型附肢，包括头部3对，躯干部分8对。可能与灰姑娘虫（*Cindarella*）、镜眼海怪虫（*Xandarella spectaculum*）、珍稀罗惠麟虫（*Luohuilin rarus*）等关系较近（Hou et al.，2018；Chen et al.，2019）。

Diagnosis: The head shield is one–fifth of the total body length, and the trunk has thirty tergites. The first tergite and the last three tergites have no pleural spines. There is a pair of multi–segmented uniramous antennae under the head shield. There are at least eleven pairs of biramous appendages after the antennae, including three pairs of head and eight pairs of trunk. It may be closely related to *Cindarella*, *Xandarella spectaculum*, and *Luohuilin rarus* (Hou et al., 2018; Chen et al., 2019).

奇丽灰姑娘虫 *Cindarella eucalla* Chen, Ramsköld, Edgecombe & Zhou in Chen et al., 1996

形态特征：头部前侧有1对发达的复眼，复眼由大约2000个单眼组成，有1对单肢型触角，4对触角后双肢型附肢，均位于头甲之下；头甲向后伸展，形成壳状褶皱，覆盖了躯干部分前6个背甲，这6个背甲每个背甲对应一个体节，每个体节对应1对双肢型附肢；头甲后躯干部分总共有21～23个背甲，从第7个背甲开始，每个背甲下的附肢多于7对，体节间的界线和背甲间的界线不完全对应，附肢数逐渐增加（Chen et al.，1996；Hou & Bergström，1997；Hou et al.，2004）。

可能与镜眼海怪虫（*Xandarella spectaculum*）、灯笼眼罗惠麟虫（*Luohuilinella deletres*）、珍稀罗惠麟虫（*Luohuilin rarus*）、中华疑虫（*Sinoburius*）等关系较近（Edgecombe & Ramsköld, 1999；Legg et al.，2013；Chen et al.，2019）。

Diagnosis: There is a pair of developed compound eyes on the anterior of the head. Each compound eye consists of about 2,000 lens, with a pair of uniramous antennae and four pairs of post–antennulary biramous appendages, all of which are under the head shield; The head shield folds, covering the first six tergites of the trunk, each of these six tergites corresponds to a thoracic segment, and each thoracic segment corresponds to a pair of biramous appendages. There are a total of twenty–one to twenty–three tergites behind the head shield, and more than seven pairs of appendages under each tergite posterior to the sixth. The boundary between the

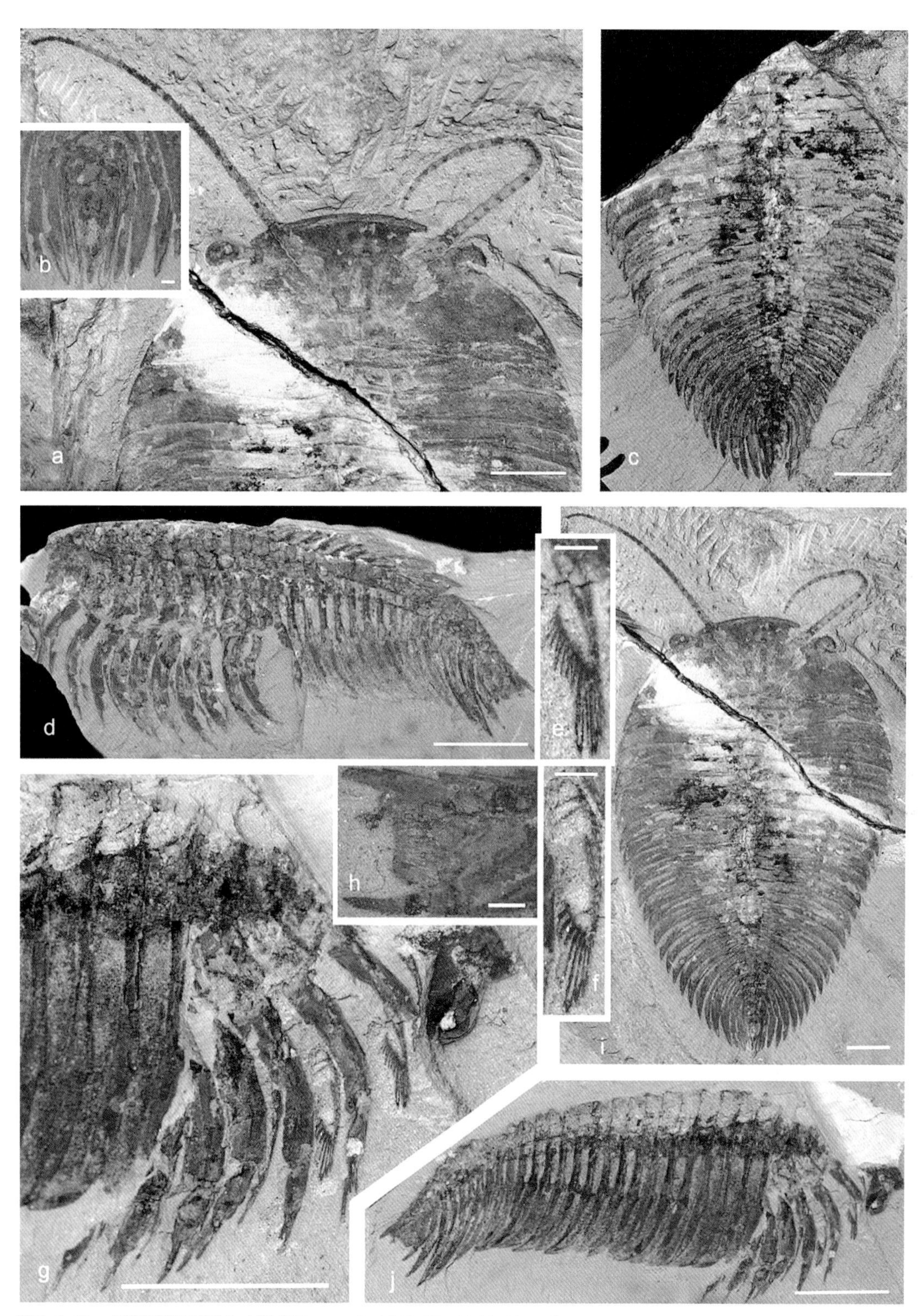

图5–5–29　灯笼眼罗惠麟虫（选自Hou et al., 2018, Fig. 20.30, Fig. 5）

Fig. 5–5–29　*Luohuilinella deletres* (from Hou et al., 2018, Fig. 5)

Photographic images of two specimens (parts and counterparts), preserved laterally (d□h, j), and dorsoventrally (a□c, f). a, b, i, close-ups of anterior and posterior, and view of whole specimen, YKLP 11120a. c, counterpart whole specimen YKLP 11120b. d, specimen YKLP 11123a. e, f, g, h, j, close-up of two exopods (see g for their positions), anterior, posterior with displaced, exposed exopod, and whole specimen, YKLP 11123b. Scale bars for a, c, d, i, g, j: 1 cm; for b, e, f, h: 1 mm

图5-5-30 奇丽灰姑娘虫（选自Hou et al., 2017, Fig. 20.37）
Fig. 5-5-30 *Cindarella eucalla* (from Hou et al., 2017, Fig. 20.37)

somite and the tergite does not exactly correspond; the number of appendages gradually increases(Chen et al., 1996; Hou & Bergström, 1997; Hou et al., 2004).

Cindarella eucalla may be closely related to *Xandarella spectaculum*, *Luohuilinella deletres*, *Luohuilin rarus*, *Sinoburius*, etc. (Edgecombe & Ramsköld, 1999; Legg et al., 2013 ; Chen et al., 2019).

月形中华疑虫 *Sinoburius lunaris* Hou, Ramsköld & Bergström, 1991

形态特征：头甲呈新月形，后侧边有1对发达的颊刺（genal spine），胸部有7个背甲，尾甲边缘有侧刺和中刺。头部腹面有1对茎状眼，对应的背面有2个凸起，腹面有一椭圆形细长的唇板。头部附肢较为独特，中脑触角退化，仅由5节构成，第2节有骨片，更像是外叶而不是真的环。头部有4对触角后附肢，前2对与其他附肢相比有所区别。第1对附肢由极度退化的内肢和可能具有触觉功能的极细长外肢组成。第2对附肢内肢大小正常，外肢增大。其余双肢型附肢结构基本相同，但是由前向后逐渐变小。这些附肢由基节（basipodite）、内肢（endopod）、外肢（exopod）构成，基节上有新月形内叶（endites），内肢包括末端的爪在内共7节，外肢上有1条细杆和片状结构（lamellae-bearing exopod）（Hou & Bergström，1997；Hou et al.，2017；Chen et al.，2019）。

一些作者认为中华疑虫与澄江生物群中的三叶形虫海怪虫科海怪虫和灰姑娘虫关系密切（Hou & Bergström，1997；Ramsköld et al.，1997；Edgecombe & Ramsköld，1999；Paterson et al.，2010；Legg et al.，2013），但是最新一项研究认为虽然月形中华疑虫、镜眼海怪虫和*Phytophilaspis pergamena*（Ivantsov AY.，1999）对不同的分析方法非常敏感，但分析支持具有关系非常密切（Chen et al.，2019）。

该物种仅发现于澄江生物群。

Diagnosis: The head shield is crescent-shaped, with a pair of developed genal spine on its posterior. Seven tergites on the trunk, lateral spines and a middle spine on the edge of the pigidium. The ventral side of the head has a pair of stalked eyes, the corresponding dorsal surface has two bulges. The ventral surface has an oval elongated hypostome. The appendages of the head are unique, with reduced antennae, each is composed of only five annulus. The second annuli has a scale, which is more like exodite than real annuli. Four pairs of post-antennulary appendages are beneath the head shield, and the first two pairs are different from other appendages. The first pair of appendages consists of an extremely reduced endopod and an extremely elongated exopod that may have a feeling function. The second pair of appendages has endopod in normal size and enlarged exopod. The construction of the remaining biramous appendages is basically the same, but gradually decreases from anterior to posterior. These appendages are composed of basipodite, endopod, and exopod. There are crescent-shaped endites on the base. The endopod is consists of seven podomeres including the terminal claw. There is a thin shaft and lamellar structure on the exopod(lamellae-bearing exopod) (Hou & Bergström, 1997; Hou et al., 2017; Chen et al., 2019).

Some authors believe that the *Sinoburius lunaris* is closely related to *Xandarella spectaculum* and *Cindarella eucalla* in Chengjiang biota (Hou and Bergström, 1997; Ramsköld et al., 1997; Edgecombe & Ramsköld, 1999; Paterson et al., 2010; Legg et al., 2013). but the latest study suggests that although *Sinoburius lunaris*, *Xandarella spectaculum* and *Phytophilaspis pergamena*(Ivantsov AY., 1999) are very sensitive to different analytical methods, the analytical support has a very close relationship (Chen et al., 2019).

This species was only found in the Chengjiang biota.

5.3.3　融背亚纲 Subclass Conciliterga n. subcl. Hou & Bergström, 1997

宽跨马虫 *Kuamaia lata* Hou, 1987

形态特征：头甲部位有1对多分节带刚毛的触角，头部至少有3对触角后双肢型附肢，胸部7个背甲，每个背甲下有1对双肢型附肢，尾甲可能由5个体节构成，每个体节有1对双肢型附肢。尾甲上有2对侧刺和1个中长刺（侯先光，1987；Hou & Bergström，1997； Hou et al.，1999，2004，2017）。与盾形虫（*Skioldia*）、迷虫（*Saperion*）等关系较近（Hou & Bergström，1997；Edgecombe & Ramsköld，1999；Legg et al.，2013；Hou et al.，2017；Du et al.，2018）。

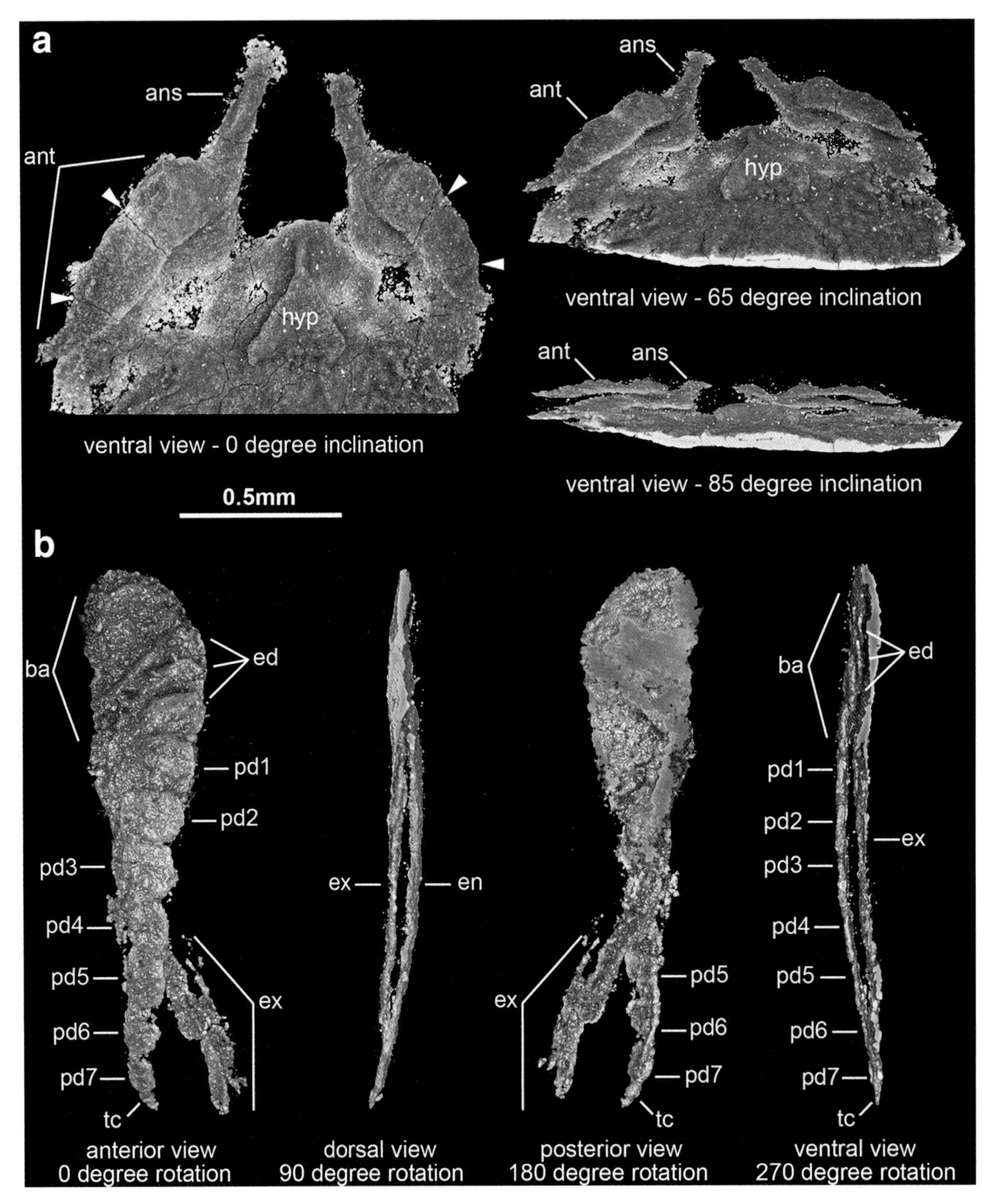

图5–5–31　月形中华疑虫（选自Chen et al., 2019, Fig. 2）

Fig. 5–5–31　*Sinoburius lunaris*, specimen YKLP 11407(from Chen et al., 2019, Fig. 2)

A Specimen photographed under light microscopy. b Ventral view of three-dimensional computer model based on X-ray tomographic data rendered in Drishti showing details of the well-preserved appendages concealed by the rock matrix. Abbreviations: ans, antennal scale; ant, antennae; en, endopod; ex, exopod; hs, head shield; hyp, hypostome; ls, lateral spine; ms, median spine; pg, pygidium; stn, sternite; tc, terminal claw; Tn, thoracic segment

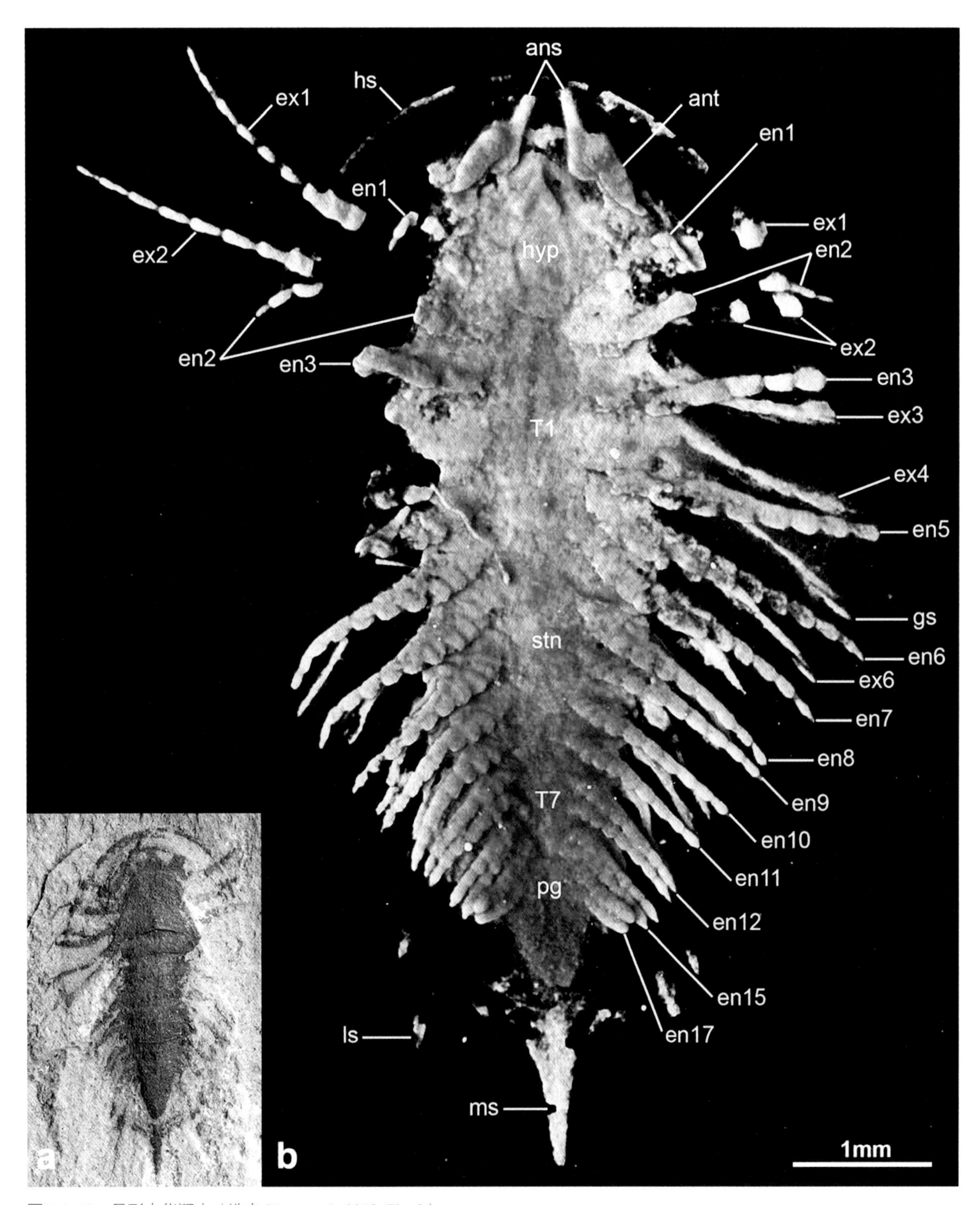

图5-5-32　月形中华疑虫（选自Chen et al., 2019, Fig. 3）

Fig. 5-5-32　*Sinoburius lunaris*, specimen YKLP 11407(from Chen et al., 2019, Fig. 3)

A Three-dimensional computer model of ventral view of anterior cephalic region based on X-ray tomographic data rendered in Drishti [73]. Arrowheads indicate podomere boundaries in antennae. b Three-dimensional computer model of virtually dissected ninth biramous appendage from right side of body. Abbreviations: ans, antennal scale; ant, antennae; ed., endite; en, endopod; ex, exopod; hyp, hypostome

Diagnosis: A pair of seta-bearing antennae with many annulus and at least three pairs of post-antennulary biramous appendages beneath the head shield and seven tergites on the trunk shield, each attached with a pair of biramous limbs. The pygidium is probably composed of five segments, and each has a pair of biramous limbs. There is a pair of lateral spine positioned and a long middle spine on the posterior of the pygidium(Hou, 1987; Hou & Bergström 1997; Hou et al., 1999, 2004, 2017). It has a close relationship with *Skioldia* and *Saperion*(Hou & Bergström, 1997; Edgecombe & Ramsköld, 1999; Legg et al., 2013; Hou et al., 2017; Du et al., 2018).

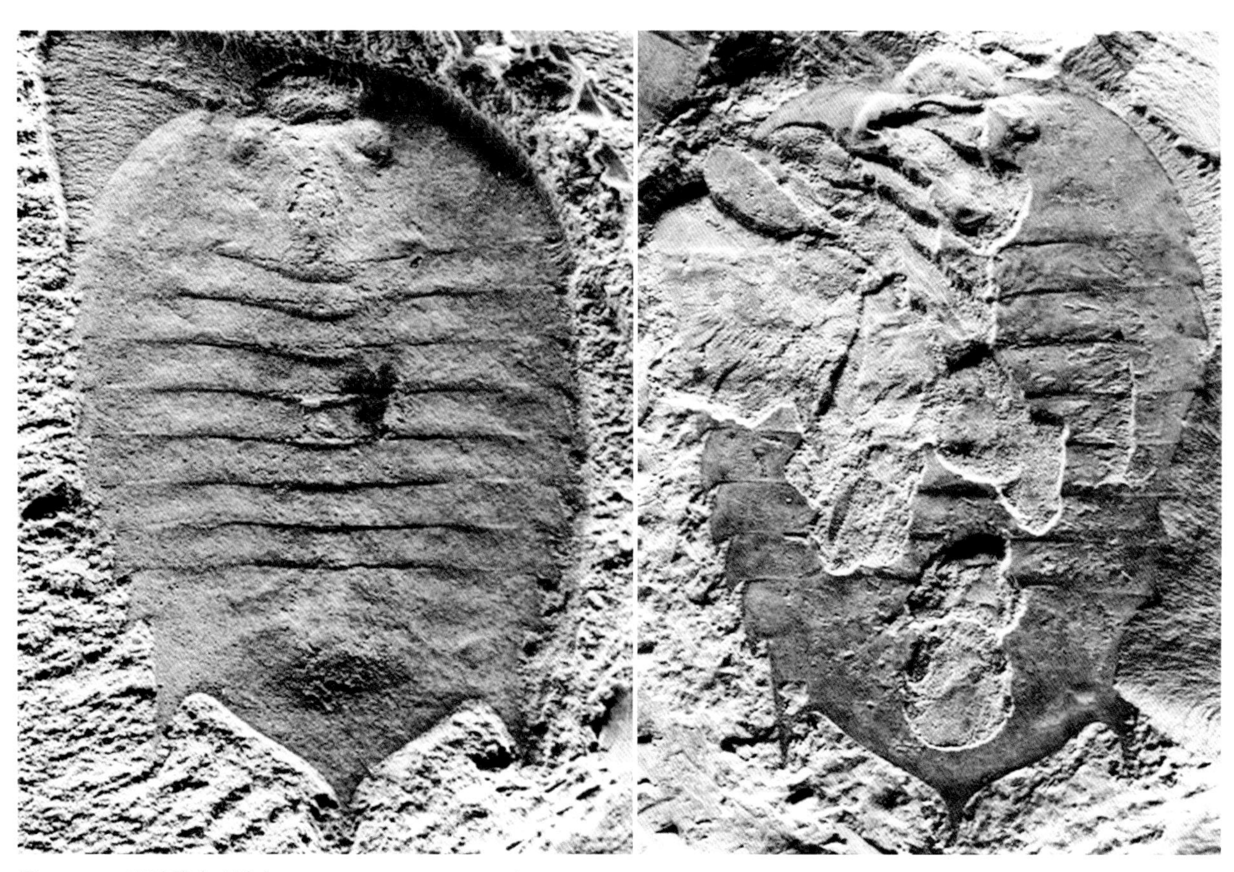

图5-5-33　宽跨马虫（选自Hou et al., 2017, Fig. 20.45）
Fig. 5-5-33 ***Kuamaia lata* (from Hou et al., 2017, Fig. 20.45)**

古盾形虫 *Skioldia aldna* Hou & Bergström, 1997

形态特征：古盾形虫在澄江生物群中是一个非常罕见的物种，目前保存的标本只有少数几块，最大的一块长达10 cm，外骨骼矿化较弱。外骨骼背面愈合为一个宽的亚圆形，多数背甲两侧有小刺。中轴区域有不明显的轴和沟，有13个边缘互相衔接的分节。外骨骼的中部（胸部）有9个分节，分节的界线比可能是头甲和尾甲的区域要长。前边缘附近与发育良好的喙板连接有1对眼睛，喙板下为唇板。多分节的触角在外骨骼下方向后弯曲。每一个分节下有1对双肢型附肢。外肢上的片状刚毛长而明显，但是附肢的更多细节尚无文献记载。

该三叶形虫物种*sensu stricto*与寒武纪时期的一类动物，即澄江动物群中包含迷虫、跨马虫、海丰虫的融背亚纲动物，英国哥伦比亚的*Helmetia* and *Tegopelte*，澳大利亚的*Australimicola*（Hou & Bergström，1997；Edgecombe & Ramsköld，1999；Paterson et al.，2013；Legg et al.，2013；Zhao et al.，2014）关系密切。这些属动物的前部躯干背甲的分节向前折叠。盾形虫背面的外骨骼各个部分比跨马虫融合更为严重，但是不如迷虫。盾形虫和跨马虫的外骨骼形状不同，而且盾形虫的边缘刺较小，背甲也更为模糊。

古盾形虫背腹较为扁平，可能是底栖动物，生活模式与迷虫和跨马虫更为相近。

盾形虫只有一个发现于澄江生物群的物种（Hou et al.，2017）。

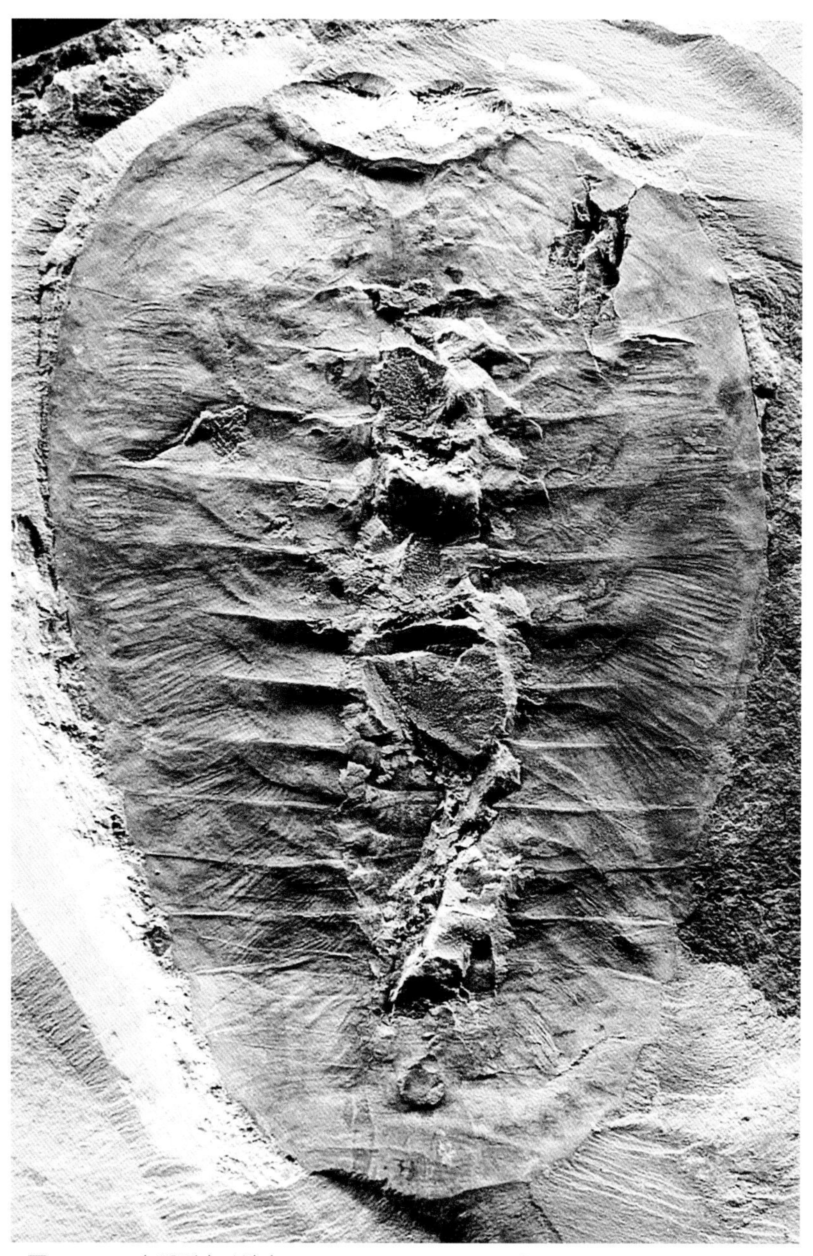

图5-5-34　古盾形虫（选自Hou et al., 2017, Fig. 20.41）
Fig. 5-5-34　*Skioldia aldna* (from Hou et al., 2017, Fig. 20.41)

Diagnosis: *Skioldia aldna* is a very rare species in Chengjiang biota. By far, only a few specimens have been collected, and the largest one is up to 10 cm. The exoskeleton mineralization is weak. The dorsal surface of the exoskeleton is fused into a wide sub-circle, and most of the head shield has small lateral spines. The axial region has indistinct shafts and grooves, and there are thirteen tergites with the boundaries connected to each other. There are nine segments in the thorax, and the boundaries of the segments are longer than that of head shield and pygidium. A pair of eyes are connected to the well-developed rostral plate near the front edge, and the hypostome is under the rostral plate. The multi-segmented antennae bend backwards under the exoskeleton. There is a pair of biramous appendages under each segment. The lamellar setae on exopod are long and obvious, but more details of the appendages are not kown.

It has a close relationship with several species of the Cambrian period, that is, the Chengjiang fauna, including *Saperion*, *Kuamaia*, *Haifengella*, *Helmetia* and *Tegopelte* of British Columbia, *Australimicola* of Australia (Hou & Bergström, 1997; Edgecombe & Ramsköld, 1999; Paterson et al., 2013; Legg et al., 2013; Zhao et al., 2014). The segments of the posterior segments of their trunk fold forward. The dorsal surface of the exoskeleton fuses more seriously than that of *Kuamaia* while less than that of *Saperion*. The exoskeleton shapes of *Skioldia* and *kuamaia* are different, *Skioldia*'s lateral spines are smaller and the boundaries of its tergites are more blurred.

Skioldia aldna is dorsoventrally flat, and it is probably a benthic animal. Life style is more similar to that of *Saperion* and *Kuamaia*.

Only one species of *Skioldia aldna* was found in Chengjiang biota (Hou et al., 2017).

膜状迷虫属 *Saperion glumaceum* Hou, Ramsköld & Bergström, 1991

形态特征：膜状迷虫是一种极其稀有的物种，仅发现4块标本。其外骨骼长达12 cm，非常薄，背面几乎没有纹饰。外骨骼相当平，细长，轴部微凸，边缘微微向上翘起，头和尾的边缘略圆。分节间界线的模糊使得其背面像是一个愈合的甲，这种现象在其他属中也有发现。在可能是胸部和尾的中部看到背甲残余，但是在外骨骼侧边减弱，到达边缘时完全消失。头部光滑而没有分节，前端有骨片（喙板）和唇板，唇板侧边有1对向后的触角，斜倚在头甲下（Edgecombe & Ramsköld，1999），外骨骼上微微的凸起像是标记了腹面眼睛的位置。躯干部双肢型附肢有发育完好的基节（basipod），从基节开始内肢的至少由6节组成，外肢由两瓣近端附有长片状刚毛的结构组成。头部和尾甲部位也有相近比例的刚毛。

系统发育分析将迷虫归为融背亚纲中（寒武纪螯肢动物中的一支，为三叶形虫*sensu stricto*）（Hou & Bergström，1997；Edgecombe & Ramsköld，1999；Paterson et al.，2012；Legg et al.，2013；Zhao et al.，2014）。融背亚纲的其他代表动物包括澄江生物群中的跨马虫、盾形虫和海丰虫，不列颠哥伦比亚的赫尔梅蒂和*Tegopelte*，澳大利亚的*Australimicola*。这些属动物前部躯干分界的边界向前弯折。迷虫轮廓比跨马虫和盾形虫细长，而且没有边缘刺。

与盾形虫和跨马虫一样，膜状迷虫薄的外骨骼可能适应海底的生活。有一个观点认为该动物高度灵活，可以沿纵轴卷曲。

膜状迷虫为迷虫属中的唯一一个物种。在澄江生物群外尚无记录（Hou et al.，2017）。

Diagnosis: *Saperion glumaceum* is a very rare species, and only 4 specimens were found. Its exoskeleton

图5-5-35　膜状迷虫属（选自Hou et al., 2017, Fig. 20.43）
Fig. 5-5-35　*Saperion glumaceum* (from Hou et al., 2017, Fig. 20.43)

is up to 12 cm, thin, almost without any ornamentation on the dorsal surface.

The exoskeleton is quite flat, slender, and slightly convex at the axial region, slightly upwardly raised at the edge, and slightly round at the margin of the head and tail. The blurring of the boundaries between segments makes its back look like a fused shield, which is also found in other genera. In the middle of the thorax and tail, the remnant of tergites can be seen, but is reduced on the lateral side of the exoskeleton and disappears completely when it reaches the margin. The head is smooth but not segmented, with rostral plate and hypostome at the front, a pair of antennae folded backward beneath the head shield near the rear of the hypostome (Edgecombe & Ramsköld, 1999). The slight bulges on the dorsal surface of exoskeleton seem to be positions of ventral eyes. There is a well-developed basipod in the biramous appendages of the trunk. The endopod is composed of at least six podomeres from the base, and the exopod is composed of two petals with long lamellar bristles near the edge. There is also a similar proportion of bristles in the head and pygidium.

Analysis resolves *Saperion* as a member of Conciliterga (within Trilobitomorpha *sensu stricto*, a clade of Cambrian stem chelicerates) (Hou & Bergstörm, 1997; Edgecombe & ramskld, 1999; Paterson et al., 2012;

Legg et al., 2013; Zhao et al., 2014). Other representatives of Conciliterga include the *Kuamaia*, *Skioldia*, and *Haifengella* from Chengjiang, *Helmetia* and *Tegopelte* from British Columbia. The anterior boundaries of these genera bend forward. The outline of *Saperion* is longer than that of *Kuamaia* and *Skioldia*, without marginal spines.

Saperion glumaceum is the only species in genus *Saperion*. There is no record outside Chengjiang biota (Hou et al., 2017).

5.3.4 其　他

达子小盾形虫 ***Pygmaclypeatus daziensis* Zhang, Han & Shu, 2000**

形态特征： 这是一个较为稀缺的物种，该物种的建立是基于两块背腹压保存的较为完整的标本，软体保存的较少。

该物种外骨骼表面光滑，宽度大于长度，最大宽度处横贯短而宽的头甲。暂未发现眼睛。头甲下有1个唇板，连在可能是喙板的结构的边缘上。胸膜延伸到整个外骨骼上。该动物有6个相互叠覆的胸节，外骨骼上的中轴区域不是很明显，轴间沟也很难辨别。尾甲略大，轴部区域大致有3个分节。一些标本保存有泥质填充的肠道，可能是盲肠的结构也很明显。其他软体结构还有触角、头甲前部的圆形眼睛以及其他附属结构或者附肢的关节膜等。

盾形虫与产于澄江的网面虫科动物鳞片虫（Retifaciid *Squamacula* Hou & Bergström，1997；Zhang et al.，2004）整体形状相似。达子小盾形虫的整体形状和较低的背腹距说明该动物可能营底栖生活模式。该物种仅发现于昆明市的海口地区（Hou et al.，2017）。

Diagnosis: This is a relatively rare species. It was erected based on two complete specimens preserved dorsal-ventral flatly but few soft-bodied parts left.

The exoskeleton of this animal has a smooth surface and the width is larger than the length. The largest width of exoskeleton traverses the short and wide head shield. No eyes have been found yet. There is a

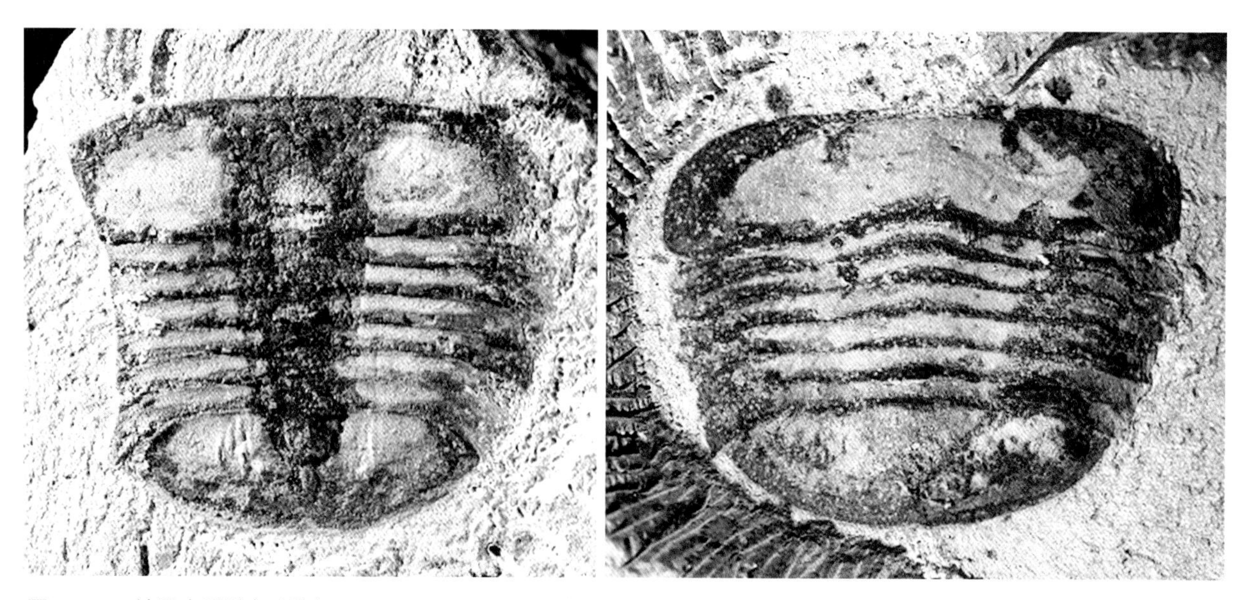

图5-5-36　达子小盾形虫（选自Hou et al., 2017, Fig. 20.28）
Fig. 5-5-36　*Pygmaclypeatus daziensis* (from Hou et al., 2017, Fig. 20.28)

hypostome under the head shield, attached to the edge of a putative rostral plate. The pleura extends over the entire exoskeleton. There are six overlapping thoracic segments in the trunk. The axial region of the exoskeleton is not obvious, and the axial grooves are difficult to distinguish. The pygidium is a little bit large, and there are three segments in the axial region. Some specimens preserved muddy filled intestines, and the putative caecum is quite discern able. Other soft structures: such as antennae, round eyes in front of head shield, and other appendages or joint membranes of the appendages.

The whole shape of *Pygmaclypeatus daziensis* is similar to that of Squamacula in Retifaciid (Hou & Bergström，1997; Zhang et al., 200). The overall shape and low dorsal ventral distance may indicate that this animal may have a benthic life pattern. This species was only found in Haikou area of Kunming City (Hou et al., 2017).

等称尾头虫 *Urokodia aequalis* Hou, Chen & Lu, 1989

形态特征：截至2017年，澄江生物群收集到的保存较好，有研究价值的尾头虫标本大约有20块。外骨骼长达4 cm（Hou et al.，2017）。

细长的外骨骼由头部、14个相似分节的长的躯干部、尾甲构成。头甲上有1对前刺、3对侧刺，所有的刺都是指向前方的。躯干部的背甲延伸至边缘成为短刺。尾甲与头甲大小相近。根据1块保存完整的标本和几块背甲分离的标本发现，尾甲上的刺的数量和形态都与头甲上相似。随后在云南省安宁市又发现了1块标本（Zhang et al.，2002），归为等称尾头虫。但是该标本在一些地方有所不同：尾甲上有2对大刺、很多小刺，因此不能确切地说该标本是等称尾头虫的标本。等称尾头虫已知的软体只有强壮的触角。

尾头虫的亲缘关系尚存疑问，因为还没有腹面附肢及软体信息。该动物与布尔吉斯页岩中的 *Mollisonia* Walcott，1912有很多共同点。系统发育分析中将这两个属归为螯肢动物三叶形虫这一分支（Legg et al.，2013）。

外骨骼的整体形状可能意味着该动物可能生活在海底。由于对附肢知之甚少，等称尾头虫的觅食模式也未可知。

该物种仅产于澄江生物群，发现于澄江县，可能是海口地区（Hou et al.，2017）。

Diagnosis: There are about 20 specimens of *Urokodia aequalis* with study value collected from Chengjiang Biota. The exoskeleton is up to 4 cm (Hou et al., 2017).

The exoskeleton is composed of head, fourteen similar segments of thorax and a pygidium. The head shield bears four pairs of spines, including a pair of anterior spines and three pairs of lateral spines, all of which project forward. The tergites extends laterally and run into short spines. The pygidium and head shield are similar in size. The number and morphology of the pygidium in this animal are similar to that of the head shield according to a well-preserved specimen and several specimens with tergites coming off from the exoskeleton. Another specimen was subsequently found in Anning City, Yunnan Province (Zhang et al., 2002), which was identified as *Urokodia*. However, the specimen is different on two points: two pairs of large spines and many small spines on the pygidium. It is difficult to resolve the specimen into *Urokodia*. The only known soft body of *Urokodia aequalis* is its stout antennae.

The affinity of *Urokodia aequalis* is still in doubt, since there is no information on ventral appendages

图5-5-37　等称尾头虫（选自Hou et al., 2017, Fig. 20.31）
Fig. 5-5-37　*Urokodia aequalis* (from Hou et al., 2017, Fig. 20.31)

and soft bodies. This animal has much in common with *Mollisonia* Walcott, 1912 from Burgess Shale. In a phylogenetic analysis, these two genera were resolved as closely allied trilobitomorphs, a clade of stem chelicerates (Legg et al., 2013).

The overall shape of the exoskeleton may suggest that Urokodia aequalis live on the sea floor. As little is known about appendages, the foraging pattern of Urokodia aequalis is also unknown.

This species is only yielded in Chengjiang biota and is found in Chengjiang County, possibly in Haikou (Hou et al., 2017).

锯齿刺节虫 *Acanthomeridion serratum* Hou, Chen & Lu, 1989

形态特征：该物种非常罕见，最初的描述依据的是8块背腹扁平保存的标本。锯齿刺节虫最大长度约为3.5 cm，身体两侧近乎平行。躯干有11个光滑的、界线明显的胸甲，胸甲向后形成长的侧刺，尤其是后面的侧刺较长。最后1个背甲的中间沟上有1根长的而窄的刺。该动物的附肢和软体暂时没有发现。

虽然至少有1项系统发育分析认为该动物与*Petalopleurans*和海怪虫科动物有关系（Legg et al., 2013），但由于该动物的附肢信息未知，该物种的亲缘关系也不清楚。根据刺节虫的表型建立了1个科和1个目。

锯齿刺节虫身体的形状表明它可能生活在海底，而其附肢信息的缺乏也使得对它的生活模式无从知晓。

澄江生物群外没有发现锯齿刺节虫（Hou et al.，2017）。

Diagnosis: This animal is very rare, and the original diagnosis was based on eight dorsal-ventrally preserved specimens. The maximum length of *Acanthomeridion serratum* is about 3.5 cm, and two sides of the body are almost parallel. The trunk has eleven smooth, well-defined thoracic tergites. The thoracic tergites form long lateral spines backwards, especially the longer lateral spines. There is a long, narrow spine in the middle groove of the last tergie. Its appendages and other soft bodies have not been found. Although at least one phylogenetic analysis suggests that *Acanthomeridion serratum* probably has relationship with *petalopleurans* and *Xandarella* (Legg et al., 2013), the animal's appendage information is unknown. According to the phenotype of *Acanthomeridion serratum*, a family and an order were established. The shape of the body of *Acanthomeridion serratum* indicates that it may live on the sea floor, but the lack of information on its appendages makes it impossible to know its lifestyle.

There was no *Acanthomeridion serratum* found outside the Chengjiang biota (Hou et al., 2017).

图5-5-38　锯齿刺节虫（选自Hou et al., 2017, Fig. 20.35）

Fig. 5-5-38　*Acanthomeridion serratum* (from Hou et al., 2017, Fig. 20.35)

中国似古节虫 *Parapaleomerus sinensis* Hou, Bergström, Wang, Feng & Chen, 1999

形态特征：中国似古节虫的标本是典型的背腹压缩。除了（Hou et al.，2004）中提及的标本，另外几块也被确认为似古节虫。由于这些标本外骨骼形状不同，他们与中国似古节虫的关系（Hou et al.，1999，fig. 201）尚未清楚：这些标本中有一块标本保存了躯干部附肢。

中国似古节虫头甲呈半椭圆形，背面没有任何关于眼睛的证据。躯干部有11个背甲，背面形状为向后逐渐变窄，末端有无尾尚不确定。（Hou et al.，2004）中描述的最大标本长9.2 cm，最大宽度为9 cm。

有人认为似古节虫与其他3种古生代节肢动物有相似之处，这3种节肢动物为：采自瑞典早寒武纪的古节虫[*Paleomerus*（Størmer，1956）]、美利坚合众国的晚寒武纪（*Strabops*）（Beecher，1901）和晚奥陶纪的*Neostrabops*（Caster & Macke，1952）。似古节虫曾被认为是古节中的同物异名（Hou et al.，2004）但是背面没有发现有关眼睛的证据，外骨骼后段的末端的形态需要分解。古节虫外骨骼后段末端有一大尾（Tetlie & Moore，2004）。

只有软体的解剖学特征弄清楚了才能知道古节虫的生态。中国似古节虫仅仅发现于澄江生物群（Hou et al.，2017）。

Diagnosis: The specimens of *Parapaleomerus sinensis* are typical dorsal-ventral preservation.

图5-5-39　中国似古节虫（选自Hou et al., 2017, Fig. 20.52）
Fig. 5-5-39　*Parapaleomerus sinensis* (from Hou et al., 2017, Fig. 20.52)

In addition to the specimens mentioned in (Hou et al., 2004), several other specimens have also been identified as *Parapaleomerus*. Due to different exoskeleton shapes of these specimens, their relationship with *Parapaleomerus sinensis*(Hou et al., 1999, fig. 201) is not clear. One of these specimens has preserved trunk appendages.

Parapaleomerus sinensis has a semi–oval shape head shield, and there is no evidence of eyes on the dorsal surface. There are eleven thoracic tergites, gradually narrowed backwards, whether there is a tail is not sure. The largest specimen described in (Hou et al., 2004) is 9.2 cm in length and 9 cm in width.

It is believed that *Parapaleomerus sinensis* has some similarities with three other Paleozoic arthropods, that are *Paleomerus* (Størmer, 1956) from the Early Cambrian in Sweden, *Strabops*(Beecher, 1901) from the late Cambrian and *Neostrabops* (Caster & Macke, 1952)from the late Ordovician in the United States. *Parapaleomerus* was once considered to be synonymous with *Paleomerus*(Hou et al., 2004), but no evidence of eyes was found on the dorsal exoskeleton. There is a large tail at the end of the last segment(Tetlie & Moore, 2004).

Kwanyinaspis maotianshanensis Zhang & Shu, 2005

形态特征：最初是根据一块保存有一些软体的标本，随后只发现了几块标本。

这块标本外骨骼矿化极弱，背腹压保存，长6 cm。半圆形的头甲中间区域两侧各有1个凸起，中间区域由同中心的褶皱与其他地方区别开来，由12个背甲构成的宽的躯干，由前至后到第3个背甲逐渐变宽，由第3个背甲向后到第12个背甲逐渐变窄。前4个背甲的肋刺略微有些发达，但是逐渐变长，而且第5～9个背甲向后。第10～12个背甲小，但是相对于自身大小而言，肋刺向后而且很长。躯干末端有刃状尾刺。

Zhang Xing - liang & Shu De - gan （2005）提及了腹面的棒状眼，等同于头甲部位2个凸起的位置。是否有触角不太确定，但是头部有双肢型附肢。躯干部的附肢基部有1个大的基节，1个大的桨状外肢，以及由6个分节和1个末端刺构成的内肢。基于外骨骼的形态尤其是细长的肋刺和尾刺，这一类群的动物被归为光甲目（Zhang & Shu. 2005）。在一项节肢动物综合系统发育分析中（Legg et al.，2013），对光甲类动物的亲缘关系进行了分析，将*Kwanyinaspis maotianshanensis*作为螯肢动物干群归到其他光甲类节肢动物中。

*Kwanyinaspis maotianshanensis*的形态可能意味着它为一种底栖捕食或者掠食动物。*Kwanyinaspis maotianshanensis*仅发现于澄江生物群（Hou et al.，2017）。

Diagnosis: *Kwanyinaspis maotianshanensis* was initially depicted based on a specimen preserved with soft body, and only a few specimens were subsequently collected.

The exoskeleton of this specimen is weakly mineralized, and is preserved in dorsoventral aspect. It is 6 cm in length. The semi–circular head shield has a bulge on each side of the central region. The central region is distinguished from the other parts by the folds in the center. The wide trunk is composed of 12 tergites. The anterior three tergites gradually become larger in width from the first one to the third, the others become smaller in width from anterior to posterior. The first four pleural spines are slightly developed, but gradually become longer, and the fifth to ninth tergites direct backward. The tenth to twelfth tergites are small, while the corresponding pleural spines are relatively long and direct backward. There is a blade–shaped tail spine at the rear trunk.

Zhang et al. (2005) mentioned the lobe-like eyes on the ventral surface, which is equivalent to the two raised positions on the dorsal head shield. Whether there are antennae is not sure, but the head has biramous appendages. The base of the appendage on the trunk is composed of a large basipodite, a large paddle-like exopod, and an endopod containing of six podomeres and a terminal spine. Based on the morphology of its exoskeleton, especially the elongated pleural spines and tail spines, this group of animals is resolved among other aglaspids, as a stem chelicerate (Zhang & Shu, 2005). In a comprehensive phylogenetic analysis (Legg et al., 2013), *Kwanyinaspis maotianshanensis* was resolved into other aglaspids of arthropods.

The morphology of *Kwanyinaspis maotianshanensis* may suggest that it is a benthic predator or scavenger. *Kwanyinaspis maotianshanensis* is only found in Chengjiang Biota (Hou et al., 2017).

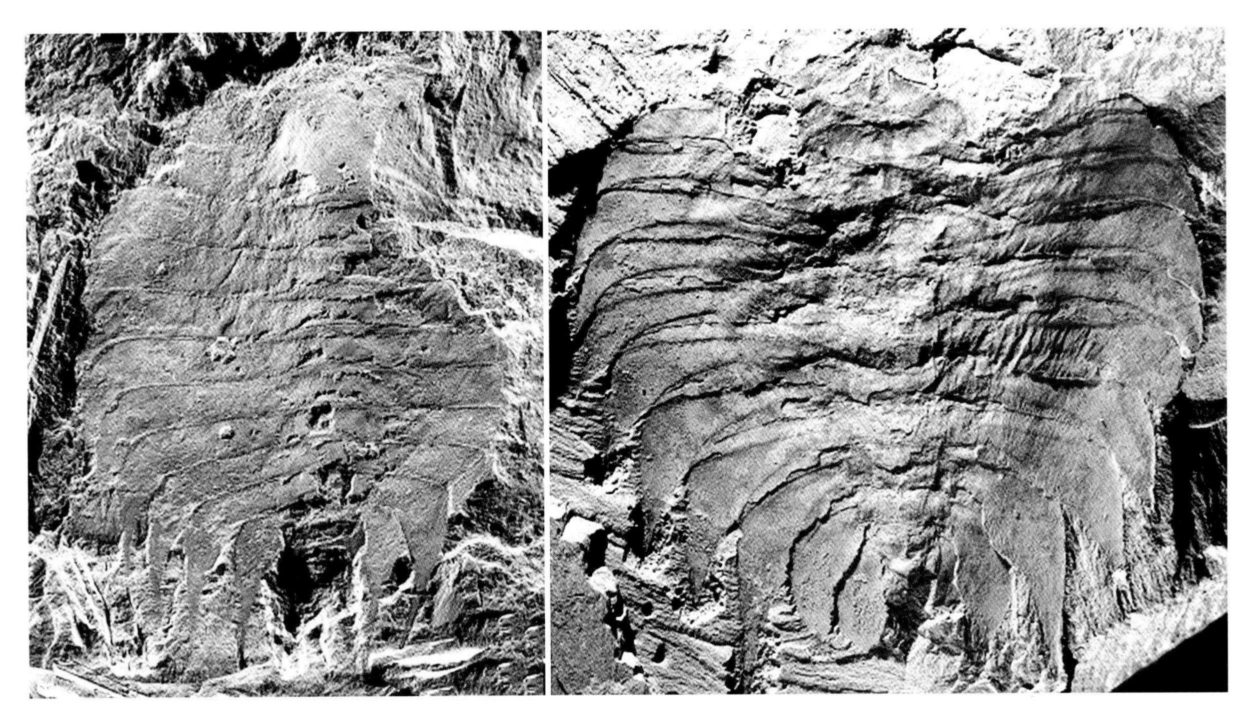

图5-5-40 *Kwanyinaspis maotianshanensis*（选自Hou et al., 2017, Fig. 20.53）
Fig. 5-5-40 *Kwanyinaspis maotianshanensis* (from Hou et al., 2017, Fig. 20.53)

原虾 *Primicaris larvaformis* Zhang, Han, Zhang, Liu & Shu, 2003

形态特征：已知的原虾标本成千上万块，保存良好的标本就有几百块。这些标本都是典型的背腹压保存，几乎与层理面平行。腹面形态的结构可以直接观察到或者通过扁平的背甲可以看到，这意味着这些标本是动物尸体而不是蜕皮（Zhang et al.，2003）。

原虾这一物种整体形态呈幼虫状，保存完整的标本最大长度范围为2～6 mm。外骨骼的轴部区域凸起，但是看不出分离，头部和躯干部分没有明显分离。前端有边缘脊，侧边有10对小刺，后部有1对刺。腹面有1对单肢型多分节的触角，从前端唇板两侧边伸出。触角有外骨骼的1/4长。另外至少有10对双肢型附肢，每一附肢外侧分支呈鞭状，鞭状结构末端有刚毛（Zhang et al.，2003；Chen，2004）。

最初曾有很多作者认为这一小个体物种的标本为澄江生物群中纳罗虫科节肢动物一个大的可能是很主要的幼虫阶段（如：Hou et al.，1991，1999；Chen Jun-yuan et al.，1996；Hou & Bergström，1997）。基于更多的来自澄江的研究材料，这些标本随后被重新解释。科学家认为这不是纳罗虫科一小生长阶段（青年阶段更小），或者是一个三叶虫物种，而是额外建立一个物种原虾。原虾幼虫状的形态也被认为是古同形演化过程的结果（Zhang et al.，2003；Chen，2004；Zhang et al.，2007；Paterson et al.，2010）。最近，系统发育分析将原虾归为马尔三叶形虫，即有颚类干群基部的一群真节肢动物（Legg et al.，2013）。特别地，原虾与同样小的*Skaniid*马尔三叶形虫物种所在位置最近。

Vannier认为原虾可以代表了寒武纪早期间隙*interstitial*（meio）的部分动物群。

这个物种在澄江和海口都有很多层位发现，尤其是在耳材村和马房剖面。张兴亮等人（2003）认为在中国贵州省的凯里生物群寒武纪中期地层，有一个类似或者相同的物种（Zhao et al.，1999）。

Diagnosis: Thousands of specimens of *Primicaris larvaformis* are known, including hundreds of well-preserved ones. These specimens are preserved dorsoventrally, almost parallel to the bedding plane. The structures on the ventral can be observed directly or through the flat tergites, which means that these specimens are animal carcasses rather than ecdysis (Zhang et al., 2003).

The overall morphology of *Primicaris larvaformis* is larval-like, and the maximum range is two to six mm in length. The axial region of exoskeleton is convex, but no separation is seen. Head and trunk are not clearly separated. There are marginal ridges on the front, 10 pairs of lateral spines, and a pair of spines on the

图5-5-41　原虾（选自Hou et al., 2017, Fig. 20.58）
Fig. 5-5-41　*Primicaris larvaformis* (from Hou et al., 2017, Fig. 20.58)

rear. A pair of multi–segmented uniramous antennae protrude from both sides of the hypostome in head. The length of the antennae is a quarter of the length of exoskeleton. At least ten pairs of biramous appendages are attached to its somites. The exopod bears many filaments with bristles at the edge(Zhang et al., 2003; Chen, 2004).

Many authors initially believed that the specimen of this small individual species was a protaspid larval stage of Naraoiid arthropod in the Chengjiang biota (Hou et al., 1991, 1999; Chen et al., 1996; Hou & Bergstrm, 1997). Based on more research materials from Chengjiang, these specimens were subsequently reinterpreted. Scientists believe that it is not a small growth stage (smaller in the youth stage) of the Naraoiid, or a number of trilobite, but an additional species. The morphology of *Primicaris larvaformis* is also considered to be the result of a paleomorphic evolution process (Zhang et al., 2003; Chen, 2004; Zhang et al., 2007; Paterson et al., 2010). Recently, phylogenetic analysis resolves *Primicaris larvaformis* among marellomorph(Legg et al., 2013), Especially close to the similarly small, skaniid marrellomorph species.

（张茂银　姜弘毅　杜敏瑞　冷思成　唐　烽）

主要参考文献

[1] 侯先光. 云南澄江早寒武世三个新的大型节肢动物[J]. 古生物学报, 1987(3): 272-285, 379-382.

[2] 侯先光, 杨・伯格斯琼, 王海峰, 等. 澄江动物群——5.3亿年前的海洋动物[M]. 昆明: 云南科技出版社, 1999: 110-125.

[3] 侯先光, 陈均远, 路浩之. 云南澄江早寒武世节肢动物[J]. 古生物学报, 1989(1): 42-57, 131-136.

[4] 罗惠麟. 云南晋宁梅树村早寒武世筇竹寺组的三叶虫[J]. 古生物学报, 1985, 20(4).

[5] 罗惠麟, 胡世学, 张世山, 等. 昆明海口早寒武世澄江动物群的新发现及三叶形虫研究[J]. 地质学报, 1997(2): 97-104, 193-194.

[6] 胡世学, 朱茂炎, 罗惠麟, 等. 关山生物群[J]. 昆明: 云南科技出版社, 2013: 83-133.

[7] MA X Y, CONG P Y, HOU X G, et al. Strausfeld NJ An exceptionally preserved arthropod cardiovascular system from the early Cambrian[J]. NATURE COMMUNICATIONS, 2014(5): 3560.

[8] AY I. Trilobite-like arthropod from the lower Cambrian of the Siberian platform[J]. Acta Palaeontol Pol, 1999, 44(4):455-66.

[9] B S L. Phylogenetic analysis of some basal early Cambrian trilobites, the biogeographic origins of the eutrilobita, and the timing of the Cambrian radiation[J]. Journal of Paleontology(4 ed.), 2002, 76(4): 692-708.

[10] BABCOCK L E P S, GEYER G, et al. Changing perspectives on Cambrian chronostratigraphy and progress toward subdivision of the Cambrian System[J]. Geosciences Journal, 2005, 9(2): 101-106.

[11] BALDWIN C T. Rusophycus morgati: an asaphid produced trace fossil from the Cambro-Ordovician of Brittany and Northwest Spain[J]. Journal of Paleontology, 1977, 51(2): 411-425. JSTOR 1303619.

[12] BEECHER, C E. Discovery of eurypterid remains in the Cambrian of Missouri[J]. American Journal of Science, 1901(12): 364-366.

[13] BERGSTROM J, X G HOU, HALENIUS U. Gut contents and feeding in the Cambrian arthropod Naraoia[J]. Gff, 2007(129): 71-76.

[14] BUDD G E. Campanamuta mantonae gen. et. sp. nov., an exceptionally preserved arthropod from the Sirius Passet Fauna(Buen Formation, lower Cambrian, North Greenland[J]. Journal of Systematic Palaeontology, 2011, 9(2): 217-260.

[15] BURNS J. Fossil Collecting in the Mid-Atlantic States[M]. The Johns Hopkins University Press, 1991: 5.

[16] BUTTERFIELD N J. *Leanchoilia* guts and the interpretation of three - dimensional structures in Burgess Shale-type fossils, Paleobiology, 2002(28): 155-171.

[17] CASTER K E MACKE W B. An aglaspid merostome from the Upper Ordovician of Ohio[J].Journal of Paleontology, 1952(26): 753-757.

[18] CHEN J Y, EDGECOMBE G D, RAMSKÖLD L. Morphological and ecological disparity in naraoiids(Arthropoda) from the Early Cambrian Chengjiang Fauna, China[J]. Records of the Australian Museum, 1997, 49(1): 1-24.

[19] CHEN X J, ORTEGA-HERNÁNDEZ, Wolfe J M, et al. The appendicular morphology of Sinoburius lunaris and the evolution of the artiopodan clade Xandarellida(Euarthropoda, early Cambrian) from South China[J]. BMC Evolutionary Biology, 2019, 19(1): 165.

[20] CLARKSON, E N K. Invertebrate Paleontology and Evolution[M].4th ed. Oxford: Wiley' Blackwell Science, 1998: 452.

[21] De-GAN S, Geyer G, C L, et al. Redlichiacean trilobites with preserved soft-parts from the Lower Cambrian Chengjiang Fauna(South China). In: Geyer, G. and Landing, E.(eds)[M]. Morocco . 95: The Lower-Middle Cambrian standard of Western Gondwana, 1995: 203-241.

[22] DU K, ORTEGA-HERNÁNDEZ J, YANG J, et al. A soft-bodied euarthropod from the early Cambrian Xiaoshiba Lagerstätte of China supports a new clade of basal artiopodans with dorsal ecdysial sutures, Cladistics early view online, 2018.

[23] EDGECOMBE G, Ramskold L. Relationships of Cambrian Arachnata and the systematic position of Trilobita[J]. Journal of Paleontology, 1999(73): 263-287.

[24] ELDREDGE N G, STEPHEN JAY. Punctuated equilibria: an alternative to phyletic gradualism, in Schopf, Thomas J. M.(ed.). Models in Paleobiology, San Francisco, CA: Freeman, Cooper, 1972: 82-115.

[25] Reprinted in Eldredge, Niles. Time frames: the rethinking of Darwinian evolution and the theory of punctuated equilibria[M]. New York: Simon and Schuster, 1985.

[26] FORTEY R. Trilobite: Eyewitness to Evolution[M]. London: Harper Collins, 2000.

[27] FORTEY R A. Ontogeny, hypostome attachment and trilobite classification[J]. Palaeontology, 1990(33): 529-576.

[28] FORTEY R A O, R M Evolutionary History, in Kaesler, R. L.(ed.). Treatise on Invertebrate Paleontology, Part O, Arthropoda 1. Trilobita, revised. Volume 1: Introduction, Order Agnostida, Order Redlichiida, Boulder, CO & Lawrence, KA: The Geological Society of America, Inc. & The University of Kansas, 1997: 249-287.

[29] GON S M. Evolutionary Trends in Trilobites, A Guide to thes Orders of Trilobites, Retrieved April, 2008,

14: 2011.
[30] HOU X, BERGSTRÖM J. Arthropods of the Lower Cambrian Chengjiang fauna, southwest China[J]. Fossils and Strata, 1997(45): 12-97.
[31] HOU, X G, ALDRIDGE R J, BERGSTROM J, et al. The Cambrian fossils of Chengjiang, China: the flowering of early animal life[M]. Blackwell Publishing, 2004: 102-176.
[32] HOU X G, BERGSTRÖM. Ar thropods of the lower Cambrian Chengjiang fauna, southwest China[J]. Fossils and Strata, 1997(45): 1-116.
[33] HOU, X G, BERGSTRÖM J. Fossils and Strata 45(null), 1997: 116.
[34] HOU, X G, WILLIAMS M. SANSOM R, et al.A new xandarellid euarthropod from the Cambrian Chengjiang biota, Yunnan Province, China[J]. Geological Magazine, 2018, 156(8): 1375-1384.
[35] HOU X G, DAVID J S, et al. The Cambrian Fossils of Chengjiang, China: The Flowering of Early Animal Life. 2nd Edition. 2017.
[36] HUGHES N. Trilobite tagmosis and body patterning from morphological and developmental perspectives[J]. Integrative and Comparative Biology(1 ed.), 2003, 43(1): 185-205.
[37] Huilin, L., S. Hu, Z. Shishan, et al. New Occurrence of the Early Cambrian Chengjiang Fauna in Haikou, Kunming, Yunnan Province, and Study on Trilobitoidea, 2010.
[38] JELL P A. Phylogeny of Early Cambrian trilobites[J]. Special Papers in Palaeontology, 2003(70): 45-57.
[39] Jun-yuan, C., Z. Gui-qing, Z. Mao-yan, et al. The Chengjiang biota. A unique window of the Cambrian explosion. National Museum of Natural Science, Taichung, Taiwan [in Chinese], 1996: 222.
[40] KOBAYASHI T. On the Parabolinella fauna from Province Jujuy, Argentina with a note on the Olenidae[J]. Japanese Journal of Geology and Geography, 1936(13): 85–102.
[41] LEGG D. Multi-Segmented Arthropods from the Middle Cambrian of British Columbia(Canada)[J]. Journal of Paleontology, 2013, 87(3): 493-501.
[42] LEGG D A, SUTTON M D, EDGECOMBE. G D. Arthropod fossil data increase congruence of morphological and molecular phylogenies[J]. Nature Communications, 2013(4): 2485.
[43] LEROSEY ZHU, AUBRIL R X, ORTEGA HERNÁNDEZ J. The Vicissicaudata revisited insights from a new aglaspidid arthropod with caudal appendages from the Furongian of China[J]. Scientific reports, 2017, 7(1): 11117-1118.
[44] LIEBERMAN B. Testing the Darwinian Legacy of the Cambrian Radiation Using Trilobite Phylogeny and Biogeography[J]. Journal of Paleontology, 1999, 73(2): 176-181.
[45] LIEBERMAN B S. Taking the pulse of the Cambrian radiation[J]. Integrative and Comparative Biology(1 ed.), 2003, 43(1): 229-237.
[46] LINAN E G, RODOLFO, DIES ALVAREZ, et al. Nuevos trilobites del Ovetiense inferior(Cámbrico Inferior bajo) de Sierra Morena(España). Ameghiniana, 2008, 45(1): 123-138.
[47] MAYR E Speciational Evolution or Punctuated Equilibria? in Peterson, Steven A.; Somit, Albert(eds.). The Dynamics of evolution: the punctuated equilibrium debate in the natural and social sciences, Ithaca, N.Y.: Cornell University Press, 1992: 25-26.
[48] MCCALL G J H. The Vendian(Ediacaran) in the geological record: Enigmas in geology's prelude to the

Cambrian explosion[J]. Earth-Science Reviews, 2006, 77(1-3): 1-229. Bibcode:2006ESRv.,.77.,.,1M.

[49] Minter, N. J., M. G. Mángano and J. B. Caron. Skimming the surface with Burgess Shale arthropod locomotion, Proceedings of the Royal Society B: Biological Sciences, 2011, 279(1733): 1613-1620.

[50] Ortega-Hernández, J., R. Janssen and G. E. Budd. Origin and evolution of the panarthropod head A palaeobiological and developmental perspective. Arthropod structure & development, 2017, 46(3): 354 379.

[51] Paterson, J. R., G. Bellido and E. D. C., et al. New Artiopodan Arthropods from the Early Cambrian Emu Bay Shale Konservat Lagerstätte of South Australia, Journal of Paleontology, 2012, 86(2). 340-357.

[52] Paterson, J. R., G. D. Edgecombe, G. B. C.D., et al. Nektaspid arthropods from the Early Cambrian Emu Bay Shale Lagerstätte, South Australia, with a reassessment of lamellipedian relations. Palaeontology, 2010, 53,377–402.

[53] Pickerill, J.-P. Z. S. G. P. T. D. A. S. R. K. Large, robust Cruziana from the Middle Triassic of northeastern British Columbia: ethologic, biostratigraphic, and paleobiologic significance, PALAIOS, 202, 17(5): 435-448. Bibcode:2002Palai.,17.,435Z.

[54] Ramsköld, L., C. Jun-Yuan, G. D. Edgecombe et al. Preservational folds simulating tergite junctions in tegopeltid and naraoiid arthropods. Lethaia,1996, 29(1): 15-20.

[55] Ramsköld, L., C. Jun - yuan, G. D. Edgecombe et al. Cindarella and the arachnate clade Xandarellida(Arthropoda, Early Cambrian) from China, Transactions of the Royal Society of Edinburgh: Earth Sciences, 1997, 88: 19-38.

[56] Rudkin, D. A., G. A. Young, R. J. Elias et al. The world's biggest trilobite: Isotelus rex new species from the Upper Ordovician of northern Manitoba, Canada, Palaeontology, 2003, 70(1): 99–112.

[57] Schnirel, B. L. Trilobite Evolution and Extinction, Dania, Florida: Graves Museum of Natural History, 2001.

[58] Shermer, M., 2001. The borderlands of science: where sense meets nonsense, Oxford, UK: Oxford University Press ISBN 978-0-19-514326-3.

[59] Stein, M. Cephalic and appendage morphology of the Cambrian arthropod Sidneyia inexpectans. Zoologischer Anzeiger A Jou rnal of Comparative Zoology, 2013, 253(2). 164-178.

[60] Stein, M., G. E. Budd, J. S. Peel et al. Arthroaspis n. gen ., a common element of the Sirius Passet Lagerstätte(Cambrian, North Greenland). sheds light on trilobite ancestry, BMC evolution ary Biology, 2013, 13(1).

[61] Steiner, M., Z. Mao - yan, Z. Yuan - long et al. Lower Cambrian Burgess Shale - type fossil associations of South China, Palaeogeography, Palaeoclimatology, Palaeoecology 2005, 220: 129-152.

[62] Størmer, L. A Lower Cambrian merostome from Sweden. Arkiv för zoologie, 1956, 9: 507-514.

[63] Tetlie, O. E. and R. A. Moore. A new specimen of Paleomerus hamiltoni(Arthropoda; Arachnomorpha). Transactions of the Royal Society of Edinburgh: Earth Sciences, 2004, 94: 195-98.

[64] Vannier, J. and J. Y. Chen. Digestive system and feeding mode in Cambrian naraoiid arthropods, Lethaia, 2002, 35(2): 107-120.

[65] Whittington, H. B. Morphology of the Exoskeleton, in Kaesler, R. L.(ed.). Treatise on Invertebrate

Paleontology, Part O, Arthropoda 1. Trilobita, revised, Volume 1: Introduction, Order Agnostida, Order Redlichiida, Boulder, CO & Lawrence, KA: The Geological Society of America, Inc. & The University of Kansas, 1997, 1–85. ISBN 978-0-8137-3115-5.

[66] Whittington H B. *The Trilobite Body* in Kaesler, R. L.(ed.). *Treatise on Invertebrate Paleontology*, Part O, Arthropoda 1. Trilobita, revised. Volume 1: Introduction, Order Agnostida, Order Redlichiida, Boulder, CO & Lawrence, KA: The Geological Society of America, Inc. & The University of Kansas, 1997: 137–169. ISBN 978-0-8137-3115-5.

[67] Xian-guang, H., D. J. Siveter, D. J. Siveter, et al. The Cambrian Fossils of Chengjiang, China The Flowering of Early Animal Life, John Wiley & Sons Ltd second edition, 2017.

[68] Xian - guang, H., E. N. K. Clarkson, Y. Jie, et al. Appendages of early Cambrian Eoredlichia(Trilobita) from the Chengjiang biota, Yunnan, China, Transactions of the Royal Society of Edinburgh: Earth and Environmental Science: 2009, 99: 213-223.

[69] Xing - liang, Z. and S. De - gan. A new arthropod from the Chengjiang Lagerstätte, early Cambrian, southern China, Alcheringa, 2005, 29: 185-194.

[70] Xing - liang, Z. and S. De - gan. Soft anatomy of sunellid arthropods from the Chengjiang Lagerstätte, Lower Cambrian of southwest China, Journal of Paleontology, 2007, 81: 1412-1422.

[71] Xing - liang, Z., H. Jian, Z. Zhi - fei, et al. ReDiagnosis of the Chengjiang arthropod *Squamacula clypeata* Hou & Bergström from the Lower Cambrian of China, Palaeontology, 2004, 47: 605-617.

[72] Yen - Hao, L. On the Ontogeny and Phylogeny of *Redlichia intermediata* Lu(sp. nov.), Geological Society of China. 1940, 47: (Z1): 333-342, 393.

[73] Yen - Hao, L. On the Ontogeny and Phylogeny of *Redlichia intermediata* Lu(sp. nov.), Bulletin of the Geological Society of China, 2009, 20: 333-342.

[74] Yuan - long, Z., Y. Jin - liang and Z. Mao - yan. A progress report on research on the early Middle Cambrian Kaili biota, Guizhou, P.R.C. Acta Palaeontologica Sinica 38(supplement), 1999: 1-15 [in Chinese, with English summary].

[75] Zhai, D., G. Edgecombe, A. Bond, et al. Fine-scale appendage structure of the Cambrian trilobitomorph Naraoia spinosa and its ontogenetic and ecological implications, Proceedings of the Royal Society B: Biological Sciences, 2019, 286: 2019-2371.

[76] Zhang, X. L., J. Han, Z. F. Zhang, et al. Reconsideration of the supposed naraoiid larva from the Early Cambrian Chengjiang Lagerstatte, South China, Palaeontology, 2003, 46: 447-465.

[77] Zhang, X. L., D. G. Shu and D. H. Erwin. Cambrian naraoiids(arthropoda): Morphology, ontogeny, systematics, and evolutionary relationships, Journal of Paleontology, 2007, 81(5): 1-52.

[78] Zhao, Y. L., M. Y. Zhu, L. E. Babcock,at al. Kaili Biota: a taphonomic window on diversificat ion of metazoans from the basal Middle Cambrian: Guizhou, China, Acta Geologica Sinica - English Edition, 2005, 79(6): 751-765.

[79] Zhu, X. J., C. Peng. S, S. Zamora, et al. Furongian(upper Cambrian) Guole Konservat Lagerstätte from South China, Acta Geologica Sinica English Edition, 2016, 90(1): 30-37.

6　叠层石

6.1　叠层石的基本特征

6.1.1　叠层石的定义

叠层石（stromatolites）是指由微生物（主要是蓝细菌、绿藻等），通过生长和新陈代谢作用捕获、黏结和沉淀沉积物而形成的一种叠层状生物沉积构造（Walter，1976）。在叠层石形成过程中，蓝菌（或称蓝细菌）类的微生物通常以层状微生物席的形式出现，故Riding（2000）给予叠层石一个简明的定义，即“叠层石是一个层纹状底栖微生物席的沉积”。由于叠层石主要是由蓝菌类的微生物构成的，多数学者主张将叠层石归属于藻类化石，同时因叠层石成因特殊，本身又非实体化石，一些学者建议将它归于遗迹化石。

叠层石是地球上最古老的生命之一，现知最古老的叠层石产于距今约35亿年的太古宙早期，当时的地球环境极其恶劣，频繁的火山喷发，释放出大量二氧化碳，有时候甚至是有毒物质二氧化硫和砷。在这种环境条件下，今天我们常见的生物都会窒息，但是形成叠层石的微生物却设法在这样的环境下繁衍生息，它们转移和积聚化学能和太阳能，并在代谢过程中释放氧气，把早期地球的还原性大气圈逐渐转变成氧化性大气圈，为以后真核生物的出现和生物的多细胞化奠定了基础。作为地球上最原始的微生物生态系统，叠层石成为我们这个星球上最早的拓荒者，在地球上自有生命出现以后长达30多亿年的历史长河中，它的霸主地位无法撼动，在中元古代和新元古代达到鼎盛，占据了包括海相斜坡、台地和近潮汐环境，以及陆相河流，湖泊和热泉等。正如Knoll et al.（1998）所说，在地球历史上的最初85%的记录中，叠层石是碳酸盐岩中最重要的沉积特征。大约在新元古代冰期以后，由于后生动物的兴起，引发了生态系统的重建，叠层石—微生物席生态系统在全球范围内被解体，被以真核多细胞生物为主体的高级生态系统所取代；尽管如此，在显生宙和现代某些特殊生境中，仍可寻觅到叠层石的踪迹。例如在北美巴哈马群岛（Bahama island）和西澳鲨鱼湾（Shark Bay）一带，分布有丰富而形态多样的现生叠层石（图5-6-1），那里海水盐度颇高，环境极其恶劣，多数动物难以生存。由于造叠层石微生物强大的生命力，在显生宙几次大绝灭之后，正是它们成为了最早的造礁生物，成为生态系统重建的先驱群落，为海洋生态系统的复苏创造了条件。

研究证明，构成叠层石的微生物往往不是单一种的群体，常常是一个小的生态群落。在叠层石中不仅包含许多微生物演化的资料，同时还保留有沉积的，古生态的以及地球物理等方面的信息，其中不少信息正等待科学家们去挖掘。此外，构成叠层石的微生物对地球早期地表元素的循环，有用元素的富集和能量转换起着非常重要的作用，一些前寒武纪铁质和磷质叠层石本身即为具工业价值的矿产资源。

由于叠层石的形态是复杂的物理和生物相互作用的结果（Pratt et al.，1982），叠层石成因模式至今没有被完全揭示，控制叠层石形态学特征的主要因素是生物类群，抑或是外部环境，尚无最后定论。因而，长期以来在叠层石研究中形成了两个学派，即所谓生物地层学派和环境学派（曹瑞骥、袁训来，2006）。前者主要从古生物学的角度对叠层石进行研究，后者强调运用沉积学观点解释叠层石的特征和动力学。

随着研究的不断深入，叠层石学家基本达成两点共识：一是叠层石形态学特征既受环境因素的影响，又受建造叠层石的微生物类群所制约；二是叠层石礁（或生物层）和叠层石柱体的某些宏体

图5-6-1　澳大利亚哈姆林现代叠层石
Fig.5-6-1　Modern stromatolites in Hamlin Pool, Western Australia

特征受环境影响较大。而叠层石的细小特征，如柱体分叉、侧部装饰、层理和微构造等主要受微生物群落的进化所控制（曹瑞骥等，2009）。因此，叠层石宏观形态特征可以作为古环境和古气候的最佳”指示器”（Flügel and Kiessling，2002）。

Burne and Moore（1987）提出了一个新的术语——微生物岩（microbialites），认为叠层石是微生物岩的一种，是由微生物群落在原地自一个点或一个表面单向增长，构成具纹层的层状体或具明确边界的不同形态柱体。

叠层石纹层（或称层理）是建造叠层石的“砖块”。叠层石的不同形态是由层理大小、形状和生长姿态的连续变化决定的。20世纪90年代以后的研究成果揭示，尽管丝状微生物趋光性形成的层理在自然界具一定普遍性，但并不是所有造席丝体都具明显趋光性。许多多列藻丝（*multi-trichomous*）生长和运动方向不受光线支配，而取决于沉积物的供给。在叠层石层理发育中，反映时间段的原地沉淀作用与海水碳酸盐变化相对应（Grotzinger and Knoll，1999； Knoll and Semikhatov，1998；Lee Seong-Joo et al.，2000）。从20世纪末至21世纪初，运用多种手段开展了系列性现生叠层石的生长实验。实验表明，叠层石泥晶灰岩纹层的形成与微生物对硫酸盐的还原作用有关，硫的还原作用可以导致$CaCO_3$的沉淀，硫的氧化作用也可导致$CaCO_3$的溶解。现代海相叠层石的生长实际上代表蓝菌沉积作用和间歇成岩作用之间动力学上的平衡（Visscher et al.，2000；Reid et al.，2000）。从总的态势看，叠层石的研究与微生物学、沉积学和地球化学之间的联系越趋紧密。

6.1.2　叠层石在地史中的分布

叠层石的化石记录可以追溯到太古宙，其历史超过30亿年。前寒武纪叠层石可以建造复杂的礁系统，每一个叠层体类似于显生宙礁体中钙化的后生动物“造礁生物骨架”。前寒武纪叠层石礁体的几何形态和生长模式取决于其所处的碳酸盐岩台地位置，与显生宙台地上的后生动物礁的分布相似。Ridng

（2006）将地史中叠层石的发育历程，大致分为5个阶段：太古宙至元古宙增长期、中新元古代顶峰期（图5–6–2）、新元古代衰减期、寒武纪至早奥陶世复苏期及其后显生宙的大规模衰减期（图5–6–3）。

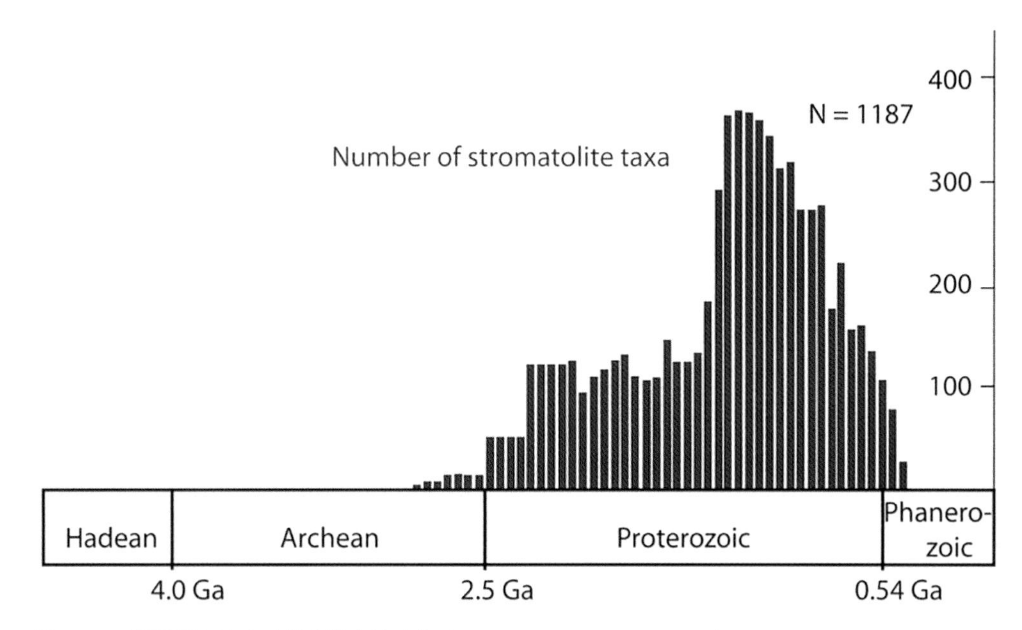

图5–6–2　叠层石在地史时期分异度的变化（Noffke and Awramik，2013）
Fig.5–6–2　Divercification of stromatolites in geological history (Noffke and Awramik, 2013)

叠层石始见于早太古代（38亿～33亿年前），当时构造运动活跃、火山作用频繁，但在短暂的静止期形成了小型孤立的碳酸盐台地，在其中最早的叠层石形成了。虽然对早太古代叠层石的生物属性质疑声不断（例如，Lowe，1994；Brasier et al.，2004），但有证据表明这些远古的构造是由微生物群落所形成（Schopf，2006；Awramik，2006）。例如，西澳大利亚Strelly Pool燧石中的叠层石保存得异常完好，形态多样（Allwood et al.，2006，2007）。这些叠层石形成于浅海、陆源沉积速率较低，没有高温热液直接输入的环境；叠层石的成分和结构表明它的形成受到微生物作用的影响（Allwood et al.，2006，2007）。Strelly Pool燧石叠层石因此提供了“地球早期生命的生态系统尺度的观察”（Allwood et al.，2007）。随着太古宙中晚期（33亿～25亿年前）稳定大陆的逐渐发展，碳酸盐台地和叠层石变得越来越普遍。最著名的晚太古代例子之一是南非的叠层石边缘Campbellrand碳酸盐带，其厚度超过1.5 km（Grotzinger，1994）。大陆块的全面发展以及伴生的宽阔的浅水台地的发育，使得在元古宙（25亿～5.41亿年前，图5–6–2）期间在全球范围内叠层石礁系空前发育。例如，加拿大早期的元古宙叠层石障壁礁厚度可达到1 km，礁体延伸长度达600 km（Hoffman，1988；Hoffman and Grotzinger，1988）。古、中元古代，高能礁缘以强烈拉长的叠层石丘带为特征，在受保护的内陆架环境中发育孤立的叠层石礁丘，深水斜坡上有叠层石尖顶礁，另外古元古代和中元古代大量代表安静的潮下带环境的圆锥状叠层石在这时期之后显著减少。

前寒武纪台地上广泛发育的叠层石对碳酸盐岩的产生有重大影响。叠层石不仅是一类沉积物，也是碳酸盐岩的生产工厂，其微生物活动导致在叠层石藻席内和（或）在叠层石上方的水柱中碳酸盐岩沉淀（Grotzinger，1988）。此外，整个前寒武纪的叠层石沉积样式和形成模式也发生了显著变化，碳酸盐岩沉淀主要集中在太古宙的叠层石中，晚元古代叠层石中以泥晶（细粒碳酸盐，<4 μm）的俘获

和黏附为主，中间阶段则两种形成模式共存（Grotzinger，1994）。

6.1.3 叠层石在新元古代急剧衰减

元古宙和早古生代叠层石的衰退最早是由Fischer（1965）提出的，他将这一现象归究于高等藻类的竞争排挤或海水化学成分的变化，Monty（1973）和Pratt（1982）支持前一种说法，Pratt（1982）认为这一衰退是由早奥陶世之后更具效率的钙化藻类和后生动物产生大量的碳酸盐岩沉积物，从而导致对叠层石生长产生抑制作用。Pratt认为元古宙碳酸盐岩沉积物产量很低，这一说法与Grotzinger（1990）的研究结果是相矛盾的。

Monty（1973）指出海洋中溶解的CO_2含量的增加有助于钙化藻类结构的产生，Monty还认为中晚元古代火山活动的增强使得元古代海水中富含CO_2，而叠层石的衰亡是与总体环境条件的改变有关的。

Garrett（1970）注意到现代的叠层石都局限在高盐度、高温、干裂作用强烈及水动力强度较大的区域，在那些环境中牧食和掘穴的后生动物不能生活。后生动物的牧食和掘穴作用对广海环境中叠层石“草原”的发育十分有害，因而他认为显生宙叠层石的衰退是由以藻席为生的牧食后生动物和破坏叠层石纹理的掘穴后生动物的演化和分异直接相关的。Awramik（1971）将元古宙晚期叠层石的衰亡与埃迪卡拉软躯体后生动物的出现联系起来，他的看法得到Stanley（1973）和Walter and Heys（1985）的支持。然而，有证据表明埃迪卡拉软躯体后生动物的出现（<6亿年）与叠层石的衰退之间尚有数亿年的时间间隔，很难将其联系起来。

Grotzinger（1989，1990，1996）通过对太古宙至晚元古宙碳酸盐岩台地演化及台地相的综合研究，得出台地相的许多时空变化与海水中碳酸盐岩化学成分长期向某一方向单向性变化有关，而叠层石的衰减可能部分与碳酸盐岩饱和度的降低有直接联系。在早元古代碳酸盐岩沉淀强度、沉积物产量及叠层石的生产速度都是最大的，随后逐步减低。

为探讨元古宙微体古生物丰度分布状况，Sepkoski等（1992）统计了元古宙已经正式报道的生物属种资料，在排除了其他可能干扰因素（如保存情况、岩性影响等）后发现，原核生物的丰度和分异度在中元古代和新元古代界线附近到达峰值（950 ~ 900 Ma），从850 Ma开始，底栖和浮游微生物发生急剧衰减。同时从这时开始浮游真核生物也进入逐步衰退期。对这一现象的解释，Sepkoski等（1992）认为可能由以下几个方面所引起：①地球环境的缓慢而长期的变化（包括由于光合作用效率降低而导致的大气二氧化碳分压减小，浮游植物生理功能变化，全球气温降低及环境压力增大）；②以原核生物为主导的底栖自养生物群落受到竞争排挤（由于多细胞微体藻类广布）；③由于新出现的异养生物（原生动物和毫米级动物）的牧食作用，使自养生物群落减小。

笔者认为，Sepkoski等（1992）的上述观点尚难对8.5亿年的这次事件作出完满解释，必须寻求新的解答方案，并综合各方面的信息（其中包括大地构造环境，水圈、大气圈演化、沉积特征，生物群面貌等）。

通常认为太古宙海洋除表层有一薄的氧化层外，基本都是缺氧的（Cloud，1968；Holland，1984；Beukes and Klein，1992），而18.5亿年左右仍有条带状铁矿沉积（BIF），表明当时深海还是缺氧环境。为解释条带状铁矿的成因，Beukes and Klein（1992）提出了海洋密度分层模式，即可以划分为氧化的表层海水和富含溶解氧化亚铁的缺氧深部海水。当向下流动的光合作用带有机物与向上输送的深海氧化亚铁相遇时，在氧化界面上铁矿物开始沉淀。如果有机质输入较高，则形成黑色页岩沉积；若有机质较低，氧化亚铁与氧化海水接触，形成氧化铁沉淀。

中元古代，由于大洋的混合作用，海洋的分层现象一般认为已不存在，但是海洋深部的氧化作用并不是不可逆的，在新元古代晚期就曾出现几次连续的海洋滞流事件（Knoll et al.，1986；Derry et al.，1992；Knoll，1992），伴随着条带状铁建造的短暂再现（Young，1976）。

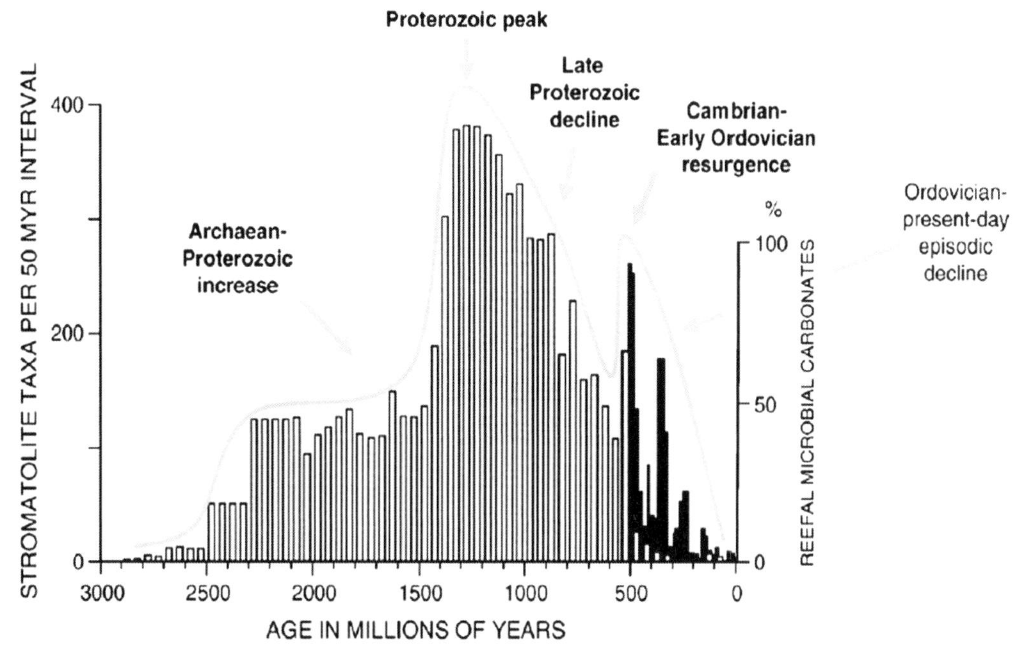

图5-6-3　叠层石衰减时间（据Riding，2006）
Fig.5-6-3　The timing of decline in stromatolites (After Riding, 2006)

上述模式同样可以很好地解释前寒武纪碳酸盐岩沉淀的历史（Kempe，1990）。众所周知，由于分层的海洋和湖泊中缺氧的深水环境极易导致碳酸盐碱度的大幅提高（在细菌还原硫酸盐和氨的形成过程中，产生重碳酸盐）（Goyet et al.，1991；Kempe and Kazmierczak，1994），高浓度HCO_3^-，CO_3^{2-}的缺氧底部海水的上涌，随着去气作用和与表层富氧海水的混合，将会导致碳酸钙的大量沉淀（Kempe，1990）。

在研究胶辽徐淮新元古代叠层石时，笔者注意到从十三里台期至马家屯期，叠层石的丰度和分异度开始由盛向衰转折。这主要反映在叠层石类型变得十分单调，属种数量剧减，叠层石已不再成为碳酸盐岩中占主导的成分（十三里台组叠层石占碳酸盐岩总量的90%左右，到马家屯期后仅占10%），叠层石的快速衰退颇为明显。笔者认为这一变化可能对应着上里菲后期叠层石的全球性大衰退事件。

十三里台组和魏集组一个显著的特点是下部均为灰色、灰黑色碳酸盐岩和页岩沉积，而上部则为典型的红色叠层石碳酸盐岩夹灰绿色页岩，成为地层对比最明显的标志。十三里台组页岩中微量元素Li-V-Ce-Th-Se显示高的丰度值，成为重要的成矿目的层（乔秀夫等，1996），其特征类似于寒武纪早期代表缺氧事件沉积的黑色页岩沉积，而与其相伴的红色叠层石灰岩中则富含Fe^{3+}，尤其到剖面的中上部，氧化铁质点富集在叠层石暗色纹层中，一方面反应形成水体可能偏酸性（pH为3～5），同时反应叠层石形成于强氧化的动荡环境中。这二者交互，似乎存在一定矛盾。

从沉积学角度来看，十三里台组上部的叠层石其形成环境为潮下带上部到潮间带，而灰色、灰黑色页岩为潮下带较深水或陆棚，这表明下部水体可能处于一种强还原状态，水体间存在分层现象。

这种分层现象的出现很有可能起源于当时裂谷化作用发育，大量新生陆壳所带来的热能导致水体增温（在850～800 Ma的碳酸盐岩中锶同位素表现为异常低值（0.7056），由于深水区与浅水区温差增大，表层海水温度高，相对比重较小，而洋盆底部则温度低，比重大，上下水体对流受阻，洋盆底部形成高度缺氧的碱性环境（Knoll曾指出，海水增温极易引起水体密度分层），深的缺氧水体中有机质的细菌硫化还原作用产生贫$\delta^{13}C$ 的HCO_3^-和CO_3^{2-}。大洋底部缺氧水体的上涌，一方面导致大量浮游与底栖生物的大规模绝灭，另一方面引起贫$\delta^{13}C$的碳酸盐岩沉淀（伴随出现的还有条带状铁建造，见Knoll，1994），同时海水中过饱和的碳酸钙又会促使藻类胶鞘表面碳酸盐的沉淀和钙化作用（Kazmierczak and Kempe，1992）。

6.1.4 叠层石在显生宙幕式繁盛

叠层石在整个显生宙显示出明显的波动（Pratt，1982；Riding，2006）。尽管第一批固着后生动物在显生宙开始建造最早的礁体，与早寒武世的古杯礁和早奥陶世的珊瑚和海绵礁一起，叠层石仍然是寒武纪和早奥陶世台地礁的显著特征。随着中奥陶世造礁后生动物辐射演化，叠层石开始明显减少（Pratt，1982）。可是在显生宙，在地球上发生生物大灭绝事件时，当来自真核植物和动物的竞争大大减少时，蓝细菌及其构成的叠层石和微生物岩却有过好几次“东山再起”的记录，应而也被称之为“灾难生物群”（Schubert and Bottjer，1992）。比如，在距今2.51亿年前的二叠纪末期，地球上最严重的大灭绝事件发生后，全球浅海地区就广泛分布有微生物岩。而晚泥盆世的大灭绝，菌藻类生物也显示出特别繁盛的情况。最新的研究发现泥盆纪—石炭纪之交（距今大约3.59亿年）发生了一次严重的生物灭绝事件，持续10万～30万年，导致海洋无脊椎生物45%的属和21%的科灭绝。为了系统揭示泥盆纪末生物灭绝期间的海洋生物圈变化，专家们对中国甘肃平川磁窑地区前黑山组中段下部的微生物碳酸盐岩（叠层石）进行研究，发现其中含有苔藓虫、海百合茎等海相化石，它们均指示该叠层石形成于潮间带的正常海洋环境。因此，专家认为前黑山组叠层石是泥盆纪末生物灭绝事件之后海洋微生物繁盛的产物，预示泥盆纪末生物灭绝事件后全球微生物碳酸盐岩可能复苏（Yao et al.，2016）。

6.1.5 现代叠层石

叠层石一度都认为已经在地球上灭绝了，然而，20世纪60年代，西澳鲨鱼湾（Shark Bay）现代叠层石的发现开启了现代叠层石研究的热潮，这些叠层石生活在一个十分特殊的环境中，那里的海水太咸，大多数动植物无法生存（Logan，1961；Playford and Cockbain，1976）。随后，叠层石在各种现代环境中不断被发现，包括澳大利亚的盐湖 [例如，西蒂斯湖（Lake Thetis）以及罗特内斯岛（Rottnest Island）上的许多湖泊；Reitner et al.，1996）；巴哈马群岛的高盐度湖[例如，圣萨尔瓦多的斯托尔湖（Storr's Lake）；Mann and Nelson，1989；Neumann et al.，1988]，伯利兹的微咸水泻湖（Chetumal Bay and Rasmussen et al.，1993）、南极洲的淡水湖（Parker et al.，1981）、汤加的碱性湖[例如，纽阿福欧岛（Niuafo'ou Island）的卡尔德拉湖（Caldera lakes）；Kazmierczak and Kempe，2006]以及大陆或陆上环境（例如，Verrecchia et al.，1995）。在上述地区，局部恶劣的环境条件排除了大多数真核生物生长发育，并使造叠层石微生物成为优势生物群落。

20世纪80年代初，在巴哈马群岛的肖恩礁（Schooner Cays）发现了第一个在开阔海洋条件下生长的现代叠层石（Dravis，1983）。此后，在巴哈马沿着Exuma Sound边缘的其他几个地方发现了更多的正常海洋环境的叠层石，包括Lee Stocking 岛、Stocking 岛、Highborne 礁和Little Darby岛（Dill et al.，1986；Reid et al.，1995）。作为与前寒武纪碳酸盐台地相似的正常海洋环境中形成的现代叠层石的唯一实例，Exuma地区的叠层石在过去十年中一直是研究热点（如Stolz et al.，2009；Dupraz et al.，2009；Baumgartner et al.，2006，2009；Decho et al.，2009；Foster et al.，2009；Desnues et al.，2008；Eckman et al.，2008；Visscher and Stolz，2005； Reid et al.，2000；Visscher et al.，2000）。Exuma地区的叠层石以柱状和脊状的形式形成，高度从几厘米到2 m不等。这些叠层石中的毫米级层理在断面上以硬质层和软质层交替的形式显现（Reid et al.，1995）。软层厚度为1～2 mm，主要由松散细粒碳酸盐砂组成，平均粒径为125～250 μm。硬质层有2种类型：①薄的泥晶结壳，厚20～50 μm；②胶结的碳酸盐砂粒层，厚1～2 mm。

通过对叠层石表面微生物群落和叠层石亚表层微观结构的综合研究，Reid等人（2000）建立了Exuma叠层石纹层的成因模式（图5-6-4）。3种“藻席类型”，每种类型都具有不同的微生物群落特征：1型藻席由丝状蓝藻群落组成；2型藻席是一个以异养性细菌为主的生物膜群落；3型藻席以石内球形蓝藻为主导。每个藻席群落都与一种独特类型的矿物的沉积相关连（图5-6-4c）：1型藻席由丝状蓝藻捕获和吸附的松散沙粒层聚集组成；2型由生物膜沉淀微晶壳形成（Visscher et al.，1998，2000）；3型藻席由内石藻钻孔发育（泥晶化）的融合的球形颗粒胶结所组成（Macintyre et al.，2000）。叠层石纹层是由3种藻席层交替循环所形成。需要注意的是，叠层石中的纹层与微生物席中的纹层有根本不同。微生物席中的分层是由于光照强度梯度造成的群落分层，而叠层石中的分层是由于藻与沉积物和（或）沉淀矿物的相互作用所造成的（Grotzinger and Knoll，1999，p.324）。在叠层石的亚表层“化石”部分，每一层都代表着以前的藻席表层。表面藻席的同沉积成岩作用，是由微生物所引起的。Exuma叠层石的形成年龄不到1500年；它们生长在环境条件，主要是沉积压力限制珊瑚、大型藻类和其他造礁真核生物生长的地方。对这些活着的现代叠层石的研究可以为30亿年前微生物礁生态系统的生物地球化学循环、微生物群落动态和矿物形成提供重要的参考模型。

6.2　叠层石的形成方式

6.2.1　沉积物的捕捉和黏附

微生物对沉积物的捕捉和黏附一直都被认为是叠层石形成的重要方式（ Grotzinger et al.，1999）。原核生物和真核藻类等都能够通过这种方式形成叠层石（Feldmann et al.，1997； Dravis，1983；Dill et al.，1986）。生物席中微生物的大小、运动性、生长的方向以及微生物之间的相互关系决定了黏附和捕捉沉积物的能力，另外EPS也发挥了很大的作用。微生物席会将经过其表面的沉积物捕捉并固定，这些被捕捉的沉积物的粒径变化很大而且成分复杂，从细粒到粗粒、硅质、甚至碳酸盐颗粒都有，因此微生物席所捕捉的颗粒类型主要取决于周围沉积物的供应以及生物席的构造。

6.2.2　微生物自身的钙化

微生物的钙化作用被认为是元古代叠层石形成的重要过程（Gebelein，1976）。Riding（1977）将这种主要通过微生物自身钙化而形成的具有微骨架的叠层石称为骨架叠层石。在巴哈马地区的骨架叠层石中，藻丝体会在藻类死亡以后发生钙化。黏附作用和藻丝体的钙化将鲕粒沉积物胶结形成了坚硬的叠层石骨架构造（Reid et al.，2000）。

在显生宙叠层石中经常出现大量钙化的蓝细菌，尽管蓝细菌是前寒武时期主要的叠层石建造生物而前寒武纪叠层石中却没有显示出管状或囊状蓝细菌微化石（Riding，1994）。这一方面是由于前寒武纪时期后生动物缺少硬壳部分和合适的埋藏条件而难以保存下来（曹瑞骥，1999），另一方面这种

Modern marine stromatolites, Exuma Cays. Bahamas

a

Surface communities

low Biomass high

b

Filamentoous cyanobacteria: grain trapping & binding

Heterotropic biofilm: precipitation of micritic crust

Coccoid endoliths: micritization and grain fusion by precipitation in bore holes

Subsurface layers

Black

Black

White

c

Brown grains: trapped and bound sediment
Black lines: micritic crusts
White lines: fusod, micritized grains

Subsurfaco layers represent a chronology of former surface mats!

图5-6-4　巴哈马群岛Exuma礁叠层石（Reid，2011）

Fig.5-6-4　Stromatolites in Exuma Reef of Bahama island (Reid, 2011)

a. Darby岛大约40 cm高的柱状叠层石的水下照片；b. 表面微生物群落；b1～2：1型藻席，丝状蓝细菌（箭头）黏附和胶结碳酸盐沙粒；b3～5：2型生物膜；连续的含有大量异养菌的胞外聚合物覆盖在丝状蓝细菌表面，文石针在生物膜中发生沉淀（b5）；b6～8：3型藻席；表面生物膜覆盖在丝状蓝细菌和被石内藻钻蚀的颗粒上，这些颗粒呈灰色并融合在一起。钻孔中纤维状文石呈现带状 花纹；b7：微钻孔中的纤维状文石的带状分布，显示分步的充填过程；颗粒间穿叉的微通道中的文石沉淀导致了颗粒的融合（b8）；c. 次表层；c1：垂直切面显示了由硬质层和软质层交替组生的毫米级分层结构；c2：低倍薄片显微照片，显示了c1框中所示的石化层（黑白线）的分布；c3：微晶壳，相当于c2中的黑线；c4：微钻孔发育的融结颗粒层，相当于c2中的白线，位于微晶壳之下微生物的缺乏是由于蓝细菌外层物质在成岩过程中的迅速降解和（或）重结晶。

前寒武时期的叠层石主要是由捕捉和黏附作用还是由原地碳酸盐的沉淀所形成，至今还在争论（Grotzinger et al.，1999；Fairchild，1991；Riding，2002）。早期研究中，一些学者认为叠层石中的早期成岩作用来自于海洋水体中无机的胶结作用（Logan，1961；Dill et al.，1986）。目前的研究主要集中在生物席的表面和生物膜的内部所发生的钙化作用，而且这些钙化作用都受到了微生物生命活动的控制和影响，这些生命活动主要包括微生物光合作用和硫还原作用等（Laval et al.，2000；Reid et al.，2000a；Visscher et al.，2000；Arp et al.，2001，2003）。

6.2.3　聚集碳酸盐机制的讨论

微生物席对碳酸盐矿物的聚集起重要的作用。这些作用既包含生理的，又包含生化的。通常将其生理作用解释为微生物本身分泌的黏性物质（即胞外聚合物）黏结或“捕获”碳酸盐微粒；而将生化作用解释为由于微生物的生活和活动，或由于微生物被细菌降解引起水介质中pH值的变化，促使碳酸盐沉淀。

但是，时至今日，有关组成藻席的细菌和蓝细菌类微生物促使碳酸盐沉淀的机制仍有不同的认识。

6.3　叠层石研究中的两种对立学派

叠层石是一种生物沉积构造，不是传统的实体化石。由于叠层石的形态是复杂的物理和生物相互作用的结果（Pratt et al.，1982），叠层石成因模式至今没有被完全揭示，控制叠层石形态学特征的主要因素是生物类群，抑或是外部环境，尚无最后定论。因而，长期以来在叠层石研究中形成了2个学派，即所谓生物地层学派和环境学派。这2个不同观点的学派，同时活跃在叠层石研究的学术舞台。

经过数十年的不懈努力，目前在学术界基本达成了以下2点共识：

（1）叠层石形态学特征既受环境因素的影响，又受建造叠层石的微生物类群所制约。

（2）叠层石礁（或生物层）和叠层石柱体的宏体特征受环境影响较大，而叠层石的细小特征，如柱体分叉，侧部装饰，层理和微构造等主要受制于微生物群的进化。

6.3.1　环境派

环境派的主要观点是由澳大利亚Logan等（1964，1974）首先提出，并受到沉积学家们的广泛引用和关注，并逐步形成一种学派。他们立足于现代叠层石的研究，并将研究中获得的结论直接用来解释化石叠层石的成因机制、形成环境和制约化石叠层石形态学的因素。他们认为，既然叠层石并非生物实体，而是一种由微生物参与的生物沉积构造，它们的形态特征就无所谓进化或演化问题，也就是说，不同形态的叠层石间不存在确定的先后顺序和不可逆的变化关系。但是，时至今日环境派的学者并没有对叠层石某些在生物地层学上有鉴定价值的重要的特征标志，如柱体分叉机制，柱体边缘构造和层理形态等方面，从环境意义上做出明确的解释。

Logan et al.（1964）在研究现代叠层石及其形成环境的基础上，依据层理基本几何形态及其排列方式，创造了用字母符号来表述叠层石形态特征的方法。尽管此种表述法颇为简单化和理想化，但近40年来此种观点在学术界仍有一定影响，在一些著作中不断出现和被引用。因而有必要对其加以介绍。Logan等认为，建造叠层石和核形石（Oncolites）的层理具有两种基本形态，即半球体（hemispheroids）和球体（spheroids）。他们分别用“H”和“S”代号表示，并认为在现代叠层石和核形石中，层理的几何形态的排列方式可归纳为3类（图5-6-5）。

（1）侧向连接半球体（laterally linked hemispheroids），即相邻的半球形层理彼此侧向连接，因而可用LLH符号表示。依据层理侧向连接的紧密度，可进一步分为以下2种。

①紧密（close）侧向连接半球体，即2个半球形层理之间的间距小于半球的直径，其代号为LLH–C。

②宽距（spaced）侧向连接半球体，即2个半球形层理之间的间距大于半球的直径，其代号为LLH–S。

（2）分开纵向堆积半球体（discrete, vertically stacked hemispheroids），即相邻的半球形层理彼此侧向分离，因而可用SH符号表示。依据半球形层理是否到达基部界限，进一步分为以下2种。

①不变的（constant）（指层理直达基部界限）分开纵向堆积半球体，代号为SH–C。

②变化的（variable）（指层理有时达到，有时达不到基部界限）分开纵向堆积半球体，其代号为SH–V。

（3）球状构造（spheroidal structures）：包括分开的球体，乱堆积的半球体或同心球体，均可用SS符号表示。此类可进一步分为以下3种。

①颠倒堆积球体（inverted stacked spheroids），代号为SS–I。

②同心堆积球体（concentrically stacked spheroids），代号为SS–C；

③紊乱堆积半球体（randomly stacked hemispheroids），代号为SS–R。

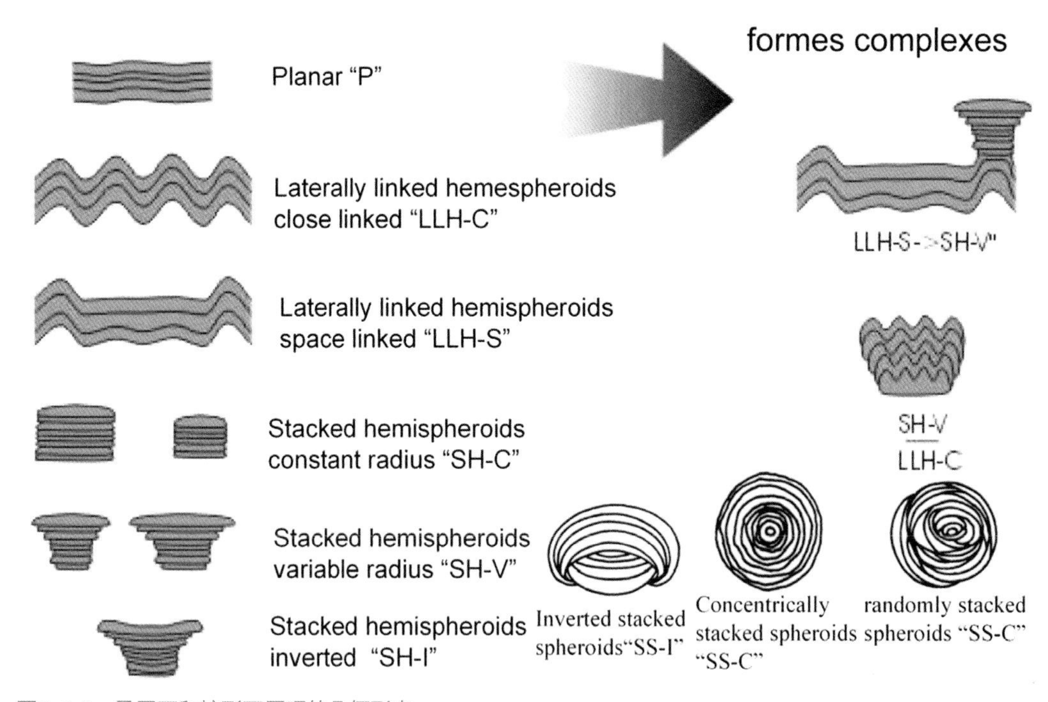

图5–6–5　叠层石和核形石层理的几何形态

Fig. 5–6–5　Geometric structures occur in Recent stromatolites and oncolites (Logan,1964)

Logan等认为，有了上述符号，就可以对各种复杂结构的混合类型叠层石用系列性符号描述。这种符号表述法虽然易于理解，也较简要。但是，自然界叠层石形态极其复杂，特别是前寒武纪出现了大量分叉柱叠层石，它们具有极其多样和多变的形态学特征和复杂的微结构。上述抽象化的符号法，永远无法代替精确的文字描述和系统的形态学分类。

6.3.2　古生物地层学派

生物地层学派是以原苏联Krylov（1963）为代表，并先后获得美国、澳大利亚、法国、印度和我国前寒武纪地层和古生物学家的继承和发展。他们主要致力于叠层石的形态学分类及地层分布规律的探索。他们发现某些柱叠层石和少数层柱叠层石在时代分布上是短暂的，似乎为前寒武纪的某一段时代所专有。他们利用这些可视为“标准化石”的叠层石或由它们构成的叠层石组合，建立了全球元古宇对比的框架。依据叠层石组合获得的地层对比上的结论多半已获得同位素年龄资料的佐证（Preiss，1976）。他们也考虑到沉积环境或生态环境对叠层石局部形态的影响。为了从理论上解释叠层石形态学在地层上的演化序列，他们正从两个方面着手研究叠层石的形态发生：

①以现代活的叠层石和微生物席为对象，在野外和实验室内研究叠层石形态变化与环境因素及生物因素的内在联系（Walter et al.，1976；Zhang and Hoffmann，1992）。

②以保存有微生物化石的古代叠层石为对象，研究叠层石形态学、微构造和内含微生物组成分子之间的关系（Awramik，1976；曹瑞骥等，2001）。

单个叠层体不代表单一种的残体，能否给予叠层石生物学上的属、种名称，是叠层石研究中长期争议的问题。叠层石在生物学命名上的争议，在20世纪早期最为突出。Holtedahl（1919）认为，确定叠层石的分类单位是困难的，不应把叠层石看作为应授予属、种名称的真正化石。同样，Hoeg（1929）认为用生物学上的双名法给叠层石命名是荒谬的，因为形态完全相同的叠层石不一定全由相同种的生物构成，每个叠层石可能都是由几个种的微生物构成的集合体。Young（1933）虽然在研究南非叠层石上作出了很大贡献，但在评论叠层石分类时认为，这种命名不具有或很少具有分类学价值。Cloud（1942）主张叠层石不予命名为好，但他认为那些已出现在文献上的名称可作为通俗名称保留下来。Logan等（1964）主张叠层石不应接受生物学上的双名法，认为它们不具有严格生物种限定的形态学上的变化性。他们提议利用反映叠层石宏体几何特征的字母命名。最早对叠层石进行生物学命名的学者是G. F. Matthew（1890a），他首次对北美1个元古宙的分叉叠层石命名为*Archaeozoon*属。20世纪初，依据叠层石宏体构造特征，3个重要的叠层石属，即*Gymnosolen*（Steinmann，1911），*Collenia*（Walcott，1914）和*Conophyton*（Maslov，1938）被命名。并且这些属的命称，一直沿用至今。在同位素年龄未广泛利用于地层划分以前，前寒武系不仅在你年龄上，而且在古生物学上都是一个未知的领域。而叠层石是当时寒武纪以前地层中唯一常见化石，很自然地成为确定前寒武纪地层时代和对比的理想“候选人”。Walcott（1906）、Howchin（1914）和Maslov（1939）等学者最先认为叠层石可以作为前寒武纪地层对比的标志，并强调为了发现和积累前寒武纪地层中叠层石形态学分异规律性的资料，首先必须对新发现的叠层石进行命名和分类。

随着叠层石研究者日众，以及研究方法的改进，特别是对分叉柱叠层石连续切片的研究和立体形态的复原，许多形态学相似的叠层石被发现于澳大利亚、加拿大、美国、印度、原苏联、非洲和中国的相近时代地层中。因而更多的学者成为叠层石双名法的捍卫者。尽管叠层石不一定是由单一微生物种构成的，但Krylov（1976，P.32）仍坚定地认为“……叠层石能够归于正式的古生物学分类的框架之中，包括严格的命名规则。利用化石通用的双名法规对叠层石命名是最为合适的，也是大多数研究者在实践中获得的认识……”。因为，叠层石已被广泛运用于前寒武纪地层的对比和古生态的研究，如果不给予叠层石的命名，以上研究工作几乎无法开展。鉴于以上原因，Cloud改变了最初不主张对叠层石进行生物学命名的看法。Cloud and Semikhatov（1969）提出，对叠层石采用林奈命名法是合适的。

他们特别强调，一个被命名的叠层石对科学交流是有利的。对任一化石而言，一个不变的和被普遍接受的科学名称可推进该化石的深层次研究。据不完全统计，至今全世界已描述的叠层石属（或称群）约330个，种（或称形）约1 000个。

6.4 叠层石在生物地层对比上应用

6.4.1 中国元古宙的叠层石组合序列

我国前寒武纪叠层石主要产出在滹沱群（或辽河群）、长城系、蓟县系、青白口系、辽南系和震旦系。资料表明，叠层石在蓟县系和辽南系最为丰富。以辽南系十三里台组为例，其中叠层石生物层或生物礁连续堆积厚度可达150 m，这在国内前寒武纪其他地层中是罕见的。我国南方震旦纪灯影组（包括局部地区的陡山沱组）通常为数百米厚的碳酸盐岩沉积，除个别地区（浙江江山）外，其中极少见到厚度超过1 m的叠层石生物层或生物礁。从丰度上看，辽南纪结束以后，叠层石（特别是柱叠层石）开始锐减。

中国元古宙叠层石可以划分为8个叠层石组合，在地层层位上自下而上分别为：

（1）*Pilbaria beidaxingensis*–*Straticonophyton balios*–*Kussiella kussiensis*组合

本组合见于山西五台地区的滹沱群，计10余个属种，主要分子为*Pilbaria beidaxingensis*, *Straticonophyton balios*, *Kussiella* cf. *kussiensis*, *Eucapsiphora longotenuia*, *Djulmekella tuanshaziensis*, *Hutuoia conserta*, *Gymnosolen fullus*, *Gruneria* sp.，*Pseudogymnosolen* sp.，*Colonnella* sp.，*Tungussia* sp.，*Conophyton* sp.等。滹沱群下限年龄<2500 Ma，上限年龄>1900 Ma（白瑾，1986）。推测本组合大体代表古元古代早、中期的叠层石面貌，是我国最早的叠层石组合。太行山区甘陶河组，晋豫交界的中条山群和辽东地区的辽河群，从现有同位素年龄资料和地层接触关系看，应隶属古元古代沉积，在其中也确实发现一些与本组合相似的叠层石分子，但它们之间难于精确对比。在西澳大利亚古元古代Bruce山超群中产*Alcheringa narrina*, *Pilbaria perplexa*, *Patomia* sp.，*Gruneria* sp等属、种。尽管其中个别属，如*Pilbaria*亦是本组合中的关键属，但在总体面貌上两者无明显的可比性。

（2）*Gruneria* cf. *biwabikia*–*Omachtenia omachtensis*–*Djulmekella tuanshanziensis*组合

本组合见于天津蓟县长城系的团山子组和大红峪组中，属、种较单调，以细小的穹叠层石，层穹叠层石和层状叠层石共生并不含锥叠层石为特色，常见分子为*Gruneria* cf. *biwabikia*, *G. sinensis*, *Omachtenia omachtensis*, *Omachtenia*（al. *Yanshania*）*simplex*, *Djulmekella tuanshanziensis*, *Conophyton dahongyuensis*等。上述叠层石柱体普遍短小，彼此排列紧密，多连层，叠层体以简单平行分叉为主。它们通常组成透镜状的礁体。团山子组下部串岭沟组Pb–Pb等时线年龄为（1757 ± 113）Ma，大红峪组单颗粒锆石U–Pb年龄为（1625.3 ± 6.2）Ma。估计本组合出现的年代可能介于16亿～18亿年间，大体代表古元古代晚期叠层石面貌。在河北兴隆、北京平谷和昌平德胜口一带，长城系下部亦产出*Omachtenia omachtensis*, *Gruneria sinensis*和*Conophyton* sp.等叠层石。这表明当前的叠层石组合横向延伸相对稳定。此外，新疆天山星星峡群（通常认为相当于长城系下部地层）马厂沟组产出*Kussiella* cf. *kussiensis*, *Omachtenia* sp, *Gruneria* cf. *biwabikia*和*Colonnella* sp.等叠层石。从总体面貌看，马厂沟组叠层石与本组合似乎具一定的可比性。从单个属种分析看，*Gruneria biwabikia*首次发现于北美明尼苏达东北古元古代Biwabik含铁组，该组同位素年龄为19亿年。至今未见本种出现在较新地层的报导。*Omachtenia omachtensis*最初发现于俄罗斯东西伯利亚Uchur河流域的下里菲地层中。后来在澳大利亚、印度、中国等国家相当于下里菲或更老的地层中被陆续发现。

（3）*Gaoyuzhuangia gaoyuzhuangensis*–*Conophyton cylindricum*–*Conophyton garganicum*组合

本组合见于天津蓟县蓟县系高于庄组，主要属、种为*Gaoyuzhuangia gaoyuzhuangensis*, *Conophyton cylindricum*, *Conophyton garganicum*, *Pilbaria*（al. *Gaoyuzhuangia*）*bulbosa*, *Confusoconophyton multiangulum*, *Jacutophyton* sp.等。上述属、种的主要特征表现为以复杂分叉的弯状叠层石和首次出现个体较大的锥叠层石*Conophyton*为特色。叠层石个体大，组成叠层石的层理多半呈锥形。在河北兴隆高于庄组方铅矿Pb–Pb等时线年龄为（1434 ± 50）Ma，推测本组合在一定程度上反映中元古代早期的叠层石特征。华北地台西缘宁夏固原炭山和阿拉善左旗三关口全曲沟等地的闵家沟叠层石组合，以*Conophyton garganicum*, *C. cylindricum*, *Confusoconophyton*等各种类型的锥叠层石为主，圆柱和块茎状的*Gaoyuzhuangia* 等叠层石为次，均是燕山地区蓟县系高于庄组合的典型代表（邱树玉等，1992；华洪等，2001）。在新疆阿尔金山塔昔达板群金雁山组中，产丰富的锥叠层石，常见的有*Conophyton cylindricum*, *C. garganicum*, *C. lituus*, *C. shallowiconicum*, *C. rougiangense*, *C. bellum*等。此外尚出现*Jacutophyton* sp.，*Tungussia* sp.，*Baicalia* sp.，*Colonnella tubercula*和若干新属、种，叠层体普遍偏大。它们似乎可以与本组合进行对比。本组合的*Conophyton cylindricum*和*C. garganicum*是2个全球分布的常见种。据对北美和澳大利亚资料的分析，它们产出在距今16亿～13亿年。但Preiss（1976）认为，上述2个种的分布时代介于16亿～10亿年。近年来，也有它们出现在更新时代的报导，但实际资料尚待核实。

（4）*Pseudogymnosolen mopangyuensis*–*Scyphus parvus*–*Yangzhuangia columnaris*组合

本组合分布于天津蓟县蓟县系杨庄组至雾迷山组下部地层，主要属、种为*Pseudogymnosolen mopangyuensis*, *P. epiphytum*, *P. shishanlingensis*, *Conophyton concellosum*, *Scyphus parvus*, *S. regularus*, *Yangzhuangia columnaris*, *Kussiella tuanshanziensis*, *Tilemsina inconspicua*, *Coalesca columnaris.*等，以各种类型的*Conophyton* 大量出现为特征。叠层体大小变异极大，不仅出现巨大的*Jacutophyton*，而且出现个体十分细小的微小类型叠层石（如*Scyphus*, *Pseudogymnosolen*等群。在整个元古宇叠层石中，本组合的特征较为显著，大体可归纳为以下三方面。①在总的组分中，微小叠层石占据优势；②叠层体多半硅化；③在叠层体中常观察到放射状纤维构造。在我国辽西凌源、辽北泛河流域、喀喇沁左翼蒙古自治县、北京昌平、陕甘宁交界地区、陕晋豫交界地区、以及云南中部武定、禄丰等地，均分布有类似本组合特征的叠层石，彼此可以进行对比（梁玉左等，1984）。当然，上述各地的叠层石也有着各自的地方性特色。在世界其他地区，类似本叠层石组合的报道少见。

（5）*Petaliforma epicharis*–*Jacutophyton furcatum*–*Conophyton shanpolingensis*组合

本组合见于天津蓟县蓟县系雾迷山组中上部，常见属、种为*Petaliforma epicharis*, *Jacutophyton furcatum*, *Jacutophyton* sp.，*Conophyton shanpolingensis*, *C. lituum*, *Conophyton* sp.，*colonnella* sp.，*Wumishanella chuangzilingensis*等。本组合与上述组合（4）一道大体代表中元古代中期的叠层石面貌。在本组合中，除*Petaliforma epicharis*在形态上极为独特外，其他属、种均为元古宇叠层石中常见类型。*Petaliforma epicharis*的层理呈薄而密集的波纹状，“波峰”常叠置成假柱体，局部显示特殊花瓣状图象。显微镜下观察，垂直层理方向见放射状纤维构造。此类特征的叠层石在国内少见。Walter（1972）在西澳Pilbara地区古元古代Fortescue群中描述了一个命名为*Alcheringa narrina*叠层石。除个体较小外，其他特征与本组合的*Petaliform epicharis*具一定的相似性。两属能否归并，有待进一步研究。

（6）*Baicalia* cf. *baicalica*–*Chihsienella chihsienensis*–*Anabaria chihsienensis*组合

本组合见于天津蓟县蓟县系铁岭组，常见属、种为*Baicalia* cf. *baicalica*, *Chihsienella chihsienensis*, *C. palama*, *Anabaria chihsienensis*, *Tielingella tielingensis*, *Pseudotielingella chihsienensis*, *Conicodomenia* *longotenuia*, *Conophyton luotuolingensis*等。该组合的特点是 *Conophyton*甚少，以弯状分叉叠层石为主体，叠层体通常不含硅质。铁岭组上覆下马岭组第三段所含斑脱岩的高精度CD-TIMSC D测年和锆石SHRIMP U-Pb基本集中于1380 Ma，表明铁岭组的上限年龄为1400 Ma左右，推测本组合可能代表中元古代晚期的叠层石面貌。在甘肃河西走廊北山地区，丰富的叠层石产于上前寒武系平头山群，常见属、种有*Baicalia unca*, *Baicalia* sp.，*Anabaria* sp.，*Conophyton lituum*, *Conophyton* sp.，*Tungussia oblizua*, *Tungussia* sp.，*Tielingella* sp.，*Jacutophyton* sp.。平头山群叠层石大体可与本组合进行对比。在小秦岭洛南一带，类似本组合的叠层石产出在洛南群的巡检司组和冯家湾组。其中常见属、种有*Chihsienella chihsienensis*, *C.* cf. *nodosaria*, *C.* cf. *palama*, *Baicalia baicalica*, *B.* cf. *rara*, *Tielingella tielingensis*, *Colonnella cormosa*, *Jacutophyton luonanensis*, *J. xialiutiensis*, *Conophyton luotuolingensis*, *C. concellosum*, *Paracolonnella laohudingensis*等。它们之间似具明显的可比性。

类似本组合的叠层石在国外分布颇广。在欧亚北部Uchur-Maya区、Turuk-han区、Anabar地块、Aldan背斜、乌拉尔等地的中里菲地层中，经常出现*Baicalia*, *Anabaria*, *Svetliella*, *Conophyton*和*Jacutophyton*等属，它们在北非Taoudenni盆地，上前寒武纪地层序列中含五层叠层石。最下部的叠层石层包含*Conophyton*, *Baicalia*, *Tungussia*, *Tilemsina*, *Pamites*和*Jacutophyton*属，可能与本组合相当。此外，在印度小喜马拉雅（Lesser Himalayas）也发现与本组合相似的叠层石组分。

（7）*Jurusania cylindrida*-*Inzeria intia*-*Conophyton lijiadunensis*组合

本组合见于河北下花园青白口系下马岭组和辽东辽南系甘井子组、营城子组和十三里台组，以及与上述地层大体相当的苏皖北部淮北群的贾园组、赵圩组、倪园组、九顶山组和魏集组。在辽东和苏皖北部区，长期缺少令人信服的确定上述地层沉积时代的同位素年龄资料，如前所述，仅杨杰东等（2001）对苏皖北部淮北群碳酸盐岩系进行了系统采样和全岩C同位素组分的测定。测定结果与Shield（1999）发表的新元古代古海水Sr、C同位素组成随时间的演化曲线对比表明，淮北群时代为700～850 Ma。故推测本组合大体代表新元古代早、中期叠层石的面貌。本组合的常见属、种有*Kotuikania xiahuayuanensis*, *Clavaphyton bellum*, *Jurusania cylindrida*, *J.* cf. *alicica*, *J.* cf. *nisvensis*, *Conophyton lijiadunensis*, *C. oculaoides*, *Inzeria intia*, *I. anhuiensis*, *Linella jinxianensis*, *L. weijiensis*, *Baicalia* cf. *rara*, *B.* cf. *mauritanica*, *B. dentata*, *B. baicalica*, *Minjaria nimbifera*, *M. uralica*, *Tungussia nodosa*, *T.* cf. *inna*, *T. erecta*, *Gymnosolen* cf. *furcatus*, *Songjiella leijiahuensis*, *S. maximnodosa*, *Crassphloem lubricum*, *Mirabila brachys*, *Multiblastia minutus*, *M. fengyangensis*, *Anabaria* cf. *juvensis*等。在整个元古宙叠层石中，本组合的特点表现为属、种多，分异度高，常以厚的或巨厚的生物层形式出现，产出丰度亦高。在新疆库鲁克塔格地区新元古界帕尔岗塔格群，产出的叠层石数量丰富，类型多样，与本组合具一定的可比性，特别是库鲁克塔格南坡尤甚。南坡的主要属、种有*Gymnosolen crass*, *G.* cf. *paergangensis*, *Baicalia* sp.，*Acaciell*（*Xiejiella*）*formosa*, *Tungussia bassa*, *T. erecta*, *Inzeria multiplex*, *Jurusania conjunctiva*, *Xinjiangella daskiosa*等。此外，在新疆阿尔金山一带索尔库里群中，产丰富的叠层石，主要属、种为*Inzeria xinjiangensis*, *I. straticolumnaria*, *I.* cf. *intia*, *Linella luanshishanensis*, *L. ukka*, *L. altunshanensis*, *Tungussia suoerkuliensis*, *Tungussia* sp.，*Boxonia binggounanensis*, *Wutaishanella lepida*, *Conophyton metulum*, *C. binggounanensis*, *Vermiculites larviranes*等。它们与本组合亦具一定的相似性。

本组合中的常见属多半具广泛的洲际性分布，例如，*Inzeria*, *Jurusania*, *Minjaria*, *Gymnosolen*和*Kotuikania*等属频繁出现在俄罗斯西伯利亚地台，天山和乌拉尔等地的上里菲地层中。*Inzeria*, *Boxonia*,

Jurusania, *Tungussia*, *Linella*, *Acaciella*等属常见于澳大利亚南部新元古代Umberatana群，该群沉积时代大体介于距今7亿～8亿年间。此外，相似的叠层石组分亦报道于北非、印度等地的新元古代地层中。

（8）*Katavia dalijiaensis*–*Gymnosolen ramsayi*–*Boxonia jinshanzhaiensis*组合

本组合见于辽东辽南系马家屯组、崔家屯组、苏、皖北部淮北群的史家组、望山组和金山寨组，以及扬子地台区震旦纪陡山沱组和灯影组下段。根据地层序列推测，当前组合应代表新元古代晚期和末期的叠层石面貌。本组合的常见属种有*Katavia dalijiaensis*, *K. karatavica*, *K. placentula*, *Gymnosolen ramsayi*, *G. confragosus*, *G. xifengensis*, *G. levis*, *G. baokangensis*, *Boxonia jinshanzhaiensis*, *B. pertaknurra*, *B. songjiensis*, *Acaciella multia*, *A. gouhouensis*, *A.*（al.*Xiejiella*）*nodosa*, *Jinshazhaiella pulchellusa*, *Conophyton zhejiangensis*, *Jacutophyton*（al. *Gaaradakia*）*jiangshanensis*, *Linella* sp.，*Inzeria* sp., *Microcolumna tortuous*, *M. shimenensis*, *Baicalia* sp.等。本组合的叠层石通常构成透镜状或球状生物礁，这些礁体在横向上延伸性差。叠层体多半呈规则的次圆柱体，具频繁的多次分叉。一些肉眼无法观察到的微叠层石出现在潮坪沉积中。

在新疆西昆仑山北坡，丝路群博查特塔格组含丰富的叠层石，主要属有*Boxonia*, *Gymnosolen*, *Linella*, *Katavia*, *Inzeria*, *Anabaria*, *Tungussia*, *Xinjiangella*, *Baicalia*等。它们似乎可以与本叠层石组合进行对比。本叠层石组合的常见属，除*Microcolumna*属外，均具广泛的洲际性分布。据对全球其他地区的资料分析，*Katavia*和*Inzeria*属产出在距今10亿～6.8亿年的地层中；*Boxonia*和*Linella*出现在距今10亿～5.7亿年间；*Acaciella*属最早出现在距今10亿年前，可断续延至早寒武世；*Gymnosolen*属除偶见于古元古代外，主要分布时限为10亿～6.8亿年。以上资料表明，本叠层石组合分布时限与世界其他地区基本一致。

表 5-6-1　中国元古代叠层石组合

Table 5-6-1　Proterozoic Stromatolites Assemblages of China

<table>
<tr><th rowspan="2">地层</th><th colspan="3">地区</th></tr>
<tr><th>徐淮地区</th><th>辽东地区</th><th>蓟县地区</th></tr>
<tr><td rowspan="2">青白口系</td><td>亚组合Ⅲ，主要代表：
Boxonia jinshanzhaiensis
Linella ukka
Xiejiella formosa
Xiejiella nodosa</td><td rowspan="2">组合Ⅴ，主要代表：
Baicalia rara
Conophyton ocularoides
Gymnosolen furcatus
Gmnosolen levis
Jurusania cylindrica
Katavia dalijiaensis
Linella jinxianensis
Minjaria nimbifera</td><td></td></tr>
<tr><td>亚组合Ⅱ，主要代表：
Acaciella australica
Anabaria radialis
Baicalia baicalica
Conophyton ocularoides
Gymnosolen ramsayi
Inzeria tjomusi
Jacutophyton ramosum
Jurusania cylindrica
Katavia dalijiaensis
Linella ukka
Minjaria uralica
Tungossia erecta</td><td></td></tr>
</table>

续表 5-6-1

地层	地区		
	徐淮地区	辽东地区	蓟县地区
	亚组合Ⅰ，主要代表： *Baicalia formosa* *Crassphloem lubricum* *Inzeria anhuiensis* *Jurusania cylindrica*		
蓟县系			组合Ⅳ，主要代表： *Anabaria chihsienensis* *Baicalia baicalica* *Chihslenella chihsienensis*
			组合Ⅲ，主要代表： *Conophyton concellosum* *Conophyton lituum* *Conophyton shanpolingensis* *Pseudogymnosolen epyiphytum* *Pseudogymnosolen mopanyuensis* *Scyphus parvus*
长城系			组合Ⅱ，主要代表： *Conophyton cylindricum* *Conophyton garganicum*
			组合Ⅰ，主要代表： *Gruneria biwabikia* *Gruneria sinensis* *Kussiella tuanshanziensis* *Xiayingella xiayingensis*

朱士兴等（1978）通过对蓟县剖面叠层石系统研究后，曾得出以下几点重要认识：

（1）蓟县中元古代不同层位具有明显有别的叠层石组合。这表明叠层石组合的变化，尽管局部形态受环境影响，但远比一般岩性变化或其他沉积标志具更为明显的不可逆性。

（2）在局部范围内，甚至在较大范围内，同时代的地层往往具有相似的叠层石组合。这表明叠层石组合虽然可能具有类似生物区系的变化，但总的说来，它具有比岩相、沉积旋回或运动面（间断面）高得多的稳定性。

（3）在较大范围内，相同或相近时代的某些叠层石群具相似的形态和结构，它们今后可能成为晚前寒武纪地层对比的重要标志。而另一些叠层石群，可能受地理分区的限制，只在蓟县剖面上见到，分布不广。它们的地层意义十分有限。

6.4.2 叠层石在生物地层对比上的实例——华北地台西南缘地层格架再认识

近年来，由于在晋西南汝阳群和豫西洛峪口组中相继发现大型复杂的具刺疑源类和炭质宏观藻类化石，尤其是苏文博等（2013）发表洛峪口组的凝灰岩锆石U–Pb年龄，将洛峪口组定位到长城系，华北地台西南缘中、新元古代传统地层格架面临重大考验。将由 3 个明显间断面所分隔的4套不同沉积体系、数千米厚的地层（表5–6–2）归入震旦系，或将其填补地层柱中缺失的 1.2 ~ 1.0 Ga 这段地层，都存在许多值得商榷的问题。

下面就本区几个叠层石组合类群及其区域对比，结合其他资料对这个问题做简要讨论。

表5-6-2　华北地台西南缘中、新元古代地层格架及其横向对比

Table 5-6-2　Mesoproterozoic and Nep[roterozoic stratigraphic framework and its lateral correlation in the southwestern margin of the North China Platform

中国元古宙地层划分		华北地台西南缘主要剖面					叠层石组合特征
		河南鲁山	陕西洛南		山西永济	同心—固原	
埃迪卡拉系	灯影组						
	陡山沱组	罗圈组	罗圈组			正目观组	
成冰系	南沱组						
	莲沱组						
青白口系	景儿峪组	董家组	大庄组				
	龙山组						
蓟县系	下马岭组						
	铁岭组		洛南群	冯家湾组		王全口群	Conophyton甚少，以弯状分叉叠层石为主体
	洪水庄组			杜关组			
	雾迷山组	黄莲垛组		巡检司组	黄莲垛组		微小类型叠层石为主
				龙家园组			
	杨庄组	洛峪口组		石庄组	洛峪口组		红色大型柱叠层石
长城系	高于庄组	汝阳群	高山河群		汝阳群	黄旗口群	锥叠层石为主、圆柱和块茎状叠层石为次
	大红峪组						
	团山子组						
	串岭沟组						
	常州沟组						

（1）高山河群与汝阳群的时代。高山河群与汝阳群均以碎屑岩系为主，产有基本相似的具刺疑源类组合，横向可以对比。陕西洛南高山河群中产有：*Kussiella tuanshanziensis* Liang et Tsao, *Gruneria* cf. *Sinensis* Zhu, *Xiayingella xiayingensis* Zhu, *Jacutophyton gaoshanheense* Qiu et Liu，其组合面貌与燕山地区的长城系团山子组十分相似，而华北地台西缘宁夏固原炭山和阿拉善左旗三关口全曲沟各种锥叠层石为主、圆柱和块茎状叠层石为次的闵家沟叠层石组合的发现，其代表性叠层石类群 *Conophyton garganicum*, *C. cylindricum*, *Confusoconophyton* 和 *Gaoyuzhuangia* 等均是燕山地区蓟县系高于庄组合的典型代表，表明高山河群及其相关地层不应高于高于庄组，似应归属长城系中上部（邱树玉等，1992；华洪等，2001）。

（2）石庄组与洛峪口组的关系。这2个组都由一套紫红色砂屑白云岩和叠层石白云岩组成，含有基本一致的叠层石组合。主要的化石代表包括：*Luoyukouella luoyukouensis* Zhao, *Luonanella luonanensis* Yin, *Scopulmorpha shujigouensis* Yin, *Colonella heishanensis* Yin等，叠层石基本层中具有相同的放射纤维状组构（“似红藻结构”）。叠层石柱体直径一般为0.3 ~ 4 cm，高2 ~ 10 cm，个别>20 cm，叠层体分叉或不分叉，分叉者以加宽平行分叉、微散开分叉和牙状分叉；基本层呈平缓穹形和半球穹形多见；柱体间连层发育。在山西永济和河南卢氏、灵宝洛峪口组和洛南石庄组之上均为含假裸枝叠层石的地层覆盖，两者可以对比。它们均以平行不整合超覆在高山河群及其相当层位之上，整合的伏于龙家园组或相当层位黄莲垛组之下，有着明显的“亲上疏下”的特征，其与蓟县杨庄组的情形类似，基本可以与之对比。

（3）龙家园组为燧石条带白云岩、条纹白云岩，沉积韵律发育。该套地层的中段由叠层石呈薄的层礁状产出，赋存在硅质岩和白云岩中，化石单层（层礁）厚度通常不>10 cm，由数个乃至数10个层礁共同组成厚2 ~ 5 m的礁列。每一旋回由一系列向上变浅的旋回所组成，旋回下部为卷心菜叠层石（*Cryptozoon*），代表潮下、潮间下部产物，上部普遍产有特征的微小类型叠层石，代表潮间上部—潮上产物。叠层石柱体直径小，一般不>0.5 cm，高2 ~ 3 cm，最大不超过5 cm。主要的叠层石类群有：*Conophyton shanpolingensis*, *Lochmecolumella gracilis*, *L. regularis*, *L. xiaogongmenense*, *L. minor*, *Scyphus parvus*, *Pseudogymnosolen shisanlingense*, *P. gratiose*, *Straticonophyton* sp.，*S. cuihuashanense*等。笔者等多年来对华北地台南缘及西缘中元古代叠层石的研究表明，以假裸枝叠层石科为代表的微小类型叠层石虽也出现在古元古代及寒武纪，但它却是中元古代最为稳定的一个化石组合，是蓟县纪早、中期重要的对比标志（邱树玉等，1993）。含该叠层石组合的地层段岩性颇为特殊，一般为灰至深灰色、褐灰色燧石条带、条纹白云岩，沉积韵律，野外标志明显。这一沉积特征与蓟县剖面的雾迷山组完全一致。这套地层可以作为华北地台中元古代蓟县纪早期稳定的沉积标志，在华北地台西南缘、西缘稳定发育，目前已见于陕晋豫界地区的陕西洛南的龙家园组、河南卢氏灵宝、山西永济水幽沟的黄莲垛组、陕西陇县、岐山一带的龙家园组，宁夏青龙山、贺兰山等地的王全口群中部（邱树玉等，1982；邱树玉等，1992；华洪等，2001）。

（4）杜关组、冯家湾组及其相当地层。杜关组含有*Chihsienella chihsienensis*, *Baicalia baicalica*, *Pseudotielingella chihsienensis*, *Paracolonnella laohudingensis*, *Inzeria* sp.，*Jacutophyton* sp.；冯家湾组产有*Colonnella cormosa*, *Chihsienella chihsienensis*, *C. palama*, *Baicalia* cf. *baicalica*, *Tielingella tielingensis*, *Paracolonnella laohudingensis*, *Jacutophyton luonanensis*, *Conophyton luotuolingensis*等。该组合的特点是*Conophyton*甚少，以分叉柱状叠层石为主体，叠层体通常不含硅质。

（5）大庄组与下伏洛南群冯家湾组和上覆罗圈组均呈平行不整合或微角度不整合接触，仅见于陕豫相邻处的小秦岭—崤山地区，为一套局限海盆中的碳硅质沉积，已发现少量的可疑微体骨骼化石。考虑到侵入于洛南群顶部冯家湾组的黑云母花岗岩有999 Ma的U–Pb年龄，大庄组应属青白口早期沉积。

（6）罗圈组的时代。罗圈组广泛分布于华北地台南缘和西南缘，向西可以延伸到青海（红铁沟组），向东可能到了淮南（风台组?），罗圈组可以超覆在下伏不同时代地层上。对其时代有颇多争议，大致有早震旦世晚期（相当于南沱组）、震旦纪晚期（相当于灯影组上部）、早寒武世早期等观点。在下寒武统和罗圈组之间，在洛南境内有一个发育很好的铁锰风化壳，且局部呈微角度不整合接触，向东渐趋减弱。在罗圈组冰碛层之上代表正常气候条件下的沉积中目前尚未有寒武纪代表性生物发现。对全球震旦纪冰碛岩的对比研究可以看出罗圈期冰碛岩并非山岳冰川堆积，而是大陆冰盖沉积，同时考虑到陕晋豫地区及宁夏、青海等地此套可疑冰成沉积物普遍与早寒武世地层关系紧密，二者以平行不整合接触，推测应比扬子地台南沱冰期略晚。青海全吉山红铁沟组之上的皱节山组和宁夏贺兰山地区的正目观组上部地层中产出包括*Palaeopascichnus minimus*和*Shaanxilithes* cf. *ningqiangensis*等实体化石组合（Shen et al.，2007），它们同时发现于华南埃迪卡拉系灯影组。因此，皱节山组和正目观组上部地层应属于埃迪卡拉纪晚期沉积（<551 Ma），其下伏的红铁沟组和正目关组冰碛岩可能代表了埃迪卡拉纪晚期的冰期沉积。红铁沟组下伏地层红藻山组的碳同位素负漂移（Shen et al.，2010）可以与汉格尔乔克组之下水泉组的碳同位素变化相对比（Xiao et al.，2004），二者都可能对应于华南埃迪卡拉系陡山沱组上部的碳同位素负漂移（EN3）。因此，碳同位素化学地层学对比也表明红铁沟组和汉格尔乔克组的沉积时代可能是埃迪卡拉纪晚期。

综上所述，华北地台西南缘晚前寒武纪沉积区内存在几个重要的标志层：含洛峪口叠层石的紫红色白云岩（洛峪口组/石庄组）；含假裸枝类叠层石的燧石条带白云岩、条纹白云岩层（龙家园组）；冰川成因和可能为非冰川成因的杂砾岩（罗圈组/昭陵组），它们是在统一的古地理背景下产生的。值得指出的是，本区上前寒武系中生物群面貌与埃迪卡拉系也存在本质的差异，主要表现在：

（1）埃迪卡拉纪陡山沱组是后生植物大爆发的时期，许多高等藻类在这时辐射发展，磷块岩中保存完好的红藻化石，具有明显的细胞分化，黑色页岩中发现的具组织分化的宏观藻类化石，分枝类型十分复杂。

（2）过去一般认为刺球类（微刺藻类*Micrhystridium*）是后寒武系的标志，后来在相当于埃迪卡拉系的地层中不断发现这类化石。然而从刺的复杂程度分析，汝阳群及其相当地层中的大型具刺疑源类远较埃迪卡拉纪的类型简单，两者不是同期产物。随后一系列研究成果（尹磊明等，2003，2004；尹磊明和袁训来，2003；Yin et al.，2005；Yin and Yuan，2007），特别是山西永济地区水幽剖面中汝阳群化石组合，与印度Bahraich群以及澳大利亚Roper群化石组合具有相同的具刺疑源类*Tappania plana*, *Tappania tubata*以及螺旋藻*Spiromorpha segmentata*（Yin，1997；Prasad and Asher，2001），而Bahraich群的同位素推测年龄为1350～1150 Ma（Prasad and Asher，2001），Roper群的锆石U–Pb年龄为1492 Ma（Javaux et al.，2001），这进一步将汝阳群微体化石群的时代限定在中元古代。同时，Xiao等（1997）也认为，水幽剖面含疑源类化石地层之上的碳酸盐岩中碳稳定同位素，与燕山地区中元古代高于庄组碳酸盐岩碳稳定同位素组成具有相似的特征，所以汝阳群的地质时代应为中元古代早期。

（3）从叠层石发育的角度分析，在上里菲（10亿～7亿年），叠层石的丰度和分异度达到鼎盛，至大约7亿年前后，出现世界性的叠层石丰度和多样性的下降，其原因可能与食草动物的广泛分布和掘穴动物的出现，真核生物沉淀和分泌$CaCO_3$和后生植物群落竞争排挤有关（Cloud and Glaessner，1982）；叠层石，特别是柱叠层石趋向衰亡，它们在数量上急剧减少，在类型上变得单调（Awramik，1971）。扬子地台震旦系叠层石在发育程度上与世界其他地区相似，分布十分局限（曹瑞骥等，1989），类型单调，丰度尤其是分异度明显降低，不能与本研究区进行对比，从这点考虑，本研究区地层似应老于震旦系。

6.5 环境因素对叠层石生长的影响

6.5.1 徐淮辽南地区新元古代叠层石礁体的几个实例

由于缺乏元古代叠层石序列的现代对应物，要想深入探讨叠层石的环境意义显得十分困难。在20世纪60年代，现代蓝绿藻席和叠层石在潮间带的发现（Logan et al.，1964； Kendall and skepwith，1969）使得许多元古代的叠层石都被当作潮间带的产物。1976年，Playford 和Cockbain 描述了Shark Bay Hamelin 水塘的潮下带叠层石，同年Playford等（1976）发现在西澳Canning盆地泥盆系礁的发育中，叠层石可以在100 m左右的深度生长，Dill等（1986）在现代巴哈马滩西部的潮汐沟中发现了深达7~8 m的潮下带叠层石，看来现代和古代叠层石的水深问题不再成为束缚人们思想的羁绊。然而目前对于古代叠层石的形态变化与环境的关系问题仍然没有得到很好解决。James（1979）提出侧向稳定的台地碳酸盐岩常常形成向上变浅的序列，从而使人们开始思考元古代侧向稳定的叠层石层礁可能也具有类似的韵律性变化；Cecile和Campell（1978）在研究加拿大北部早元古代叠层石时发现在退积叠层石礁中环境因素对叠层石的形态起着控制作用；Hoffman（1974，1976）则系统研究了加拿大早元古代Slave 克拉通及Athapusco坳拉槽早元古代盆地中浅水到深水相叠层石的形态变化；Southgate（1989）讨论了Bitter Springs组中环境因素对叠层石层礁和岩礁的控制作用；Grotzinger（1986，1988，1989）从前寒武纪碳酸盐岩台地形成及发育的角度对叠层石的环境分布作了探讨。

许多环境因素控制了造叠层石藻席微生物的分布，例如温度、水深、水体盐度、扰动强度、基底稳定程度、基底地形等的时空变化，还包括营养物质的取得、藻席表面干湿程度变化以及生物扰动作用强度和生物之间的相互作用等。在研究百慕大现代潮下带微生物藻席时，Gebelein（1969）指出，动物牧食及与水流作用相关的沉积物运动是叠层石分布的主要控制因素，同时还要考虑机会拓殖。

下面仅就徐淮辽南地区新元古代颇为特殊的一些叠层石礁体变化，探讨一下水体扰动强度和碎屑泥质增加对叠层石生长的影响。

6.5.1 扰动强度对叠层石生长的影响

水流扰动强度变化引起叠层石形态的改变，早已得到广大叠层石研究者的注意，本区水流强度对叠层石生长的影响主要表现在如下几个方面：瞬时强水流作用导致柱体倒伏、破碎，造成叠层石纹层的局部侵蚀；强水流带来粗碎屑抑制叠层石生长；定向水流作用使得叠层石礁体、叠层石柱体向某一方向拉长，叠层体向一侧弯倒以及叠层石纹层非继承性和不对称叠覆。下面结合实例分别加以讨论：

礁体1（图5-6-6）见于江苏省徐州市铜山区魏集白山魏集组中部，自下而上可以分为3个特征不同的叠层石层。

层A，厚约35 cm，柱体直径8~10 cm，柱体边缘不规整，叠层石纹层非继承性堆叠现象明显，常见强水流作用所造成的微侵蚀。叠层石以加粗扩散分叉为主，局部连层发育。其形成环境可能为有周期性瞬时强水流作用的地带。

层B，厚30~50 cm，与下伏层呈侵蚀接触，接触面有一层极薄的红色泥质层。底部柱体发育很差，多呈球茎状（有些可能是核形石）、微小柱状，反映持续强水流扰动现象；向上柱体渐趋规整，从球茎状构造上以强烈扩散分叉或水平分叉分出两到多个子柱体，叠层石多呈牛角状，柱体边缘规整，显示有多层包覆的壁，球茎状母柱体直径一般为3~4 cm，子柱体直径为1~1.5 cm，叠层体高5~10 cm ，基本垂直地层生长；本层顶部柱体直径有所减小，直径1.5~3 cm，高10~15 cm，但柱体较为规整，具特种壁，牛角状叠层体与规则加粗平行分叉叠层石共生，垂直生长，叠层石纹层中由于

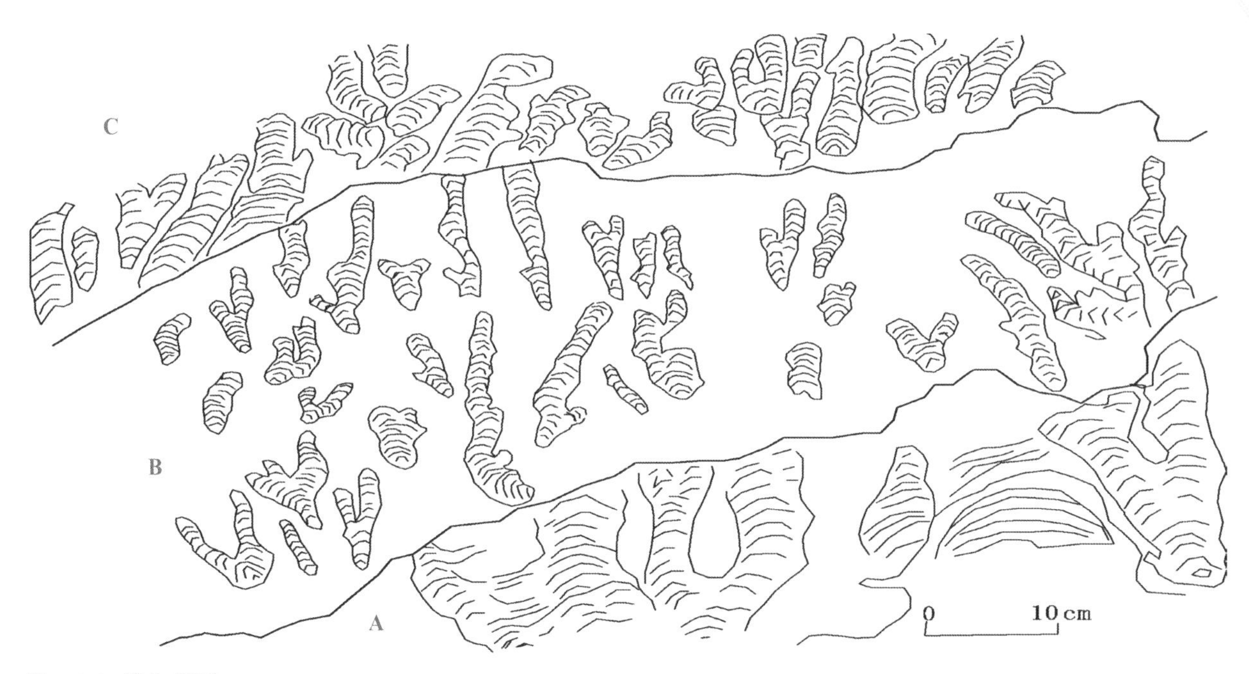

图5-6-6　礁体1素描
Fig.5-6-6　Sketch of reef 1

含有较高的铁质，而呈褐红色，叠层石纹层继承性较好，无明显的微侵蚀现象出现。本层叠层体间均充填有细的叠层石碎屑，叠层石生活环境水动力强度向上逐渐减低。

层C，可见厚度15 cm左右，由2个以侵蚀面分隔的小层组成。与下伏层呈侵蚀接触关系，叠层石直接长在下伏高低起伏的侵蚀面上，以下伏侵蚀残余柱体作为生长基面，二者以明显的颜色差异相分别（本层叠层石柱体多未遭受铁矿化，颜色以白色为主，而下伏层多呈褐红色）。叠层石柱体除局部为垂直生长外，多因强水流作用而东倒西歪，或完全遭破坏。叠层石为各种不规则形状，柱体直径3～5 cm，高多<10 cm，纹层多为非继承性堆叠，微侵蚀现象显著，柱体间叠层石砾屑充填。

礁体2（图5-6-7）见于宿州灵璧殷家寨魏集组中部。下部层段，厚度不稳定，15～40 cm，为向右侧倾斜（倾角30° 左右），并呈叠瓦状紧密排列的叠层体，多不分叉，柱体长度一般为数十厘米，柱体直径3 cm左右，显示向一侧强烈的拉长。该层段侧向延伸不稳定，可见范围约10 m。

叠层石纹层中纹层的非继承性堆叠和小的侵蚀现象十分常见，表明在其生长过程中存在较为强烈的水流作用。上部层段，厚30 cm，柱体垂直于地层生长，与下伏层段接触关系较为截然。叠层石柱体直径3～5 cm，高15 cm，以微散开分叉为主，柱体间充填细的叠层石碎屑和碳酸盐泥，叠层石纹层呈较好的继承性堆叠。类似的产出方式在美国蒙大拿州中元古代Belt超群中也有发现（Horodyski，1976），代表由较强单向或双向水流作用的环境。对于湖北大洪山地区新元古代出现的类似倾斜生长柱体，赵文杰等（1989）认为它可能属于低能定向水流环境产物，这种定向的水流流速稳定，流向一致，动能微弱，仅仅影响到菌藻群落的缓慢迁移，当这种水流稳定持续的存在，就导致所有柱体向一个方向倾斜的现象。一旦这种低能定向的水流减弱或消失，菌藻群落就会在原地自由的繁殖，就会产生直立的柱体。

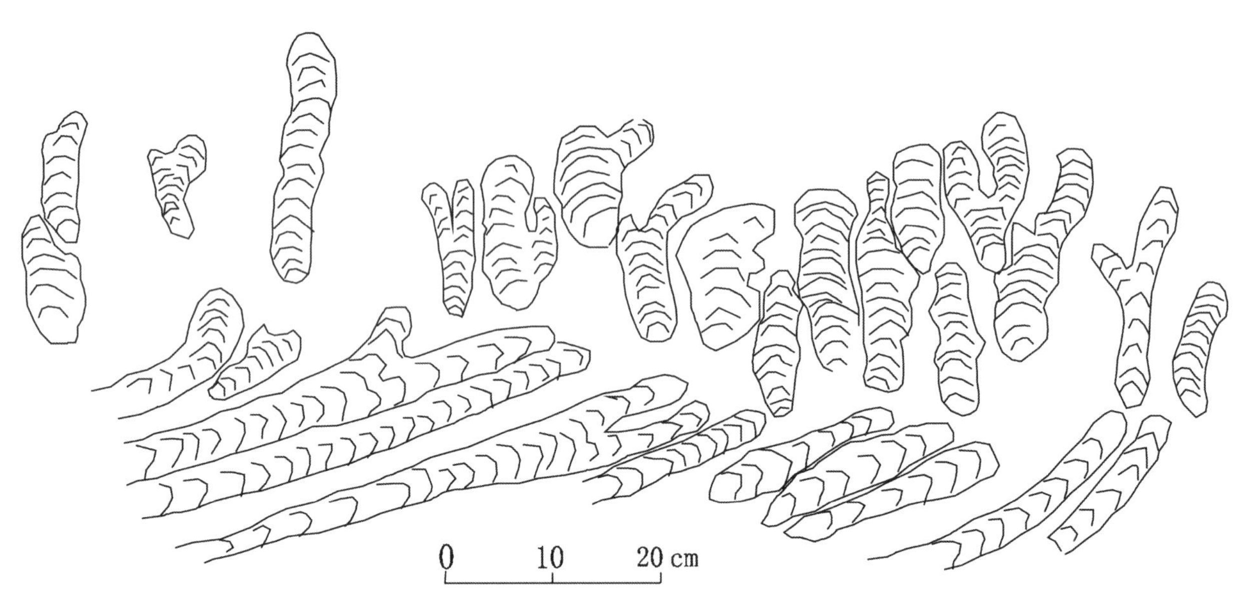

图5-6-7　礁体2素描
Fig.5-6-7　Sketch of reef 2

礁体3（图5-6-8）见于魏集白山魏集组上部，由2个侵蚀面所分隔的3个生物层，强水流作用使得柱体多有歪斜和破碎现象。

层A，可见厚度20 cm，柱体多为不规则短柱状、发育不完整的球茎状，叠层体间距很大，松散分布于地层中。叠层石柱体直径2 cm左右，高2～5 cm不等，柱间充填细叠层石碎屑、陆源石英碎屑，并发育小的侵蚀沟。纹层多为继承性堆叠，但微侵蚀面颇为发育，代表较强水动力条件。本层顶部，内碎屑含量猛增（可能代表水动力增强），但叠层石生长似乎未受明显影响。

层B，厚30 cm，底部叠层石柱体破碎十分强烈，叠层石砾屑杂乱堆积，反映极强水流扰动破坏，向上柱体发育趋好，柱体排列渐趋紧密，但歪倒现象仍然明显，隐约可见柱体呈鱼骨状双向排列，可能存在双向水流左右，柱间充填破碎的叠层石碎片。柱体直径1.5～2 cm，高5～10 cm不等，纹层堆叠非继承性，微侵蚀面发育。

层C，厚20 cm，柱体鱼骨状双向排列颇为明显，柱体特征与层B顶部相似，但柱体

图5-6-8　礁体3素描
Fig.5-6-8　Sketch of reef 3

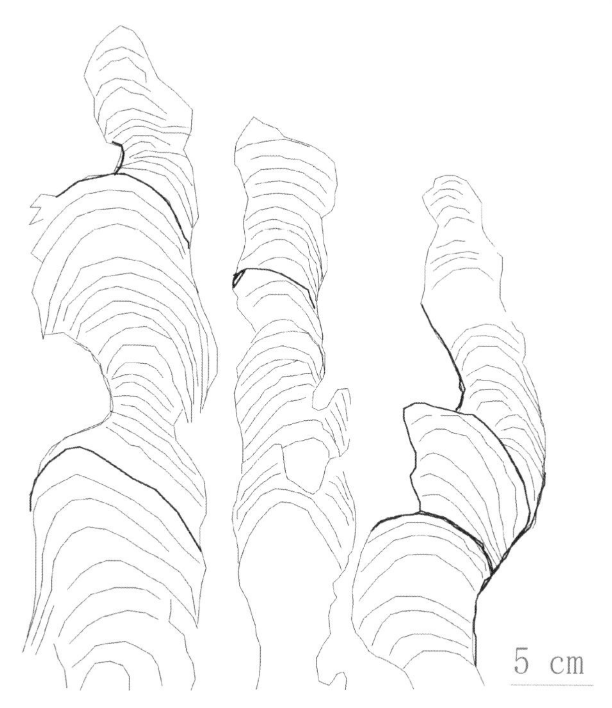

图5-6-9　礁体4素描
Fig.5-6-9　Sketch of reef 4

发育更好。柱体边缘不规整，檐很发育，纹层中微侵蚀面仍然极为常见。

礁体4（图5-6-9）见于辽南十三里台组中上部，礁体厚约40 cm，柱体直立生长，柱体直径周期性的出现收缩扩展现象。由于定向水流的作用，叠层石轴部偏向一侧，纹层呈现不对称堆叠，每隔一段距离，叠层石遭受侵蚀作用，轴部明显向另一侧迁移，使得下伏叠层石纹层出现三角形断口，直接与围岩相抵。类似的现象曾见于湖北大洪山地区新元古代地层中，代表一种高能定向非稳定水流下的产物（赵文杰等，1989），它不同于低能定向稳定水流，柱体没有向一个方向倾斜的现象，也不同于低能往返定向水流，柱体拉长呈板状。

6.5.2　泥质碎屑供应量对叠层石的影响

Swett等（1985）在研究Spitsbergen新元古代Draken Conglomerate组时曾发现，当下伏基底岩性为粉砂岩和页岩时，就形成叠层石生物层礁，而下伏层为具交错层的微植石钙屑岩时则形成生物岩礁，这就说明不稳定的基底和高的沉积物输入对叠层石藻席的形成十分有害（Gebelein，1969，1976；Hoffman，1976）。在澳大利亚Shark Bay和巴哈马Eleuthern Bank，叠层石可以在流动沙体的局部硬底上生长起来（Dravis，1983），一旦拓殖成功，叠层石本身就为以后的藻席生长提供了必要的基底。也就是说，除了被碎屑沉积物覆盖、造藻席微生物群落消亡这种情况外，矿化的叠层石本身是一个自支持系统（self-perpetuaing system）。

泥质物对叠层石的影响，最为典型的表现在大连南关岭棋盘磨至羊圈一线十三里台组上部，数米厚的叠层石复合层礁中每隔20 cm左右就出现一次韵律性变化，沉积一层极薄的褐红色泥质层（＜1 cm），野外横向追索，几乎所有的叠层石生长都受到抑制，有时甚至遭受了灭顶之灾，类似的现象在徐淮地区魏集组上部也有发现，略有不同的是在叠层石复合层礁中，泥质层的出现更为频繁，每隔10 cm左右就有一层。下面通过对几个礁体的实例剖析研究，对泥质物对叠层石生长的影响加以简要探讨：

礁体5（图5-6-10）产于魏集白山魏集组上部。下部有2层细的叠层石碎屑、石英碎屑层，第1层，厚1.5 cm，碎屑含量虽然不高，但下伏叠层石多受其影响而停止发育（可能代表较强水流的侵蚀作用），个别柱体可能由于突出沉积界面之上，而能免受灭顶之灾，但柱体发育却很不规则，顶面时有侵蚀现象，第2层，厚约3 cm，叠层石碎屑含量增高，细长的叠层石碎屑杂乱堆积；碎屑层之上，多为短小的球茎状柱体，向上柱体发育逐步规整，柱体直径2～4 cm，高可达20～35 cm，仔细观察，每隔10 cm左右出现一很薄的褐红色泥质层，在该泥质层之上，虽然宏观上柱体仍能维持生长，但柱体粗细发生明显变化，纹层的非继承性叠置现象显著，可能存在短期的生长中断；上部可能由于碎屑物供应更为频繁（每隔3～5 cm就出现一层），造叠层石藻席生长受到极大影响，绝大多数柱体在这种薄泥质层之下停止生长，柱体均为极不规则，高仅2～3 cm的短柱体，并且泥质层上下柱体没有继承性生长，代表生长中断。虽然周期性泥质物的出现，其原因尚不清楚，但以上事实说明泥质对叠层石藻席的生长具有明显的抑制作用。

礁体6（图5-6-11）见于大连棋盘磨—羊圈一线十三里台组中上部。自下而上可以分为由3个薄泥质层所分隔的4个叠层石小层：

层A，厚15 cm，底部为细的颗粒岩，主要由藻屑和粒屑所组成，具小的交错层理，代表较为动荡的沉积环境，其上发育一些小的陀螺状或不规则状叠层体，纹层类型从平缓穹形到高穹形，继承性和对称性均差。围岩仍以藻屑与粒屑为主，向上泥晶含量增加。叠层石纹层局部因铁质交代而呈褐红色。

层B，厚20 cm，底部为波状起伏面，下部叠层石特征同层A，铁质交代更为强烈，有些叠层体完全由褐红色铁质所组成，上部出现各种分叉形式和形态类型的柱叠层石，主要有不分叉并向上逐渐增粗的规则柱状叠层石，微加粗扩散似*Baicalia*类叠层石，顶部尖突状不规则柱叠层石，叠层体直径3～5 cm，高5～10 cm，纹层继承性较好，对称性较差，仅局部出现由微侵蚀所引起的纹层非继承性堆叠。柱间叠层石碎屑充填，风化后出现小的凹坑。

图5-6-10 礁体5素描
Fig. 5-6-10 (Sketch of reef 5)

层C，厚8～12 cm，下部为一些细小而不分叉的柱状类型（柱体直径1～2 cm，高3～5 cm），多数叠层体向上快速增粗（直径可达3～6 cm，高6～10 cm），并出现扩散分叉，纹层继承性、对称性较好，叠层体顶面被侵蚀面截切，柱体中止生长，上覆薄层红色泥岩。

层D，厚20 cm，由于周期性的出现薄泥质沉积，柱体呈现假的分节现象，但柱体形态仍较规整，叠层石并未特征生长，泥质层上下叠层石纹层非继承性堆叠。叠层石被一层特殊的泥晶质壁包被。本层顶部再次出现层A中发育较差的小的陀螺状或不规则状叠层体。

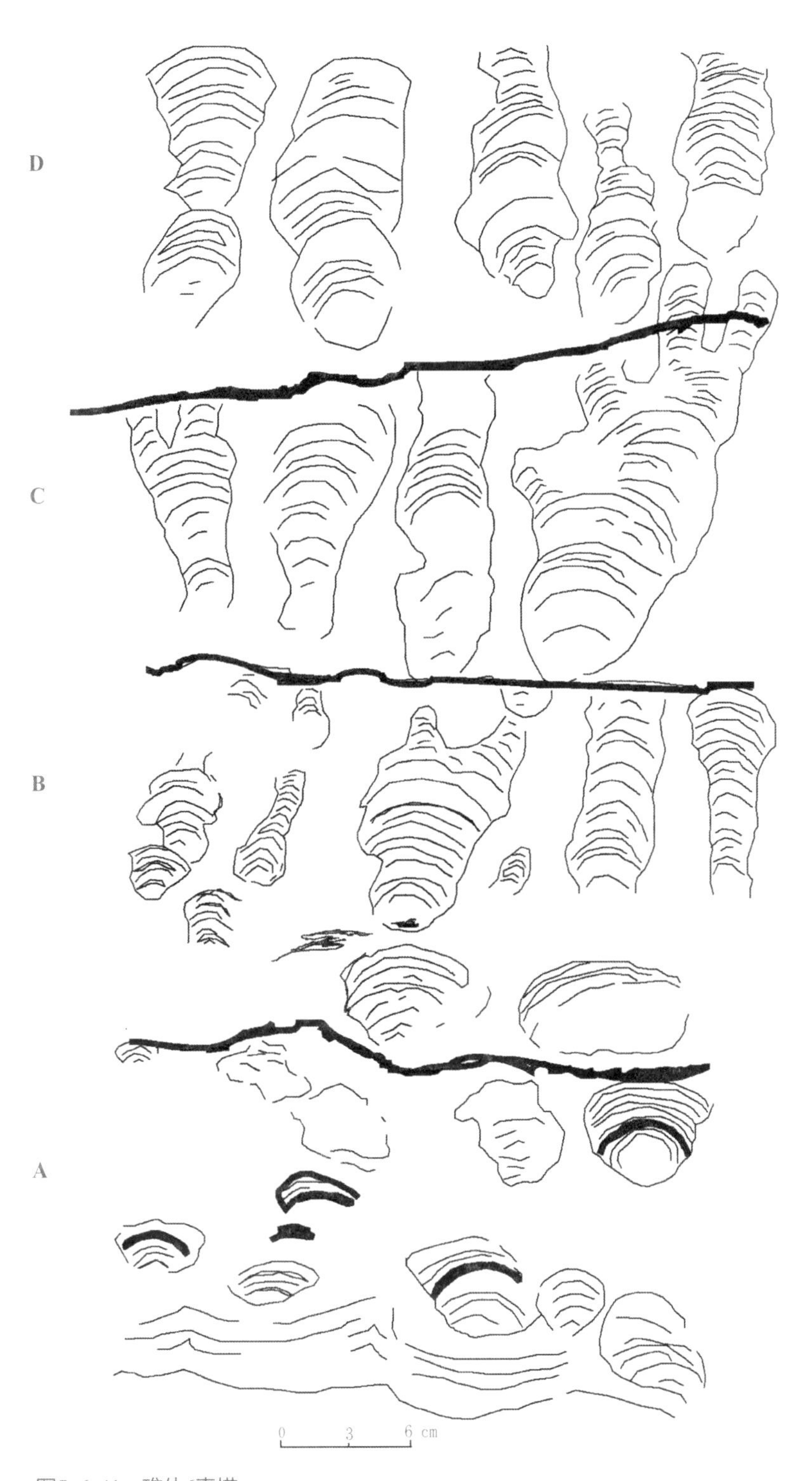

图5–6–11　礁体6素描
Fig.5–6–11　Sketch of reef 6

礁体7（图5-6-12）见于魏集组中部，全由*Tungussia*类叠层石组成，柱体直径2 ~ 5 cm，上下变化悬殊，纹层非继承性堆叠，对称性极差，柱体成歪斜状，强烈扩散或水平状分叉。叠层石每生长10 ~ 15 cm，就被一薄泥质层所覆盖，叠层石受到抑制，生长停止。柱间充填叠层石砾屑，磨园度与分选性差，属原地快速堆积。钱迈平（1991）认为其形成环境为光照充足的潮间带，由于经常遭受强大的潮水及风浪作用，并且作用方向时常变化，叠层石生长的继承性很差，生长方向也时常发生改变。

图5-6-12　礁体7素描（据钱迈平，1991）
Fig.5-6-12　Sketch of reef 7 (After Qian,1991)

综上所述，从本区实际资料分析，水流扰动强度及泥质物的输入对叠层石的生长影响极大，主要表现在：瞬时强水流作用可以导致叠层石柱体的倒伏、破碎，造成叠层石纹层的局部侵蚀；强水流所带来的粗碎屑（包括一些陆源碎屑）可以对叠层石生长产生较强的抑制作用；定向水流作用使得叠层石礁体、叠层石柱体向某一方向拉长，叠层体向一侧弯倒以及叠层石纹层非继承性和不对称叠覆；叠层石可能仅适应于在较为清澈的水体中生长，泥质沉积物输入量的增加对造叠层石微生物的生长具有极为强烈的抑制作用，少量泥质物的输入就可能导致叠层石遭受灭顶之灾。

6.6　作为古生物钟的叠层石

现代生物的生命活动都会随着节律，如日、月、年的波动而产生周期性变化，这些波动时刻影响生物体的生命活动，仿佛是生物体内无形的“时钟”。而在远古的过去，生物的生长过程中同样也存在类似的节律性，并保留在所形成的化石中，为我们提供了珍贵的研究材料，科学家们称之为“古生物钟”。

20世纪30年代，我国著名古生物学家马廷英就注意到古代珊瑚化石上的生长纹层可以反映当时的气候季节性变化的信息，随后他将之与现代珊瑚进行对比，进而发现它们都具有日生长和季候生长的现象。珊瑚的生长对环境要求比较严格，其生长纹层类似树木的年轮，能够很好地连续记录其生长时期里的海水环境情况，因此又有“海上树轮”的美誉。加之珊瑚动物自奥陶纪出现以来一直延续至今，能为科学家研究地球演化提供重要的连续信息。

1963年威尔斯观察到现代珊瑚中一年生长的骨胳上有大约360条很细的生长线，并指出这些生长线实际上可能是每天生长周期的标志。威尔斯研究了产于泥盆纪和石炭纪保存良好的标本，他发现石炭纪珊瑚年生长线为385～390圈，而泥盆纪珊瑚则有400圈左右（385～410条）。这与用天文学方法求得的各地质时期每年的天数大体相等。据计算，寒武纪每昼夜为20.8 h，泥盆纪21.6 h，石炭纪21.8 h，三叠纪22.4 h，白垩纪23.5 h（图5–6–13）。如果我们知道了每年天数的变化，就可利用观察化石生长线得知的每年天数来确定其地质时代。生长线划分地质年代的主要限制因素是一年中的天数变化，其速度大约每一千万年仅为一天。在很多门类的化石的表壁上有类似树木“年轮”的痕迹，可以用来当作计时器（图5–6–14）。

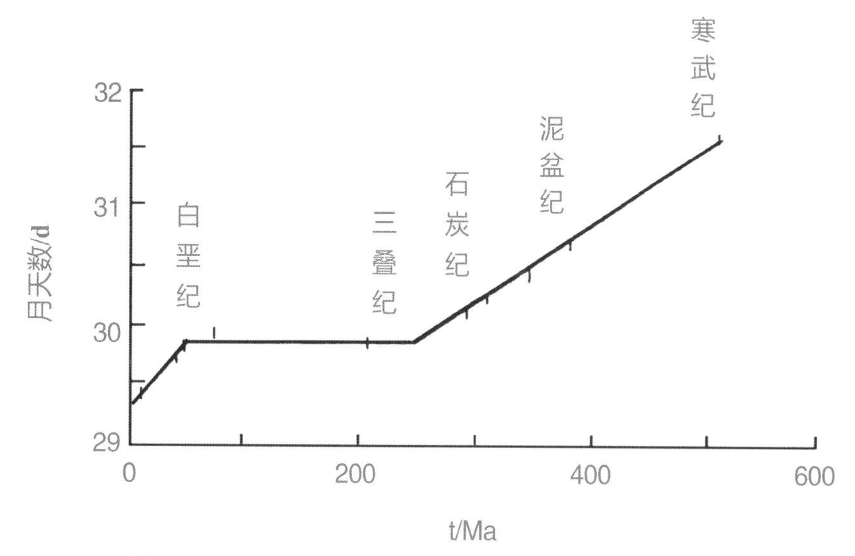

图5–6–13　地质历史时期中朔望月天数的变化曲线（沈冰等，2001）

Fig.5–6–13　Variations in the length of the synodic month in geological history (after Shen et al., 2001)

古生物钟不仅在诸如珊瑚、贝壳等动物中有所显示，形成于数亿年前的叠层石化石，其周期性的明暗纹层变化同样是一种古生物钟，对它们的解读，可以让我们对显生宙之前更古老的地球环境，以及当时的日–地–月关系有更详细的了解。

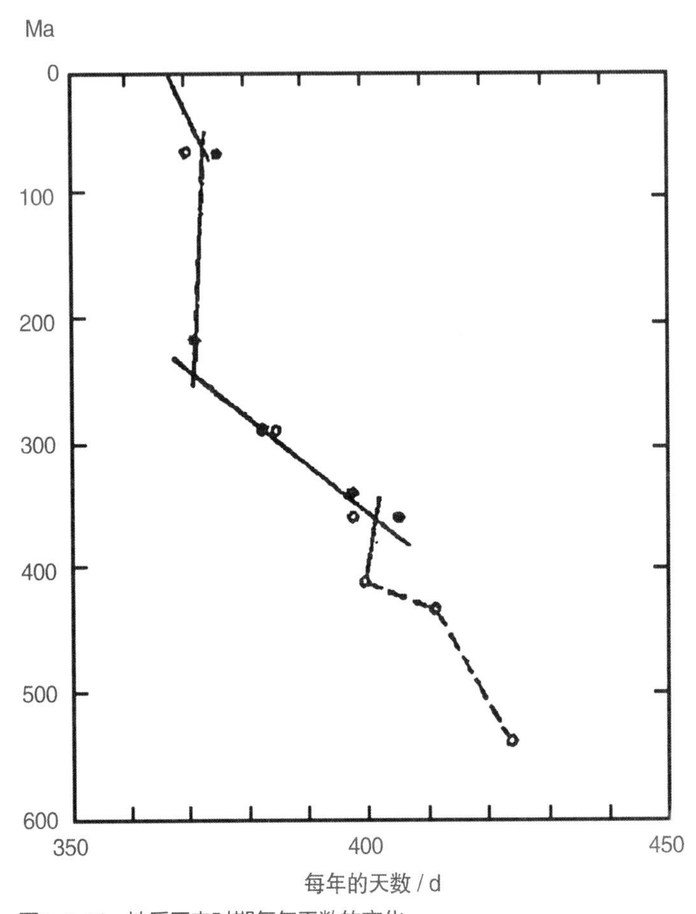

图5-6-14　地质历史时期每年天数的变化

Fig.5-6-14　Variation of days per year in geological histroy

叠层石是以蓝藻为主的微生物通过生长和代谢活动黏结沉积矿物颗粒而形成的生物沉积构造。白天阳光充足，藻类光合作用强，所以藻丝体向上生长，同时还会黏附周围颗粒物，形成亮纹层；夜晚光线弱，藻类的光合作用弱，藻丝体匍匐生长，形成暗纹层。一个亮纹层加上一个暗纹层，就等于藻类的一个日生长周期。因为叠层石生长在滨海环境，潮汐作用导致的水动力变化会改变沉积物的供给，致使藻类黏附颗粒物大小和数量的周期性变化，由于潮汐运动与地、月相对位置的周期性变化有关，因此藻类黏附颗粒物的周期性变化反映的是古代的月周期变化，加上藻类生长的趋光性，一年中随着太阳光直射点的移动，叠层石的生长在纵向上就会形成类似“S”形的形状，一个完整的“S”形就代表了一年的生长，是为年周期。

Cao等（1990）在中元古代雾迷山组发现一种藻席——*Pseudogymnosolen*叠层石交替生长的生物礁，该礁显示三级生长周期（图5-6-15）。通过研究和对巴哈马群岛现代叠层石生长周期的实地考察，作者将雾迷山组藻席—叠层石礁中的三级周期解释为由于日、月和季节性变化所致，并首次推算出12亿年以前地球上每个月为40 ~ 49天。Zhu等（2003）的研究再次证实在中元古代雾迷山组沉积时期地球上每个月超过42天，每天仅相当于现今16个小时，而屈原皋等（2004）对周口店地区铁岭组S型叠层石的形态特征研究得知，14亿年前地球的一年至少有（516 ± 20）天、（12.9 ± 0.5）个月，一个月有40天，一天只有（16.99 ± 0.66）小时。可以看出，几位学者通过对中元古代叠层石研究得出的

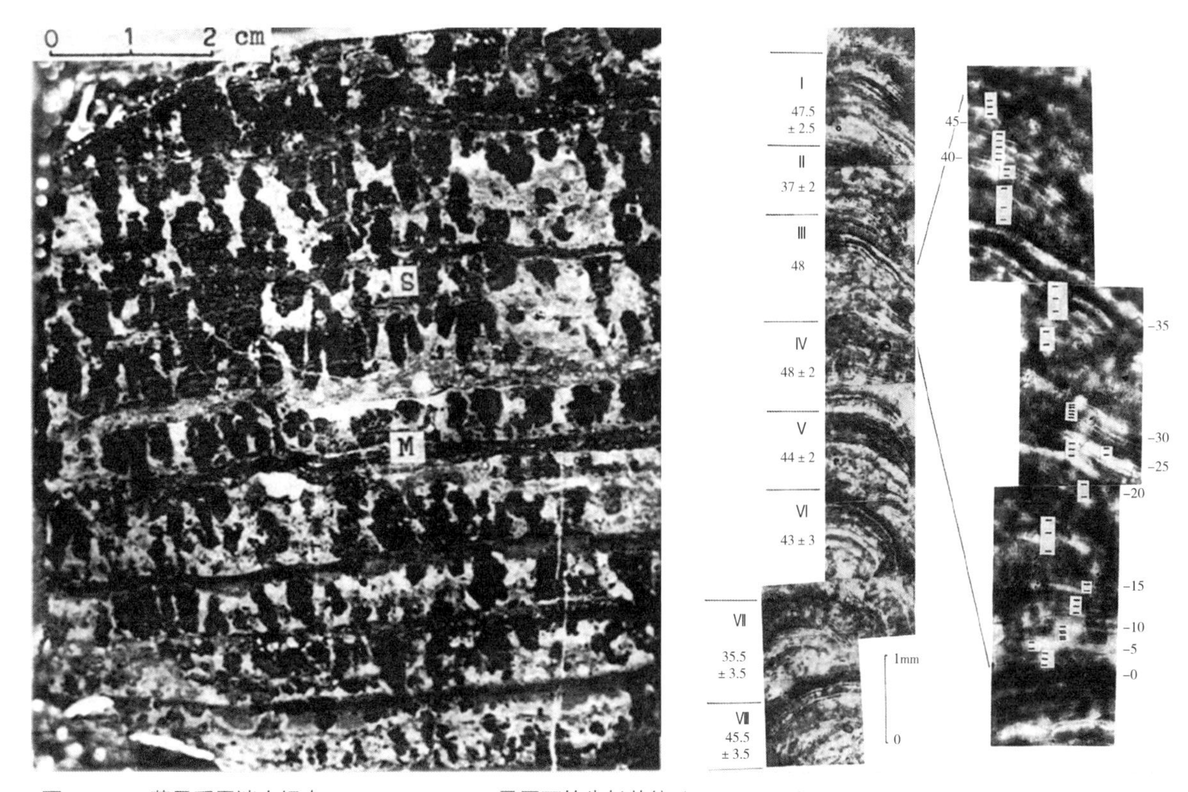

图5-6-15 蓟县系雾迷山组中*Pseudogymnosolen*叠层石的生长节律（Cao，1990）

Fig.5-6-15 Growth Rhythm of *Pseudogymnosolen* from the Wumishan Formation of the Jixian System (Cao, 1990)

左：微小叠层石光片，显示叠层体和藻席层的交互；右：薄片放大后显示的叠层石纹层对及其可能生物节律

初步结果至少反映了叠层石作为“古生物种”的可能性，并且自中新元古代，地球自转速率是逐渐变慢的，当时一年的天数和一个月的天数都明显高于寒武纪。当然，具体的地球自转变化速率变化的大小，还需要进一步的研究、探讨。

伊海生等（2010）对采自青藏高原北部渐新统雅西措组中的湖湘叠层石样品进行了研究，通过切面观察和薄片鉴定，确定这些叠层石具有典型的富藻生物纹层和富屑碎屑纹层交替的显微结构特征，纹层生长带呈阶段式波状和柱状产出。根据功率谱分析结果，认为叠层石纹层层偶为年际生长纹层，纹层层偶的厚度变化与太阳黑子活动的11年天文周期具有一定的联系，提出湖相环境中叠层石的生长节律记录了太阳活动驱动的气候与环境变化的信息。本文作者在对产自陕西洛南中元古代微小叠层石进行研究后也曾辨识出9～11个的纹层对的周期变化，是否代表太阳黑子的天文周期有待进一步探讨。

6.7 前寒武纪 — 寒武纪界线叠层石组合研究

早寒武世早期的叠层石组合前人鲜有系统研究和报道，曹仁关（1996）首次描述了云南晋宁梅树村梅树村组下部浅灰色厚层层纹状含磷结核砂质白云岩层中磷块岩中的叠层石，并建立了2个新属种*Parmites jinningensis* Cao和*Microstylus kunyangensis* Cao。其中前者为：柱—层状叠层石，礁体由不同形态、彼此紧密靠近的小柱体组成，由下向上扩大，柱体经常分叉，又相互连结．整个呈灌木丛状。后者产于磷块岩底部，呈礁状，厚1.5～3 cm。叠层石属微小叠层石类，呈细小圆柱状，紧密平行排列，垂直或微斜交岩层分布，高 1.5～3 cm。宽 0.8～1.3 cm，一般为1cm。

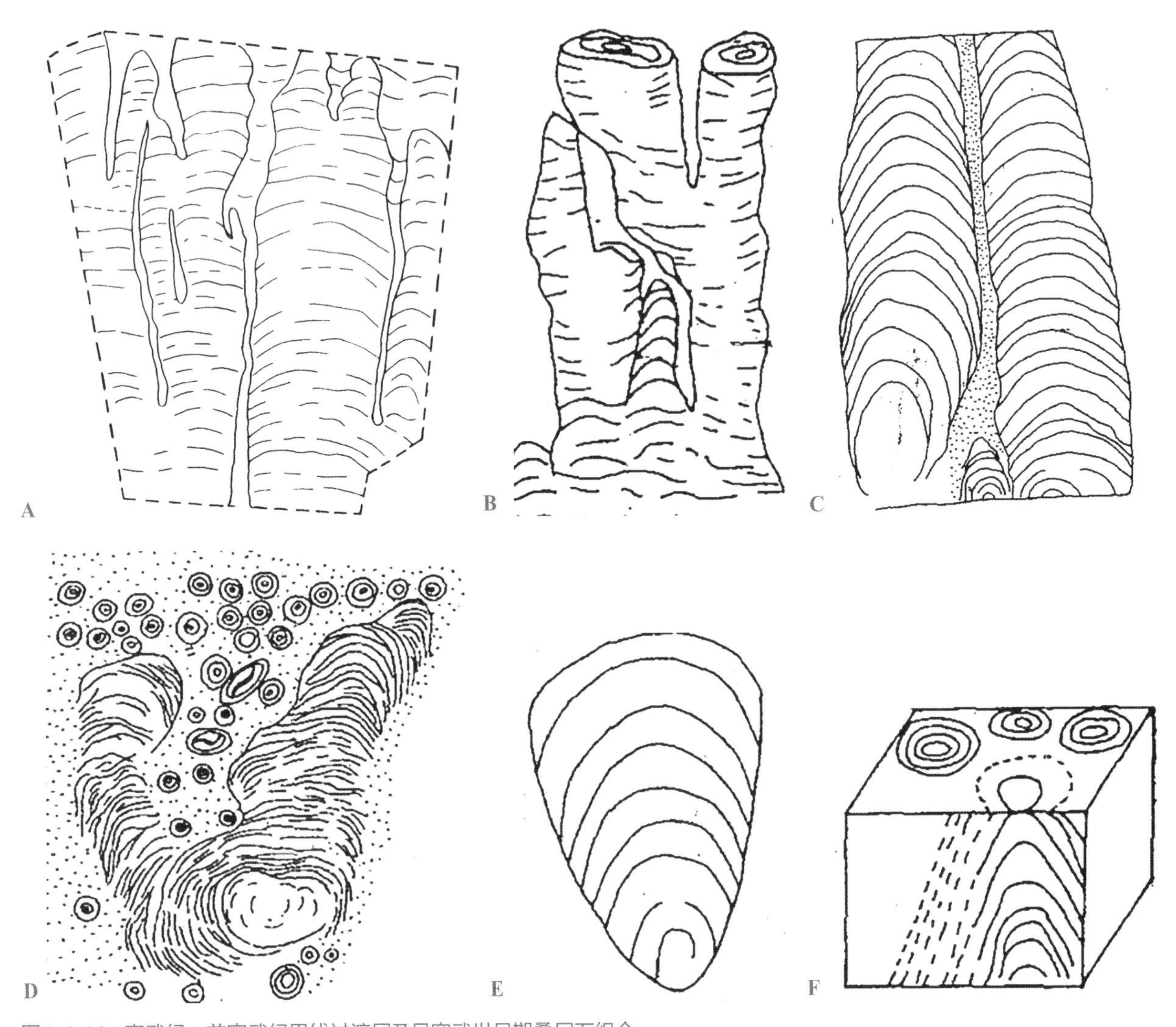

图5–6–16　寒武纪—前寒武纪界线过渡层及早寒武世早期叠层石组合

Fig.5–6–16　Stromatolite assemblages from the Cambrian-precambrian transitional zone and the early Cambrian

A. *Collumnaefacta vulgaris* Sidorov；B. *Aldania* （*Jurusanla*） *mussoorice* Tewari；C. *Boxonia gracilis* Korolyuk；D. *Compactocollenia* Korolyuk；E. *Colleniella* Korolyuk；F. *Conophyton duimalacus* Tewari

印度小喜马拉雅地区Tal组下段之下的Krol组，产有早寒武世早期与梅树村期第一小壳化石带*Anabarites–Circotheca–Protohertzina*组合带的多门类小壳化石（Brasier and Singh，1989），Tal组下段硅质磷块岩中则含有*Protohertzina*, *Circotheca*, *Trapezotheca*, *Anabarites*, *Sachites*等，从其产出方式看，Krol组可能可以和灯影组小歪头山段对比，而Tal组下段则相当于中谊村段。在印度小喜马拉雅地区Tal组下段燧石–磷灰岩段发现和报道了包括*Collumnaefacta vulgaris*, *Aldania* （*Jurusanla*） *mussoorice*, *Boxonia gracilis*, *Compactocollenia*, *Colleniella*, *Conophyton duimalacus*, *Stratifera*等（Tewari，1984a, b，1989，1991，1993b，1996；Tewari and Mathur，2003），在较高的Tal组中、上段则出现了*Ilicta talica*, *Collumnaefacta korgaiensis*, *Aldania birpica*等，这些叠层石类型在俄罗斯西伯利亚地台东部的早寒武世地层中也有报道，代表了早寒武世早期最为多样化的叠层石组合类群。

表 5-6-3 小喜马拉雅地区前寒武纪-寒武纪界线附近叠层石组合(据Tewari，1993)
Table. 5-6-3 Stromatolite assemblages near the Precambrian-Cambrian boundary in the Little Himalayas (After Tewari，1993)

叠层石组合带	时代	代表性化石组合	主要叠层石类群
组合 3	早寒武世早期	*Llicta*	*Llicta talica*、*Collumnoefocta korgoiensis*、*Aldonia birpico*
组合 2	过渡层 (TOMMOTIAN)	*Collumnaefocta-Boxonia*	*Collumnaefocta vulgaris*, *Boxonia gracilis*, *Aldonia mussoorica*, *Colleniella*, *Acaciella*, *Compactocollenia*, *Conophyton durmalacus*, *Conophyton* sp.
组合 **1**	晚里菲期	*Yugmophyton*	*Yugmaphyton*、*Minicolurnella.Stratifera*、*Conophyton*、*Tungussia*

西伯利亚地台文德末期有一以穹形和层状叠层石为主的叠层石组合，主要类群包括 *Paniscollenia* Korolyuk, *Irregularia* Korolyuk, *Stratifera*, *Linocollenia*, *Colleniella singularis* Korolyuk及*Boxonia*（？）*aranulosa* Korolyuk等，另外还有少量*Conophyton*（*Conophyton goubitza* Krylov）和微小类型叠层石。一些柱—层状叠层石，如 *Collumnaefacta* Korolyuk. *Patomia* Krylov, *Aldania* Krylov, *Jurusania aldanica* Shenfil 等在寒武纪—前寒武纪界线附近的文德末期也有发现，但它们在寒武纪最早期的地层中（Tommotian期）十分丰富，并且分布广泛（Korolyuk，1966；Krylov et al.，1981）.

6.8 梅树村剖面相关叠层石描述(中英文)

本文叠层石的分类，完全依据对叠层石形态学特征的归纳，采用曹瑞骥和袁训来（2006）提出的分类方法。

宏体叠层石类 **Macrostromatolites**

（柱体直径＞ **1 cm**，通常为 **1** ～ **5 cm**，少数超过 **20 cm**）

层叠层石纲 **Stratiformati**

层叠层石科 **Stratiferaaceae Raaben and Sinha，1989**

层叠层石属 ***Stratifera*** **Korolyuk，1956**

层叠层石（未定种）***Stratifera*** **sp.**（图 **5-6-17**）

描述：叠层体为层状，基本层呈波状，上凸部分高2 ~ 3.5 cm，呈半球形或强凸的穹形，横断面呈椭圆形，长轴6 ~ 7 cm，短轴4.5 ~ 5.5 cm；凸起之间部分很少见有平缓下凹，多平坦。基本层继承形一般，凸起部分相对好。基本层硅化现象较为普遍。

讨论：*Stratifera*的层理横向长距离展布，或平坦，或波纹状起伏，凸度低，仅为几毫米到数厘米，从其概要纵断面推测，*Stratifera*属形成期间水位极浅，可视为潮间带上部至潮上带环境的指示器（Cao et al.，2006），通常形成于周期性暴露的环境（Awramik，1984）。

产地和层位：云南晋宁，梅树村剖面，下寒武统。

Description: Stratified stromatolite, hemispherical or strongly convex domical in shape. The basic layer is wavy, and the upper convex part is 2 ~ 3.5 cm high. Consistence in inheritance of the basic layers. Silicification of basic layers is common.

Remarks: Horizontally distributed in long-distance, either flat or corrugated in lamination, with low convexity ranging from a few millimeters to several centimeters. From its profile, it is inferred that *stratifera* was extremely shallow during its formation, and can be regarded as an indicator of the environment from the upper intertidal zone to the supratidal zone （Cao et al., 2006）, and periodically exposed environments （Awramik, 1984）.

Occurrence: Zhongyicun Member, Lower Cambrian, Meishucun section, Jinning, Yunnan.

Key references: Cao et al., 2006

聚环叠层石 *Collenia* Walcott, 1914

波曲聚环叠层石 *Collenia undosa* Walcott, 1914（图 5-6-18）

描述：群体为多少有些不规则的穹隆状或半球状，有时大致呈球状纹层体，常呈大致凹凸状。外表呈葡萄状，大多数叠层体直径7～10 cm，个别达30 cm。

产地和层位：云南晋宁，梅树村剖面，下寒武统。

Description: Somewhat irregular domical-or hemispherical in shape, with roughly spherical laminations,

图5–6–17　A, B. 层叠层石（未定种）
Fig.5–6–17　*Stratifera* sp.

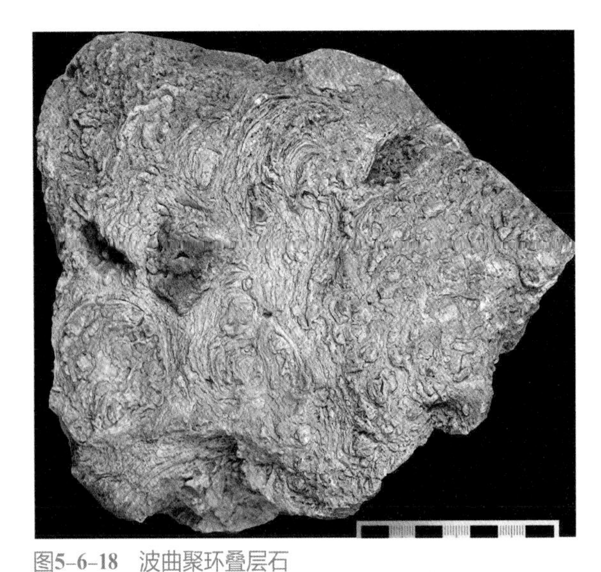

图5–6–18　波曲聚环叠层石
Fig.5–6–18　*Collenia undosa* Walcott, 1914

concave and convex. The appearance is grape-like. Most of the laminae are 7 ~ 10 cm in diameter, and some are up to 30 cm in diameter.

Occurrence：Zhongyicun Member, Lower Cambrian, Meishucun section, Jinning, Yunnan

柱 - 箱状叠层石（宽与高近似的一类柱状叠层石）

阿纳瑞柱箱状叠层石 *Linocollenia anaria* Korolyuk，1960（图 5-6-19）

描述：巨大箱状柱体，直径0.1 ~ 0.5 m，高0.2 ~ 0.5 m，有时高小于直径。微层理：在风化表面上可清楚地见到几mm的颇粗的层理。可明显的分出主体层和附加层。主体层延伸到整个构造体，厚度无明显变化。微层形成广阔平坦的穹隆，其边缘部分陡急弯曲，但不高，*h*/*d*=0.1。

讨论：以比较大的个体和相当粗糙的层理而有别于其他叠层石。而其箱状形态有些类似*Collenia undosa*，而区别在本类具特征的壁。

产地和层位：云南晋宁，梅树村剖面，纽芬兰统。

Columnar-boxystromatolites (Columnar Stromatolites with approximate width and highth)

Description: Huge box-shaped column，0.1 ~ 0.5 m in diameter，0.2 ~ 0.5 m in height, sometimes height is less than diameter. Laminations about several millimeters thicker can be clearly observed on the weathered surface. The main layer and the additional layer can be well distinguished. The thickness of the main layer extends to the whole column without obvious change. The microlayer forms a broad flat dome with steep bending but without high edge, *h*/*d*=0.1.

Remarks: It differs from other stromatolites in terms of larger individuals and relatively rough laminations. Its box shape is somewhat similar to *Collenia undosa*, but different from its characteristic wall.

Occurrence: Yuhucun Formation, Terreneuvian, Meishucun section, Jinning, Yunnan.

Key references: Korolyuk，1960

图（Fig.）5-6-19　*Linocollenia anaria* Korolyuk，1960

球叠层石纲 **Sphaerati**

卷心菜叠层石科 **Cryptozoonaceae Cao and Yuan，2006**

卷心菜叠层石属 ***Cryptozoon* Hall，1883**

卷心菜叠层石（未定种）***Cryptozoon* sp.**（图 **5-6-20**）

描述：叠层体扁球形，纵断面观察到一扁球形单个柱体，直径5 cm以上，高4 cm以上。柱体不分叉，基本层在基部呈平缓穹形。向上逐渐变为陡峭穹形，上部层理包裹下部层理，最外部层理呈平缓穹状。

产地和层位：云南晋宁渔户村组，梅树村剖面，下寒武统。

Description: Oblate spherical in profile, and a single flat spherical cylinder with a diameter of more than 5 cm and a height of more than 4 cm is observed in the longitudinal section. The column does not bifurcate, and the basic layer is flat dome at the base. The upper bedding encloses the lower bedding, and the outermost bedding appears as a flat dome.

Occurrence: Yuhucun Formation, Lower Cambrian, Meishucun section, Jinning, Yunnan.

Key references: Cao Ruiji et al.，2006

图5-6-20 卷心菜叠层石（未定种）

Fig. 5-6-20 *Cryptozoon* sp.

柱叠层石（Columnar Stromatolites）纲 Columellati
不分叉柱叠层石类（Non-branching columnar Stromatolites）
锥叠层石科 Conophytonaceae Raaben, 1969
圆柱叠层石属 *Colonnella* Komar，1964（图 5-6-21）

描述：不分叉柱状叠层石，柱体呈规则的次圆柱状，通常垂直生长，基本层为稳定的半球形拱状。

讨论：以不分叉和规整的微构造区分除*Conophyton*外所有柱状叠层石。

产地和层位：云南晋宁渔户村组，梅树村剖面，下寒武统。

Description: Non-branching columnar stromatolites with stable hemispherical lamination, usually grow vertically.

Remarks: Distinguishing all columnar stromatolites except *Conophyton* by unbranched and regular microstructures.

Occurrence: Yuhucun Formation, Lower Cambrian, Meishucun section, Jinning, Yunnan.

Key references: Komar，1964

图5-6-21　A-C. 圆柱叠层石属（未定种）
Fig. 5-6-21　*Colonnella* sp.

分叉柱叠层石目（Branching Columnar Stromatolites） Ramificolumllati
印卓尔叠层石科 Inzeriaaceae Cao et Yuan，2006
印卓尔叠层石属 *Inzeria* Krylov，1963（图 5-6-22）

描述：叠层体由主动式分叉的柱体组成。柱体呈次圆柱状，即柱体主要部分为圆柱状，基部常收缩和弯曲。柱体之中出现一些壁龛，新的柱体着生在壁龛之中。柱体多分或二分枝，叉枝形态多变。柱体与叉枝平行生长。叠层体多半垂直层面分布，在分叉处明显增宽。从柱体基部至顶部，柱体直径相继递减。柱体横断面圆形，多棱角圆形，叶形。柱体表面不规正，具横肋，偶具瘤。层理呈穹形至陡削穹形，层理本身光滑或波纹状，偶见锥形层理。多数层理抵达柱体边缘即终止，部分层理延伸过程中向下卷曲，形成不协调的壁。在每个叠层体中，单个柱体的直径变化甚大。

讨论：以上属征主要根据Raaben et al.（2001）的最新总结。早先认为，该属柱体块茎状，不规则，具横肋。柱体横断面圆形或卵形。叉枝复杂而罕见，即几个新的狭窄的柱体从同一母柱体侧向分出。柱体基部偶然收缩。主柱体不间断地生长，但其中出现壁龛式空洞，新柱体生长在壁龛之中。柱体侧表面微崎岖。层理呈不同角度抵达柱体边缘，并在不同距离内终止，形成横肋。少数层理相互重叠。帽檐小，少见（Krylov，1963，p.74）。

本属以不规则的柱体形态，具横肋的表面和具壁龛等特点区别于*Gymnosolen*、*Katavia*或*Minjaria*属。本属在柱体形态和侧部特征方面与*Baicalia*和*Kussiella*属存在一定相似性，但前者具壁龛式分叉的特点，明显区别于后者。

产地和层位：云南晋宁，梅树村剖面，下寒武统。

Description: Positively bifurcated, subcylindrical cloumn, with the base often shrinking and bending. Niches are well developed, and new branches are often born in the niches. The column has two or more branches, and the shape of the branches is variable. Branches parallel to the mother columnar. From the base to the top of the column, the diameter of the column decreases successively. Cross-section is circular, polygonal or angular-shaped. The surface of the column is irregular, with transverse ribs and occasional tumors. The lamination is domical to steep domical.smooth or corrugated, with occasional conical. The diameter of a single cylinder varies greatly.

图5-6-22 印卓尔叠层石属（未定种）
Fig.5-6-22 *Inzeria* sp.

Remarks: The above generic signs are mainly based on the latest summary of Raaben et al.（2001）. It was previously believed that the genus is tuberous or irregular in column, with transverse ribs. The cross section of the column is round or oval. Branches are complex but rarely, laterally from the same parent column, with the base contracted accidentally. The main column grows uninterruptedly, but with niche-like holes in it. The new branch grows in the niche. The side surface of the cylinder is slightly rugged. The cap eaves are small and not so common（Krylov，1963，p.74）。

This genus is distinguished from *Gymnosolen*, *Katavia* or *Minjaria* by its irregular columnar shape, ribbed surface and niches. This genus has some similarities with *Baicalia* and *Kussiella* in terms of columnar morphology and lateral characteristics, but the former has the characteristics of bifurcation in niche, which is obviously different from the latter.

Occurrence: Yuhucun Formation, Lower Cambrian, Meishucun section, Jinning, Yunnan.

Key references: Komar，1963；Raaben et al.，2001；Cao et al.，2006

蓟县叠层石科 Chihsienellaaceae Cao et Yuan，2006

包克松叠层石属 *Boxonia* Korolyuk，1960

包克松叠层石（未定种）*Boxonia* sp.（图 5-6-23）

属型：*Boxonia gracilis* Korolyuk，俄罗斯西伯利亚包克松（Boxon）河流域；上里菲系包克松组，并延续到寒武纪早期。

描述：叠层体由规则的次圆柱体组成。柱体具简单平行式分叉，较粗的母柱体在不增宽的情况下，分为2～3个相互平行的子柱体。母柱体宽2.5～4 cm。而子柱体一般为1～3 cm。同一柱体的宽度较稳定，在生长过程中其直径变化不大。柱体不弯曲，垂直地层层面生长。柱体侧表面光滑，见不到檐和连层，具壁或多层壁。

讨论：*Boxinia*属与*Alternella*，*Minjaria*和*Gymnosolen*3个属最为相似，主要区别在于本属具多层壁。*Boxonia*属与*Gymnosolen*属的另一重要区别是前者叠层体中缺少加宽平行式分叉。

产地和层位：云南晋宁渔户村组，梅树村剖面，下寒武统。

Description: Subcylindrical column, with simple parallel bifurcation, and the thicker mother column is divided into two or three parallel columns without widening. The mother column is 2.5～4 cm, and daughter column are generally 1～3 cm in diameter. The diameter of the columns are rather stable during the growth process. The column does not bend and grows vertically at the stratum level. The side surface of the column is smooth, without eaves and connecting layers, but with multi-layered walls.

Remarks: *Boxinia* is similar to *Alternella*, *Minjaria* and *Gymnosolen*, but differs a great deal in its multi-layered walls. Another important difference between *Boxonia* can tell a difference from *Gymnosolen* is the absence of widened parallel bifurcationsin the lamination of the former.

Occurrence: Yuhucun Formation, Lower Cambrian, Meishucun section, Jinning, Yunnan.

Key references: Cao et al.，2006

图5-6-23 包克松叠层石（未定种）
Fig. 5-6-23 *Boxonia* sp.

裸枝叠层石科 Gymnosolenaceae Raaben，1969

裸枝叠层石属 *Gymnosolen* Steinmann，1911

裸枝叠层石（未定种）*Gymnosolen* sp.（图 5-6-24）

模式种： *Gymnosolen ramsayi* Steinmann，俄罗斯北部卡伦（Kanin）半岛，上里菲系芦斗伟汀海角（Cape Ludovatiy）组。

描述： 叠层体为直立、平行的柱体。柱体不弯曲，或仅在基部微弯曲，常呈规则的椭圆柱状。柱体主动分叉，分叉前柱体微增宽。分叉频繁，二分至多分。分枝间的间隔不等距，叉枝平行。层理以陡峭穹形为主，常遮盖柱体边缘。普遍具壁。柱体表面光滑，偶见低起伏的瘤。

产地和层位： 云南晋宁渔户村组，梅树村剖面，下寒武统。

Description: Vertical and parallel columns without bending, or only slightly bending at the base. Positive bifurcation and slightly widened before branching. Bifurcation is frequent, two to more times. The spacing between branches is unequal and parallel. The lamination is generally steep domical, and often covering the edge of the column. The surface of the column is smooth and generally walled.

Occurrence: Yuhucun Formation, Lower Cambrian, Meishucun section, Jinning, Yunnan.

Key references: Cao et al.，2006

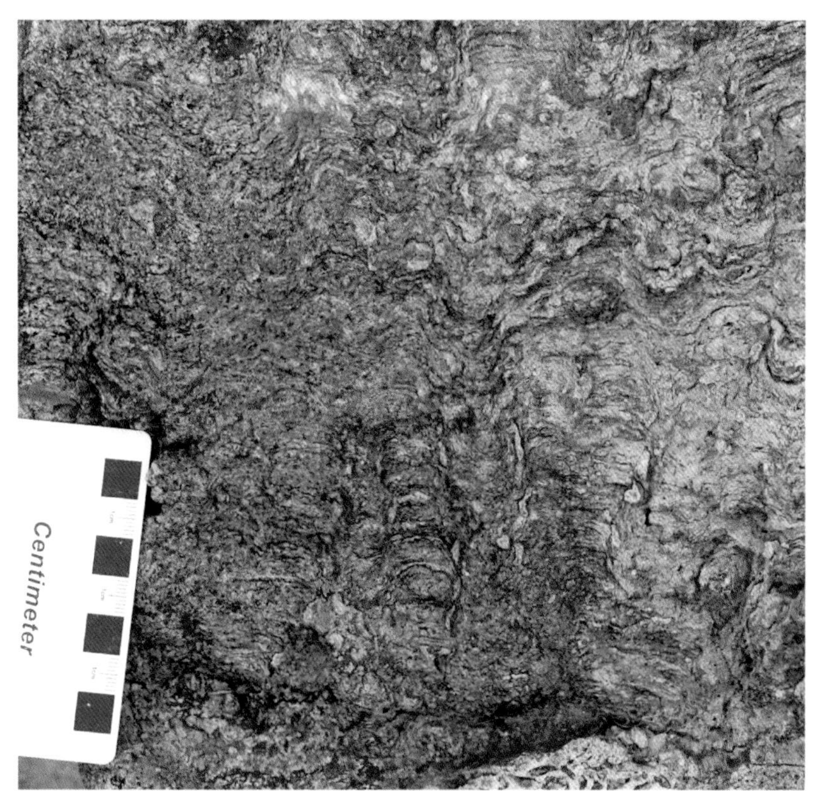

图5-6-24　裸枝叠层石（未定种）
Fig. 5-6-24 ***Gymnosolen*** **sp.**

（华　洪）

主要参考文献

[1] ALLWOOD A C, WALTER M, Kamber B, et al.Stromatolite reef from the early Archaean era of Australia[J]. Nature, 2006(441): 714-718.

[2] ALLWOOD A C, WALTER M R, BURCH I W, et al. 3.43 billion-year-old stromatolite reef from the Pilbara Craton of Western Australia: ecosystem-scale insights to early life on Earth[J]. Precambrian Research, 2007(158): 198-227.

[3] AWRAMIK S M. Precambrian columnar stromatolite diversity: reflection of metazoan appearance[J]. Science, 1971(174): 825-827.

[4] AWRAMIK S M. Respect for stromatolites[J]. Nature, 2006(441): 700-701.

[5] BAUMGARTNER L K, REID R P, DUPRAZ C, et al. Sulfate reducing bacteria in microbial mats: changing paradigms, new discoveries[J]. Sediment Geol, 2006(185): 131-145.

[6] BAUMGARTNER L K, DUPRAZ C, BUCKLEY D H, et al. Microbial species richness and metabolic activities in hypersaline microbial mats: insight into biosignature formation through lithification[J]. Astrobiology, 2009(9): 861-874.

[7] BERTRAND-SARFATI J, MONTY C.(Eds.). Phanerozoic stromatolites Ⅱ[M]. Amsterdam: Elsevier, 1994: 1-471.

[8] BRASIER M D,GREEN O R, JEPHCOAT A P, et al. Questioning the evidence for Earth's oldest fossils[J]. Nature, 2002(416): 76-81.
[9] BEUKESN J, KLEIN C. 'Models for iron-formation deposition in Proterozoic biosphere'. in Schopf J W, Klein C. eds.The Proterozoic biosphere: a multidisciplinary study[M]. Cambridge, Cambridge University Press.1992: 147-151.
[10] BURNE R V, MOORE I S. Microbiolites: organosedimentary deposites of benthic microbial communities[J]. Palaios, 1987, 2(3): 241-254.
[11] CAO R J. Origin and order of cyclic growth patterns in mat-ministromatolite bioherms from the Proterozoic Wumishan Formation, North China[J]. Precambrian Research, 1990(52): 167-178.
[12] CLOUD P E. Atmospheric and hydrospheric evolution on the primitive earth[J]. Science, 1968(160): 729-736.
[13] DILL R F, SHINN E A, JONES A T, et al. Giant subtidal stromatolites forming in normal salinity waters[J]. Nature, 1986(324): 55-58.
[14] DRAVIS J J. Hardened subtidal stromatolites,Bahamas[J]. Science, 1983(219): 385-386.
[15] FAIRCHILD I. Origins of carbonate in Neoproterozoic stromatolites and the identification of modern analogues[J]. Precambrian Research, 1991(53): 281-299.
[16] FELDMANN M, MCKENZIE J A. Messinian stromatolite-thrombolite associations, Santa Pola, SE Spain: an analogue for the Palaeozoic?[J]. Sedimentology, 1997(44): 893-914.
[17] FISHER A G. Fossils,early life, and atmospheric history[J]. Proceedings of the National Academy o f Sciences of the United States o f America, 1965, 53(6): 1205-1215.
[18] FLÜGEL E, KIESSLING W. A new look at ancient reefs. in: K iessingW, Flügel E and Golonka J. ed s. Phanerozoic Reef Patterns. Soc. Econ. Paleon. Min. Special Publication, 2002(72): 1-50.
[19] GARRETT P. Phanerozoic stromatolites: noncompetitive ecologic restriction by grazing and burrowing animals[J]. Science, 1970(169): 171-173.
[20] GEBELEIN C D. Distribution, morphology, and accretion rate of recent subtide algal stromatolites[J]. Bermuda, J. Sedimentol. Petrol, 1969(39): 49-69.
[21] GROTZINGER J P. Geochemical modal for Proterozoic stromatolite decline[J]. Am. J. Sci., 1990, 290(A): 80-103.
[22] GROTZINGER J P. Trends in Precambrian carbonate sediments and their implication for understanding evolution. In S Bengtson, ed. Early Life on Earth[M]. New York: Columbia Univ. Press, 1994: 245-58.
[23] GROTZINGER J P,KNOLL A H. Stromatolites in Precambrian carbonates:evolutionary mileposts or environ mental dipsticks?[J]. Annu. Rev. Earth Planet. Sci., 1999(27): 313-358.
[24] HOFFMAN P F. Environmental diversity of middle Precambrian stromatolites, In:Walter M R(Ed). Stromatolites:Developments in sedimentology, 20. Elsevier:Amsterdam, 1976: 599-612.
[25] HOFFMAN P F. Pethei reef complex(1.9 Ga). Great Slave Lake, N.W.T. In Geldsetzer H H J, James N P, Tebbutt G E.(eds.). Reefs: Canada and Adjacent Areas. Calgary, Canada:Canadian Society of Petroleum GeologistsMemoir, 1988, 13:9-12.
[26] HORODYSKI R J. Stromatolites of the upper Siyeh limestone(Middle Proterozoic)[J]. Belt Supergroup, Glacier National Park, Montana, Precambrian Res., 1976, 3(6):517-536.
[27] KEMPE S. Alkalinity: the link between anaerobic basins and shallow water carbonates?[J].

Naturwissenschaften, 1990(77): 426-427.
[28] KEMPE S, KAZMIERCZAK J. Chemistry and stromatolites of the sea-linked Satonda Crater Lake, Indonesia: a recent modal for the Precambrian sea?[J]. Chemical Geology, 1990(81): 299-310.
[29] KEMPE S, KAZMIERCZAK J. The role of alkalinity in the evolution of ocean chemistry, organization of living systems, and biocalcification processes. In Doumenge, F.(ed.). Past and Present Biomineralization Processes. Considerations about the Carbonate Cycle[J]. Monaco: Bulletin de l'Institut Océanographique, no. spec. 1994(13): 61-117.
[30] KNOLL A H. Neoproterozoic evolution and environmental change. In: Bengtson S.(ed.),Early life on Earth. Nobel symposium No.84. Columbia U.P., New York, 1994: 439-449.
[31] KNOLL A H, HAYES J M, KAUFMAN A J, et al. Secular variation in carbon isotope ratios from Upper Proterozoic successions in Svalbard and East Greenland[J]. Nature, 1986(321): 832-838.
[32] KNOLL A H, SEMIKHATOV M A. The genesis and time distribution of two distinctive Proterozoic stromatolite microstructures[J]. Palaios, 1998(13): 408-422.
[33] KRYLOV I N. Columnar branching stromatolites of Riphean beds of the southern Urals and their significance for the stratigraphy of the Upper Precambrian, Akad. Nauk. SSSR. Geol. Inst., Tr, 1963(69): 1-133.
[34] LEE SEONG-JOO, KATHLEEN M B, GOLUBIC S. On stromatolite lamination, Riding R.E. and Awramik S.M.(Eds) Microbial sediments, Springer-verlag Berlin Heidelberg, 2000.
[35] LOGAN B W, REGAK R, GINSBURG R N. Classification and environmental significance of algal stromatolites[J]. J. Geol., 1964(72): 68-83.
[36] LOWE D R. Abiological origin of described stromatolites older than 3.2 Ga[J]. Geology, 1994(22): 387-390.
[37] MANN C J, NELSON W M. Microbialitic structures in Storr's Lake, San SalvadorIsland, Bahama Islands[J]. Palaios, 1989(4): 287-293.
[38] MONTY C L V. Precambrian background and Phanerozoic history of stromatolitic communities: an overview[J]. Ann. Soc. Geol. Belg, 1973(96): 585-264.
[39] NOFFKE N, ARAWMIK S M. Stromatolites and MISS-differences between relatives[J]. GSA Today, 2013, 23(9):4-9.
[40] PANNELLA G. Paleontological evidence on the earth's rotational history since early Precambrian, Astrophys[J]. Space Sci., 1972(16): 212-237.
[41] PLAYFORD P E,COCKBAIN A E. Modern algal stromatolites at Hamelin Pool, a hypersaline barred basin in Shark Bay, Western Australia, In: Walter M R.(Ed.).Stromatolites, Developments in Sedimentology, 20. Elsevier, Amsterdam, 1976: 389-411.
[42] PRATT B R. Stromatolite decline:a reconsideration[J]. Geology, 1982(10): 512-515.
[43] PRATT B R, JAMES N P. Cryptalgal-metazoan bioherms of Early Ordovician age in the St. George Group, Western Newfoundland[J]. Sedimentology, 1982(29): 543-569.
[44] RASMUSSEN K A, MACINTYRE I G, PRUFERT L E. Modern stromatolite reefs fringing a brackish coastline, Chetumal Bay, Belize[J]. Geology, 1993(21): 199-202.
[45] REID R P, MACINTYRE I G, BROWNE K M, et al. Modern marine stromatolites in the Exuma Cays, Bahamas: uncommonly common[J]. Facies, 1995(33): 1-18.

[46] REID R P, VISSCHER P T, DECHO A W, et al. The role of microbes in accretion, lamination and early lithification of modern marine stromatolites[J]. Nature, 2000, 406(6799): 989-992.

[47] Reitner J, Paul J, Arp G, et al. LakeThetis Domal Microbialites–a Complex framework of calcified biofilms and organomicrites(Cervantes, Western Australia)[R]// REITNER, J, NEUWEILER, F, GUNKEL F. Global and Regional Controls on Biogenetic Sedimentation. I. Reef Evolution.Research Reports. Göttingen: Göttinger Arb. Geol. Paläont., Sonderband, 1996(2): 85-89.

[48] RIDING R. Skeletal stromatolites[M]// (E. FLÜGEL)Fossil Algae, Recent Results and Developments. Berlin: Springer-Verlag, 1977: 57-60.

[49] RIDING R. Microbial carbonates: The geological record of calcified bacterial-algal mats and biofilms[J]. Sedimentology, 2000(47): 179-214.

[50] RIDING R. Structure and Composition of organic reefs and carbonate mud mound: Concepts and Categories[J]. Earth-Science Reviews, 2002(58): 163-231.

[51] RIDING R. Microbial carbonate abundance compared with fluctuations in metazoan diversity over geological time[J]. Sedimentary Geology, 2006(185): 229-238.

[52] SCHUBERT J K, BOTTJER D J. Early Triassic stromatolites as post-mass extinction disaster forms[J]. Geology, 1992(20): 883-886.

[53] SEPKOSKI J J, SCHOPF J W. Biotic diversity and rates of evolution during Proterozoic and earlier Phanerzoic time[M]// Schopf J W, Klein C. eds.The Proterozoic biosphere: a multidisciplinary study. Cambridge, Cambridge University Press, 1992: 521-566.

[54] SWEET K, KNOLL A H. Stromatolitic bioherms and microphytolites from the late Proterozoic Draken Conglomerate Formation, Spitsbergen[J]. Precambrian Research, 1985(28): 327-347.

[55] VERRECCHIA E P, FREYTET P, VERRECCHIA K E, et al. Spherulites in calcrete laminar crusts: biogenic $CaCO_3$,precipitation as a major contributor to crust formation[J]. Journal of Sedimentary Research, 1995(A65): 690-700.

[56] VISSCHER P T, REID R P, BEBOUT B M. Microscale observations of sulfate reduction: Correlation of microbial activity with lithified micritic laminae in modern marine stromatolites[J]. Geology, 2000, 28(10): 919-922.

[57] WALTER M R. Stromatolites(Developments in sedimentology, 20)[M]. Elsevier: Amsterdam, 1976: 1-790.

[58] WALTER M R, HEYS G R. Links between the rise of the Metazoa and the decline of stromatolites[J]. Precambrian Research, 1985(29): 149-174.

[59] XIAO S H, KNOLL A H, KAUFMAN A J, et al. Neoproterozoic fossils in Mesoproterozoic rocks? Chemostratigraphic resolution of a biostratigraphic Coundrum from the North China Platform[J]. Precambrian Research, 1997(84): 197-220.

[60] YIN L M, YUAN X L, MENG F W, at al. Protists of the Upper Mesoproterozoic R uyang Group in Shanxi Province, China[J]. Precambrian Research, 2005(141): 49-66.

[61] YIN L M, YUAN X L. R adiation of Meso-Neoproterozoic and early Cambrian protists inferred from the microfossil record of China[J]. Palaeogeography, Palaeoclimatology, Palaeoecology, 2007(254): 350-361.

[62] ZHANG Y, HOFMANN H J. Precambrian Stromatolites: image analysis of lamina shape[J]. Journal of

Geology, 1982(90): 235-268.
[63] 曹瑞骥, 袁训来. 叠层石[M]. 合肥:中国科学技术大学出版社, 2006: 1-383.
[64] 曹瑞骥, 袁训来. 中国叠层石研究进展[J].古生物学报, 2009, 48(3): 314-332.
[65] 曹瑞骥, 袁训来, 肖书海. 论锥叠层石群(*Conophyton*)的形态发生——对苏北新元古代九顶山组一个似锥叠层石的剖析[J]. 古生物学报, 2001, 40(3):318-329.
[66] 钱迈平. 苏、皖北部震旦纪叠层石及其沉积环境学意义[J]. 古生物学报, 1991(5): 616-629.
[67] 胡云绪, 付嘉媛. 陕西洛南上前寒武系高山河组的微古植物群及其地层意义[J].中国地质科学院西安地质矿产研究所所刊, 1982(4): 102-113.
[68] 翦万筹, 邱树玉, 刘洪福, 等. 华北地台西南缘上前寒武系的划分和对比[M]// 华北地台西南缘的上前寒武系. 西安:西北大学出版社, 1990: 1-12.
[69] 邱树玉,梁玉左,曹瑞骥,等.晚前寒武纪叠层石及相关沉积矿产[M].西安:西北大学出版社,1992:1-168.
[70] 邱树玉, 刘洪福. 小秦岭地区(陕西境内)晚前寒武纪的叠层石及其地层意义[J]. 西北大学学报（前寒武纪地质专辑）, 1982: 127-159.
[71] 邱树玉, 刘洪福. 陕西陇县、岐山一带晚前寒武纪小型叠层石的研究. 西北大学地质系成立四十五周年学术报告会论文集[C]. 西安: 陕西科学技术出版社,1987: 68-76.
[72] 国家地质总局天津地质矿产研究所, 中国科学院南京地质古生物研究所, 内蒙自治区地质局. 蓟县震旦亚界叠层石的研究[M]. 北京:地质出版社, 1979: 1-94.
[73] 梁玉左, 曹瑞骥, 张录易. 晚前寒武纪假裸枝叠层石[M]. 北京: 地质出版社, 1984: 1-200.
[74] 屈原皋, 解古巍, 龚一鸣. 10亿年前的地−日−月关系: 来自叠层石的证据[J]. 科学通报, 2004, 49(20): 2083-2089.
[75] 沈冰, 文彦君, 白志强. 应用古生物钟探索地外撞击事件[J]. 北京大学学报(自然科学版), 2001, 37(4):508-514.
[76] 苏文博, 李怀坤, 徐莉, 等. 华北克拉通南缘洛峪群—汝阳群属于中元古界长城系:河南汝州洛峪口组层凝灰岩锆石LA-MC-ICPMS U-Pb 年龄的直接约束[J]. 地质调查与研究, 2012, 35(2) : 96-108.
[77] 朱士兴, 曹瑞骥, 赵文杰, 等. 中国震旦亚界蓟县层型剖面叠层石的研究概要[J].地质学报, 1978, (3): 209-221.
[78] 邢裕盛, 段承华, 梁玉左, 等. 中国晚前寒武纪古生物[M]// 中华人民共和国地质矿产部地质专报. 二. 地层古生物. 第2号. 北京:地质出版社, 1985: 1-243.
[79] 尹崇玉, 高林志. 华北地台南缘汝阳群白草坪组微古植物及地层时代探讨[C].地层古生物论文集, 1999, 27 : 81-94 .
[80] 尹凤娟, 邱树玉, 张长年. 对陕、晋、豫交界地区蓟县纪早期地层的新认识[C]// 西北大学地质系成立四十五周年学术报告会论文集. 西安:陕西科学技术出版社, 1987: 14-24.
[81] 尹磊明, 袁训来. 论山西中元古代晚期汝阳群微体化石组合[J]. 微体古生物学报, 2003, 20(1) : 39-46.
[82] 伊海生, 时志强, 杨伟, 等. 湖相叠层石纹层生长节律记录的天文周期信号[J]. 沉积学报, 2010, 28(3): 405-411.
[83] 赵文杰, 杨道政, 吕学淼, 等. 湖北大洪山地区元古代地层和叠层石[M]// 曹瑞骥. 扬子区上前寒武系. 南京: 南京大学出版社, 1989: 95-147.

7 牙形类化石

7.1 牙形类概述

牙形石（conodonts）又名牙形刺，泛指具有各种各样尖齿或锯齿状物的古代动物遗体。牙形石也可能是一类已经绝灭的海生动物的骨骼或器官所形成的微小化石。此类动物的特点有：由薄层、白色物质和基底充填的3部分组成内部构造；薄层及白色物质构成牙形石分子本体，加上基底填充组成1个全牙形石分子，但基底填充不易保存为化石。根据牙形石分子的不同形态，大致可分为以下几类：①锥型分子；②分枝型分子；③耙型分子；④梳型分子（图5–7–1）。

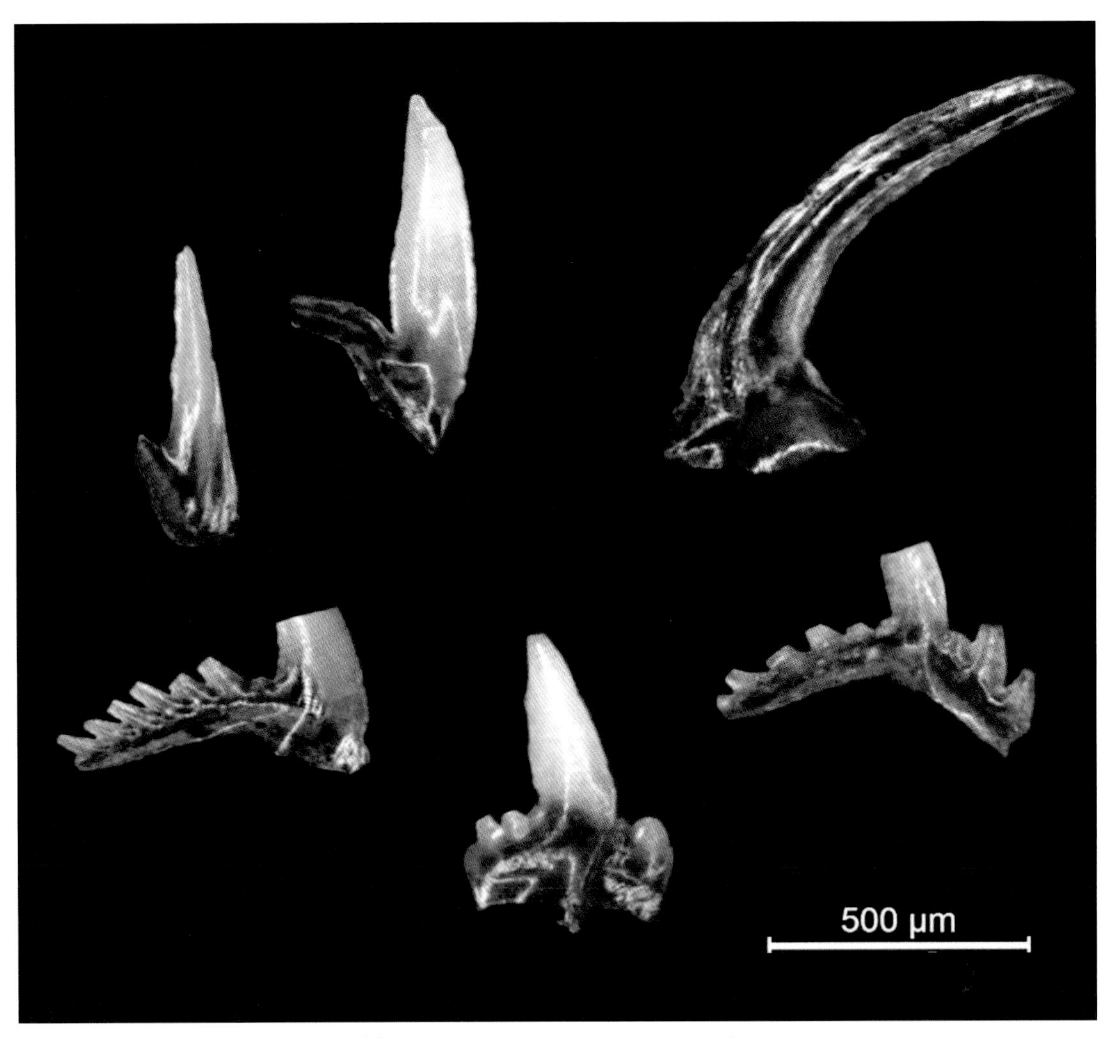

图5–7–1 牙形类化石形态分类图（引自 Dr. Page Quinton, Paleoclimatologist）
Fig. 5–7–1 Morphological classification of conodonta fossils (quoted from Dr. Page Quinton, Paleoclimatologist)

它们形态多样，质地坚韧，数量众多，地理分布广，演化速度快，因此在生物地层对比方面有重要的价值。目前生物界比较认同的牙形石分类为D. Clark的分类，D. Clark在Lindsrom的分类基础上将牙形石分为2目，11超科，47科。

牙形石动物门 **Conodonta Eichenberg,1930**

牙形石纲 **Conodonta Eichenberg,1930**

副牙形石目 **Paraconodnntida Muller,1962**

双脊牙形石超科 **Amphigeisinacea Miller,1981**

费氏牙形石超科 **Furnishinacea Miller,1981**

牙形石目 **Conodontophorida Eichenberg,1930**

前牙形石超科 **Proconodontacea Miller,1981**

费里克赛牙形石超科 **Fryxellodontacea Miller,1981**

锯齿牙形石超科 **Prioniodontacea Bassler,1925**

掌颚牙形石超科 **Chirognathacea Branson and Mehl,1944**

潘德尔牙形石超科 **Panderodontacea Lindstrom,1970**

端牙形石超科 **Distacodontacea Bassler,1925**

希巴德牙形石超科 **Hibbardellacea Muller,1956**

舟牙形石超科 **Gondolellacea Lindstrom,1970**

多颚牙形石超科 **Polygnathacea Bassler,1925**

基本特征：牙形石仅产于海相地层中，各种海相沉积中均有发现，石灰岩中最为丰富，牙形石个体微小，一般为0.3 ~ 2.0 mm。似牙形状，形态多样，种类繁多，主要由薄片状分层的磷酸钙组成，多呈灰色、琥珀色或黑色。可靠的牙形石始见于下寒武统，奥陶纪极为繁盛，三叠纪末全部灭绝。

Diagnosis: Conodonts are only produced in marine strata, and are found in various marine deposits. The limestone is the most abundant in–them, and the conodonts are tiny, generally 0.3 ~ 2.0 mm. Various forms, mainly composed of flaky calcium phosphate, mostly gray, amber or black. Reliable dentate stones first appeared in the Lower Cambrian, the Ordovician was extremely prosperous, and all were extinct at the end of the Triassic.

7.2　早寒武世底阶地层两类牙形类化石记述

云南晋宁的梅树村标准剖面，是最完整保存了晚前寒武纪—早寒武世过渡地层的层型剖面之一，数十年的相关研究表明在早寒武世底部地层存在以原牙形类和牙形状化石为特征的一个特殊类群（*Protohertzina* Missarzhevsky，1973）。钱逸（1977）首次描述了我国扬子地台寒武纪底部地层的齿状微型磷质骨片原牙形类和牙形状化石，且与小壳化石共生，据统计已描述有25属52种（钱逸等，2008）。它们常常以孤立的骨片出现在下寒武统富含小壳化石的碳酸盐岩地层中。

7.2.1　原牙形类

（1）*原始赫兹刺属**Protohertzina*** **Missarzhevsky，1973**

形态特征：这个属的化石体细长，单锥状刺体，后倾，基缘扩大和有1个较深的几乎延伸至顶部的内腔。刺体表面有1条后脊，1条前沟和1对侧脊。该属是原牙形类中出现最早、形态最特征而且在前寒武系与寒武系界线地层中起重要作用的一个代表属（钱逸等，1996，2008）（图5–7–2B1, B2, E1, E2）。

Diagnosis: The *spines* of this genus are slender, *spine-like*, inclined backwards, the base is enlarged and there is a deep lumen extending almost to the top. The spine has a posterior ridge, an anterior groove and a pair of lateral ridges. This genus is a representative genus with the earliest appearance and the most characteristic morphology in the protodontoids and plays an important role in the boundary layer between the Precambrian and Cambrian (Qian Yi et al., 1996, 2008) (Fig. 5–7–2 B1, B2, E1, E2).

这个属以我国云南地区最为典型，最早蒋志文等（1980）对云南下寒武统梅树村阶小壳化石动物群的研究中就已有关于牙形类化石的简单报道；杨暹和、何廷贵（1984）在四川南江地区下寒武统原划分为灯影组磨坊岩段也发现有原始的牙形类化石组合；21世纪后董致中、王伟（2003）在滇黔桂石油地质研究院呈贡水文站云参一井的钻井剖面中发现一些单锥类群牙形石，与南江组合非常相似；时代为早寒武世最早期（$\in_1^1$），应为迄今云南发现的最早原牙形动物群（*Protohertzina* Missarzhevsky，1973）。

近期在云南邻近晋宁梅树村经典剖面的安宁大麦地剖面渔户村组小歪头山段下部白云岩中，发现了3个保存完整的原牙形类和牙形状化石，呈单锥形；化石体形似半漏斗状，两侧基本对称，略向后弯曲；由主齿和基部组成；主齿较短，前倾，横切面近圆形；基部较长，并向后膨大成椭圆形喇叭状；表面光滑，未见棱脊；基腔大而圆，基腔内被白色充填物覆盖（Liu et al.，2020；图5–7–3）。

这次新的发现表明震旦纪—寒武纪界线应该更接近小歪头山段底部的A 点而不是中谊村段上部的B 点；结合区域资料，认为这一重要界面应该划在小歪头山段及时代相当的地层中，下伏的白岩哨段应归入震旦系灯影组。新发现为确定震旦纪—寒武纪界线提供了更新的参考依据，并为整个扬子西南缘震旦纪—寒武纪过渡地层对比增加了重要的古生物资料。

（2）蒙古刺属***Mongolodus* Missarzhevsky，1977**

形态特征：该属刺体细长，刺状，两侧对称，侧扁，后倾。一些刺体的前缘浑圆，中央有1条纵沟，而刺体后缘具脊。基部向后明显扩张，有时具脊，有时有小的圆凸起或在基缘的前面有小齿（图5–7–2Q1, Q2）。基缘的轮廓长条状，在中部微微外扩，横切面通常是伸长的泪滴状，方哑铃状，壳壁层状结构(钱逸等，2008）。

Diagnosis: The *spine* body is slender, *spine-shaped*, symmetrical on both sides, flat on the sides, and inclined backward. The front edges of some spurs are rounded, with a longitudinal groove in the center, and the rear spurs have ridges. The base expands significantly backwards, sometimes with ridges, sometimes with small round protrusions or with small teeth in front of the base edge (Fig. 5–7–2Q1, Q2). The outline of the base is elongated, slightly expanding in the middle, and the cross–section is usually an elongated teardrop shape, a square dumbbell shape, and a layered structure of the shell wall (Qian Yi et al., 2008).

（3）小神圣刺属***Hagionella* Xie，1990**

形态特征：该属的特征是刺体横切面呈滴珠状，后缘平缓或微凹,前缘具薄的刀刃状脊（图5–7–2G），刀刃状的前脊有时呈现锯齿状，有时具有一排等间距排列的圆形小孔（钱逸等，2008）。

Diagnosis: The genus is characterized by a drop–like cross–section of the spinal body, a smooth or slightly concave trailing edge, a thin blade–like ridge at the leading edge (Fig. 5–7–2G). A blade–like front ridge sometimes appears jagged, sometimes there is a row of circular holes arranged at equal intervals(Qian Yi et al., 2008).

（4）双脊刺属***Amphigeisina* Bengtson，1976**和加帕拉刺属***Gapparodus* Abaimova，1978**

形态特征：*Amphigeisina*的刺体两侧对称，向后微弯。后缘弧形，内凹，后缘之间形成2条高而尖的纵脊，而前缘圆凸。刺体中部和基部的横断面似呈马蹄状或半圆形（图5-7-2A-C, J）（钱逸等，2008）。

Diagnosis: *Amphigeisina's* spine is symmetrical on both sides, slightly curved backwards. The trailing edge is curved and concave, with two high and sharp longitudinal ridges formed between the trailing edges, while the leading edge is rounded and convex. The cross section of the middle and base of the spine appears to be horseshoe-shaped or semicircular (Fig. 5-7-2A-C, J) (Qian Yi et al., 2008).

（5）赫兹刺属***Hertzina*** **Mǜller，1959**和沃利阿塔刺属***Oneotodus*** **Lindströn，1955**

形态特征：*Hertzina*一属通常归属于原牙形类，它的刺体后倾，呈锥状，有一个狭长的基腔和亚梯形的横断面（图5-7-2D1, D2）。后缘稍扁或微内凹，前缘半椭圆状，在前后缘之间有一对尖脊状的纵棱（钱逸等，2008）。

Diagnosis: The genus *Hertzina* usually belongs to the protodentate form. Its spine is inclined backwards and is tapered, with a narrow base cavity and a sub-trapezoidal cross-section (Fig. 5-7-2D1, D2). The trailing edge is slightly flat or concave, the leading edge is semi-elliptical, and there are a pair of sharp ridge-shaped longitudinal edges between the leading and trailing edges (Qian Yi et al.，2008).

7.2.2　牙形状化石

在文献中（钱逸等，1996，2008），涉及到中国下寒武统牙形状化石的属有产自于梅树村阶地层中的拟刺牙形石属*Paracanthodus* Chen，1982（图5-7-2P）、福米契壳属*Formitchella* Missarzhevsky，1969、会泽刺属*Huizenodus* He et Xie，1989（图5-7-2N）、云南刺属*Yunnanodus* Wang etJiang，1980；产自于筇竹寺阶地层中的属有小菱角刺属*Rhombocorniculum* Walliser，1958（图5-7-2L, M）、别什塔壳属*Beshtashella* Missarzhevsky，1981、乌什刺属*Wushidus* Qian et Xiao，1987和产自于沧浪铺阶地层中的河南刺属*Henaniodus* He et Pei，1984（图5-7-2I, H）。

（刘军平）

主要参考文献

[1] 钱逸. 华中西南区早寒武世梅树村阶软舌螺及其他化石[J]. 古生物学报, 1977, 16(2):255-278.

[2] 钱逸, 何廷贵. 再论滇东地区前寒武系与寒武系界线剖面[J]. 微体古生物学报, 1996. 13(3): 225-240.

[3] 钱逸, 李国祥, 朱茂炎, 等. 论中国早寒武世原牙形类和牙形状化石——分类评述和地层意义[J]. 微体古生物学报, 2008, 25(4):307-315.

[4] 杨暹和, 何廷贵. 四川南江地区下寒武统梅树村阶小壳化石新属种[C]. 地层古生物论文集, 1984(2): 35-47, 160-163.

[5] 何廷贵. 四川雷波牛牛寨下寒武统梅树村阶*Lapworthella bella*小壳化石组合的发现[C]. 地层古生物论文集, 1984(2): 23-34.

[6] 董致中, 王伟. 云南牙形类动物群[M]. 昆明:云南科技出版社, 2003: 1-347.

[7] 蒋志文. 云南晋宁梅树村阶及梅树村动物群[J]. 中国地质科学院院报, 1980, 2(1):75-92.

图5-7-2　中国下寒武统原牙形类和牙形状化石的一些重要属种的扫描照片（引自钱逸等，2008）

Fig. 5-7-2　SEM image of some important genera of Lower Cambrian protodonts and tooth fossils (Quoted from Qian Yi et al., 2008)

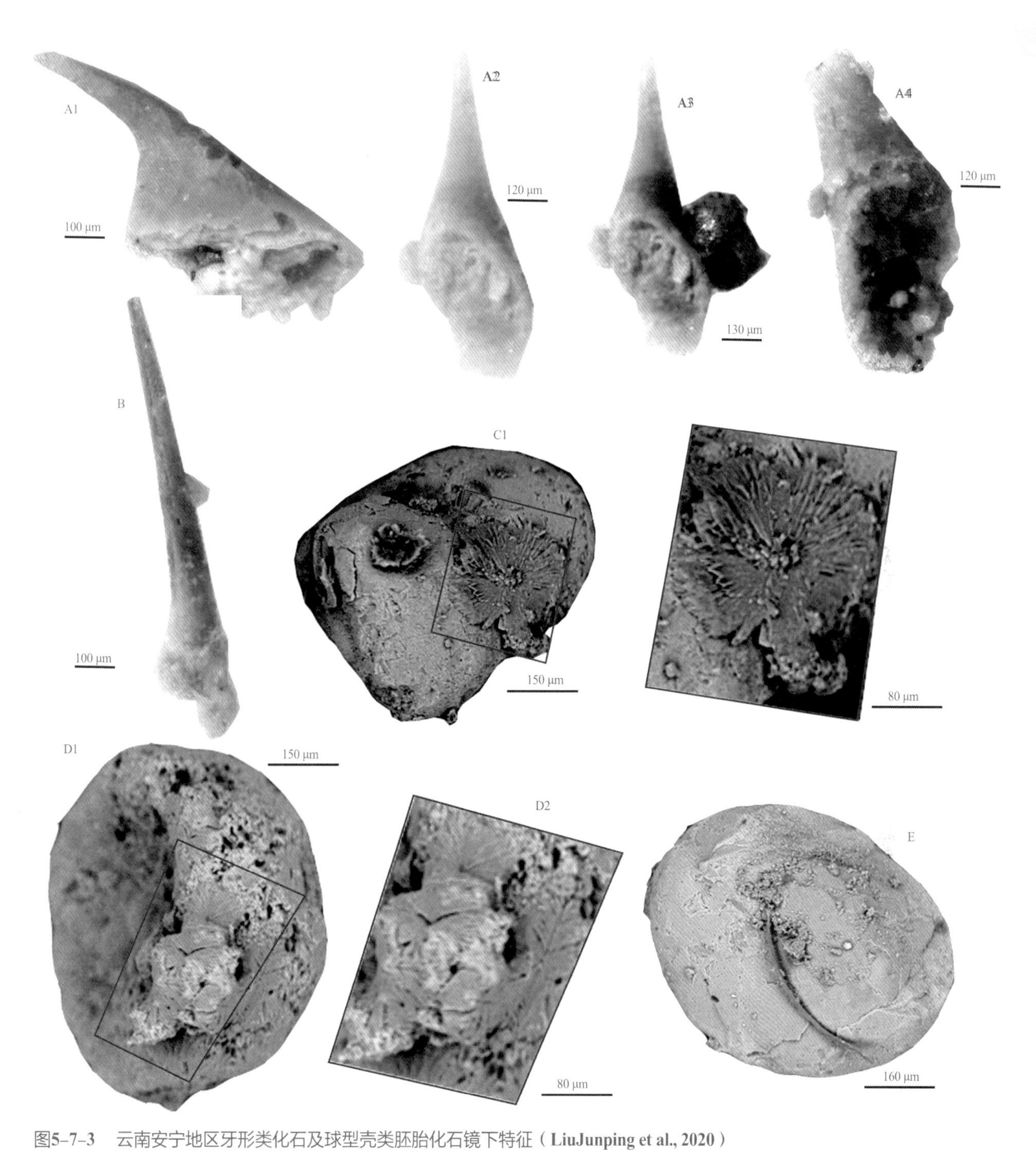

图5-7-3　云南安宁地区牙形类化石及球型壳类胚胎化石镜下特征（LiuJunping et al., 2020）

Fig. 5-7-3　Microscopic characteristics of odontoid fossils and spherical shell embryo fossils in Anning, Yunnan (Liu Junping et al., 2020)

8 其他化石及地质标本

在云南晋宁昆阳磷矿所保护的梅树村经典剖面区域，其中的八道湾C–C[1]剖面中和滇东其他磷矿区都曾经发现不少中泥盆世以后的化石，以及一些比较特征的地质标本，非常有助于将来开展区域地层对比、沉积环境研究和自然教育科普活动等，值得记录如下。

8.1 中泥盆世海口组 D_2h 鱼化石及植物化石

梅树村剖面中的八道湾C–C[1]段（见本书图1–2–2A及图2–4）最上部包含中泥盆世地层海口组（D_2h），也是该保护剖面的终点层位（图5–8–1），其中富含大量的沟鳞鱼类化石碎片和中泥盆世植物化石碎块。

滇东的沟鳞鱼化石最早报道于曲靖，即古鱼类学家所称的“骨积层”，是远古泥盆鱼类异地搬运后沉积埋葬的大型“墓地”。地层文献及区调报告记载的化石名称多为中华沟鳞鱼（罗惠麟等，2019），但我们在磷矿区所采获的骨甲碎片经专家鉴定，倾向于归属东生沟鳞鱼，因骨甲杂乱堆积，保存极不规则完整，故本书暂定为沟鳞鱼未定种并图示于此（图5–8–2 ~ 5–8–4）。

图5–8–1 梅树村保护剖面终点碑及泥盆系海口组剖面
Fig. 5–8–1 The end monument of Meishucun section (A) and the Haikou Section outcrop of Devonian Formation (B)

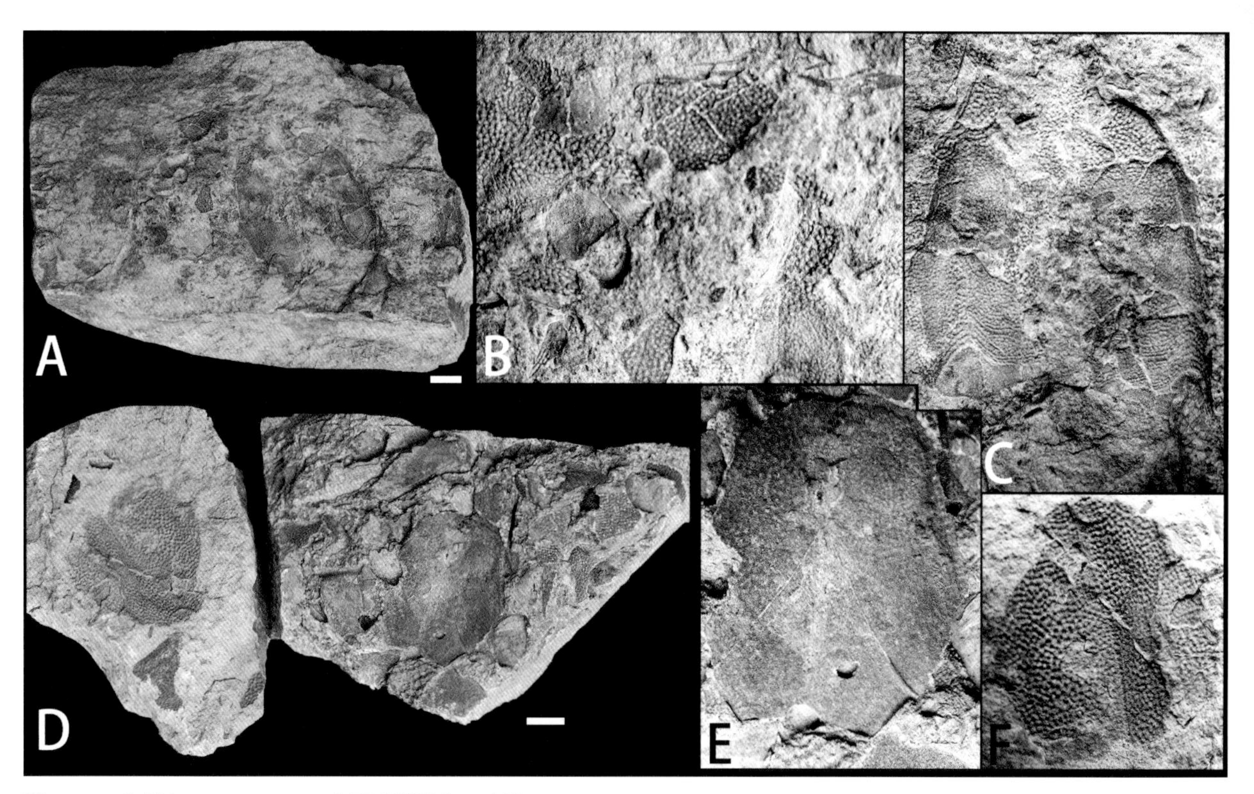

图5-8-2　沟鳞鱼 *Bothriolepis* sp.头甲或骨甲化石碎片

Fig. 5-8-2　The fragments (jaw and skeleton fragments) of *Bothriolepis* sp.

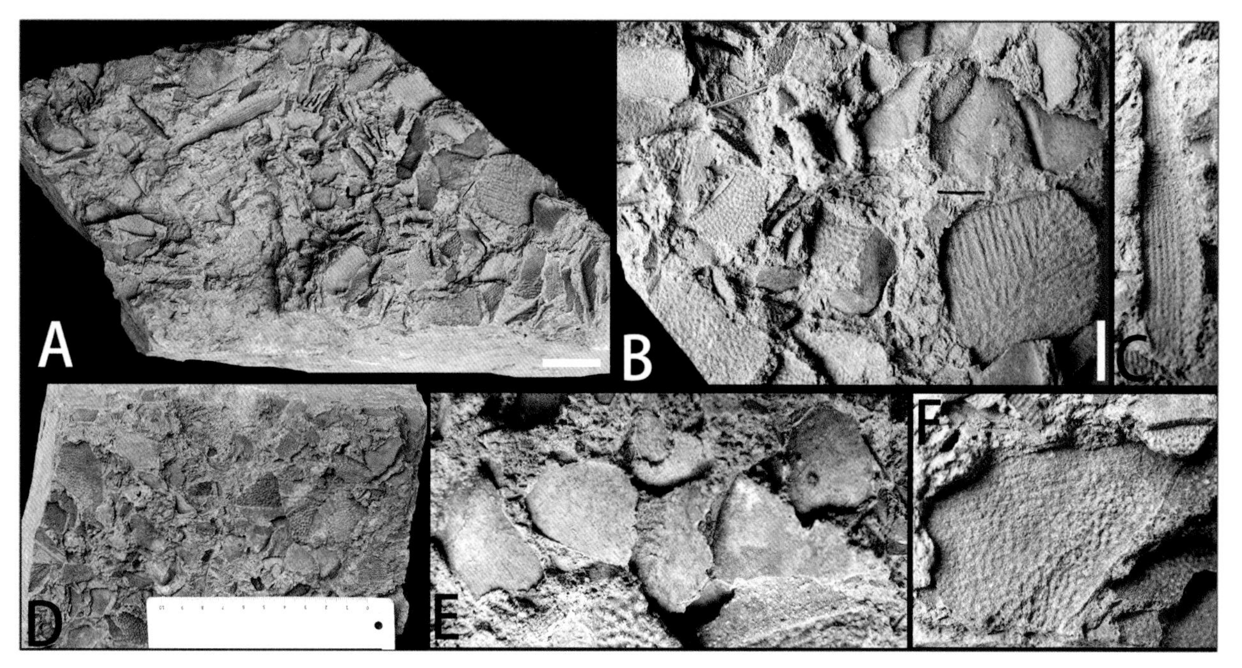

图5-8-3　沟鳞鱼 *Bothriolepis* sp.头甲或骨甲化石碎片

Fig. 5-8-3　The fragments (jaw and skeleton fragments) of *Bothriolepis* sp.

图5-8-4　沟鳞鱼 *Bothriolepis* sp.头甲或骨甲化石碎片

Fig. 5-8-4　The fragments (jaw and skeleton fragments) of *Bothriolepis* sp.

云南昆阳磷矿集团公司的张世山老师在晋宁的磷矿区和禄丰的煤矿区也曾经捡拾到几件植物化石，产出层位分别是中泥盆世海口组（D_2h）和二叠系煤层（P_2），经鉴定可能是芦木类*Calamites* sp.（图5-8-5A、B）和石松类Lycopsida（图5-8-5C～F）化石碎块，现图示如下，形态描述从略：

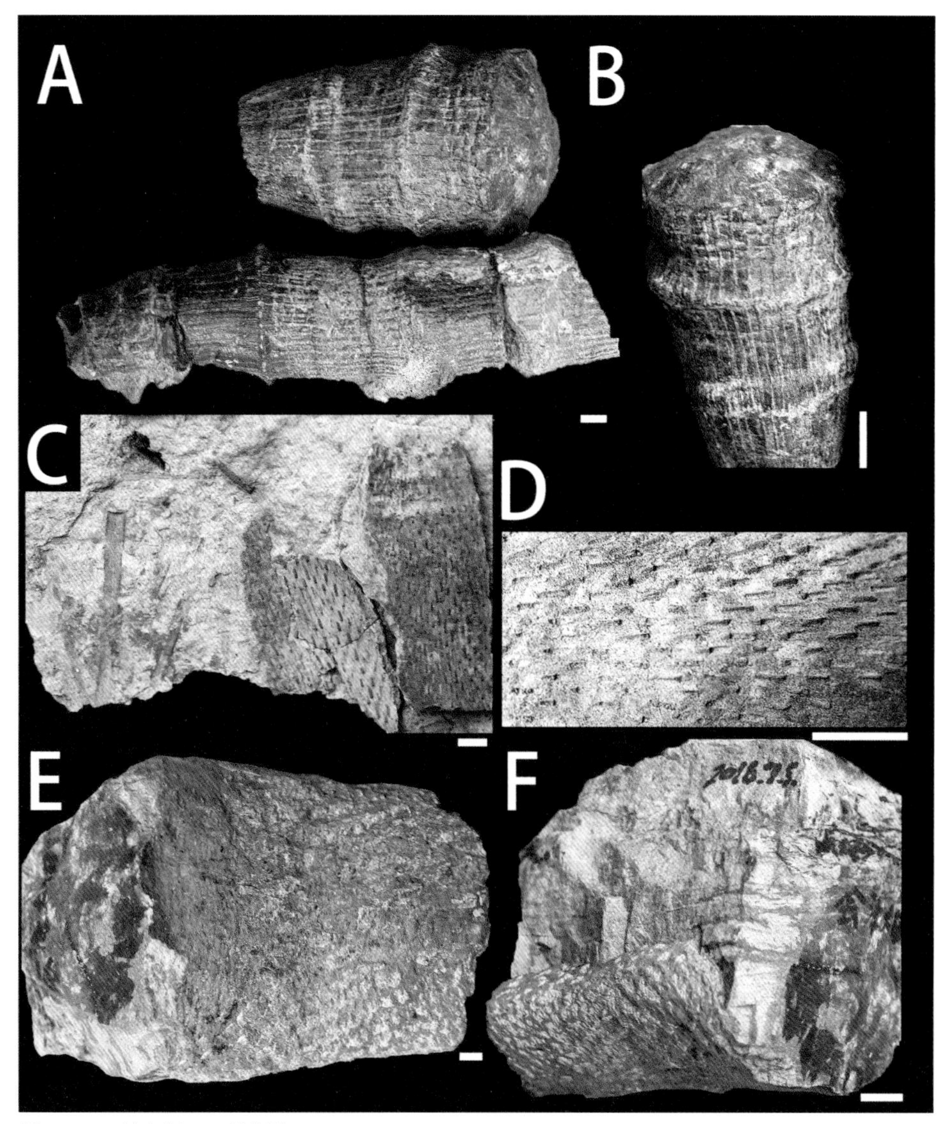

图5–8–5　芦木类、石松类化石

Fig. 5–8–5　Fossil fragments of *Calamites* sp. (A,B) and Lycopsida (C–F)

A, B. 芦木类髓核，产自云南禄丰一平浪煤矿二叠系（P_2）；**C-F.** 石松类茎及残存叶基，产自晋宁磷矿D_2h

8.2　其他地质标本

8.2.1　流水（微）波痕或变余波痕（图 5-8-6）

沉积学者认为图5–8–6这种波痕状构造是由单向水流作用于非黏质沉积物表面形成。常见于河流或存在有底流的湖、海近岸地区。流水波痕呈不对称状，波峰波谷都较圆滑。其重矿物及粗粒物质常分布于波谷中，陡坡倾向与流向一致。流水波痕波脊线的形态随水流速度、水深的变化而改变，变浅和水底流速变快，其波脊线会有波曲状或舌状的复杂变化。

但有古生物学者却认为本节图示的这种构造是微生物菌藻类生活沉积形成的变余波痕（multidirectional ripple marks）。一般发育在粉砂质泥岩上层面，波峰多光滑，波长和波高很短，某些标本显示出很好的定向性（图5-8-6D），其他标本表面为多向波痕（图5-8-6A ~ D）；变余波痕是指微生物席通过捆绑、固化等作用，使原生沉积表面的沉积形态不被强水流所改造，进而形成杂乱、多向与微生物席生长相关的波痕状形态构造，以极小的波痕指数、光滑的波峰为主要特点（张立军，2020年提供资料）。

8.2.2 槽模（图 5-8-7）

槽模是一种常见印模，砂岩底面上的舌状凸起，一端较陡，外形较清楚，呈圆形或椭圆形，另一端宽而平缓，与层面渐趋一致。一般认为槽模是流水成因的，即具定向流动的水流在下伏泥质沉积物层面冲刷形成的小沟穴，后来又为上覆砂质沉积物充填而成。槽模的长轴平行水流方向，大小一般为2 ~ 10 cm，陡的一端指向上游。它可以单独或成群出现，成群时长轴彼此平行，常见于浊积岩及冲积相沉积中。

8.2.3 小型壶穴或荷重模（图 5-8-8）

壶穴（pothole）又称瓯穴，一般指基岩河床上形成的近似壶形的较深的凹坑，是急流漩涡夹带砾石磨蚀河床而成。壶穴集中分布在瀑布、跌水的陡崖下方及坡度较陡的急滩上。类似的地形也可出现在冰川底床上，由冰水冲蚀造成，特称之为冰川锅穴（moulin）。本节图示的照片拍摄自云南江川清水沟磷矿底板的粉砂质页岩层面上，含磷的磷块岩及白云岩剥离后大量出露在下伏层面上，是边界清楚的很浅的凹坑，多数坑底平坦，与典型的壶穴又有较大差别。

荷重模（gravity load cast）一般认为是指覆盖在泥岩上的砂岩底面上的圆丘状或不规则的瘤状突起，其形成机制为下伏饱和水的塑性软泥承受上覆砂质层的不均匀负荷压力而使上覆的砂质物陷入到下伏的泥质层中，从而形成相应的荷重模构造，但重荷模构造其实并不局限存在于砂岩的底面上，在白云岩甚至其他岩类中同样可以存在。参加本课题的部分专家通过野外实地勘察，倾向于清水沟磷矿层下伏的粉砂质页岩上是疑似对应上覆白云质磷矿层荷重模的凹坑。

本节将2种解释罗列如上，请智者评判。

8.2.4 同心圆 / 球状构造（球状风化）（图 5-8-9）

花岗岩、辉绿岩等岩石出露地表时，由于棱角突出，易受风化（角部受3个方向的风化，棱边受2个方向的风化，而面上只受一个方向的风化），导致棱角、棱边逐渐缩减，最终变为椭球形、球形，这样的风化过程称为球状风化。一般使岩石产生球状风化的条件主要有：①岩石具有厚层或块状构造；②发育几组交叉节理；③岩石难于溶解；④岩石主要为等粒结构。被3组以上节理切割出来的岩石块，常见有球状风化现象。球状风化属于差异风化。经我们的野外观察与分析，粉细粒结构的泥岩至粉砂岩、细砂岩，含砂磷质岩等，层面上常出现的同心圆状/球状构造的断面，三维复原后应该是一种球状风化现象。本项课题研究在云南江川旧城段中上部和安宁中谊村段下部重点地层勘察采集标本时，均发现很多断面出现同心圆状/球状的构造，疑似球状风化现象；与以往认知的花岗岩球状风化不同，有些沿节理面出现，有些出现在岩层中央，有些还有条带状化石保存在上面，感觉有点特殊，很像原生的球状层理；类似的构造据查在贵州省毕节地区大片出露的三叠系飞仙关组砂岩中也多处发现。具体的成因还有待查考，现图示于此，以飨同行，欢迎共同探讨。

8.2.5 疑难化石（图 5-8-10）

在江川清水沟磷矿层底板上除了发现多层富集的条带状化石，还有伴生的相当大小的遗迹化石

（见本章第2节），以及下部层面上个别的疑似化石印痕，个体巨大，形态相当特别，至今我们无法解释这些标本的归属或成因。

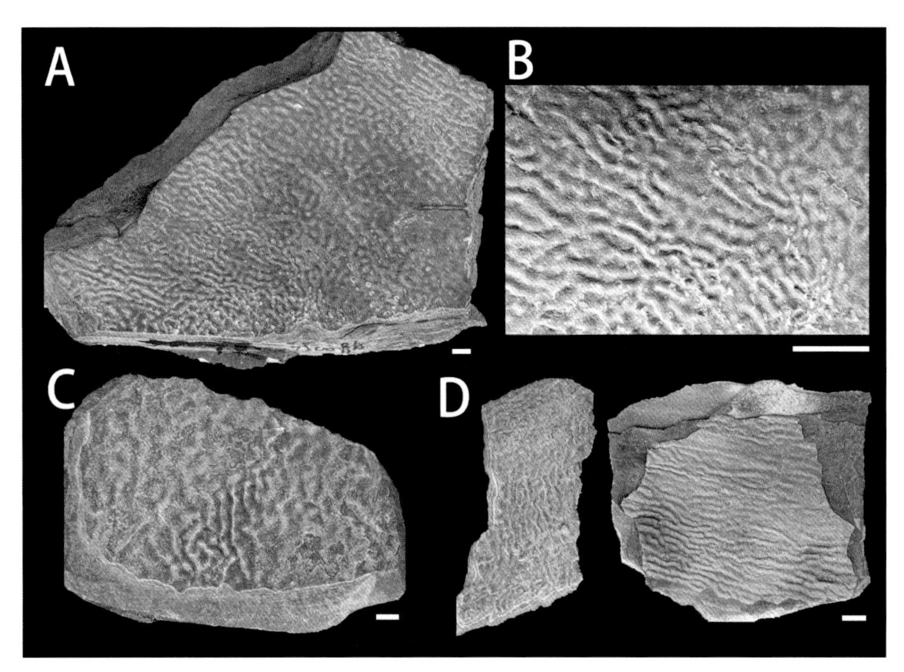

图5–8–6　A-D. 沉积构造标本——流水波痕，标尺5 mm
Fig. 5–8–6　Sedimentary ripple structure, scale is 5 mm

图5–8–7　沉积构造标本——槽模
Fig. 5–8–7　Flute cast of a sedimentary structure, arrow is flow direction

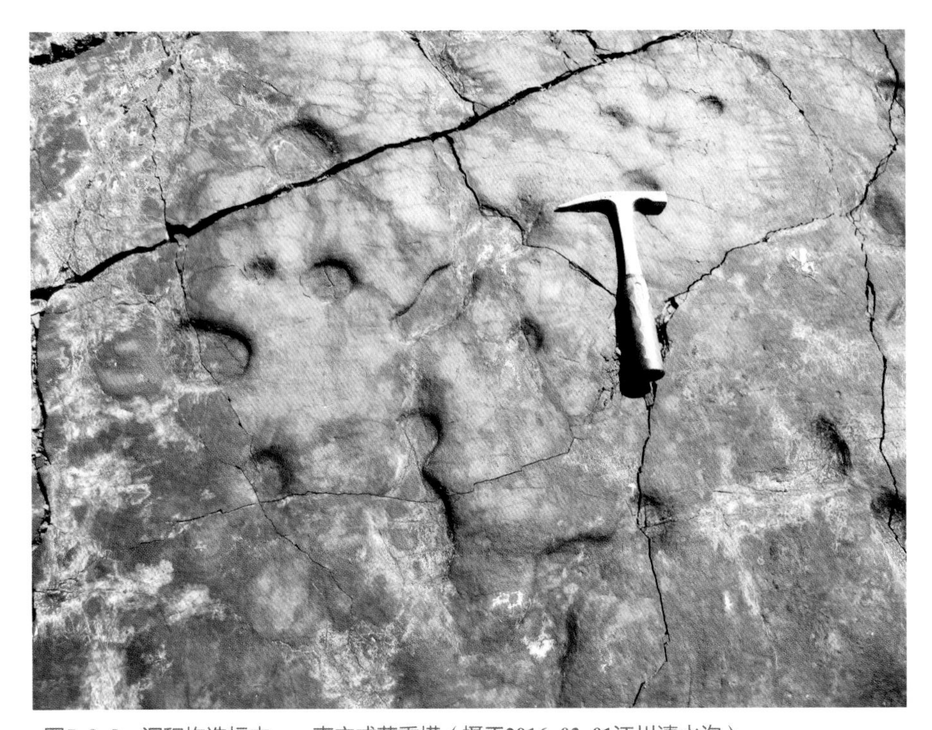

图5-8-8　沉积构造标本——壶穴或荷重模（摄于2016-03-01江川清水沟）

Fig. 5-8-8　Pothole or Moulin or load cast' mold of a sedimentary structure, Qingshuigou mine, Jiangchuan

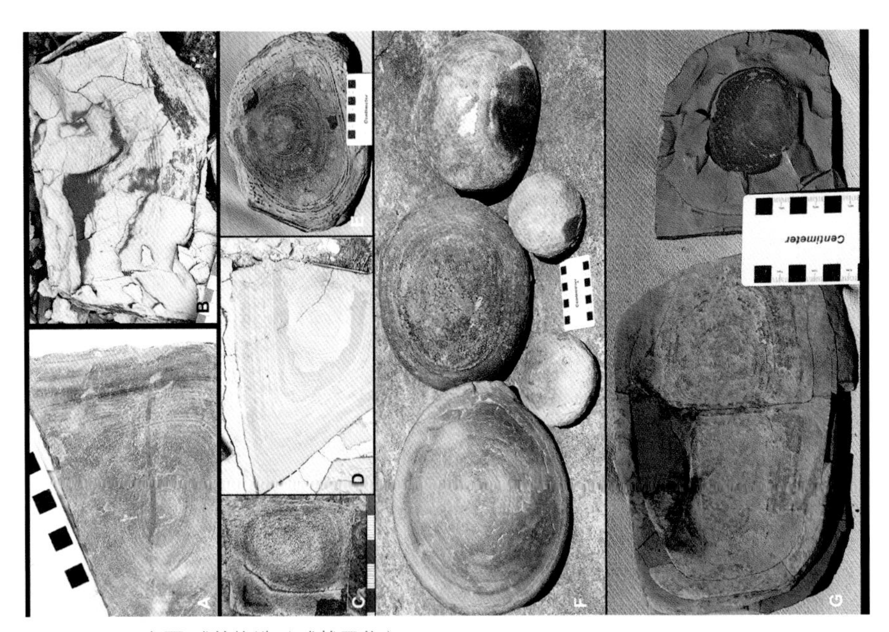

图5-8-9　同心圆/球状构造（球状风化）

Fig. 5-8-9　Concretion or spherical structure (spherical weathering)

A. 风化比较强烈的磷矿层底板层面上的同心圆状构造，可见条带状化石保存其上（摄于江川清水沟磷矿）；B. 云南江川猴家山旧城段化石层面上的同心圆状构造；C. 云南安宁鸣矣河剖面下磷矿层磷块岩，可见同心圆状构造，被认为是球状风化；D. 山西黎城新元古界砂岩中球状风化剖面结构（吕洪波2009年摄）；E、F、G. 云南晋宁梅树村剖面石岩头段——玉案山段球状结核（“石蛋”），断面可见同心圆状纹理

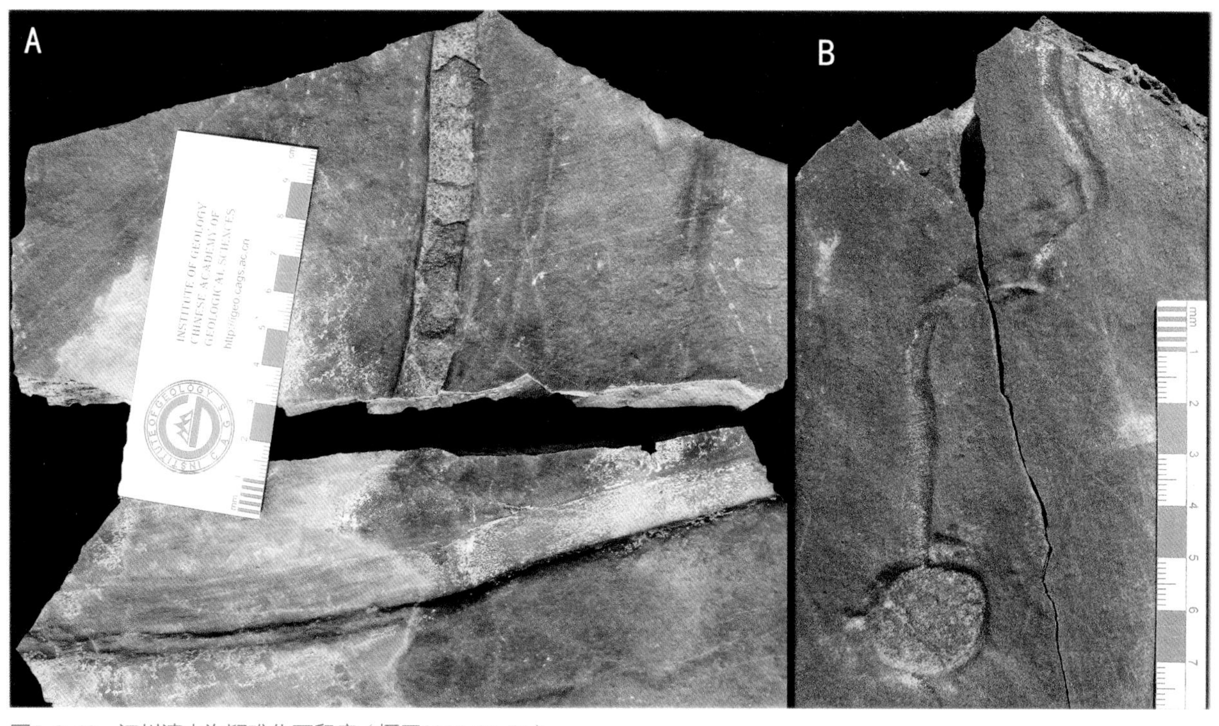

图5-8-10　江川清水沟疑难化石印痕（摄于2016-03-01）

Fig. 5-8-10　A, B. Problematical fossil compressions at Qingshuigou site, Jiangchuan

（唐　烽　郭彩清　彭　楠）

内页彩照（N1 古埂剖面）

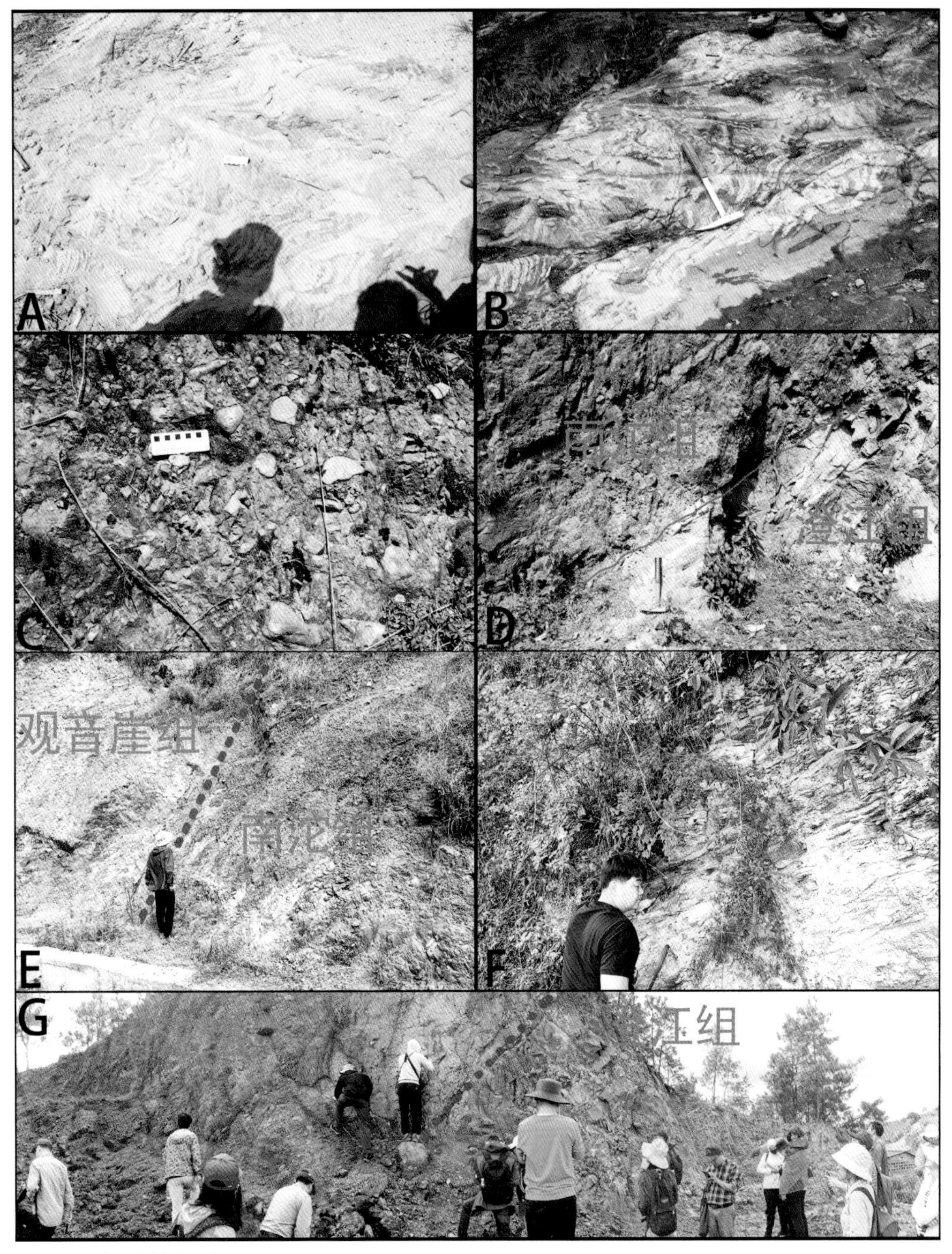

图N1　云南江川古埂剖面

A, B. 江川古埂澄江组砂岩沉积扰动构造；**C.** 古埂剖面南沱组砾岩；**D.** 古埂剖面南沱组—澄江组界面；**E.** 古埂—南沱组观音崖组界线；**F.** 古埂旧城段下部斑脱岩夹层；**G.** 中石油系统古埂培训，观察澄江组—南沱组界线

Fig. N1 Gugeng section in Jiangchuan, Yunnan and field showing Chengjiang sandstone, Nantuo conglomerate, Guanyingya sandstone

A, B. Sedimentary structures in the sandstone of Gugeng section; C. Nantuo conglomerate; D. The boundary between Nantuo and Chengjiang Formation; E. The boundary between Guanyinya and Nantuo Formation; F. Bentonite interlayers in lower Jiucheng Member; G. Crew from China National Petroleum Corporation observing the Nantuo-Chengjiang boundary

内页彩照（N2 清水沟条带状化石及产地）

2A
2B
2C
INSTITUTE OF GEOLOGY
CHINESE ACADEMY OF
GEOLOGICAL SCIENCES
http://igeo.cags.ac.cn
INSTITUTE OF GEOLOGY
CAGS

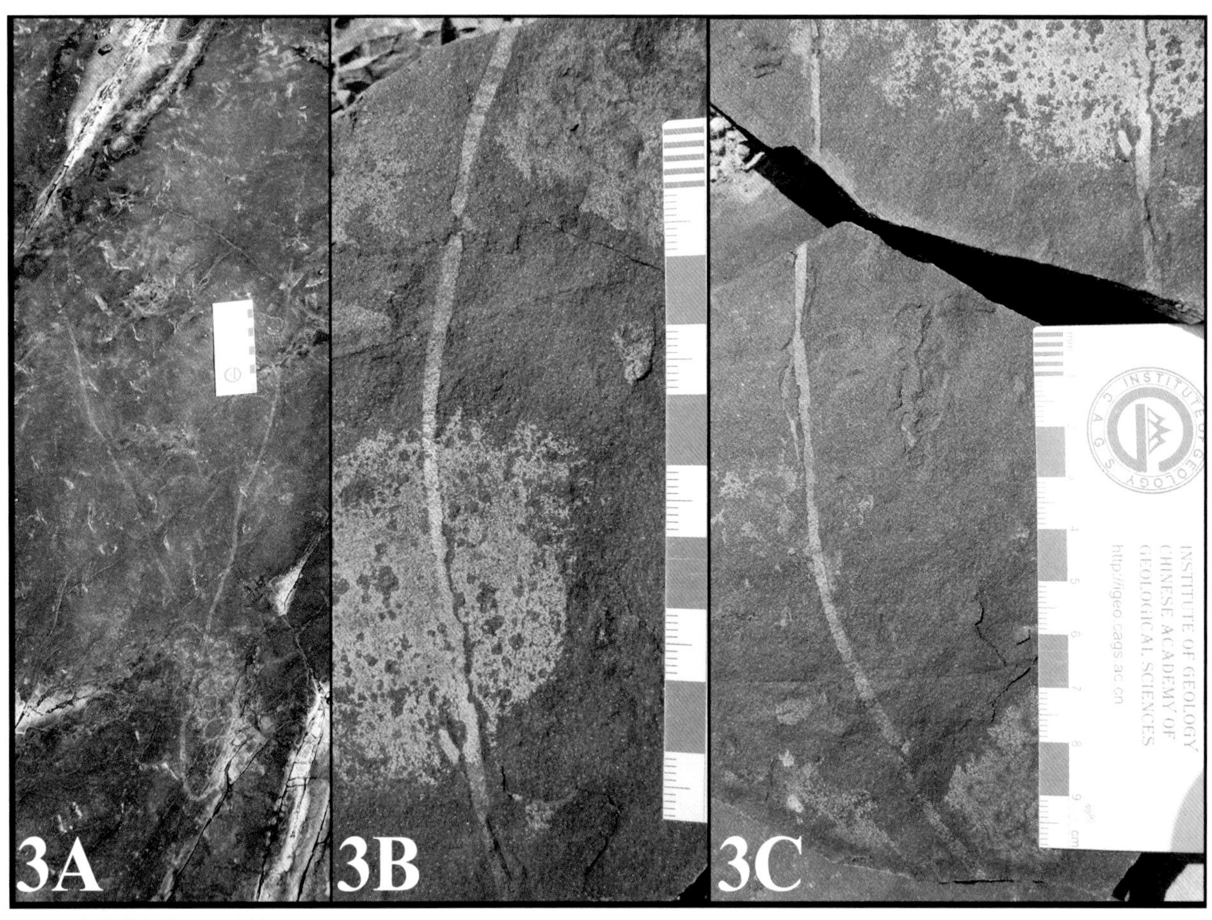

图N2 条带状新化石及产地

1A. 2018-09-20清水沟条带状化石坑；1B. 王家湾磷矿底板条带状化石层位；1C. 2018-09-24清水沟条带化石（自下而上第1层，L1）

2A-C. 2018/09/08清水沟富集定向的条带状化石（第2层，L2）

3A, B. 2016/03/01清水沟磷矿底板条带状化石（第3层，L3）；3C. 2016-11-18最长保存（90 cm）条带状化石（L3）

Fig. N2 Newfound ribbon-like macrofossils and occurrence sites

1A. 2018-09-20 The outcrop with abundant ribbon-like fossils in Qingshuigou, Jiangchuan; 1B. The outcrop with abundant ribbon-like fossils beneath the phosphate in Wangjiawan; 1C. 2018-09-24 Ribbon-like fossils from Qingshuigou（L1）; 2A～C. 2018-09-08 Syntropic aligning ribbon-like fossils（L2）; 3A～B. 2016-03-01 Ribbon-like fossils beneath the phosphate in Qingshuigou（L3）; 3C. 2016-11-18 Longest preserved specimen（about 90 cm）.

内页彩照（N3 三街子沧浪铺组大遗迹化石）

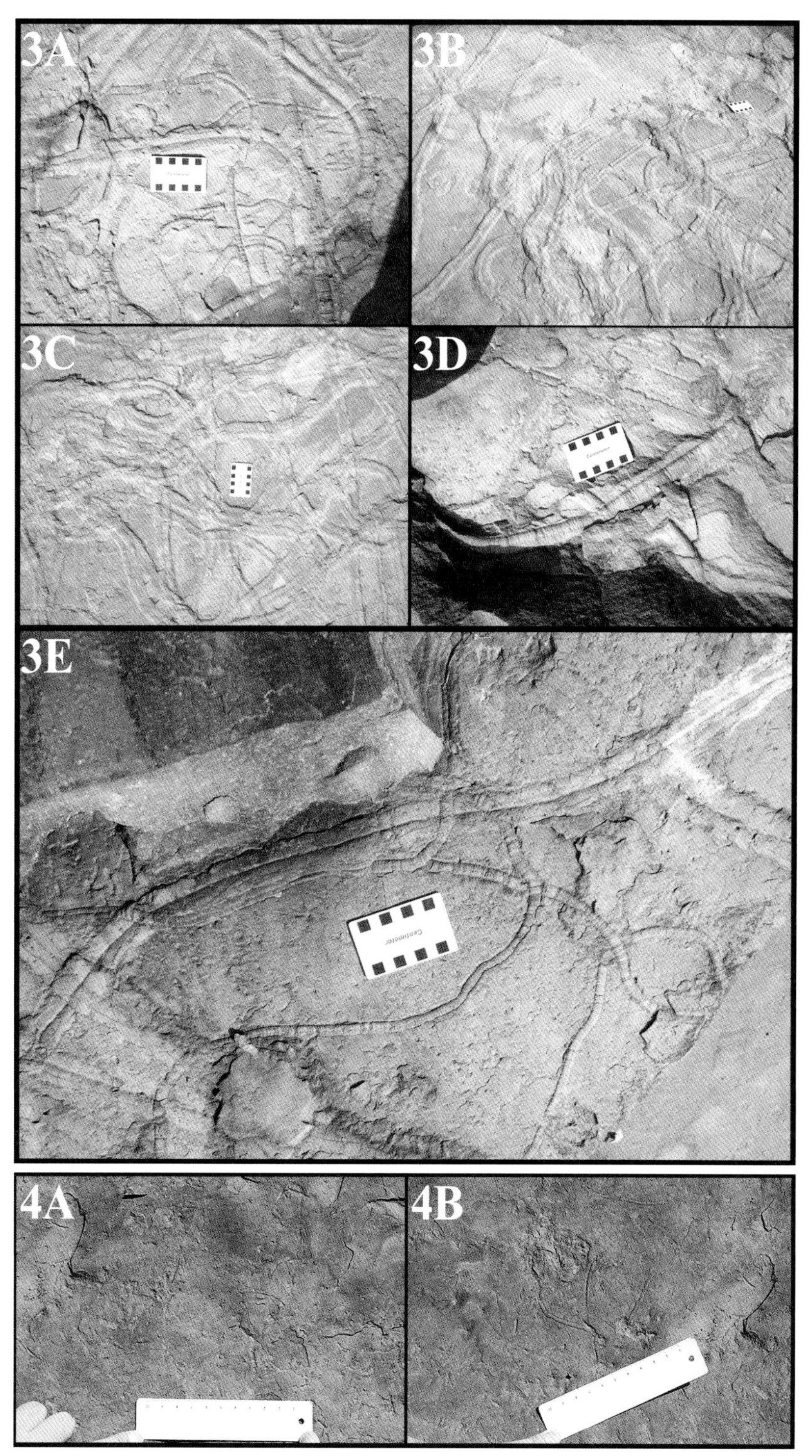

图N3　三街子沧浪铺组大遗迹化石

1A-C. 巨砂迹大遗迹全景及特写；**2A-C.** 全景及特写；**3A-E.** 局部特写；**4A-B.** 巨砂迹化石之间疑似**Phycodes**的成对栖息孔

Fig. N3 Large trace fossils in Canglangpu Formation, Sanjiezi, Jinning County

1A ~ C. Large trace fossils in sandstone; 2A ~ C. General view of the large trace fossils; 3A ~ E. Details of the large trace fossils; 4A ~ B. Phycodes（?） between the large trace fossils

内页彩照（**N4** 梅树村剖面留念及主要考察矿区卫片）

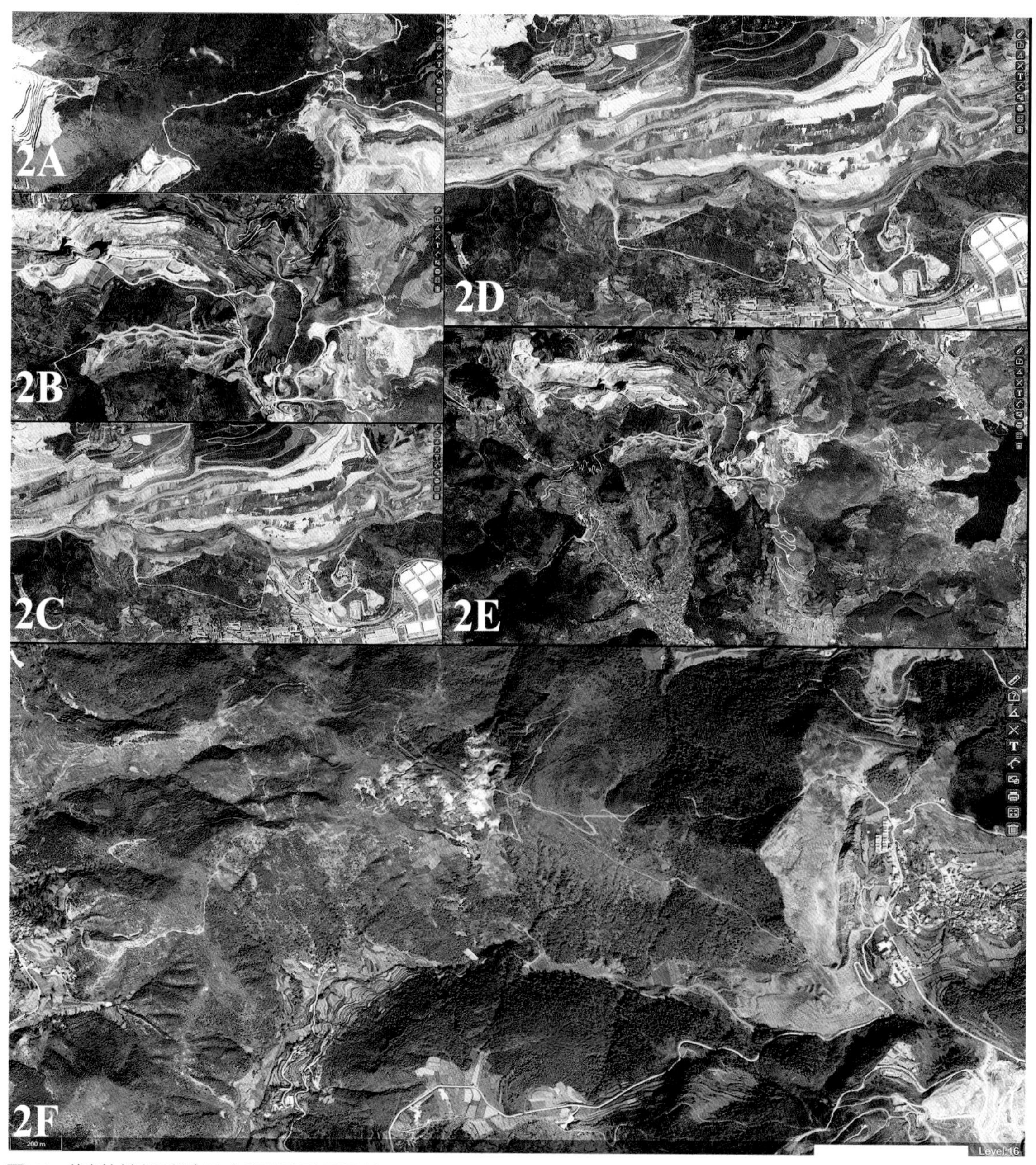

图N4　梅树村剖面留念及主要考察矿区卫片

1A. 2019-04-23陈爱林等梅树村剖面B点合影；1B. 2019-04-23王约等梅树村界线剖面起点留念；1C. 2018-03-06梅树村磷矿主采区合影；1D. 2017-12-25陈列馆门口合影；1E. 2017-04-29唐烽与张世山在起点碑处合影

2A. 安宁市鸣矣河乡黄泥沟P矿区卫片；2B. 江川清水沟P矿区；2C, D. 梅树村剖面及P矿2采区；2E. 江川侯家山—清水沟P矿区剖面；2F. 晋宁王家湾P矿区及剖面；红点为化石产点及剖面观察点

Fig. N4 Group photo and satellite images of the research area

1A. 2019-04-23　Group photo at point B monument in Meishucun Formation; 1B. 2019-04-23　Group photo at Wangjiawan Formation monument; 1C. 2018-03-06　Group photo at the Meishucun quarry; 1D. 2017-12-25　Meishucun museum; 1E. 2017-04-29　The Meishucun monument;

2A. Satellite images of phosphate quarry in Mingyihe, Anning; 2B. Satellite images of phosphate quarry in Qingshuigou, Jiangchuan; 2C ~ D. Satellite images of phosphate quarry in Meishucun; 2E. Satellite images of the Meishucun Formation from Houjiashan to Qinshuigou; 2F. Satellite images of phosphate quarry in Wangjiawan, Jinning; The red spots are fossil outcrops

内页彩照 (N5 各样大小石蛋)

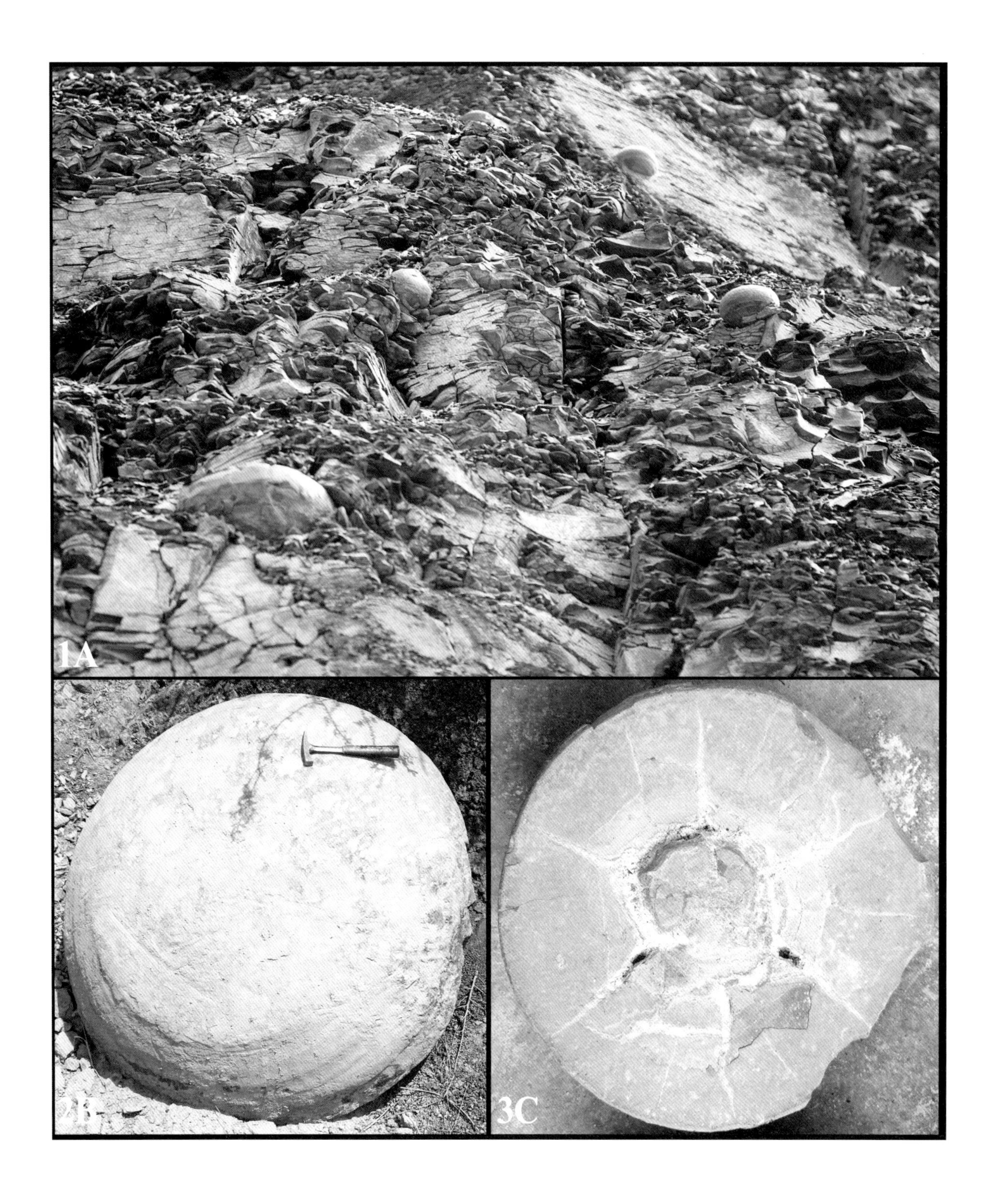
1A
2B
3C

图N5　梅树村阶石岩头段黑色岩系中各式大小的结核“石蛋”

1A. 清水沟磷矿区填埋场具“蛋黄”的石蛋；**1B.** 没法下嘴的“汉堡”石蛋；**1C.** 梅树村剖面陈列馆的“把门将军”石蛋

2A. 矿区露头嵌在崖壁上石岩头段下黑层石蛋；**2B.** 侯家山村口半截入土的石蛋；**2C.** 心裂炸开状的石蛋切面。

3A. 多层次石蛋；**3B.** 石壁上摇摇欲坠的石蛋；**3C.** 昆阳磷矿二采区被弃路边的巨型及小石蛋

Fig.N5 Black large concretions in Shiyantou Section

内页彩照 (N6 历年重要考察)

图N6　历年重要剖面考察合影

1A. 2015年3月26日地层委考察清水沟条带状化石点；1B. 2016-11-18清水沟磷矿中、美考察合影；1C. 2016-11-20中、美联合考察梅树村剖面B点

2A. 2017-04-29野外现场会合影——B点界桩；2B. 2017-04-29野外现场会合影——起点碑；2C. 2018-09-25中石油地层培训考察；2D. 2018-09-08中、英专家古埂考察

Fig. N6 International research group photos from 2015 to 2018

1A. 2015 All China Commission of Stratigraphy group photo in Qingshuigou; 1B. 2016-11-18　Yale University group photo in Qingshuigou; 1C. 2016-11-20　Yale University group photo in Meishucun; 2A. 2017-04-29　Field meeting group at Meishucun B point monument ; 2B. 2017-04-29　Field meeting group at Meishucun Formation start monument; 2C. 2018-09-25　China National Petroleum Corporation group in Meishucun; 2D. 2018-09-08　UCL group photo in Gugeng

内页彩照（N7 合影及造型）

2A
2B

图N7　合影与造型

1A. 2018-08-14澄江化石馆合影；1B. 2018-03-06指点团山顶（张世山脚下为白岩哨组白云岩）；1C. 2018-04-20江川清水沟磷矿坑合影

2A. 2017-12-23侯家山旧城段化石坑合影；2B. 2018-09-10中英联合考察专家在梅树村管委会合影

3A. 2018-03-06团山顶拍照（唐烽向西南远眺梅树村剖面）；3B. 2018-06-26在昆明访问罗惠麟老师；3C. 2018-08-19江城老君山褶皱剖面合影

Fig. N7 Photography documents from the group members

内页彩照（N8 剖面研究）

图N8　剖面研究

A. 2016-08-11顾鹏、宋思存清水沟测制剖面；B. 2018-03-04张世山梅树村剖面A点讲解；C. 2018-03-06唐烽、张世山在团山采集旧城段化石；D. 2018-03-08唐烽带学生宜良九乡测制剖面；
E. 2018-04-24安宁鸣矣河条带化石初产地点；F. 2018-08-16宜良九乡旧城段采集化石；G. 2018-08-17宜良汤池玉案山段采集化石；H. 2018-09-08侯家山陕西迹层位采集化石；I. 2019-08-15张世山、宋思存鸣矣河剖面观察化石

Fig. N8 Geological mapping in the research areas

A, B. 2016-08-11　Geological mapping in Qingshuigou, Jiangchuan; C. 2018-03-06　Fossil collecting in Jiucheng Member in Tuanshan; D. 2018-03-08　Geological mapping in Jiuxiang, Yiliang; E. 2018-04-24　Geological mapping in Mingyihe, Anning; F. 2018-08-16　Fossil collecting in Jiucheng Member in Yiliang; G. 2018-08-17　Fossil collecting in Yuanshan Section in Yiliang; H. 2018-09-08　Fossil collecting in Jiucheng Member in Houjiashan; I. 2019-08-15　Fossil collecting in Mingyihe.

内页彩照（**N9** 鸣矣河 **P** 矿剖面采集与测制）

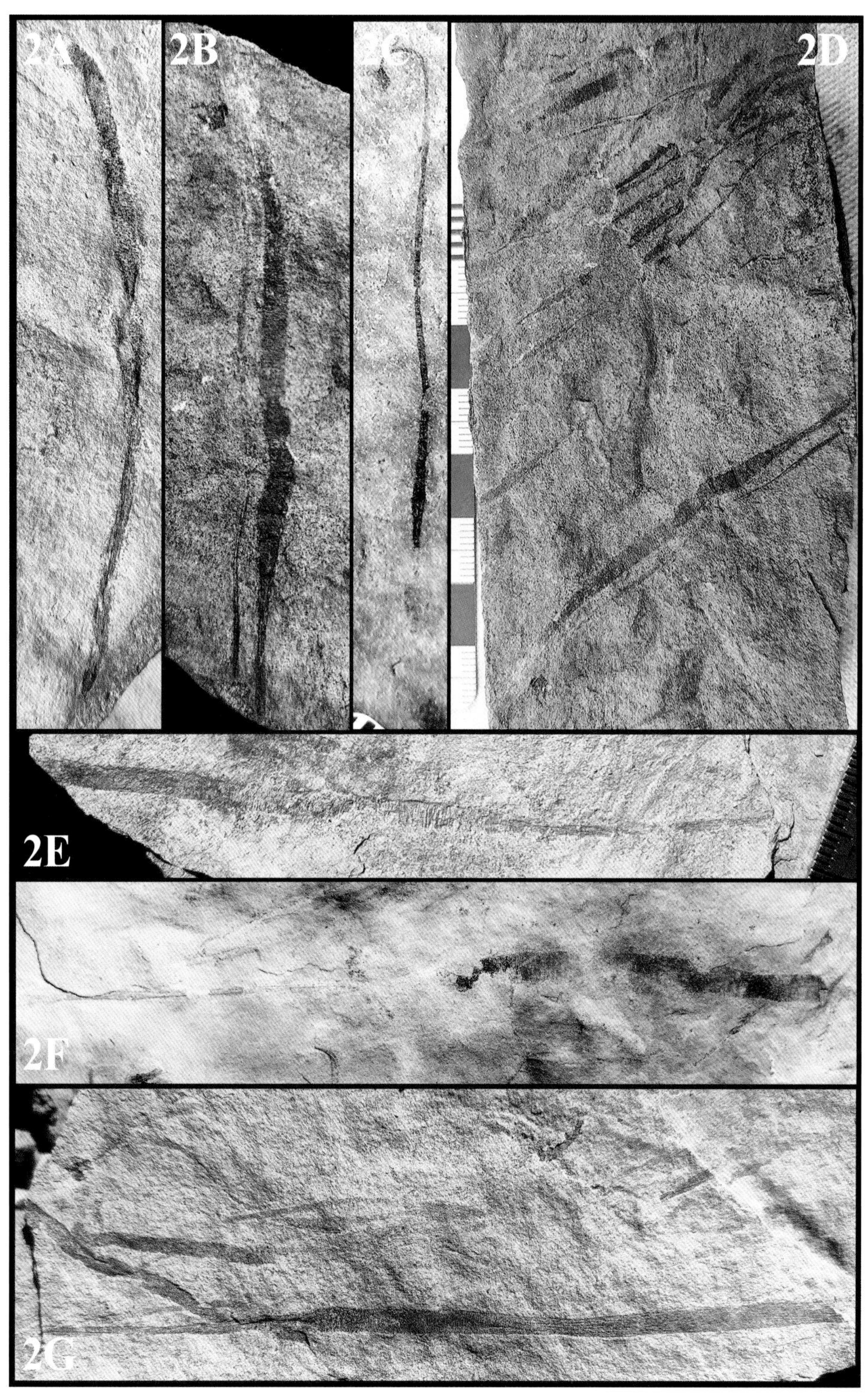

图N9　鸣矣河磷矿剖面采集与测制

1A-G. 2019-11-28新采条带状化石；2A. 2019-08-15鸣矣河化石剖面考察采集；2B. 2019-11-28鸣矣河坑探剖面测制；2C. 鸣矣河化石剖面测制；2D. 2019-11-28县街鸣矣河化石剖面考察

Fig. N9 Ribbon-like fossils and geological mapping in Mingyihe

1A-G. 2019-11-28　Fossil specimens from Mingyihe; 2A-D. 2019-08-15　Geological mapping in Mingyihe

内页彩照 (N10 中石油 201809 江川培训)

图N10　中石油系统2018年9月江川、晋宁野外地层培训

A. 2018-09-24猴家山旧城段底部剖面焦存礼、唐烽等合影；B. 侯家山陕西迹化石层位考察；C. 2018-09-24江川老君山中石油培训合影；D. 老君山灯影组白云岩观察；E. 老君山褶皱考察；F. 清水沟条带状化石剖面培训；G. 中石油古埂地层界面培训；H. 2018-09-25王家湾参观澄江组—昆阳群不整合面；I. 王家湾参观陡山沱—南沱组槽探剖面；J. 王家湾剖面培训合影

Fig.N10 China National Petroleum Corporation group field trip in Jiangchuan and Jinning

A. 2018-09-24　Houjiashan Jiucheng Member; B. Outcrop with abundant Shannxilithes in Houjiashan; C. 2018-09-24　Group photo in Laojunshan, Jiangchuan; D. Dolomite in Dengying Formation in Laojunshan; E. Foldings in Laojunshan; F. Outcrop with abundant ribbon-like fossils in Qingshuigou; G. China National Petroleum Corporation group examing the stratigraphic boundary in Gugeng; H. 2018-09-25　The unconformity between Chengjiang and Kunyang Group in Wangjiawan; I. The trenching section between Doushantuo and Nantuo Formation in Wangjiawan; J. Group photo at Wangjiawan section